# 초경량비행장치 조종자격

## 응시에서부터 합격으로 가는 길

# 초경량비행장치 무인멀티콥터 조종자격증명

## 1. 자격증 (항공안전법시행규칙 제306조, 2021.3.1.일부터 시행)

### 가 종별 자격증 기준

| 종별 | 기 준 | 비 고 |
|---|---|---|
| 1종 | 25kg 초과 자체중량 150kg 이하 | * 무게 기준은 최대이륙중량<br>* 사업용 또는 비사업용 모두 해당<br>* 무인비행기, 헬리콥터도 동일함. |
| 2종 | 7kg 초과 25kg 이하 | |
| 3종 | 2kg 초과 7kg 이하 | |
| 4종 | 250g 초과 2kg 이하 | |

※ 2021.3.1.일 이전 : 자체중량 12kg초과 150kg이하 사업용 자격증

### 나 조종 자격별 증명 업무 범위

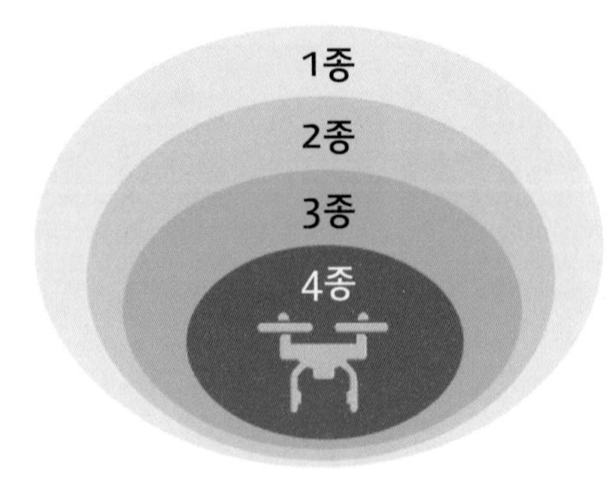


| | |
|---|---|
| 1종 무인동력비행장치 | 해당 종류의 1종 기체를 조종하는 행위 (2종 업무범위 포함) |
| 2종 무인동력비행장치 | 해당 종류의 2종 기체를 조종하는 행위 (3종 업무범위 포함) |
| 3종 무인동력비행장치 | 해당 종류의 3종 기체를 조종하는 행위 (4종 업무범위 포함 |
| 4종 무인동력비행장치 | 해당 종류의 4종 기체를 조종하는 행위 |

### 다 조종 자격 차등화 주요 내용 (자격증명 취득 기준)

| 구분 | 온라인 교육 | 비행 경력 | 학과시험 | 실기 평가 |
|---|---|---|---|---|
| 1종 | X | 1종 기체를 조종한 시간 20시간(2종 자격 취득자 5시간, 3종 자격 취득자 3시간 이내에서 인정) | ○ (과목, 범위, 난이도 동일) | ○ |
| 2종 | | 1종 또는 2종 기체를 조종한 시간 10시간 (3종 자격 취득자 3시간 이내에서 인정) | | ○ |
| 3종 | | 1종 또는 2종 또는 3종 기체를 조종한 시간 6시간 | | X |
| 4종 | ○ | X | ○ (온라인 수료 시험) | X |

## 라 조종 자격별 훈련범위 및 실기시험 채점 항목(무인 멀티콥터)

| 1종 | 2종 | 3종 |
|---|---|---|
| 1. 기체에 관련한 사항<br>2. 조종자에 관련한 사항<br>3. 공역 및 비행장에 관련한 사항<br>4. 일반지식 및 비상절차<br>5. 이륙 중 엔진고장 및 이륙포기<br>6. 비행 전 점검<br>7. 기체의 시동<br>8. 이륙 전 점검<br>9. 이륙비행<br>**10. 공중 정지비행(호버링)**<br>11. 직진 및 후진 수평비행<br>12. 삼각비행<br>13. 원주비행(러더턴)<br>**14. 비상조작**<br>**15. 정상접근 및 착륙(자세모드)**<br>16. 측풍접근 및 착륙<br>17. 비행 후 점검<br>18. 비행기록<br>19. 안전거리유지<br>20. 계획성<br>21. 판단력<br>22. 규칙의 준수<br>23. 조작의 원활성 | 1. 기체에 관련한 사항<br>2. 조종자에 관련한 사항<br>3. 공역 및 비행장에 관련한 사항<br>4. 일반지식 및 비상절차<br>5. 이륙 중 엔진고장 및 이륙포기<br>6. 비행 전 점검<br>7. 기체의 시동<br>8. 이륙 전 점검<br>9. 이륙비행<br>10. 직진 및 후진 수평비행<br>11. 삼각비행<br>**12. 마름모 비행**<br>13. 측풍접근 및 착륙<br>14. 비행 후 점검<br>15. 비행기록<br>16. 안전거리유지<br>17. 계획성<br>18. 판단력<br>19. 규칙의 준수<br>20. 조작의 원활성<br><br>*** 1종 대비 공중정지비행, 비상조작, 정상접근 및 착륙: 없음.** | 1. 비행전 점검<br>2. 기체의 시동<br>3. 이륙전 점검<br>4. 이륙비행<br>5. 직진 및 후진 수평비행<br>6. 삼각비행<br>7. 비행 후 점검<br>8. 비행기록<br>9. 계획성<br>10. 판단력<br>11. 규칙의 준수<br>12. 조작의 원활성<br>13. 안전거리 유지<br><br>* 상기 내용은 경과조치 3종 시험과목이므로 각 교육원에서 훈련 시 참고 바랍니다. |

## 마 전문교육기관의 교육훈련 시간

| 구분 | 학과교육 | 모의비행 | 실기교육 | | |
|---|---|---|---|---|---|
| | | | 계 | 교관동반 | 단독 |
| 1종 | 20시간<br>항공법규 2H<br>항공기상 2H<br>항공역학 5H<br>비행운용 11H | 20H | 20H | 8H | 12H |
| 2종 | | 10H | 10H | 4H | 6H |
| 3종 | | 6H | 6H | 2H | 4H |

※ 사설 교육기관(사용사업체)의 경우 학과 시험을 반드시 응시하여야 함.

# 2. 응시자격 신청과 서류제출

## 가 응시자격(항공안전법 시행규칙 제306조)

| 구분 | 나이 제한 | 비행경력 | 전문교육기관이수 |
|---|---|---|---|
| 1종 | 14세 이상 | 1종 기체를 조종한 시간 20시간<br>(2종 자격 취득자 5시간, 3종 자격 취득자 3시간 이내에서 인정) | 전문교육기관의 해당과정 이수 |
| 2종 | | 1종 또는 2종 기체를 조종한 시간 10시간<br>(3종 자격 취득자 3시간 이내에서 인정) | |
| 3종 | | 학과 교육 후 1종 또는 2종 또는 3종 기체를 조종한 6시간의 비행경력증명서 | |

* 참고 : 4종 자격 취득은 만 10세 이상

## 나 응시자격 제출서류 (항공안전법 시행규칙 제76, 77조 제2항 및 별표4)

- 비행경력증명서 1부 [필수]
- 2종 보통 이상 운전면허 사본 1부 [필수]
  * 2종 보통 이상 운전면허 신체검사 증명서 또는 항공신체검사 증명서도 가능
- [추가] 전문교육기관 이수 증명서 1부(전문교육기관 이수자에 한함)

## 다 응시자격 신청방법

- 정의 : 항공안전법령에 의한 응시자격 조건이 충족되었는지를 확인하는 절차
- 시기 : 언제든지 신청 가능(시작일 없음)
- 기간 : 신청일 기준 최대 7일 소요
- 장소 : 홈페이지 [응시자격신청] 메뉴 이용
- 대상 : 자격 종류/기체 종류가 다를 때마다 신청

※ 대상이 같은 경우 한번만 신청 가능하며 한번 신청된 것은 취소 불가

- 효력 : 최종합격 전까지 한번만 신청하면 유효

※ 학과시험 유효기간 2년이 지난 경우 제출서류가 미비하면 다시 제출
※ 제출서류에 문제가 있는 경우 합격했더라도 취소 및 민·형사상 처벌 가능

- 절차

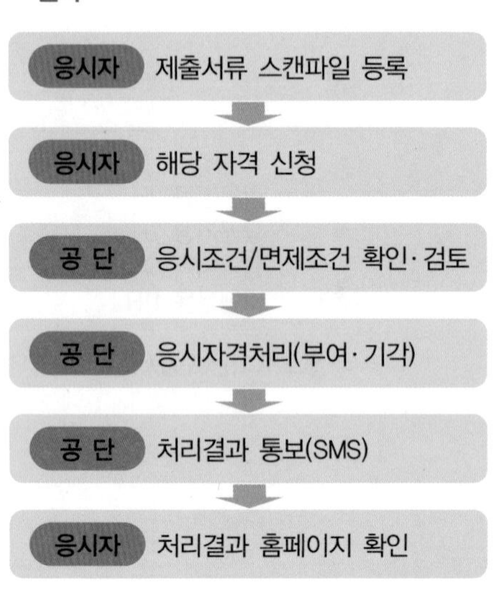

## 라 응시자격 검토기간

- 응시자격 검토는 최대 7일 소요될 수 있음(근무일 기준)
- 응시자격은 언제든지 신청 가능(시작일 없음)

※ 응시자격 신청 중 증명서 추가 등록 가능하며, 기각 시 응시자격 재신청
(재신청된 응시자격은 신규와 동일하게 순서대로 검토 진행됨)

### 1) 응시자격 신청기간 예

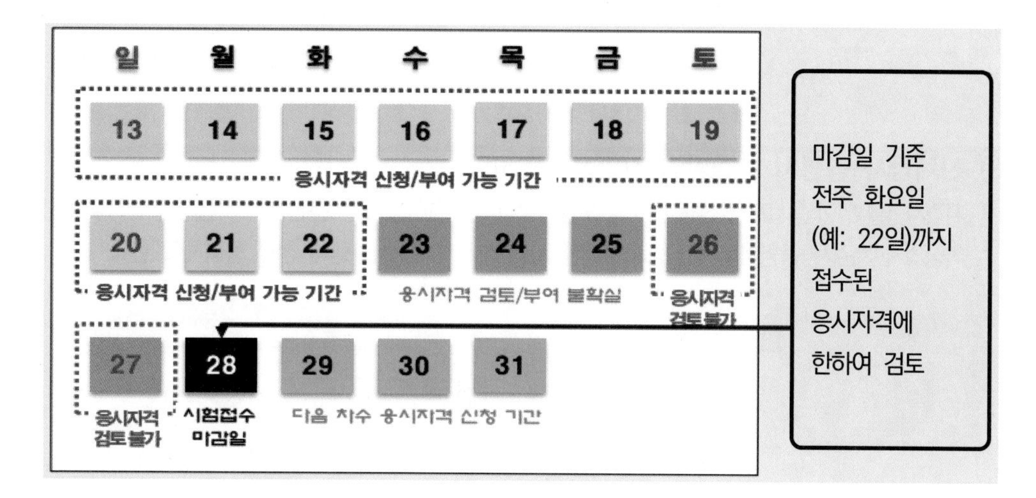


### 2) 응시자격이 자주 기각되는 사유

| | |
|---|---|
| 비행경력증명서 | - 초경량비행장치 조종자 증명 운영세칙 별지 서식과 양식이 다른 경우<br>(발급번호, 지도조종자와 발급책임자 누락 등)<br>- 기각 후 또는 새로 발급한 증명서의 발급일을 갱신하지 않은 경우<br>- 증명서에 개인정보(응시자 및 지도조종자)에 오류 있는 경우<br>(응시자의 이름, 생년월일 및 지도조종자 자격번호 등)<br>- 비행시간 합계 오류(기장, 훈련, 소계)<br>- 전문교육기관 수료기준(기장 12H, 훈련8H)에 맞지 않는 경우 학과 면제 불가 |
| 신체검사증명서 | - 신체검사증명서에 응시자 본인의 이름과 서명누락<br>- 운전면허증의 적성검사 기간이 지난 경우(유효하지 않는 증명서 등재) |
| 기타 | - 증명서가 육안으로 식별 불가능 경우(빛 번짐, 저화질 등) |

## 마 응시자격 서류작성 방법

### 1) 비행경력증명서

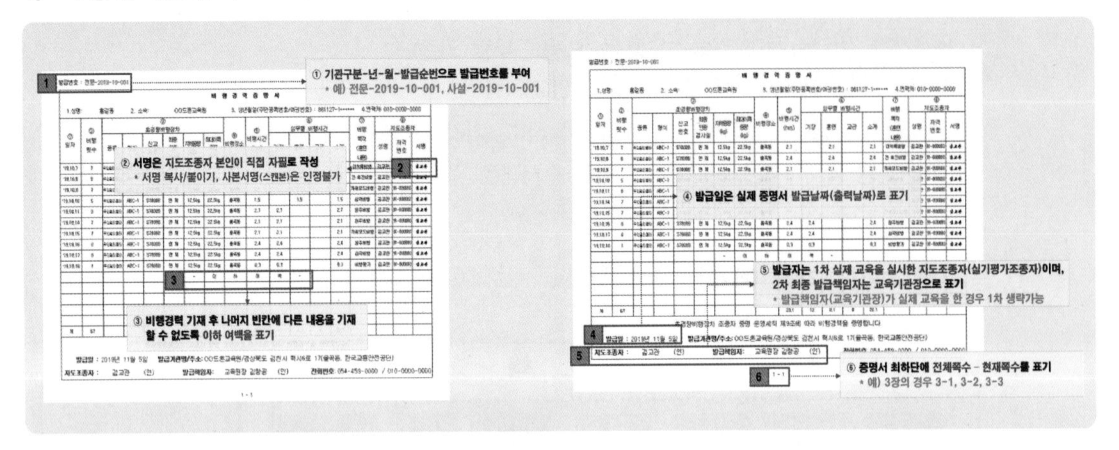


### 3) 신체검사 증명서 제출방법 1/2(운전면허증)

자격시험을 위한 응시자격 신청 간 2종 보통이상의 운전면허증 또는 운전면허 시험장에서 이루어지는 2종 보통 이상의 신체검사 증명서를 항공종사자 자격시험 상시 원격 시스템에 첨부 등록해야 한다.

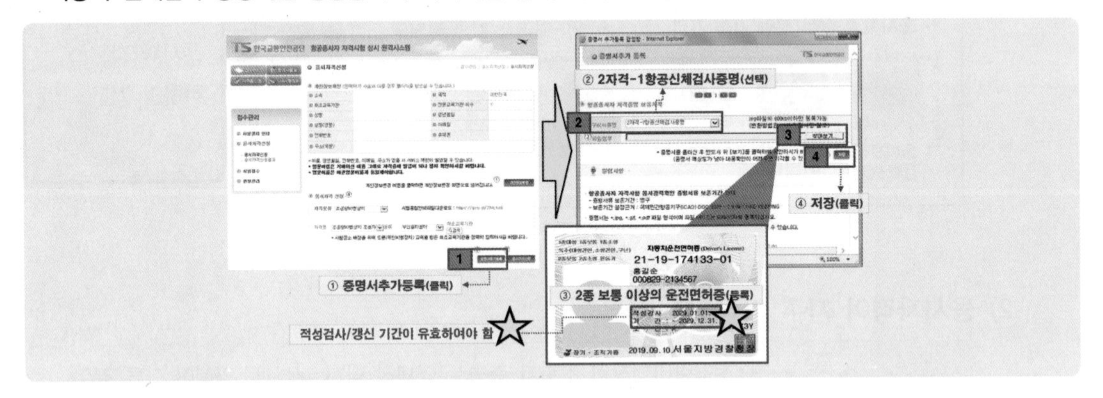


### 4) 신체검사 증명서 제출방법 2/2(신체검사 증명서)

신체검사 증명서 제출 시 사진이 부착된 앞면과 판정관 의견 및 의사 면허번호 및 응시자의 성명과 서명이 명기된 뒷면을 식별 가능토록 선명하게 스캔하여 제출.(자동차운전면허시험 응시원서 또는 운전면허 정기 적성검사 신청서)

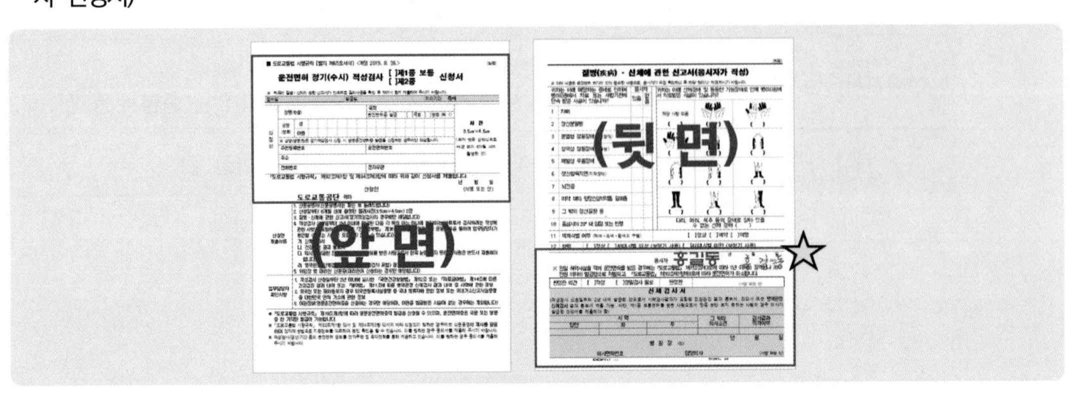

# 3. 시험 신청

## 가 신청 시 한국교통안전공단 홈페이지 사용방법(www.kotsa.or.kr)

## 나 홈페이지 로그인 및 항공 / 초경량 자격시험

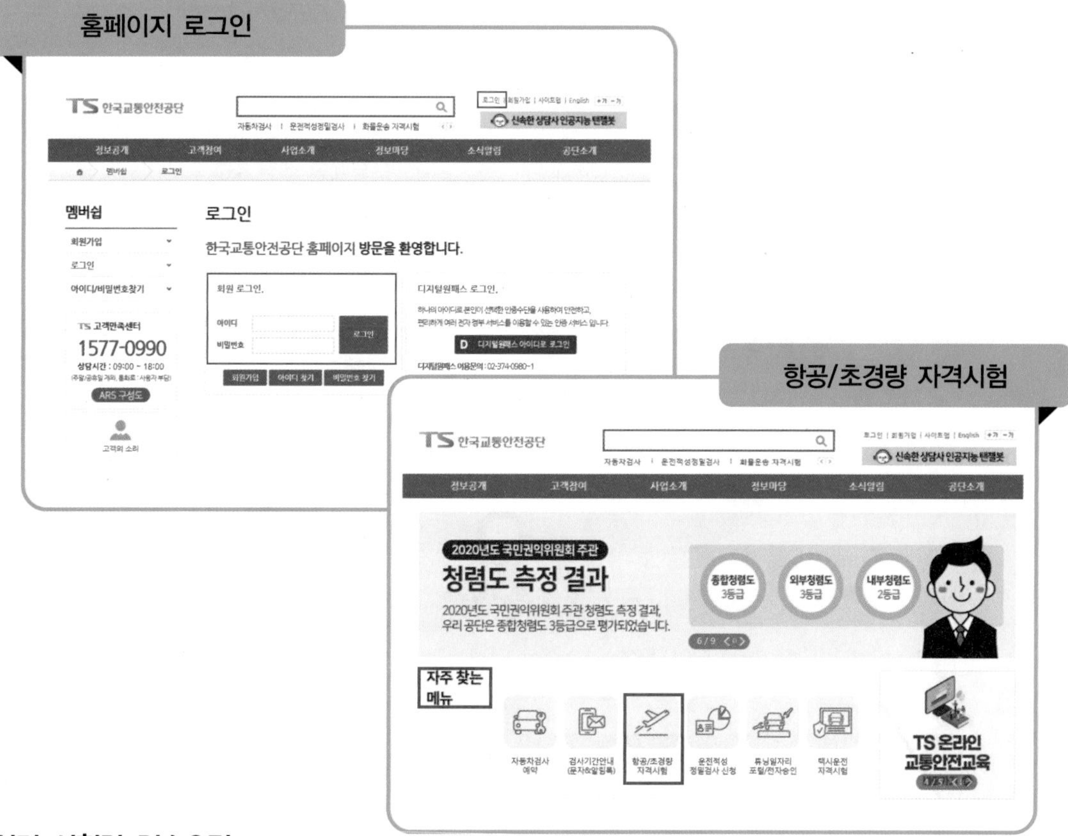


## 다 실기 시험장 접수요령

실기 시험장은 상시 실기시험장과 전문교육기관 구분 없이 협의된 장소 접수

1. **기존 실기시험장 접수와 동일하게 접수 가능**
   (전문교육기관 수료자 → 전문교육기관 시험접수) / 비전문교육기관 → 상시실기시험장 시험접수)
2. **전문교육기관 수료자 중 상시실기시험장 접수 희망자**
   → 전문교육기관 담당자를 통해 상시실기시험장 접수(일자는 상시실기시험장 일자에 접수하여야 함)
3. **비전문교육기관 수료자 중 타 전문교육기관 실기시험장 접수 희망자**
   → 해당 전문교육기관과 협의하여 해당 전문교육기관으로 실기시험 접수
   (일자는 해당 전문교육기관 시험일자에 접수하여야 함)

- **전문교육기관 담당자 시험장 권한** : 해당 전문교육기관, 상시실기시험장
- **비전문교육기관 담당자 시험장 권한** : 상시실기시험장

## 4. 접수부터 자격증 수령 절차

※ 응시자격 요건 충족 시 신청은 언제든지 가능

**응시자격 신청**
- 홈페이지 신청
- 증빙서류 스캔 업로드

**응시자격 심사**
- 법적 조건 충족 여부 심사
- 응시자격 검토는 최대 7일 소요

**응시자격 부여**
- 서류 확인 후 자격 부여

**학과시험 접수**
- 홈페이지 접수, 수수료 결제
- 시험장소/일자/시간 선택

**학과시험 응시**
- CBT컴퓨터 시험 시행
- 전국 시험장 동시 실시[서울, 부산, 광주, 대전, 화성 및 지방 화물시험장(부산, 광주, 대전, 춘천, 대구, 전주, 제주)]

**합격자 발표**
- 시험 종료 즉시 결과 발표 (공식 결과는 홈페이지 18:00 이후)
- 과목 합격제 (유효기간 2년)

**실기시험 접수**
- 홈페이지 접수, 수수료 결제 - 시험 일자 선택

**실기시험 응시**

초경량 : 전문교육기관 등
(응시자가 사용할 비행 장치 준비와 비행 허가 등 관련 사항 준비)

**합격자 발표**
- 시험 당일 18 : 00 결과 발표
- 실기 채점표 결과 홈페이지 확인 가능

**자격 발급 신청**
- 방문 및 홈페이지 신청, 수수료 결제
- 사진(필수), 신체검사증명서 등록

**자격 발급 수령**
- 방문 : 직접 수령
- 홈페이지 : 등기우편 발송 수령(2일 이상 소요)

※ 초경량비행장치조종 자격시험(031-645-2104) 및 조종자 증명(031-645-2103~4)

※ 조종교육교관 과정(031-489-5209~10) 및 실기평가조종자 과정(031-645-2101)

# 5. 필기(학과) 시험은 이렇게

## 가 기준 및 면제 기준(항공안전법 시행규칙 제86조 및 별표6, 제88조, 제306조)

| | |
|---|---|
| 기 준 | – 교통안전공단의 필기시험은 종별 구분없이 통합된 시험으로 각 종별에 관계없이 응시하여 합격한 후 실기는 종별로 선택<br>– 필기시험 합격 후 유예기간은 2년 |
| 면제기준 | – 전문교육기관의 학과시험은 해당 전문교육기관에 위임<br>– 무인헬리콥터와 무인멀티콥터는 상호 자격 보유 시 학과 면제 |

## 나 학과시험 접수기간 (항공안전법 시행규칙 제306조)

※ 시험일자와 접수기간은 제반환경에 따라 변경될 수 있습니다.

- **접수담당** : 031-645-2103
- **접수일자** : '20년 12월 14일부터 최초 접수 시작
- **접수마감일자** : 시험일자 2일 전
- **접수시작시간** : 시험일로부터 3개월 이전 일자의 20 : 00부터
- **접수마감시간** : 접수 마감일자 23 : 59
- **접수변경** : 시험일자/장소를 변경하고자 하는 경우 환불 후 재접수
- **접수제한** : 정원제 접수에 따른 접수인원 제한 (시험장별 좌석 수 제한)
- **응시제한** : 공정한 응시기회 제공을 위해 기 접수 시험이 있는 경우 중복 접수 불가
  ※ 이미 접수한 시험의 홈페이지 결과 발표(18 : 00) 이후에 다음 시험 접수 가능

## 다 필기(학과)시험 접수방법

- **인터넷** : 공단 홈페이지 항공종사자 자격시험 페이지
- **결제수단** : 인터넷(신용카드, 계좌이체)

## 라 시험 응시수수료 : 48,400원 (항공안전법 시행규칙 제321조 및 별표 47)

## 마 학과시험 과목과 세목현황 (항공안전법 시행규칙 제82조 제1항 및 별표5, 제306조)

### 1) 필기시험 과목 및 범위

| 자격종류 | 과 목 | 범 위 |
|---|---|---|
| 초경량비행장치 조종자<br>(통합 1과목 40문제) | 항공 법규 | 해당 업무에 필요한 항공 법규 |
| | 항공 기상 | ① 항공기상의 기초 지식<br>② 항공에 활용되는 일반 기상의 이해 등 (무인비행장치에 한함) |
| | 비행이론 및 운용 | ① 해당 비행장치의 비행 기초 원리<br>② 해당 비행장치의 구조와 기능에 관한 지식 등<br>③ 해당 비행장치 지상 활주(지상활동) 등<br>④ 해당 비행장치 이·착륙<br>⑤ 해당 비행장치 공중 조작 등<br>⑥ 해당 비행장치 비상 절차 등<br>⑦ 해당 비행장치 안전관리에 관한 지식 등 |

### 2) 필기시험 과목별 세목현황

| 과목명 | 세목명 |
|---|---|
| 법규 분야 | 목적 및 용어의 정의 / 공역 및 비행제한 / 초경량 비행장치 범위 및 종류 / 신고를 요하지 아니하는 초경량 비행장치 / 초경량 비행장치의 신고 및 안전성 인증 / 초경량비행장치 변경·이전·말소 / 초경량비행장치의 비행자격 등 / 비행계획 승인 / 초경량비행장치 조종자 준수 사항 / 초경량비행장치 사고·조사 및 벌칙 |
| 이론 분야 | 비행준비 및 비행 전 점검 / 비행절차 / 비행 후 점검 / 기체의 각 부분과 조종면의 명칭 및 이해 / 추력부분의 명칭 및 이해 / 기초비행이론 및 특성 / 측풍이착륙 / 엔진고장 등 비정상 상황시 절차/ 비행장치의 안정과 조종 / 송수신 장비 관리 및 점검 / 배터리의 관리 및 점검 / 엔진의 종류 및 특성 / 조종자 및 역할 / 비행장치에 미치는 힘 / 공기흐름의 성질 / 날개 특성 및 형태 / 지면효과, 후류 등 / 무게중심 및 weight & balance / 사용가능기체(GAS) / 비행안전 관련 / 조종자 및 인적요소 / 비행관련 정보(AIP, NOTAM) 등 |
| 기상 분야 | 대기의 구조 및 특성 / 착빙 / 기온과 기압 / 바람과 지형 / 구름 / 시정 및 시정장애현상 / 고기압과 저기압 / 기단과 전선 / 뇌우 및 난기류 등 |

### 사 학과시험 장소 (항공안전법 시행규칙 제84조, 제306조)

- **서울시험장** : 항공시험처 (서울 마포구 구룡길 15)
- **부산시험장** : 부산본부 (부산 사상구 학장로 256)
- **광주시험장** : 광주전남본부 (광주 남구 송암로 96)
- **대전시험장** : 대전충남본부 (대전 대덕구 대덕대로 1417번길 31)
- **화성시험장** : 드론자격시험센터(경기도 화성시 송산면 삼존로 200)

※ 지방 화물시험장(부산, 광주, 대전, 춘천, 대구, 전주, 제주)

### 아 학과시험 시행방법 (항공안전법 제43조 및 시행규칙 제82조, 제84조, 제306조)

- **시험담당** : 031)645-2103, 2104(초경량비행장치 실비행시험)
- **시행방법** : 컴퓨터에 의한 시험 시행
- **문제 수** : 초경량비행장치조종자 통합 40문제 / • **시험시간** : 50분
- **시작시간** : 평일(10 : 00, 14 : 00, 17 : 00), 주말(10 : 00, 11 : 00, 14 : 00)
  * 시작시간은 여러 종류의 시험시행으로 시험 일자에 따라 달라질 수 있음
- **응시제한 및 부정행위 처리**
  - 시험 시작시간 이후에 시험장에 도착한 사람은 응시 불가
  - 시험 도중 무단으로 퇴장한 사람은 재입장 할 수 없으며 해당 시험 종료처리
  - 부정행위 또는 주의사항이나 시험감독의 지시에 따르지 아니하는 사람은 즉각 퇴장조치 및 무효처리하며, 향후 2년간 공단에서 시행하는 자격시험의 응시자격 정지

### 자 학과시험 합격발표 (항공안전법 시행규칙 제83조, 제85조, 제306조)

- **발표방법** : 시험종료 즉시 시험 컴퓨터에서 확인
- **발표시간** : 시험종료 즉시 결과확인(공식적인 결과발표는 홈페이지로 18:00 발표)
- **합격기준** : 70% 이상 합격(과목당 합격 유효)
- **합격취소** : 응시자격 미달 또는 부정한 방법으로 시험에 합격한 경우 합격 취소
- **유효기간** : 해당 과목 합격일로부터 2년간 유효
  - 학과합격 유효기간 : 최종과목 합격일로부터 2년간 합격 유효
  - 실기접수 유효기간 : 최종과목 합격일로부터 2년간 접수 가능

## 6. 실기시험은 이렇게

**가 실기시험 면제 기준** : 해당사항 없음

**나 실기시험 접수기간** (항공안전법 시행규칙 제84조, 제306조)

- **접수담당** : 031)645-2103, 2104(초경량비행장치 실 비행시험)
- **접수일자** : 실 비행시험 - 시험일 2주전(前) 수요일 ~ 시험시행일 전(前) 주 월요일
- **접수시작시간** : 접수 시작일 20:00 / • **접수마감시간** : 접수 마감일 23:59
- **접수변경** : 시험 일자를 변경하고자 하는 경우 환불 후 재 접수
- **접수제한** : 정원제 접수에 따른 접수인원 제한
- **응시제한** : 이미 접수한 시험의 결과가 발표된 이후 다음시험 접수 가능

– 목적 : 응시자 누구에게나 공정한 응시기회 제공

※ 실기시험 접수 시 반드시 사전에 교육기관과 비행장치 및 장소 제공 일자는 협의된 날짜로 접수할 것.

**다 실기시험 접수방법**

- **인터넷** : 공단 홈페이지 항공종사자 자격시험 페이지 / • **결제수단** : 인터넷(신용카드, 계좌이체)

**라 실기시험 환불기준** (항공안전법 시행규칙 제321조)

- **환불기준** : 수수료를 과오납한 경우, 공단의 귀책사유 등으로 시험을 시행하지 못한 경우, 실기시험 시행일자 기준 8일전날 23 : 59까지 또는 접수가능 기간까지 취소하는 경우

  * 예시 : 시험일(1월 10일), 환불마감일(1월 2일 23:59까지) ※ 근거 : 민법 제6장 기간(제155조부터 제161조)
- **환불금액** : 100% 전액 / • **환불시기** : 신청즉시 (실제 환불확인은 카드사나 은행에 따라 5~6일 소요)

**마 실기시험 환불방법**

- **환불담당** : 031)645-2102 / • **환불장소** : 공단 홈페이지 항공종사자 자격시험 페이지
- **환불종료** : 환불마감일의 23 : 59까지 / • **환불방법** : 홈페이지 [시험원서 접수] - [접수취소/환불] 메뉴 이용

**바 응시 수수료 : 72,600원**

**사 실기 시험 일자** : 연간 계획 참조(각 지역별, 각 전문교육기관별 계획) *** 한국교통안전공단 홈페이지 확인요망**

**아 실기시험 시행방법** (항공안전법 제43조 및 시행규칙 제82조, 제84조, 제306조)

- **시험담당** : 031)645-2103, 2104(초경량비행장치 실 비행시험) / • **시행방법** : 구술 및 실 비행시험
- **시작시간** : 공단에서 확정 통보된 시작시간(시험접수 후 별도 SMS 통보)
- **응시제한 및 부정행위 처리**
  - 사전 허락없이 시험 시작시간 이후에 시험장에 도착한 사람은 응시 불가
  - 시험위원 허락없이 시험 도중 무단으로 퇴장한 사람은 해당 시험 종료처리
  - 부정행위 또는 주의사항이나 시험감독의 지시에 따르지 아니하는 사람은 즉각 퇴장조치 및 무효처리하며, 향후 2년간 공단에서 시행하는 자격시험의 응시자격 정지

**자 실기시험 합격발표** (항공안전법 시행규칙 제83조, 제85조, 제306조)

- **발표방법** : 시험종료 후 인터넷 홈페이지에서 확인
- **발표시간** : 시험당일 18 : 00 (단, 기상 등의 이유로 시험이 늦어진 경우에는 채점이 완료된 시각)
- **합격기준** : 채점항목의 모든 항목에서 "S" 등급 이상 합격
- **합격취소** : 응시자격 미달 또는 부정한 방법으로 시험에 합격한 경우 합격 취소

## 차 1종 실기(실 비행 및 구술)시험

### 1) 실 비행 시험

- 공동사항(별도 수치를 제시하지 않은 기동 전체 공통 적용)

| 항목 | 항목해설 | 평가 기준 | 비교 기준점 | 허용 범위 | 비 고 |
|---|---|---|---|---|---|
| 평가 요소 | 실기 기동 시 기체의 위치, 고도, 기수방향, 기동흐름 4요소 평가 | – | – | – | 평가 4대 요소 |
| 기체 위치 | 기체 중심의 위치가 규정 위치와 얼마나 벗어났는지를 평가 | 규정 위치 | 기체 중심 | ±1m | 이동 경로의 경우 좌우 또는 전후 각각 1m(폭 2m) 이내 허용 |
| 기준 고도 | 전체 실비행 기동에서 기준이 되는 고도 | 선택 고도 | 스키드 | 3~5m | 최초 이륙 비행 상승 후 정지 시 기준 고도 결정 |
| 기체 고도 | 기체 스키드(지면에 닿는 부속)의 높이가 기준 고도보다 얼마나 낮거나 높은지를 평가 | 기준 고도 | 스키드 | ±0.5m | 고도 허용범위 : 2.5m~5.5m<br>(기동별 제시된 고도에 허용범위 ±0.5m 적용) |
| 기수 방향 | 기동 중 기체의 기수방향이 규정 방향보다 얼마나 편향되었는지를 평가 | 규정 방향 | 기수 | ±15° | 비상 조작에서만 ±45° 허용 |
| 기동 흐름 | 현재 시행하고 있는 기동 중에 얼마나 멈춤이 발행하였는지를 평가 | 기동 상태 | 기동유지 | 멈춤 3초미만 | 3초 미만 멈춤 2회 이상 또는 3초 이상 멈춤 1회 이상 이면 과도한 시간 소모로 'U'(불만족) |
| | | | 정지 (호버링) | 5초 이상 | 5초 미만 정지 후 다음 기동을 진행하면 'U'(불만족) |
| | | | 일시정지 (비상조작) | 3초 미만 | 일시 정지(3초 이상)이면 'U'(불만족) |

- 평가 기동(※는 평가 제외 항목)

| 영 역 | 항 목 | 평 가 기 준 |
|---|---|---|
| 비행 전 절차 | 비행 전 점검 | 비행 전 점검(볼트/너트 조임 상태, 파손상태 등)을 수행하고 그 상태의 좋고 나쁨을 판정할 수 있을 것 |
| | 기체의 시동 | 정상적으로 비행장치의 시동을 걸 수 있을 것 |
| | 이륙 전 점검 | 이륙 전 점검을 정상적으로 수행할 수 있을 것<br>– 비행장치의 시동 및 이륙을 5분 이내에 수행할 수 있을 것 |
| 이륙 및 공중 조작 | 이륙비행 | **가. 세부 기동 순서**<br>① 이착륙장(H지점)에서 이륙 상승(상승 후 정지한 시점에 기준고도 설정)<br>– 모든 기동은 설정한 기준 고도의 허용범위를 유지<br>② 이륙 후 점검(호버링 중 에일러론, 엘리베이터, 러더 이상 유무 점검)<br>③ 정지 호버링 ※ 기동 후 호버링(A지점) 지점으로 전진 이동<br>**나. 주요 평가 기준**<br>① 세부 기동 순서대로 진행할 것<br>② 지정된 고도(기준고도, 허용범위 포함)까지 상승할 것<br>③ 이륙 시 이착륙장(H지점) 기준 수직 상승할 것<br>④ 상승 속도가 너무 느리거나 빠르지 않고 상승 중 멈춤 없이 흐름이 유지될 것<br>⑤ 기수방향이 전방을 유지할 것<br>⑥ 기체의 자세 및 위치를 유지할 수 있을 것<br>⑦ 정지 호버링 기준시간을 준수할 것 |
| | 공중 정지비행 (호버링) | **가. 세부 기동 순서**<br>① A 지점(호버링 위치)에서 기준 고도 높이, 기수방향 전방 상태로 정지 호버링<br>② 좌(우)로 90° 회전 ③ 정지 호버링 ④ 우(좌)로 180° 회전<br>⑤ 정지 호버링 ⑥ 기수 전방으로 정렬 ⑦ 정지 호버링<br>**나. 주요 평가 기준**<br>① 세부 기동 순서대로 진행할 것 ② 기동 중 고도 변화 없을 것<br>③ 기동 중 위치 이탈 없을 것 ④ 회전 중 멈춤 없을 것<br>⑤ 회전 전, 후 적절한 기수방향을 유지할 것 ⑥ 정지 호버링 기준시간을 준수할 것 |

| 영 역 | 항 목 | 평 가 기 준 |
|---|---|---|
| 이륙 및 공중 조작 | 직진 및 후진 수평비행 | **가. 세부 기동 순서**<br>① A 지점에서 E 지점까지 40m 수평 전진 ② 정지 호버링 (3초 이상)<br>③ E 지점에서 A 지점까지 40m 수평 후진 ④ 정지 호버링<br>**나. 주요 평가 기준**<br>① 세부 기동 순서대로 진행할 것 ② 기수방향이 전방을 유지할 것<br>③ 기동 중 고도 변화 없을 것 ④ 경로 이탈 없을 것<br>⑤ 기동 중 속도의 변화가 없이 일정하게 유지할 것(멈춤 등이 없을 것)<br>⑥ E 지점을 못 미치거나 초과하지 않을 것(E 지점에서는 전후 5m 까지 인정)<br>⑦ 정지 호버링 기준시간을 준수할 것 |
| | 삼각비행 | **가. 세부 기동 순서**<br>① 기준고도 높이의 A 지점에서 B(D) 지점까지 수평 직선 이동 ② 정지 호버링<br>③ A 지점 상공의 최고 상승지점(기준고도+수직 7.5m)까지 45° 방향(대각선)으로 상승 이동<br>④ 정지 호버링 ⑤ 기준 고도 높이의 D(B) 지점까지 45° 방향(대각선)으로 하강 이동<br>⑥ 정지 호버링 ⑦ A 지점으로 수평 직선 이동<br>⑧ 정지 호버링<br>※ 기동 후 이착륙장(H지점) 지점으로 후진 이동<br>**나. 주요 평가 기준**<br>① 세부 기동 순서대로 진행할 것<br>② 기수방향이 전방을 유지할 것<br>③ 기동 중 적절한 위치, 고도 및 경로 유지<br>④ 기동 중 속도의 변화가 없이 일정하게 유지할 것(멈춤 등이 없을 것)<br>⑤ 정지 호버링 기준시간을 준수할 것 |
| | 원주비행 (러더턴) | **가. 세부 기동 순서**<br>① 이착륙장(H지점) 상공에서 기준고도 높이, 기수방향 전방 상태로 정지 호버링<br>② 기수를 좌(우)로 90° 회전 ③ 정지 호버링<br>④ A 지점을 중심축으로 반경 7.5m인 원주 기동 실시<br>– 이착륙장(H 지점) → B(D) 지점 → C 지점 → D(B) 지점 → 이착륙장(H 지점)<br>⑤ 이착륙장(H지점) 상공으로 복귀 후 정지 호버링<br>⑥ 우(좌)로 90° 회전하여 기수방향을 전방으로 정렬<br>⑦ 정지 호버링<br>**나. 주요 평가 기준**<br>① 세부 기동 순서대로 진행할 것 ② 각 지점을 허용범위 내 반드시 통과해야 함<br>③ 진행 방향과 기수방향 일치 및 유지(원주 접선 방향 유지, 원주 시작 방향을 기준으로 B(D) 지점 90°, C 지점 180°, D(B) 지점 270°)<br>④ 기동 중 적절한 위치, 고도 및 경로 유지 ⑤ 회전 중 멈춤 없을 것<br>⑥ 기동 중 속도의 변화가 없이 일정하게 유지할 것(멈춤 등이 없을 것)<br>⑦ 정지 호버링 기준시간을 준수할 것 |
| | 비상조작 | **가. 세부 기동 순서**<br>① 이착륙장(H지점) 상공, 기준 고도에서 2m 이상 고도 상승<br>② 정지 호버링<br>③ "비상" 구호(응시자) 후 즉시 하강 및 횡으로 비상 착륙장(F지점)까지 빠르게 비상 강하<br>④ 비상 착륙장(F지점)에 접근 후 즉시 안전하게 착지하거나, 1m 이내의 고도에서 일시 정지 후 신속하게 위치, 자세를 보정하며 강하<br>⑤ 착륙 및 시동종료<br>**나. 주요 평가 기준**<br>① 세부 기동 순서대로 진행할 것<br>② 기수방향이 전방을 유지할 것(기수방향은 좌우 각 45°까지 허용)<br>③ 비상 강하 속도는 일반 기동의 속도보다 1.5배 이상 빠를 것<br>④ 비상 강하할 때 스로틀을 조작하여 강하를 지연시키거나, 고도를 상승시키지 말고 적정 경로로 이동할 것<br>⑤ 비상 강하 시 일시 정지한 경우(3초미만)의 고도는 비상 착륙장 지표면 기준 1m까지만 인정 (일시 정지 없이 즉시 착륙 가능)<br>⑥ 착지 및 착륙 지점이 스키드(착륙 시 지면에 닿는 부속) 기준으로 일부라도 비상착륙장 내에 있거나 접해 있을 것<br>⑦ 정지 호버링 기준시간을 준수할 것 |

| 영 역 | 항 목 | 평 가 기 준 |
|---|---|---|
| 착륙 조작 | 정상접근 및 착륙 (자세모드) | **가. 세부 기동 순서**<br>① 비행모드를 자세제어 또는 수동조작 모드로 전환<br>② 비상착륙장(F지점)에서 이륙하여 기수 전방 향하고, 기준 고도까지 상승<br>③ 정지 호버링<br>④ 이착륙장(H지점) 상공까지 수평 횡이동<br>⑤ 정지 호버링<br>⑥ 착륙장 내 착륙지점을 향해 강하<br>⑦ 착륙 및 시동종료<br>※ 기동 후 GPS 모드로 전환하고 시동, 이륙 후 기수를 전방으로 향한 채 B(D) 지점으로 이동<br>**나. 주요 평가 기준**<br>① 세부 기동 순서대로 진행할 것<br>② 기수방향이 전방을 유지할 것<br>③ 수평 횡 이동 시 고도 변화 없을 것<br>④ 경로 이탈이 없을 것<br>⑤ 기동 중 속도의 변화가 없이 일정하게 유지할 것(멈춤 등이 없을 것)<br>⑥ 착지 지점과 착륙 지점은 무인멀티콥터 중심축을 기준으로 착륙장 내에 있거나 접해 있을 것<br>⑦ 모든 세부 기동은 자세제어 또는 수동조작 모드로 시행할 것<br>⑧ 정지 호버링 기준시간을 준수할 것 |
| | 측풍접근 및 착륙 | **가. 세부 기동 순서**<br>① B(D) 지점에서 기준고도 높이, 기수방향 전방 상태로 정지 호버링<br>② 기수를 바람 방향(B 지점은 좌측, D 지점은 우측을 가정)으로 90° 회전(B 지점은 좌회전, D 지점은 우회전)<br>③ 정지 호버링<br>④ 이착륙장(H지점) 상공까지 측면 상태로 직선경로(최단 경로)로 수평 이동<br>⑤ 정지 호버링<br>⑥ 착륙장 내 착륙지점을 향해 강하<br>⑦ 착륙 및 시동 종료 |
| | 측풍접근 및 착륙 | **나. 주요 평가 기준**<br>① 세부 기동 순서대로 진행할 것<br>② 회전 중 멈춤 없을 것<br>③ 적절한 기수방향을 유지할 것<br>④ 수평 비행 시 고도 변화 없을 것<br>⑤ 경로 이탈이 없을 것<br>⑥ 기동 중 속도의 변화가 없이 일정하게 유지할 것(멈춤 등이 없을 것)<br>⑦ 착지 지점과 착륙 지점은 무인멀티콥터 중심축을 기준으로 착륙장 내에 있거나 접해 있을 것<br>⑧ 정지 호버링 기준시간을 준수할 것 |
| 비행후 점검 | 비행 후 점검 | 착륙 후 점검 절차 및 항목(볼트/너트 조임 상태, 파손상태 등)에 따라 점검 실시 |
| | 비행기록 | 로그북 등에 비행 기록을 정확하게 기재 할 수 있을 것 |
| 종합 능력 | 안전거리 유지 | 실기시험 중 실기 기동에 따라 권고된 안전거리(조종자 중심 반경 14m) 및 안전라인(조종자 어깨와 평행한 기준선 전방 기준) 이상을 유지할 수 있을 것 |
| | 계획성 | 비행을 시작하기 전에 상황을 정확하게 판단하고 비행계획을 수립 했는지 여부에 대하여 평가할 것 |
| | 판단력 | 수립한 비행계획을 적용 시 적절성 여부에 대하여 평가할 것 |
| | 규칙의 준수 | 관련되는 규칙을 이해하고 그 규칙의 준수여부에 대하여 평가할 것 |
| | 조작의 원활성 | 기체 취급이 신속정확하며 원활한 조작을 하고 있는지 여부에 대하여 평가할 것 |

### 2) 구술 시험

- 조종자의 지식 및 실기 수행 능력 확인을 위해 각 항목은 빠짐없이 평가되어야 함
  (응시자 1인 항목별 1문제, 전체 5문제 출제)

| 항 목 | 세 부 내 용 | 평가기준 |
|---|---|---|
| 기체에 관련한 사항 | 가. 기체형식(무인멀티콥터 형식)<br>나. 기체제원(자체중량, 최대이륙중량, 배터리 규격)<br>다. 기체규격(프로펠러 직경 및 피치)<br>라. 비행원리(전후진, 좌우횡진, 기수전환의 원리)<br>마. 각부품의 명칭과 기능(비행제어기, 자이로센서, 기압센서, 지자기센서, GPS수신기)<br>바. 안전성인증검사, 비행계획승인<br>사. 배터리 취급시 주의사항 | 각 세부 항목별로 충분히 이해하고 설명할 수 있을 것 |
| 조종자에 관련한 사항 | 가. 초경량비행장치 조종자 요건 및 준수사항<br>나. 안전관리 및 비행운용에 관한 사항 | |
| 공역 및 비행장에 관련한 사항 | 가. 비행금지구역 나. 비행제한공역<br>다. 관제공역 라. 허용고도<br>마. 기상조건 (강수, 번개, 안개, 강풍, 주간) | |
| 일반지식 및 비상절차 | 가. 비행계획 나. 비상절차<br>다. 충돌예방(우선권) 라. NOTAM(항공고시보) | |
| 이륙 중 엔진 고장 및 이륙 포기 | 이륙 중 비정상 상황 시 대응 방법 | |

## 카 2종 실기(실 비행 및 구술) 시험

### 1) 실 비행 시험

- 공동사항(별도 수치를 제시하지 않은 기동 전체 공통 적용)

| 항목 | 항목해설 | 평가기준 | 비교기준점 | 허용범위 | 비 고 |
|---|---|---|---|---|---|
| 평가요소 | 실기 기동 시 기체의 위치, 고도, 기수방향, 기동흐름 4요소 평가 | – | – | – | 평가 4대 요소 |
| 기체위치 | 기체 중심의 위치가 규정 위치와 얼마나 벗어났는지를 평가 | 규정위치 | 기체중심 | ±1m | 이동 경로의 경우 좌우 또는 전후 각각 1m(폭2m) 이내 허용 |
| 기준고도 | 전체 실비행 기동에서 기준이 되는 고도 | 선택고도 | 스키드 | 3~5m | 최초 이륙 비행 상승 후 정지 시 기준 고도 결정 |
| 기체고도 | 기체 스키드(지면에 닿는 부속)의 높이가 기준 고도보다 얼마나 낮거나 높은지를 평가 | 기준고도 | 스키드 | ±0.5m | 고도 허용범위 : 2.5m~5.5m (기동별 제시된 고도에 허용범위 ±0.5m 적용) |
| 기수방향 | 기동 중 기체의 기수방향이 규정 방향보다 얼마나 편향되었는지를 평가 | 규정방향 | 기수 | ±15° | 비상 조작에서만 ±45° 허용 |
| 기동흐름 | 현재 시행하고 있는 기동 중에 얼마나 멈춤이 발행하였는지를 평가 | 기동상태 | 기동유지 | 멈춤 3초미만 | 3초 미만 멈춤 2회 이상 또는 3초 이상 멈춤 1회 이상이면 과도한 시간 소모로 'U'(불만족) |
| | | | 정지(호버링) | 5초 이상 | 5초 미만 정지 후 다음 기동을 진행하면 'U'(불만족) |
| | | | 일시정지(비상조작) | 3초 미만 | 일시 정지(3초 이상)이면 'U'(불만족) |

- 평가 기동(※는 평가 제외 항목)

| 영 역 | 항 목 | 평 가 기 준 |
|---|---|---|
| 비행 전 절차 | 비행 전 점검 | 비행 전 점검(볼트/너트 조임 상태, 파손상태 등)을 수행하고 그 상태의 좋고 나쁨을 판정할 수 있을 것 |
| | 기체의 시동 | 정상적으로 비행장치의 시동을 걸 수 있을 것 |
| | 이륙 전 점검 | 이륙 전 점검을 정상적으로 수행할 수 있을 것<br>– 비행장치의 시동 및 이륙을 5분 이내에 수행할 수 있을 것 |
| 이륙 및 공중 조작 | 이륙비행 | **가. 세부 기동 순서**<br>① 이착륙장(H지점)에서 이륙 상승(상승 후 정지한 시점에 기준고도 설정)<br>– 모든 기동은 설정한 기준 고도의 허용범위를 유지<br>② 이륙 후 점검(호버링 중 에일러론, 엘리베이터, 러더 이상 유무 점검)<br>③ 정지 호버링<br>**나. 주요 평가 기준**<br>① 세부 기동 순서대로 진행할 것<br>② 지정된 고도(기준고도, 허용범위 포함)까지 상승할 것<br>③ 이륙 시 이착륙장(H지점) 기준 수직 상승할 것<br>④ 상승 속도가 너무 느리거나 빠르지 않고 상승 중 멈춤 없이 흐름이 유지될 것<br>⑤ 기수방향이 전방을 유지할 것<br>⑥ 기체의 자세 및 위치를 유지할 수 있을 것<br>⑦ 정지 호버링 기준시간을 준수할 것 |
| | 직진 및 후진 수평비행 | **가. 세부 기동 순서**<br>① H 지점에서 C 지점까지 15m 수평 전진 ② 정지 호버링 (3초 이상)<br>③ C 지점에서 A 지점까지 7.5m 수평 후진 ④ 정지 호버링<br>**나. 주요 평가 기준**<br>① 세부 기동 순서대로 진행할 것 ② 기수방향이 전방을 유지할 것<br>③ 기동 중 고도 변화 없을 것 ④ 경로 이탈 없을 것<br>⑤ 기동 중 속도의 변화가 없이 일정하게 유지할 것(멈춤 등이 없을 것)<br>⑥ C 지점을 못 미치거나 초과하지 않을 것<br>⑦ 정지 호버링 기준시간을 준수할 것 |
| | 삼각비행 | **가. 세부 기동 순서**<br>① 기준고도 높이의 A 지점에서 B(D) 지점까지 수평 직선 이동<br>② 정지 호버링<br>③ A 지점 상공의 최고 상승지점(기준고도+수직 7.5m)까지 45° 방향(대각선)으로 상승 이동<br>④ 정지 호버링 ⑤ 기준 고도 높이의 D(B) 지점까지 45° 방향(대각선)으로 하강 이동<br>⑥ 정지 호버링 ⑦ A 지점으로 수평 직선 이동<br>⑧ 정지 호버링<br>※ 기동 후 이착륙장(H지점) 지점으로 후진 이동<br>**나. 주요 평가 기준**<br>① 세부 기동 순서대로 진행할 것 ② 기수방향이 전방을 유지할 것<br>③ 기동 중 적절한 위치, 고도 및 경로 유지<br>④ 기동 중 속도의 변화가 없이 일정하게 유지할 것(멈춤 등이 없을 것)<br>⑤ 정지 호버링 기준시간을 준수할 것 |
| | 마름모비행 | **가. 세부 기동 순서**<br>① 이착륙장(H지점) 상공에서 기준고도 높이, 기수방향 전방 상태로 정지 호버링<br>② 기수를 전방으로 유지한 채 B → C → D → 이착륙장(H지점) 또는 D → C → B → 이착륙장(H지점) 순서로 진행<br>③ 정지 호버링<br>※ 기동 후 기수를 전방으로 향한 채 B(D) 지점으로 이동<br>**나. 주요 평가 기준**<br>① 세부 기동 순서대로 진행할 것 ② 각 지점을 허용범위 내 반드시 통과해야 함<br>② 기수방향이 전방을 유지할 것 ③ 기동 중 적절한 위치, 고도 및 경로 유지<br>④ 기동 중 속도의 변화가 없이 일정하게 유지할 것(멈춤 등이 없을 것)<br>⑤ 정지 호버링 기준시간을 준수할 것 |

| 영 역 | 항 목 | 평 가 기 준 |
|---|---|---|
| 착륙조작 | 측풍접근 및 착륙 | 가. 세부 기동 순서<br>① B(D) 지점에서 기준고도 높이, 기수방향 전방 상태로 정지 호버링<br>② 기수를 바람 방향(B 지점은 좌측, D 지점은 우측을 가정)으로 90° 회전(B 지점은 좌회전, D 지점은 우회전)<br>③ 정지 호버링<br>④ 이착륙장(H지점) 상공까지 측면 상태로 직선경로(최단 경로)로 수평 이동<br>⑤ 정지 호버링<br>⑥ 착륙장 내 착륙지점을 향해 강하<br>⑦ 착륙 및 시동 종료<br>나. 주요 평가 기준<br>① 세부 기동 순서대로 진행할 것 ② 회전 중 멈춤 없을 것<br>③ 적절한 기수방향을 유지할 것 ④ 수평 비행 시 고도 변화 없을 것<br>⑤ 경로 이탈이 없을 것<br>⑥ 기동 중 속도의 변화가 없이 일정하게 유지할 것(멈춤 등이 없을 것)<br>⑦ 착지 지점과 착륙 지점은 무인멀티콥터 중심축을 기준으로 착륙장 내에 있거나 접해 있을 것<br>⑧ 정지 호버링 기준시간을 준수할 것 |
| 비행후 점검 | 비행 후 점검 | 착륙 후 점검 절차 및 항목에 따라 점검 실시 |
| | 비행기록 | 로그북 등에 비행 기록을 정확하게 기재 할 수 있을 것 |
| 종합능력 | 안전거리 유지 | 실기시험 중 실기 기동에 따라 권고된 안전거리(조종자 중심 반경 14m) 및 안전라인(조종자 어깨와 평행한 기준선 전방 기준) 이상을 유지할 수 있을 것 |
| | 계획성 | 비행을 시작하기 전에 상황을 정확하게 판단하고 비행계획을 수립 했는지 여부에 대하여 평가할 것 |
| | 판단력 | 수립한 비행계획을 적용 시 적절성 여부에 대하여 평가할 것 |
| | 규칙의 준수 | 관련되는 규칙을 이해하고 그 규칙의 준수여부에 대하여 평가할 것 |
| | 조작의 원활성 | 기체 취급이 신속정확하며 원활한 조작을 하고 있는지 여부에 대하여 평가할 것 |

## 2) 구술 시험

- 조종자의 지식 및 실기 수행 능력 확인을 위해 각 항목은 빠짐없이 평가되어야 함
  (응시자 1인 항목별 1문제, 전체 5문제 출제)

| 항 목 | 세 부 내 용 | 평가기준 |
|---|---|---|
| 기체에 관련한 사항 | 가. 기체형식(무인멀티콥터 형식) 나. 기체제원(자체중량, 최대이륙중량, 배터리 규격)<br>다. 기체규격(프로펠러 직경 및 피치) 라. 비행원리(전후진, 좌우횡진, 기수전환의 원리)<br>마. 각부품의 명칭과 기능(비행제어기, 자이로센서, 기압센서, 지자기센서, GPS수신기)<br>바. 안전성인증검사, 비행계획승인 사. 배터리 취급시 주의사항 | 각 세부 항목별로 충분히 이해하고 설명할 수 있을 것 |
| 조종자에 관련한 사항 | 가. 초경량비행장치 조종자 요건 및 준수사항<br>나. 안전관리 및 비행운용에 관한 사항 | |
| 공역 및 비행장에 관련한 사항 | 가. 비행금지구역 나. 비행제한공역 다. 관제공역<br>라. 허용고도 마. 기상조건 (강수, 번개, 안개, 강풍, 주간) | |
| 일반지식 및 비상절차 | 가. 비행계획 나. 비상절차<br>다. 충돌예방(우선권) 라. NOTAM(항공고시보) | |
| 이륙 중 엔진 고장 및 이륙 포기 | 이륙 중 비정상 상황 시 대응 방법 | |

### 타 실기시험 합격발표 (항공안전법 시행규칙 제83조, 제85조, 제306조)

- **발표방법** : 시험종료 후 인터넷 홈페이지에서 확인
- **발표시간** : 시험당일 18 : 00 (단, 기상 등의 이유로 시험이 늦어진 경우에는 채점이 완료된 시각)
- **합격기준** : 채점항목의 모든 항목에서 “S”등급 이상 합격
- **합격취소** : 응시자격 미달 또는 부정한 방법으로 시험에 합격한 경우 합격 취소

# 7. 합격 자격증을 받으려면(자격증 발급)

## 가 자격증 신청 제출서류 (항공안전법 시행규칙 제87조)

- (필수) 명함사진 1부
- (필수) 2종 보통 이상 운전면허 사본 1부

※ 2종 보통 이상 운전면허 신체검사 증명서 또는 항공신체검사증명서도 가능

## 나 자격증 신청 방법 (항공안전법 시행규칙 제87조, 제306조, 제321조)

- **발급담당** : 031)645-2102(초경량비행장치조종자)
- **수 수 료** : 초경량비행장치조종자(11,000원)
- **신청기간** : 최종합격발표 이후 (인터넷 : 24시간, 방문 : 근무시간)
- **신청장소**
  - 인터넷 : 공단 홈페이지 항공종사자 자격시험 페이지
  - 방　문 : 드론자격시험센터 사무실(평일 09 : 00 ~ 18 : 00)

※ 주소 : 경기도 화성시 송산면 삼존로 200 드론자격시험센터　* 초경량비행장치 조종자 증명만 발급 가능

- **결제수단** : 인터넷(신용카드, 계좌이체), 방문(신용카드, 현금)
- **처리기간** : 인터넷(2~3일 소요), 방문(10~20분)
- **신청취소** : 인터넷 취소 불가(위 발급담당자에게 전화로 취소 요청)
- **책임여부** : 발급책임(공단), 발급신청 / 우편배송 / 대리수령 / 수령확인(신청자)

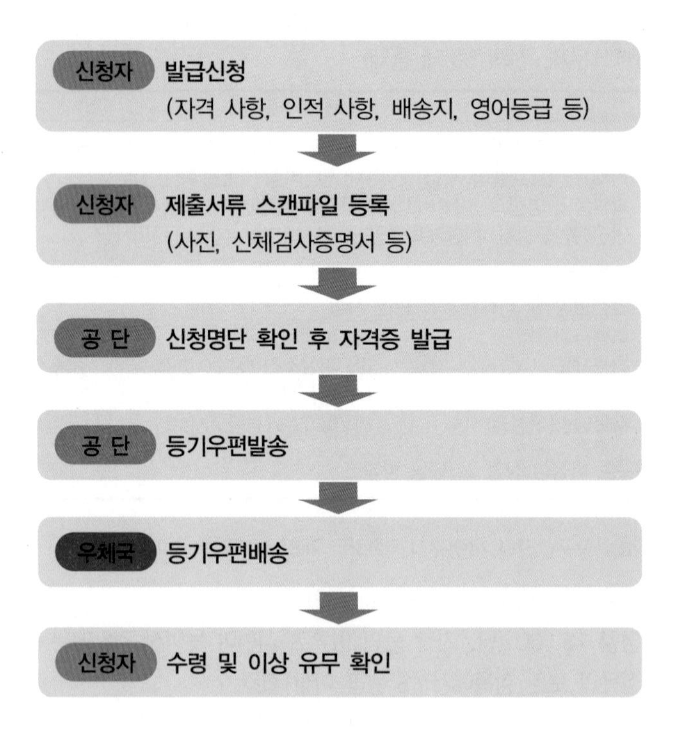

# 무인멀티콥터 지도조종자

## 1. 개 요

- 지도 조종자는 1종 기준으로 비행경력을 준비하고 기준으로 운영한다.
  (비행경력 증명은 1종 해당 비행장치 경력만 인정)
- 지도 조종자는 1, 2, 3, 4종 비행장치의 모든 교육이 가능하다.
- 초경량비행장치(멀티콥터) 조종교육교관과정 [담당] 031-489-5209, 5210

## 2. 경력 준비 및 등록절차

| 100시간<br>비행경력준비 | 비행경력<br>증명 | 교관과정이수<br>(공단 드론관리처) | 지도조종자 등록<br>(공단 드론관리처) |
|---|---|---|---|
| 교육원 교관 반 과정 이수<br>(추가 80시간 비행) | 교육원에서 발급 | - 교육 신청 : 교통안전공단<br>- 매월 수시<br>- 교육 일정 : 2박 3일 | - 과정 이수 시 시험에 합격하면 등록<br>- 등록 후 등록공문을 개별 발송 |

## 3. 조종교육 교관과정 소개(한국교통안전공단)

**가 교육 대상** : 만 18세 이상 조종자로 단일비행장치(멀티콥터) 100시간 이상인 자

**나 교육 장소** : 한국교통안전공단 지정교육장

**다** **교육 과목**

| 교육과목 | 교육내용 | 교육시간 |
|---|---|---|
| 교육안내 | 지도조종자 등록신청서 작성, 교육과정 안내 등 | 1시간 |
| 항공안전법 | 기체신고, 조종자 준수사항 등 안전관리 기준 | 2시간 |
| 항공사업법 | 초경량 사용사업 등록 등 관련법령 | 2시간 |
| 비행교수법 | 과정 모델링 및 비행기동별 교수법 | 2시간 |
| 사고사례 | 기체 운용사례 및 사고사례별 안전검토 사항 등 | 2시간 |
| 인적요인 | 조종자 인적요인(Human Factor) 관리 | 2시간 |
| 기술동향 | 국내·외 무인비행장치 기술개발 동향 | 2시간 |
| 기체운용 | 기체 기동별 원리 및 배터리 안전관리 등 | 2시간 |
| 비행공역 | 공역개념, 비행금지·관제구역 준수사항 등 | 2시간 |
| 과정평가 | 최종시험(지식테스트) | 1시간 |
| 총 18시간 | | |

**라** **교육 강사** : 정부, 공공기관, 학계 및 연구계 등 분야별 전문가

**마** **교육 방법** : 강의/이론시험

※ 타 기종(ex 멀티 → 헬리) 교관 추가 등록시 차이과목에 한해 수강·평가

**바** **교육 수수료** : 교통안전공단 내부 규정(현행 150,000원)

**사** **수료 기준** : 출석 90%이상, 최종 시험(25문항) 70점 이상

## 4. 조종교육교관 재입과과정 소개(한국교통안전공단)

**가** **교육 대상** : 출석 90% 이상, 이론평가 미 수료자

* 이론평가 미수료 일로부터 1개월 경과 후 응시 가능(응시횟수 제한 없음)

**나** **교육 장소** : 한국교통안전공단 지정교육장

**다** **교육 과목**

| 교육과목 | 교육내용 | 교육시간 |
|---|---|---|
| 과정평가 | 최종시험(지식테스트) | 1시간 |
| 총 1시간 | | |

**라** **교육 방법** : 이론시험

**마** **교육수수료** : 교통안전공단 내부 규정(현행 30,000원)

**바** **수료 기준** : 최종 시험(25문항) 70점 이상

# 무인멀티콥터 실기평가 조종자

## 1. 개 요

- 실기평가 조종자는 1종 기준으로 비행경력을 준비하고 기준으로 운영한다.
  (비행경력 증명은 1종 해당 비행장치 경력만 인정)
- 실기평가 조종자는 1, 2, 3, 4종 비행장치의 모든 교육이 가능하다.
- 초경량비행장치(멀티콥터) 실기평가과정 담당 : 031-645-2101

## 2. 경력 준비 및 등록절차

| 150시간<br>비행경력준비 | 비행경력<br>증명 | 실기평가과정이수<br>(공단 드론관리처) | 실기평가조종자 등록<br>(공단 드론관리처) |
|---|---|---|---|
| 교육원 실기평가과정 이수<br>(추가 50시간 비행) | 교육원에서 발급 | - 교육 신청 : 교통안전공단<br>- 매월 / 수시<br>- 교육 일정 : 1일 | - 과정 이수 및 실기시험에 합격하면 등록<br>- 등록 후 등록공문을 개별 발송 |

## 3. 실기평가과정 소개(한국교통안전공단)

가 **교육대상** : 만 18세 이상 지도조종자로 단일비행장치 150시간 이상인 자

나 **교육장소** : 한국교통안전공단 지정교육장

다 **교육과목**

| 교육과목 | 교육내용 | 교육시간 |
|---|---|---|
| 항공안전법 | 전문교육기관 인가기준 및 정책동향 | 1시간 |
| 평가기준 | 실기시험 평가기준 및 요령 | 3시간 |
| 평가실습 | 교육생별 평가기준 모의평가 실습 | 2시간 |
| 실기평가 | 교육생 조종능력 평가 | 2시간 |
| 총 교육시간 8시간 | | |

**라 교육 강사** : 기체별 비행운용 전문가(공단 실기위원 등)

**마 교육방법** : 강의 / 평기기준 실습 / 조종능력평가

**바 교육수수료** : 교통안전공단 내부 규정(현행 300,000원)

**사 수료 기준** : 출석 90%이상, 실기평가 기동 "만족(S)" 취득

**아 실기평가 기준**

- **평가기동** : ATTI 모드*기준
  **1) 이륙비행, 2) 공중정지(호버링), 3) 직진 및 후진 수평비행, 4) 삼각비행,**
  **5) 원주비행, 6) 비상착륙** "총 6개 기동"
  (※ 평가기동은 기본 조종자격 시험(20h) 내 운용하는 기동 중에서 선정)
- **평가산정** : 실기위원(교관) 3인이 평가(정면 1명, 측면 1명, 후면 1명)
- **운용기체** : 교육생 섭외기체 기준(섭외가 어려울 시 공단에서 제공)

* ATTI(Attitude)모드 : GPS를 사용하지 않고, 수동모드 조종(위험상황 발생 시 사용)

## 4. 실기평가 재입과 과정 소개(한국교통안전공단)

**가 교육대상** : 실기평가과정 출석 90% 이상, 실기평가 미수료자
* 실기평가 미수료 일로부터 1개월 경과 후 응시 가능(응시횟수 제한 없음)

**나 교육장소** : 한국교통안전공단 지정교육장

**다 교육과목**

| 교육과목 | 교육내용 | 교육시간 |
|---|---|---|
| 실기평가 | 교육생 조종능력 평가 | 2시간 |
| 총 교육시간 2시간 | | |

**라 교육방법** : 실기평가(조종능력 평가)

**마 교육수수료** : 교통안전공단 내부 규정(현행 110,000원)

**바 수료 기준** : 실기평가 기동 "만족(S)" 취득

**사 실기평가 기준** : 실기평가과정과 동일

핵심정리  적중문제  모의고사

# 무인멀티콥터

## 드론 요점 & 필기시험

류영기 · 박장환

# 머리말

제4차 산업혁명의 주역 중 하나가 『드론』 임에는 틀림없나 보다. 약 6년 전 드론 열풍을 최근까지 Hot하게 발전시켜 왔다. 정부에서는 드론산업발전 기본계획을 발표한 이후 2021년 1월 1일부터 **"보다 더 효율적이고 안전하게"** 드론을 운용하기 위해 2kg초과하는 드론은 모두 신고(등록)하도록 하였다. 3월 1일부터 250g 초과하는 모든 드론은 조종자격증명을 취득토록 하였으며, 조종자격을 1, 2, 3, 4종으로 세분화하는 법규를 정비하였다. 즉 다시 말해 **"이제부터 우리나라에서의 드론 조종자격증명은 필수 자격증"**이라는 것이다. 모든 국민이 드론자격증을 취득하여야 하는 시대가 도래된 것이다.

이전의 「**드론 무인비행장치, 무인 멀티콥터, 무인 멀티헬리콥터 운용**」 문제집은 과목별 풍부한 교재형식과 관련 문제를 총망라했다면 이번 개정 교재는 전 국민 1인 1드론 시대에 걸맞게 **"개정된 법규"**에 따라 제도적 변경을 모두 반영시켰다. 따라서 누구나 쉽게 이해할 수 있도록 개정하여, 드론 무인비행장치 멀티콥터 자격증명을 취득하려는 모든 수험생들에게 바친다.

- 시험과목인 **무인항공기(드론) 운용, 항공역학(비행원리), 항공 기상, 항공 법규** 등의 방대한 내용을 알집처럼 압축 요점화시켰다.
- 여기에 핵심 요점정리 단원 끝부분에는 **과목별 적중문제**와 **족집게 같은 해설**을 수록하는데 인색하지 않았다.
- 출제될 예측문제를 엄선하여 **DIY테스트**를 할 수 있도록 **실전 모의고사**를 수록하였다.
- 학과 필기시험으로 그치지 않고 **실기시험을 위한 비행방법**과 **구술시험**에 대해서도 상세히 설명하고 제시하여 이 책 한 권으로 드론 조종자격증명 취득을 한 방에 해결할 수 있도록 하였다.

끝으로 이 책이 초경량 무인비행장치 무인멀티콥터 자격증을 취득하려는 수험생과 교육기관에서 효과적으로 활용되길 기대하면서 출간되기까지 적극적으로 협조해 주신 (주)골든벨의 김길현 대표이사님과 편집부 모든 분들께 깊이 감사를 드린다.

류영기, 박장환

# Contents

## 무인멀티콥터 운용



## 항공역학 (비행원리)



## 항공 기상

## 법규



## 실전대비 모의고사

# 무인멀티콥터 운용

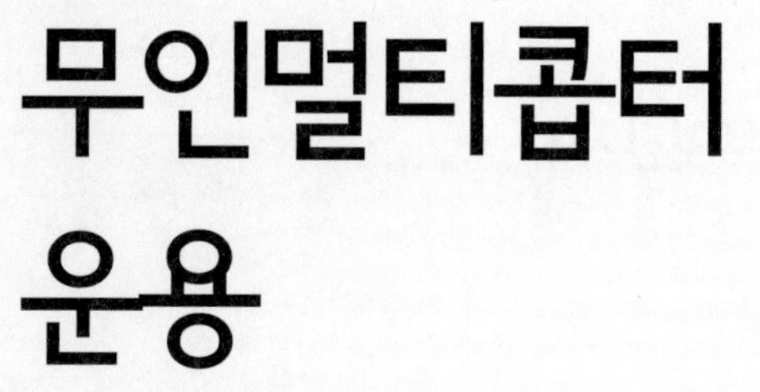

01

# 1 무인항공기(드론) 개요

## 1 | 무인항공기(드론)이란 무엇인가?

### 가. 무인항공기(드론)의 정의

1) "무인항공기"는 조종사가 비행체에 직접 탑승하지 않고 지상에서 원격조종(Remote piloted) 즉, 조종석이 지상으로 내려와 있는 비행체 시스템으로서 자동(auto-piloted) 또는 반자동(Semi-auto-piloted) 방식으로 자율 비행하는 시스템을 말한다.
2) 비행체(RPA: Remotely Piloted Aircraft)와 원격통제장비(RPS : Remote Piloting Station/System),[1] 통신장비(Data link), 탑재임무장비(Payload), 지원장비(Support Equipment) 그리고 시스템적 요소 또는 종합군수지원의 6가지 구성요소
3) 우리나라 항공법규에서는 150kg 이하의 무인항공기를 무인비행장치로 분류
4) 무인비행기, 무인헬리콥터, 무인멀티콥터, 무인비행선으로 분류하여 자격제도가 시행
5) 드론이란 용어는 영문 무인항공기를 통칭하는 일종의 속어임.

### 나. 무인항공기 영문 용어의 변화와 기술적 발전

#### 1) Drone (1970년대 이전)

① **원격통제 기술이 부족한 상황**에서 이륙 또는 발사시킨 후 사전 입력된 경로에 따라 정찰 지역까지 비행한 후 복귀된 비행체에서 촬영된 필름 등을 회수하는 방식

② 주로 대공표적기(Target Drones) 등이 많았으며, 최근의 북한 무인기들이 이에 해당할 수 있음.

#### 2) RPV(Remote Piloted Vehicle, 1980년대)

① 원격통신 제어 장비의 발전으로 조종사가 비행체를 원격조종하여 **실시간 조종이 가능**

---

1) 지상통제장비(GCS: Ground Control Station/System), 함상통제장비(SCS: Shipboard Control System) 등으로 칭하기도 한다. 최근 관제장비란 용어를 사용하기도 하는데, 항공분야에서 관제는 조종/통제가 아니라 관제사 및 조종사의 상호 교신에 따른 운항하는 절차를 주로 칭하는 용어로서 이미 오래기간 정착되어 있으므로 원격통제장비를 관제장비 또는 관제시스템으로 칭하는 것은 부적절한 용어의 사용이다.

② 즉, 무인기 조종사가 비행체를 디지털 지도상으로 모니터링하면서 비행체를 목표지역에 보냈다가 다시 더 자세히 비행체를 조종할 수 있음

### 3) UAV(Unmanned/Uninhabited/Unhumanized Aerial Vehicle System, 1990년대)

① 데**이터링크 기술의 발달로 영상까지 실시간에 전송**받을 수 있게 됨.

② 즉, 무인기 조종사 실시간 비행경로를 변경 조종과 동시에 탑재카메라 운용관이 실시간에 표적을 찾는 **팀워크 운용이 중요**하게 됨

③ 이것은 실시간 전장상황을 지휘관이 직접 보면서 지휘함으로 **걸프전, 코소보전 등에서 전승에 지대한 기**여를 함으로 **무인항공기 중요성 대두**됨.

### 4) UAS (Unmanned Aircraft System, 2000년대)

① 무인항공기가 **민간 항공 공역에 진입하여 유인항공기와 동시 운용**될 필요성

② 무인항공기도 **유인항공기(Aircraft) 수준의 안정성과 신뢰성을 확보 필요성 강조**

④ 같은 시기 유럽에선 RPAV((Remote Piloted Air/Aerial Vehicle)란 용어를 사용함.

### 5) RPAS (Remotely Piloted Aircraft System, 2010년대)

① 2013년 이후 **국제민간항공기구(ICAO)에서 공식 용어로 채택**하여 무인항공기 매뉴얼에 사용

② 비행체만을 칭할 때는 RPA(Remotely Piloted Aircraft/Aerial vehicle)

③ 통제시스템을 지칭할 때는 RPS(Remote Pilot Station(s))

### 6) UAS (Uncrewed Aircraft System, 2020년대)

승객 탑승용 또는 자가용 드론 시대의 도래에 따라 기존의 사람이 탑승하지 않는 시스템이란 개념에서 사람은 탑승이 가능하나 승무원이 탑승하지 않는 다는 개념으로 발전시킨 새로운 용어

# 2 | 무인항공기 체계의 분류와 구성요소

## 가. 무인기 체계의 분류

### 1) 무인항공기(UAV)

① 앞의 무인항공기 정의 참고

Aerosonde UAV, Aerosonde, 호주, 박장환(2001)

2) 무인지상차량(UGV)

① 운전자가 직접 탑승하지 않고 데이터링크를 통해 원격 운용되는 모든 차량체

② 우주 행성 탐사, 화생방 오염지역 탐지 / 제독, 화재 지역 진화 / 구조, 지뢰 지대 통로 개척 등에 사용

무인지상차량

3) 무인함정(UMV / USV / UUV)

① 항해사가 직접 탑승하지 않고 데이터링크를 통해 원격 운용되는 모든 함정 또는 잠수정

② 심해 수중 탐사, 적 잠수함 색출 / 파괴, 수중 지형 / 장애물 파악 등에 사용

UMV, 중국

※ 출처 : www.conmilit.com

## 나. 무인항공기 체계의 분류

1) 무인항공기(UAV) 형태에 따른 분류

① **고정익(Fixed Wing) 무인항공기** : 고정 날개 형태인 무인항공기 시스템. 연료 소모가 상대적으로 평지 지형에서 장거리 장시간 임무 수행에 적합

Shadow-200 UAV, AAI

② **회전익(Rotary Wing) 무인항공기, 무인헬리콥터** : 헬리콥터형인 무인항공기 시스템. 수직이착륙이 가능하여 산악지형이나 함상에서 운용하기 유리

Camcopter S-100 UAV, Schiebel, 오스트리아

③ **가변로터형(Tilt-Rotor) 무인항공기** : 로터/프로펠러 시스템이 가변형으로서 이착륙 시에는 로터로 수직 양력을 발생시켜 수직 이륙을 하고, 천이비행 단계를 거쳐 고정익 비행. 단시간에 고속으로 가서 단시간에 완료해야하는 임무에 적합할 수 있음.

스마트 무인기, 한국항공우주연구원

④ **동축반전형(Co-axial) 무인항공기** : 한 축에 상부, 하부 두 개의 로터를 반대 방향으로 회전하게 하여 반토크 현상을 상쇄시키는 형태. 안정적이면서 동력 효율을 높이는 반면 상부/하부 로터 간의 간섭에 의한 양력 감소가 발생.

KA-37/ARCH-50 농업용 무인헬기, KAMOV/대우중공업

⑤ **멀티콥터형(Multi-Copter) 무인항공기, 무인멀티콥터** : 3개 이상의 다중의 로터를 탑재한 비행체 형태. 조종이 용이하고 운용비가 적음.

신개념 전천후 방제용 방수 멀티콥터, 마징가드론, 드론안전기술(TTA), 한국/중국

## 2) 다양한 무인항공기 분류 체계

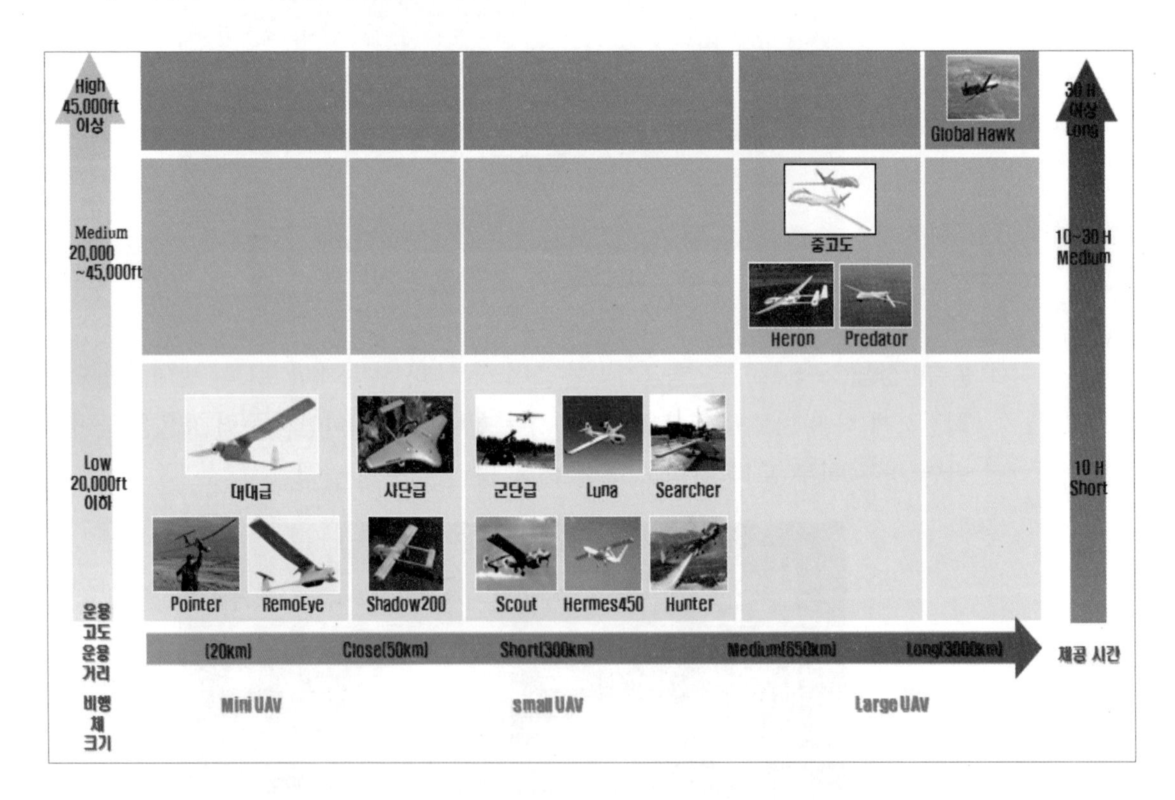

## 다. 무인기 체계의 구성

1) **비행체** : 통상 24시간 운용을 고려해서 3~6대로 편성하는데, 비행중, 비행대기, 정비대기 등을 고려해서 대수를 편성

2) **지상통제 시스템** : 백업을 고려하여 2대 이상으로 편성

3) **통신 데이터 링크** : 주/보조 링크로 백업 구성하며, 비행데이터와 명령값, 영상감지기 등에서 수집된 데이터를 전송하기에 충분한 대역폭을 확보

4) **탑재 임무장비** : EO/IR[2], GMTI[3], SAR[4], LRF 등

5) **지원장비 및 시스템요소** : 운용개념, 운용 시나리오 및 절차, 장비편성, 운용인력 편제, 부수장비 구성 등교육훈련, 정비체계/장비, 지원 장비, 교범류, 기타 선택장비 (이·착륙 보조 장비, 원격 영상 수신 장비)

**광역** 상수원보호구역 **공중 모니터링** / 의심지역 **맵핑**
오염 예상 구역 **집중 모니터링 / 저수심 직접 촬영, 수질측량, 취수**

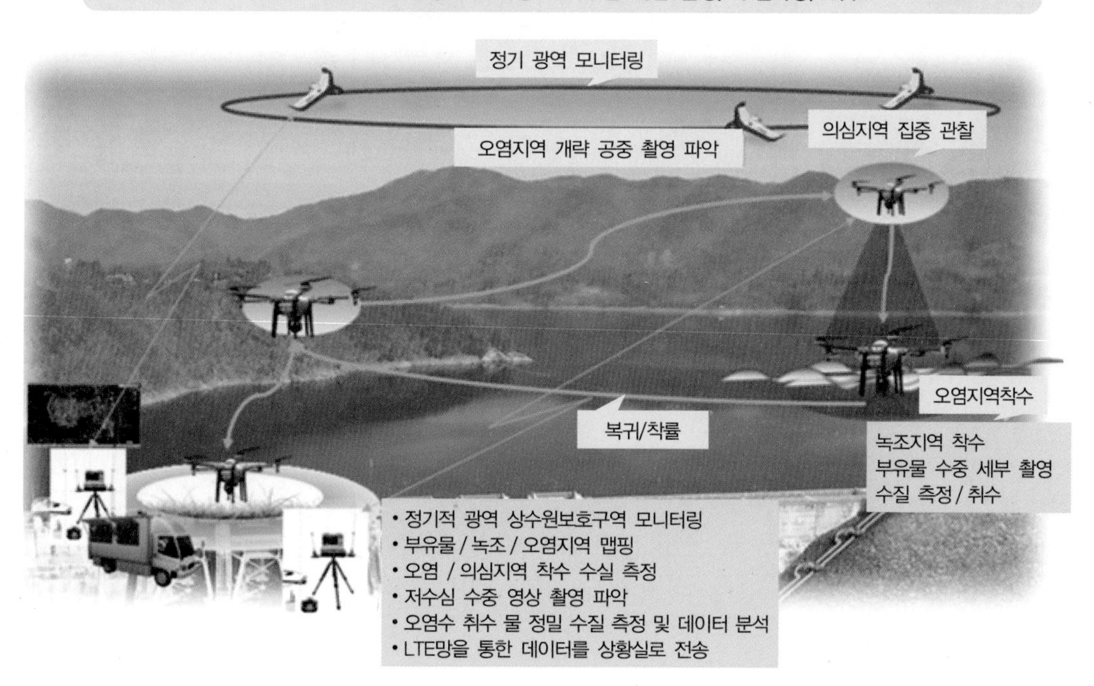


무인항공기 운용개념 예시

※출처: 무인항공 제작·정비 특론, 박장환

2) EO: Electro-Optic, IR: Infra-Red, 주야간 영상감지기
3) GMTI: Ground Movind Target Indicator, 지상이동표적지시기
4) SAR: Synthetic Aperture Radar, 합성개구경레이더

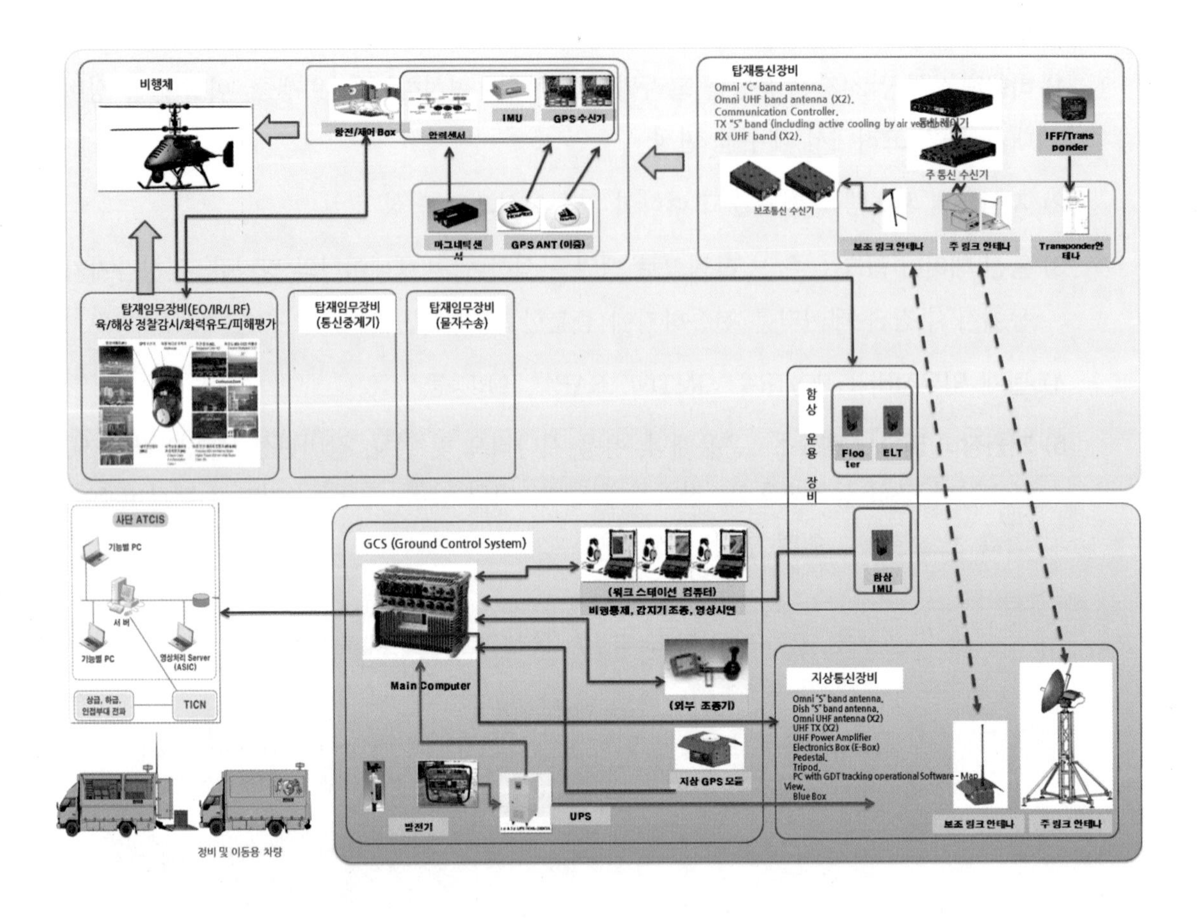


무인항공기 시스템 구성 약도

# 2 드론의 기종별 구조와 구성품

## 1 | 무인항공기(드론) 기종별 비행체 구조

### 가. 무인항공기 시스템 세부 구성

#### 1) 비행체 구성

동체, 엔진/냉각/윤활계통, 동력전달계통, 조종계통, 전기계통, 비행제어시스템 등으로 구성

#### 2) 지상/함상통제장비(GCS) 구성

주통제컴퓨터, 비행체조종부, 탑재장비운용부, 임무영상처리부, 전원분배장치, 함상이착륙용 IMU/GPS 시스템 등으로 구성

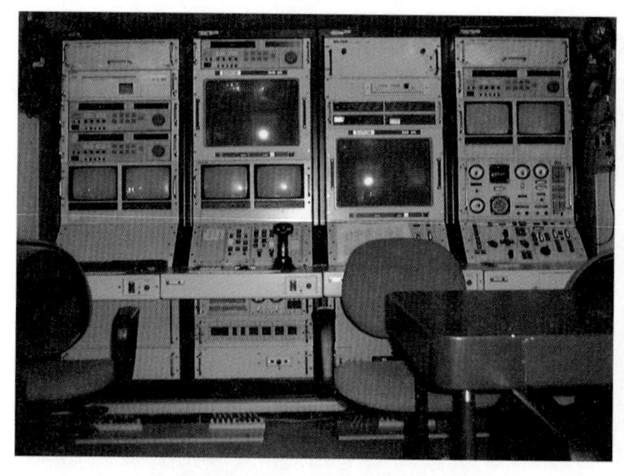

지상통제시스템(GCS) 내부

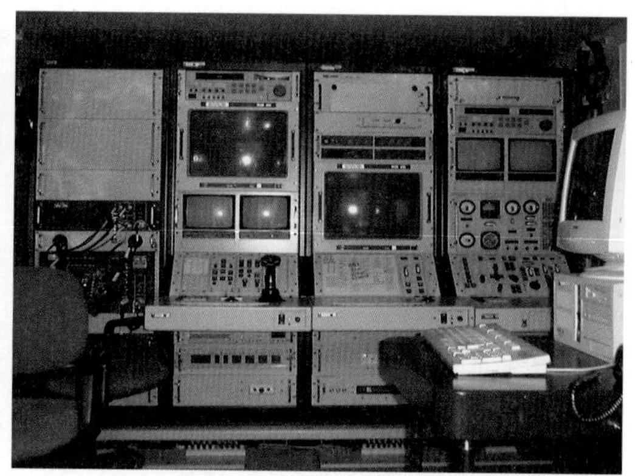

이착륙통제시스템(LRS) 내부

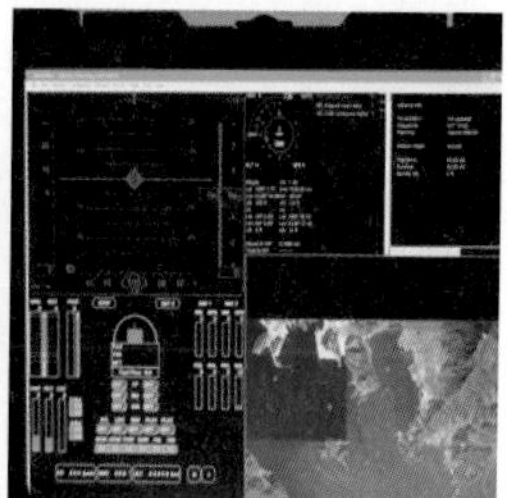

무인정찰기 지상통제시스템

### 3) 데이터통신 장비 구성

① **탑재통신장비**(ADT: Airborne Data Terminal) : 주통신장비, 주통신안테나, 보조통신장비, 보조통신안테나, 피아식별장비 등으로 구성

② **지상통신장비**(GDT: Ground Data Terminal) : 통신장비, 주통신안테나, 보조통신장비, 보조통신안테나 등으로 구성

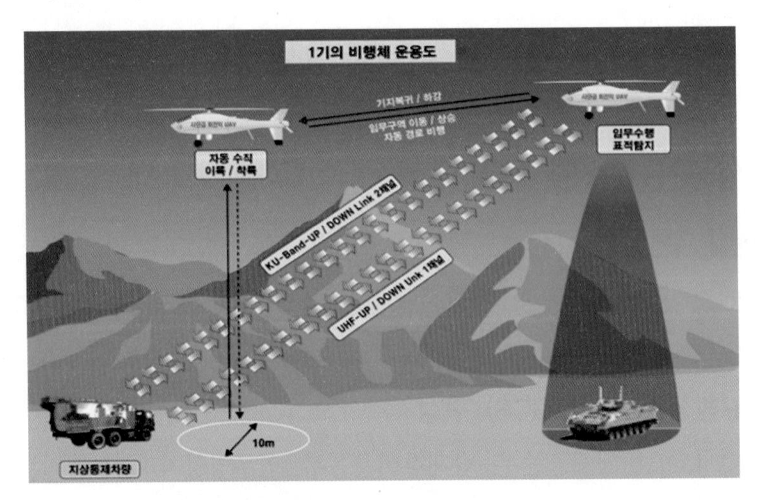


무인항공기 데이터링크 구성

**무인항공기에 이용되는 주요 주파수 및 출력허용기준**

<table>
<tr><th rowspan="2">구분</th><th rowspan="2">주파수대역 또는 중심주파수</th><th rowspan="2">대역폭</th><th colspan="2">출력</th><th rowspan="2">특이사항</th><th rowspan="2">비고</th></tr>
<tr><th>안테나 공급전력</th><th>안테나 이득</th></tr>
<tr><td>1</td><td>40.715MHz, 40.735MHz, 40.755MHz, 40.775MHz, 40.795MHz, 40.815MHz, 40.835MHz, 40.855MHz, 40.875MHz, 40.895MHz, 40.915MHz, 40.935MHz, 40.955MHz, 40.975MHz, 40.995MHz, 72.630MHz, 72.650MHz, 72.670MHz, 72.690MHz, 72.710MHz, 72.730MHz, 72.750MHz, 72.770MHz, 72.790MHz, 72.890MHz, 72.910MHz, 72.930MHz, 72.950MHz, 72.970MHz, 72.990MHz</td><td>20 MHz 이내</td><td colspan="2" rowspan="2">10 mV/m 이하 @ 10m ≒-46.92dBm erp ≒0.02 mW erp</td><td>무선조종용 (상공용)</td><td>비면허**</td></tr>
<tr><td>2</td><td>13.552~13.568 MHz<br>26.958~27.282 MHz<br>40.656~40.704 MHz</td><td>지정주파수 범위 내</td><td>무선조정용(완구 조정기, 원격조정장치)</td><td>비면허**</td></tr>
<tr><td>3</td><td>2400~2483.5 MHz</td><td>무선설비규칙 참조</td><td colspan="2">10mW/MHz, 6 dBi (최대 1 W***)</td><td>무선데이터 통신시스템용</td><td>비면허**</td></tr>
<tr><td>4</td><td>5030~5091 MHz</td><td>1.1 MHz 이내</td><td>10W</td><td></td><td>지상제어</td><td>허가용* (실험국)</td></tr>
<tr><td>5</td><td>5091~5150 MHz</td><td>20 MHz 이내</td><td colspan="2"></td><td>임무용</td><td>허가용* (실험국)</td></tr>
<tr><td rowspan="2">6</td><td rowspan="2">5650~5850 MHz</td><td rowspan="2">80 MHz 이내</td><td>10mW/MHz</td><td>6 dBi</td><td rowspan="2">무선데이터 통신시스템용</td><td rowspan="2">비면허**</td></tr>
<tr><td colspan="2">(최대 1 W***)</td></tr>
<tr><td>7</td><td>10.95~11.2 GHz, 11.45~11.7 GHz, 12.2~12.75 GHz, 19.7~20.2 GHz, 14~14.47 GHz, 29.5~30.0 GHz</td><td></td><td colspan="2"></td><td>위성제어</td><td>허가용* (실험국)</td></tr>
</table>

※ 출처 : 미래창조과학부, ICT 융합 신산업 활성화를 위한 무인항공기 주파수 공급, 2016.

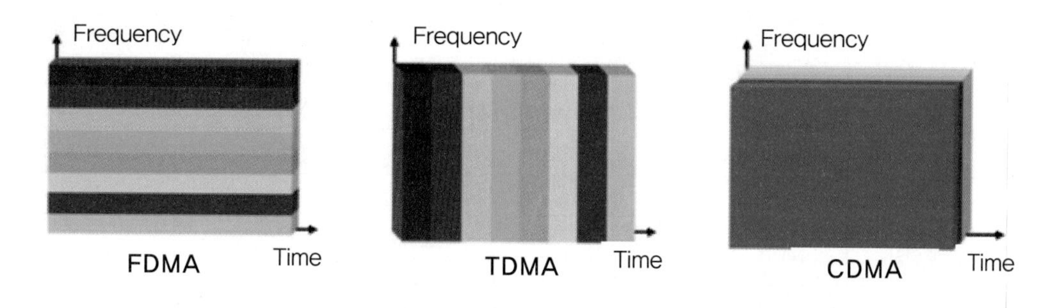


| 구 분 | FDMA (Frequency Division Multiple Access) | TDMA (Time Division Multiple Access) | CDMA (Code Division Multiple Access) |
| --- | --- | --- | --- |
| 적용 트래픽 | 전용회선 등 CBR | Burst data 등 VBR | 전화(이동) 등 CBR |
| 고속시 채널폭 | 수 MHz–수십 MHz | 수 MHz – 수십 MHz | 수백 MHz 이상 (High Spreading Code) |
| Timing Control | 불필요 | 필요 | 필요 |
| Variable Trans, Rate | 어려움 | 용이 | 용이 |
| Carrier Frequency Stability | High Stability | Low Stability | Low Stability (High Chip Rate) |
| Near–Far Problem | 없음 | 없음 | Power Control로 해결 |
| System Complexity | 단순 | 높다 | 매우 높다 |
| 적용 시스템 | 일부적용(Bosch 등) | 대부분(Nortel 등) | – |

통신 링크 다중화 방법

※출처 : 박장환 「무인항공(드론)제작/정비학」 특론

## 4) 탑재임무장비 구성

① **탑재임무장비**(Payload) : 주/야간(EO/IR) 감시카메라, 개구합성레이더(SAR), 거리측정기(LRF: Laser Ranger Finder), 표적지시기(LTD: Laser Target Designator), 라이다(LIDAR), 지상이동표적지시기(GMTI), 등 활용도에 따라 임무장비들도 더욱 다양해지고 있음.

| | | MOST 3000 | POP 300 | MX-10 | MX-15 | STAR SAFIRE II |
|---|---|---|---|---|---|---|
| 성능<br>(탐지/인지) | 주간 | 35km/30km | 20km/8km | /15km | 58km/31km | 58km/31km |
| | 야간 | 50km/25km | 25km/10km | /12km | 60km/30km | 60km/30km |
| 표적 크기(가로/세로) | | 350mm/555mm | 260mm/380mm | 260mm/360mm | 400mm/480mm | 380mm/450mm |
| 무게 | | 28kg | 16.3kg | 16.8kg | 45kg | 43kg |
| 해상도(Pixels) | | 640×480 | 640×480 | 640×480<br>1280×720 | 1280×1024 | 640×480 |
| 제조사 | | IAI | IAI | L3-WESCAM | L3-WESCAM | FLIR |
| 대략 가격 | | 4억원 | 2억원 | 4억원 | 9억원 | 4억원 |
| 장착기종 | | | RQ-2 파이오니어<br>RQ-7 섀도 | Camcopter<br>S-100 | | |
| 비고(Option) | | LRF/LP 등 | LRF/LP 등 | Auto Tracker<br>등 | | |
| 사진 | | | | | | |

다양한 무인항공기 임무장비

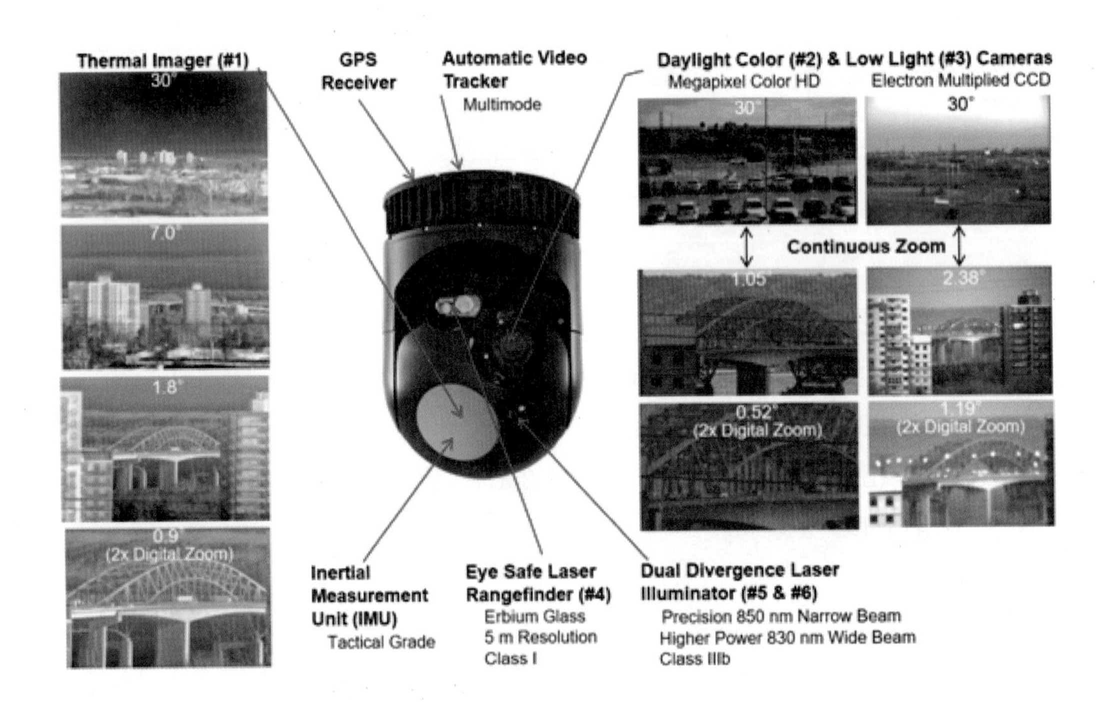

EO/IR 시스템 기능 구성

※ 출처: 박장환의 무인항공기센터, www.uavcenter.com

## 5) 지원장비 구성

장비운반 차량, 발전기, UPS, 시험장비, 훈련장비, 정비장비, 교범류 등

무인항공기 시스템 지원장비 구성 비교

| 구 분 | | 지상지원 장비 일반 구성 | | | | | | 비 고 |
|---|---|---|---|---|---|---|---|---|
| 고정익 | 내용 | 지휘통제차량 | UAV 운반차량 : 3 | 연료보급차량 | 정비차량 | 회수장비 및 인원 | 발사장비 | • 비행체계<br>• 탑재능력 감소 |
| | 설명 | • 임무수행을 지원하기 위한 다양한 지상장비와 인원이 소요된다. | | | | | | |
| 회전익 | 내용 | 통합형 지휘통제차량 : 2 | | UAV 운반 및 이동정비 : 2 | | 지상중계차량 | | • 획득비 절감<br>• 운영유지비 절감 |
| | 설명 | • 지상지원장비 및 운용요원 감소 • 획득비 절감 • 교육훈련감소<br>※ 통합형 지휘 통제 및 UAV 운반 차량 운용 | | | | | | |

운영/정비 교범

(휴대형)전자 교범

전자 ILS 교범
프로그램 소프트웨어

전자 정비/ILS지원 장비
프로그램 소프트웨어

훈련

ILS 구성

### 6) 운용 인력 구성

운용인력은 외부조종사, 내부조종사, 탑재장비 운용자, 정비·지원요원, 지휘·통제관 등으로 구성됨. 통상 부수자비가 적은 회전익에서 인력소요가 적으며, 멀티콥터의 경우 더 적은 인력으로 운용이 가능.

고정익 / 회전익 UAV 운용요원 비교(단거리 이하 무인정찰기)

<table>
<tr><th rowspan="2">구분</th><th rowspan="2" colspan="2">인원수/교육기간</th><th colspan="2">기 종</th><th rowspan="2">증 감</th><th rowspan="2">비 고</th></tr>
<tr><th>고정익 UAV</th><th>회전익 UAV</th></tr>
<tr><td rowspan="5">인력 소요</td><td rowspan="3">운용 인원</td><td>외부조종사(EP)</td><td>2</td><td rowspan="3">3</td><td rowspan="3">–3</td><td rowspan="3">내(외)부 조종사 통합</td></tr>
<tr><td>내부조종사(IP)</td><td>2</td></tr>
<tr><td>탑재장비 운용</td><td>2</td></tr>
<tr><td colspan="2">정비요원(MT/ET)</td><td>3</td><td>2</td><td>–1</td><td rowspan="2">이착륙 장비 요원 불필요</td></tr>
<tr><td colspan="2">소 계</td><td>9</td><td>5</td><td>–4</td></tr>
<tr><td rowspan="2">교육 훈련</td><td colspan="2">운용요원</td><td>16~20주</td><td>10주</td><td></td><td>–</td></tr>
<tr><td colspan="2">정비요원</td><td>16~20주</td><td>10주</td><td>6~10주</td><td>–</td></tr>
</table>

## 나. 무인비행기 비행체 구성

1) 동체 → 주 날개(에일러론, 플랩 기능과 작동) → 미부 수평안정판(엘레베이터 기능과 작동 원리) → 수직안정판(러더 기능과 작동 원리)

2) 무인비행기 조종장치는 에일러론, 엘리베이터, 스로틀, 러더, 플랩으로 구성된다.

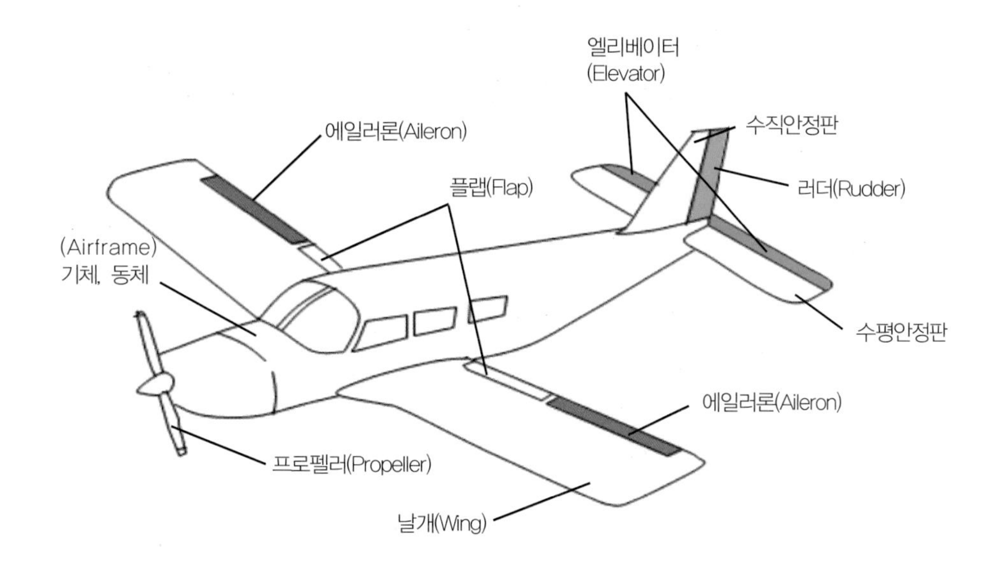


## 다. 무인헬리콥터 비행체 구성

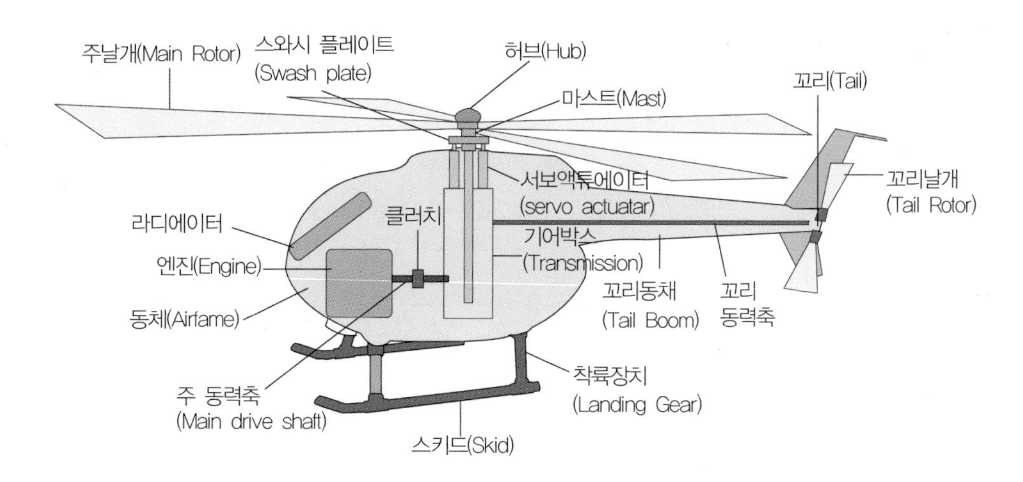


1) 주날개(Main rotor) → 허브 → 마스트 → 미션 → 엔진과 드라이브 샤프트, 클러치 → 테일붐과 꼬리날개(Tail rotor) → 착륙장치부
2) 헬리콥터 로터의 회전에 따른 작동원리(Torque 현상), 꼬리날개의 역할(Anti-torque)과 원리
3) 무인헬리콥터 조종장치는 사이클릭, 컬렉티브, 패달(러더)로 구성된다.

## 라. 무인멀티콥터의 비행체 구성

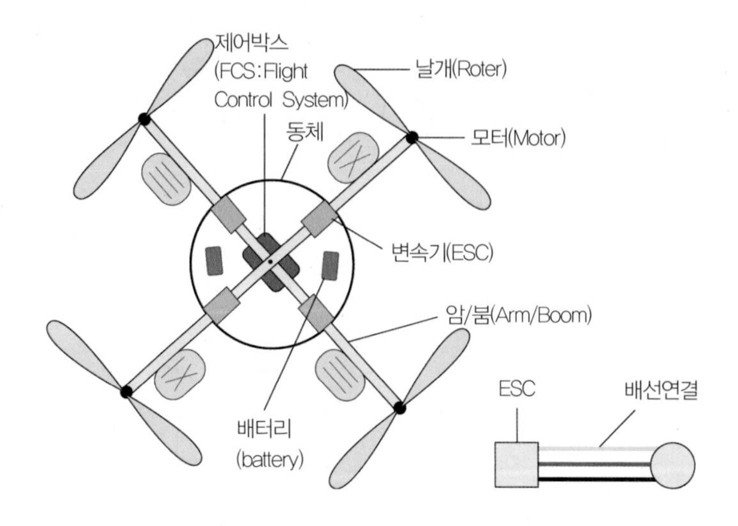


1) 동체와 암 → 로터 → 모터 → 변속기(ESC) → 비행조종장치 → 배터리
2) 헬리콥터 로터의 회전에 따른 작동원리, 꼬리날개의 역할과 원리

# 3 드론 조종기와 비행제어시스템 운용

## 1 | 드론 조종기와 조종모드

### 가. 드론 조종기의 구성

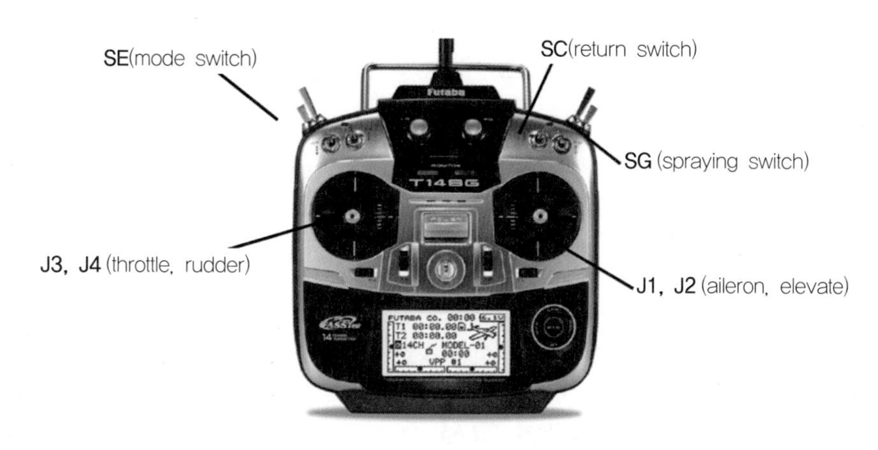


R/C 조종기 형대, 후타바 14SG

1) **조종간(Stick)** : 비행의 전진, 후진, 좌이동, 우이동 및 고도 상승하강, 좌선회, 우선회를 실제 조종한다. 이 조종간의 배치에 따라서 모드1, 2, 3, 4를 달리할 수 있다.

2) **트림(Trim)** : 조종면의 미세한 조종을 통해 비행체를 안정화시킬 수 있도록 한다. 1, 2, 3, 4번 트림으로 조종스틱 4방향에 대해 미세 조종 설정한다.

3) **안테나** : 조종기의 주파수 신호를 비행체에 보낼 수 있는 매개체. 2.4Ghz를 주로 사용하고 있는데, 안테나 방향에 따라 전달되는 영향권의 폭이 변할 수 있다.

4) **비행모드 전환 스위치** : GPS모드, 자세모드, 수동모드, AB모드, 자동귀환모드 등의 전환 스위치는 그림에서 좌(SA) 또는 우측(SD) 검지손가락 위치 등에 통상 설정한다.

## 나. 조종 모드

비행조종 모드는 크게 4가지가 있다. 모드 1, 모드 2는 주로 서방국가에서 사용해 온 형태이고, 모드 3, 모드 4는 동구권 국가에서 사용해온 형태이다.

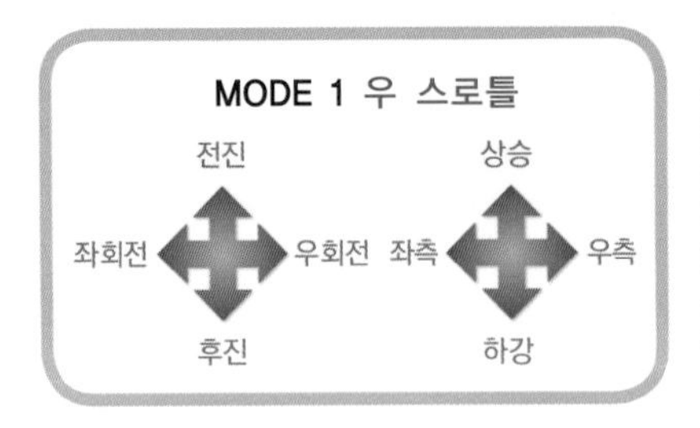


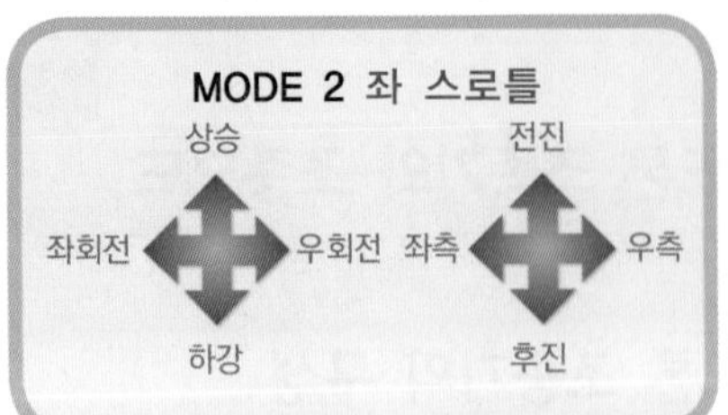


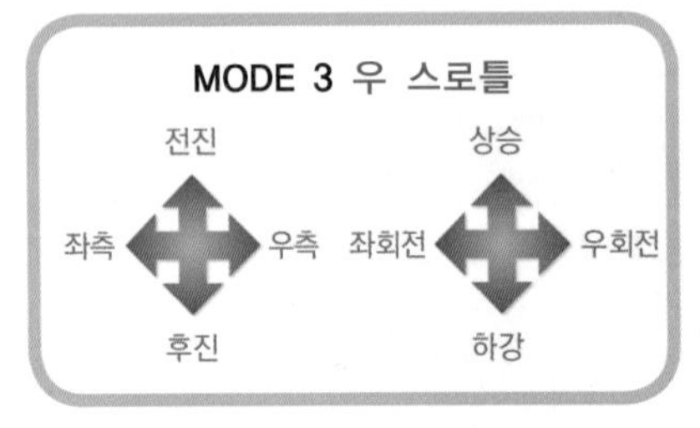


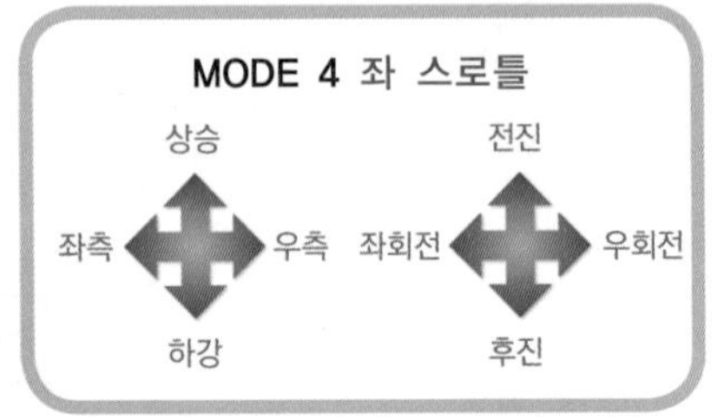


비행조종 모드 4가지

# 2 원격통제시스템의 종류와 구성

## 가. 원격통제장비의 종류

### 1) 지상통제시스템(GCS: Ground Control Station 또는 RPS: Remote Pilot station)

대형무인기의 경우 주로 비행임무를 통제하기 위한 통제소로서 이륙 후 LRS로부터 무인기를 인수받아 실제 임무지역까지 통제하여 임무를 수행하고, 다시 무인기를 착륙지역까지 유도하여 LRS로 인계한다. 지상통제소로 직접 이착륙 통제도 가능하다.

### 2) 이·착륙통제소(LRS : Launch & Recovery Station / System, LCS : Launch & Control Station / System)

주로 이륙과 착륙을 통제하기 위해 설계되었으며, 전파로 무인기를 통제할 수 있는 거리가 지상통제소에 비해 짧은 것이 일반적이다. 형태 및 내부구조는 지상통제소와 대부분 같으며 단거리 임무비행 통제도 가능하다. 한편으로 주통제장비의 고장 시 백업역할을 수행하는 것도 주요 기능 중에 하나다.

이스라엘 무인정찰기 통제시스템(2000)

국산 지상통제시스템(2014)

### 3) 이동형 지상통제소(PGCS: Potable Ground Control Station)

소형 무인항공기의 경우 이동형 원격통제장비를 사용하게 된다.

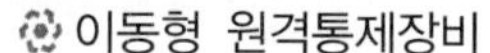

이동형 원격통제장비

### 4) 멀티콥터용 원격통제장비

무인멀티콥터용 원격통제장비들은 소형의 휴대용으로서 주로 스마트폰이나 태블릿 PC, 노트북 등이 주로 사용된다.

소형 멀티콥터용 지상통제시스템

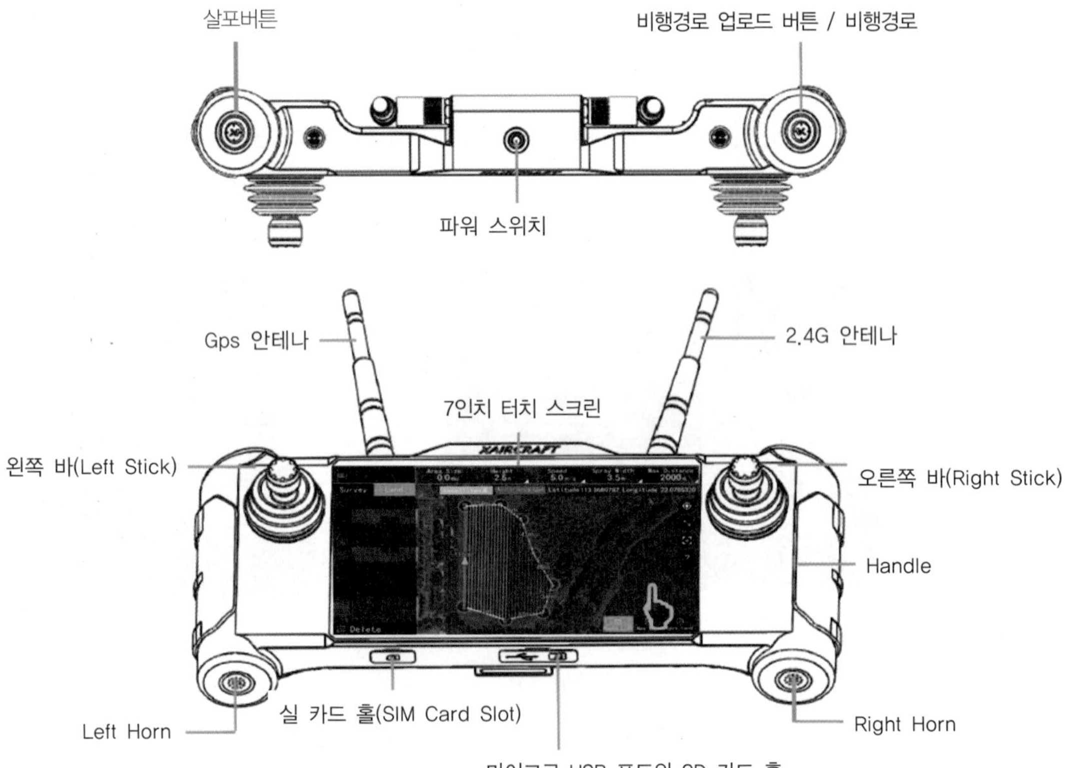


멀티콥터 지상통제장비

## 나. 무인기 원격통제장비 내부 구성

무인기 내부조종은 지상통제소에 표시되는 비행 자료들과 디지털지도를 활용하여 원격조종을 실시하게 된다.

### 1) 비행 자료 표시부

비행 자료 표시부는 크게 비행체의 비행 상태 표시, 비행체 각종 시스템 상태, 그리고 이상상태 경고 표시부 등으로 나눌 수 있다.

무인멀티콥터 원격통제장비 화면 구성

#### ① 비행 상태 표시

비행 상태 표시는 디지털화된 비행계기들로서 자세계, 고도계, 속도계, 방향계 등이 있다.

- **자세계** : 기본적으로 소형무인기의 전방향 기체 기울기를 볼 형태 및 수치로 표시한다.
- **속도계** : 소형무인기의 비행 속도를 계기와 수치로 표시한다.
- **고도계** : 소형무인기의 비행 고도를 계기와 수치로 표시한다.
- **방향계** : 소형무인기의 비행 방향을 계기와 수치로 표시한다.

#### ② 비행체 시스템 상태 표시

통신장비 운용 상태, 예비 배터리 포함 전원 현황, 추력장치 상태 등 소형무인기 시스템의 전반적인 현황을 보기 쉽게 표시한다.

- **통신장비 운용 상태** : 데이터링크의 통신 송/수신 출력 세기 및 안정된 상태 여부를 그림 바 및 수치로 표시한다.
- **전원 상황** : 엔진이 포함된 경우 엔진에 장착된 발전기의 상태와 출력 전원 상태, 주 및 예비배터리 상태를 표시한다.
- **출력장치 상태** : 소형무인기의 경우에 주로 사용하는 모터 및 변속기들의 상태를 표시한다.

③ **소형무인기 시스템 이상 상태 표시**

소형무인기 시스템의 각 종 고장 및 비상상황에 대한 경고등 형태로 표시한다.

- **경고등** : 심각하고 긴급 조치를 요하는 부분에 대해서 적색 경고등 및 필요시 알람 형태로 표시한다.
- **주의 표시** : 주의를 요하는 수준으로서 비행이 계속될 경우 문제가 될 수 있는 상황들에 대해서 황색등의 경고등 형태로 수치와 함께 표시한다.

### 2) 비행통제부

비행통제부는 고도, 속도, 방위각, 비행 자세 등을 조절하여 비행하거나 경로비행 등의 자동비행을 할 수 있도록 되어 있는데, 다음의 조종 모드들 중에서 시스템의 규모에 따라서 필요한 모드를 설정하여 조종을 실제 진행하는 부분이다.

무인멀티콥터 원격통제 장비화면 구성, DJI 메트릭스200

### 3) 디지털지도부

소형무인기의 내부 조종에 있어서 디지털지도는 비행체의 현재 위치를 확인함과 동시에 비행경로 등 다양한 위치정보를 입력하고 확인하는 필수 화면이다. 최근에는 위성 영상을 활용한 3차원 지도까지도 활용되고 있다.

지상통제시스템 디지털 지도

## 3 비행제어시스템의 구조와 원리

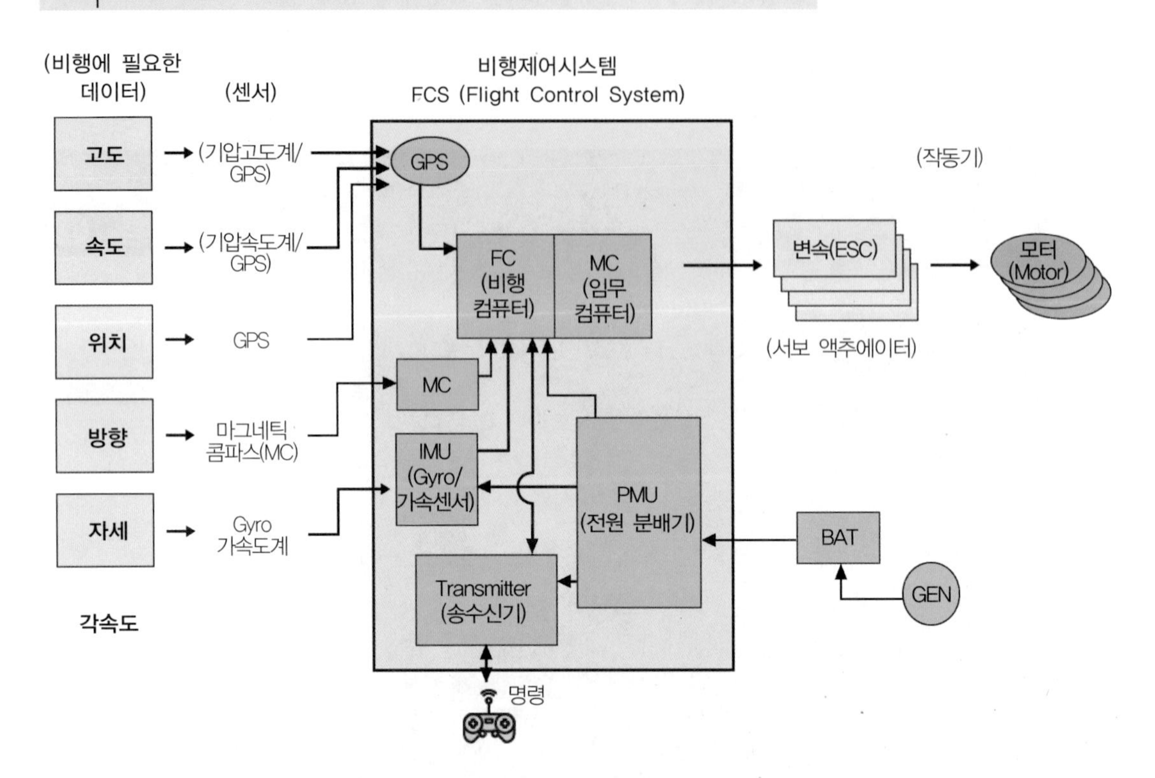


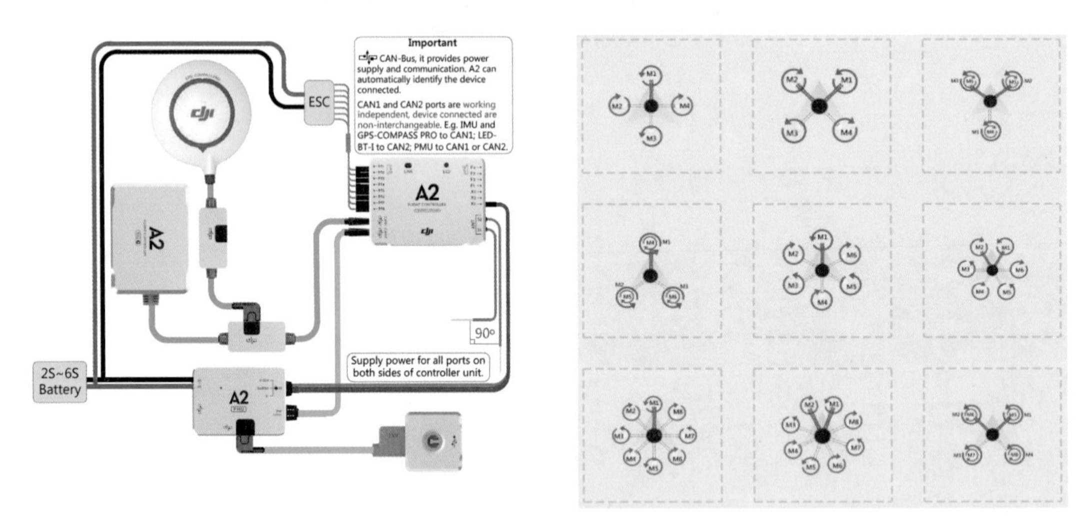


DJI A2 Controller 연결과 방향

어시스트 프로그램 상의 다양한 멀티콥터 형태 설정

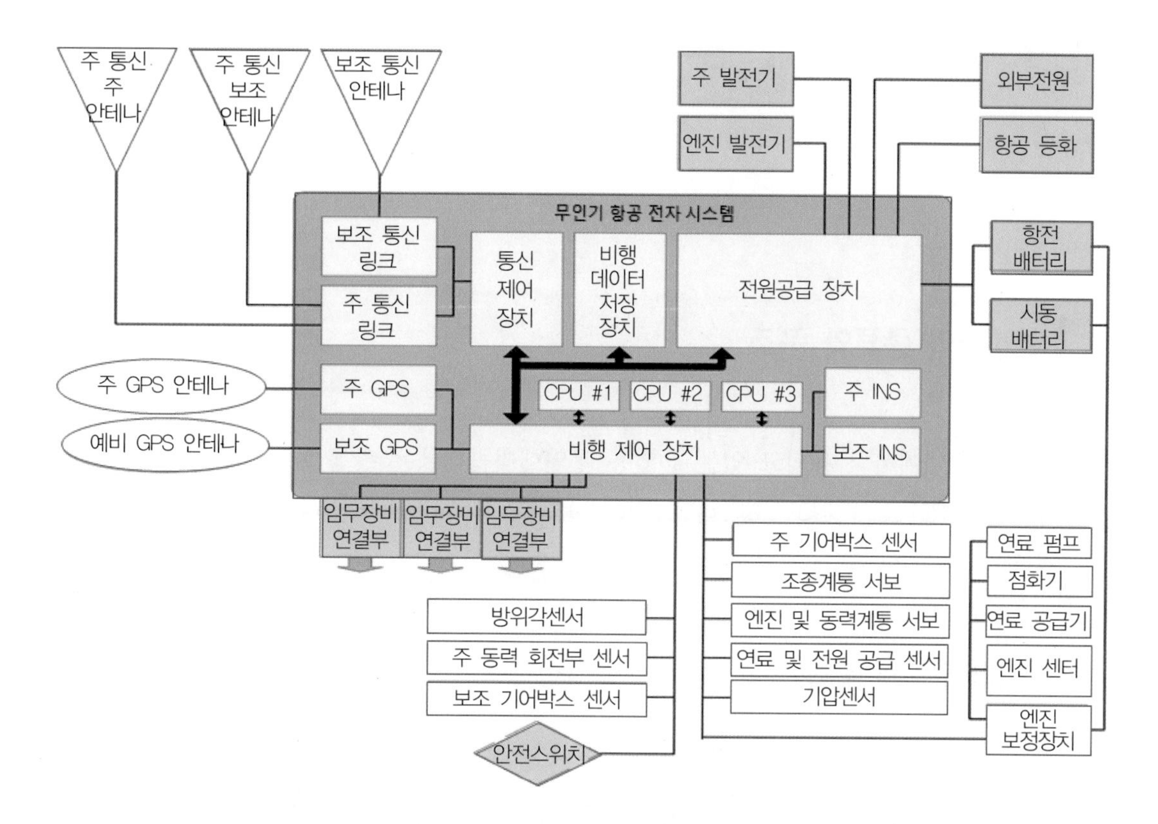


무인항공기 항공전자시스템 구성

# 4 드론의 동력시스템

## 1 | 엔진의 종류와 구조

현재 국내에서 사용되고 있는 농업용 무인헬리콥터에는 왕복 2행정 및 4행정 엔진이 사용되는 RMAX가 있고 로터리엔진이 사용되고 Remo-H가 있다.

### 가. 왕복엔진

#### 1) 왕복엔진의 구조

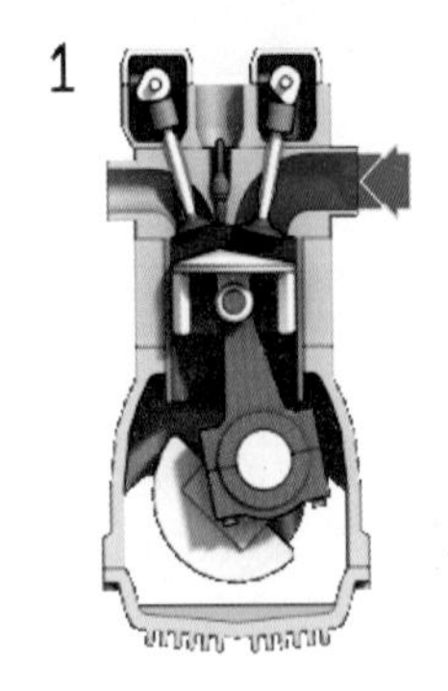


흡입(Intake)

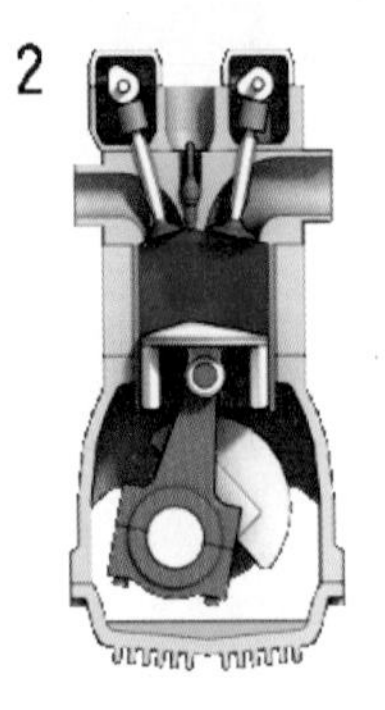


압축(Compression)

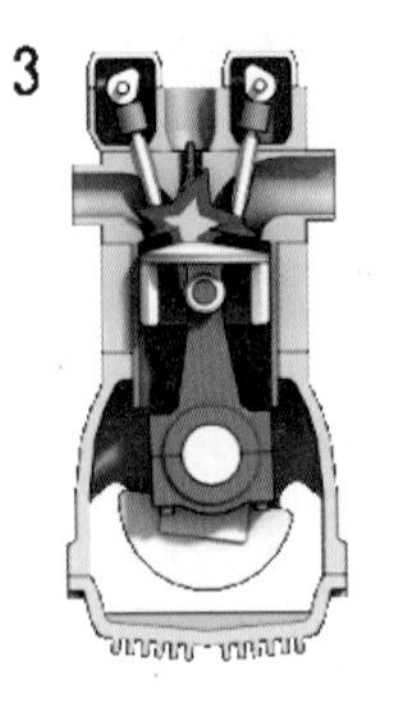


폭발(Combustion)

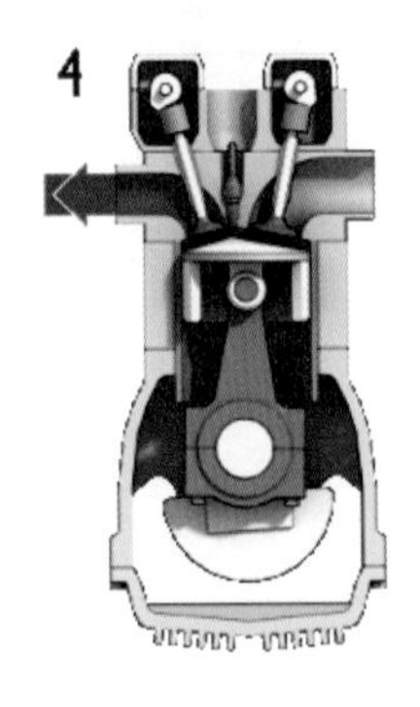


배기(Exhaust)

4행정 왕복엔진의 구조

왕복 엔진은 내연기관의 행정에 따라 2행정기관(2 Stroke)과 4행정기관(4 Stroke)으로 나눈다. 연소실내의 연소 과정을 피스톤의 왕복운동으로 변환하면서 축을 회전시켜서 동력을 비행체 제공하고 발전기를 장착하여 필요한 전기를 생산하여 비행체의 전원을 공급할 수 있다.

### 2) 왕복엔진의 장·단점

#### ① 장점

- 왕복엔진은 연료 소모율이 적다
- 4행정 엔진의 경우 엔진 내구성이 좋다

#### ② 단점

- 엔진의 크기가 크고 중량이 무겁다.
- 진동이 많이 발생한다.

## 나. 로터리 엔진

### 1) 로터리 엔진의 구조

Wankel 엔진이라고도 하는 로터리(Rotary) 엔진은, 삼각형태의 로터리가 회전축을 중심으로 회전하면서 흡입, 압축, 폭발, 배기의 과정을 수행하여 동력을 얻는 내연기관이다.

### 2) 로터리엔진의 장·단점

#### ① 장점

- 엔진의 크기가 적고 상대적으로 중량이 적다.
- 진동이 상대적으로 적다.

#### ② 단점

- 엔진 내구성이 약하다.
- 연료 소모율이 많다.

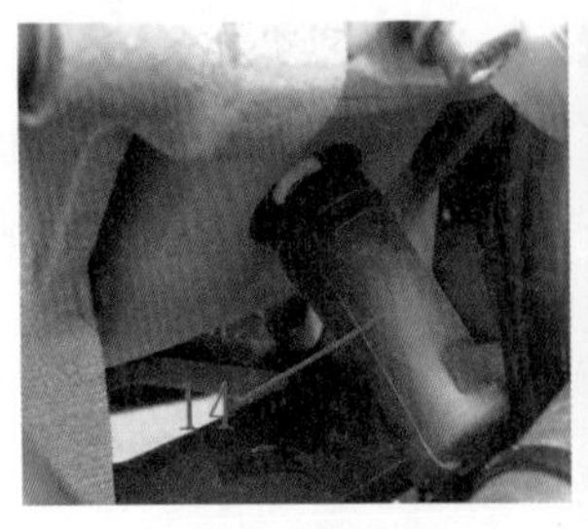


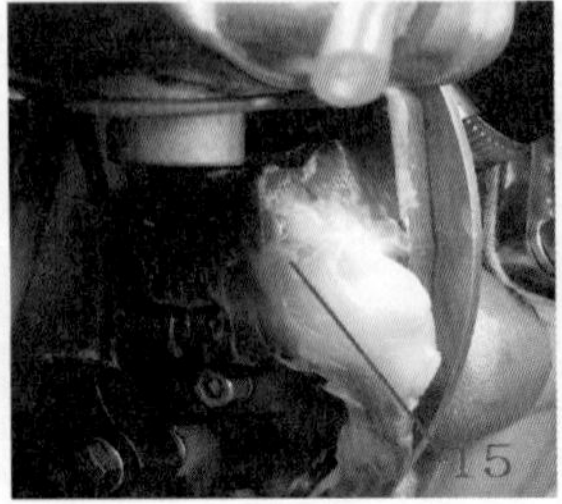

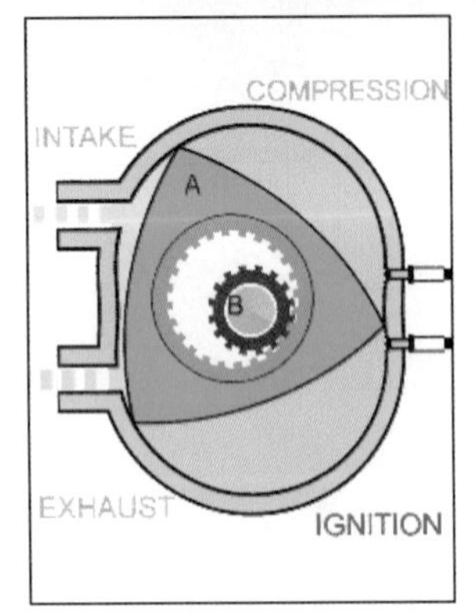


① CARBURETOR
② VACUUM VALVE
③ START MOTOR
④ COOLING FAN
⑤ GENERATOR
⑥ ROTARY ENGINE
⑦ 데콤프 장치
⑧ FUEL PUMP LINE
⑨ COOLING WATER LINE
⑩ ELECTRIC CHOCK
⑪ AIR FILTER
⑫ IDLE VALVE
⑬ NEEDLE
⑭ IGNITER PLUG
⑮ IGNITER DEVICE
⑯ THROTTLE SERVO

로터리 엔진의 구성

## 2 | 모터와 배터리 종류와 구조

### 가. 전동 모터의 구조와 원리

#### 1) 모터의 개요

① 모터는 고속회전, 회전방향의 변경, 즉각적인 회전수 조절 등이 가능한 모터로 전기구동 추진식 무인기에 최적화 된 모터는 드론에 사용하기 적합.

② 드론에 사용되는 모터는 브러시 모터와 브러시 리스(BLDC)로 구분되며, 산업용 드론에는 주로 BLDC 모터가 사용됨.

③ 안쪽의 스타터(전지코일)단이 회전하는 방식과 외부의 드럼이 회전하는 방식으로 분류됨.

### 2) BLDC 모터의 구조

BLDC 모터

## 나. 배터리 종류와 관리방법

화학전지는 화학 반응을 발생시켜 전기를 얻는 장치를 말한다. 건전지, 배터리 등은 이러한 화학전지를 일컫는 용어들이다.

### 1) 배터리 종류

배터리의 종류는 특성에 따라 크게 1차전지, 2차전지, 연료전지로 분류할 수 있다.

**① 1차 전지 : 일회용 전지**

한번 사용하고 버리는 일회용 전지로서 알카라인(Alkaline), 망간(MN-ZN, Mangan Zine), 탄소아연(C-ZN, Carbon Zine) 전지 등이 있다. 일차전지는 기전력이 크고 일정한 전압이 오랫동안 유지되는 특성과 함께 자기 방전이 적어서 가만히 오래 두어도 용량이 줄지 않는다. 한편, 가볍고 저렴하며 용량이 적고, 내부 저항이 작다.

**② 2차 전지 : 충전용 전지**

여러 번 충전하여 사용할 수 있는 전지로서 납(Pb), 니켈카드뮴(Ni-Ca), 나트륨유황(Na-S), 니켈수소(Ni-H), 리튬이온(Li-Ion), 리튬폴리머(Li-Po) 전지 등이 있다. 이차전지는 여러 번 충전해서 사용할 수 있고, 다양한 모양 및 크기로 만들어 질 수 있으며, 용량이 크다.

1/2차 전지 특성 비교표

| 분류 | 전지 (재료극성) | 기전압 | 용량크기 (순위) | 메모리 효과 | 가격 | 수명 (충전) | 비고 |
|---|---|---|---|---|---|---|---|
| 1차전지 | 탄소아연 [아연(−)/탄소(+)] | 1.5V | 소용량 | 없음 | 1 | 일회용 | 충전 시 쇼트 발생 |
| | 망간아연 [아연(−)/망간(+)] | | | | 1 | | |
| | 알카라인 | | | | 2 | | |
| 2차전지 | 납축전지 | 2V | 12V | 거의 없음. 완전방전 시 수명 대폭 감소 | | 길다. 완전방전 시 수명 대폭 떨어짐. | 차량용 |
| | 니켈카드뮴 | 1.2V | 0.6Ah, 10Ah 등 | 있음 | 3 | 300~500회 | 항공기 등 |
| | 니켈수소 | | 1Ah, 1.6Ah 등 | 많이 사라짐 | 4 | | 항공기 등 |
| | 리튬이온 [리튬산화물(−)/탄소(+)] | 3.7V | 액체 다양 | 거의 없음. 완전방전시 수명 대폭 감소 | 5 | 500회 이상 | 폭발성 |
| | 리튬이온 폴리머 [리튬산화물(−)/폴리머(+)] | | 고체 다양 | | | | 드론 등 |

③ **연료전지(Fuel Cell)**

차세대 전지로 많은 연구가 진행되고 있는 전지로서 연료와 산화제를 촉매층을 통과시켜 촉매에 의해 전기화학적으로 반응시켜 전기를 발생시키는 장치이다. 연료전지는 용융탄산염 연료전지 (Molten Carbonate Fuel Cell, MCFC), 고분자전해질 연료전지 (Polymer Electrolyte Membrane Fuel Cell, PEMFC), 고체산화물 연료전지 (Solid Oxide Fuel Cell, SOFC), 직접메탄올 연료전지 (Direct Methanol Fuel Cell, DMFC), 직접에탄올 연료전지 (Direct Ethanol Fuel Cell, DEFC), 인산형 연료전지 (Phosphoric Acid Fuel Cell, PAFC), 직접탄소 연료전지 (Direct Carbon Fuel Cells, DCFC) 등이 있다.

## 2) 무인멀티콥터의 배터리

멀티콥터에 주로 사용되는 것은 리튬이온폴리머(Li-Po)이다. 그것이 이 배터리가 무게 대비 전압과 방전율이 뛰어나기 때문이다.

**Li-Po 배터리 표기**는 다음과 같이 되어 있다.

배터리는 각각의 중요한 정보들(셀 수, 전압, 용량, 방전율)을 표면에 표기하고 있는데, 이들 표기를 확인하고 서로 다른 배터리들을 직결 또는 병렬로 연결해서 사용하면 안 된다.

① **Cell 연결 개수 표기** : 리튬폴리머 배터리의 Cell의 직렬 연결 수를 S(Serial, 직렬)자로 표기하는데, 6S라는 6개의 Cell을 직렬로 연결했다는 것이다. 1P(Parallel, 병렬)자는 병렬로 연결되어 있다는 것이다. 즉, 3.7V 셀 6개가 직렬로 연결된 것이 1개로 되어 있다는 것이다.

② **Cell의 수와 전압** : 리튬폴리머 배터리의 Cell 당 전압은 3.7V(볼트)이다. Cell의 직렬 연결 수를 S자로 표기하는데, 6S라는 6개의 Cell을 직렬로 연결했다는 것이다. 이 경우 전압은 다음과 같이 계산된다.

$$3.7V \times 6 = 22.2V$$

③ **배터리 용량** : 배터리는 사용할 수 있는 용량이 있는데, 이 용량은 Ah(암페어) 또는 mAh(미리암페어)로 표시된다. 예를 들어 10,000mAh(=10Ah)는 10A로 사용할 때 1시간(hour)을 사용할 수 있는 양을 말한다. (1000mAh = 1Ah)

10Ah = I(전류, 10A) × T(전류가 흐르는 시간, 1hour)

☞ 즉, 10A의 전류를 1시간동안 흐르게 할 수 있다. 한편 1A의 전류는 10시간동안 흐르게 할 수 있다.

④ **배터리 방전율** : 배터리 표면에 보면 15C, 20C, 25C, 30C, 35C, 40C, 50C 등의 표기를 볼 수 있는데, 방전율을 표시한다. 방전율이란 배터리의 출력과 관련이 있는데, 순간적으로 얼마나 많은 에너지를 뽑아 쓸 수 있는 가를 말한다. 사진에서 25C는 순간적으로 배터리 용량의 20배를 방출할 수 있다는 것을 의미한다.

⑤ **배터리 출력** : 방전율 값(C)과 전류량(배터리 용량)을 곱하면 배터리 출력을 계산해 낼 수 있다. 6C × 10Ah = 60 이렇게 구한 배터리 출력이 모터가 낼 수 있는 힘의 크기가 된다.

☞ 일부 배터리에는 Cont 25C / Burst 50C 등으로 표시된 것이 있는데, 이것은 Cont는 Continuous 약자로서 **'연속방전율'**을 뜻하며, Burst는 순간 최대방전율을 의미한다. C가 하나만 표시된 것은 통상 순간 최대 방전율을 의미한다.

☞ **방전율과 배터리 수명** : 방전율이 무조건 높은 것이 좋은 것은 아니다. 하지만, 방전율이 높으면 출력은 좋지만 배터리 수명이 짧을 수 있다.

### 3) 효율적인 배터리 사용 요령

배터리는 전동시스템 중에서 비용이 가장 많이 들어가는 소모품이다. 잘 사용하면 2년 이상 안전하게 사용할 수 있지만, 잘못 관리하면 하루아침에 못쓰게 된다. 크게 다음 다섯 가지 항목들만 유의하면 최소 2년 이상 무난하게 사용할 수 있다.

① **충격에 주의한다.**

리튬폴리머 배터리는 이동 중 실수로 낙하되는 등의 충격을 받게 되면 적층된 셀이 찌그러지면서 합선 등이 발생할 수 있다. 이럴 경우 급격한 불꽃이 발생하거나 심할 경우 폭발이 발생할 수 있다. 이는 플라스틱 외장이 된 스마트배터리보다, 단순 비닐수축형태로 포장된 배터리가 더 위험하다. 따라서 가급적 이런 배터리 운반 시는 바구니 등의 용기를 사용하는 것이 좋다.

② **고온과 저온에 주의한다.**

리튬폴리머 배터리는 10도 이하 또는 40도 이상 등 일정 이하의 낮은 온도에서 방치할 경우 배터리 성능이 현격히 저하되거나 장기 방치할 경우 완전방전되어 못쓰게 된다. 한편, 지나치게 고온에서 방치될 경우 배부름 현상이 발생하거나 폭발의 위험도 있다. 이는 쉽게 여름이나 겨울에 차 안에 방치하지 않는다고 생각하면 쉽게 기억할 수 있다.

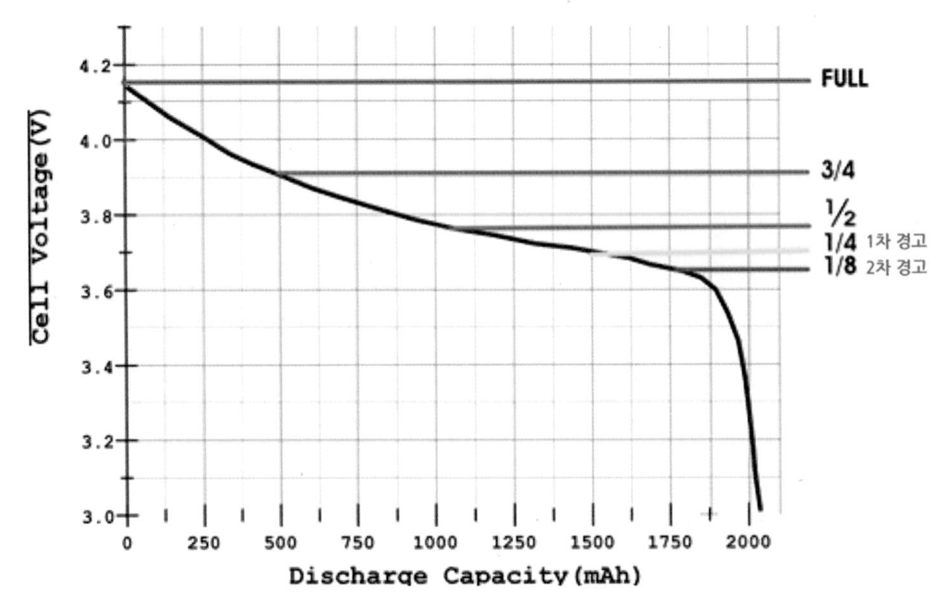


Li-Po Battery 시간-용량 도표

※출처 : 박장환, '무인항공(드론)제작/정비학 특론'

③ **장기 저장 시 주의한다.**

10일 이상 사용하지 않고 보관할 경우 60%~70% 정도까지 방전시킨 후 보관해야 한다. 그렇게 하면 배터리 수명이 상당히 길어진다. 한편 비행체를 장기 보관할 경우에는 배터리를 비행체에서 분리하여 저장한다.

④ **발란싱 성능이 좋은 충전기 사용한다.**

배터리를 발란싱 기능이 없는 충전기로 충전할 경우 전체 셀에서 한 두 개의 셀이 기준 이하의 용량으로 충전될 수 있고, 이를 드론에 사용할 경우 비행시간이 짧아지게 된다. 심할 경우 배터리 저전압 경고가 되면서 사용이 불가하게 된다. 하지만, 대부분 이런 경우 발란싱 성능이 좋은 충전기로 발란싱 충전을 할 경우 회복되는 경우가 많다. 따라서, 충전기는 가급적 발란싱 성능이 좋은 충전기를 사용하는 것이 불필요한 배터리 비용을 줄일 수 있다.

⑤ **정비 및 폐기에 주의한다.**

배터리는 전문지식 없이 수리를 할 경우 위험하므로 임의로 분해/조립하면 안된다. 사용이 완료된 배터리의 경우 소금물에 담궈서 완전방전 시킨 후 폐기한다.

## 4) 충전기

무인멀티콥터용 배터리들을 충전하기 위해서는 멀티용 충전기가 필요하다.

EV-PEAK, U5 스마트충전기

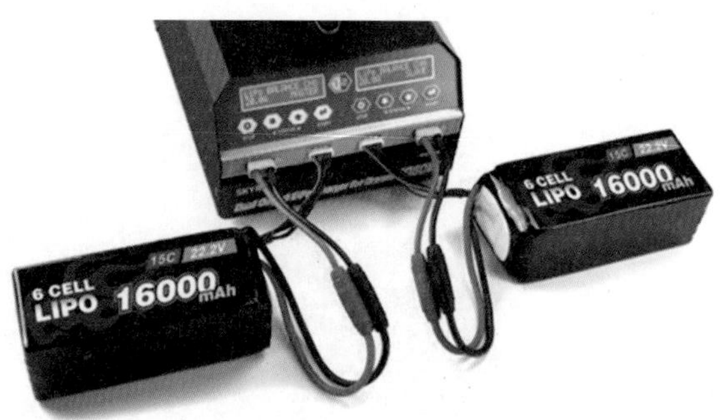


다간 2구용 충전기

# 5 다양한 민수용 드론의 활용

## 1 | 민수용 무인기의 등장과 다양한 활용

### 가. 농업 분야 활용 - 민수용 무인기의 효시

1) 무인항공기가 민수용으로 사용되기 시작한 것은 1990년대 일본의 농업용 무인헬리콥터이다.
2) 농업용 무인헬리콥터의 시작은 농약 중독이 심각한 사회 문제가 되면서 일본 정부의 요청에 따라 야마하모토에서 시작되었다.
3) 이는 위험하고(Danger) 지루하고(Dull), 지저분한(Dirty) 3D 업무 분야 대체하는 것이라 할 수 있다.
4) 국내에서는 2002년 본 저자가 야마하 RMAX가사업권 확보함으로 2003년 무성항공을 설립. 공급 및 무인항공방제 사업을 개시하여 사용되기 시작했다.

국내 최초 무인헬기 교육 이수자, 2003년

5) 2006년 아베 관방장관의 야마하 중국 부정수출 건으로 고발함에 따라 수출이 전면 중단되었다. 이에 따라 국내 자체 수요를 위한 성우엔지니어링-유콘시스템 등 컨소시엄, 원신스카이텍, 한성티앤아이, 한국헬리콥터 등에서 국내 자체 개발 시작함.
6) 국내 개발은 여의치 않아 모두 실패하고, 성우엔지니어링-유콘시스템에서 Remo-H 기종 생산 공급 개시, 현재까지 Remo-H2가 생산 중.

7) 2015년부터 사용되기 시작한 방제용 무인멀티콥터가 급속도로 확산되면서 무인헬기를 대체하고 있다.

REMO-H I　　　REMO-H II

성우엔지니어링

원신스카이텍 X-Copter

한국헬리콥터 KIMUH-2000

## 나. 농업 분야 활용 - 방제용 무인멀티콥터의 등장

1) 방제용 무인멀티콥터는 중국에서 본격적으로 활용되기 시작했는데, 2010년 초반부터 방제용 무인멀티콥터의 개발 및 활용이 개시되어 2015년에는 이미 약 5,000여대가 현장에서 사용됨.

대규모 팜농장 자동비행 방제

ZoomLion, ZLion-10

TA, M6E

XAircraft, XPLANET™ P20 V2

DJI MG-1S

자동방제 비행용 무인멀티콥터

2) 국내에서는 항공대학교와 카스텀 등에서 2014년 개발을 진행되어 선보이면서 2015년에 시험적인 방제가 실시되었고, 2016년도에 본격적인 방제가 진행되면서 여러 업체들이 중국의 장비들을 가져와 국산 장비로 출시하는 등, 다양한 무인 멀티콥터가 활용되기 시작함.
3) 2017년에는 자격제도와 맞물려서 약 20여개 업체가 중국산 완제기 또는 부분품을 가져와 국산 및 중국산으로 공급하면서 활발히 국산화를 진행하고 있음.
4) 급속도로 농업 방제용 무인멀티콥터가 확산되는 이유는 상대적으로 저렴한 운용비용과 손쉬운 교육 및 조종 방식 때문임.

리모팜, 유콘시스템

마징가K 10L, 드론안전기술

MG-1/s, DJI/오토월드

제트라이온10L,
지엘코리아/한성티앤아이

마징가K 20L, 드론안전기술

스마트항공 / 휴인스

천풍, 대한무인항공서비스

JJ-d150, 진항공시스템

반디, 메타로보틱스

AFox-1/s, 카스컴

빔아티잔, 한화테크윈

카드1200, 한국헬리콥터

## 다. 항공촬영 분야 활용

1) 기존의 유인항공기를 이용한 항공촬영은 무인헬리콥터의 등장으로 무인헬리콥터로 대체되기 시작함.
2) 간단한 사진촬영은 일부 대형 모형헬기에 카메라를 장착하여 활용하기도 했지만, 시스템의 불안정 및 카메라 탑재의 한계로 동영상 촬영은 하지 못함.
3) 자동제어시스템이 탑재되고 신뢰성이 증대된 무인헬리콥터의 출연으로 동영상 촬영이 본격적으로 개시됨. 이 무인항공촬영의 선두주자는 국제적으로 벨기에의 FlyingCam 사였으며, 007시리즈, 해리포터 등의 주요 영화의 대부분을 촬영하고, 2014년 아카데미상까지 수상함.

SARAH 영화촬영용 무인헬기,
Flying-Cam, 벨기에

2014년 17회 아카데미 시상식

4) 국내에서도 헬리캠社, 스카이포커스 등에서 모형헬기를 이용한 사진 및 일부 동영상 촬영 등을 하였으나, 본격적인 영화촬영 등이 시작된 것은 본 저자가 항공촬영용 RMAX 무인헬기를 이용한 '웰컴투동막골' 등의 촬영작업을 개시하면서 시작됨. 이 후 이 무인헬기는 헬리캠 社에서 인수하여 항공촬영을 진행함.

영화 웰컴투 동막골 촬영 작업(삼양목장)

현대상선 광고촬영 작업
(거제도 앞바다 현대LNG선상)

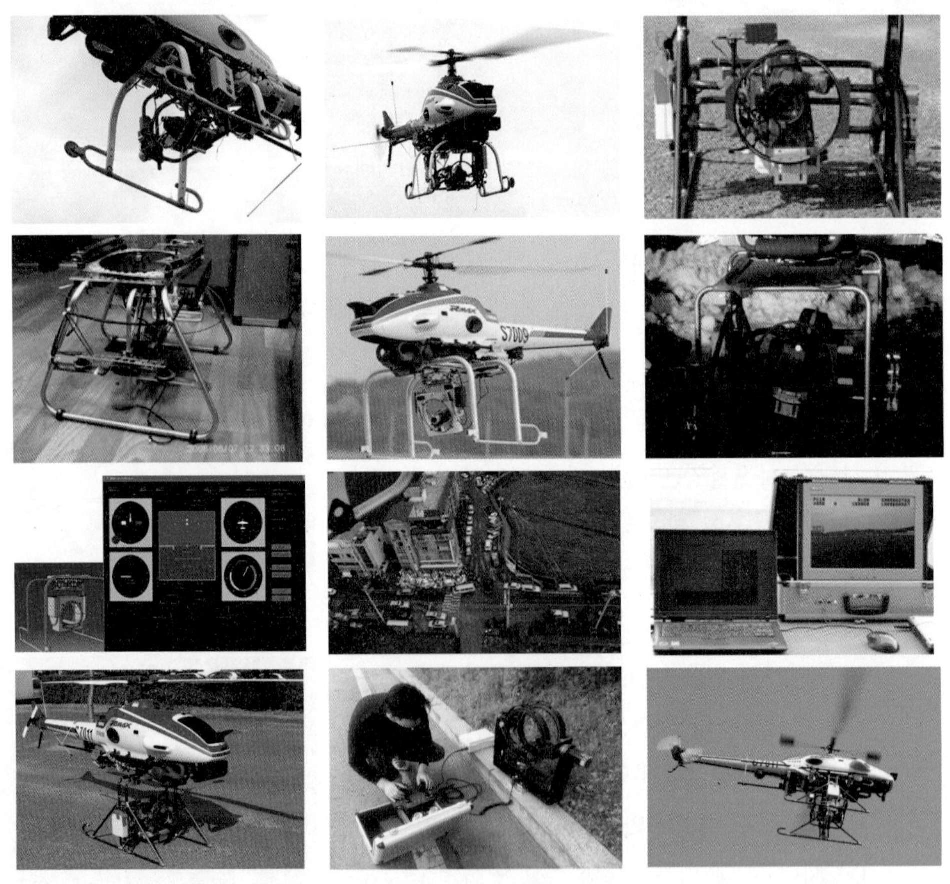


영화 촬영용 자체 제작한 촬영용 3축 짐벌 장착한 RMAX L-17 무인헬기

5) 항공촬영분야에서도 고성능 소형카메라와 짐벌을 탑재한 DJI의 무인멀티콥터가 등장하면서 저렴하고 손쉽게 촬영작업을 할 수 있게 되면서 급속도로 확산되고 있다.
6) 중국의 DJI에서 WooKong 등 소형이면서 상대적으로 고성능, 저가 제어시스템들을 출시하면서, 본격적으로 멀티콥터가 촬영작업의 주류로 자리 잡기 시작함.
7) 이후 DJI에서 Phantom이란 촬영용 멀티콥터 시스템으로 출시를 하고, 거기에 GoPro 등 소형 고해상도 카메라가 나오면서 전 세계가 멀티콥터 열풍에 빠지고 있음.
8) 단순히 개인적인 촬영작업뿐만 아니라 전문적인 방송 및 영화 작업까지 이제 소형 멀티콥터로 촬영이 가능하게 되었다.
9) 이렇게 DJI사가 세계시장의 70%를 차지하게 되는 반면에 이 장비보다 저가로서 경쟁력 있는 비행성능을 가진 장비들이 다양하게 개발 및 생산되어 시장에 선보이고 있으나 DJI의 독점적인 지위 유지에 많은 도전이 있을 전망이다.

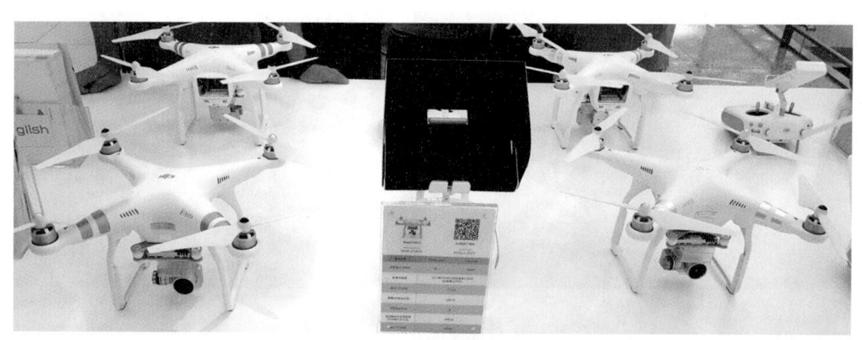


DJI Phantom 3 (중국)

독일 Mikrokopter사의 멀티콥터

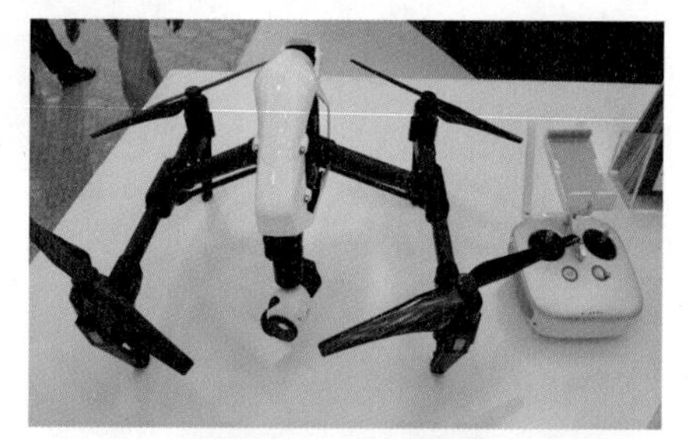

DJI Inspire (중국)

기타 멀티콥터 제품

## 라. 공간정보/재난안전 분야 무인헬기 활용 개시

1) 민수용으로 사용되기 시작한 분야는 재난안전 및 공간정보 분야의 활용연구에서 시작됨.
2) 2004년부터 국립방재연구소에서 '무인헬기를 이용한 풍수해피해조사 시스템 개발사업'을 개시함.
3) 2006년부터는 국토교통부의 스마트국토정보시스템 구축사업의 일환으로 서울시립대 이임평교수의 공간정보연구실을 주축으로 '무인헬기를 이용한 실시간공중모니터링 시스템 개발' 사업이 진행됨.
4) 2010년대 멀티콥터가 등장하면서 소형 무인멀티콥터를 이용한 공간정보 데이터 취득 시스템들이 본격적으로 개발 및 활용되고 있다.

실시간 공중모니터링 시스템 개발사업, 서울시립대 외

## 마. 생육상태 모니터링 활용

1) 정밀 농업을 위한 생육상태 모니터링 시스템들이 개발 활용되고 있음.

2) 공간정보 맵핑 기술과 융합한 시스템으로서 스마트 농업이 현실화되고 있음.

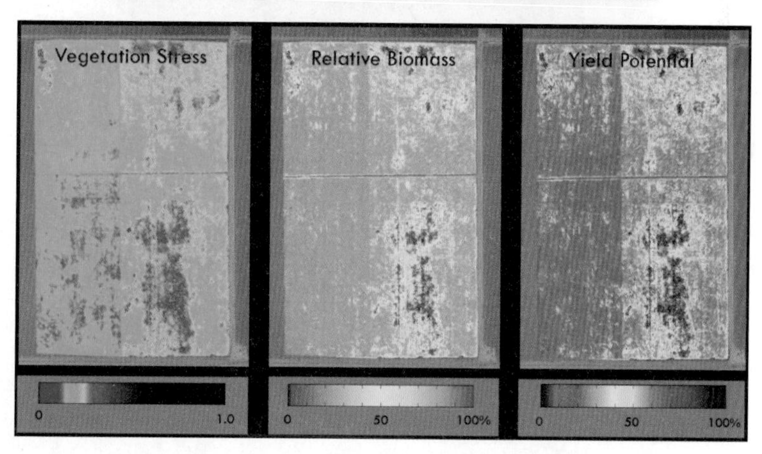


Slantview drone, 농업 작황 분석, Slantrange, 미국

※ 출처 : http://www.slantrange.com, 2017.03.01.

## 바. 방역용 드론 활용

1) 코로나 19의 상황이 발생하면서 드론을 방역작업에 본격적으로 사용을 검토하고 장비들이 개발되었다.

마징가드론 방역 분부시스템

산림 방역살포작업

2) 한편 조류독감, 구제역 등의 가축 질병의 창궐이 빈번함에 따라 다양한 방역작업들이 실시되고 있다.

하천 조류독감 방역 작업

# 6 무인항공 방제작업 요령

## 1 | 무인항공 방제작업 전 준비사항

### 가. 작업 전 점검사항

방제작업에 있어서 아무리 비행 및 방제작업에 익숙해져 있어도, 작업 전 점검을 충분히 실시해야 안전하게 작업을 진행할 수 있다. 작업의 시작 전에, 다음 항목에 관해서는 반드시 점검을 해야 한다.

#### 1) 살포지역의 점검항목

① 가축, 양잠, 양봉, 양어장 등에 대한 배려는 충분한가?

② 주차장, 자동차 정비소등 약제에 의한 도장 오염의 위험은 없는지?

③ 통학로와 교통량이 많은 도로 옆 등의 작업시간대에 대해서의 배려는 충분한가?

④ 전작 작물, 기타 대상 외 작물에 약해 등의 염려는 없는가?

⑤ 작업의 순서, 안전작업을 위한 지시등, 살포 관계자와의 협의와 확인을 마쳤는가?

#### 2) 조종자가 해야 할 점검항목

① 위험장소, 장해물의 위치 살포 제외 구역에 대해서 확인을 마쳤는가?

② 풍향, 풍속의 확인

③ 지형, 건물 등의 확인

④ 작업 계획면적과 약제배분, 작업 순서 등의 확인

#### 3) 정비에 관한 점검항목

① 살포장치의 조정에 실수는 없는가?

- 비행제원과 분당 분사량과의 관계
- 고르지 못한 분사
- 흘러서 뚝뚝 떨어짐

② 살포약제의 제형, 제제의 물성, 혼용 등으로 생기는 문제들과 그 방지 대책에 대해서 준비되어 있는가?

③ 약제의 조정, 적재 등의 작업에 불안한 사항은 없는가?

### 4) 방제작업 준비물

**① 운반용 자동차에 적재할 물건**

| | | | |
|---|---|---|---|
| · 무인비행장치 세트 | · 예비 배터리 | · 연료·펌프 등 | · 헬멧 |
| · 공구(정비용) | · 배터리 측정기 | · 소화기 | · 구급상자 |
| · 풍속계 | · 마스크 | · 장갑 | · 약제 |
| · 물 | · 살포탱크(예비 탱크) 등 | | |

② **깃발** : 사전에 살포할 지형의 살포 경계에 꽂아 둔다.

③ **무전기** : 살포작업을 할 때 조종자와 신호자가 연락을 취하기 위해서 사용한다.

④ **전파모니터** : 비행 전에 강력한 전파나 동일 주파수의 전파의 발생 여부를 조사한다.

## 나. 살포작업의 비행계획과 지도

### 1) 살포작업의 계획

살포작업을 원활하고 안전하게 실시하기 위해서는, 작업 시작 전에 현장의 지형이나 작업 구역을 충분히 확인하고, 계획면적, 살포 제외지역, 장해물의 위치 등을 정확하게 파악할 필요가 있다. 이를 위해 현장의 상태를 잘 알 수 있는 축척지도를 준비해야 한다. 작업지도는 작업의 정밀도나 효율, 살포비행의 안전에 직접 연관되므로 작업 전에 도상으로 작업 구역 및 장애물, 진/출입로 등을 확인표시하고, 이전에 사용한 작업지도를 사용하는 경우에는 지형/장애물의 변화 여부를 재확인한다.

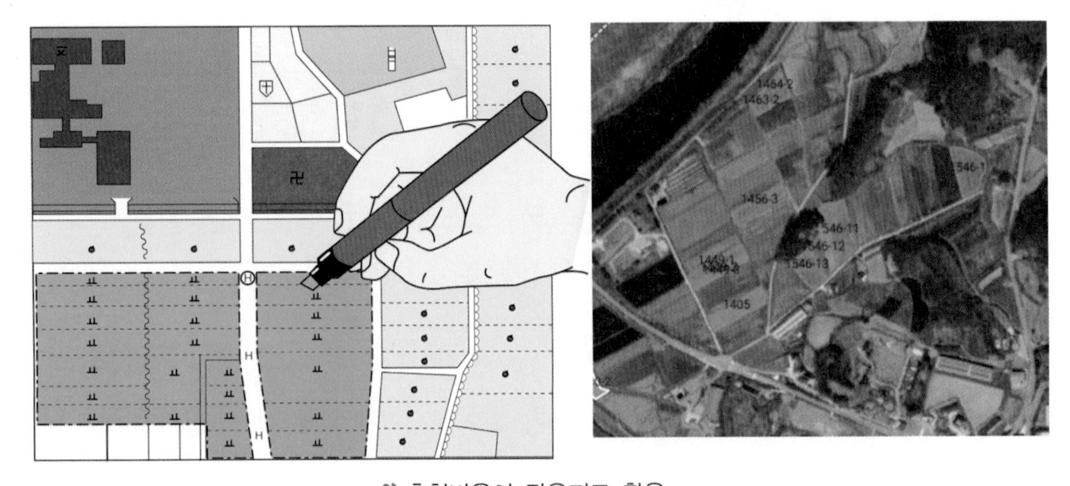

축척비율이 작은지도 활용

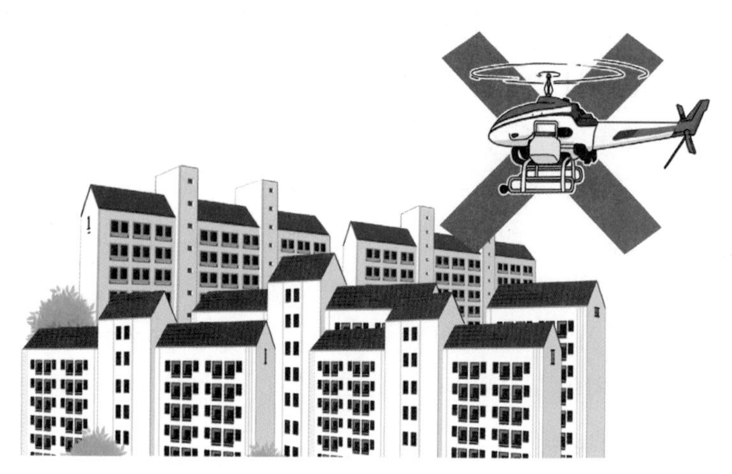

민가 밀집지역 상공 비행 금지

## 2) 부적합 지역과 살포 제외 지역

### ① 부적합지역이란?

산업용 무인비행장치를 이용하여 적정한 항공방제를 실시하기 위해서는 비행 장애물이 없어야 하고, 조종자의 접근로 등이 확보되어야 한다. 이것은 유사시에 비행장치 및 조종자의 안전을 확보하기 위한 것으로써, 살포 비행하는 것이 심각하게 불안하다고 예상되거나 안전한 살포작업이 불가한 지역은 작업을 진행해서는 안 되는 곳이라 할 수 있다.

## 3) 방제 제외 지역

산업용 무인비행장치는 유인헬리콥터로는 살포할 수 없는 협소한 지역도 살포 가능하지만, 사전에 충분한 피해 예방조치를 강구할 수 없는 곳이라고 생각되는 곳은 방제 제외지역으로 간주해야 한다. 특히, 다음 사항들을 고려하여 피해 발생 우려가 없는지 확인해야 한다.

① 공중위생 관련(가옥, 학교, 수로, 수원 등), 축잠수산 관련(가축, 가옥, 꿀벌, 누에, 어패류 등 수산동식물 등), 타 작물 관련(살포대상 이외의 농작물 등) 및 야생동식물 관련(천연기념물 등의 귀중한 야생 동식물)

② 산업용 무인비행장치의 조종자, 기타 작업자의 안전이 충분히 확보되어 있을 것

## 다. 이착륙 지점에서의 작업 간 안전사항

### 1) 이착륙지점에서 작업을 할 경우, 주의 사항

이착륙지점에서 작업을 할 경우, 무인헬리콥터의 경우 로터가 회전하고, 있는 동안은 무의식중에 접근하지 않도록 통제해야 한다. 로터가 작은 멀티콥터형의 경우라도 로터가 회전할 때 접근할 경우 심각한 인명의 손상을 초래할 수 있다.

또한 살포 관계자 이외의 사람이 무인비행장치나 약제에 접근하지 못하도록 주의해야 한다. 무인비행장치의 수직 이착륙 시 발생하는 모래먼지가, 약제혼합용기, 물탱크 등에 들어가면 살포장치의 고장원인이 되므로 주의가 필요하다.

### 2) 자재의 배치 방법

약재 등의 자재를 모아두는 장소는 아래의 사항을 반드시 준수해야 한다.

① 적재는 너무 높지 않게 한다(0.5m 정도).

② 약제혼합용기, 보조원의 대기위치 등은 이착륙 지점에서 15m 이상 떨어진 거리를 유지해야 한다.

③ 로터의 풍압으로 떠오를 것 같은 물건(비닐, 빈 봉지 등)은 미리 제거하거나 무거운 돌을 올려놓는 등의 조치를 해야 한다.

### 3) 이착륙지점 선정

① 이착륙지점은 평탄하고 모래먼지가 일어나지 않는 농로 등이 안전하다.

② 설치장소에 경사가 있는 장소는 가능한 수평인 지점을 고른다.

③ 이착륙지점 주변은 로터의 풍압으로 작물이 손상될 우려가 있다. 이러한 점을 고려하여 이착륙지점을 선정한다.

### 4) 무인비행장치 탑재 용량

① 작물 현장의 해발고도

② 기온, 습도

③ 장애물의 많은 곳 등 적재중량을 제한하는 요인이 있으므로, 항상 그 최대 성능을 발휘한다고는 할 수 없다. (작업을 하기 전에 적재능력의 1/2정도로 확인 비행을 실시하는 것이 좋다.)

약제를 만재한 상태에서 이륙하

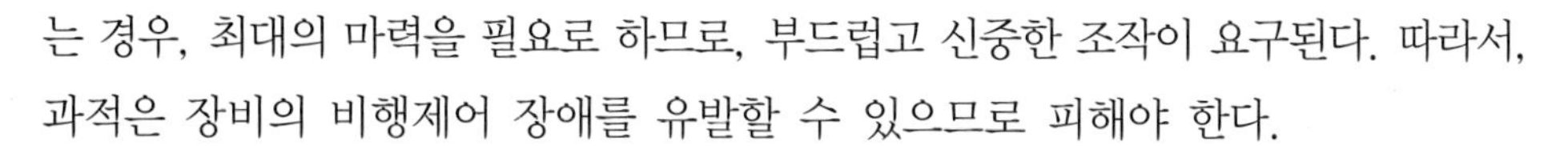
는 경우, 최대의 마력을 필요로 하므로, 부드럽고 신중한 조작이 요구된다. 따라서, 과적은 장비의 비행제어 장애를 유발할 수 있으므로 피해야 한다.

### 5) 조종자/작업자 안전 준비 사항

무인항공 방제작업은 좁은 농로에 약제 살포 작업 작업이 요구된다. 이러한 작업 현장 상황에서는 안전을 위해 조종자의 복장, 행동 등에 관해서 다음 사항을 지켜야 한다.

① 헬멧의 착용
② 보안경, 마스크 착용
③ 옷은 긴소매를 입고, 단추를 확실히 잠근다.
④ 메인로터가 완전히 정지하기까지는, 무의적인 접근을 하지 않을 것

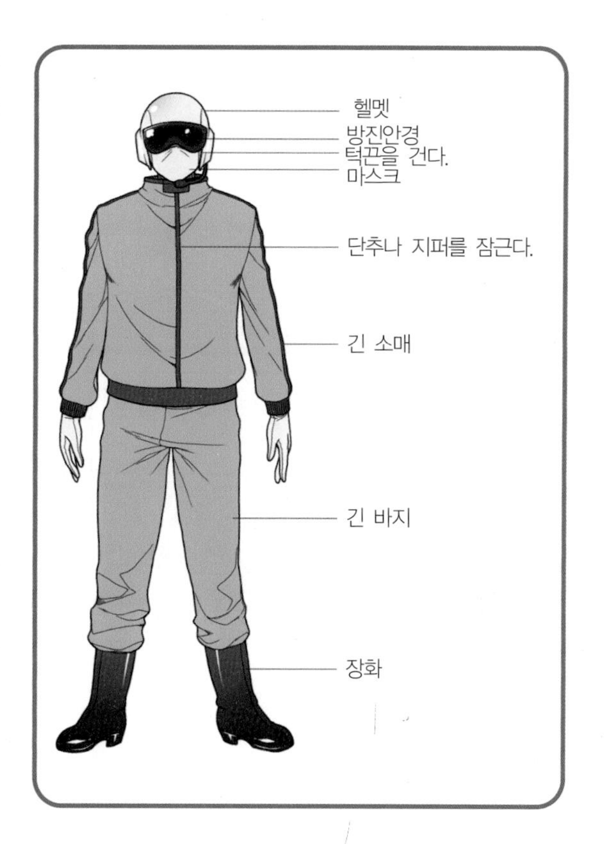


약제봉지의 절단조작, 실밥, 모래, 진흙 등의 이물질이 약제에 들어가면, 살포장치의 고장원인이 된다. 이물질이 혼입되지 않도록 특별히 주의를 기울여야 한다.

## 2 | 무인항공방제 작업자의 구성과 역할

### 가. 작업자들의 구성

살포작업은 반드시 팀으로 운용되어야한다. 유자격 조종자 2명 이상으로서 조종자와 신호수의 역할을 교대로 진행하며, 약재를 준비해 주는 보조자 1명으로서 1팀에 최소 3명으로 구성되어 작업을 진행한다. 특히, 조종자와 신호수는 필수로 편성해서 작업을 진행한다. 대부분의 방제 작업 간 사고는 이 신호수의 미 편성과 적절한 상호 훈련이 되지 않아서 발생한다. 모든 작업자들은 무인비행장치 이착륙할 때 15m 이상 떨어져야 한다.

### 1) 조종자

장비 종류에 적합한 조종자 자격을 취득하여, 무인비행장치를 조종하는 사람으로 비행에 관한 최종 판단을 한다. 대규모 살포의 경우, 2명이 서로 교대 작업하며 피로를 줄여야 한다. 조종자는 비행장치가 전방으로 전진 및 후진할 경우 속도를 인지하기 힘들므로 신호자의 지시에 따라 전/후진 비행 속도를 조절한다.

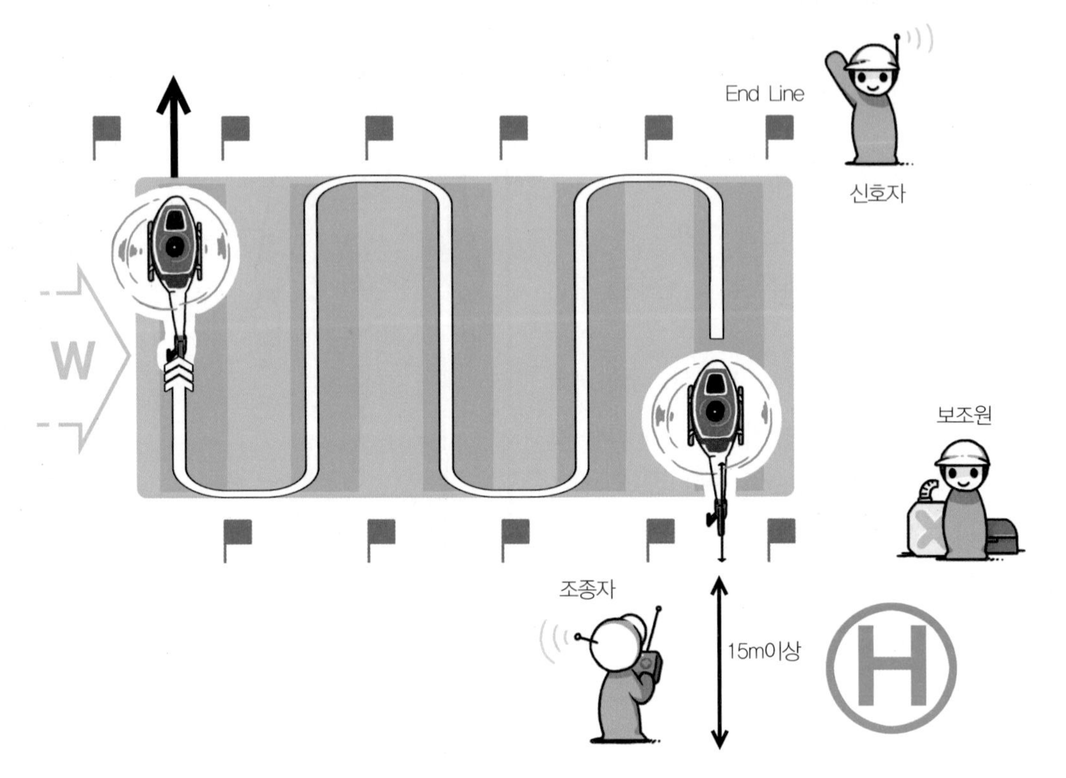


### 2) 신호자

무전기로 전/후진간 속도와 함께, 조종자에게 비행장치가 논/밭의 끝선을 통과했는지 알리고, 필요할 경우 살포장치의 on. off 스위치를 누를 수도 있다. 오버런 상황이나 엔드라인 부근의 장해물(전선이나 표식 등)의 유무를 명확하게 알려준다. 신호자에게는 잘 보이는 장해물도, 조종자에겐 보이진 않는 경우도 있다.

### 3) 보조자

운반차량을 운전하고, 무인헬리콥터의 연료나 살포하는 농업용 약재를 준비하여 보급한다. 또한 대규모 살포 등의 경우, 살포작업 할 포장을 안내할 수 있는 지리에 익숙한 사람으로 정하는 것이 좋다.

# 3 | 무인항공 방제살포비행

## 가. 살포비행 기준

1) 적용 작물의 종류에 따라 달라질 수 있다.
2) 비행고도는 작물위로부터의 높이
3) 비행속도는 표준 살포량이 확보 가능한 범위 내에서 조종해야 한다.

| 적용작물 | 작업명 | 살포방법 | 비행속도(Km/h) | 비행고도(m) | 비행간격(m) |
|---|---|---|---|---|---|
| 수도 | 병행충방제 | 액제소량살포 | 10~20 | 3~5 | 5~10 |
| | | 입제살포 | 10~20 | 3~5 | 5~10 |
| | 파종 | 산판 | 10~20 | 3~5 | 5~10 |
| | 제초 | 살포 포장 끝에서 5m 이상의 포장 내의 방제 | 10~20 | 3~5 | 5~10 |
| 밀류 | 병해충 방제 | 액제소량 살포 | 10~20 | 3~5 | 5~10 |
| 대두 | 벼행충 방제 | 액제소량 살포 | 10~20 | 3~5 | 5~10 |
| 무 | 병해충 방제 | 액제소량 살포 | 10~20 | 3~5 | 5~10 |
| | | 액제 살포 | 10~20 | 3~5 | 5~10 |
| 연근 | 병해충 방제 | 입제 살포 | 10~20 | 3~5 | 5~10 |
| 양파 | 병해충 방제 | 액제 살포 | 10~20 | 3~5 | 5~10 |
| 밤 | 병해충 방제 | 액제 살포 | 10~20 | 3~5 | 5~10 |
| 감귤 | 병해충 방제 | 액제 살포 | 20이후 | 3~5 | 5~10 |

## 나. 기본 살포 비행 방법

1) 공중살포는 바람을 고려해서 비행을 실시하는데, 측풍 살포비행을 기본으로 하며, 조종자 및 주변 환경 등에 영향을 충분히 고려하여 작업 효과를 확보하도록 한다.
2) 비행 속도 및 비행 간격은 균일성이 확보되도록 조종한다.
3) 비행 고도는 살포 약제의 물성, 기상조건, 살포 장소 및 주변 지역의 지형 등을 고려하여 가감하여 조종한다.

4) 공중 살포는 가급적 기류의 안정성이 확보된 시간대에 실시하며, 계획하지 않는 범위로 약재가 확산되지 않는 범위의 풍속 조건에서 작업을 진행한다.

## 다. 지형별 살포 비행 방법

### 1) 평지

아래의 그림처럼 바람 방향에 대하여 직각방향으로 옆바람을 받도록 비행한다. 바람 부는 아래쪽으로부터 살포를 시작해 항상 바람 부는 위 방향으로 살포해가는 것을 원칙으로 한다. 단, 약제를 계속 살포하면서 헬기를 이동시키는 것은 과잉살포, 비산 등의 직접적인 원인이 되므로, 절대로 해서는 안 된다.

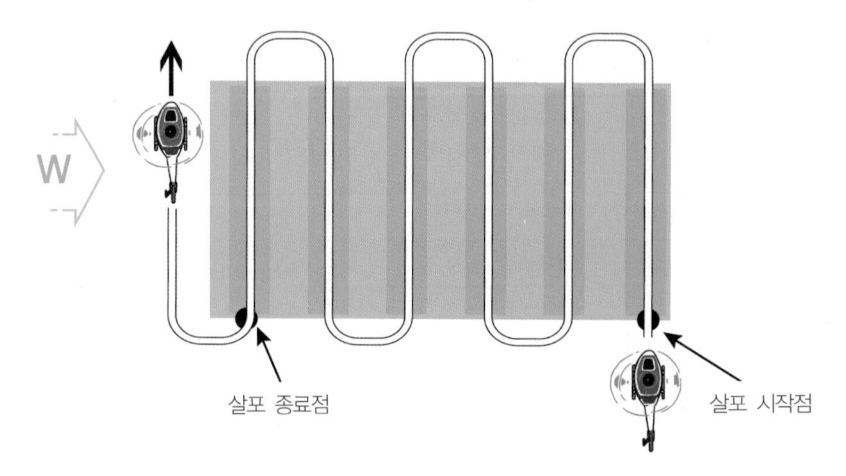

### 2) 경사지

경사지에서는 원칙적으로 등고선에 따라 상승하면서 살포 비행을 실시한다.

### 3) 평행 장애물 지역

살포구역 내를 지나가는 전선, 교통량이 많은 도로 등 살포지에 평행한 장해물의 주변은, 이와 직각 방향으로 비행하는 것은 반드시 피하고, 장해물에 평행하여 2~3회의 살포비행을 먼저 실시한다.

#### 4) 협소한 지형

좁은 지형, 깊숙이 들어간 복잡한 지형, 혹은 장해물이 있는 장소 등, 살포비행에 제약이 있는 곳은 적재량을 제한하여 여유 있는 상태로 작업을 할 수 있도록 배려한다.

### 라. 항공방제 시의 약제 관련 주의사항

#### 1) 약제 살포 주의사항

① 살포 장치의 살포 기준에 따라 실시한다.

② 약재가 새는 것을 방지하기 위해 살포용 배관과 살포장치를 점검한다.

③ 특정 농약(혼합 가능여부가 확인된 것) 이외의 혼용을 금지한다.

④ 살포지역의 선정에 충분히 주의를 기울이고, 경계구역 내의 모든 물체들에 유의한다.

⑤ 맹독성 약제 취급 시 마스크, 장갑 등을 착용하여 직접 약액에 닿지 않도록 조심한다.

#### 2) 살포 작업 종료 후

① 빈 용기는 안전한 장소에 폐기한다.

② 약제잔량은 안전한 장소에 책임자를 정해 보관한다.

③ 기체 살포장치는 충분히 세척하고, 세정액은 안전한 장소에 처리한다.

④ 얼굴, 손, 발 등을 세제로 잘 씻고, 반드시 가글한다.

# 7 무인항공 안전관리

## 1 | 무인비행장치 비행안전

### 가. 조종자의 책임

① 조종자는 자격증을 취득했을 때부터, 자신의 행동에 책임을 지는 것
② 적절한 **"판단"**에 의한 의사결정을 행하고
③ 그 결과로서 올바른 행동이 기대됨.

자격증은 본인뿐만 아니라, 주위 사람들의
안전도 배려하는 조종자로서의 증명이다.

### 나. 비행장치 조종자의 기본 소양과 적성

조종자는 기본적으로 적성 즉, 타고난 성질, 혹은 생활환경이나 교육, 훈련에 따라 그 사람이 갖게 된 정신적, 신체적 능력으로 어떠한 직무의 수행에 적합한지를 판단하여 선발되고 교육되어야 함.

#### 1) 지적 능력

- 조종자는 비행체를 3차원의 공간에서 운용하기 때문에 높은 지적 능력을 필요로 함.

• 지적능력이라는 기초에서 나타나는 행동의 효율, 즉 높은 지적효율[5]이 중요시 된다.

## 2) 정보처리 능력

• 필요한 정보처리 능력의 훈련을 평소에 반복함 필요한 정보처리 능력을 높일 수 있음.

**9회말 0 : 0 무사 만루의 핀치!**

"당신이 투수라면, 이 상황을 어떻게 분석하여 다음 행동을 하겠습니까?
타자는 스퀴즈일까? 히팅일까?
그렇지 않으면, 다시 한 번 냉정을 찾고, 상대의 사인을 잡아볼까?"

## 3) 동기

무인비행장치의 비행에 관하여 건전한 동기를 갖는 것은 훈련효과를 높이는 것은 물론, 훈련 이후에도 안전한 비행으로 이어질 가능성이 높다.

무인비행장치를 날린다는 **건전한 의욕**은 조종자가 되기 위한 첫 번째 단계이며, 행동의 원동력이다.
목적이 없는 상태에서는 훈련 효과를 높일 수 없다.

5) 지적효율이란, 제한된 시간 안에 결과적으로 바람직한 행동을 이끌어내는 의사결정의 비율이다.

### 4) 정신적 안정성

놀라거나, 당황하거나, 과도하게 긴장하는 등의 반응은, 인간이 갖고 있는 정상적인 반응이지만, 조종자로서는 과잉반응을 하지 않는 안정성이 요구된다. 항상 안전성을 유지하기 위해, 이러한 반응을 컨트롤할 수 있는 방법을 습득하는 것이 중요하다.

"혹시 차가 나타날지도 모른다"라고
위험을 예측하며 어떠한 사태에도
대처할 수 있도록 하자.
또한, 항상 기분을 안정시켜 주는 것
이
조종자로서는 필요하다.

### 5) 정신적 성숙도

정신적으로 성숙하다는 것은, 인간관계를 양호하게 하고, 사회에 적응하기 위해서도 중요한 것이다. 그 성숙도가 사회적인 악용방지로 이어지고, 무인비행장치의 안전한 비행으로도 이어진다.

조종자의 정서가 불안하면, 비행장치의 조종에도 영향을 끼친다. 정신적으로 성숙하다는 것은, 안전한 비행과 사회적 악용방지에도 이어지는 것이다.

## 다. 비행에 있어서의 의사결정

### 1) 의사결정의 개념

비행 상황에 관련된 온갖 정보 중에서 활용하는 것을 선택하여, 허용된 시간 내에 판단한다. 또한, 그에 대응하는 스스로의 행동을 특정하고, 그 행동에 기초한 결과를 예상하며, 더욱이 그 타당성을 검토·확인하여 자신을 갖고 실행하는 능력을 의사결정이라 한다. 따라서 의사결정의 행동은 "실행하는 것" 뿐만 아니라 "실행하지 않는 것"도 포함됨.

"적절하게 판단할 것"
조정자로서의 판단에 따른 의사결정 포인트는 그 행위의 결과를 좌우한다.

### 2) 의사결정 요소

조종자의 의사결정 과정에는, 여러 가지 요소가 영향을 끼친다. 그 사람의 자세(생활태도)나 인격이라는 타고난 정서적 측면은 지식이나, 표현능력 및 본인의 기술 등의 의사결정에 있어서 중요한 요소가 된다. 올바른 의사결정은, 훈련 및 교육에 의한 경험에 따라 배양되는 것임.

- **자세(생활태도)**
  교육에 의한 경험이 비행에 관한 안전정인 자세를 배양한다.
- **지적 처리 능력**
  양호한 "지적 처리"를 위해서는 바른 지식, 위험도의 식별과 평가, 경계심, 정보처리의 능력, 선택성을 갖는 주의, 문제해결 능력이 필요하다.

- **자동 조종기능**

  조종에 있어서 조작이 자동적인 반응이 되기까지 훈련한다.

  **조종조작**

  ⇓

  **자동조작**

- **위험관리**

  비행장치 조종에 있어서 관리되어야 할 위험 요소들은 크게 다음과 같은 사항이 있다.

  - 비행장치(본체의 상태와 연료 등)
  - 조종자(정신적·신체적 건강상태나 음주 피로 등)
  - 환경(기상상태, 주위 장해물 등)
  - 비행(비행목적, 비행계획, 비행의 긴급도와 위험도 등)
  - 상황(상기의 각 요소의 정확한 상황 확인)

위험요소의 80% 이상이 조종자의 실수로 인한 것이다. 조종자 자신이 최대의 위험요소이므로 정신적, 신체적 건강 상태에 유의해야 한다.

- **상황판단 능력**

  빠른 상황판단 능력은 모든 조종사 및 조종자에게 필수 요소이다. 전반적인 주변 상황과 비행상태를 판단하고, 이러한 파악된 정보들을 처리할 수 있는 능력이 필요하다. 그 피해를 최소화시켜 2차 피해를 방지하기 위해 반드시 착지지점으로 갖고 오는 것이 아니라, 포장(논)안의 안전한 장소에 내리는 경우도 있다.

조종자 또는 계약자가 감수하기 어려운 손해 금액이 될 수도 있으므로 이에 대한 대책 마련이 필요하다.

# 2 | 사고와 보험

## 가. 초경량 비행장치 사고

### 1) 사고발생 시 조치사항

- 인명구호를 위해 신속히 필요한 조치를 취할 것.
- 사고 조사를 위해 기체, 현장을 보존할 것.
  - 사고 현장 유지
  - 현장 및 장비 사진 및 동영상 촬영
  - 현장 및 장비 사진 및 동영상 촬영
- 사고 조사의 보상 처리

  사고 발생 시 지체 없이 가입 보험사의 보험대리점 담당자에게 연락하여 보상/수리 절차를 진행한다. 이때 사고 현장에 대한 영상자료들이 정확히 제시되어야 한다.

### 2) 사고의 보고

초경량 비행장치 조종자 및 소유자는 초경량 비행장치 사고 발생 시 지체 없이 그 사실을 보고하여야 한다. 통상 사람의 부상 이상의 중사고가 발생시 반드시 관할 항공청에 보고하여야 한다.

- **보고사항**
  - 조종자 및 그 초경량 비행장치 소유자의 성명 또는 명칭
  - 사고가 발생한 일시 및 장소
  - 초경량 비행장치의 종류 및 신고번호
  - 사고의 경위
  - 사람의 사상(死傷) 또는 물건의 파손 개요
  - 사상자의 성명 등 사상자의 인적사항 파악을 위하여 참고가 될 사항

## 나. 보험

### 1) 보험의 종류

① **대인/대물(배상책임보험)** : 모든 사용사업자 필수

- 사고시 배상 대상 : 대인, 대물
- 보상금액 한도 : 사용사업을 위한 기본 요구사항으로서 1인/건 당 1.5억원 배상가액

- 보험료 : 4~50만원/대

② **자차보험(항공보험 등)** : 교육기관 권유, 기타 사용사업자 선택

- 사고 시 배상 대상 : 자가 장비
- 보상금액 한도 : 수리비용 보상 한도에서 설계
- 보험료 : 무인헬리콥터(약 2천만원/대), 무인멀티콥터(2~300만원/대)

③ **자손보험(개인배상책임 등)** : 교육기관 필수, 기타 사용사업자 선택

- 사고시 배상 대상 : 자기 신체
- 보상금액 한도 : 조종사 자신의 손상에 대한 치료비 등 보상
- 보험료 : 인원별/기관별 수만원~수십만원

### 2) 취급 보험사 종류

① **현대해상화재보험**

- 취급보험 : 무인항공 통합보험(대인 / 대물 / 비행체 / 조종자), 대인대물 배상책임보험
- 보험취급 대리점 : 드론안전기술 대리점

② **KB손해보험**

- 취급보험 : 대인대물 배상책임보험
- 보험취급 대리점 : 매직드론 대리점

③ **보험 배상 처리를 위한 사전 조건 및 준비사항**

- 조종사 : 유자격자 조종 필수
- 방제 비행 시 : 신호수 편성운용 필수
- 교육원 교관 입회 조종 필수
- 개인비행시간기록부 /기체비행시간기록부 / 정비이력부 작성 필수
- 조종기 비행로그 제공 / 기체 비행로그 제공
- 사고 발생 시 현장 사진 / 동영상 촬영 유지
- 정기점검 : 부품별 정비 및 비행기록 유지. 조종자 비행기록 유지
- 항공안전법 등 법 규정을 위반한 사고일 경우 심각성에 따라 보상 규모를 제한받을 수 있다.
- 할인할증제도실시 : 조종자 개인 및 소속 기관별 할인/할증제도가 있으니, 안전한 운항을 통해서 보험료 감면받을 수 있음.

# 8 무인항공 비행교수법

## 1 | 무인비행장치 비행교수법

기본적으로 비행은 주의력을 분배시켜 3차원의 공간에서 외부환경, 내부의 수많은 계기가 지시하는 내용 등 다양한 정보들을 동시에 파악하고, 이를 바탕으로 신속히 판단하여 조종을 실시하는 것이다. 따라서, 일반적인 지식을 함양시키는 학과 교육의 교수방법과는 다르며, 조종 교관은 교육생이 단시간 내에 비행 조종 능력을 확보되도록 하기 위한 비행교수법의 숙지와 적용이 필수이다.

### 가. 비행 교관의 자질

#### 1) 교관의 기본 자질

① **성의** : 솔직하고 정직한 교관이 되어야 한다.

② **교육생에 대한 수용 자세** : 교육생의 잘못된 습관이나 조작, 문제점을 지적하기 전에 그 교육생의 특성을 먼저 파악

③ **외모 및 습관** : 교관으로서 청결하고 단정한 외모와 침착하고 정상적인 비행 조작

④ **태도** : 교관은 언제나 일관된 태도로 교육생을 대함.

⑤ **알맞은 언어** : 교관다운 언어를 사용하여 교육생들이 믿고 따를 수 있는 교관이 되도록 노력.

⑥ **화술 능력 구비** : 교관으로서 학과과목이나 조종을 교육시킬 때 적절하고 융통성 있는 화술 능력을 구비

⑦ **안전의식** : 교관은 안전관리에 솔선수범하여 교육생이 안전에 벗어나는 잘못된 행동을 따라하지 않도록 주의

⑧ **폭넓은 전문지식** : 교관은 무엇보다도 해당 분야에 대한 충분한 이론적인 배경과 전문지식을 가지고 있으면서 교육생들에게 논리적으로 설명 가능

### 2) 비행 교관이 범하기 쉬운 과오

① **과시욕** : 교관이 자기가 가지고 있는 기술에 대해 남들에게 전수해 주지 않으려 하고, 자기만의 것으로 소유하고 잘난 체 하려는 태도는 배제

② **비인격적인 대우** : 교관이라고 해서 교육생을 비인격적으로 대우

③ **과격한 언어 및 욕설** : 교관의 그 때 그 때의 감정에 의해서 표출되는 언어 표현은 교관이 경계. 교관이 당황하거나 화난 목소리나 어조로 이야기 하면 교육생은 더 큰 불안을 느끼게 된다.

④ **구타** : 교관으로서의 품위를 버리는 행위이며, 학습 의욕도 저하 발생

⑤ **비 정상적인 수정 조작** : 교육생이 잘못된 조작을 한다고 해서 교관이 위험할 정도의 과격한 조작을 하면 학생에게 공포감 유발

⑥ **자기감정의 표출** : 교관이 교육생의 과오에 대해서 필요 이상의 자기감정을 표출하면 교육생은 신뢰감을 상실하여 학습 의욕이 저하

### 3) 교관 언어표현 기술 향상 방법

① **접촉 유지** : 교관이 강의를 하는 동안 교육생들이 다른 생각을 하지 않고 교관과 같이 이해하고 학습하도록 해야 한다.

② **감정 조절** : 누구나 처음으로 대중 앞에 서게 되면 대중을 의식하기 때문에 신경과민 증상에 걸리기 쉽다. 따라서 교관은 철저한 과목 연구와 긴장감을 완화시킬 수 있는 방법 터득 등으로 이러한 증상이 발생되지 않도록 노력해야 한다.

③ **쉽게 이해시켜야 한다** : 어려운 것도 쉽게, 쉬운 것도 어렵게 설명할 수 있다. 교관은 간단명료한 문장 사용, 적절한 언어 및  말의 속도, 목소리의 강약 조절 등을 통하여 교관이 생각한 바를 정확하게 전달할 수 있도록 노력해야 한다.

④ **적절한 유머의 활용** : 유머는 수업의 흥미를 유지해 주는 방법 중의 하나라고 할 수 있다. 하지만, 어설픈 유머는 수업을 더욱 더 어렵게 만들 수 있으므로, 상황에 맞는 적절한 유머를 사용하여 효과적인 교육이 될 수 있도록 유도해야 한다.

⑤ **바른 교육 태도 유지** : 교육생은 교관의 교육 내용뿐만 아니라 외모와 교수 태도에도 신경을 쓰게 된다. 따라서 교관은 교관으로서의 품의를 손상시키는 태도나 언행을 해서는 안 된다.

## 나. 지도 방식

### 1) 비행교육 요령

① **동기 유발** : 교관은 교육생의 동기 유발을 통하여 훨씬 용이하게 학습 효과를 얻을 수 있으며, 강요당하는 것보다 스스로 원할 때 교육 효과가 더 높게 나타난다.

② **계속적인 교시** : 교육생이 달성해야 할 교육 단계를 미리 알려주고, 다음 조작은 무엇을 해야 하는지를 계속적으로 지시해야 한다.

③ **교육생 개별적 접근** : 비행 교육의 특성은 일대일 교육이므로 교육생과 교관이 인간관계가 원활할 때 보다 더 효과적인 교육이 될 수 있다.

④ **적절한 칭찬** : 그날의 조작 중 잘못한 것에 대해서만 지적을 하고 잘한 것에 대해서 묵인 한다면 교육생은 점점 자신감을 잃게 되고 학생 자신이 가지고 있는 잠재 능력의 발휘도 못할 것이다.

⑤ **건설적인 강평** : 교육생이 잘못된 조작을 한다고 해서 교관이 위험할 정도의 과격한 조작을 하면 학생은 공포감을 느낄 수 있다.

⑥ **인내** : 교육생의 발전도가 때로는 더디게 나타날 수도 있는데, 이럴 때는 교관의 눈으로 바라보지 말고, 인내심을 가지고 교육생을 지도해 나갈 필요가 있다.

⑦ **비행 교시 과오 인정** : 교관은 자칫 잘못하면 권위주의적 경향으로 빠지기 쉽다. 따라서 자신이 시범이나 교시 내용이 틀렸다고 인정될 때에는 과감히 시인하는 결단이 필요하다.

### 2) 심리 지도 기법

① **노련한 심리학자로서의 비행 교관** : 교관은 노련한 심리학자가 되어 학생의 근심, 불안, 긴장 등을 해소해 줄 수 있어야 하며, 비정상적인 조작을 하는 교육생은 세심히 관찰하여 조종사로서의 자질을 평가하면서 교육을 진행해야 한다.

② **설득 유도** : 교육생의 문제를 교육생의 입장에서 인간적으로 접근하여 대화를 통해 해결책을 강구한다.

③ **분발 격려** : 경쟁 심리를 자극하여 인간의 잠재적 장점을 표출시킬 수 있도록 노력해야 한다.

④ **질책** : 때로는 잘못에 대한 질책이 필요한데, 이때는 단 한 번으로 끝내야 한다.

⑤ **성취 욕구의 자극** : 공명심과 명예심을 자극하여 성취 욕구를 갖도록 유도해야 한다.

### 3) 학습 지원 방법

① **학생에 맞는 교수방법 적용** : 조종 교육생들은 그들의 능력이나 사고, 인격 등이 모두 다르므로 동일한 방법으로 교육시키는 것이 모든 교육생에게 효과적일 수 없다. 따라서 교관은 교육생들의 특성을 파악하여 그에 맞는 교수 방법을 적용해야 한다. 교육생의 능력을 너무 못 믿거나 과신하지 말고, 적절한 판단으로 그에 맞게 지도해야 한다.

② **정확한 표준 조작 요구** : 교관은 교육생들 앞에서 정확한 표준 조작을 하고, 교육생들도 그렇게 하도록 요구해야 한다. 해서는 안 될 것과 해야 할 조작을 명확히 반복 주지시켜야 한다.

③ **긍정적인 면의 강조** : 예를 들거나 설명을 할 때 부정적인 것으로 설명하기 보다는 긍정적인 것을 예로 들고 설명하는 것이 효과적이다.

④ **교관이 먼저 비행 원리에 정통하고 적용하라** : 특히 바람의 영향 등에 대해 잘 설명해 주어야 한다.

### 4) 비행 교육 중 학습 장애 요인

① **불공평한 대우의 느낌** : 여러 교육생을 대상으로 교육 시에는 모든 교육생에게 공평하게 가르치고 관심을 가져야 한다.

② **흥미로운 것을 배우려는 조바심** : 지금 배우고 있는 것을 제대로 소화하지 않은 상태에서 다른 기술을 배우려는데 관심을 더 가지게 되면 그것이 사고로 이어질 수 있다.

③ **흥미의 결핍** : 어떤 과목에 있어서 다른 교육생보다 성과에 먼저 도달한 교육생은 늦은 교육생과 동일한 교육을 하다 보면 그 교육생은 과목에 대한 흥미를 잃어버릴 것이다.

④ **신체적 불편, 피로** : 강의실이건 비행 훈련이건 학생의 학습의 진도를 현저하게 저하시키는 요인이다.

⑤ **무관심과 무계획적 교육에 대한 불만** : 교육생은 자기에게 무관심 한다든지 계획이 없는 상태에서 교육에 임하는 교관에게 불만을 가질 수 있다. 보다 인간적으로 접근하고 철저한 교육 준비를 한다.

⑥ **근심, 불안** : 교육생들의 학습 능력을 제한하고 시야를 좁게 하는 가장 큰 요인이 된다. 교육생이 편안하고 자신감을 견지할 수 있도록 배려해야 하며, 사고의 영역을 넓힐 수 있도록 교육생이 지니고 있는 근심, 불안의 원인을 파악, 이를 제거하는 노력을 해야 한다.

## 다. 비행단계별 교육 요령

### 1) 준비/학과 교육 단계

① **교관이 먼저 비행 원리에 정통하고 적용하라** : 특히 바람의 영향 등에 대해 잘 설명해 주어야 한다.

② **시뮬레이션 교육을 철저히 시켜라** : 계속적인 시뮬레이션 숙달이 필요하다. 결국 시뮬레이션 수준이 비행 교육 수준으로 나타난다. 각 개인별로 하나씩 갖게 하기 보다는 돌아가면서 하도록 하는 것이 경쟁심을 유발하여 더 열중하게 된다.

③ **철저한 안전 교육** : 비행 기술은 시간이 지나면 해결되지만, 안전의식은 처음 바로잡아야 계속 간다. 기술이 좋은 조종사가 훌륭한 것이 아니고, 정확하고 안전하게 조종하는 조종사가 가장 우수한 조종사다. 특히, 15m 이내로 항공기가 접근되지 않도록 반복 주지 시켜라.

④ **교육 기록부 기록 철저**

### 2) 기본 비행 단계

① **기본 조작 교육** : 초기 제자리 비행 교육 시 끌려 다니지 않도록 기본 조작 교육을 철저히 한다. 조종은 비행기를 내가 조종하는 것이지 끌려 다니는 것이 아니다.

② **주의력 분배 교육** : 헬기에 집중하지 말고 시야를 점차 넓혀가면서 주의력을 분배하도록 훈련을 한다.

③ **삼타일치조작** : 파워, 피치, 러더가 일치된 조작이 되어야 안정된 조종을 할 수가 있다. 눈으로 보면서 조종해 가기는 어렵지만 기본적인 원리를 설명해 주라.

④ **교육생보다 한 걸음 뒤에 서라** : 가급적 교육생이 혼자 스스로 조종한다는 느낌이 들도록 하라.

⑤ **교관의 설명을 점차 줄여가라** : 처음엔 교시의 말을 많이 하다가 점차 줄여가면서 교육생 스스로 판단하여 조작을 할 수 있도록 하라.

⑥ **통제권 전환 시 확실한 확인 후 전환 실시**

준비됐는가? → Three. two. one. You have control. → I have control.

### 3) 응용 비행 단계

① **단독 비행** : 점차 비행 시간을 늘려 가고, 마지막 날에는 처음부터 끝까지 스스로 하도록 하라. 자기 장비를 실제 운용하는 것처럼 스스로 하도록 하고, 교관은 멀리서 지켜보라. 단독 비행은 패턴 비행을 하면서 기복이 없이 불안한 조작이 계속 없을 경우 실시한다.

② **철저한 안전 교육** : 비행 기술은 시간이 지나면 해결되지만, 안전의식은 처음 바로잡아야 계속 간다. 기술이 좋은 조종사가 훌륭한 것이 아니고, 정확하고 안전하게 조종하는 조종사가 가장 우수한 조종사다.

③ **비행 기준** : 비행기준은 평가표의 우수의 수준을 목표로 교육 실시한다. 교육 기간 중에는 달성하지 못하더라도 교육 종료 후에도 그 수준을 목표로 계속 자체 숙달 훈련이 될 수 있도록 한다. 특히, 농업용 속도는 15km/h를 준수해야 한다.

④ **GPS 교육** : GPS 교육 시 반드시 경고등을 주시해야 한다. GPS가 안 켜져 있는데, 켜진 것으로 착각하고 비행할 경우 근접하여 조종사가 다칠 수 있다.

⑤ **약제 살포 시 응용** : 매 비행 훈련을 실제 현장에서의 살포과정을 연상하도록 하면서 조종하도록 한다.

### 4) 비상 절차 단계

① **각 경고등 점등 시 의미 및 조치사항**

- 교범을 통한 숙지
- 구두/학과 평가 시 반드시 포함하여 평가 실시

② **GPS 수신 불량**

- 프로그램을 이용한 실습 교육 실시

③ **통신 두절로 인한 Return Home 기능**

- 지상에서 통신 두절 시 나타나는 경고등 및 현상 시범
- 필요 시 시범식 교육 실시

④ **제어 시스템 에러 사항**

- 급조작, 과적 등의 현상을 교육 중 반복하여 설명하면서, 부드러운 조작이 될 수 있도록 교육한다.

## 라. 비행 평가

### 1) 비행 평가(매일/최종)의 원칙

① **평가자의 자격** : 평가자는 적법한 자격이 있어야 한다. 기술적으로 자격이 있어야 할 뿐만 아니라 시범동작, 객관적인 자세와 관찰능력을 가지며 건설적인 조언을 할 수 있어야 한다.

② **평가 방법의 표준화** :평가 방법은 표준화, 객관화 그리고 통일이 되어야 한다.

③ **평가 목적의 이해** : 평가 목적은 평가에 관계되는 모든 사람에게 확실히 이해되어야 하며, 평가 목적에 부합되는 방식으로 행해져야 한다.

④ **평가자들 간 협조** : 평가에 참가하는 사람들 간의 협조는 평가를 원활하게 실시하는데 꼭 필요한 요소이다. 단 한 명의 조종사를 평가한다고 해도 여러 사람의 협조 없이는 제대로 이루어 질 수 없다.

⑤ **구체적인 평가결과 산출** : 현재 과목의 평가를 토대로 다음의 훈련에서 필요한 점을 찾아내기 위해 구체적이고 체계적인 평가 결과를 산출해야 한다.

### 2) 강평 시 고려사항

① **교육의 일부분으로 매일 실시** : 강평은 교육 단계로서 그리고 학과의 일부분으로서 실시되어야 한다. 강평을 효과적으로 실시하면 이미 교육한 내용을 통해 얻은 지식을 더욱 확실하게 이해토록 하며, 교육 성과를 증대시킬 수 있을 것이다.

② **상대방 존중** : 교육생의 자존심을 상하게 하는 말을 하거나, 비인격적 대우를 해서는 안 된다.

③ **과정 수업 관련** : 지금까지의 학습 내용을 상기시키거나 앞에 했던 과제 또는 앞으로 할 과제와 연관시켜 지금 학습의 필요성을 강조하는 것이 필요하다.

④ **특별한 점을 망라** : 사용된 절차, 교육생이 가지고 있는 장단점 또는 항공기의 특성, 바람의 영향에 따른 조작 등 교육에 필요한 모든 것을 망라하여 실시해야 한다.

⑤ **기본 원칙 강조** : 강평이나 평가 시는 기본을 강조하는 것이라 할 수 있다. 조종사로서 반드시 알아야 할 조작이나 점검 기본 원칙들을 강조하고, 이를 위해 교관은 사전에 적용하는 절차 및 방법, 용도 등을 요약 설명토록 준비를 해야 한다.

⑥ **교육생의 참여 장려** : 교관의 일관된 강평보다는 과목의 성격이나 내용에 따라서 교육생 스스로 발표하든지 경험담을 얘기하는 등의 방법으로 교육생 참여를 유도하는 방법을 고려한다.

SECTION 01

# 무인멀티콥터 운용

**1 다음 중 무인항공기(드론)의 용어의 정의 포함 내용으로 적절하지 않은 것은?**

① 조종사가 지상에서 원격으로 자동 반자동형태로 통제하는 항공기
② 자동비행장치가 탑재되어 자동비행이 가능한 비행하는 항공기
③ 비행체, 지상통제장비, 통신장비, 탑재임무장비, 지원장비로 구성된 시스템 항공기
④ 자동항법장치가 없이 원격통제되는 모형항공기

무인항공기는 기본적으로 자동비행장치가 탑재되어 자동비행이 가능한 비행체, 통제시스템 및 통신시스템이 포함된 시스템을 말한다.

**2 농업용 무인멀티콥터 비행 전 점검할 내용으로 맞지 않은 것은?**

① 기체이력부에서 이전 비행기록과 이상발생 여부는 확인할 필요가 없다.
② 연료 또는 배터리의 만충 여부를 확인한다.
③ 비행체 외부의 손상 여부를 육안 및 촉수 점검한다.
④ 전원 인가상태에서 각 조종부위의 작동점검을 실시한다.

비행 시작 전에는 반드시 이전의 기체이력부에서 비행 이상 유무와 결함 해소 상태를 확인해야 한다.

**3 다음 중 무인비행장치 기본 구성 요소라 볼 수 없는 것은?**

① 조종자와 지원 인력
② 비행체와 조종기
③ 관제소 교신용 무전기
④ 임무 탑재 카메라

**무인항공기의 구성요소**
✓ **시스템 요소** : 운용 개념, 운용 시나리오 및 절차, 장비편성, 운용 인력편제, 부수장비 구성 등
✓ **비행체**
✓ **지상통제 시스템**
✓ **통신 데이터 링크**
✓ **탑재 임무장비**
✓ **후속 군수지원** : 교육훈련, 정비체계/장비, 지원장비, 교범 류, 기타 선택장비(이·착륙 보조 장비, 원격 영상 수신 장비)

**4 조종자가 방제작업 비행 전에 점검할 항목과 거리가 먼 것은?**

① 살포구역, 위험장소, 장해물의 위치 확인
② 풍향, 풍속 확인
③ 지형, 건물 등의 확인
④ 주차장 위치 및 주변 고속도로 교통량의 확인

주차장 및 고속도로 교통량은 연관이 없다.

정답 **1.**④ **2.**① **3.**③ **4.**④

**5 무인회전익비행장치 비상절차로서 적절하지 않는 것은?**

① 항상 비행 상태 경고등을 모니터하면서 조종해야한다.
② GPS 경고등이 점등되면 즉시 자세모드로 전환하여 비행을 실시한다.
③ 제어시스템 고장 경고가 점등될 경우, 즉시 착륙시켜 주변 피해가 발생하지 않도록 한다.
④ 기체이상을 발생하면 안전한 장소를 찾아 비스듬히 하강 착륙 시킨다.

무인비행장치는 이상이 발생하면, 이상이 있는 사태에서 안전지대로 이동시키기 보다는, 크게 파손될 상황이 아니면 바로 직하방으로 하강 착륙키는 것이 항전장비들의 2차 고장에 따른 이상 비행으로 인한 추가적인 주변 피해를 최소화하는 방안이다.

**6 무인멀티콥터의 주요 구성요소가 아닌 것은?**

① 로터 ② 모터
③ 변속기 ④ 카브레터

캬브레터는 엔진이 장착된 비행장치의 구성품이다

**7 항공사업법상에 무인비행장치 사용사업을 위해 가입해야하는 필수 보험은?**

① 기체보험(동산종합보험)
② 자손 종합 보험
③ 대인/대물 배상 책임보험
④ 살포보험(약제살포 배상책임보험)

항공사업법상 필수 초경량비행장치의 필수 보험은 대인/대물 배상책임보험이다.

**8 무인멀티콥터 이륙 절차로서 적절하지 않은 것은?**

① 비행 전 각 조종부의 작동점검을 실시한다.
② 시동 후 고도를 급상승시켜 불필요한 배터리 낭비를 줄인다.
③ 이륙은 수직으로 천천히 상승시킨다.
④ 제자리비행 상태에서 전/후/좌/우 작동점검을 실시한다.

시동 후 자이로/GPS 등 센서들 설정과 엔진 등 구동부의 충분한 작동 준비상태가 될 때까지 아이들 작동을 한 후에 이륙을 실시한다.

**9 자동비행장치(FCS)를 구성하는 기본 시스템으로 볼 수 없는 것은?**

① 자이로와 마그네틱콤파스
② 레이저 및 초음파 센서
③ GPS 수신기와 안테나
④ 전원관리 장치(PMU)

자동비행을 위해서는 기본적으로 자동비행제어를 위한 FCC와 자세 측정하는 자이로 센서, 방위각을 측정하는 마그네틱 센서 그리고 위치와 고도를 정보를 알 수 있는 GPS 장치가 필요하다. 추가적으로 고도와 속도를 위한 기압 센서들을 장착하기도 하지만, 레이저 및 초음파 등은 자동비행을 위해서 필수적인 장치라 볼 수는 없다.

**10 전동식 멀티콥터의 기체 구성품과 거리가 먼 것은?**

① 로터 ② 모터와 변속기
③ 자동비행장치 ④ 클러치

클러치는 주로 엔진이 장착된 비행체에 사용된다.

정답 5.④ 6.④ 7.③ 8.② 9.② 10.④

**11** **안전하고 효율적인 무인항공 방제작업을 위한 필수 요원이 아닌 사람은?**

① 조종자　　② 신호자
③ 보조자　　④ 운전자

안전하고 효율적인 무인항공 방제작업을 위해서는 조종자와 장애물 및 작업 끝 부분을 육안 확인해서 신호해 주는 신호자, 그리고 약제 준비 및 운전 등을 지원해 주는 보조자가 한 작업팀으로 구성하는 것이 필수적이다. 이 때 보조자는 작업을 의뢰한 농민 등이 될 수 있고, 신호자는 조종자와 마찬가지로 조종이 가능한 조종자로서 서로 교대 작업을 수행할 수 있어야 한다.

**12** **무인멀티콥터 이륙 절차로서 적절한 것은?**

① 숙달된 조종자의 경우 비행체와 안전거리를 적당히 줄여서 적용한다.
② 시동 후 준비상태가 될 때까지 아이들 작동을 한 후에 이륙을 실시한다.
③ 장애물들을 피해 측면비행으로 이륙과 착륙을 실시한다.
④ 비행상태 등은 필요할 때만 모니터하면 된다.

안전거리는 누구나 반드시 지켜야하며, 회전익 비행장치는 수직으로 이륙과 착륙을 실시하는 것이 안전하며, 비행경고장치는 항상 모니터링 하면서 비행을 실시해야한다.

**13** **농업 방제지역으로 부적합한 장소라 볼 수 없는 곳은?**

① 학교 주변 지역
② 축사 및 잠사 지역
③ 상수원 보호구역
④ 농업진흥 구역

**14** **다음 중 국제민간항공기구(ICAO)에서 공식 용어로 선정한 무인항공기의 명칭은?**

① UAV (Unmanned Aerial Vehicle)
② Drone
③ RPAS (Remotely Piloted Aircraft System)
④ UAS (Unmanned Aircraft System)

ICAO에서는 공식용어로 RPAS(Remotely Piloted Aircraft System)를 사용하고 있다. UAV는 90년대 주로 사용된 용어, UAS는 신뢰성을 강조한 2000년대 주로 사용된 용어. Drone은 1970년대 이전에 사용하다가 2010년대 다시 사용되기 시작한 무인항공기를 통칭하는 용어로서 일종의 속어이다.

**15** **무인비행장치 조종자로서 갖추어야할 소양이라 할 수 없는 것은?**

① 정신적 안정성과 성숙도
② 정보처리 능력
③ 급함과 다혈질적 성격
④ 빠른 상황판단 능력

모든 항공기의 조종자들은 심리적인 안정성과 사회적으로 원만한 대인관계를 형성하는 성숙도를 갖추어서 불법적인 용도 및 방법으로 비행하지 않아야 하며, 주변 상황과 비행상태를 판단하고, 이러한 파악된 정보들을 처리할 수 있는 능력이 필요하다. 급하고 다혈질적인 성격이 되지 않도록 하는 것이 좋다.

**16** **회전익 무인비행장치 이착륙 지점으로 적합한 지역에 해당하지 않은 곳은?**

① 모래먼지가 나지 않는 평탄한 농로
② 경사가 있으나 가급적 수평인 지점
③ 풍압으로 작물이나 시설물이 손상되지 않는 지역
④ 사람들이 접근하기 쉬운 지역

**11.④　12.②　13.④　14.③　15.③　16.④**

**17** **다음 중 산악지형 등 이착륙 공간이 좁은 지형에서 사용되는 이착륙 방식에 적합한 비행체 형태와 거리가 가장 먼 것은?**

① 고정익 비행기
② 헬리콥터
③ 다중로터형 수직이착륙기
④ 틸트로터형 수직이착륙기

고정익 비행기 형태는 일반적으로 긴 활주 이착륙 및 접근 공간이 필요하여 좁은 지형에서는 상대적으로 운용상 불리하다.

**18** **회전익 무인비행장치의 탑재량에 영향을 미치는 것이라 할 수 없는 것은?**

① 장애물이 적은 지역
② 기온
③ 습도
④ 해발고도

장애물이 많은 곳은 적재중량을 제한하는 요인이 될 수 있다.

**19** **무인비행장치 비행모드 중에서 자동복귀에 대한 설명으로 맞는 것은?**

① 자동으로 자세를 잡아주면서 수평을 유지시켜주는 비행모드
② 자세제어에 GPS를 이용한 위치제어가 포함되어 위치와 자세를 잡아준다.
③ 설정된 경로에 따라 자동으로 비행하는 비행 모드
④ 비행 중 통신두절 상태가 발생했을 때 이륙 위치나 이륙 전 설정한 위치로 자동 복귀한다.

**20** **배터리를 오래 효율적으로 사용하는 방법으로 적절한 것은?**

① 충전기는 정격 용량이 맞으면 여러 종류 모델 장비를 혼용해서 사용한다.
② 10일 이상 장기간 보관할 경우 100% 만충시켜서 보관한다.
③ 매 비행시마다 배터리를 만충시켜 사용한다.
④ 충전이 다 됐어도 배터리를 계속 충전기에 걸어 놓아 자연 방전을 방지한다.

① 충전기는 가급적 전용 충전기를 사용한다.
② 10일 이상 장기간 보관할 경우 60% ~ 70%까지 방전시켜 보관한다.
④ 충전이 다 된 경우 충전기에서 분리해서 보관한다.긍정적인 면을 강조해야한다.

**21** **무인비행장치들이 가지고 있는 일반적인 비행 모드가 아닌 것은?**

① 수동 모드(Manual Mode)
② 고도제어 모드(Altitude Mode)
③ 자세제어 모드(Attitude Mode)
④ GPS 모드(GPS Mode)

고도제어 모드는 구성되지 않는다.

**22** **무인항공기를 지칭하는 용어로 볼 수 없는 것은?**

① UAV ② UGV
③ RPAS ④ Drone

UGV는 Unmanned Ground Vehicle로서 무인차량을 의미한다.

정답 **17.①** **18.①** **19.④** **20.③** **21.②** **22.②**

**23** **비행교관이 범하기 쉬운 과오가 아닌 것은?**

① 자기 고유의 기술은, 자기만의 것으로 소유하고 잘난 체 하려는 태도
② 교관이라고 해서 교육생을 비인격적으로 대우
③ 교관이 당황하거나 화난 목소리나 어조로 교육 진행
④ 교육생의 과오에 대해서 필요 이상의 자기감정을 자재

**비행 교관이 범하기 쉬운 과오**

**(1) 과시욕**: 교관이 자기가 가지고 있는 기술에 대해 남들에게 전수해 주지 않으려 하고, 자기만의 것으로 소유하고 잘난 체 하려는 태도는 버려야 한다.
**(2) 비인격적인 대우**: 교관이라고 해서 교육생을 비인격적으로 대우해서는 안된다.
**(3) 과격한 언어 및 욕설**: 교관의 감정에 의해서 표출되는 언어 표현은 교관이 경계해야 할 요소이다. 교관이 당황하거나 화난 목소리나 어조로 이야기 하면 교육생은 더 큰 불안을 느끼게 된다.
**(4) 구타**: 교관으로서의 품위를 버리는 행위이며, 학습 의욕도 저하시킨다.
**(5) 비정상적인 수정 조작**: 교육생이 잘못된 조작을 한다고 해서 교관이 위험할 정도의 과격한 조작을 하면 학생은 공포감을 느낄 수 있다.
**(6) 자기감정의 표출**: 교관이 교육생의 과오에 대해서 필요 이상의 자기감정을 표출하면 교육생은 신뢰감을 상실하여 학습 의욕이 저하된다.

**24** **비행교육 요령으로 적합하지 않은 것은?**

① 동기 유발
② 계속적인 교시
③ 교육생 개별적 접근
④ 비행교육 상의 과오 불인정

**25** **리튬폴리머 배터리 보관 시 주의사항이 아닌 것은?**

① 더운 날씨에 차량에 배터리를 보관하지 마시오. 적합한 보관 장소의 온도는 22℃ ~ 28℃이다.
② 배터리를 낙하, 충격, 쑤심, 또는 인위적으로 합선시키지 마시오.
③ 손상된 배터리나 전력 수준이 50% 이상인 상태에서 배송하지 마시오.
④ 화로나 전열기 등 열원 주변처럼 따뜻한 장소에 보관하시오.

열원 주변에 보관하면 위험하다.

**26** **3개 이상의 로터/프로펠러가 장착되어 상대적으로 비행이 안정적이어서 조종이 쉬운 비행체 형태는?**

① 다중 로터형(Muli-Rotor) 비행체
② 고정익 비행체
③ 동축반전형 비행체
④ 틸트로터형 비행체

**27** **무인항공 방제작업 시 약제 관련 주의사항이 아닌 것은?**

① 혼합 가능한 약제 외에 혼용을 금지한다.
② 살포지역 선정 시 경계구역 내의 물체들에 주의한다.
③ 빈 용기는 쓰레기장에 폐기한다.
④ 살포 장치의 살포 기존에 따라 실시한다.

빈 용기는 지정된 안전한 장소에 수집 폐기한다.

**23.④ 24.④ 25.④ 26.① 27.③**

**28 무인항공 방제작업 간 사고발생 요인으로 거리가 먼 것은?**

① 부적절한 조종교육 및 숙달 훈련
② 비행체의 고장과 이상
③ 과신에 의한 나홀로 비행
④ 조종자와 신호수 간의 교대비행 실시

조종자와 신호수는 주기적으로 조종자가 과로가 되지 않도록 교대로 비행을 실시해야한다.

**29 다음 설명에 해당하는 무인항공 비행체는?**

단시간에 고속으로 임무지역까지 비행하여 단시간에 완료해야 하는 임무에 적합하다. 회전익의 수직 이륙성능과 고정익의 고속 비행이 가능한 장점이 있으나 단점으로는 비행체가 크고 구조적으로 복잡하여 시스템 안정성/신뢰성 확보가 어려우며, 양쪽의 이중 프로펠러/로터 형태로 이착륙시 돌풍 등의 바람의 변화에 취약하고, 탑재용량이 적어 상대적으로 체공시간이 짧다. 또한 조종/제어가 상대적으로 어려워 운용자 양성에 많은 시간이 필요하다.

① 다중 로터형(Muli-Rotor) 비행체
② 고정익 비행체
③ 동축반전형 비행체
④ 틸트로터형 비행체

**30 비행 교관이 학생에게 적합한 교수 방법 적용이 잘못된 것은?**

① 학생에 맞은 교수 방법 적용
② 정확한 표준 조작 요구
③ 부정적인 면의 강조
④ 교관이 먼저 비행 원리에 정통하고 적용

긍정적인 면을 강조해야한다.

**31 무인비행장치 비행모드 중에서 자동복귀 모드에 해당하는 설명이 아닌 것은?**

① 이륙 전 임의의 장소를 설정할 수 있다.
② 이륙장소로 자동으로 되돌아 올 수 있다.
③ 수신되는 GPS 위성 수에 상관없이 설정할 수 있다.
④ Auto-land(자동 착륙)과 Auto- hover(자동 제자리비행)을 설정할 수 있다.

GPS 위성 숫자가 최소 4개 이상이면 설정이 가능하지만, 일반적으로 6개 이상인 상태에서 설정이 되도록 프로그램되어 있다.

**32 비행 중 GPS 에러 경고등이 점등되었을 때의 원인과 조치로 가장 적절한 것은?**

① 건물 근처에서는 발생하지 않는다.
② 자세제어모드로 전환하여 자세제어 상태에서 수동으로 조종하여 복귀시킨다.
③ 마그네틱 센서의 문제로 발생한다.
④ GPS 신호는 전파 세기가 강하여 재밍의 위험이 낮다.

① 건물 근처에서는 GPS 신호 전파가 쉽게 차단되어 에러가 발생한다.
③ GSP 수신기의 이상이나 신호 전파의 차단 상태에서 발생한다.
④ GPS 신호는 전파 세기가 미약해서 재밍에 취약하다.

**33 무인항공방제작업 보조준비물이 아닌 것은?**

① 예비 연료 및 배터리
② 깃발 또는 표지 수단
③ 무전기 및 전파모니터기
④ 카메라 탑재용 짐벌 장치

정답 28.④ 29.④ 30.③ 31.③ 32.② 33.④

## 34 무인비행장치 조종자가 갖추어야할 지적 처리 능력이 아닌 것은?

① 바른 경험
② 위험도의 식별과 평가 능력
③ 경계심
④ 문제해결 능력

조종가가 갖추어야할 양호한 **지적 처리 능력 구성 요소**
✓ 바른 지식 ✓ 위험도의 식별과 평가
✓ 경계심 ✓ 정보처리의 능력
✓ 선택성을 갖는 주의
✓ 문제해결의 능력

## 35 무선주파수 사용에 대해서 무선국허가가 필요치 않은 경우는?

① 가시권 내의 산업용 무인비행장치가 미약주파수 대역을 사용할 경우
② 가시권 밖에 고출력 무선장비 사용 시
③ 항공촬영 영상수신을 위해 5.8GHz의 3W 고출력 장비를 사용할 경우
④ 원활한 운용자가 간 연락을 위해 고출력 산업용 무전기를 사용하는 경우

## 36 항공방제 작업 종료 후 점검 및 조치사항으로 적절하지 않은 것은?

① 빈 용기는 안전한 장소에 폐기한다.
② 약제 잔량은 안전한 장소에 책임자를 정해 보관한다.
③ 기체 살포장치는 다시 재사용을 위해 세척하지 않고 보관한다.
④ 얼굴, 손, 발 등을 세제로 잘 씻고, 반드시 가글한다.

## 37 회전익 무인비행장치 기본 비행 단계에서의 교육 지도 요령으로 부적절한 것은?

① 초기 제자리 비행 교육 시 끌려 다니지 않도록 기본 조작 교육 철저
② 기체에 집중하여 시야를 좁혀가면서 주의력을 비행체에 집중하도록 훈련한다.
③ 파워, 피치, 요우의 삼타일치 조작에 대한 기본적인 원리를 설명해 주라.
④ 가급적 교육생이 혼자 스스로 조종한다는 느낌이 들도록 하라.

**회전익 비행장치 기본 비행 단계 교수 요령**

(1) 초기 제자리 비행 교육 시 끌려 다니지 않도록 기본 조작 교육 철저: 조종은 비행기를 내가 조종하는 것이지 끌려 다니는 것이 아니다.
(2) 주의력 분배 교육: 헬기에 집중하지 말고 시야를 점차 넓혀가면서 주의력을 분배하도록 훈련을 한다.
(3) 삼타일치 조작: 파워, 피치, 요우가 일치된 조작이 되어야 안정된 조종을 할 수가 있다. 눈으로 보면서 조종해 가기는 어렵지만 기본적인 원리를 설명해 주라.
(4) 교육생보다 한 걸음 뒤에 서라.: 가급적 교육생이 혼자 스스로 조종한다는 느낌이 들도록 하라.
(5) 교관의 설명을 점차 줄여가라.: 처음엔 교시의 말을 많이 하다가 점차 줄여가면서 교육생 스스로 판단하여 조작을 할 수 있도록 하라.
(6) 통제권 전환 시 확실한 확인 후 전환 실시

정답 **34.① 35.① 36.③ 37.②**

**38** **리튬폴리머(LI-Po) 배터리 취급/보관 방법으로 부적절한 설명은?**

① 배터리가 부풀거나, 누유 또는 손상된 상태일 경우에는 수리하여 사용한다.
② 빗속이나 습기가 많은 장소에 보관하지 말아야 한다.
③ 정격 용량 및 장비별 지정된 정품 배터리를 사용해야한다.
④ 배터리는 -10℃~40℃의 온도 범위에서 사용한다.

부풀거나 누유된 배터리는 사용해서는 안 되며, 폐기 절차에 따라 폐기해야한다.

**39** **무인비행장치 운용간 통신장비 사용으로 적절한 것은?**

① 송수신 거리를 늘리기 위한 임의의 출력 증폭 장비를 사용
② 2.4GHz 주파수 대역에서는 미 인증된 장비를 마음대로 쓸 수 있다.
③ 영상송수신용은 5.8GHz 대역의 장비는 미 인증된 장비를 쓸 수밖에 없다.
④ 무인기 제어용으로 국제적으로 할당된 주파수는 5030~5091 MHz 이다.

WRC에서 국제적으로 할당되었고, 국내에서도 할당되어 사용가능한 주파수 대역이다.

**40** **무인비행장치 조종자에 의해 관리되어야 할 위험관리 요소로서 거리가 먼 것은?**

① 비행장치(본체의 상태와 연료 등)
② 상황(상기의 각 요소의 정확한 상황 확인)
③ 조종자(정신적·신체적 건강 상태나 음주, 피로 등)
④ 환경(교통상황, 수질오염 등)

위험 관리 요소
① 비행장치(본체의 상태와 연료 등)
② 조종자(정신적·신체적 건강상태나 음주, 피로 등)
③ 환경(기상상태, 주위의 장해물 등)
④ 비행(비행목적, 비행계획, 비행의 긴급도와 위험도 등)
⑤ 상황(상기의 각 요소의 정확한 상황 확인)

**41** **리튬폴리머 배터리 적절한 보관방법은?**

① 4.2V의 전압에서 보관한다.
② 비행직전에는 상온(15~25도)에서 보관
③ 저장은 60~70% 충전된 상태로 한다.
④ 상온 온도에서 밀폐된 용기에 보관

**42** **초경량무인비행장치 배터리의 종류가 아닌 것은?**

① 니켈 카드뮴(Ni-Cd)
② 니켈(메탈)수소 (Ni-MH)
③ 니켈아연(Ni-Zi)
④ 니켈폴리머(Ni-Po)

니켈폴리머가 아니고 리튬폴리머(Li-Po)

**43** **자동비행장치(FCS)에 탑재된 센서와 역할의 연결이 부적절한 것은?**

① 자이로 - 비행체 자세
② 지자기센서 비행체 방향
③ GPS 수신기 - 속도와 자세
④ 가속도계 - 자세변화 속도

GPS 시스템으로 측정 가능한 정보는 위치, 속도, 고도이며, 이중 안테나를 사용하면 위각도 측정가능하다.

정답 **38.①** **39.④** **40.④** **41.③** **42.④** **43.③**

## 44 다음 중 무인멀티콥터 비행 후 점검사항이 아닌 것은?

① 송신기와 수신기를 끈다.
② 비행체 각 부분을 세부적으로 점검한다.
③ 모터와 변속기의 발열 상태를 점검한다.
④ 프롭의 파손 여부를 점검한다.

비행 후에는 비행체를 세부적으로 점검하기 보다는 비행간 문제가 발생될 수 있는 주요 부분과 항목 위주로 간단히 점검한다.

## 45 무인멀티콥터를 이용한 항공촬영 작업간 인원 구성으로 부적절한 인원은?

① 비행 교관
② 비행체 조종자
③ 카메라운용자
④ 주변 안전관리자

항공촬영 작업 진행할 경우 조종자, 카메라운용자, 주변안전관리자 등이 필요하다.

## 46 무인비행장치를 이용하여 비행 시 유의사항이 아닌 것은?

① 정해진 용도 이외의 목적으로 사용하지 말아야 한다.
② 고압 송전선 주위에서 비행하지 말아야 한다.
③ 추락, 비상착륙 시는 인명, 재산의 보호를 위해 노력해야 한다.
④ 공항 및 대형 비행장 반경 5km를 벗어나면 관할 관제탑의 승인 없이 비행하여도 된다.

공항 및 대형비행장 반경 약 10km 이내에서 관할 관제탑의 사전승인 없이 비행할 수 없다.

## 47 회전익 무인비행장치 기본비행 단계에서의 교육 지도 요령으로 부적절한 것은?

① 교육생보다 앞쪽이나 옆에 서서 교관의 조작을 잘 볼 수 있게 서라.
② 헬기에 집중하지 말고 시야를 점차 넓혀가면서 주의력을 분배하도록 훈련을 한다.
③ 파워, 피치, 요우의 삼타일치 조작에 대한기본적인 원리를 설명해 주라.
④ 통제권 전환 시 확실한 확인 후 전환 실시

**무인회전익 비행장치 기본 비행 단계 교수 요령**

(1) 초기 제자리 비행 교육 시 끌려 다니지 않도록 기본 조작 교육 철저: 조종은 비행기를 내가 조종하는 것이지 끌려 다니는 것이 아니다.
(2) 주의력 분배 교육: 헬기에 집중하지 말고 시야를 점차 넓혀가면서 주의력을 분배하도록 훈련을 한다.
(3) 삼타일치 조작: 파워, 피치, 요우가 일치된 조작이 되어야 안정된 조종을 할 수가 있다. 눈으로 보면서 조종해 가기는 어렵지만 기본적인 원리를 설명해 주라.
(4) 교육생보다 한 걸음 뒤에 서라.: 가급적 교육생이 스스로 조종한다는 느낌이 들도록 하라.
(5) 교관의 설명을 점차 줄여가라.: 처음엔 교시의 말을 많이 하다가 점차 줄여가면서 교육생 스스로 판단하여 조작을 할 수 있도록 하라.
(6) 통제권 전환 시 확실한 확인 후 전환 실시

## 48 다음 중 멀티콥터용 모터와 관련된 설명 중 옳지 않은 것은?

① DC 모터는 영구적으로 사용할 수 없다는 단점이 있다
② BLDC 모터는 ESC(속도제어장치)가 필요 없다
③ 2300KV는 모터의 회전수로서 1V로 분당 2300번 회전한다는 의미이다.
④ Brushless 모터는 비교적 큰 멀티콥터에 적당하다.

44.② 45.① 46.④ 47.① 48.②

**49 멀티콥터에 사용되는 브러시리스 모터의 설명 중 틀린 것은?**

① 모터의 수명에 영향을 미치는 브러시를 없애므로 수명을 반영구적으로 만든 모터이다.
② DC전압을 조절하면서 회전수를 조절할 수 있어 변속기가 불필요하다.
③ 수명이 반 영구적이다.
④ 전자석에 순차적으로 자성을 발생시키는 변속기(ECS)가 필수적이다.

**브러시 직류모터** : DC전압을 조절하면서 회전수를 조절할 수 있어 변속기가 불필요하다. 브러시리스 모터는 변속기가 필요하다.

**50 지자기 방위 센서 Calibration 시 주의사항으로 틀린 것은?**

① 10초간 기체를 움직이지 않은 상태에서 배터리를 연결하여 초기화 시킨다.
② Calibration을 실시하는 동안에는 주변에 전자기석의 간섭이 없는 장소에서 실시한다.
③ 근거리에 자동차나 철재 펜스 등이 있는 주차장은 적합하지 않으며 철재물로부터 약 15m이상 이격장소에서 하는 것이 좋다.
④ 전자식 자동차 열쇠, 휴대폰 등은 크게 영향을 받지 않는다.

전자식 자동차 열쇠, 휴대폰 등은 주머니에서 제거하고 주변에 위치시키지 않는다.

**51 위성항법시스템의 무인멀티콥터 활용시의 설명 중 가장 맞는 것은?**

① 멀티콥터의 대부분은 GPS 시스템을 탑재하고 스스로 위치를 산출하여 자동적으로 공중의 같은 위치에서 정지비행을 할 수 있다.
② GPS 신호는 곡선성이 높고, 반사에 의한 신호는 오차가 거의 발생하지 않게 수신된다.
③ GPS 신호는 높은 건물이 많은 장소, 실내, 구름 층 등 지역에서도 잘 수신된다.
④ 최근 멀티콥터에 탑재되는 GPS안테나는 고성능이므로 1개만으로 신호를 받을 수 있다.

GPS신호는 1.~2Ghz 대역의 주파수로서 직진성이 강하여 건물 등 가시선이 미치지 않는 곳에서는 수신이 불량하고, 신호의 오차가 발생한다. 기본적으로 GPS는 최소 3개 이상의 위성신호로 평면상의 위치를 계산할 수 있고, 4개 이상의 위성신호로 3차원의 고도위치까지 산출할 수 있다. 정밀도를 높이기 위해서 멀티콥터는 통상 6개 이상의 위성신호를 이용한다.

**52 다음 중 멀티콥터 배터리 관리 및 운용방법으로 가장 거리가 먼 것은?**

① 매 비행 시마다 완충하여 사용하는 것이 좋다.
② 전원이 켜진 상태에서 배터리 탈착이 가능하다.
③ 정격 용량 및 장비별 지정된 정품 배터리를 사용해야 한다.
④ 전압 경고가 점등 될 경우 가급적 빨리 복귀 및 착륙시키는 것이 좋다.

**53 다음 중 멀티콥터의 비행 중 모터 중 한 두 개가 정지하여 비행이 불가 시 가장 올바른 대처방법은?**

① 신속히 최기 안전지역에 수직 하강하여 착륙시킨다.
② 상태를 기다려 본다.
③ 조종기술을 이용하여 최대한 호버링한다.
④ 최초 이륙지점으로 이동시켜 착륙한다.

정답 49.② 50.④ 51.① 52.② 53.①

### 54 윤활유의 역할이 아닌 것은?

① 마찰 저감작용 ② 냉각작용
③ 응력분산작용 ④ 방빙작용

마찰 저감작용, 냉각작용, 응력분산작용, 밀봉작용, 방청작용, 세정작용, 응착방지 작용 등의 역할을 한다.

### 55 다음 중 전자변속기(ESC)의 설명이 틀린 것은?

① BLDC 모터의 방향과 속도를 제어할 수 있도록 해주는 장치이다.
② Brushed 모터의 방향과 속도를 제어할 수 있도록 해주는 장치이다.
③ 비행제어시스템의 명령값에 따라 적정 전압과 전류를 조절하여 실제 비행체를 제어할 수 있도록 해 준다.
④ 모터를 한 방향으로 회전하도록 만들어 지는데 삼상의 전원선을 교차시킴으로서 모터의 회전방향이 반대가 되도록 한다.

### 56 다음 중 초경량비행장치에 사용하는 배터리가 아닌 것은?

① LiPo(리튬 폴리머)
② NiCd(니켈 카드늄)
③ NiZi(니켈 아연)
④ NiCH

NiCH가 아니고 NiMH(니켈수소)로서 니켈 금속 수소 화물 전지(Nickel Metal Hydride Battery)의 약칭

### 57 다음 중 초경량비행장치의 비상착륙 시 적절하지 않은 지역은?

① 해안선 ② 논
③ 웅덩이 ④ 간헐지

### 58 엔진오일의 역할이 아닌 것은?

① 윤활작용 ② 온도상승방지
③ 기밀유지 ④ 방빙작용

### 59 1마력을 표현한 것이 아닌 것은?

① 한 마리의 말이 1초 동안에 75kg의 중량을 1m 움직일 수 있는 일의 크기
② 0.75kw
③ 75kg.m/sec
④ 0.75kg.m/sec

### 60 1마력이란?

① 10kg.m/s ② 25kg.m/s
③ 50kg.m/s ④ 75kg.m/s

### 61 비행 전 점검사항이 아닌 것은?

① 모터 및 기체의 전선 등 점검
② 조종기 배터리 부식 등 점검
③ 호버링을 한다.
④ 기체 배터리 및 전선 상태 점검

### 62 멀티콥터 조종기 테스트 방법 중 가장 올바른 것은?

① 기체 가까이에서 한다.
② 기체에서 30m정도 떨어진 곳에서 한다.
③ 기체에서 100m정도 떨어진 곳에서 한다.
④ 기체의 먼 곳에서 한다.

### 63 초경량비행장치의 배터리 종류가 아닌 것은?

① NC ② LP
③ Nmh ④ Nich

NC(니켈카드뮴), LP(리튬폴리머), Nmh(니켈(메탈)수소), NZ(니켈아연)

정답 54.④ 55.② 56.④ 57.③ 58.④ 59.④ 60.④ 61.③ 62.② 63.④

**64 초경량 비행장치 비행 중 조작불능 상태 시 가장 먼저 할 일은?**

① 소리를 질러 주변 사람들에게 경고한다.
② 안전하게 착륙하도록 조종하고 불가능 시 불시착 시킨다.
③ 원인을 파악한 후 착륙시킨다.
④ 안전한 지역으로 이동하여 착륙시킨다.

**65 다음 중 비행 후 점검사항이 아닌 것은?**

① 기체 점검
② 조종기
③ 이륙 후 시험비행
④ 배터리

**66 배터리 소모율이 가장 많은 경우는?**

① 이륙 시
② 비행 중
③ 착륙 시
④ 조종기 TRIM의 관한 조작 시

**67 정상적으로 비행 중 기체에 진동을 느꼈을 때 비행 후 조치사항으로 틀린 것은?**

① 로터에 균열이 있는지 정확히 확인한다.
② 조종기와 FC간의 전파에 문제가 있는지 확인한다.
③ 기체의 이음새나 부품의 틈이 헐거워졌는지 확인 후 볼트, 너트 등을 조인다.
④ 짐벌이나 방제용기의 장착상태를 정확히 확인한다.

제작이 잘 된 기체로서 진동이 없었던 기체가 진동이 생겼다면, 다양한 기계적인 부분을 예상해 볼 수 있으나 조종기와 비행체 사이의 전파문제일 가능성은 희박하다.

**68 Blade Pitch란 무엇인가?**

① 블레이드의 직경
② 블레이드의 피치 각
③ 블레이드가 1회 회전할 때 전진하는 정도
④ 블레이드의 회전면

**69 비행장치의 위치를 확인하는 시스템은 무엇인가?**

① 위성측위 시스템(GPS)
② 자이로 센서
③ 가속도 센서
④ 지자기 방위센서

**70 브러시 직류 모터와 브러시리스 직류 모터의 특징으로 맞는 것은?**

① 브러시 직류 모터는 반영구적이다.
② 브러시 모터는 안전이 중요한 만큼 대형 멀티콥터에 적합하다.
③ 브러시 리스 모터는 전자변속기(ESC)가 필요 없다.
④ 브러시 모터는 영구적으로 사용할 수 없다는 단점이 있다.

**71 조종자 교육 시 논평(Criticize)를 실시하는 목적은?**

① 잘못을 직접적으로 질책하기 위함.
② 지도조종자의 품위 유지를 위함.
③ 주변의 타 학생들에게 경각심을 주기 위함.
④ 문제점을 발굴하여 발전을 도모하기 위함.

**72 로터 점검 시 내용으로 틀린 것은?**

① 로터의 고정상태를 확인한다.
② 로터의 회전방향을 확인한다.
③ 로터의 균열이나 손상여부를 확인한다.
④ 로터의 냄새를 맡아본다.

**정답** 64.① 65.③ 66.① 67.② 68.③ 69.① 70.④ 71.④ 72.④

**73 배터리 보관방법 중 틀린 것은?**

① 장기간 보관 시 만충하여 보관한다.
② 10일 이상 장기간 사용하지 않을 경우 60~70% 정도까지 방전시켜 보관한다.
③ 비행체에서 분리하여 보관한다.
④ 겨울철에는 춥지 않은 따뜻한 장소에 보관한다.

**74 멀티콥터의 CG는 어디인가?**

① 동체 중앙부분
② 배터리 장착부분
③ 로터 장착부분
④ GPS안테나 부분

**75 무인 멀티콥터의 구성 품이 아닌 것은?**

① 모터와 변속기
② 속도제어장치
③ 주 로터 블레이드
④ 로터

멀티콥터는 주 로터 블레이드와 보조 로터 블레이드 개념이 아니라 모두가 동일한 개념임.

**76 인간이 기계와 다른 점은?**

① 새로운 대처방법
② 반복적인 행동
③ 속도가 빠르다.
④ 한꺼번에 많은 것을 처리한다.

**77 큰 규모의 무인멀티콥터 엔진으로 가장 적절한 것은**

① 전기 모터(브러쉬 리스 직류)
② 전기 모터(브러쉬 직류)
③ 제트엔진
④ 로터리 엔진

**78 메인 블레이드의 밸런스 측정 방법 중 옳지 않은 것은?**

① 메인 블레이드 각각의 무게가 일치 하는지 측정한다.
② 메인 블레이드 각각의 중심(C.G)이 일치 하는지 측정한다.
③ 양손에 들어보아 가벼운 쪽에 밸런싱 테잎을 감아 준다.
④ 양쪽 블레이드의 드레그 홀에 축을 끼워 앞전이 일치하는지 측정한다.

손으로만 들어봐서는 테이프 감을 정도의 무게 차이를 알 수 없다.

**79 한정된 주파수 자원을 많은 사용자가 동시에 사용할 수 있도록 하는 다중접속 방식에 해당하지 않는 것은?**

① FDMA ② ODMA
③ TDMA ④ CDMA

① **FDMA**:Frequency Division Multiple Access 주파수 분할 다중화접속
② 해당 없음.
③ **TDMA**: Time Division Multiple Access 시간 분할 다중화접속
④ **CDMA**: Code Division Multiple Access 코드 분할 다중화접속

**80 자동제어기술의 발달에 따른 항공사고 원인이 될 수 없는 것이 아닌 것은?**

① 불충분한 사전학습
② 기술의 진보에 따른 빠른 즉각적 반응
③ 새로운 자동화 장치의 새로운 오류
④ 자동화의 발달과 인간의 숙달 시간차

기술진보에 따라 상황에 대한 더 빠른 반응은 시스템의 성능을 향상시키는 요인이다.

정답 **73.**① **74.**① **75.**③ **76.**① **77.**① **78.**③ **79.**② **80.**②

**81** 회전익무인비행장치의 기체 및 조종기의 배터리 점검사항 중 틀린 것은?

① 조종기에 있는 배터리 연결단자의 헐거워지거나 접촉불량 여부를 점검한다.
② 기체의 배선과 배터리와의 고정 볼트의 고정 상태를 점검한다.
③ 배터리가 부풀어 오른 것을 사용하여도 문제없다.
④ 기체 배터리와 배선의 연결부위의 부식을 점검한다.

부풀어 오른 배터리는 사용해서는 안 된다.

**82** 무인멀티콥터의 조종기를 장기간 사용하지 않을 경우 일반적인 관리요령이 아닌 것은?

① 보관온도에 상관없이 보관한다.
② 서늘한 곳에 장소 보관한다.
③ 배터리를 분리해서 보관한다.
④ 케이스에 보관한다.

조종기는 장기간 사용하지 않을 경우 배터리를 분리해서 보관하여 배터리 등의 손상으로 인한 조종기 회로 등의 영향을 방지한다. 한편, 배터리와 같이 보관하게 되므로 배터리 보관 요령과 같이 보관관리를 실시한다.

**83** 비행 중 조종기의 배터리 경고음이 울렸을 때 취해야 할 행동은?

① 즉시 기체를 착륙시키고 엔진 시동을 정지 시킨다.
② 경고음이 꺼질 때까지 기다려본다.
③ 재빨리 송신기의 배터리를 예비 배터리로 교환한다.
④ 기체를 원거리로 이동시켜 제자리 비행으로 대기한다.

송신기 배터리 경고음이 울리면 가급적 빨리 복귀시켜 엔진을 정지 후 조종기 배터리를 교체한다.

**84** 회전익무인비행장치의 비행 준비사항으로 적절하지 않은 것은?

① 기체 크기와 상관없는 이착륙장
② 기체 배터리 상태
③ 조종기 배터리 상태
④ 조종사의 건강상태

비행 전에 비행체, 조종기를 점검하고, 조종자의 건강이나 심리적인 상태도 확인해야한다. 이착륙장은 비행체로부터 주변의 인원이 안전하게 이착륙 시킬 수 있는 장소를 선택한다.

**85** 회전익 무인비행장치의 조종자가 비행 중 주의해야 하는 사항이 아닌 것은?

① 휴식장소
② 착륙장의 부유물
③ 비행지역의 장애물
④ 조종사주변의 차량접근

비상착륙장소를 항상 염두에 두고 비행을 실시해야한다.

**86** 전동식 멀티콥터의 기체 구성품과 거리가 먼 것은?

① 로터
② 모터와 변속기
③ 자동비행장치
④ 클러치

클러치는 엔진의 회전력을 차단하는 장치로서 엔진이 장착된 기체에 적용된다.

정답 **81.**③ **82.**① **83.**① **84.**① **85.**① **86.**④

**87** **비행 후 기체 점검 사항 중 옳지 않은 것은?**

① 동력계통 부위의 볼트 조임상태 등을 점검하고 조치한다.
② 메인 블레이드, 테일 블레이드의 결합 상태, 파손 등을 점검한다.
③ 남은 연료가 있을 경우 호버링 비행하여 모두 소모시킨다.
④ 송 수신기의 배터리 잔량을 확인하여 부족 시 충전한다.

장기 보관일 경우에는 연료를 비워둘 필요가 있으나, 그럴 경우라도 비행으로 소모시킬 필요는 없다.

**88** **무인비행장치에 탑재되는 비행 센서로서 적절하지 않은 것은?**

① MEMS 자이로센서
② 가속도센서
③ 기압센서
④ 유량 센서

무인비행장체에 탑재되는 센서는 자이로센서, 가속도센서, 지자기센서, 기압센서, GPS수신기 등이다. 유량센서는 탑재된 약재량 등을 측정하거나 연료량을 측정할 수 있는데, 비행데이터 측정과는 관련이 없다.

**89** **IMU 장치로 측정되는 비행데이터에 해당되는 것은?**

① 속도와 고도
② 고도와 비행자세
③ 가속도와 방위각
④ 비행자세와 각속도

IMU(Inertial Mesurment Unit, 관성측정장치) 내부에는 자이로스코프, 가속도계, 지자계가 통합된 센서다. IMU중에서 자이로와 가속도를 가지고 자세를 측정하는 것을 ARS(Attitude Reference System)라고 하고, 자이로와 가속도계에 지자계까지 이용해서 자세를 측정하는 것을 AHRS(Attitude Heading Reference System)라고 한다. 자이로는 비행자세를 측정하며, 가속도계는 각속도를 측정하고, 지자계는 방위각을 측정한다. IMU를 이용한 항법시스템을 INS(Inertial Navigation System, 관성항법장치)라고 한다.

**90** **다음 중 무인멀티콥터에 탑재된 센서와 연관성이 옳지 않은 것은?**

① MEMS 자이로센서 - 비행자세
② 가속도센서 - 비행 속도
③ 기압센서 - 비행 속도와 고도
④ AHRS - 방위각

가속도센서는 각속도를 측정하는 센서로서 IMU에 3축의 자이로와 같이 장착되어 3차원상의 자세 각속도를 측정한다.

**91** **다음 중 무인비행장치의 비상램프 점등 시 조치로서 옳지 않은 것은?**

① GPS 에러 경고 - 비행자세 모드로 전환하여 즉시 비상착륙을 실시한다.
② 통신 두절 경고 - 사전 설정된 RH 내용을 확인하고 그에 따라 대비한다.
③ 배터리 저전압 경고 - 비행을 중지하고 착륙하여 배터리를 교체한다.
④ IMU 센서 경고 - 자세모드로 전환하여 비상착륙을 실시한다.

GPS가 에러가 생겼다고 즉각적인 비상착륙을 실시할 필요는 없다. 자세모드로 정상비행이 가능하므로 자세모드로 전환하여 정상적인 비행을 실시하고, GPS 모드로 비행을 해야 할 임무인 경우, 비행을 중지하고 착륙하여 정비를 실시한다.

정답 87.③ 88.④ 89.④ 90.② 91.①

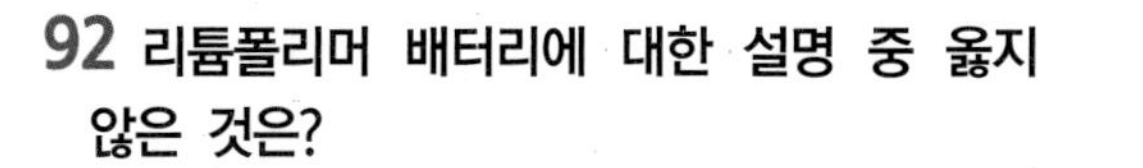

**92** **리튬폴리머 배터리에 대한 설명 중 옳지 않은 것은?**

① 충전 시 셀당 4.2V가 초과되지 않도록 한다.
② 한 셀만 3.2V이고 나머지는 4.0V 이상일 경우에는 정상이므로 비행에 지장없다.
③ 20C, 25C 등은 방전율를 의미한다.
④ 6S, 12S 등은 배터리 팩의 셀 수를 표시하는 것이다.

여러 셀 중 한 개의 셀 전압이 비정상적으로 낮을 경우, 밸런스를 이용한 재 충전을 시도하고, 그래도 같은 현상이 지속될 경우 배터리를 교체한다. 한편, 충전을 했는데 같은 현상이 다른 배터리에서도 나타날 경우 충전기의 문제일 수 있으니 충전을 중지하고 점검한다.

**93** **무인멀티콥터의 프로펠러 재질로 가장 거리가 먼 것은?**

① 카본 ② 강화플라스틱
③ 금속 ④ 나무

무게가 중요한 멀티콥터에서는 금속재질의 로터는 잘 사용하지 않는다.

**94** **직원들의 스트레스 해소 방안으로 옳지 않은 것은?**

① 정기적인 신체검사 실시
② 난이도 높은 업무에 대한 직무교육 실시
③ 직무평가 및 적성에 따른 직무 재배치
④ 주기적인 상호평가 실시

과도한 평가시스템은 스트레스를 가중시킬 수 있다.

**95** **비행체의 계통과 연결이 옳지 않은 것은?**

① 동력전달계통(구동계통) – 모터, 변속기
② 전기계통 – 배터리, 발전기
③ 조종계통 – 서보, 변속기,
④ 연료계통 – 카브레터, 라디에이터

라디에이터는 냉각계통에 속한다.

**96** **비행 전 조종기 점검 사항으로 부적절한 것은?**

① 각 버튼과 스틱들이 off 위치에 있는 지 확인한다.
② 조종 스틱이 부드럽게 전 방향으로 움직이는 지 확인한다.
③ 조종기를 켠 후 자체 점검 이상 유무와 전원 상태를 확인한다.
④ 조종기 트림은 자동으로 중립 위치에 설정되므로 확인이 필요없다.

조종기의 트림 위치가 잘못되어 있으면, 이륙 후 비 정상적인 방향으로 비행체가 흐르거나 급 기동할 수 있다.

**97** **비행 교육간 교관의 교수방법으로 가장 적절한 것은?**

① 교관의 자기감정 표출은 신뢰감을 상실하여 교육생의 의욕을 저하시킨다.
② 비상상황을 대비시키기 위해 비인격적인 과격한 용어를 사용한다.
③ 잘못된 조작이 할 경우에는 즉각적으로 수정조작을 요구한다.
④ 교관의 개인적인 능력은 고유의 노하우로서 전수할 필요가 없다.

정답 **92.**② **93.**③ **94.**④ **95.**④ **96.**④ **97.**①

**98** **비행 교육의 특성과 교육요령으로 부적절한 것은?**

① 동기 유발 : 스스로 하고자 하는 동기 부여
② 개별적 접근 : 일대일 교육으로 교관과의 인간관계 원활할 때 효과 증대
③ 건설적인 강평 : 잘못된 조작을 과도하고 충분한 시범으로 예시 제공.
④ 비행 교시 과오 인정 : 교관의 잘못된 교시는 과감하게 시인

교육생이 잘못하는 부분에 대해 교관이 과도한 조작으로 시범을 보이면 교육생은 자신감을 상실하거나 공포감을 느끼게 되어 교육 효과를 저감시킨다.

**99** **비행 교수법의 특성으로 가장 적절한 설명은?**

① 비행교수법은 일반 타 교육과 유사하여 동일한 교수법을 적용한다.
② 교관은 자신만의 비행방식을 전수하여 비행기량을 향상시킨다.
③ 멀티콥터는 원리가 간단하여 교육 중 원리적인 부분을 설명할 필요는 없다.
④ 비행교육은 1 : 1 교육으로 필요한 기량을 반드시 숙달하도록 해야 한다.

① 비행교육의 목적은 단순 지식함양이 아니라 3차원 공간에서 비행체를 안전하게 운용할 수 있는 능력을 키우는 것으로 일반 지식을 전달하는 과목의 교수법과는 다르다
② 교관은 표준화된 비행방식을 전수하여 비행기량을 향상시켜야하며, 조종방식을 표준화하기 위해 꾸준히 노력해야한다.
③ 원리적인 부분을 충분히 이해해야 환경변화에 적절한 대응조종을 할 수 있다. 교관은 이러한 내용을 비행교육간 적용하여 지도할 필요는 없다.
④ 비행교육은 여러 명에게 학습 내용을 교육하여 지식을 갖도록 설명 및 토의하는 교육과는 완전히 다른 교수법을 적용해야한다. 즉, 필요한 비행 기술을 반드시 숙달하도록 교수해야한다.

**100** **비행교수법의 특성으로 거리가 먼 것은?**

① 비행교수법은 타 교수법과 유사하여 동일하게 적용한다.
② 교관은 독창적인 비행기술보다 표준화된 비행기술을 전수해야 한다.
③ 교육생의 창의성 함양보다 규정과 기준을 준수하도록 해야 한다.
④ 필요한 비행기술은 반드시 숙달시키고 다음 단계 교육을 진행해야 한다.

비행교수법은 일반 학교 교과과목 교수법과 달라서 별도의 비행교수법으로서 숙지 및 적용이 필요하다.

**101** **멀티콥터의 로터(프로펠러) 피치가 1회전 시 측정할 수 있는 것은 무엇인가?**

① 속도 ② 거리
③ 압력 ④ 온도

**102** **무인 멀티콥터의 명칭과 설명으로 틀린 것은 어느 것인가?**

① 로터는 양력을 높이기 위해 금속으로 만든다.
② 지자계센서와 자이로 센스는 흔들리지 않게 고정을 한다.
③ 모터는 BLDC모터를 사용한다.
④ 비행시 배터리는 완전 충전해서 사용을 한다.

**103** **비행제어 시스템의 내부 구성품으로 볼 수 없는 것은?**

① ESC ② IMU
③ PMU ④ GPS

정답 **98.**③ **99.**④ **100.**① **101.**② **102.**① **103.**①

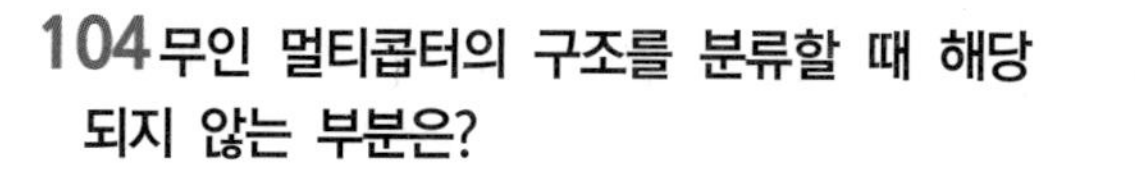

**104** 무인 멀티콥터의 구조를 분류할 때 해당되지 않는 부분은?

① 기체 프레임 ② 로터부
③ 센서부 ④ 링크부

멀티콥터의 구성은 크게 기체 프레임, 로터부, 센서류, 착륙장치, 임무장비 등으로 나누어진다. 링크부는 없다.

**105** 멀티콥터가 쓰는 엔진으로 맞는 것은?

① 전기모터 ② 가솔린
③ 로터리엔진 ④ 터보엔진

**106** 무인멀티콥터의 기수를 제어하는 부품은?

① 지자계센서 ② 온도
③ 레이저 ④ GPS

**107** 다음 중 무인멀티콥터의 고도를 제어하는 센서는 무엇인가?

① 기압계 센서 ② 지자계 센서
③ 가속도 센서 ④ 자이로 센서

**108** 다음 중 멀티콥터의 특징이 아닌 것은?

① 구조가 간단하다.
② 로터들이 독립적으로 통제되지 않는다.
③ 구조적으로 안정적이다.
④ 초보자들도 쉽게 조종할 수 있다.

멀티콥터의 로터는 각 로터들이 독립적으로 통제된다.

**109** 다음 중 무인멀티콥터의 기체 구성 품으로 맞지 않는 것은?

① 클러치 ② 로터(프로펠러)
③ ESC와 IMU ④ FC

**110** 무인 멀티콥터의 무게중심은 어느 부분인가?

① 배터리 장착 부분
② 기체 중앙
③ 로터 중심
④ GPS 안테나 장착부분

**111** 멀티콥터의 내부 구성품 중 모터의 회전수를 조절하는 기능을 하는 것은?

① 자이로센서 ② IMU
③ ESC ④ GPS

**112** 로터에 이상이 있을 시 가장 먼저 발생하는 현상은 무엇인가?

① 진동발생
② 기체가 추락한다.
③ 경고등이 들어온다.
④ 경고음이 들어온다.

**113** 기체의 고도를 측정하는 센서는?

① 가속도 센서
② 자이로 센서
③ 기압계
④ 지자계 센서

**114** 무인멀티콥터의 위치를 제어하는 부품?

① GPS ② 온도감지계
③ 레이저센서 ④ 자이로

**115** 멀티콥터 제어장치가 아닌 것은 어느 것인가?

① GPS ② FC
③ 제어컨트롤로 ④ 로터

**정답** 104.④ 105.① 106.① 107.① 108.② 109.① 110.② 111.③ 112.① 113.③ 114.① 115.④

**116** 비행교육 중 학습 장애요인에 해당되지 않는 것은?

① 적절한 칭찬
② 불공평한 대우를 받는 느낌
③ 흥미의 결핍
④ 근심 결핍

적절한 칭찬은 학습 능률에 도움을 준다.

**117** 무인 멀티콥터가 비행 가능한 지역은 어느 것인가?

① 인파가 많고 차량이 많은 곳
② 전파수신이 많은 지역
③ 전기줄 및 장애물이 많은 곳
④ 장애물이 없고 한적한곳

**118** 멀티콥터(고정피치)의 조종방법 중 가장 위험을 동반하는 것은?

① 수직으로 상승하는 조작
② 요잉을 반복하는 조작
③ 후진하는 조작
④ 급강하는 조작

멀티콥터는 고정피치의 특징을 가진다. 고정피치란 고정된 날개의 피치각에 모터의 회전수에 의해 양력 크기를 조절한다. 따라서 모터의 회전수를 급조절하는 것은 위험한 것이다.

**119** 무인 멀티콥터에 장착된 자이로 센서에 대한 설명으로 알맞은 것은?

① 각속도를 측정한다.
② 중력가속도를 측정한다.
③ 회전을 감지하지는 못한다.
④ 기체의 기울기 측정은 하지 못한다.

자이로 센서는 회전의 속도인 각속도를 측정하여 어느 정도 회전하고 있는지를 알 수 있다.

**120** 멀티콥터 조종기의 조종방법 중 Mode-2에 대한 설명으로 틀린 것은?

① 왼쪽의 스틱이 상승/하강을 제어한다.
② 전진/후진은 오른쪽 스틱에 의해 조종된다.
③ 왼쪽의 스틱은 Throttle로 설정된다.
④ 기체의 좌/우 회전은 오른쪽 스틱에 의해서 조종된다.

기체의 좌/우 회전은 왼쪽 스틱에 의해서 조종된다.

**121** 배터리를 장기 보관할 때 적절하지 않은 것은 무엇인가?

① 4.2V로 완전 충전해서 보관한다.
② 상온 15~28도로 보관한다.
③ 밀폐된 가방에 보관한다.
④ 화로나 전열기 등 뜨거운 곳에 보관하지 않는다.

**122** 리튬 폴리머 배터리의 Cell 당 전압은 3.7V이다 6S/1P인 경우 전압은 얼마인가?

① 22.0V ② 22.2V
③ 22.4V ④ 22.6V

3.7V × 6 = 22.2V

**123** 배터리 보관방법으로 틀린 것은?

① 비행체에서 분리하여 보관한다.
② 장시간 사용하지 않을 경우 60~ 70%까지 방전하여 보관한다.
③ 겨울철에는 적당히 따뜻한 장소에 보관한다.
④ 장시간 사용하지 않을 경우 완충하여 보관한다.

정답 116.① 117.④ 118.④ 119.① 120.④ 121.① 122.② 123.④

**124** **다음 중 배터리 사용법으로 틀린 것은?**

① 수명이 끝난 배터리는 쓰레기통에 버리면 된다.
② 배터리 연결 시는 같은 색끼리 일치하게 연결하면 된다.
③ 매 사용 시 마다 배터리 상태를 체크한다.
④ 배터리는 완전 방전되면 다시 충전하여 사용할 수 없다.

**125** **비행 중 저 배터리 경고 혼이 울릴 경우 조치로 가장 올바른 것은?**

① 즉시 그 자리에 착륙한다.
② 비행 시작한 위치로 돌아오게 하고 돌아올 때까지 기다린다.
③ 빠르고 신속하게 안전한 장소를 찾아서 착륙한다.
④ 남아 있는 배터리 잔량이 있으므로 그냥 비행을 한다.

**126** **멀티콥터의 비행모드가 아닌 것은 어느 것인가?**

① GPS모드 ② 에티모드(ATTI)
③ 수동모드(M) ④ 고도제한모드

**127** **비행 전 점검사항에 해당 되지 않는 것은 어느 것인가?**

① 조종기 외부 깨짐을 확인
② 보조 조종기의 점검
③ 배터리 충전상태 확인
④ 기체 각부품의 상태 및 파손 확인

**128** **다음 중 비행제어 모드에 해당되지 않는 것은?**

① 자동복귀 모드 ② 자세제어 모드
③ GPS 자동비행모드 ④ 통신제어 모드

멀티콥터의 비행제어모드에는 수동 모드, 자세제어 모드, GPS 자동비행 모드, 자동복귀모드가 있다.

**129** **항공방제 작업 시 조종자의 복장과 행동으로 적절하지 못한 것은?**

① 머리 보호를 위해 헬멧을 착용한다.
② 마스크와 보안경을 착용한다.
③ 무더운 여름에는 가벼운 반팔 티셔츠를 착용한다.
④ 로터가 완전히 정지하기까지는 기체에 접근하지 않는다.

무더운 여름에도 얇은 긴팔의 옷을 권장한다.

**130** **항공방제의 약제 살포 작업 종료 후 주의사항으로 적절하지 않는 것은?**

① 약제 빈 용기는 분리수거하여 재활용한다.
② 기체의 살포장치는 충분히 세척하여 보관한다.
③ 사용하고 남은 약제는 안전한 장소에 보관한다.
④ 기체 살포장치의 세정액은 안전한 장소에 보관한다.

약제 빈 용기는 안전한 장소에 폐기한다.

**131** **조종자가 서로 논평을 하는 것은 어느 것인가?**

① 서로 비행경험을 이야기하며 서로 공유를 한다.
② 서로 대화하며 문제점을 찾는다.
③ 문제점을 지적해서 시정한다.
④ 상대방의 의견에 발론을 제기한다.

정답 **124.①** **125.③** **126.④** **127.②** **128.④** **129.③** **130.①** **131.②**

**132** **다음 중 교육지도방식의 요소에 해당하지 않는 것은 무엇인가?**

① 절제된 칭찬
② 동기유발
③ 교육생의 개별적 접근
④ 계속적인 교시

잘못된 것에 대해서만 지적을 하고 잘한 것에 대해서 묵인한다면 교육생은 점점 자신감을 잃게 되고 교육생 자신이 가지고 있는 잠재능력을 발휘하지 못할 것임.

**133** **프로펠러의 Balance가 맞지 않을 때 가장 우선적으로 나타나는 현상은?**

① 진동이 나타난다.
② 모터가 비정상적으로 회전한다.
③ 회전이 되지 않는다.
④ LED 경고등이 점등된다.

**134** **모터 발열의 원인이 되지 않는 것은?**

① 조종사가 조종기의 트림선을 맞추지 못한 경우
② 탑재 중량이 무거운 경우
③ 높은 고도에서 장시간 비행한 경우
④ 착륙 직후

**135** **시동 시 기체가 심하게 진동할 때 생각할 수 있는 트러블로서 가장 가능성이 높은 것은 어느 것인가?**

① 배터리가 과 충전되었다.
② GPS 신호를 수신하지 않고 있다.
③ 수신기와 송신기가 올바르게 접속되어 있지 않다.
④ 블레이드에 파손이 있다.

**136** **멀티콥터의 조종방법으로 가장 위험한 조작법은 무엇인가?**

① 수직으로 상승하는 조작
② 요잉을 반복하는 조작
③ 후퇴하는 조작
④ 급강하하는 조작

**137** **프로펠러에 대한 설명으로 옳지 않는 것은?**

① 단면이 에어포일 형태인 회전날개의 원리로 추력을 발생
② 프로펠러의 규격은 DxP로 나타나며 D는 피치, P는 직경을 의미
③ 회전방향에 따라 정 피치 또는 역 피치 프로펠러를 구분해서 사용 및 장착필요
④ 프로펠러의 무게중심과 회전중심을 일치시키는 밸런싱을 통한 진동 최소화 필요

D(diameter)는 직경이고 P(pitch)는 피치 값이다.

**138** **프로펠러 회전방향에 대한 설명으로 옳은 것은?**

① 프로펠러의 회전 방향은 항상 시계방향이다.
② 시계방향 회전을 cw, 반시계방향 회전을 ccw라고 칭한다.
③ 정피치 프로펠러를 뒤집어서 장착하면 역 피치 프로펠러가 된다.
④ 프로펠러의 회전 방향을 변경하기 위해 직경을 변경하면 된다.

정답 132.① 133.① 134.① 135.④ 136.④ 137.② 138.②

**139** **프로펠러 진동에 대한 설명으로 옳지 않은 것은?**

① 프로펠러 회전중심과 무게중심이 일치하지 않을 경우 진동발생
② 프로펠러 진동은 모터의 수명에 악영향
③ 프로펠러 직경을 키울수록 진동 최소화 가능
④ 프로펠러 진동을 줄이기 위해 밸런싱 필요

**140** **프로펠러 피치에 대한 설명으로 옳은 것은?**

① 프로펠러의 두께를 의미
② 프로펠러가 한 바퀴 회전했을 때 앞으로 나아가는 기하학적 거리
③ 프로펠러 직경이 클수록 피치가 작아짐
④ 고속 비행체일수록 저 피치 프로펠러가 유리

**141** **프로펠러 직경에 대한 설명으로 옳지 않은 것은?**

① 프로펠러가 회전하면서 만드는 회전면의 지름
② 프로펠러 직경에 따라 추력변화
③ 프로펠러 직경과 피치는 프로펠러의 규격
④ 프로펠러 직경이 짧을수록 대형 기체에 유리

대형 기체일수록 직경이 긴 프로펠러를 장착해야 회전수를 적게하여 모터의 문제발생을 줄일 수 있다.

**142** **가속도 센서 설명으로 적절한 것을 고르시오.**

① 기압을 측정하는 센서
② 온도를 측정하는 센서
③ 기울기와 가속을 측정하는 센서
④ 각속도를 측정하는 센서

**143** **자세 제어장치의 역할로 거리가 먼 것을 고르시오.**

① 기체의 기울기를 탐지하여 안정시킨다.
② 기체의 회전을 탐지하여 안정시킨다.
③ GPS 신호를 수신하여 기체를 호버링시킨다.
④ GPS 위성에 위치 정보를 송신한다.

**144** **기체의 기울기를 감지하고 비행을 안정화하는 장치는 무엇인가?**

① 강착장치　② 추력장치
③ 자세제어장치　④ 전압안정화장치

**145** **조종기 및 지상통제장치에 대한 설명으로 옳지 않는 것은?**

① 지상통제장치를 통해 비행체로부터 데이터를 받으며 비행상태 파악 가능
② 기체 전원을 먼저 인가하고 조종기 및 지상통제장치 전원을 이후에 인가하는 것이 적절하다.
③ 전원을 차단할 때는 조종기 및 지상통제장치 전원을 마지막에 차단하는 것이 적절하다.
④ 안전을 위해 조종기 및 지상통제장치와 통신이 두절되었을 경우 자동귀환 설정이 필요하다.

**146** **비행제어 컴퓨터(FC)에 대한 설명으로 옳지 않은 것은?**

① 경로점 비행, 자동이착륙, 자동귀환 등을 수행하기 위해 비행제어컴퓨터 필요
② 자세모드/GPS모드 비행을 하기 위해 비행제어 컴퓨터 필요
③ 비행제어 컴퓨터를 통해 통신 두절 시 자동귀환 비행 가능
④ 탑재 센서와 무관하게 비행제어 컴퓨터를 통해 자동비행 수행가능

정답 139.③ 140.② 141.④ 142.③ 143.④ 144.③ 145.② 146. ②

**147** **관성측정장치(IMU)에 대한 설명으로 옳지 않는 것은?**

① 무인비행장치의 자세각, 자세각속도, 가속도를 측정 및 추정
② 일반적으로 가속도계, 자이로스코프, 지자기센서를 포함
③ 무인비행장치의 자세를 안정화하기 위해 활용
④ 진동에 매우 강인하여 진동에 큰 영향을 받지 않음.

**148** **전자변속기(ESC)에 대한 설명으로 옳지 않은 것은?**

① 브러쉬리스 모터의 회전수를 제어하기 위해 사용
② 전자변속기 허용 전압에 맞는 배터리 연결 필요
③ 가급적 허용 전류가 작은 전자변속기 장착이 안전
④ 발열이 생길 경우 냉각이 필요.

**149** **지자계 센서에 대한 설명으로 옳지 않는 것은?**

① 자기장을 측정하여 기체 기수방향 측정
② 센서 및 기체 주위의 금속 또는 자성물체로 인해 센서 오차 발생 가능
③ 기체의 고도를 측정하기 위해 활용 가능
④ 기체의 기수방향 제어를 위해 활용

기체의 고도를 제어하는 것은 기압계 센서임.

**150** **위성항법 시스템(GNSS)에 대한 설명으로 옳지 않은 것은?**

① 3개 이상의 위성신호가 수신되면 무인비행장치의 위치 측정 가능
② 무인비행장치의 위치와 속도를 제어하기 위해 활용
③ 위성신호 교란, 다중경로 오차 등 측정값에 오차를 발생시키는 다양한 용인 존재
④ 수평위치보다 수직위치의 오차가 상대적으로 큼

3개의 위성신호 수신되면 평면상의 위치, 4개 이상의 신호 수신되면 3차원 공간상의 위치 추정이 가능하다. 하지만 오차가 커서 정밀도를 높이기 위해서는 통상 6개 이상의 위성을 수신해야 정상적인 3차원 공간 위치 측정이 가능하다.

**151** **브러쉬리스 DC 모터의 특징으로 올바른 것은?**

① 모터에 흐르는 전류를 제어하는 컨트롤러가 불필요하다.
② 브러시나 정류자와 같은 부품을 가진다.
③ 기계적 접촉부가 적어 유지보수가 용이함
④ 정기적으로 브러시를 교체해야 한다.

**152** **브러쉬리스 모터에 대한 설명으로 옳지 않는 것은?**

① 모터권선의 전지기력을 이용해 회전력을 발행한다.
② 회전수 제어를 위해 전자변속기(ESC)가 필요하다.
③ 모터의 규격에 kV(속도상수)가 존재하며, 10V인가했을 때 무부하 상태에서의 회전수를 의미한다.
④ kV가 작을수록 회전수는 줄어드나 상대적으로 토크가 커진다.

1V를 인가했을 때

정답 **147.④ 148.③ 149.③ 150.① 151.③ 152.③**

**153** 브러쉬리스 모터에 사용되는 전자변속기(ESC)에 대한 설명으로 옳은 것은?

① 모터의 회전수를 제어하기 위해서 사용
② 모터의 온도를 제어하기 위해 사용
③ 모터의 무게를 제어하기 위해 사용
④ 모터를 냉각하기 위해 사용

**154** 다음 중 브러쉬 모터에 대한 설명으로 옳지 않는 것은?

① 모터 권선의 전자기력을 이용해 회전력 발생
② 브러쉬와 정류자를 이용해 전자석의 극성 변경
③ 브러쉬에 의한 발열과 마모 발생 가능
④ 반영구적인 모터 수명

**브러쉬 리스 모터의 특징** : 브러쉬가 없기 때문에 수명제한 없음. 다만 베어링은 주기적으로 점검하여 교체해 주어야 함.

**155** 리튬폴리머(LiPo) 배터리에 대한 설명으로 옳지 않는 것은?

① 충전 시 셀 밸런싱을 통한 셀 간 전압관리 필요.
② 강한 충격에 노출되거나 외형이 손상되었을 경우 안전을 위해 완전방전 후 폐기
③ 배터리 수명을 늘리기 위해 급속충전과 급속방전 필요
④ 장기간 보관 시 완전충전 상태가 아닌 50~70% 충전상태로 보관

급속충전은 배터리 수명을 단축시킨다.

**156** 무인 멀티콥터에서 사용되는 배터리에 대한 설명으로 옳지 않는 것은?

① 리튬폴리머 배터리는 에너지 밀도가 가장 낮은 안전한 배터리다.
② 1차 전지, 2차 전지, 연료전지가 사용된다.
③ 배터리 파손으로 화재가 발생할 수 있다.
④ 모터 회전을 위해 리튬폴리머 배터리가 주로 사용된다.

1차 전지는 1회 소모성 배터리, 2차 전지는 충전용 재사용 배터리, 연료전지는 연료와 산화재를 촉매층으로 통과시켜 촉매에 의해 전기화학적으로 반응시켜 전기를 발생시키는 장치로 용융탄산염 연료전지 등이 있음.

**157** 리튬폴리머 배터리에 대한 설명으로 옳지 않은 것은?

① 배터리 1셀의 정격전압은 3.7V이다.
② 배터리 용량은 mAh 단위로 표기한다.
③ 방전률이 클수록 전압이 높다.
④ 4셀 배터리 정격전압은 14.8v이다.

**158** 리튬폴리머 배터리 관리방법에 대한 설명으로 옳지 않은 것은?

① 장기간 배터리를 보관하기 위해서는 완전히 충전 후 보관한다.
② 부풀어 오른(스웰링) 배터리는 사용을 금지한다.
③ 배터리를 폐기할 때는 완전히 방전 후 폐기한다.
④ 소금물을 통해 배터리를 방전할 경우 환기가 잘 되는 곳에서 방전한다.

장기간 보관 시 60~70% 방전 후 보관한다.

정답 153.① 154.④ 155.③ 156.② 157.③ 158.①

**159** 'GPS'의 설명으로 맞는 것은?

① 지구상의 위치 측정을 위한 시스템
② GPS 수신기가 GPS 위성에 자신의 위치 정보를 송신하는 시스템
③ 최소 2개의 GPS 신호로 지구상의 위치를 측정할 수 있다.
④ 위성으로부터 신호를 받기 때문에 날씨의 영향을 받지 않는다.

**160** 광수용기에 대한 설명 중 옳은 것은?

① 주상체는 야간에 흑백을 보는 것과 관련이 있다.
② 간상체는 낮 시간동안의 높은 해상도와 관련이 있다.
③ 추상체는 주로 망막의 주변부에 위치하기 때문에 야간 시 암점과 관련이 있다.
④ 추상체와 비교할 때 간상체의 개수가 더 많다.

**161** 푸르키네 현상에 따르면 다음의 보기 중에서 어두운 밤에 가장 잘 보이는 색은?

① 노랑 ② 파랑
③ 초록 ④ 빨강

푸르키네 효과는 시감도가 어긋나는 현상으로 밝은 장소에서는 빨강이 선명하게 보이고, 어두운 장소에서는 파랑이 선명하게 먼 곳까지 잘 보임.

**162** 무인기의 인적 에러에 의한 사고비율은 유인기와 비교할 때 상대적으로 낮은 것으로 나타났다. 그 이유로 적절한 것은?

① 유인기와 비교할 때 무인기는 자동화율이 낮기 때문이다.
② 유인기에 비해 무인기는 인간 개입의 필요성이 적기 때문이다.
③ 무인기는 아직까지 기계적 신뢰성이 낮기 때문이다.
④ 설계개념상 File-Safe 개념의 시스템 이중설계 적용이 미흡하기 때문이다.

**163** 인적요인의 대표적 모델인 쉘 모델의 구성요소가 아닌 것은 무엇인가?

① Liveware ② Software
③ Human ④ Environment

**164** 긴급 상황에서 인간의 반응 차이와 무관한 것은?

① 자신감 ② 보수
③ 경험과 기량 ④ 사고 피해정도

**165** 지도조종자가 교육생의 조종을 논평하는 이유로 올바른 것은?

① 교육생의 의견에 반론하기 위해서
② 자신의 비행경험을 이야기하며 공유하기 위하여
③ 교육생의 조종 실수를 지적하기 위하여
④ 서로 대화하며 문제점을 찾기 위하여

정답 159.① 160.④ 161.② 162.① 163.③ 164.② 165.④

# 항공역학 (비행원리)

# 1 항공의 역사

## 1 | 몽상시대 및 비행기의 발명

문명이 발달하기 전 즉 어떤 도구의 발달도 없었던 시절에 인간은 새가 날아서 가는 모습을 보고 "나도 새처럼 하늘을 날면 얼마나 좋을까?" 하고 느낀 것이 많았을 것이다. 특히 실개천을 건널 때나 언덕을 내려와야 할 때 새처럼 날아서 가면 얼마나 좋을까? 하다가 새의 날개처럼 생긴 것을 만들어서 몸에 붙이고 날아 보았을 것이다.

그것을 증명하는 것이 그리스 신화에 나오는 이카루스와 대달루스의 이야기이다. 크레타섬에 갇혀 있던 두 사람은 날개를 만들어 초로 몸에 붙이고 탈출에 성공했으나 비행 중에 태양에 너무 가까이 날아갔다가 초가 녹아서 지중해로 추락하고 말았다는 신화이다. 이것은 인간이 하늘을 날고자 하는 욕망을 나타낸 대표적인 것이다.

최초의 열기구 – 1783년 몽골피에 형제

이카루스와 대달루스의 신화(좌)/열기구(1783년)(우)

이후 지혜로운 인간은 뜨거운 공기가 하늘 높이 날아 올라가는 것을 알고 1783년 몽골피에에 의해 열기구가 만들어진다. 이것이 하늘을 처음 날게 된 것이다.

라이트 형제의 "플라이어 1호" 최초의 유인 동력비행

이후 1903년 라이트 형제는 엔진동력이 장착된 비행기를 만들어 비행을 하여 엔진동력시대를 연 것이다.

## 2 | 헬리콥터의 개발

이후 1차 세계대전을 통하여 왕복엔진을 통한 프로펠러기의 완성, 2차 세계대전을 통하여 제트엔진 및 제트기가 출현하였다. 헬리콥터의 연구는 1493년 레오나르도 다빈치의 나사모양 날개의 헬리콥터를 설계하였으며, 1907년 프랑스에서 꼬르뉘의 헬리콥터가 6피트 정도의 이륙으로 비행가능성을 증명하였다. 1909년 구소련의 시콜스키에서 실험하였으나 조종성과 안정성은 실패하였다.

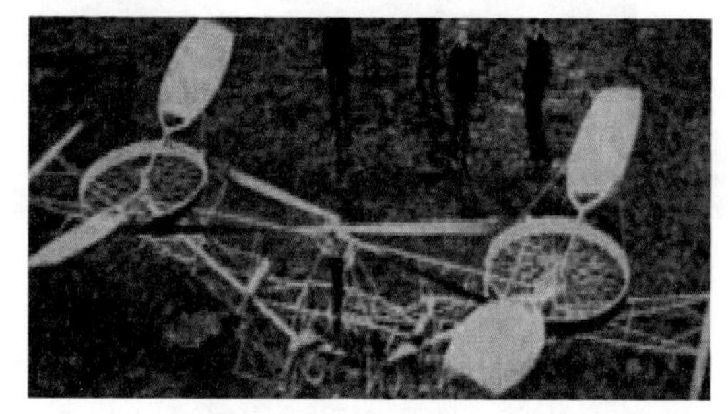

꼬르뉘가 1907년 6피트 이륙으로
비행 가능성을 증명한 헬리콥터

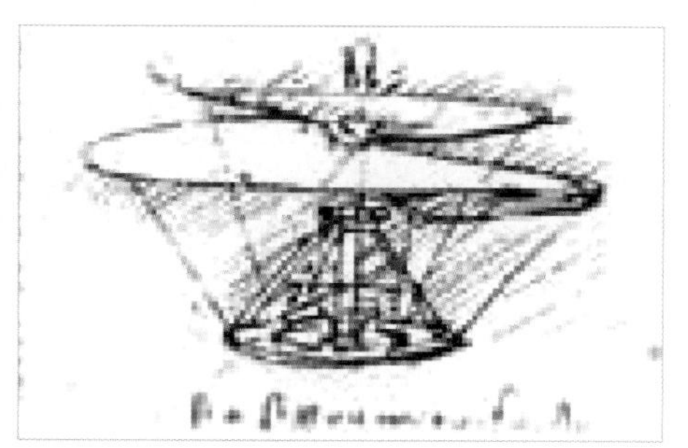

레오나르도 다빈치가 스케치한
나사모양 날개의 헬리콥터

레오나르도 다빈치와 꼬르뉘의 헬리콥터

1923년 스페인에서 시에르바의 오토자이로가 연구되었다. 이후 1937년 독일의 포커사가 실용화에 근접시켰으며, 1941년 미국 시콜스키사가 VS-300이라는 토크상쇄장치를 한 헬기를 통하여 헬리콥터 상용화가 시작되었다. 제2차 세계대전 이후에는 가스터빈 엔진을 장착하므로 획기적인 발전을 이루었으며, 현재는 군용, 관측, 연락, 운송 등 전 분야에 걸쳐 폭넓게 이용하고 있으며, 획기적인 발전을 거듭하고 있다.

## 3 | 우리나라의 항공기

우리나라 항공기 제조의 시초는 1953년 설계, 제작된 “부활”이라는 경비행기 제조라 할 수 있으며, 이후 1976년 대한항공은 미국 휴즈사의 500MD 헬리콥터의 조립생산으로 기술을 축척하였으며, 1989년 대한항공, 삼성, 한국 화이버 등 3사가 한국항공우주연구조합을 구성하므로 본격적인 연구에 들어가게 되었다.

우리기술로 제작한 수리온 헬리콥터와 A-50공격기

현재는 한국항공우주산업에서 미국 록히드마틴사와 기술이전 및 협력하에 초음속 고등훈련기 사업(KT-(1)을 성공적으로 개발하여 국내 전력화는 물론 외국 수출까지 하는 단계에 이르렀고, 헬리콥터는 수리온을 국내기술로 개발 완료하여 양산하고 있다.

# 2 비행원리

## 1 | 날개이론

### 1. 용어의 정의 상 공기의 작용이란?

- 항공기란 공기의 작용에 의해 대기 중에 떠 있을 수 있는 기계(ICAO)
- "항공기"란 공기의 반작용(지표면 또는 수면에 대한 공기의 반작용은 제외한다.)으로 뜰 수 있는 기기(우리나라 항공안전법 제2조1)
- "초경량비행장치"란 항공기와 경량항공기 외에 공기의 반작용으로 뜰 수 있는 장치(우리나라 항공안전법 제2조3)

국제민간항공기구와 우리나라 항공법 상 항공기에 대한 용어의 정의를 보면 "공기의 작용" 또는 "공기의 반작용"이라는 것이 공기 중의 날개에 대한 "날개이론"을 말하며, 베르누이 정리와 연계한 양력발생원리를 설명하는 것이다. 이는 새가 하늘을 날아가는 원리와 같은 것으로 반드시 이해하여야 하며, 해당 단원에서 세부적으로 다루기로 한다.

### 2. 날개(Airfoil, 風板)

날개(Airfoil, 風板)란 공기 속을 통과할 때 공기흐름에 의해 반작용을 일으킬 수 있도록 고안된 것으로 양력, 추진력, 안정성 및 조종력 발생에 이용되는 구조 또는 물체를 말한다. 날개(Airfoil, 風板)는 공기의 흐름에 반작용을 일으키는 구조물이다. 날개(Airfoil, 風板)의 역할은 항공기를 부양시키는 양력을 발생시키고, 수평, 수직 안정판과 같이 안정성을 제공해 주며, 항공기의 조종과 추진력을 발생하게 한다.

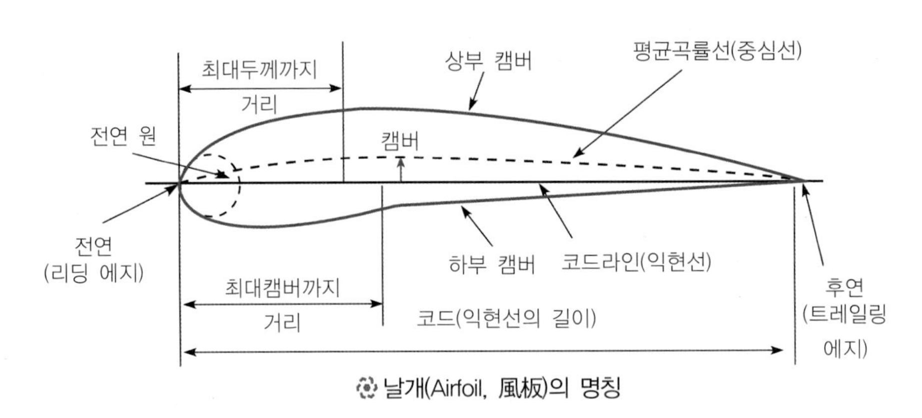

날개(Airfoil, 風板)의 명칭

날개(Airfoil, 風板)의 전방 끝인 전연과 후방의 끝인 후연을 연결하는 직선을 익현선(Chord Line)이라 하고, 날개(Airfoil, 風板)의 길이를 익현길이(Chord Length)라 한다. 전연을 기준으로 Airfoil에 내접하는 원의 반경을 전연 반경이라고 하며, 익현선을 중심으로 날개(Airfoil, 風板)의 상부를 윗면이라고 하며 하부를 아랫면이라고 한다. 날개(Airfoil, 風板)의 상, 하면에 내접하는 가상의 원 중심을 연결한 선이 평균 캠버선(Mean Camber Line)이며, 익현선과 평균 캠버선 사이를 캠버(Camber)라고 하며 일반적으로는 캠버가 최대가 될 때의 값을 캠버라고 표현한다.

## 3. 영각과 취부각

일반적으로 날개(Airfoil, 風板)의 영각(받음각, Angle of attack)은 비행방향의 반대방향인 공기흐름의 속도방향과 날개(Airfoil, 風板)의 시위선이 만드는 사이 각을 말하며, 양력, 항력 및 피칭 모멘트에 가장 큰 영향을 주는 인자이다.

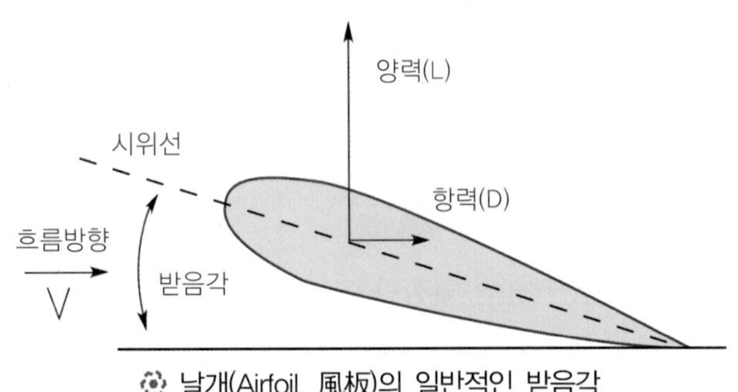

날개(Airfoil, 風板)의 일반적인 받음각

회전익 항공기에서의 영각(받음각)이란 날개(Airfoil, 風板)의 익현선과 합력 상대풍의 사이 각을 말하며 영각(받음각)은 공기역학적인 각이므로 취부 각(붙임 각)의 변화 없이도 변화될 수 있다. 그 예로는 돌풍, 요란기류 등에 의해 블레이드가 플래핑을 하게 되면 취부 각(붙임 각)의 변화 없이 영각(받음각)이 변화하게 된다. 이러한 영각(받음각)은 날개(Airfoil, 風板)에 의해서 발생되는 양력과 항력의 크기를 결정하는 중요한 요소이다. 왜냐하면 영각(받음각)이 커지면 양력이 커지고, 그만큼 항력은 감소하는 상관관계가 형성되기 때문이다.

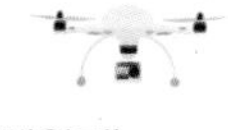



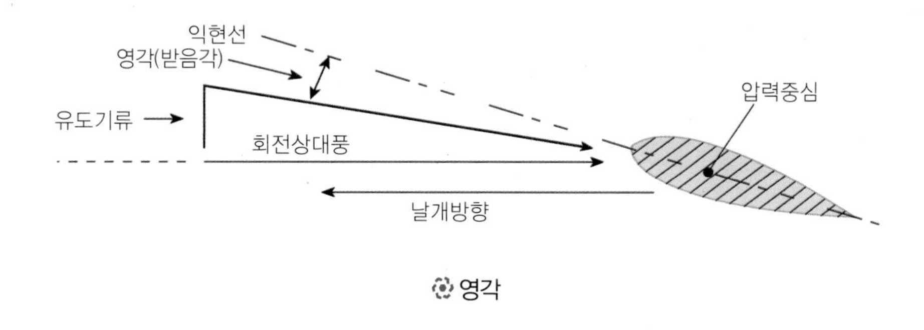


영각

취부 각(붙임 각)이란 날개(Airfoil, 風板)의 익현선과 로터 회전면이 이루는 각을 말한다. 공기역학적인 반응에 의해 형성되는 각이 아니라 기계적인 각이라고 할 수 있으며, 통상 블레이드 피치 각이라고도 한다. 유도기류와 항공기 속도가 없는 상태에서는 영각(받음각)과 취부 각(붙임 각)은 동일하다. 그러나 유도기류와 항공기 속도가 변화될 때 영각(받음각)과 취 부각(붙임 각)은 달라진다. 이러한 취부 각(붙임 각)은 영각(받음각)에 변화를 주어 날개(Airfoil, 風板)에 작용하는 양력계수에 변화가 발생하여 취부 각(붙임 각)에 따라 양력이 증가하거나 감소하게 된다.

**날개(메인 로터, 테일 로터)의 익현선과 회전면(익단경로면)이 이루는 각**
- 기계적인 각, 블레이드 피치각
- 유도기류와 항공기 속도가 없는 상태에서는 영각(받음각)과 동일
- 페더링 → 취부각(붙임각) 변화 → 영각(받음각) 변화 → 날개의 양력계수 변화

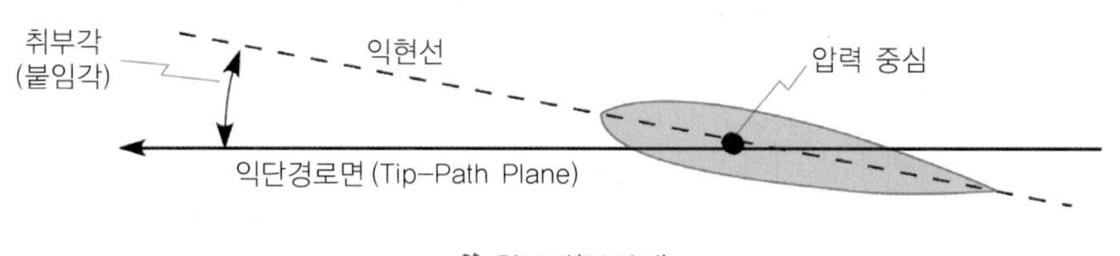


취부각(붙임각)

## 4. 날개(Airfoil, 風板)의 분류와 멀티콥터의 날개 형태

### 1) 날개(Airfoil, 風板)의 형태

다음은 날개(Airfoil, 風板)의 형태에 대하여 알아보자. 날개(Airfoil, 風板)의 형태는 크게 대칭형과 비대칭형으로 나누어질 수 있다.

■ 형태에 따른 분류

대칭형 Airfoil

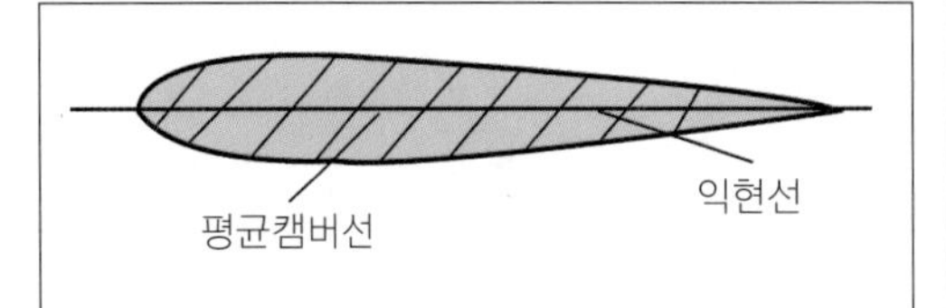


- 상부와 하부 표면 대칭
- 압력중심 이동이 일정하게 유지
- 회전익 항공기에 적합
- 가격 저렴 / 제작 용이
- 영각(받음각)에 비해 양력 발생이 적음

비대칭형 Airfoil

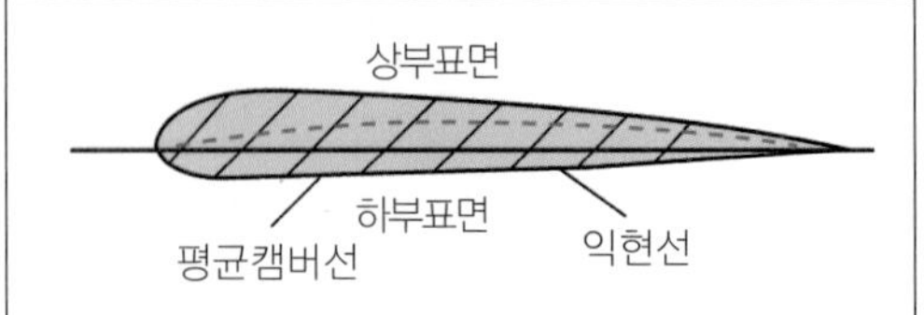


- 상하부 표면 비대칭(만곡형)
- 양력 발생 효율 향상
- 압력중심 위치이동 많다(비틀림 발생)
- 주로 고정익 항공기에 적합(최근 헬기에 사용)
- 높은 가격 / 제작 어려움

날개(Airfoil, 風板)의 형태

대칭형 날개(Airfoil, 風板)는 상부와 하부 표면이 대칭을 이루고 있으므로 평균 캠버선과 익현선이 일치한다. 그러므로 압력중심 이동이 대체로 일정하게 유지되어 주로 저속 항공기 및 회전익 항공기에 적합 하다. 이러한 대칭형 날개(Airfoil, 風板)의 장점은 제작비용이 저렴하고 제작도 용이하다. 단점으로는 비대칭형 날개(Airfoil, 風板)에 비해 주어진 영각(받음각)에 비해 양력이 적게 발생하여 실속이 발생할 수 있는 경우가 많다.

비대칭형 날개(Airfoil, 風板)는 상부와 하부 표면이 비대칭을 이루고 있어 익현 선을 기준으로 상부표면이 하부 표면보다 더 구부러져 있는 만곡 형이다. 비대칭형 날개(Airfoil, 風板)는 대칭형 날개(Airfoil, 風板)에 비해 공기의 이동거리 차이가 많아 압력차이가 증가하고 이에 양력발생 효율이 높다. 이러한 비대칭형 날개(Airfoil, 風板)는 평균 캠버선과 익현선은 동일하지 않아 압력중심 위치이동이 많고 블레이드에 가해지는 힘에 의해 비틀림 현상이 발생하기도 한다. 비대칭형 날개(Airfoil, 風板)는 제작 시 초기 비용이 많이 소요되며, 제작이 어렵다는 단점도 있다.

### 2) 날개(Airfoil, 風板) 두께의 영향

두께가 얇은 날개(Airfoil, 風板)는 영각(받음각)이 작을 때 항력도 적지만, 영각(받음각)을 크게 취하면, 기류박리가 쉽게 일어나 항력이 급격히 증가된다. 따라서 영각(받음각)을 크게 취할 수 없는 단점이 있으며 더불어 날개의 두께가 얇기 때문에 강도 또한 낮아진다. 반면에 두꺼운 날개인 경우에는 영각(받음각)이 작을 때 날개의 두께에 의해 항력은 비교적 크게 나타나지만 영각(받음각)을 크게 취하더라도 얇은 날개처럼 기류박리가 쉽게 발생하지 않아 항력은 커지지만 큰 양력을 얻을 수 있다. 또한 날개가 두껍기 때문에 날개의 강도도 높다.

※ 날개(Airfoil, 風板) 두께의 영향(결과)

| 얇은 날개 | 두꺼운 날개 |
|---|---|
| L, D3 | L, D4 |
| – 영각(받음각) 小, 항력 小<br>– 영각(받음각) 大, 항력 급격히 大<br>[박리 발생] | – 영각(받음각) 小, 항력 비교적 大<br>– 영각(받음각) 大, 항력 大 |

### 3) 날개(Airfoil, 風板) 두께와 전연반경의 영향

날개(Airfoil, 風板)의 두께가 같은 경우 동일한 영각(받음각)에서 비슷한 양력을 발생시킨다. 그러나 같은 두께의 날개(Airfoil, 風板)라 할지라도 전연반경에 의해 공력은 달라진다. Airfoil의 영각(받음각)이 "0"일 경우 전연반경이 다르더라도 유체의 흐름은 유사하나 영각(받음각)을 증가할 경우 전연반경이 큰 날개(Airfoil, 風板)에서는 전연에서 기류가 상부와 하부로 나뉘어 후연으로 흐르지만 전연반경이 작은 경우에는 기류박리 현상이 쉽게 발생되고 이에 따라 항력은 급격하게 증가된다.

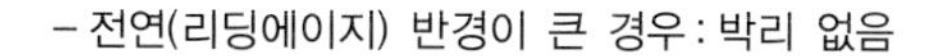


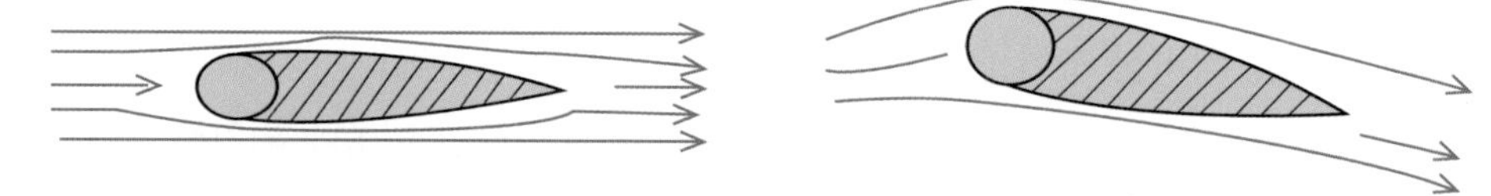

- 전연(리딩에이지) 반경이 작은 경우 : 큰 영각(받음각)에서 박리가 쉽게 발생(항력의 급격한 증가)

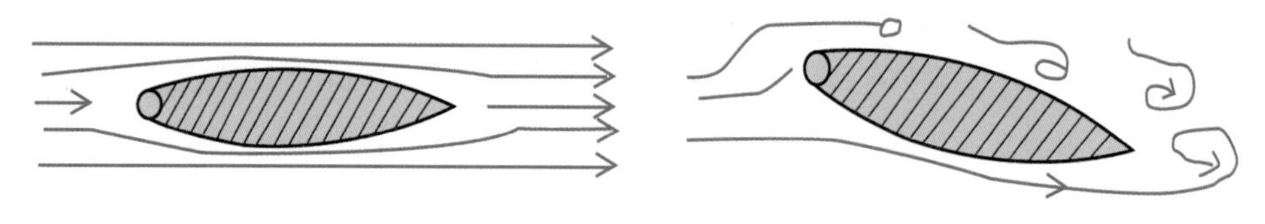

※ 날개 두께와 전연반경의 영향

### 4) 날개(Airfoil, 風板) 길이의 영향

같은 종류의 날개라 할지라도 날개 익현선의 길이에 따라 공력의 차이가 발생한다. 익현선이 짧은 경우 Airfoil 위에 있는 정체된 기류와 날개를 지나는 기류와의 경계가 짧아 기류박리가 쉽게 발생한다. 레이놀즈수는 속도와 직경을 곱하여 점성계수로 나눈 값이기 때문에 직경이 짧은 익현선은 레이놀즈수가 작다. 반면에 익현선이 긴 날개의 경우 날개 표면의 영향에 의해 날개 윗면을 흐르는 공기가 난류가 형성되어 큰 영각(받음각)까지 박리현상이 일어나기 어려울 뿐만 아니라 박리점은 후방으로 이동하게 된다.

또한, 긴 익현선을 가진 날개의 경우 직경이 커지므로 레이놀즈수 값도 커지게 된다. 비슷하다 하더라도 익현선의 길이가 다르면 공력의 특성이 다르게 나타나며 이를 레이놀즈수 효과(Reynolds Number Effect) 또는 치수효과(Scale Effect)라고 한다.

익현선 길이의 영향

| 짧은 익현선 | 긴 익현선 |
|---|---|
| 박리 (Seperation) | 난류 (Turbulence)<br>박리점이 후방으로 이동 |
| - 쉽게 박리 발생<br>- 작은 레이놀즈 수 | - 박리점이 후방에서 발생<br>- 큰 레이놀즈 수 |

### 5) 캠버의 영향

익현선과 평균 캠버선 사이를 캠버라고 하였다. 대칭형 Airfoil의 경우 익현선과 캠버가 동일하지만 일반적으로 비대칭형 Airfoil의 경우 캠버는 익현선 위쪽에 위치한다. 영각(받음각)이 "0"인 상태로 대칭형 Airfoil과 비대칭형 Airfoil을 놓았을 경우 대칭형 Airfoil은 영각(받음각)이 "0"이면 양력도 "0"이 된다.하지만 비대칭형 Airfoil의 경우 영각(받음각)이 "0"인 상태에서도 기류가 이동하는 거리의 차이에 의해 속도차이가 발생하고 이 속도차이에 의해 Airfoil 윗면은 정압이 낮고, Airfoil 아랫면은 정압이 높아 양력이 발생한다.

그러므로 동일 영각(받음각)에서 캠버가 큰 날개일수록 큰 양력을 발생시킨다. 예를 들어 달리는 차에서 창문 밖으로 손가락을 곧게 펴고 손을 뻗어보면 손이 들리는 현상을 느꼈을 것이다. 이는 비대칭형 날개와 같이 손도 캠버를 가지고 있기 때문에 영각(받음각)은 "0"이지만 양력이 발생하는 것이다.

캠버의 영향

| 대칭형 | 비대칭형 |
|---|---|
| L=0<br>D | L<br>D |
| 영각(받음각) = 0, 양력(L) = 0 | 영각(받음각) = 0, 양력(L) > 0 ["+" 양력 발생]<br>※ 동일 영각(받음각)에서 캠버가 큰 날개일수록 큰 양력 발생 |

### 6) 멀티콥터의 날개(Airfoil, 風板)

최근 멀티콥터의 날개(Airfoil, 風板) 재질은 플라스틱, 티타늄 등으로 만들어졌으며, 항공기의 날개(Airfoil, 風板)와는 기본 형태는 유사하나 최소한으로 제작되어 있다.

멀티콥터의 날개(Airfoil, 風板)의 형태

## 5. 날개(Airfoil, 風板)의 공력특성

날개(Airfoil, 風板)의 공력 즉 날개(Airfoil, 風板)에 작용하는 공기 힘의 특성과 관련된 용어를 알아보자. 먼저 레이놀즈수(Reynolds Number)에 대한 설명이다. 맨처스터대학교 공학교수인 오스본 레이놀즈는 유리관 속을 흐르는 물에 염료를 분사하여 층류와 난류의 흐름을 발견하였다. 이러한 층류와 난류를 구분하기 위해 많은 실험을 하였으며 레이놀즈는 Re=Vx / y (Re : 레이놀즈수, V : 속도, x : 직경, y : 점성계수)이라는 레이놀즈수를 발표하였다. 즉, 레이놀즈수는 유체의 속도와 유체가 흐르는 직경을 곱한 값을 점성계수로 나눈 값으로 점성력에 대한 관성의 비라고 할 수 있다. 여기에서 층류는 점성 력이 지배적인 유체의 흐름이며 평탄하면서도 일정한 흐름을 나타내며 난류는 관성력이 지배적이고 유동변동이 큰 유체의 흐름이다.

레이놀즈는 실험을 통해 레이놀즈수의 값이 2,100보다 낮은 흐름은 층류이며 레이놀즈수의 값이 2,100보다 높고 4,000보다 적을 경우 천이구역이라 하였으며, 레이놀즈수의 값이 4,000보다 클 경우에는 난류라고 하였다. 레이놀즈수가 낮은 층류는 관성보다 점성 력이 크고, 레이놀즈수가 높은 난류는 관성력이 크다. 이러한 레이놀즈수가 항공역학적인 측면에서 중요한 이유는 실속을 방지하기 위한 이론적 근간이 되기 때문이다.

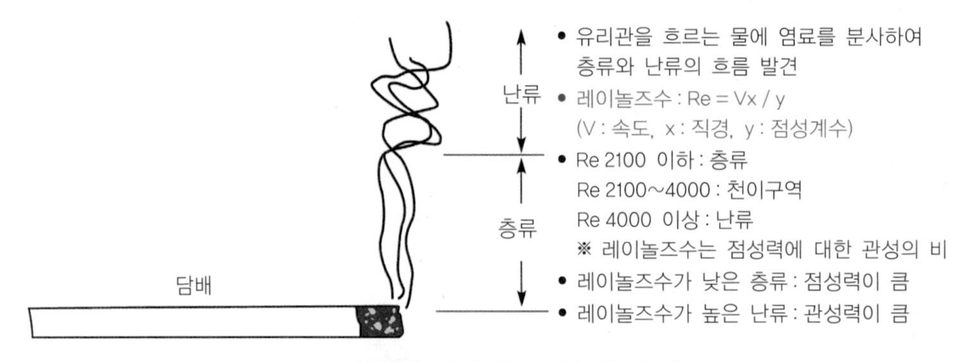


레이놀즈 수(Reynolds Number)

다음은 경계층이론에 대하여 알아보자. 경계층이란 날개(Airfoil, 風板)의 표면으로부터 측정 가능한 공기 속도가 없는 곳까지의 공기층을 말한다. 날개(Airfoil, 風板)에 붙어있는 공기는 날개(Airfoil, 風板)의 속도와 같으며 날개(Airfoil, 風板)와 떨어질수록 공기의 속도는 줄어들어 결국 속도가 "0"인 곳까지를 경계층이라고 한다.

레이놀즈수에서 살펴보았듯이 층류는 날개(Airfoil, 風板)의 전연으로부터 시작되는 매우 얇고 부드러운 기류층이며 점성력이 지배적이어서 평탄하면서도 일정한 유선형의 모습을 하고 있다. 반면에 난류는 본래의 관성력이 지배적인 흐름으로 층류가 뒤로 이동하면서

경계층이 두꺼워지고, 불안정하게 되며 작은 요란이 생기면서 임의적이고 유동의 변동이 커져 공기입자의 혼합이 이루어지는 기류 층이다.

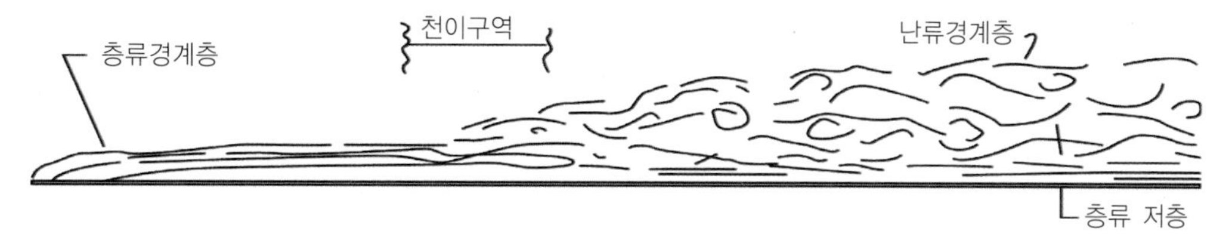


**【경계층 이론(Boundary Layer Theory)】**

- 경계층 : 날개의 표면으로부터 측정 가능한 공기 속도가 없는 곳까지의 공기층
- 층류 : 날개의 전연부터 시작되는 매우 얇고 부드러우며, 점성이 지배적, 평탄하면서도 일정한 유선형의 형태
- 난류 : 관성력이 지배적인 흐름으로 층류가 뒤로 이동하면서 경계층이 두꺼워지고, 작은 요란이 생기면서 기류흐름 변동이 커서 공기입자의 혼합이 일어나는 기류층

경계층 이론

다음은 기류 박리에 대하여 알아보자.

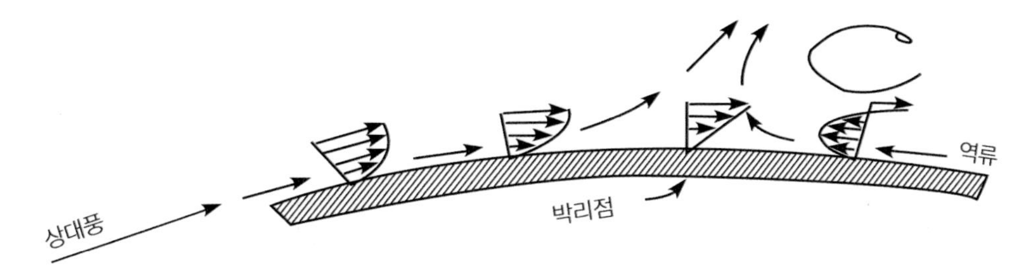


**【기류박리 (Air flow Seperation)】**

- 정의 : 표면에 흐르는 기류가 날개의 표면과 공기입자 간의 마찰력으로 인해 표면으로부터 떨어져 나가는 현상
- 날개의 표면과 공기입자 간의 마찰력으로 공기속도 감소 ➜ 정체구역 형성
- 경계층 밖의 기류는 정체점을 넘어서게 되고 경계층이 표면에 박리됨 ➜ 양력 파괴, 항력 급격히 증가

기류 박리 속도 프로파일

항공역학적인 측면에서 박리는 날개(Airfoil, 風板)표면을 흐르는 기류가 날개(Airfoil, 風板) 표면에서 떨어지는 현상을 말하며, 기계공학에서 박리는 원통형 쇠를 사과 깎듯이 얇게 벗겨내는 것을 말한다. 위 그림에서 보면 기류가 사과껍질 깎여 나가듯이 떨어져 나가고 있는 것이 바로 기류박리이다. 기류박리란 날개(Airfoil, 風板)표면에 흐르는 기류가 날개(Airfoil, 風板)의 표면과 공기입자간의 마찰력으로 인해 날개(Airfoil, 風板)표면으로부터 떨어져 나가는 현상을 말한다. 날개(Airfoil, 風板)표면을 흐르는 기류가 표면과의 마찰로 인해 속도가 감소하고, 이에 날개(Airfoil, 風板)중간에서 정체구역이 형성되는데 이는 진공 상태와 같은 현상이 발생한다. 이에 날개 후연과 날개(Airfoil, 風板)윗면의 기류가 역류함으

로써 날개(Airfoil, 風板)를 지나는 기류의 경계층이 표면에서 박리되는 것이다. 이러한 기류박리 현상이 발생하면 양력이 파괴되고, 항력은 급격히 증가하게 된다.

다음은 날개(Airfoil, 風板)의 공력 특성과 관련된 용어에 대하여 알아보자. 먼저 압력중심은 날개(Airfoil, 風板)표면에 작용하는 분포된 압력의 힘으로 한 점에 집중적으로 작용한다고 가정할 때 이 힘의 작용점, 모든 항공역학적 힘들이 집중되는 날개(Airfoil, 風板)의 익현선상의 점(풍압중심)을 말한다. 즉 날개(Airfoil, 風板)에 있어서 양력과 항력의 합성력(압력)이 실제로 작용하는 작용점으로서 받음각이 변화함에 따라서 위치가 변화한다.

둘째, 공력중심은 날개(Airfoil, 風板)의 피칭 모멘트의 값이 받음각이 변화하더라도 그 점에 관한 모멘트 값이 거의 변화하지 않는 가상의 점(=공기력 중심)을 말한다.

셋째, 무게중심은 중력에 의한 알짜 토크가 0인 점을 말한다.

넷째, 평균공력시위는 실제 날개 꼴과 같은 동일한 항공역학적 특성을 갖는 가상 날개 꼴로 날개 공기력분포를 대표할 수 있는 시위로서 이 시위에 발생하는 공기력에 스팬 길이를 곱하면 날개 전체에 작용하는 공기력을 구할 수 있는 시위이다.

## 6. 상대풍과 유도기류

### 1) 상대풍

상대풍은 날개(Airfoil, 風板)에 상대적인 공기의 흐름을 말한다. 이는 공기 속으로 날개(Airfoil, 風板)가 움직이는 것에 의해서 발생하고 날개(Airfoil, 風板)의 움직임에 의해 상대풍의 방향은 변하게 된다. 날개(Airfoil, 風板)의 방향에 따라 상대풍의 방향도 달라지게 된다. 날개(Airfoil, 風板)가 평행하게 이동할 경우 상대풍도 날개(Airfoil, 風板)방향으로 평행하게 이동하지만, 날개(Airfoil, 風板)가 아래로 이동할 경우 상대 풍은 상대적으로 위로 작용하고, 반대로 날개(Airfoil, 風板)가 위로 이동할 경우 상대 풍은 아래로 향하게 된다. 예를 들어 창문 쪽에서 출입문 쪽으로 바람이 불 경우 날개(Airfoil, 風板)가 평행하게 이동한다면 상대풍도 날개(Airfoil, 風板)의 이동방향에 반대방향으로 평행하게 이동할 것이다. 날개(Airfoil, 風板)가 아래로 이동한다면 상대 풍은 블레이드와 만나 위로 이동할 것이다. 반대로 날개(Airfoil, 風板)가 위로 이동한다면 상대 풍은 블레이드와 만나 아래로 이동할 것이다. 이처럼 상대풍은 공기 속으로 날개(Airfoil, 風板)가 움직이는 것에 의해서 그 방향은 변하게 된다.

○ 정의: 날개에 상대적인 공기의 흐름
○ 공기 속으로 날개가 움직이는 것에 의해서 발생

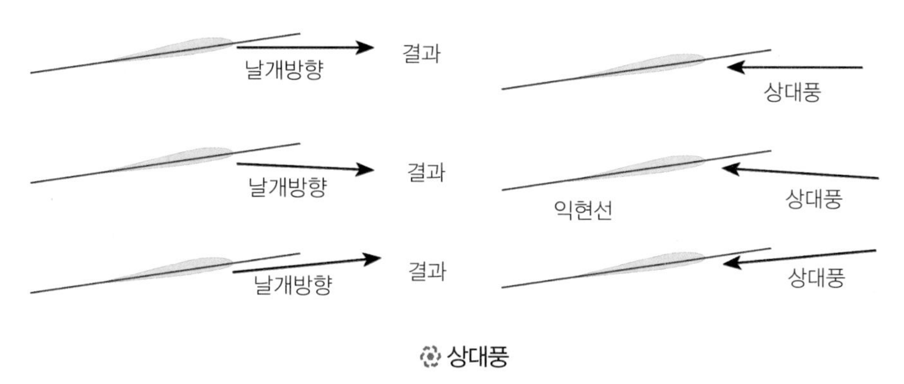


상대풍

## 2) 회전 상대 풍

회전 상대 풍은 로터 블레이드가 마스트(Mast)를 중심으로 회전함으로써 발생하는 상대 풍을 말한다. 회전 상대 풍은 날개의 비행경로와 반대방향으로 작용하므로 회전 상대 풍과 익현선의 사이 각은 회전면의 익단경로와 익현선의 사이각인 취부각(붙임각)과 동일하다. 회전 상대 풍의 속도는 블레이드가 회전하는 것에 의해 발생하므로 단위시간당 이동하는 거리에 의해 익단에서 가장 빠르고, 익근으로 갈수록 속도는 감소하여 회전축에서 속도는 "0"이 된다.

○ 로터 블레이드가 마스트를 중심으로 회전하는 것에 의해 발생하는 상대풍
○ 블레이드 익단에서 가장 빠르고 회전축에서 "0"이 되도록 일률적으로 변화

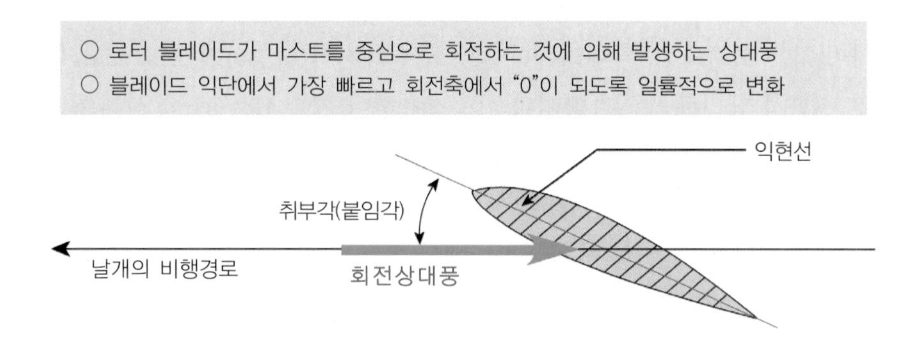


## 3) 유도기류

유도기류란 공기가 로터 블레이드의 움직임에 의해 변화된 하강기류를 뜻한다. 취부 각(붙임각)이 "0"일 때 Airfoil을 지나는 기류는 그대로 평행하게 흐른다. 그러나 취부 각(붙임각) 증가로 영각(받음각)이 증가되면 아래의 그림과 같이 공기는 아래로 가속하게 된다. 이러한 하강기류를 유도기류라고 하는데 유도기류 속도는 취부각(붙임각)이 증가할수록 증가하게 된다. 또한, 로터 회전에 의해 발생하는 회전상대풍은 이러한 유도기류와 만나 방향과 크기가 변화되는데 이를 합력상대풍이라 한다.

○ 취부각(붙임각) 증가로 영각(받음각) 증가, 공기는 아래로 가속

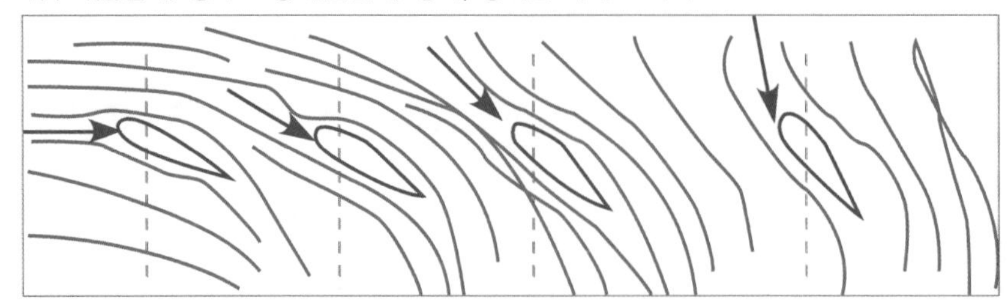

○ 유도기류에 의해 회전상대풍의 방향과 크기가 변화됨 → 합력상대풍

유도기류

## 2 | 뉴턴의 운동법칙

### 1. 제1법칙 관성의 법칙

뉴턴의 제1법칙인 관성의 법칙은 외부의 힘에 의한 변화에 저항하는 힘에 관한 법칙으로 관성의 법칙에는 정지관성과 운동관성으로 구분할 수 있다. **정지관성**은 정지하고 있는 물체는 계속 정지하려는 성질을 가지고 있으며, **운동관성**은 움직이는 물체는 외부의 힘이 가질 때까지 같은 방향, 같은 속도를 유지하려는 성질을 말한다.

관성의 법칙을 회전익 또는 헬리콥터 운동과 연계시켜 설명하면, Hovering에서 Hover Taxi로 전환시 헬리콥터에는 정지관성이 작용하여 계속 Hovering 상태를 유지하려고 하기 때문에 사이클릭을 전방 압하여 회전면을 경사지게 함으로써 추력이라는 힘을 발생시켜 정지관성을 깨뜨려야 항공기는 전방으로 이동하게 되는 것이다. 반면 운동관성에서는 Hover Taxi에서 Hovering으로 전환시 헬리콥터에는 운동관성이 작용되므로 사이클릭을 후방압하여 항공기의 회전면을 뒤로 경사지게 함으로써 계속 운동하려는 운동관성을 깨뜨려야 제자리 비행을 할 수 있게 되는 것이다.

정지관성

정지하고 있는 물체는 계속 정지하려는 성질

운동관성

움직이는 물체는 외부의 힘이 가해질 때까지 같은 방향, 같은 속도를 유지하려는 성질

관성의 법칙

## 2. 제2법칙 가속도의 법칙

가속도의 법칙이란 물체가 어떤 힘을 받게 되면, 그 물체는 힘의 방향으로 가속되려는 성질이 있는데 이를 가속도의 법칙이라고 한다. "F=ma"라는 공식을 들어봤을 것이다. 여기에서 F는 힘이며 m은 질량, a는 가속도를 의미한다. 즉 힘은 질량과 가속도에 비례함을 의미한다. 이 공식을 a= F/m 즉, 가속도는 변환하면 가속도는 힘의 크기에 비례하고, 물체의 질량에는 반비례함을 알 수 있다. 부연 설명을 하면 타자가 친 야구공이 하늘 높이 올라갔다가 떨어질 때 야구공에는 중력이라는 힘이 작용하여 낙하할수록 야구공의 속도는 야구공에 작용하는 항력과 힘의 균형을 이루는 속도까지 가속된다. 회전익 또는 헬리콥터 운용 시 적용되는 가속도의 법칙은 제자리 비행에서 Hover Taxi 하다가 점점 속도가 증가되어 이륙하게 되는 과정을 생각하면 쉽게 이해가 될 것이다.

○ 물체가 힘을 받게 되면 그 물체는 힘의 방향으로 가속되려는 성질

○ $F = ma \rightarrow a = \frac{F}{m}$ (F = 힘, m = 질량, a = 가속도)

○ 가해진 힘의 크기에 정비례, 물체의 질량에 반비례
 예) Hover taxi → Normal Take off

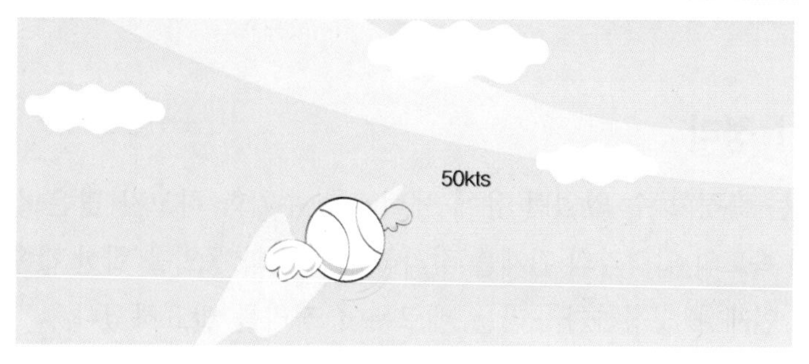


가속도의 법칙

## 3. 제3법칙 작용과 반작용의 법칙

작용과 반작용의 법칙이란 모든 작용은 힘의 크기가 같고 방향이 반대인 반작용을 수반한다는 법칙이다. 예를 들어 포를 쏠 때 포신이 뒤로 후퇴된다든지, 무반동총을 쏠 때 후폭풍이 발생하게 되는 것은 바로 힘에 의한 반작용이 나타난 것이다. 추가적인 예를 들어서 전투기의 경우 고온 고압의 가스가 뒤로 분출되면서 항공기는 추력이 발생하게 된다. 500MD 헬기의 경우 메인로터가 반시계 방향으로 회전하기 때문에 동체는 작용과 반작용법칙에 의해 시계방향으로 회전하려는 토크현상이 발생하게 되는 것이다.

○ 모든 작용은 힘의 크기가 같고 방향이 반대인 반작용을 수반
예) Torque 작용, 포신의 후퇴작용

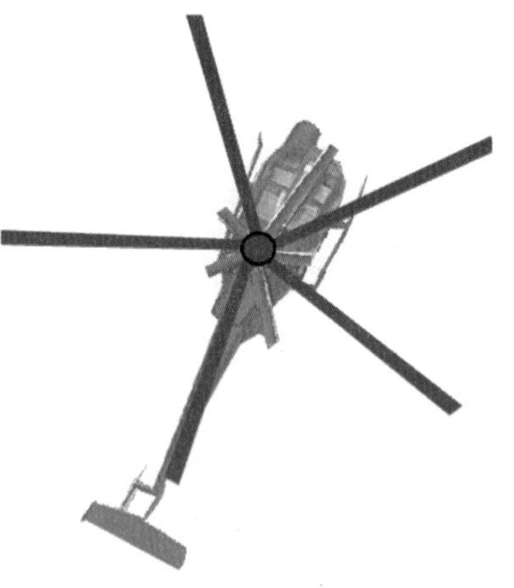

작용과 반작용의 법칙

## 3 | 양력발생원리

### 1. 베르누이 정리

베르누이는 측정할 수 없었던 유체 에너지를 수치화 하고자 많은 실험을 하였으며 그 결과 유체의 속도와 압력과의 관계를 정리하여 '정압과 동압을 합한 값은 그 흐름의 속도가 변하더라도 언제나 일정하다.' 라는 베르누이 정리를 발표하였다.

베르누이 정리에서 나온 정압과 동압에 대해 살펴보면 유체 속에 잠겨 있는 어느 한 지점에는 상·하, 좌우 방향에 관계없이 일정하게 압력이 작용하는데, 이 압력을 **유체의 정압**(Static Pressure)이라고 한다. 동압은 한마디로 유체의 운동에너지이다. 유체가 흐를때 유체는 속도를 가지게 되며 이로 인해 유체는 운동에너지를 갖게 된다. 유체의 운동에너지는 압력으로 나타낼 수 있는데 예를 들어, 흐르는 강물에 둑을 쌓았다면 둑에 작용하는 압력이 바로 흐르는 강의 운동에너지가 되는 것이다. 이렇게 흐르는 유체의 운동에너지를 압력으로 변환했을 때 이 압력을 동압(Dynamic Pressure)이라 하며 동압 $q$ 는 $1/2p\,V^2$ 이라는 식이 성립되며 여기에서 $p$는 공기밀도, V는 속도를 의미한다. 이 식에서 알 수 있듯이 유체의 동압은 속도의 제곱에 비례한다.

○ 정압(P) + 동압(q) = 전압(Pt)으로 일정　　$q = 1/2\rho V^2 \rightarrow P + 1/2\rho V^2 = Pt$
※ 유체의 속력이 증가하면 정압 감소

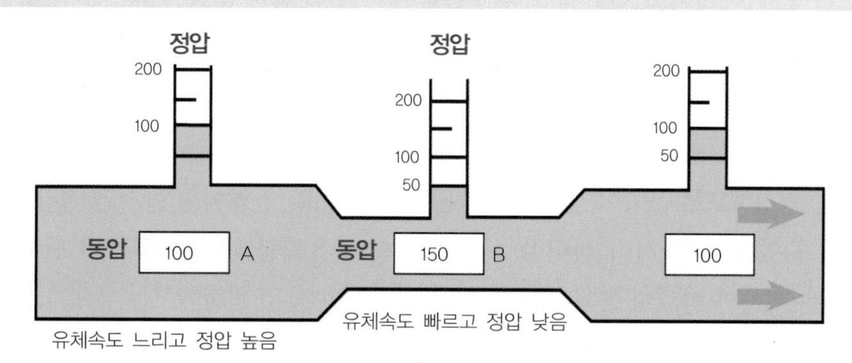


베르누이의 정리

베르누이의 정리에 의해 정압($P$)과 동압($q$)의 합인 전압($Pt$)은 항상 일정하며 이를 수식으로 나타내면 $P+1/2\rho V^2 = Pt$이다. 이 수식은 유체 역학에서 가장 기본이 되며 어느 한 점에서 속도가 빨라지면 동압은 증가하지만 정압은 감소된다는 에너지 보존의 법칙이 적용된다. 따라서 베르누이 정리에서 A지역에서는 동압은 낮지만 정압은 높고, B지역에서는 동압은 높지만 정압은 낮게 나타난다.(두 지역을 상대적 비교 시)

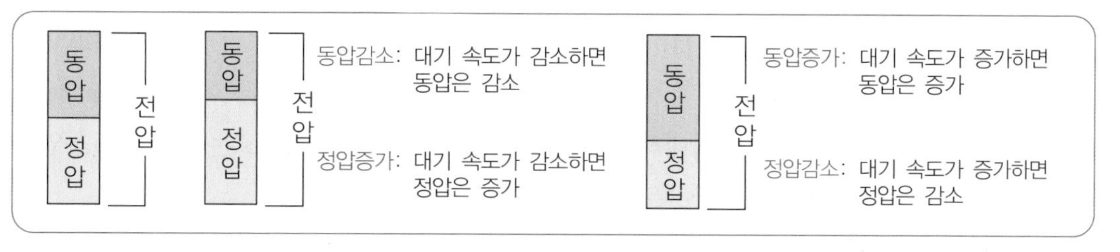


## 2. 양력발생원리

항공역학적인 측면에서 양력 발생 원리를 명확하게 설명해 줄 수 있는 것은 "베르누이 정리"이다.

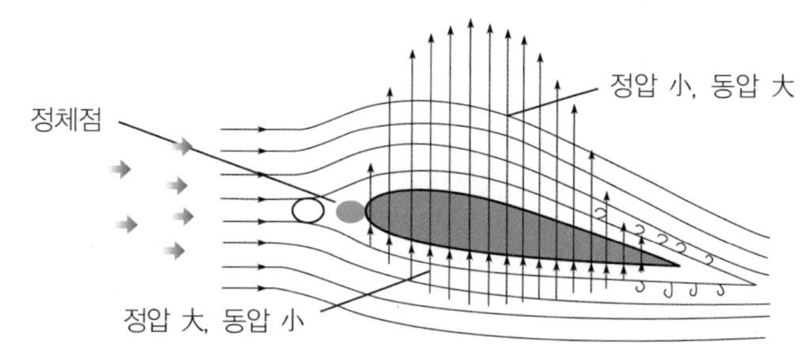


○ 베르누이의 정리 : 동압 + 정압 = 전압(일정)
○ 정체점에서 발생된 높은 압력의 파장에 의해 분리된 공기는 후연에서 다시 만남
※ 날개에 작용하는 공기속도 및 정압
○ 상부 : 곡선율과 취부각(붙임각)으로 공기의 이동거리가 길다. (속도증가, 동압증가, 정압감소)
○ 하부 : 공기의 이동거리가 짧다. (속도감소, 동압감소, 정압증가)
※ 모든 물체는 공기의 압력(정압)이 높은 곳에서 낮은 곳으로 이동

양력 발생원리

스위스 바젤대학교 수학교수이자 물리학 교수였던 다니엘 베르누이는 지금까지 측정할 수 없었던 유체 에너지의 힘을 수치화하고자 많은 실험 끝에 유체의 속도와 압력의 관계를 정리하여 베르누이 정리를 발표하게 된다. 베르누이 정리는 "동압과 정압의 합은 전압으로 항상 일정하다"라는 것이다.

여기에서 동압은 쉽게 운동에너지, 정압은 위치에너지라고 생각하면 되고, 동압과 정압의 합은 항상 일정하므로 동압이 높아지면 정압은 낮아지고, 동압이 낮아지면 정압은 높아지는 상관관계가 있다. 단면적이 상이한 하나의 관속에 유체를 통과시켜 보면 단면적이 좁은 지점에서는 유체가 빠르게 통과하고, 반대로 단면적이 넓은 지점에서는 유체가 느리게 통과된다. 이를 압력 측면에서 살펴보면, 유체의 빠르게 통과하는 곳은 동압이 높은 반면 정압은 낮고, 유체가 느리게 통과하는 곳은 동압이 낮고, 정압은 높다. 유체가 빠르게 통과하면 동압은 높아지나 정압은 낮아지고, 상대적으로 아랫부분은 정압이 높아지므로 유리관의 공이 부양하는 것이다. 이것이 바로 양력의 발생 원리이다. 그림에서와 같이 날개에 정면으로 부딪친 상대풍은 순간적으로 속도가 "0"가 되고 이 지점을 **정체점**(Stagnation Point)이라 한다. 여기서 발생한 높은 압력에 의해 공기는 상부와 하부로 나뉘게 되고 상부 표면과 하부 표면을 통과 후 후연에서 다시 만나게 된다. 날개의 상부표면은 비대칭형 날개의 경우 곡선율에 의해, 대칭형 날개는 취부각(붙임각)으로 인해 공기의 이동 거리가 하부표면에 비하여 상대적으로 길어진다. 이에 속도가 빨라져 동압은 증가하고 정압(Static Pressure)은 감소된다. 반면에 하부 표면은 상대적으로 이동 거리가 짧기 때문에 속도는 감소하여 동압은 감소하고, 정압(Static Pressure)은 증가된다.

압력은 높은 곳에서 낮은 곳으로 이동하기 때문에 날개 하부에서 상부방향으로 힘이 작용하게 되고 이는 항공기를 부양시키는 양력으로 작용하는 것이다.

## 3. 헬리콥터와 멀티콥터의 양력발생원리 차이

헬리콥터와 멀티콥터의 양력발생원리의 차이를 알아보자. 먼저 헬리콥터는 운용 RPM(분당회전수) 속에서 날개(블레이드)의 Pitch각을 조정하여 양력을 발생시키게 되며 이를 변동 Pitch라 한다. 멀티콥터는 고정된 날개의 Pitch각에 모터의 회전수에 의한 양력발생 크기를 조절하는데 이를 고정 Pitch라고 한다. 따라서 헬리콥터와 멀티콥터의 양력발생원리는 변동 Pitch와 고정 Pitch의 차이라고 할 수 있다.

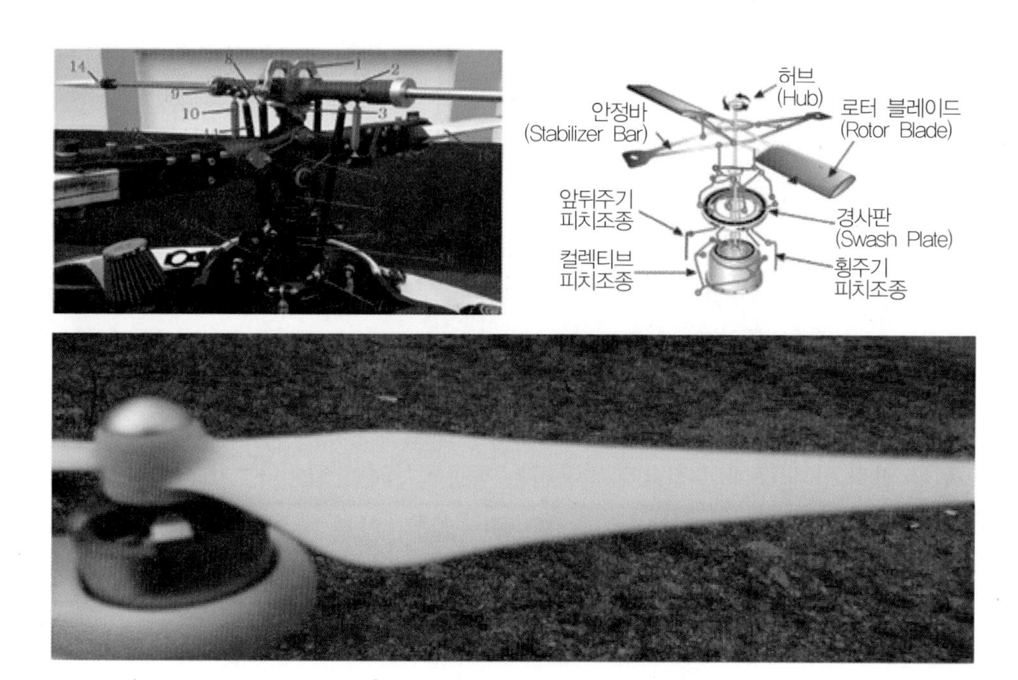


## 4 | 회전익(멀티콥터)기에 작용하는 힘

### 1. 양력, 중력, 추력, 항력

항공기(멀티콥터 등)에 작용하는 힘

항공기(멀티콥터 등)에 작용하는 힘에는 양력, 중량, 추력, 항력이 있다. 먼저 **양력**(Lift)이란 상대풍에 수직으로 작용하는 항공역학적인 힘을 말하며 여기에서 상대풍은 날개를 향한 기류방향을 뜻한다. 둘째, 항공기의 **중량**(Weight)은 항공기/멀티콥터 등이 중력을 받는 힘이며, 그

방향은 지구중심을 향하고 있다. 이러한 중량은 양력과 반대되는 **힘**이라 할 수 있다. 셋째, **추력**(Thrust)은 공기 중에서 항공기를 전방으로 움직이게 하는 힘이다. 고정익 항공기의 경우 뉴턴의 제3법칙 작용과 반작용의 법칙에 의해 제트엔진에서 고온 고압의 가스를 뒤로 분출함으로써 추력이 발생되지만 헬리콥터는 엔진에 의해 메인로터가 회전하게 되고, 회전하는 메인로터에 경사를 주어 추력을 발생하게 한다. 넷째, **항력**(Drag)의 사전적인 의미는 추력에 반대방향으로 작용하는 힘, 또는 항공기/멀티콥터 등의 공중 진행을 더디게 하는 힘이라고 할 수 있다. 이러한 항력은 공기의 밀도, 기온, 습도 등에 따라 그 힘의 크기가 달라진다.

## 1) 양력

양력은 합력 상대 풍에 수직으로 작용하는 항공역학적인 힘이다. 이러한 양력을 구하는 방정식은 "양력계수$\times 1/2 \times P \times V^2 \times S$"이다. 즉, 양력은 양력 계수, 공기밀도, 속도의 제곱, 날개의 면적에 비례한다. 여기에서 양력계수란 풍동실험을 통해 날개에 작용하는 힘에 의해 부양하는 정도를 수치화한 것이다.

## 2) 항력

항력은 합력 상대 풍에 수평으로 작용하는 항공역학적인 힘이다. 이러한 항력이 발생하는 대표적인 원인은 공기 점성에 의한 표면마찰이다. 공기 점성은 날개 주위로 공기를 흐르게 하여 양력을 발생시키는 원인으로도 작용하지만 표면과의 마찰로 인해 항공기의 공중진행을 더디게 하는 항력으로도 작용한다.

회전익 항공기에 나타나는 항력에는 유도항력과 형상항력 그리고 유해항력으로 구분할수 있다. 먼저 유도항력은 헬리콥터가 양력을 발생함으로써 나타나는 유도기류에 의한 항력이다. 형상항력은 유해항력의 일종으로 블레이드가 회전할 때 공기와 마찰하면서 발생하는 마찰성 항력이다. 유해항력은 전체 항력에서 메인로터에 작용하는 항력을 뺀 나머지 항력을 말한다.

먼저, 유도항력이란 양력발생시 동반되는 하향기류 속도와 날개의 윗면과 아랫면을 통과하는 공기흐름을 저해하는 와류에 의해 발생되는 항력으로 양력과 관계되는 모든 종류의 항력을 유도항력이라고 한다.

○ 양력 발생 시 동반되는 하향기류(Down Wash) 속도와 날개의 윗면, 아랫면을 통과하는 공기흐름을 저해하는 와류(Vortex)에 의해 발생되는 항력
○ 양력에 관계되는 모든 종류의 항력
○ 점성과는 무관
○ 항공기 속도 증가 시 유도기류 속도 감소(유도항력 감소)

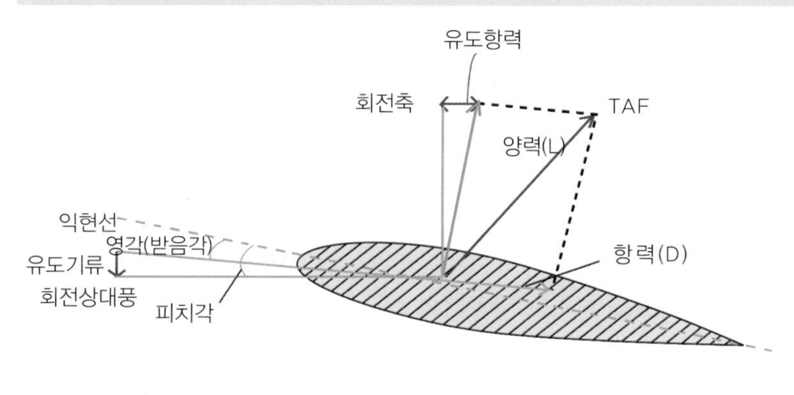


유도항력

다음은 형상항력에 대하여 알아보자.

○ 블레이드가 공기를 지날 때 표면마찰(점성마찰)로 인해 발생하는 마찰성 저항(Frictional Resistance)
  ● 블레이드의 표면을 지나는 공기는 점성에 의해 표면에 붙으려 함
  ● 표면에서 떨어진 곳을 흐르는 공기는 표면에 가까운 공기를 끌고가려 함
○ 영각(받음각) 변화에 좌우되지 않으나 속도에 상당히 좌우됨

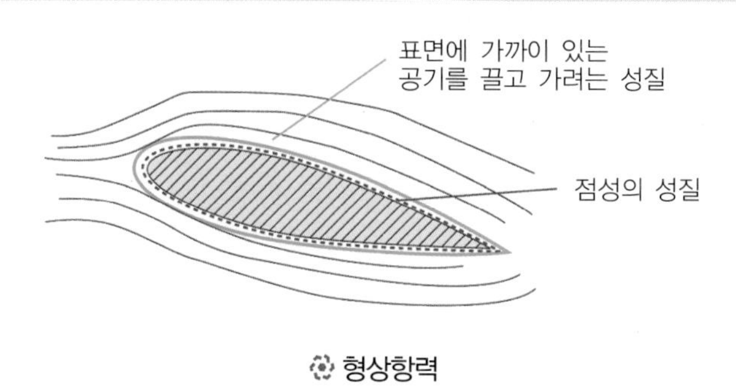


형상항력

형상항력은 블레이드가 공기 중을 통과할 때 표면마찰에 의해 발생하는 마찰성 저항이다. 실제로 유체의 흐름 속에 물체가 존재할 경우 표면을 접한 유체는 자체 점성 에 의해 물체에 부착하려 하고, 표면에서 떨어져 흐르는 유체를 표면에 가까운 유체 쪽으로 끌어당기려고 한다. 위의 그림을 통해 유체의 점성을 살펴보면 유체 점성에 의해 블레이드 표면은 하나의

공기막을 형성하게 되며 표면에 가까이 있는 공기를 끌고 가려는 현상이 발생한다. 이러한 유체의 점성에 의해 마찰력을 받게 되며, 이 마찰력은 항력으로 작용하게 된다. 쉬운 예를 들어 우리가 통상 쑥떡을 먹을 때는 표면에 참기름을 발라서 먹는다. 또 다른 방법은 쑥떡 표면에 참기름을 바르고, 콩고물을 뿌려 먹기도 한다. 두 가지를 비교해보면 참기름만 바른 쑥떡보다 콩고물을 뿌린 쑥떡이 더 달콤하지만 목 넘김은 불편하다. 이는 콩고물이 입안에서 마찰력으로 작용하기 때문이다. 이처럼 자체 점성에 의해 날개에 부착된 유체는 마찰력을 발생하며, 이는 항력으로 작용하는 것이다. 이러한 형상항력은 영각(받음각)의 변화에 좌우되지 않지만 마찰성 저항이므로 속도변화에 많은 영향을 준다.

다음은 유해 항력에 대하여 알아보자.

**유해항력**이란 로터블레이드를 제외한 항공기의 외부부품에 의해 발생하는 항력이다. 유해항력은 항공기 형체, 표면 마찰, 크기, 설계 등에 영향을 받으며 유해항력도 마찰성 저항이므로 양력 발생과는 무관하지만 속도제곱에 비례하여 나타난다. 여기서 주목해야 할 점은 풍동실험 결과 각 구성품이 모두 조립된 항공기 전체의 유해항력은 각 구성품 유해항력의 합보다 크다. 왜냐하면 조립된 항공기의 경우 구성 품과 구성 품 사이의 틈이나 결합부분이 항력을 유발시키는 요인으로 작용하기 때문이다. 이러한 유해항력을 감소하기 위해 유해항력이 발생할 수 있는 노출을 최소화하고, 항공기 형상을 유선형으로 설계하고 있다. 예를 들어 속도가 느린 경비행기의 경우 착륙장치인 랜딩기어가 외부로 노출되어 있지만 속도가 빠른 여객기나 전투기의 경우 유해항력을 최소화하기 위해 밖으로 나왔다가 안으로 접혀 들어가는 인입식 랜딩기어를 장착하고 있는 것이다.

## 2. 헬리콥터에 작용하는 힘과 비행방향

헬리콥터는 비행방향에 따라 작용하는 힘의 관계가 달라진다. 즉 작용하는 추력방향에 따라 전진비행, 후진비행, 왼쪽 비행 그리고 오른쪽 비행이 가능하다. 그러나 일반적인 항공기에서와 같이 등속도 수평비행 상태를 유지하기 위해서는 추력(T)=항력(D), 양력(L)=중력(W)과 같은 비행조건이 요구된다.

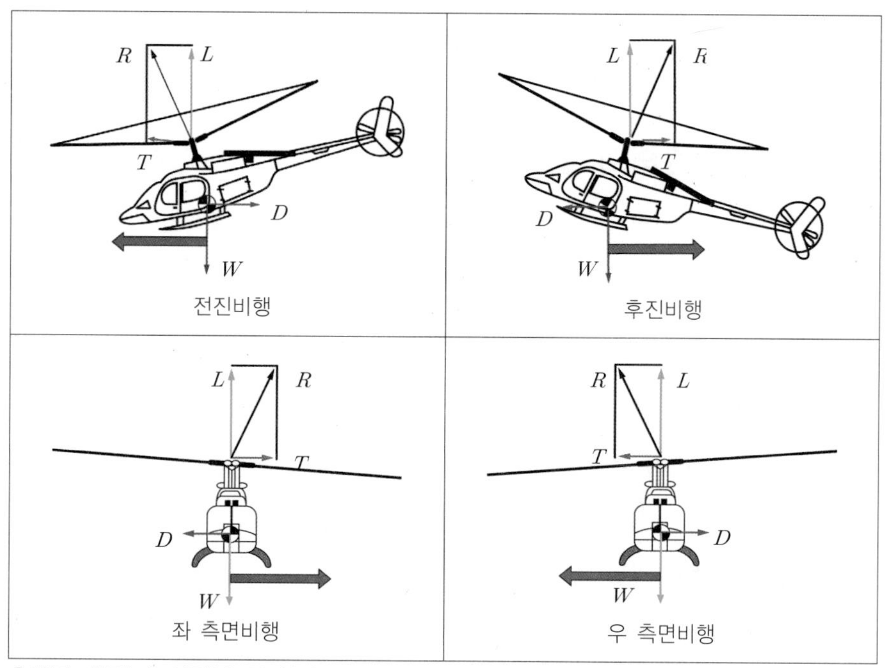


헬리콥터에 작용하는 힘과 비행 방향

## 3. 제자리비행과 수직상승 및 하강비행방향

헬리콥터는 추력에 양력을 포함시키고, 항력에 중력을 포함하면 각각 제자리비행(hovering)과 수직 상승비행 및 수직 하강비행 상태가 된다.

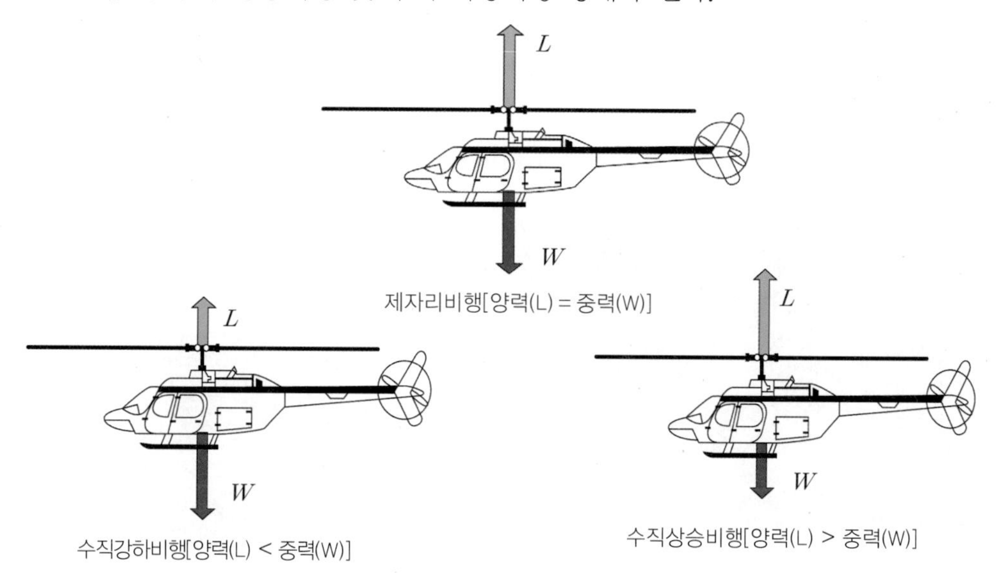


제자리비행과 수직 상승 및 하강비행 방향

# 5 | 회전익(수직이착륙)항공기의 비행특성 이해

## 1. 헬리콥터와 멀티콥터의 조종법 연계성

일반적인 헬리콥터의 기본 조종 장치는 3가지이다. 조종사는 콜렉티브 피치 조종, 사이클릭 피치 조종, 반토크페달(아래 그림의 황색부분)을 사용하여 헬리콥터를 조종하며, 이는 각각의 기능보다는 종합적으로 조종된 즉 3가지의 조종 기능이 동시에 조화롭게 작용될 때 효율이 증가되고 원활한 조종이 될 수 있다. 이를 3타 일치된 조종이라 한다.

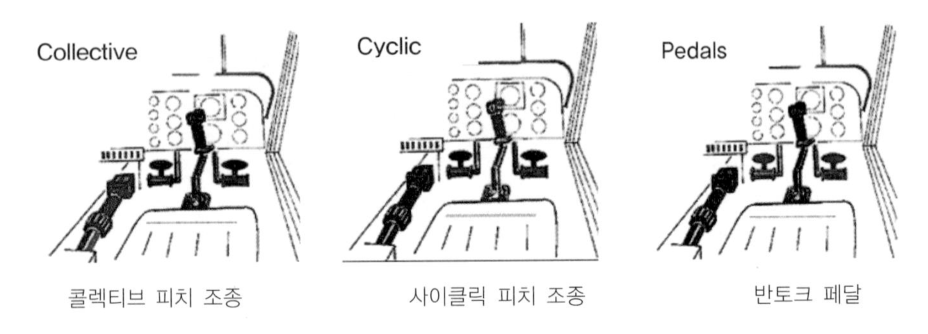


콜렉티브 피치 조종　　사이클릭 피치 조종　　반토크 페달

### 1) 콜렉티브 피치 조종(Collective pitch control)

조종석 왼쪽에 위치한 콜렉티브 피치조종은 모든 회전익의 피치 각을 동시에 변화시킨다. 조종 레버를 위로 당기면 모든 회전익의 피치 각이 증가하고 반대로 아래로 내리면 피치 각이 감소한다. 콜렉티브 피치조종은 기계적인 연결 장치로 레버의 움직임의 양에 따라 피치각의 크기가 변화한다. 콜렉티브 피치조종 레버는 드론의 조종기와 연계하여 설명할 때 아래 그림 우측과 같이 드론 조종기의 좌측 레버를 전(적색화살표), 후(청색화살표) 이동과 동일하며, 헬리콥터와 드론의 회전면에 나타나는 결과는 동일하게 나타난다.

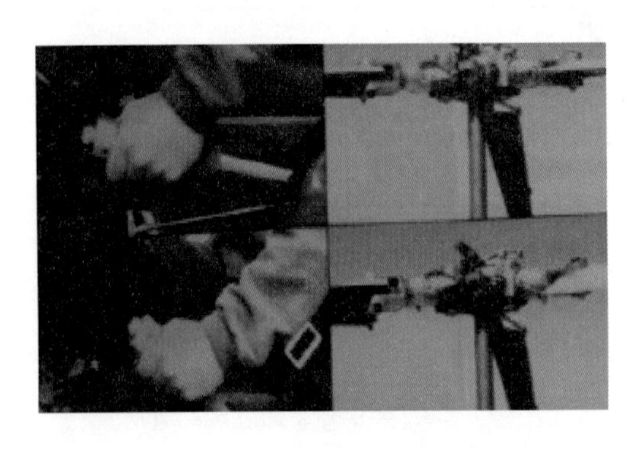

헬리콥터의 콜렉티브 피치 조종과 드론의 고도 상승/하강 조종기

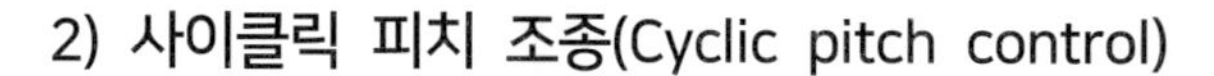

### 2) 사이클릭 피치 조종(Cyclic pitch control)

사이클릭 피치 조종은 각각의 회전익이 회전위치에 따라 주기적으로 피치각을 변화하도록 회전날개의 회전면을 기울게 하는 장치이다. 회전익의 회전면이 기울어지면 공기력의 수평 성분이 헬리콥터를 기울어진 쪽으로 움직이게 한다. 사이클릭 피치 조종 레버에 압력을 가한 방향으로 회전면이 기울어진다. 만약 사이클릭 피치 조종 레버를 앞으로 밀면 회전면도 앞으로 기울어지고 레버를 뒤로 당기면 회전면은 뒤로 기울어진다. 회전면은 자이로처럼 작동하기 때문에 사이클릭의 조종의 기계적인 연결부는 레버가 기우는 방향을 기준 으로 90°전에 회전익의 피치 각을 감소시키고 90°가 지난 후에 회전익의 피치 각이 증가되도록 해 주어야 한다. 피치 각을 증가시키면 받음각도 커지고 피치 각을 감소시키면 받음각도 감소한다. 예를 들어 사이클릭 조종레버를 앞으로 밀면 헬리콥터의 오른쪽을 지나는 회전익은 받음각이 감소하고, 왼쪽의 회전익은 받음각이 증가한다. 그래서 항공기의 앞쪽에서 회전익이 최대로 아래로 기울어지고 뒤쪽에서 최대로 위로 들려 결국 회전면은 앞쪽으로 기울어지게 되는 결과를 초래하게 된다.

사이클릭 조종 레버는 드론의 조종기와 연계하여 설명할 때 아래 그림 우측과 같이 드론 조종기의 우측 레버를 전, 좌(청색 화살표), 후, 우(적색 화살표) 이동과 동일하며, 헬리콥터와 드론의 회전면에 나타나는 결과는 동일하게 나타난다.

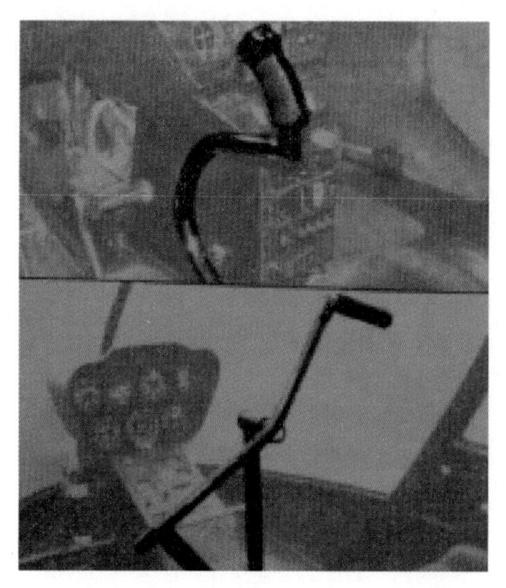

### 3) 반토크 페달(Anti-torque pedals)

조종사 발아래에 위치한 반토크 페달은 꼬리 회전익의 피치를 조정하여 꼬리회전익의 추력에 변화를 준다. 꼬리회전익의 주목적은 회전익의 회전력을 상쇄시키기 위한 것이다. 엔진출력에 따라 회전력이 변하기 때문에 꼬리회전익의 추력도 변하여야 한다.

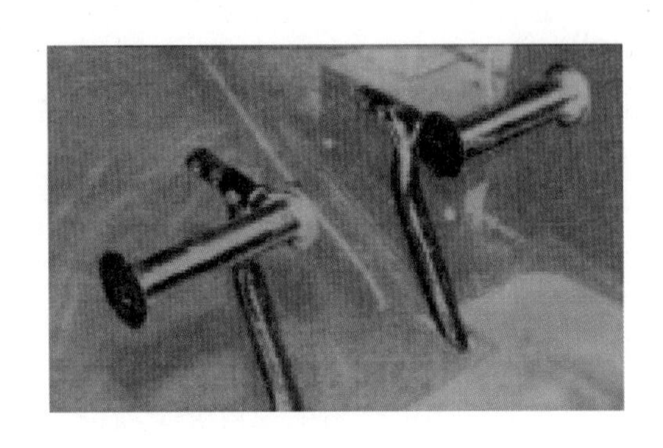

페달은 꼬리회전익의 기어박스에 있는 피치변환장치에 연결되어 꼬리회전익의 피치각이 증가하거나 감소하도록 조절해 준다. 꼬리회전익은 회전익의 회전력을 상쇄하는 기능뿐만 아니라 제자리비행이나 제자리비행에서 회전할 때 헬리콥터의 기수를 조종하기 위하여 사용한다.

반토크 페달은 드론의 조종기와 연계하여 설명할 때 위의 우측 그림과 같이 드론 조종기의 좌측 레버를 좌(청색화살표), 우(적색화살표) 이동과 동일하며, 헬리콥터와 드론의 조종 결과에 나타나는 것은 동일하게 나타난다.

## 2. 회전익(수직이착륙)기의 특성

① **제자리 비행**

② **측방 및 후진 비행**

③ **수직 이·착륙**

④ **엔진 정지 시 자동 활공** : 짧은 자동 활공

⑤ **최대 속도 제한** : 양력 불균형, 퇴진 블레이드 실속

⑥ **동적 불안정** : 평형 상태에 있는 물체에 외부의 힘이 가해졌을 때 시간의 경과와 더불어 진동이 감소하지 않고 점점 커지는 상태를 말한다.

그럼 하나하나 알아보자.

첫째, **제자리비행이 가능하다.** 제자리비행(Hovering)이란 일정한 고도와 방향을 유지하면서 공중에 머무는 비행술로 회전익(수직이착륙)기의 가장 큰 장점이자 특성이다. 고정된 날개를 갖고 있는 항공기는 엔진에서 발생한 회전력을 프로펠러에 전달하여 추진력(Thrust)을 발생시키고 여기서 발생한 추진력과 날개(Wings)를 이용하여 동체를 부양시키는 힘(Lift), 즉 양력을 발생시킨다. 그러나 회전익(수직이착륙)기는 회전하는 회전체(로터 블레이

드)가 형성하는 회전면에 의해서 추진력과 날개의 역할을 동시에 수행한다. 따라서 회전익(수직이착륙)기는 회전익의 피치각(Blade Pitch Angle)에 의해서  부양할 수 있는 힘을 얻고, 회전면(Plane of Rotaion)의 경사에 의해서 추진력(Thrust)을 발생한다. 무풍 상태라고 가정할 때 제자리비행은 회전면이 지면과 수평을 이룰 때 상층부의 공기를 직하방으로 밀어내면서 회전익(수직이착륙)기는 부양하는 힘을 얻고 제자리비행이 가능하다. 또한 회전익(수직이착륙)기는 제자리비행에서 시작하여 제자리비행으로 종료된다고 할 수 있을 정도로 여러 면에서 활용되고 있다.

둘째, **측방 및 후진 비행 가능하다.** 회전익(수직이착륙)기를 이해하는 데는 회전면을 고려해야 한다. 고정익 항공기는 상상할 수 없는 측방, 후방 비행은 회전면을 측방으로 혹은 후방으로 기울임으로써 가능하게 한다. 동체 상부 구동축에 연결되어 있는 메인 로터는 매우 빠른 속도로 회전하기 때문에 회전체를 단일 개체로 고려할 수 없다. 제자리비행 상태에서 회전면이 좌측이나 우측으로 경사지면 회전익(수직이착륙)기는 경사진 방향으로 추진력을 얻을 수 있다. 조종사가 사이클릭을 측방으로 또는 후방으로 압을 적용하면 원하는 방향으로 비행할 수 있으며, 그만큼 활동 영역이 증대되는 것이다.

셋째, **수직 이·착륙 가능하다.** 제자리비행이 가능하다는 특성은 회전익(수직이착륙)기의 동체 길이가 허용하는 정도의 공간만 확보되어도 그 장소에서 이·착륙이 가능하게 한다. 그러나 회전익(수직이착륙)기의 수직 이·착륙은 수평직진비행보다 상대적으로 많은 동력을 요구하기 때문에 다소 제한된 조건에서 활용된다. 즉, 일반적으로 군용헬리콥터의 경우 임무수행을 위해 공격헬리콥터는 무장을 실시해야 하며, 기동헬리콥터는 많은 인원 또는 화물을 공수해야 하므로 이러한 경우는 많은 동력을 사용해야 하므로 헬리콥터의 안전성 확보를 위해 일정한 운용범위 한계 내에서 운용해야 할 때의 이·착륙은 충분한 이륙 활주 및 착륙 활주(Takeoff Roll or Landing Roll)가 가능한 조건에서 이루어진다.

넷째, **엔진 정지 시 자동활공(Auto-rotation)이 가능하다.** 현대에 개발되는 항공기 엔진은 고도로 정밀하게 제작되었기 때문에 비행 중 엔진 고장 율이 극히 낮으나 엔진 고장의 가능성을 완전히 배제할 수는 없다. 고정익 항공기는 최후의 경우 탈출(Ejection)을 시도할 수 있지만, 회전익 항공기는 엔진에서 발생한 동력으로 규정된 RPM에서 운용되고 있으며 필수적으로 이 규정된 RPM은 유지되어야 한다. 동력을 변화시켜 추진력을 변화시키는 고정익 항공기와 달리 회전익(수직이착륙)기의 로터 블레이드 RPM은 반드시 규정 범위를 유지되어야 한다. 그러나 규정 RPM보다 낮아지면 정상적으로 회전익(수직이착륙)기를 운용할 수 없게 된다. 따라서 회전익(수직이착륙)기의 로터 RPM은 매우 중요한 요소로 로터

RPM이 '0'이 된다는 것은 정지되어 있는 회전익과 같기 때문에 회전익(수직이착륙)기는 바위 덩어리와 다를 바 없으나 조종사가 조치만 잘 한다면 회전익(수직이착륙)기는 자동 활공을 할 수 있다.

자동 활공이란 높은 위치에서 바람개비 또는 코스모스를 놓았을 때 지면으로 떨어지면서 공기의 영향으로 회전력을 얻는 것과 같은 원리이다. 회전익(수직이착륙)기 엔진이 정지됨과 동시에 엔진 구동축과 로터 시스템이 분리되어 로터 블레이드는 동체가 공기 속을 통과할 때 회전력을 얻어 활공할 수 있다. 회전익(수직이착륙)기의 활공비는 1 : 3 또는 1 : 4 정도로서 고도 1000피트에서 엔진고장 시 활공할 수 있는 거리는 약 3000~4000피트가 된다. 경비행기에 비해서 활공 거리가 짧으므로 엔진 고장을 인식한 순간부터 지면에 안전하게 불시착하기 위해서는 고도의 훈련이 요구된다.

다섯째, **최대 속도가 제한된다.** 어느 항공기나 최대 속도가 규정되고 그 속도를 초과했을 때는 항공기에 상당한 무리를 가하게 될 것이다. 미국에서 제작한 "에어울프"라는 드라마처럼 회전익(수직이착륙)기도 고정익 항공기와 같이 초음속을 달성할 수 있을까? 과학기술이 발달하면서 이러한 제한사항은 극복될 수 있겠지만 항공역학과 현재의 기술수준을 고려했을 때 당분간은 어려울 것이다. 회전익(수직이착륙)기 최대 속도의 제한은 회전익(수직이착륙)기 회전익의 특성에 의한 속도 한계를 의미한다. 고정익 항공기는 최저속도가 제한된다. 최저속도 이하에서 비행기는 실속(Stall)에 들어가기 때문에 비행을 할 수 없다. 그러나 회전익(수직이착륙)기는 제자리 비행이 가능하기 때문에 최저속도는 제로('0')가 되고 최저속도에 대한 영향을 받지 않으나, 고정익 항공기와 반대로 회전익의 한계 때문에 최대 속도가 제한이 된다. 회전익(수직이착륙)기의 추진력은 블레이드의 회전력과 회전면의 경사에 의해서 얻을 수 있다. 보다 큰 힘을 그리고 보다 빠른 속도를 얻기 위해서는 보다 높은 RPM이 요구된다. RPM이 높을수록 고속 전진비행에 따른 양력 불균형 현상이 심화된다. 무풍에서 제자리 비행할 때 회전면 전체에서 고르게 양력이 발생한다. 그러나 회전익(수직이착륙)기가 전진함에(좌로 회전하는 회전익) 따라 회전면은 전진 방향 우측 블레이드는 전진 블레이드가 되고 좌측면은 퇴진 블레이드가 되어 상대적인 속도차가 발생하고 속도 차는 필연적으로 양력차를 발생하여 결국 양력 불균형이 발생한다. 따라서 최대 속도로 비행할 때 회전면은 순항 속도보다 상대적으로 앞으로 많이 기울어진 자세가 되고 최대 속도 이상을 초과할 때는 동체의 심한 진동과 함께 퇴진 블레이드 쪽으로 경사져 정상 비행이 불가능해 진다. 이러한 양력 불균형으로 인해 회전익(수직이착륙)기는 최대속도가 제한된다.

여섯째, **동적 불안정이다.** 동적 불안정이란 평형 상태에 있는 물체에 외부의 힘이 가해졌을 때 시간의 경과와 더불어 진동이 감소하지 않고 진폭이 점점 커지는 상태를 말한다. 회전익(수직이착륙)기는 제자리 비행 시 이러한 특성을 가지고 있어서 조종사가 수정 조작을 하지 않으면 계속적인 진폭의 증가로 위험한 상황까지 갈 수 있다. 이러한 현상은 풍동실험을 통해 동적 불안정, 진폭의 증가가 얼마나 위험한지 알 수 있다. 동체의 동적 불안정이 지속되면 어느 순간 한계치를 초과하게 되고 동체의 피로도는 증가되어 항공기는 결국 파손된다. 또한, 동적 안정성은 조종성과도 연관되어 안정성이 강한 항공기는 일반적으로 조종성이 좋으며 조종사의 피로도 감소시킬 수 있다. 그러므로 항공기 설계 시 이점을 고려하여 안정성과 조종성을 적당히 조화시켜야 한다.

## 3. 회전익(수직이착륙)기의 로터의 운동 특성

### 1) 양력불균형

#### (1) 정의, 원인 및 현상

헬리콥터의 아버지라 불리는 시콜스키도 헬리콥터의 양력불균형 현상을 해소하기 위해 약 10년 동안 연구하였다. 이처럼 헬리콥터의 양력 불균형 현상을 해소하는 것은 헬리콥터 개발의 핵심과제이다. 그럼 이러한 양력 불균형 현상은 왜 발생하며, 이를 해소하는 방법은 무엇인지 알아보자.

먼저 양력불균형의 정의에 대해 알아보자. 양력 불균형이란 전진 비행하는 헬리콥터 로터 회전면에서 발생하는 양력의 불균형을 말한다. 이러한 양력 불균형 현상이 발생하는 원인은 전진블레이드와 퇴진블레이드의 속도차이에 의해 양력차이가 발생하는데 이러한 현상은 전진 블레이드의 경우 상대속도가 증가하여 양력이 증가되나 퇴진 블레이드는 상대속도가 감소하여 양력이 감소되기 때문이다.

- **전진 블레이드와 퇴진 블레이드**

  전진 블레이드란 비행방향으로 회전하는 블레이드로 전진비행 시 6시에서 12시 방향으로 이동하는 블레이드를 말하며 회전면의 우측이 해당된다. 반대로 퇴진 블레이드란 비행방향에 반대되는 방향으로 회전하는 블레이드를 말하며 12시에서 6시 방향으로 이동하는 회전면의 좌측이 해당된다.

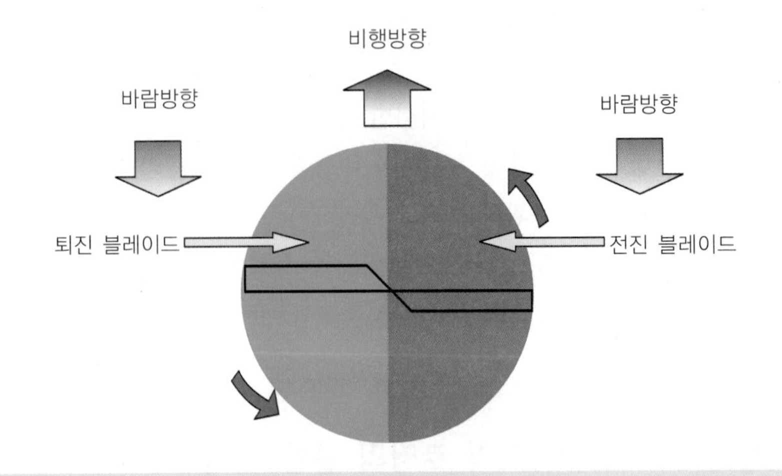


ㅇ 전진 블레이드 : 비행방향으로 회전(바람이 불어오는 방향)
ㅇ 퇴진 블레이드 : 비행 반대 방향으로 회전(바람이 불어가는 방향)

전진 및 퇴진 블레이드의 구분

- **블레이드의 속도차이에 의한 양력 불균형**

  전진 블레이드와 퇴진 블레이드는 속도차이에 의해 양력 불균형 현상이 발생한다. 왜 이러한 현상이 발생하는지 알아보자.

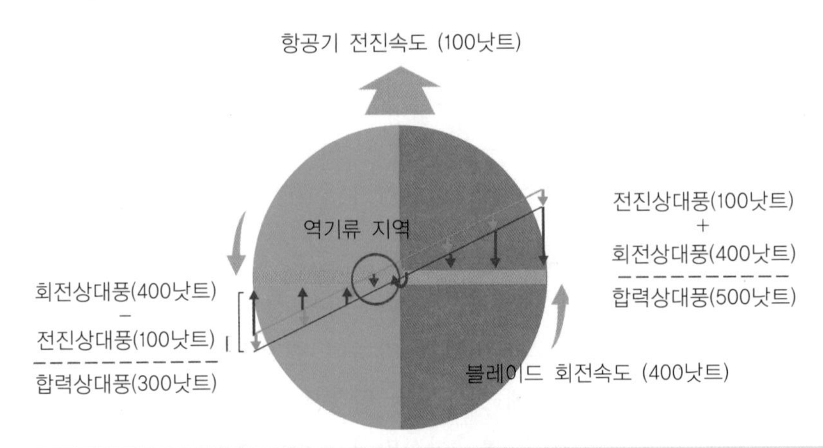


ㅇ 전진 블레이드 : 블레이드 회전속도 + 항공기 속도
ㅇ 퇴진 블레이드 : 블레이드 회전속도 − 항공기 속도
ㅇ 속도가 증가할수록 양력 불균형 현상 심화

블레이드의 속도차이에 의한 양력 불균형

앞 페이지 그림에서 보는 바와 같이 헬리콥터가 전진비행시 전진 블레이드는 비행방향으로 회전하기 때문에 전진 블레이드의 합력 상대풍 속도는 항공기가 전진하면서 발생하는 전진 상대풍 속도와 블레이드가 회전하면서 발생하는 회전상대풍 속도를 더해주어야 한다.

반대로 퇴진블레이드는 항공기 비행방향과 반대방향으로 회전하기 때문에 합력 상대풍 속도는 회전 상대풍 속도에서 전진 상대풍 속도를 빼 주어야 한다. 예를 들어 전진 비행시 항공기 속도가 100kts이고, 로터 회전속도가 400kts라고 가정한다면 전진 비행으로 인해 발생하는 전진 상대풍은 100kts, 로터 회전에 의해 발생하는 회전 상대풍은 400kts가 된다. 전진블레이드의 경우 항공기 진행방향으로 회전하기 때문에 합력 상대풍의 속도는 전진 상대풍 속도와 회전 상대풍 속도를 합한 500kts가 된다. 반대로 퇴진 블레이드는 항공기 진행방향과 반대방향으로 회전하기 때문에 합력상대풍의 속도는 회전상대풍 속도에서 전진 상대풍 속도를 뺀 300kts가 된다. 이처럼 전진 블레이드와 퇴진 블레이드의 합력 상대풍은 속도차이가 발생하고 이 속도차이로 인해 전진 블레이드는 상대적으로 양력을 많이 발생하고, 퇴진 블레이드는 상대적으로 양력을 적게 발생한다. 다음 그림을 통해 좀 더 자세히 알아보자.

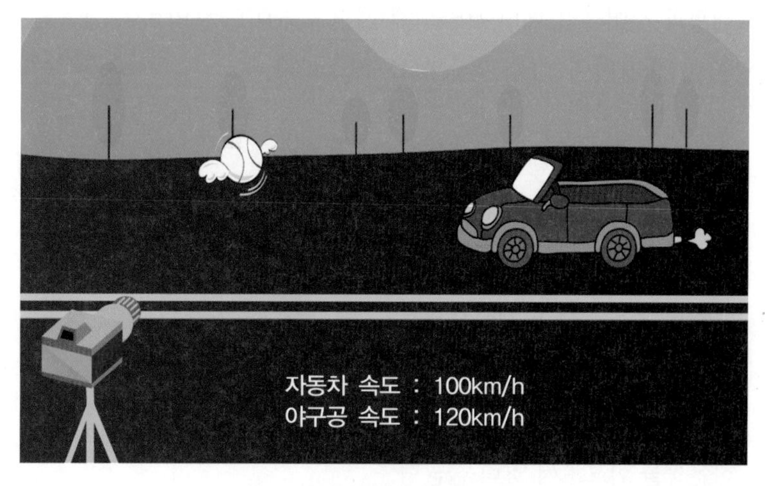


야구공을 활용한 속도 차이

자동차 속도가 100km/h 일 때 자동차 위에서 자동차 전진방향으로 야구공을 20km/h의 속도로 던지면 야구공의 속도는 자동차 전진속도와 야구공을 던진 속도를 합한 120km/h가 된다. 반대로 자동차 진행방향과 반대방향으로 던졌을 경우에는 야구공의 속도는 자동차 속도에서 야구공을 던진 속도를 뺀 80km/h가 된다. 이를 항공기에 대입하였을 경우에도 마찬가지로 항공기 진행방향으로 회전하는 전진블레이드의 합력 상대풍 속도는 전진 상대풍 속도와 회전 상대풍 속도를 합한 값이며 퇴진블레이드는 회전 상대풍 속도에서 전진 상대풍 속도를 뺀 값이다. 이러한 속도차이에 의해 전진블레이드와 퇴진블레이드는 양력불균형 현상이 발생하는 것이다.

### (2) 양력불균형 해소방법

양력불균형 현상이 심화되면 헬리콥터는 정상적인 비행을 할 수 없게 된다. 이에 어떠한 해소 방법이 있으며 그 결과는 어떻게 나타나는지 알아보겠다.

항공역학적인 힘에서 양력은 공기밀도와 속도의 제곱, 날개의 면적에 비례한다고 하였으며, 양력방정식 $L=C_L\ 1/2\rho\ V^2S$에서 알 수 있듯이 양력에 영향을 주는 요소는 양력계수, 공기밀도, 속도, 날개의 면적이다. 이중 공기밀도와 날개의 면적은 동일하며, 항공기 속도는 일정하다고 가정할 때 이 세 가지 요소를 제외한다면 결국 양력계수만 남게 된다. 양력계수란 날개에 작용하는 힘에 의해 부양하는 정도를 수치화 한 것으로 양력계수를 변화시킬 수 있는 방법에는 블레이드의 플래핑과 사이클릭 페더링이 있다.

**블레이드 플래핑**(Flapping)이란 로터 블레이드의 상하운동을 말하며 **사이클릭 페더링**(Cyclic Feathering)은 블레이드 피치각을 변화시키는 것을 의미한다. 이러한 블레이드 플래핑과 사이클릭 페더링에 의해 전진 블레이드는 양력이 감소되고, 퇴진 블레이드는 양력이 증가하여 양력 불균형을 해소한다.

플래핑은 사전적인 의미로 "날개를 친다 또는 펄럭인다."라는 뜻으로 이를 로터 운동에 대입시켜 보면 힌지를 중심으로 로터 블레이드의 상하운동을 말한다. 그림과 같이 로터 블레이드의 움직임을 볼 수 있는데 로터 블레이드가 상하운동을 함으로써 양력 불균형 현상을 해소하는데 어떠한 원리에 의해 이루어지는지 알아보겠다.

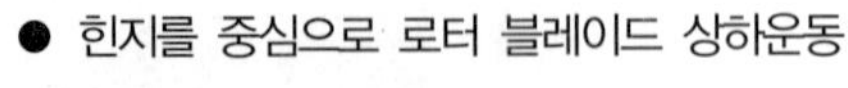


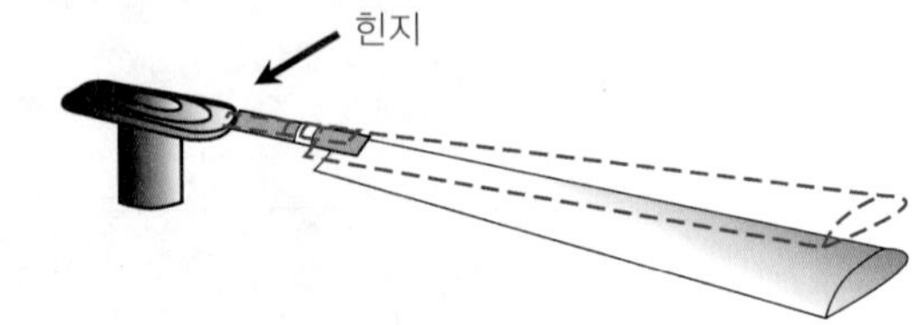


● 역할 : 양력 불균형 상쇄의 중요한 수단

플래핑

아래의 그림과 같이 전진 블레이드는 비행방향으로 회전하는 블레이드로써 합력 상대풍 속도가 퇴진블레이드보다 빠르므로 상대적으로 양력이 많이 발생하여 전진블레이드는 상향 플래핑을 하게 되고, 퇴진블레이드는 상대적으로 속도가 느리므로 양력이 적게 발생하게 되어 하향 플래핑을 하게 된다. 이처럼 전진블레이드와 퇴진블레이드의 양력불균형 현상에

블레이드는 상하운동을 함으로써 양력불균형 현상을 해소하는 역할을 수행하게 된다.

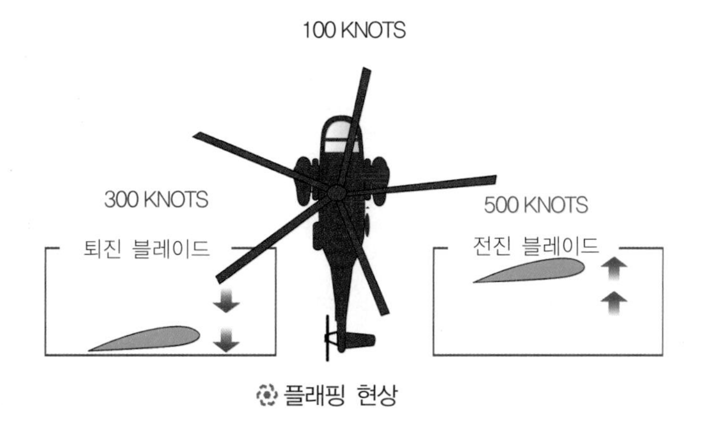


플래핑 현상

다음은 플래핑과 더불어 양력 불균형을 해소하는 페더링에 대해 알아보자.

Feathering의 사전적인 의미는"바이올린을 활로 자유스럽고 빠르게 움직이며 연주하는 것"을 말한다. 이러한 사전적인 의미를 로터 운동에 대입시켜보면 페더링이란 블레이드가 축을 중심으로 회전함으로써 취부각(붙임각)이 변하는 운동이다. 그림에서 보는 바와 같이 블레이드가 축을 중심으로 회전함으로써 취부각(붙임각)이 변하게 된다. 취부각(붙임각)은 익현선과 회전상대풍의 사이각으로 통상 피치각이라고 한다. 이러한 취부각(붙임각)은 컬렉티브와 사이클릭에 의해 변화되므로 페더링의 종류는 컬렉티브 페더링과 사이클릭 페더링으로 구분할 수 있다.

○ 정의 : 블레이드가 축을 중심으로 회전함으로써 취부각(붙임각)이 변하는 운동

○ 종류 : • 컬렉티브 페더링 • 사이클릭 페더링

페더링

Collect의 사전적인 의미는 "집합하다, 수집하다, 모으다"라는 뜻으로 이러한 의미에서 파생된 컬렉티브도 기능적인 측면에서 이와 유사하다. 즉, 컬렉티브를 상방압하면 각각의 메인로터 블레이드의 취부각(붙임각)을 동일하게 변화시켜 양력계수를 변화하게 하고, 이에 로터계통의 전체적인 양력변화를 가져오게 한다.

Cycle은 주기, 순환을 의미하며 이는 일정한 시간과 공간을 기준으로 지속적인 변화를

의미한다. 사이클릭은 각각의 메인로터 취부각(붙임각)을 상이하게 변화시켜 사이클릭이 지향하는 방향으로 회전면을 경사지게 한다. 또한, 사이클릭 페더링은 전진블레이드와 퇴진블레이드의 속도차이에 의해 발생하는 양력불균형과 사이클릭 움직임과 별개로 회전면이 후방으로 경사지는 블로우백 현상을 해소하는데 어떠한 원리로 해소되는지 알아보자.

○ 사이클릭 전방압 적용(사이클릭 페더링)
- 3시 방향 취부각(붙임각) 감소 ➜ 영각(받음각) 및 양력 감소
  ⇒ 12시 방향 상향 플래핑 감소
- 9시 방향 취부각(붙임각) 증가 ➜ 영각(받음각) 및 양력 증가
  ⇒ 6시 방향 하향 플래핑 감소

과도한 플래핑 / 양력 불균형 해소

전진 비행시 사이클릭을 전방압 하면 로터 회전면은 전방으로 숙여지는 모습을 하고 있다. 이를 취부각(붙임각)과 세차현상을 연계시켜 살펴보면 12시 방향의 로터 회전면이 숙여지기 위해서는 3시 방향에서 취부각(붙임각)이 감소되어야 한다. 왜냐하면 회전운동의 세차현상은 회전하는 물체에 힘을 가했을 때 그 힘은 90도가 지난 시점에서 분명해지기 때문이다. 그러므로 12시 방향에서 회전면이 숙여지기 위해서는 3시 방향에서 취부각(붙임각)이 감소되고, 이에 영각(받음각)이 감소되고 양력이 감소되어 90도가 지난 12시 방향에서 회전면은 하향 플래핑을 하여 양력 불균형 현상에 의해 발생하는 상향 플래핑을 감소시키는 것이다. 또한, 사이클릭 페더링은 사이클릭의 움직임과 별개로 회전면이 후방으로 경사지는 블로우백 현상을 해소하는데 이는 9시 방향에서 취부각(붙임각)을 증가시켜 영각(받음각)과 양력을 증가시키므로 90도가 지난 6시 방향에서 상향플래핑이 발생하게 하여 6시 방향의 하향 플래핑을 감소시키고 있는 것이다. 이에 사이클릭 페더링은 양력불균형 현상으로 발생하는 기수들림 즉, 상향 플래핑과 블로우백 현상을 해소하고 있는 것이다.

## 2) 제자리비행 시 기류현상

### (1) 제자리비행이란

Hover라는 영어단어는 "맴돌다, 곤충, 새, 특히 매 종류가 공중에 떠 있는"이라고 명시되어 있다. 이러한 의미에서 Hovering, 즉 제자리 비행은 공중의 한 지점에서 전후좌우 편류없이 일정한 고도와 방향을 유지하면서 가만히 머무르는 비행을 말한다. 이러한 제자리 비행은 헬리콥터 및 회전익의 특성이자 가장 큰 장점이라고 할 수 있다.

회전익은 고정된 날개가 없기 때문에 로터 블레이드가 형성하는 회전면에 의해 양력이 발생하고 회전면에 경사를 주어 추진력도 얻을 수 있다. 제자리 비행시 돌풍과 같은 외부적인

요소와 조종사의 급조작 또는 오조작과 같은 내부적인 요소에 의해 평형상태가 깨지게 되고, 감수할 수 있는 범위 즉, 운용 한계를 초과한다면 사고로 이어질 수 있다.

### (2) 제자리비행 시 기류현상

제자리 비행 시 나타나는 기류현상에 대하여 알아보자. 더운 여름날 선풍기는 내장되어 있는 모터에 의해 프로펠러가 회전하면서 뒤에 있는 공기를 빨아들여 앞으로 바람을 보낸다. 그렇다면 제자리 비행 시 나타나는 기류는 어떠한 모습을 하고 있는지 살펴보자. 제자리 비행을 하기 위해 컬렉티브를 상방 압하여 피치 각을 증가시키면 날개의 윗면과 아랫면을 통과하는 기류의 속도차이에 의해 양력이 발생하고, 이에 헬리콥터는 수직으로 부양하면서 유도기류가 발생한다. 유도기류는 로터 회전면을 따라 위에서 아래로 흐르는 하강 풍을 말하며 유도기류는 피치 각이 커질수록 증가된다.

○ 기류현상 : 유도기류, 익단 원형와류 발생

- 유도기류(Induced flow)
  - 로터 회전면을 따라 위에서 아래로 흐르는 공기의 흐름(하강풍)
  - 피치각이 커질수록 유도기류는 증가
- 익단 원형와류(Rotor tip vortex)
  - 공기가 회전하는 로터의 끝단 주위에서 빙빙 도는 소용돌이 현상

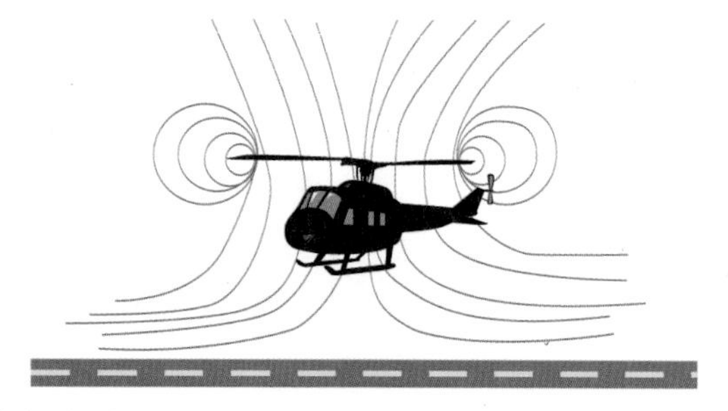

제자리 비행 시 기류

제자리 비행은 선풍기와 달리 로터 회전면의 수직방향으로만 공기가 흐르지 않는다. 그림에서 보는 바와 같이 회전면의 익단 부근에서 와류가 형성되는데 와류란 '소용돌이 와(渦)' '흐를 류(流)' 로서 소용돌이치며 흐르는 기류를 말한다. 이러한 와류는 양력발생 효율을 감소시킨다.

### 3) 지면효과

지면효과란 지면에 근접하여 운용 시 로터 하강풍이 지면과의 충돌로 양력 발생효율이 증대되는 현상을 말한다. 이러한 지면효과를 쉽게 이해 위해서는 먼저 지면효과에 의해 나타나는 기류의 모습을 이해해야 하는데 오른쪽 그림을 통해 알아보자.

지면효과 현상(수면에서의 모습)

수면위에서 제자리 비행하는 모습이 지면효과에 의해 나타나는 기류의 모습을 잘 보여주는 사진이다. 로터 회전에 의해 하강풍은 항공기 직하방으로 흐르게 되고 그 기류는 외측으로 다시 굽어 흐르게 된다. 그림에서 보듯이 로터 회전에 의해 발생하는 하강풍은 지면과 충돌하면서 유도기류 속도가 감소되고 이에 유도항력도 감소하게 된다. 또한 하강기류에 의해 익단에서 발생하는 와류가 감소되어 양력 발생 효율은 증대된다.

#### (1) 지면효과(Ground Effect)를 받을 때와 받지 않을 때 나타나는 현상

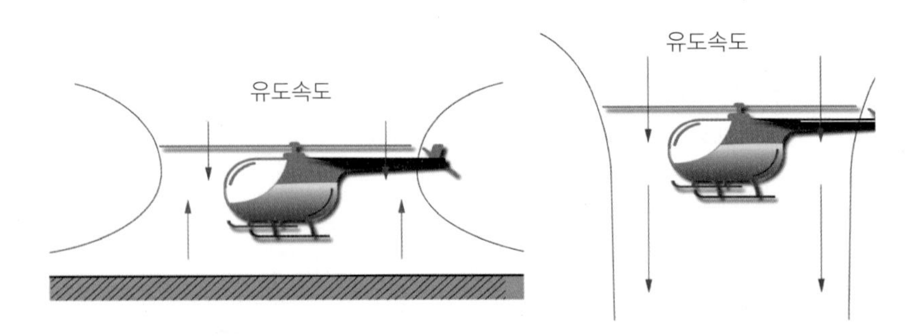


지면효과를 받는 경우와 지면효과가 없는 경우

| 지면효과를 받을 때 나타나는 현상 (IGE) | 지면효과를 받지 않을 때 나타나는 현상 (OGE) |
|---|---|
| • 유도기류 속도 감소<br>• 유도항력 감소<br>• 영각(받음각) 증가<br>• 수직 양력 증가 | • 유도기류 속도 증가<br>• 유도항력 증가<br>• 영각(받음각) 감소<br>• 수직 양력 감소 |

위쪽의 그림의 좌측은 지면효과를 받는 경우이고 우측은 지면효과가 없는 상태이다. 먼저 지면효과를 받을 때이다. 헬리콥터가 지면효과를 받으면서 제자리 비행시 유도기류 속도는 지면과 충돌하면서 감소하므로 유도항력이 감소하게 된다. 이에 유도항력이 감소된 만큼 영각(받음각)은 증가하게 되어 수직 양력이 증가 된다. 항공기가 Runway

에서 제자리 비행을 하고 있다고 가정했을 때 로터 회전면의 상층부 기류는 로터 회전에 의해 아래로 흐르게 되어 유도기류가 발생한다. 이 유도기류는 지면과 부딪치면서 외측으로 굽어 흐르기 때문에 그 속도는 감소하게 된다. 앞서 설명한 바와 같이 날개의 전연과 후연을 연결한 선을 익현선이라고 하였다. 로터 회전에 의해 발생하는 회전상대풍은 유도기류에 의해 수정되어 합력 상대풍으로 나타난다. 영각(받음각)은 익현선과 합력상대풍이 이루는 각이므로 유도기류 속도가 감소되면 유도항력이 감소되고, 그만큼 영각(받음각)은 증가하여 수직양력은 증가하게 되는 것이다.

지면효과를 받는 제자리 비행시 유도기류는 지면과의 충돌로 유도기류 속도가 감소되지만 반대로 지면효과를 받지 않는 제자리 비행은 이러한 충돌효과를 받지 못하기 때문에 유도기류 속도가 증가되고 이에 따라 유도항력은 증가된다. 그러므로 익현선과 합력상대풍의 사이각인 영각(받음각)이 감소하게 되어 수직양력은 그만큼 감소하게 된다.

### (2) 지면효과(Ground Effect)와 양력과의 관계

지면효과는 양력과 밀접한 관계를 맺고 있는데 지면효과를 받으면서 제자리 비행 시 고도에 따라 어떻게 나타나는지 알아보자.

아래의 그림에서도 알 수 있듯이 지면효과에 의해 메인로터 직경의 1/6이 되는 고도에서는 로터 추진력이 20%나 증가되며, 메인로터 직경의 1/2이 되는 고도에서는 약 7%의 로터 추진력 증가율을 보이고 있다. 그러나 고도가 증가할수록 추진력 증가율은 감소되고 로터 직경의 1배 되는 고도에서는 추진력 증가율이 "0"이 된다. 이는 로터 직경의 1배 이상 고도에서는 지면효과를 받지 못한다는 것을 의미한다.

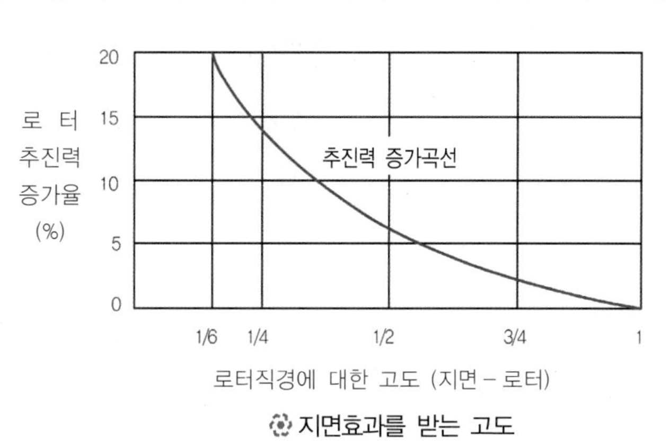


지면효과를 받는 고도

### (3) 지면효과(Ground Effect)의 증대 및 감소요인

지면효과는 메인로터의 회전에 의해 발생하는 하강기류가 지면과 충돌하여 발생하므로 결국 헬리콥터의 고도와 지면 상태, 주변 환경에 따라 달라지게 된다. 먼저 지면효과 증대요인을 알아보면 그래프에서 살펴보았듯이 메인로터 직경의 1배 미만 고도에서는 지면효과가 증대되고, 무풍시 유도기류가 직하방으로 흘러 지면과 충돌하면서 외측으로 굽어 흐르기 때문에 익단 와류가 감소되어 지면효과는 증대된다. 또한, 지면상태는 유도기류 속도를 흡수하지 않고 그대로 반사시키는 장애물이 없는 평평한 지형에서 그 효과는 증대된다. 반대로 지면효과를 감소시키는 요인은 로터 직경의 1배 이상의 고도에서는 지면효과가 감소되고, 바람이 불 경우 유도기류가 후방으로 또는 측방으로 흐르게 되어 지면효과는 감소하게 된다. 또한, 아스팔트나 콘크리트로 포장된 곳과 달리 수면이나 풀숲, 수목상공 등은 하강기류 속도를 흡수하기 때문에 지면효과는 감소하게 된다.

### 4) 토크(Torque)작용

토크의 사전적인 의미는 회전하는 힘이다. 이에 토크작용은 회전하는 힘에 의한 작용이라고 할 수 있다.

뉴턴의 제3법칙 작용과 반작용 법칙을 적용하여 헬리콥터를 살펴보았을 때 메인 로터는 시계 반대방향으로 회전하고, 이에 대한 반작용으로 헬리콥터 동체는 시계방향으로 회전하려는 성질이 있는데 이를 토크작용이라고 한다.

※ 헬리콥터의 동체가 메인 로터 회전 반대방향으로 회전하려는 성질

①
②
1. 메인 로터 회전방향
2. 토크 작용
3. 테일 로터 토크 조절 (상쇄) 및 기수방향 조종
③

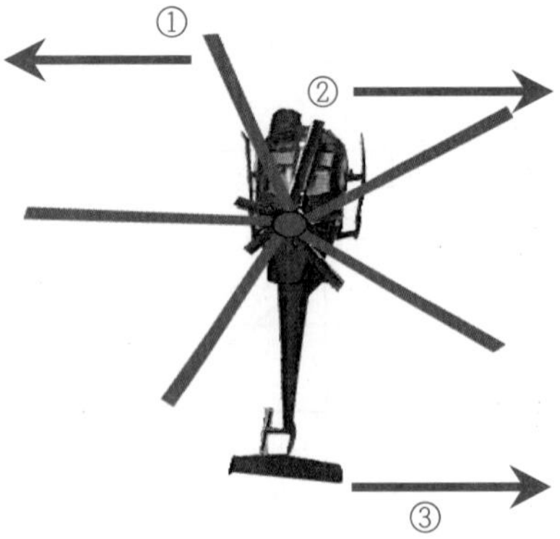

토크 작용

위의 그림에서 보는 바와 같이 메인 로터가 시계 반대방향으로 회전할 때 동체는 토크작용에 의해 메인로터 회전방향과 반대방향인 시계방향으로 회전하려고 한다. 이에 제자리 비행 시 이러한 토크작용을 상쇄하기 위해 조종사는 좌측 페달압을 적용하여 동체가 시계방향으로 회전하려는 힘을 막고 있는 것이다.

### 5) 전이성향

전이의 사전적인 의미는 "변화되었다."라는 "Change"의 의미와 "옮겨지다." 라는 "Spread"라는 의미를 가지고 있다. 이에 전이성향은 운동하는 방향이 바뀌거나 다른 방향으

로 옮겨지는 현상을 의미한다. 이러한 의미를 생각하면서 전이성향을 알아보자. 전이 성향은 단일 회전익 계통의 헬리콥터가 제자리 비행 중 우측으로 편류하려는 현상을 말한다.

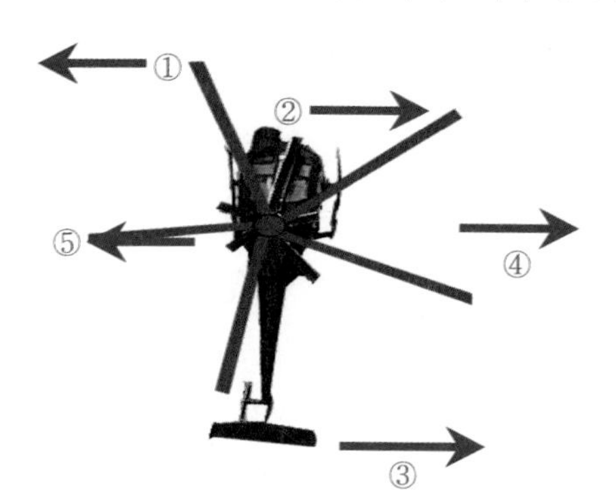


1. 메인로터 회전방향
2. 메인로터 회전 반대방향으로 작용하는 토크 작용
3. 토크작용을 억제하는 테일로터 추진력
4. 토크작용과 테일로터의 추진력에 의해 우측으로 편류 (전이성향)
5. 전이성향을 막기 위한 메인로터 회전면 경사

전이성향

위의 그림을 통해 전이성향을 살펴보면, 메인로터는 시계 반대방향으로 회전하고, 토크작용에 의해 동체는 시계방향으로 회전하려고 한다. 이때 조종사는 적절한 페달 압을 적용하여 토크작용을 상쇄시킨다.

이러한 토크작용과 토크작용을 상쇄하는 테일 로터의 추진력이 복합되어 헬리콥터 동체는 우측으로 편류하려고 하는데 이를 전이성향이라고 한다. 이러한 전이성향을 막아주기 위해서는 메인로터의 회전면을 좌측으로 경사지게 해야 한다. 그러므로 헬리콥터가 제자리 비행 시 로터 회전면을 자세히 살펴보면 로터 회전면은 수평이 아니라 약간 좌측으로 기울어져 있다. 이처럼 제자리 비행 시 나타나는 전이성향에 의해 동체가 우측으로 편류하려고 하는데 이러한 전이성향을 상쇄시키기 위해서 최초 설계 시 어떠한 극복 대책을 적용하고 있는지 알아보자.

전이성향을 극복하기 위해 사이클릭이 중앙에 있을 때 회전면이 약간 왼쪽으로 기울도록 설계하거나 헬리콥터의 동체가 수평일 때 마스트가 약간 좌측으로 기울도록 메인 트랜스미션을 장착하는 것이다. 또한, 컬렉티브 피치를 증가시키면 회전면이 약간 좌측으로 기울도록 컬렉티브 조종계통을 설계하여 전이성향을 극복하고 있다.

### 6) 회전운동의 세차

회전하는 물체에 힘을 가했을 때 힘을 가한 곳으로부터 90도 지난 지점에서 현상이 일어나는 것을 말한다. 반시계방향으로 회전하는 헬리콥터의 로터라고 가정할 때 헬리콥터가 전진하고자 한다면 9시 방향에서 상향 힘을 주면 그 현상은 6시 방향에서 로터 피치 각이 가장 큰 변위를 갖는 것으로 나타나고, 3시 방향에서 하향 힘이 작용하면 12시 방향에서 로터 피치 각 변위가 가장 작게 일어나게 된다. 6시 방향의 힘이 가장 크고 12시 방향에 힘이 가장 작으므로 헬리콥터는 12시 방향으로 전진하게 되는 것이다.

## 7) 전이양력/비행

### (1) 전이양력(Translation Lift)

트랜스포머라는 영화는 오래된 자동차가 멋진 로봇으로 변신하여 악당을 물리치는 내용이다. 여기에서 트랜스포머는 전압을 바꿔주는 변압기를 뜻하지만 영화의 내용에서 알 수 있듯이 이전의 형태를 새로운 형태로 바꾸는 것을 의미하기도 한다. 이러한 측면에서 Translational Lift 즉, 전이양력도 이전에 발생한 양력이 새로운 형태의 양력으로 변하는 것을 의미한다. 전이양력의 정의부터 알아보자.

전이양력은 회전익 계통의 효율증대로 얻어지는 부가적인 양력으로 제자리 비행에서 전진비행으로 전환될 때 나타난다. 이러한 전이양력이 발생하는 원인은 제자리비행 상태에서 서서히 속도가 증가되어 전진비행을 하게 되면 로터에 유입되는 기류가 회전면과 점차 수평을 이루게 되어 유도기류 속도가 감소하기 때문이다. 또한, 제자리 비행에서 전진비행으로 전환되면 제자리 비행에서 형성되었던 익단와류와 요란기류는 뒤로 처지게 되고, 전진비행 시 로터 회전면은 전방으로 경사지므로 단위 시간당 로터 회전면에 유입되는 공기량이 증가되어 추력 발생효율이 증대되기 때문이다.

제자리 비행에서 전진비행으로 전환 시 로터 회전면에 유입되는 기류에 의해 로터효율이 증대된다고 하였는데 이러한 기류는 어떻게 변하는지 알아보자.

● 전이양력(1~5낫트)

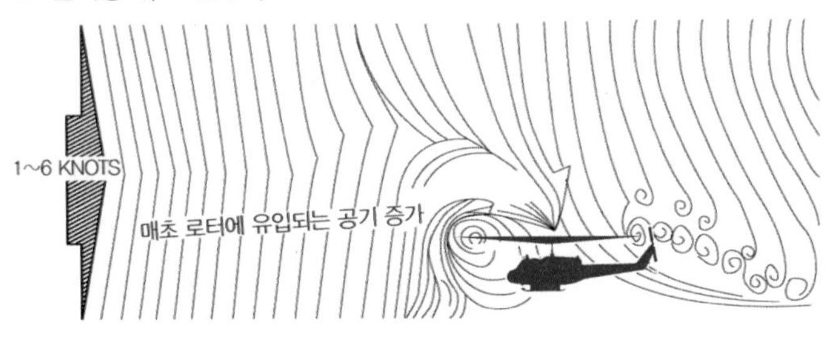


- 제자리 비행보다 단위시간 당 공기 유입량 증가
- 공기의 흐름은 점점 수형을 이루어 회전익에 유입
- 익단와류와 요란기류의 전단이 점점 후방으로 흐름

전이양력(1~5kts)

위 그림에서 보는 바와 같이 헬리콥터가 1~5kts의 속도에 이르게 되면, 제자리비행을 할 때 보다 단위 시간당 공기 유입량이 증가하게 된다. 이는 전진비행을 하기 위해 사이클릭을 전방으로 하면 로터 회전면이 전방으로 경사져 공기의 흐름이 수직방향에서 수평방향으로 변하기 때문이다. 이에 제자리 비행 시 나타났던 익단와류와 요란기류도 점차 항공기 후방으로 흐르게 된다.
다음은 서서히 움직이기 시작한 헬리콥터의 속도가 10~15kts가 되었을 때 기류는 어떻게 변화되는지 다음 그림을 통해 알아보자.

● 전이양력(10~15낫트)

- 공기흐름은 더욱 수평을 이루어 회전면에 유입
- 10KTS 시 : 익단에서 유입된 기류는 기수상공 흐름
- 15KTS 시 : 익단에서 유입된 기류는 테일로터를 지남
- 익단와류와 요란기류가 헬리콥터 후방으로 벗어남

위의 그림과 같이 헬리콥터 속도가 증가하면서 공기의 흐름은 회전면과 더욱 수평을 이루고 단위 시간당 더 많은 공기량이 회전면에 유입된다. 이에 항공기 속도가 10kts가 되었을 때는 익단에서 유입되는 기류는 기수 상공을 흐르게 되고, 15kts에 이르게 되면 유입되는 기류는 테일 로터를 지나게 된다. 이에 제자리 비행 시 나타났던 익단와류와 요란기류는 헬리콥터 후방으로 완전히 벗어나게 된다.

### (2) 유효 전이양력(Effective Translation Lift)

헬리콥터의 속도가 더욱 증가되었을 때 나타나는 유효 전이양력에 대하여 알아보자. 유효(Effective)의 사전적인 의미는'효과적인, 눈에 띄는, 효력이 있는' 것을 의미한다. 이에 유효 전이양력은'전진비행 시 회전익 계통의 효율증대로 얻어지는 전이양력이 눈에 띌 정도로 효율이 증대된 상태'라고 할 수 있다. 헬리콥터의 정지관성이 깨지고, 속도가 점차 증가하여 헬리콥터에 작용하던 중량과 항력을 초과할 정도의 전이양력이 발생되면 헬리콥터를 이륙시킬 수 있을 정도의 힘이 발생하는데 이를 유효 전이양력이라고 한다. 유효 전이양력은 항공기별 블레이드 면적, 로터 길이, 로타 RPM에 따라 발생되는 시기가 각기 다르지만, 보통 전진비행 속도가 16~24kts가 되면 유효 전이양력이 발생한다.
이렇듯 제자리 비행 상태의 헬리콥터가 서서히 속도를 얻기 시작한 후 점차 속도가 증가되어 유효전이양력을 얻게 되면 이륙을 하게 되는데 이를 전이비행이라고 한다.

### 8) 헬리콥터의 자동 활공 비행원리

고정익 비행기가 동력이 없어도 활공하는 것과 같이 헬리콥터의 경우는 엔진이 정지하면 자동활공비행(Autorotation)에 의하여 일정한 하강 속도를 유지하면서 지상에 착륙할 수 있다. 헬리콥터의 자동 활공비행은 엔진이 정지되는 즉시 회전익의 피치를 특정한 음(-)의 값으로 변경한다. 이는 코스모스 꽃송이를 따서 돌려서 놓으면 자동으로 회전하여 지면에 닿는 것과 또는 바람으로 풍차(wind mill)를 돌리는 효과와 같이 로터를 지속적으로 회전시킬 수 있는 조건이 형성되는 것이다.

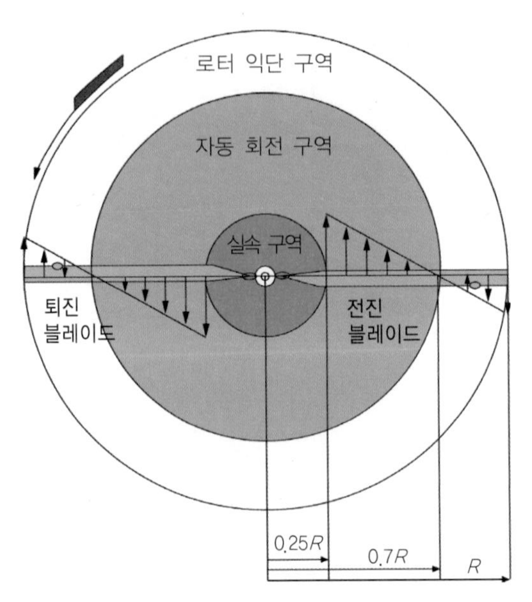


자동 활공비행 시 로터의 비행구역

자동 활공비행에 의해 하강할 때에는 회전하는 로터에 공력 특성이 서로 다른 구역으로 형성된다. 자동 회전구역(Autorotation region)에서는 로터의 회전할 수 있는 구동력이 발생되며, 로터 익단 구역에서는 회전하는 로터에 저항력이 발생한다. 로터의 안쪽 25%의 영역은 실속구역으로 영각(받음각)이 커서 실속이 일어나는 영역이다. 이러한 익근지역에서는 후류에 의해 발생하는 압력 항력이 회전하는 로터 회전수를 감소시키는 힘으로 작용한다. 즉, 이러한 로터의 구동력과 저항력이 같아지면 로터는 일정한 회전수를 유지하면서 자동 활동비행이 가능해져서 헬리콥터가 일정한 속도로 하강하게 된다.

## 6 | 멀티콥터의 구조와 비행원리

### 1. 멀티콥터의 구조

멀티콥터는 통상 4개 이상의 동력 축(모터)과 수직 로터를 장착하여 각 로터에 의해 발생하는 반작용을 상쇄시키는 구조를 가진 비행체이다. 각각의 로터에 의한 반작용을 상쇄시키기 위해서 구조적으로 통상 짝수의 동력 축과 로터를 장착한다.(3개의 동력 축을 장착한 트라이콥터도 있다.)

① **비행체** : 동체구조물, 스키드, 로터, 모터, 모터 컨트롤러, 동력원(배터리/엔진 등), 비행제어기 및 센서(AHRS, GPS 등)
② **GCS(조종기)** : 조종기, GCS(Ground Control Station), 데이터링크 포함.
③ **탑재임무장비** : 카메라/짐벌, 약제살포장치 등

## 2. 멀티콥터의 특성

구조가 간단하고, 부품수가 적으며, 구조적으로 안전성이 뛰어나서 초보자들도 조종이 쉽다. 헬리콥터는 주 로터와 테일 로터가 구조적으로 연결된 구조에 비해서 멀티콥터는 각 로터들이 독립적으로 모터에 의해 회전하는 차이가 있다. 헬리콥터에 비해 어느 한 부분의 문제가 될 시 상호 보상을 하는 역할을 한다.

## 3. 멀티콥터의 비행원리

멀티콥터가 뜨는 힘은 기본적으로 헬리콥터와 같아서 로터(회전날개)가 발생시키는 양력에 의한다. 그러나 일반적인 헬리콥터는 로터가 하나(싱글 로터)이지만 멀티콥터는 4개, 6개, 8개 식으로 여러 개의 로터가 달려 있다. 이것이 비행안정성이나 조종성에 큰 차이를 가져온다. 싱글로터의 경우 로터가 회전하면 그 반작용으로 기체와 로터가 반대방향으로 돌려고 하는 힘(토크)이 발생한다. 이를 상쇄시켜 주기 위하여 꼬리부분에 테일로터를 장착하여 토크와는 역방향으로 힘을 가해 기체의 회전을 막아준다. 그러나 멀티콥터에서는 인접한 로터를 역방향으로 회전시킴으로서 토크를 상쇄시켜준다. 따라서 테일 로터는 필요하지 않고 모든 로터가 수평상태에서 회전해 양력을 얻는 것이다. 아래의 그림은 헬리콥터의 비행원리를 설명하고 있다.

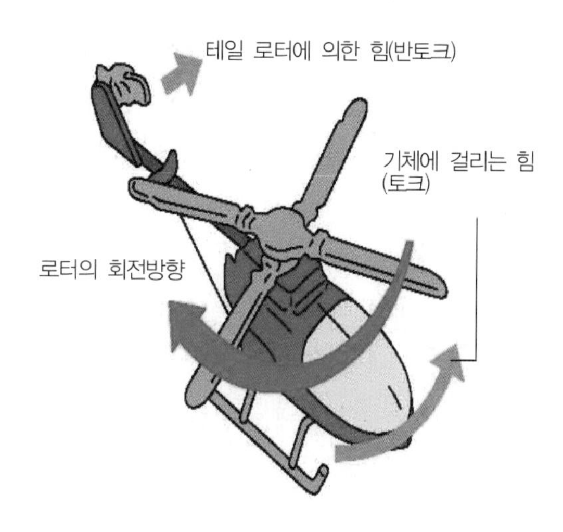


• 헬리콥터의 원리

메인 로터로 양력을 얻고 테일 로터로 토크를 상쇄함으로서 기수(機首) 방향을 유지한다. 이것을 반토크라고 한다.

다음은 멀티콥터의 비행원리를 세부적으로 알아보자. 멀티콥터도 '작용과 반작용의 원리'에 의해서 시작한다. 아래 [그림 1]처럼 축에 고정된 모터를 시계방향으로 회전시킬 경우 이 모터 축에는 반시계방향의 반작용이 작용한다. 이 반작용은 모터를 고정하고 있는 암에 전달되어 모터를 중심으로 반시계방향으로 힘이 발생하게 된다.

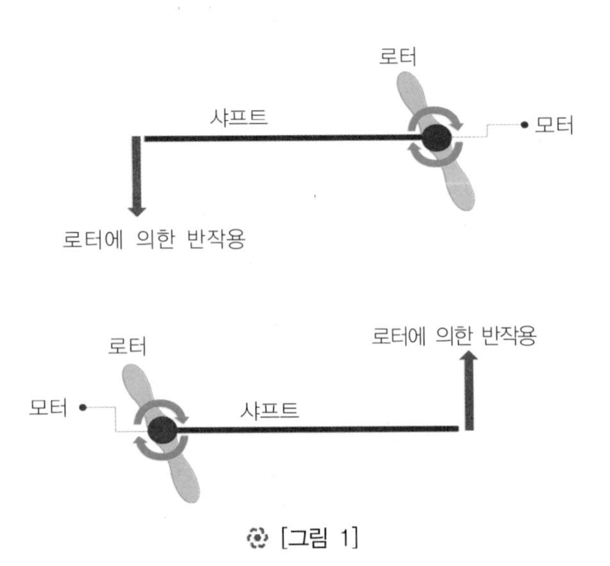

[그림 1]

아래 [그림 2]처럼 암의 양 끝에 모터와 로터를 장착하고 두 모터와 로터를 똑같이 시계방향으로 회전시키면 로터 회전에 따른 반작용이 모터 축에 작용하고, 이 반작용에 의한 힘은 두 암이 만나는 중앙에서 서로 반대방향으로 작용하는 힘으로 만나게 되어 서로 상쇄된다. 반대방향으로 회전시키면 역시 같은 원리로 두 반작용에 의한 힘은 암의 가운데에서 만나 상쇄된다.

옆 [그림 2]의 반대방향으로 상쇄되는 모터와 로터 쌍들을 X자 모양으로 교차시켜서 이어 놓으면, X자 중심에서 역시 반작용들이 상쇄된다. 즉, 로터들이 양력을 발생시켜도, 동체 전체는 반작용이 없이 안정되게 양력만을 발생시킬 수 있게 된다. 이렇게 해서 전체 동력을 로터가 동일한 속도를 갖게 하면서 증가시키면 상승하게 되고, 줄이면 하강하게 된다.

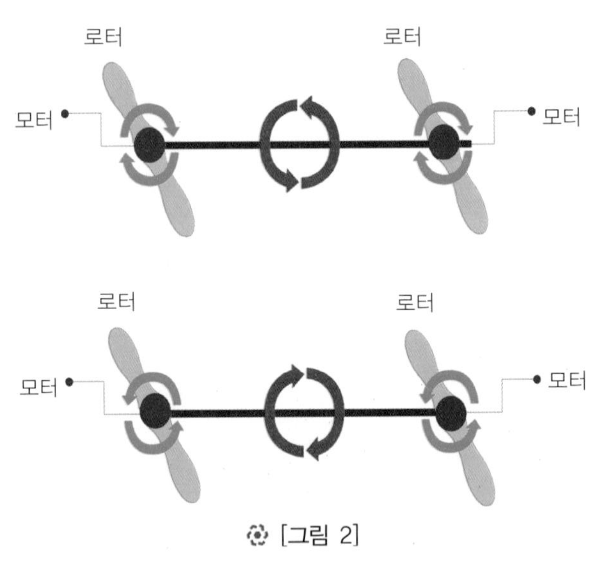

[그림 2]

멀티콥터의 형태적인 구조를 보면 아래의 그림과 같다. X자를 기본으로 하여 Quad-Copter, Hexa-Copter, Octo-Copter, Dodeca 등이 있다.

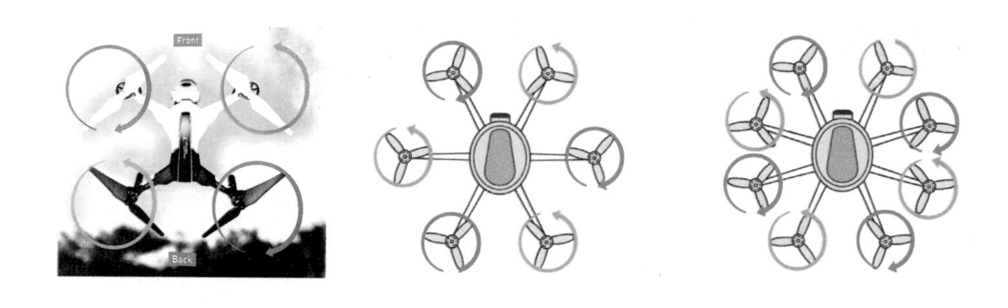


이에 비해 기본을 +(십자형)로 한 구조도 있다. 이는 대부분 방제용 멀티콥터에 있다.

| Quad-Copter | Hexa-Copter | Octo-Copter |
| --- | --- | --- |
| | | |

멀티콥터의 전, 후, 좌, 우 비행원리는 헬리콥터와 마찬가지로 회전면의 경사에 의하여 경사가 이루어지는 방향으로 이동하게 된다. 회전면의 경사는 앞, 뒤, 좌, 우 모터의 회전수를 상대적으로 빠르게 또는 느리게 회전하게 하여 회전면의 경사를 이루게 된다.(이는 상대적인 것이다.) 전진비행은 앞의 모터보다 뒤쪽의 모터 회전수를 빠르게 하여 회전면이 앞으로 기울도록 하면 앞으로 전진이 되고 후진비행은 반대이다.

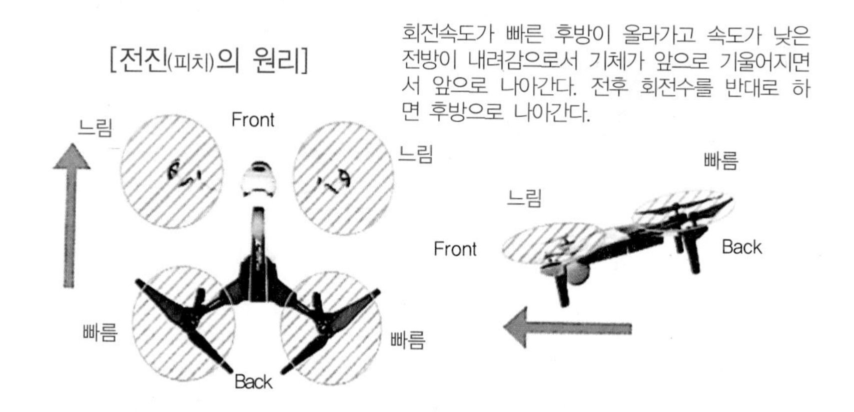

좌, 우 이동의 원리도 전, 후진 원리와 같이 좌측으로 이동 시 좌측 두 개의 모터 회전수를 느리게 하고 우측 두 개의 모터 회전수를 빠르게 하여 회전면이 좌측 또는 우측으로 경사지게 하면 이동이 된다.

[좌, 우측 이동(롤)의 원리]

회전속도가 빠른 좌측이 올라가고 속도가 낮은 우측이 내려감으로서 기체가 옆으로 기울어진 상태에서 기체는 평행하게 우측으로 이동한다. 반대도 마찬가지이다.

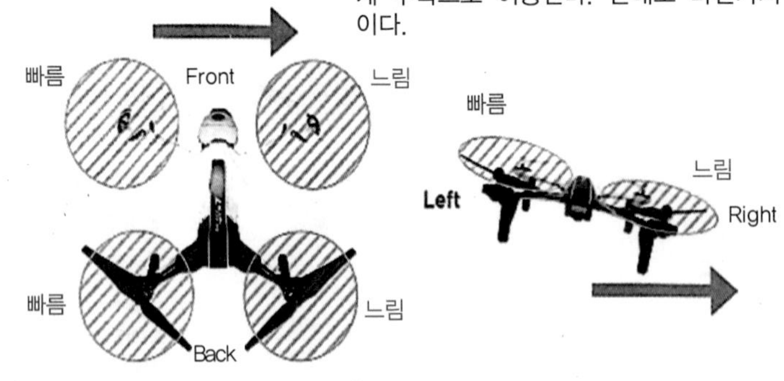


좌, 우측 선회의 원리로 먼저 좌측 선회를 알아보면 오른쪽으로 회전하는 모터의 회전속도가 왼쪽으로 회전하는 모터보다 빠르면 기체 전체가 좌측으로 회전하게 된다. 이것이 좌측으로 선회하는 원리이며 우측으로의 선회원리는 반대이다.

[좌측선회(요우)의 원리]

오른쪽으로 도는 로터의 회전속도가 왼쪽으로 도는 로터보다 빠르면 기체 전체가 좌측으로 돌아간다. 반대로 좌회전이 우회전보다 빠르면 우측으로 돌아간다.

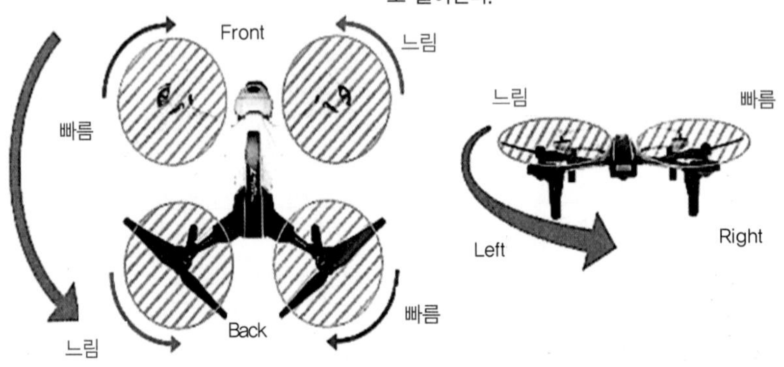


마지막으로 헬리콥터와 드론의 양력발생원리의 차이를 알아보자. 먼저 헬리콥터는 운용 RPM(분당회전수) 속에서 날개(브레이드)의 Pitch각을 조정하여 양력을 발생시키게 되며 이를 변동 Pitch라 한다. 멀티콥터는 고정된 날개의 Pitch각에 모터의 회전수에 의한 양력발생 크기를 조절하는데 이를 고정 Pitch라고 한다. 따라서 헬리콥터와 멀티콥터의 양력발생원리는 변동 Pitch와 고정 Pitch의 차이라고 할 수 있다.

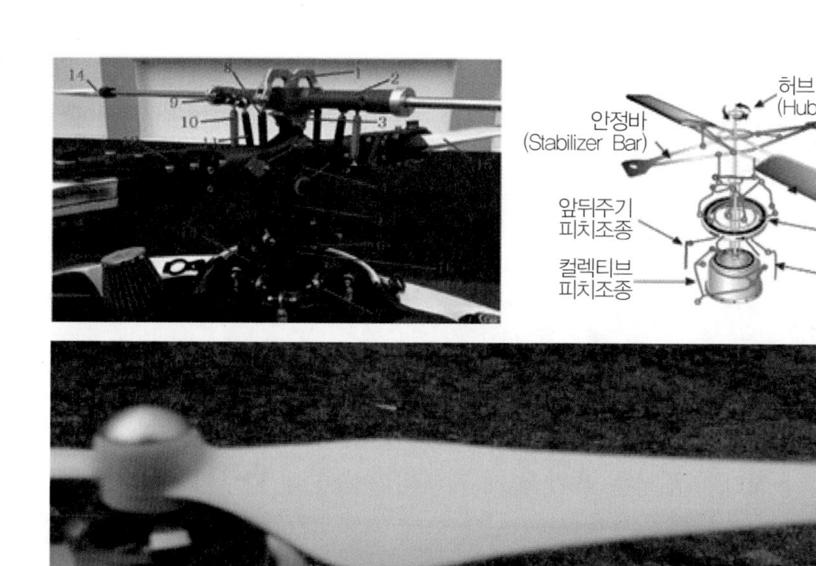


## 7 | 기타

### 1. 항공기의 축과 운동

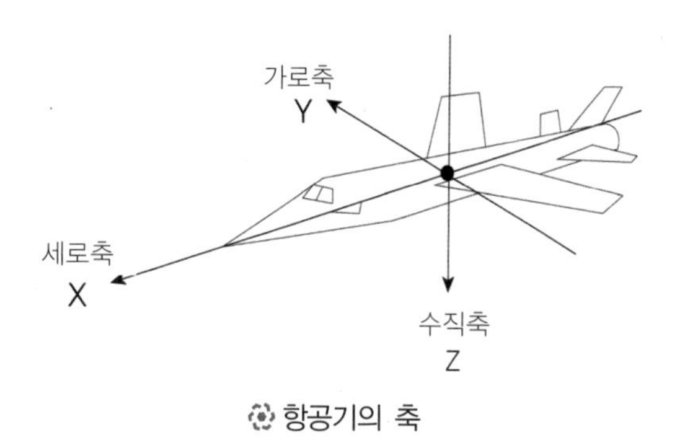


항공기의 축

일상생활 속에서 도저히 세울 수 없다고 생각하는 물체를 자연스럽게 세우는 균형의 달인을 쉽게 볼 수 있을 것이다. 이렇듯 공중에서 움직이는 비행기도 힘의 균형을 이루는 균형점 즉 무게의 중심점이 있다는 것이다. 따라서 모든 항공기는 무게 중심점(Center of Gravity)을 통과하는 축이 형성되게 되고 이축을 중심으로 서로 90도의 각을 형성하게 된다.

모든 항공기는 이축을 중심으로 가로, 세로, 수직축을 형성한다. 가로축(Lateral axis)은 항공기의 왼쪽에서 무게 중심점을 통과하여 오른쪽 끝을 연하는 축(가상 선)으로 항공기는 기수의 상하운동을 하고 이를 종요 또는 피칭(pitching)이라하며 승강키로 조종한다.

세로축(Longitudinal axis)은 항공기의 기수에서 꼬리를 연하는 축(가상의 선)으로 항공기는 세로축을 중심으로 좌우운동을 하고 이를 횡요 또는 롤링(rolling)이라하고 도움날개에

의해 조종된다.

수직축(Vertical axis)은 항공기의 위쪽에서 무게중심점을 통과하여 아래쪽에 이르는 축(가상의 선)으로 이축을 중심으로 기수의 좌우운동을 하고 이를 편요 또는 요잉(yawing)이라하며 방향키로 조종한다.

## 2. 안정과 안전성

### 1. 안정

안정과 조종은 항공기의 특성 가운데 가장 중요한 부분이라 할 수 있으며, 항공가 안전하고도 효율적으로 운용되기 위해서는 초기 설계 시부터 중요하게 다루어야 한다. 항공기가 경제적이면서도 안전하게 운항되기 위해서는 항공기 성능이 우수해야 하고, 만족할 만한 안정성을 가져야 한다. 그리고 항공기는 적당한 조종성을 가져야 한다.

항공기의 안정성이라는 것은 항공기가 일정한 비행 상태를 계속해서 유지할 수 있는 정도를 말한다. 즉, 물체의 평형이 방해를 받을 때 물체의 반작용이 안정성으로 고려된다. 항공기가 악기상과 같은 외부 교란에 의해 정적인 비행 상태에서 벗어난 경우, 원래 상태로 회복이 가능해야 한다. 특히 항공기는 비행 중에 조종사의 지속적인 조작이 필요하지 않도록 자체적으로 원래 상태로 회복되는 충분한 안정성이 있어야 할 뿐만 아니라 조종사의 조작에 따라 즉시 반응하여 움직여 주는 조종성도 함께 가져야 한다. 이러한 항공기의 안정성에는 정적안정과 동적안정이 있다.

**정적 안정(static stability)**이란 평형 상태로부터 벗어난 뒤에 어떠한 형태로든 움직여서 원래의 평형 상태로 되돌아가려는 항공기의 초기 경향을 말한다. 즉, 어떤 물체가 평형상태에서 벗어난 뒤에 다시 평형상태로 되돌아가려는 경향을 나타낼 때를 말한다.

**평형상태(equilibrium condition)**는 물체에 작용하는 모든 힘의 합과 무게 중심에 대한 모멘트의 합이 각각 0인 경우 즉 지속 또는 등속도 비행과 같이 항공기에 작용하는 힘이 균형된 상태를 말한다. 평형상태에 있다는 것은 힘의 변화가 없으므로 속도의 변화가 없는 정상 비행 상태를 포함한다.

**정적 불안정(negative static stability)**은 평형상태에서 벗어난 물체가 처음 평형 상태로부터 더 벗어나려는 경향을 정적 불안정이라고 한다.

**정적 중립(neutral stability)**은 평형상태에서 벗어난 물체가 원래의 평형 상태로 되돌아오지도 않고 평형상태에서 벗어난 방향으로도 이동하지 않는 경우를 말한다.

**동적 안정(dynamic stability)**은 시간이 지남에 따라서 운동이 어떻게 변화하는가 말하는 것으로 어떤 물체가 평형 상태에서 이탈된 후 시간이 지남에 따라 나타나는 운동의 변화를 설명해 주는 것이다. 즉, 항공기의 균형이 상실된 후 항공기에 나타나는 전체적인 경향으로 볼 수 있으며, 시간에 대비하여 통제된 기능의 변화를 나타낸다. 일반적으로 운동의 진폭이 시간이 지남에 따라 감소되는 것을 동적 안정이라고 하며, 반대로 시간이 지남에 따라 진폭이 커진다면 동적 불안정이라고 한다. 또한 운동의 진폭이 시간이 경과되어도 변화가 없다면 동적 중립이라고 한다.

**장주기 진동(long period oscillation)**은 휴고이드 진동(phugoid oscillation)이라고도 하며, 진동주기가 상당히 길며, 대개 20초에서 60초 사이의 값을 가진다. 정적으로 안정된 항공기에서 결정되며 쉽게 조정이 가능하다.

**단주기 진동(short period oscillation)**은 속도변화에 거의 무관하며, 진동이 1초 혹은 2초 이내 지속될 때를 말한다. 일반적으로 조종이 매우 어렵고, 진동을 즉각 감소시키지 않으면 구조적으로 손상을 초래할 수 있다.

### 2) 안정성

항공기의 안정은 세로 안전성, 가로 안정성, 방향 안정성이 있다.

첫째, **세로 안정성(longitudinal stability)**은 가로축에 대한 항공기의 운동을 안정시키는 것으로 세로로 불안정한 항공기는 기수가 들림 또는 숙여짐에 따라 매우 깊은 각으로 점점 급강하 또는 급상승하려는 경향이 발생할 수 있다. 항공기의 세로 안정과 불안정을 결정하는 요소는 무게중심에 관해서 날개의 위치와 무게중심점에 관해서 수평 꼬리날개의 위치 그리고 꼬리날개 표면의 크기와 면적 등이다. 대부분의 항공기는 양력중심이 무게중심 후방에 위치하도록 설계되어 있기 때문에 기수 무거움 현상이 초래되고 이를 보상하기 위해서 수평안정판에 약간의 음성양력(negative lift)이 제공되어야 안정을 유지할 수 있다. 즉 항공기 속도가 증가하면 수평안정판에 더 큰 하향 압을 받아 기수 들림 현상이 초래되고 항공기 속도가 감소하면 수평안정판에 더 작은 하향 압을 받아 기수 숙여짐 현상이 더욱 악화된다.

둘째, **가로 안정성(lateral stability)**은 항공기의 세로축에 대한 안전성이고, 어느 한 쪽 날개가 반대쪽 보다 낮아졌을 때 가로 또는 옆 놀이 효과를 안정시킨다. 가로안정에 기여하는 요소는 상반각, 킬효과, 후퇴각, 무게 분포가 있다. 여기에서 상반각(dihedral)은 동체에 부착된 날개를 약 1~3도 정도의 각도를 형성하여 "V"를 이루도록 설계된 각도이다.

외부의 영향으로 어느 한 쪽 날개가 낮아졌을 때 공기는 낮아진 나래에서 보다 큰 받음각으로 부딪쳐 받음각이 증가한다. 높아진 날개는 상대적으로 받음각 감소가 초래되어 원래의 자세를 회복하려는 경향이 있다. 과도한 상반각은 항공기의 측방기동 특성에 역효과를 유발할 수 있다. 다음으로 킬 효과(keel effect)는 항공기 동체의 측면과 수직안정판을 흐르는 공기흐름은 세로축에 대한 항공기의 측방 안정에 기여한다.

셋째, **방향 안정성(direction stability)**은 항공기 수직축에 대한 안정성을 말하며, 빗놀이(yawing) 안정성을 의미한다. 항공기의 수직안정판 또는 무게중심 후방의 동체 측면은 방향안정의 주요소이다. 수직안정판은 기수가 왼쪽으로 돌아갈 때 꼬리는 오른쪽으로 벗어나고 오른쪽의 공기압은 꼬리를 왼쪽으로 밀어 기수가 원래의 방향을 유지하게 유도한다. 반대로 기수가 오른쪽으로 돌아갈 때 꼬리는 왼쪽으로 벗어나고 왼쪽의 공기압은 꼬리를 오른쪽으로 밀어 기수가 원래의 방향을 유지하게 유도한다.

## 3. 조종

### 1) 수평비행

항공기를 수평비행 조종으로 유지하기 위해서는 이용 동력과 필요 동력과의 관계를 적절하게 조절하면서 필요한 조종면을 작동시켜야 한다. 즉 수평 비행을 하기 위해서는 스로틀과 승강타를 조작한다. 직진 수평비행을 유지하면서 감속과 가속을 하기 위해서 수평비행의 조건을 유지시켜 주어야 한다. 다시 말해 비행속도를 변화시키기 위해 항공기 기관의 이용동력을 증가, 감소시키더라도 무게는 만족시켜주어야 한다. 비행속도를 감소시키면 감소되려는 양력을 증가시켜 주기 위해 승강타를 상승시켜 주 날개의 양력계수를 증가시켜 주어야 한다. 그리고 비행속도를 증가시키려면 증가되는 양력을 감소시키기 위해 승강타를 하강시켜 주 날개의 양력계수를 감소시켜 주어야 한다.

### 2) 상승비행

수평 직진비행 상태에서 상승비행으로 전환 시 받음각을 증가시켜 양력을 증가시킨다. 이 순간 양력은 무게보다 커져 항공기는 상승한다. 동력의 변화가 없으면 속도감소 현상을 초래한다. 비행경로가 위로 향하고 있을 때 항공기의 무게 분력은 총 항력에 평행하게 같은

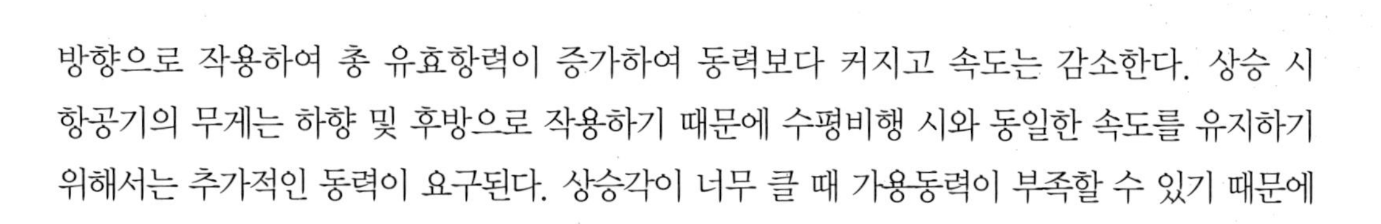
방향으로 작용하여 총 유효항력이 증가하여 동력보다 커지고 속도는 감소한다. 상승 시 항공기의 무게는 하향 및 후방으로 작용하기 때문에 수평비행 시와 동일한 속도를 유지하기 위해서는 추가적인 동력이 요구된다. 상승각이 너무 클 때 가용동력이 부족할 수 있기 때문에 보다 느린 속도를 초래할 수 있다.

### 3) 강하비행

강하비행을 위하여 항공기 기수가 낮아질 때 받음각은 감소하고 양력이 감소한다. 이는 하향 비행경로에 진입했을 때 항공기의 무게보다 양력이 순간적으로 작아지기 때문이다. 양력과 무게 사이의 불균형은 항공기를 강하하게 하는 원인이 된다. 안정된 강하비행 상태에서 받음각은 다시 원래의 값으로 접근하고 받음각과 무게는 다시 안정을 회복한다. 강하비행이 시작되면 지속강하에 안정될 때까지 속도가 점차 증가한다. 이는 강하비행경로를 따라 전방으로 작용하는 무게 분력 때문이며, 수평직선비행 속도를 유지하기 위해서 동력은 감소되어야 한다. 비행경로를 따라 전방으로 작용하는 무게의 분력은 강하율의 각도에 비례하게 된다.

### 4) 선회비행

선회비행을 위해서는 먼저 도움날개를 이용하여 선회하고자 하는 방향으로 비행기를 경사시켜야 한다. 이러한 경우를 선회경사각으로 **롤 인**(roll in)한다고 하며, 선회가 끝나고 직선 비행으로 되돌아오는 경우를 **롤 아웃**(roll out)한다고 한다. 비행기가 직선비행 상태에서 선회비행을 하기 위해서 롤 인하는 순간, 비행기는 수직 방향의 양력이 감소하기 때문에 하강 선회로 들어가게 된다. 이를 수평상태로 만들기 위해서는 승강타를 올려 수평 선회비행을 유지해야 한다. 비행기가 수평 선회비행을 하더라도 비행기의 비행 속도에 따라 정확한 선회경사각을 설정하지 못하면 비행기는 side slip을 하게 되며 이러한 비행 상태를 수정하기 위해서는 방향타를 사용하게 된다.

수평 비행 중 양력과 무게는 상호 명백하게 반대로 작용하며 항공기가 경사졌을 때 양력은 무게와 정반대로 작용하지 않고 경사의 방향으로 작용한다. 선회 중 양력은 수직양력분력과 수평 양력분력으로 분리되며 수직양력분력은 무게와 반대방향으로 작용하며, 수평양력분력은 원심력과 방향은 반대이고 그 힘은 대등하다. 선회량은 수평양력분력의 크기에 달려있고, 수평양력분력은 경사각에 비례한다. 속도의 증가는 선회반경의 증가를 초래하고 원심력은 선회반경에 비례한다.

### 5) 실속(Stall)

비행기의 받음각이 증가함에 따라 에어포일의 윗면을 흐르는 공기흐름이 조기에 분리되어 형성된 와류가 급속히 날개 전체로 확산되어 더 이상 양력을 발생하지 못하는 임계 받음각에 도달하고 임계받음각은 비행기의 설계에 따라서 약 16-20도 정도의 각이 된다. 실속의 직접적인 원인은 과도한 받음각이다. 실속은 무게, 하중계수, 비행속도 또는 밀도고도에 관계없이 항상 같은 받음각에서 실속이 발생한다.

임계받음각을 초과할 수 있는 경우는 고속비행, 저속비행, 깊은 선회비행 등이다. 먼저 고속비행은 급강하 중에 급상승 기동을 했을 때 중력과 원심력으로 인하여 즉각적인 비행경로를 변경시키지 못하지만 받음각은 아주 작은 각도에서 매우 큰 각도로 급격히 변할 수 있으며, 접근해 오는 공기에 대해서 비행기 상대풍의 방향을 결정하고 받음각이 갑자기 증가하여 정상적인 실속속도보다 높은 속도에서 실속에 도달할 수 있다. 둘째, 저속비행으로 속도의 감소는 동 고도를 유지하기 위한 받음각의 증가를 요구하고 속도가 더욱 낮아질수록 더욱 증가된 받음각은 양력을 발생하지 못하는 임계받음각에 도달하여 실속이 발생할 수 있다. 셋째, 선회비행으로 선회 시 원심력과 무게의 조화에 의해 부과된 하중들이 상호 균형을 이루기 위해서는 승강타 후방 압으로 추가적인 양력이 필요하고 이것은 날개의 받음각을 증가시키는 요인이 된다.

## 4. Spin과 Spin 회복

**Spin**이란 빠른 속도로 회전하며 빙빙 도는 것이다. 한쪽 날개가 실속되었을 때 발생하고, 실속된 날개는 추가된 항력으로 지체되고 다른 쪽 날개가 회전하게 된다. Spin은 갑자기 발생하고 연속적으로 매우 급하게 급강하한다. 회복 조치를 하지 못할 경우 지면에 충돌되어 사고로 이어진다.

**Spin회복** 방법으로서 첫째, 급선회를 하지 말 것. 둘째, 신속히 선회 각을 회복하여 회전을 멈출 것. 셋째, 이후 반대 방향으로 Spin이 발생하지 않도록 조종할 것. 넷째, 방향감각을 상실하게 되면 즉시 이탈 할 것. 다섯째, 고도 약 150m 이하에서 Spin이 발생하면 즉시 이탈하라.

## 5. 스키드와 슬립

**스키드**는 항공기가 충분한 경사각을 사용하지 않고 선회하는 비행 기동을 말한다. 선회하는 항공기에서 발생하는 원심력은 내부로 향하는 양력에 의해서 상쇄되지 못하고, 항공기는 정확한 선회비행 경로로부터 외부로 미끄러진다.

**슬립**은 비행기가 선회할 때 선회 중심 쪽으로 미끄러지는 현상이다. 즉 프로펠러의 이론적인 전진거리와 실제 전진거리의 차이를 실각 또는 슬립이라고 한다.

## 6. 유동력 침하

유동력 침하란? 항공기가 동력이 있는 상태에서 침하하는 현상을 말한다. 유동력 침하의 조건은 첫째, 높은 강하율로 오토로테이션 접근 시 둘째, 배풍 접근 시, 셋째, 편대비행 접근 시 등이다.

## 7. 용어 몇 가지

① **무게 중심점**(Center of Gravity ; CG)은 항공기에 작용하는 세 개의 축이 만나는 점으로 이점을 기준으로 균형을 이루게 된다.

- 무게 중심점 값 = 총 모멘트 ÷ 총 무게이며,
- 무게 중심점은 한 지점이지만 전, 후 좌, 우로 허용 한계치가 있다.
- 이를 무게 중심점 한계라 하며 제작사에서 지정한다.

② **항공기 자체 무게**(Empty Weight)는 순수한 항공기 무게로서 항공기 기체, 엔진, 엔진라인에서 제거할 수 없는 오일 및 연료, 최초 제작시의 기본 부품 등이 포함된다.

③ **가용 하중**(Useful Load)은 항공기 자체 무게를 제외하고, 항공기의 최대 중량 범위 내에서 적재 가능한 무게, 조종사, 승무원, 승객, 화물, 가용연료 및 오일 등을 말한다.

④ **위치**(Station ; STA)는 항공기의 각 지점별 위치를 기준선으로부터 측정한 거리를 의미한다. Inch로 표시하고 기준선을 “0”위치로 표시한다.

⑤ **항공기 이륙 중량**(Take off Weight)은 항공기의 이륙 시의 총 중량이다. 항공기 자체 중량(Empty Weight)에 가용 하중(Useful Load)을 더한 무게이다.

⑥ **항공기 착륙 중량**(Landing Weight)은 목적지 공항에 도착하여 착륙 시의 항공기 무게를 말하며, 통상 비행 중 연료 소모량을 제외한 무게이다.

SECTION
# 02 항공역학 (비행원리)

**1** **비행방향의 반대방향인 공기흐름의 속도방향과 Airfoil의 시위선이 만드는 사이각을 말하며, 양력, 항력 및 피치 모멘트에 가장 큰 영향을 주는 것은?**

① 상반각 ② 받음각
③ 붙임각 ④ 후퇴각

비행방향의 반대방향인 공기흐름의 속도방향과 Airfoil의 시위선이 만드는 사이각을 말하며, 양력, 항력 및 피칭 모멘트에 가장 큰 영향을 주는 인자이다.

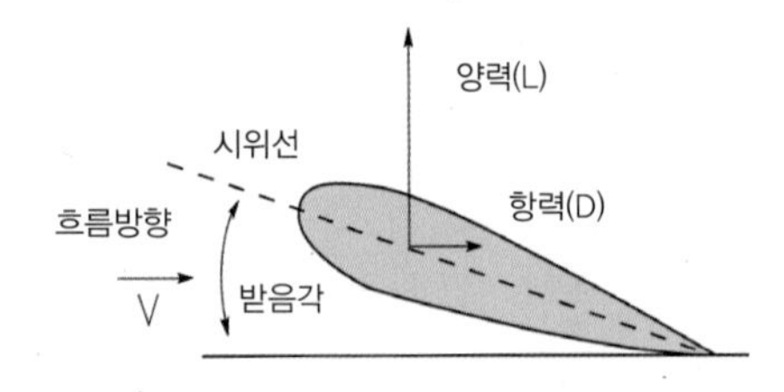


**2** **지면효과에 대한 설명으로 맞는 것은?**

① 공기흐름 패턴과 함께 지표면의 간섭의 결과이다.
② 날개에 대한 증가된 유해항력으로 공기흐름 패턴에서 변형된 결과이다.
③ 날개에 대한 공기흐름 패턴의 방해 결과이다.
④ 지표면과 날개 사이를 흐르는 공기흐름이 빨라져 유해항력이 증가함으로써 발생하는 현상이다.

**지면효과**란 지면에 근접하여 운용 시 로터 하강풍이 지면과의 충돌로 양력 발생효율이 증대되는 현상이다.

**3** **항공기나 멀티콥터가 제자리 비행을 하다가 이동시키면 계속 정지상태를 유지하려는 것은 뉴턴의 운동법칙 중 무슨 법칙인가?**

① 가속도의 법칙
② 관성의 법칙
③ 작용반작용의 법칙
④ 등가속도의 법칙

**제1법칙(관성의 법칙)** : 외부의 힘에 의한 변화에 저항하는 힘에 관한 법칙
**제2법칙(가속도의 법칙)** : 가속도의 법칙이란 물체가 어떤 힘을 받게 되면, 그 물체는 힘의 방향으로 가속되려는 성질
**제3법칙(작용반작용의 법칙)** : 모든 작용은 힘의 크기가 같고 방향이 반대인 반작용을 수반한다는 법칙

**4** **수평 직진비행을 하다가 상승비행으로 전환 시 받음각(영각)이 증가하면 양력은 어떻게 변화하는가?**

① 순간적으로 감소한다.
② 순간적으로 증가한다.
③ 변화가 없다.
④ 지속적으로 감소한다.

양력의 증·감은 영각(받음각)의 증·감에 따라 변화한다.

정답 **1.②** **2.①** **3.②** **4.②**

**5** **비행장치에 작용하는 힘은?**

① 양력, 무게, 추력, 항력
② 양력, 중력, 무게, 추력
③ 양력, 무게, 동력, 마찰
④ 양력, 마찰, 추력, 항력

양력, 무게=중력, 추력=추진력, 항력

**6** **항공기에 작용하는 4가지의 힘에 대한 설명 중 틀린 것은?**

① 양력은 공기의 흐름이 날개 또는 로터 표면을 따라 흐를 때 위로 작용하는 힘을 말한다.
② 항력이란 에어포일이 상대풍과 반대방향으로 작용하는 항공역학적인 힘으로 항공기 전방이동방향의 반대방향으로 작용하는 힘을 말한다.
③ 추력이란 회전익에서 로터, 고정익에서 터보제트엔진 등에 의해서 생성되는 항공역학적인 힘을 말한다.
④ 중력이란 항공기의 무게를 말하며 항공기가 부양할 수 있는 힘을 말한다.

**7** **취부각(붙임각)의 설명이 아닌 것은?**

① Airfoil의 익현선과 로터 회전면이 이루는 각
② 취부각(붙임각)에 따라서 양력은 증가만 한다.
③ 블레이드 피치각
④ 유도기류와 항공기 속도가 없는 상태에서는 영각(받음각)과 동일하다.

취부각(붙임각)이란 Airfoil의 익현선과 로터 회전면이 이루는 각을 말하며, 취부각(붙임각)은 공기역학적인 반응에 의해 형성되는 각이 아니라 기계적인 각이다.

**8** **대칭형 Airfoil에 대한 설명 중 틀린 것은?**

① 상부와 하부표면이 대칭을 이루고 있으나 평균 캠버선과 익현선은 일치하지 않는다.
② 중력중심 이동이 대체로 일정하게 유지되어 주로 저속 항공기에 적합하다.
③ 장점은 제작비용이 저렴하고 제작도 용이하다.
④ 단점은 비대칭형 Airfoil에 비해 양력이 적게 발생하여 실속이 발생할 수 있는 경우가 더 많다.

대칭형 Airfoil은 상부와 하부 표면이 대칭을 이루고 있으므로 평균 캠버선과 익현선이 일치한다. 그러므로 압력중심 이동이 대체로 일정하게 유지되어 주로 저속 항공기 및 회전익 항공기에 적합 하다. 장점은 제작비용이 저렴하고 제작도 용이하다. 단점은 비대칭형 Airfoil에 비해 주어진 영각(받음각)에 비해 양력이 적게 발생하여 실속이 발생할 수 있는 경우가 많다.

**9** **비행장치의 무게중심은 어떻게 결정할 수 있는가?**

① CG = TA × TW(총 암과 총 무게를 곱한 값이다.)
② CG = TM ÷ TW(총 모멘트를 총 무게로 나누어 얻은 값이다.)
③ CG = TM ÷ TA(총 모멘트를 총 암으로 나누어진 값이다.)
④ CG = TA ÷ TM(총 암을 모멘트로 나누어 얻은 값이다.)

CG(무게중심) = TM(총 모멘트) ÷ TW(총 무게)

정답 5.① 6.④ 7.② 8.① 9.②

**10** **헬리콥터가 제자리 비행을 하다가 전진비행을 계속하면 속도가 증가되어 이륙하게 되는데 이것은 뉴턴의 운동법칙 중 무슨 법칙인가?**

① 가속도의 법칙
② 관성의 법칙
③ 작용반작용의 법칙
④ 등가속도의 법칙

**제1법칙(관성의 법칙)** : 외부의 힘에 의한 변화에 저항하는 힘에 관한 법칙,
**제2법칙(가속도의 법칙)** : 가속도의 법칙이란 물체가 어떤 힘을 받게 되면, 그 물체는 힘의 방향으로 가속되려는 성질
**제3법칙(작용반작용의 법칙)** : 모든 작용은 힘의 크기가 같고 방향이 반대인 반작용을 수반한다는 법칙

**11** **양력의 발생원리 설명 중 틀린 것은?**

① 정체점에서 발생된 높은 압력의 파장에 의해 분리된 공기는 후연에서 다시 만난다.
② Airfoil 상부에서는 곡선율과 취부각(붙임각)으로 공기의 이동거리가 길다.
③ Airfoil 하부에서는 곡선율과 취부각(붙임각)으로 공기의 이동거리가 짧다.
④ 모든 물체는 공기의 압력(정압)이 낮은 곳에서 높은 곳으로 이동한다.

모든 물체는 공기의 압력이 높은 곳에서 낮은 곳으로 이동한다.

**12** **총 무게가 5kg인 비행장치가 45도의 경사로 동 고도로 선회할 때 총하중계수는 얼마인가?**

① 5kg　　② 6kg
③ 7.5kg　　④ 10kg

60도 경사는 2배, 45도 경사는 1.5배의 총 하중계수를 갖는다.

**13** **실속에 대한 설명 중 틀린 것은?**

① 실속의 직접적인 원인은 과도한 받음각이다.
② 실속은 무게, 하중계수, 비행속도 또는 밀도고도에 관계없이 항상 다른 받음각에서 발생한다.
③ 임계 받음각을 초과할 수 있는 경우는 고속비행, 저속비행, 깊은 선회비행 등이다.
④ 선회비행 시 원심력과 무게의 조화에 의해 부과된 하중들이 상호 균형을 이루기 위한 추가적인 양력이 필요하다.

실속은 무게, 하중계수, 비행속도 또는 밀도고도에 관계없이 항상 같은 받음각에서 실속이 발생한다.

**14** **다음 중 항공기가 공중에서 등속수평비행 시 조건으로 맞는 것은?**

① 양력=항력, 추력=중력
② 양력=중력, 추력=항력
③ 추력>항력, 양력=중력
④ 추력=항력, 양력<중력

**15** **무인멀티콥터의 비행특성이 아닌 것은?**

① 수직이착륙　　② 정지비행
③ 초음속 비행　　④ 횡진비행

**16** **유관을 통과하는 완전유체의 유입량과 유출량은 항상 일정하다는 법칙은 무슨 법칙인가?**

① 가속도의 법칙
② 관성의 법칙
③ 작용반작용의 법칙
④ 연속의 법칙

연속의 법칙이란 "유관을 통과하는 완전유체의 유입량과 유출량은 항상 일정하다."라는 법칙

**10.① 11.④ 12.③ 13.② 14.② 15.③ 16.④**

**17** **지면효과를 받을 수 있는 통상고도는?**

① 지표면 위의 비행기 날개폭의 절반이하
② 지표면 위의 비행기 날개폭의 2배 고도
③ 비행기 날개폭의 4배 고도
④ 비행기 날개폭의 5배 고도

지면효과는 날개폭 직경의 1/6이 되는 고도에서는 로터 추진력이 20% 증가되며, 날개폭 직경의 1/2이 되는 고도에서는 약 7%의 로터 추진력 증가율을 보인다.

**18** **영각(받음각)에 대한 설명 중 틀린 것은?**

① Airfoil의 익현선과 합력 상대풍의 사이 각
② 취부각(붙임각)의 변화 없이도 변화될 수 있다.
③ 양력과 항력의 크기를 결정하는 중요한 요소
④ 영각(받음각)이 커지면 양력이 작아지고 영각이 작아지면 양력이 커진다.

**영각(받음각)이란** Airfoil의 익현선과 합력 상대풍의 사이 각. 영각은 공기역학적인 각이므로 취부각(붙임각)의 변화 없이도 변화될 수 있다. 또한 영각은 Airfoil에 의해서 발생되는 양력과 항력의 크기를 결정하는 중요한 요소. 영각이 커지면 양력이 커지고, 그만큼 항력은 감소하는 상관관계가 형성된다.

**19** **항공기에 작용하는 세 개의 축이 교차되는 곳은 어디인가?**

① 무게 중심
② 압력 중심
③ 가로축의 중간지점
④ 세로축의 중간지점

공중에서 움직이는 비행체(=항공기)는 힘의 균형을 이루는 균형점 즉 무게의 중심점이 있으며, 모든 비행체(=항공기)는 무게 중심점(CG)을 통과하는 축이 형성된다.

**20** **고유의 안정성이란 무엇을 의미하는가?**

① 이착륙 성능이 좋다.
② 실속이 되기 어렵다.
③ 스핀이 되지 않는다.
④ 조종이 보다 용이하다.

안정성 : 항공기가 일정한 비행 상태를 계속해서 유지할 수 있는 정도를 말한다.

**21** **유도기류의 설명 중 맞는 것은?**

① 취부각(붙임각)이 "0"일 때 Airfoil을 지나는 기류는 상, 하로 흐른다.
② 취부각의 증가로 영각(받음각)이 증가하면 공기는 위로 가속하게 된다.
③ 공기가 로터 블레이드의 움직임에 의해 변화된 하강기류를 말한다.
④ 유도기류 속도는 취부 각이 증가하면 감소한다.

**유도기류란** 공기가 로터 블레이드의 움직임에 의해 변화된 하강기류를 뜻한다. 취부각(붙임각)이 "0" 일 때 Airfoil을 지나는 기류는 그대로 평행하게 흐른다. 그러나 취부각 증가로 영각(받음각)이 증가되면 공기는 아래로 가속하게 된다. 유도기류 속도는 취부각이 증가할수록 증가하게 된다.

**22** **회전익 비행장치의 유동력 침하가 발생될 수 있는 비행조건이 아닌 것은?**

① 깊은 각(300 feet per minute이상)으로 접근 시
② 배풍 접근 시
③ 지면효과 밖에서 하버링을 하는 동안 일정한 고도를 유지하지 않을 때
④ 편대비행 접근 시

**정답** 17.① 18.④ 19.① 20.④ 21.③ 22.③

## 23 상대풍의 설명 중 틀린 것은?

① Airfoil에 상대적인 공기의 흐름이다.
② Airfoil의 움직임에 의해 상대풍의 방향은 변하게 된다.
③ Airfoil의 방향에 따라 상대풍의 방향도 달라지게 된다.
④ Airfoil이 위로 이동하면 상대풍도 위로 향하게 된다.

Airfoil이 위로 이동하면 상대풍은 아래로 향하게 된다.

## 24 날개의 상하부를 흐르는 공기의 압력차에 의해 발생하는 압력의 원리는?

① 작용-반작용의 법칙
② 가속도의 법칙
③ 베르누이의 정리
④ 관성의 법칙

베르누이가 정리한 법칙으로 "정압과 동압을 합한 값은 그 흐름 속도가 변하더라도 언제나 일정하다"고 했다.

## 25 무인회전익 비행장치의 특징이 아닌 것은 무엇인가?

① 전진비행 ② 후진비행
③ 회전비행 ④ 배면 비행

## 26 아래 설명은 어떤 원리를 설명하는 것인가?

**메인 로터와 테일 로터의 상관관계**

- 동축 헬리콥터의 아래 부분 로터는 시계방향으로 회전하고, 윗 부분 로터는 반시계 방향으로 회전한다.
- 종렬식 헬리콥터의 앞 부분 로터는 시계방향으로 회전하고 뒷 부분 로터는 반시계 방향으로 회전한다.

① 토크 상쇄
② 전이성향 해소
③ 횡단류 효과 억제
④ 양력 불균형 해소

## 27 베르누이 정리에 의한 압력과 속도와의 관계는?

① 압력증가, 속도 증가
② 압력증가, 속도 감소
③ 압력증가, 속도 일정
④ 압력감소, 속도 일정

## 28 항력과 속도와의 관계 설명 중 틀린 것은?

① 항력은 속도제곱에 반비례한다.
② 유해항력은 거의 모든 항력을 포함하고 있어 저속 시 작고, 고속 시 크다.
③ 형상항력은 블레이드가 회전할 때 발생하는 마찰성 저항이므로 속도가 증가하면 점차 증가한다.
④ 유도항력은 하강풍인 유도기류에 의해 발생하므로 저속과 제자리 비행 시 가장 크며, 속도가 증가할수록 감소한다.

항력은 속도제곱에 비례한다. 즉, 속도가 많아지면 항력도 커진다.

## 29 베르누이 정리에 대한 바른 설명은?

① 정압이 일정하다.
② 동압이 일정하다
③ 전압이 일정하다
④ 동압과 전압의 합이 일정하다.

본문 베르누이 정리 참고

정답 23.④ 24.③ 25.④ 26.① 27.② 28.① 29.③

**30 베르누이 정리에 대한 바른 설명은?**

① 베르누이 정리는 밀도와는 무관하다.
② 유체의 속도가 증가하면 정압이 감소한다.
③ 위치 에너지의 변화에 의한 압력이 동압이다.
④ 정상 흐름에서 정압과 동압의 합은 일정하지 않다.

**31 지면효과를 받을 때의 설명 중 잘못된 것은?**

① 받음 각이 증가한다.
② 항력의 크기가 증가한다.
③ 양력의 크기가 증가한다.
④ 같은 출력으로 많은 무게를 지탱할 수 있다.

**32 지면효과에 대한 설명 중 가장 옳은 것은?**

① 지면효과에 의해 회전날개 후류의 속도는 급격하게 증가되고 압력은 감소한다.
② 동일 엔진일 경우 지면효과가 나타나는 낮은 고도에서 더 많은 무게를 지탱할 수 있다.
③ 지면효과는 양력 감소현상을 초래하기는 하지만 항공기의 진동을 감소시키는 등 긍정적인 면도 있다.
④ 지면효과는 양력의 급격한 감소현상과 같은 헬리콥터의 비행성에 항상 불리한 영향을 미친다.

**33 블레이드가 공기를 지날 때 표면마찰(점성마찰)로 인해 발생하는 마찰성 저항으로 발생하는 항력은?**

① 유도항력
② 유해항력
③ 형상항력
④ 총항력

**34 다음 중 날개의 받음각에 대한 설명이다. 틀린 것은?**

① 기체의 중심선과 날개의 시위선이 이루는 각이다.
② 공기흐름의 속도방향과 날개꼴의 시위선이 이루는 각이다.
③ 받음각이 증가하면 일정한 각까지 양력과 항력이 증가한다.
④ 비행 중 받음각은 변할 수 있다.

**35 날개에서 양력이 발생하는 원리의 기초가 되는 베르누이 정리에 대한 설명이다. 틀린 것은?**

① 전압(Pt)=동압(O)+정압(P)
② 흐름의 속도가 빨라지면 동압이 증가하고 정압이 감소한다.
③ 음속보다 빠른 흐름에서는 동압과 정압이 동시에 증가한다.
④ 동압과 정압의 차이로 비행속도를 측정할 수 있다.

**36 착륙 접근 중 안전에 문제가 있다고 판단하여 다시 이륙하는 것을 무엇이라 하는가?**

① 하드랜딩 ② 복행
③ 플로팅 ④ 바운싱

✔ **하드랜딩** : 수직속도가 남아 있어 강한 충격으로 착륙(지) 하는 현상
✔ **바운싱** : 부적절한 착륙자세나 과도한 침하율로 인하여 착지 후 공중으로 다시 떠오르는 현상
✔ **프로팅** : 접근 속도가 정상접근 속도보다 빨라 침하하지 않고 떠 있는 현상

정답 **30.②** **31.②** **32.②** **33.③** **34.①** **35.③** **36.②**

**37** 블레이드에 대한 설명 중 틀린 것은?

① 익근의 꼬임각이 익단의 꼬임각보다 작게 한다.
② 길이에 따라 익근의 속도는 느리고 익단의 속도는 빠르게 회전한다.
③ 익근의 꼬임각이 익단의 꼬임각보다 크게 한다.
④ 익근과 익단의 꼬임각이 서로 다른 이유는 양력의 불균형을 해소하기 위함이다.

**38** 세로 안정성과 관계있는 운동은 무엇인가?

① Yawing　② Rolling
③ Pitching　④ Rolling & Yawing

**39** 멀티콥터의 이동방향이 아닌 것은?

① 전진　② 후진
③ 회전　④ 배면

**40** 토크작용은 어떤 운동법칙에 해당되는가?

① 관성의 법칙
② 가속도의 법칙
③ 작용과 반작용의 법칙
④ 연속의 법칙

회전하는 물체 즉 로터가 시계반대방향으로 회전할 때 이에 대한 반작용으로 기체는 시계방향으로 회전하려는 성질을 토크작용라고 한다.

**41** 무인동력비행장치의 전, 후진비행을 위하여 어떤 조종장치를 조작하는가 ?

① 스로틀　② 피치
③ 롤　④ 요우

스로틀 – 이, 착륙,　롤 – 좌, 우 이동,
요우 – 좌, 우 선회

**42** 무인헬리콥터와 멀티콥터의 양력발생원리 중 맞는 것은?

① 멀티콥터 : 고정 피치
② 멀티콥터 : 변동 피치
③ 헬리콥터 : 고정 피치
④ 헬리콥터 : 고정 및 변동 피치

**43** 멀티콥터 암의 한쪽 끝에 모터와 로터를 장착하여 운용할 때 반대쪽에 작용하는 힘의 법칙은 무엇인가?

① 관성의 법칙
② 가속도의 법칙
③ 작용과 반작용의 법칙
④ 연속의 법칙

**44** 쿼드 X형 멀티콥터가 전진비행 시 모터(로터포함)의 회전속도 변화 중 맞는 것은?

① 앞의 두 개가 빨리 회전한다.
② 뒤의 두 개가 빨리 회전한다.
③ 좌측의 두 개가 빨리 회전한다.
④ 우측의 두 개가 빨리 회전한다.

**45** 멀티콥터나 무인회전익비행장치의 착륙 조작 시 지면에 근접 시 힘이 증가되고 착륙 조작이 어려워지는 것은 어떤 현상 때문인가?

① 지면효과를 받기 때문
② 전이성향 때문
③ 양력불균형 때문
④ 횡단류효과 때문

**46** 멀티콥터의 이동비행 시 속도가 증가될 때 통상 나타나는 현상은?

① 고도가 올라간다.
② 고도가 내려간다.
③ 기수가 좌로 돌아간다.
④ 기수가 우로 돌아간다.

37.① 38.③ 39.④ 40.③ 41.② 42.① 43.③ 44.② 45.① 46.②

**47** **무인동력비행장치의 수직 이, 착륙비행을 위하여 어떤 조종장치를 조작하는가?**

① 스로틀 ② 피치
③ 롤 ④ 요우

**피치** – 전, 후진, **롤** – 좌, 우 이동,
**요우** – 좌, 우 선회

**48** **'실속'의 설명으로 맞는 것을 고르시오.**

① 기체를 급격히 감속한 것
② 지상에서 주행 중인 기체를 정지한 것
③ 날개가 임계각을 초과하여 양력을 상실함
④ 대기 속도계의 고장으로 속도를 알 수 없게 된 것

**49** **안정성에 관하여 연결한 것 중 틀린 것은 ?**

① 가로 안정성 – rolling
② 세로 안정성 – pitching
③ 방향 안정성 – yawing
④ 방향 안정성 – rolling & yawing

**50** **날개에 있어서 양력과 항력의 합성력이 실제로 작용하는 작용점으로 받음각이 변화함에 따라 위치가 변화하며 모든 항공역학적인 힘들이 집중되는 점을 무엇이라 하는가?**

① 압력중심 ② 공력중심
③ 무게중심 ④ 평균공력시위

✔ **압력중심** : 에어포일 표면에 작용하는 분포된 압력의 힘으로 한 점에 집중적으로 작용한다고 가정할 때 이 힘의 작용점, 모든 항공역학적 힘들이 집중되는 에어포일의 익현선상의 점(풍압중심). 즉, 날개(Airfoil)에 있어서 양력과 항력의 합성력(압력)이 실제로 작용하는 작용점으로서 받음각이 변화함에 따라서 위치가 변화한다.
✔ **공력중심** : 에어포일의 피칭 모멘트의 값이 받음각이 변화하더라도 그 점에 관한 모멘트 값이 거의 변화하지 않는 가상의 점(=공기력 중심).
✔ **무게중심** : 중력에 의한 알짜 토크가 0인 점.

**51** **다음 날개의 공기흐름 중 기류 박리에 대한 설명으로 틀린 것은?**

① 날개 표면에 흐르는 기류가 날개의 표면과 공기입자 간의 마찰력으로 인해 표면으로부터 떨어져 나가는 현상을 말한다.
② 날개의 표면과 공기입자 간의 마찰력으로 공기 속도가 감소하여 정체구역이 형성된다.
③ 경계층 밖의 기류는 정체점을 넘어서게 되고 경계층이 표면에 박리되게 된다.
④ 기류 박리는 양력과 항력을 급격히 증가시킨다.

기류 박리는 양력을 파괴시키고 항력은 급격히 증가시킨다.

**52** **다음 중 비행장치에 작용하는 힘의 방향(양력, 항력, 중력, 추력)과 속도와의 관계 설명 중 틀린 것은?**

① 항력은 속도의 제곱에 비례한다.
② 양력은 받음각이 증가하면 증가한다.
③ 중력은 속도에 비례한다.
④ 추력은 받음각의 상관없다.

중력은 속도에 반비례한다. 즉 무게가 증가하면 속도는 상대적으로 줄어든다.

**53** **다음 중 양력의 성질을 설명한 것 중 맞는 것은?**

① 양력이란 합력 상대풍에 수평으로 작용하는 항공역학적인 힘이다.
② 양력은 양력계수, 공기밀도, 속도의 제곱, 날개의 면적에 반비례한다.
③ 피치적용에 의해 나타나는 양력계수와 항공기 속도는 조종사가 변화시킬 수 있다.
④ 양력의 양은 조종사가 모두 조절할 수 있다.

**정답** 47.① 48.③ 49.④ 50.① 51.④ 52.③ 53.③

① 양력이란 합력 상대풍에 수직으로 작용하는 항공역학적인 힘이다.
② 양력은 양력계수, 공기밀도, 속도의 제곱, 날개의 면적에 비례한다.
④ 양력의 양은 조종사가 조절할 수 있는 것은 양력계수와 항공기 속도이며, 나머지는 할 수 없는 것으로 구분된다.

**54 운동하는 방향이 바뀌거나 다른 방향으로 옮겨지는 현상으로 토크작용과 토크작용을 상쇄하는 꼬리날개의 추진력이 복합되어 기체가 우측으로 편류하려고 하는 현상을 무엇이라 하는가?**

① 전이성향 ② 전이비행
③ 횡단류 효과 ④ 지면효과

**55 멀티콥터의 로터가 6개인 멀티콥터를 무엇이라 하는가?**

① Quad copter ② Tri copter
③ Hexa copter ④ Octo copter

① Quad copter : 4개
② Tri copter : 3개
④ Octo copter : 8개

**56 X자형 멀티콥터가 우로 이동 시 로터는 어떻게 회전 하는가?**

① 왼쪽은 시계방향으로, 오른쪽은 하단에서 반시계 방향으로 회전한다.
② 왼쪽은 반시계방향으로, 오른쪽은 하단에서 반시계 방향으로 회전한다.
③ 왼쪽 2개가 빨리 회전하고, 오른쪽 2개는 천천히 회전한다.
④ 왼쪽 2개가 천천히 회전하고, 오른쪽 2개는 빨리 회전한다.

**57 비행장치에 작용하는 힘이 아닌 것은?**

① 양력 ② 항력
③ 중력 ④ 압축력

양력, 추력, 항력, 중력

**58 다음 중 받음각에 대한 설명으로 올바른 것은?**

① 익현선과 동체 기준선이 이루는 각
② 익현선과 미익의 익현선이 이루는 각
③ 익현선과 추력선이 이루는 각
④ 익현선과 상대풍의 진행 방향이 이루는 각

**59 멀티콥터의 수직착륙 시 조종방법은?**

① 스로틀 상승
② 스로틀 하강
③ 피치 전진
④ 피치 후진

**60 양력발생에 영향을 미치는 것이 아닌 것은?**

① 속도
② 받음각
③ 해발고도
④ 장애물이 없는 지역

**61 다음 중 지면효과를 받을 때의 현상과 거리가 먼 것은?**

① 유도기류 속도가 감소한다.
② 유도항력이 감소한다.
③ 영각(받음각)이 증가한다.
④ 수직양력이 감소한다.

영각(받음각)이 증가하므로 수직양력은 증가한다.

정답 54.① 55.③ 56.③ 57.④ 58.④ 59.② 60.④ 61.④

**62** 25kg의 비행장치가 60도 경사로 동 고도 선회 시 총 하중계수는 얼마인가?

① 25kg ② 37.5kg
③ 50kg ④ 77.5kg

45도 경사는 1.5배, 60도 경사는 2배이다.

**63** 다음 중 항공기와 무인비행장치에 작용하는 힘에 대한 설명 중 틀린 것은?

① 양력의 크기는 속도의 제곱에 비례 한다.
② 항력은 비행기의 받음각에 따라 변한다.
③ 추력은 비행기의 받음각에 따라 변하지 않는다.
④ 중력은 속도에 비례한다.

중력이 무거우면 속도가 감소된다.

**64** 회전익비행장치의 유동력 침하가 발생될 수 있는 비행조건이 아닌 것은?

① 깊은 각(300feet per minute)으로 접근 시
② 배풍접근 시
③ 지면효과 밖에서 호버링을 하는 동안 일정한 고도를 유지하지 않을 때
④ 편대비행 접근 시

**65** 회전익비행장치가 제자리 비행 상태로부터 전진비행으로 바뀌는 과도적인 상태는?

① 횡단류 효과
② 전이 비행
③ 자동 회전
④ 지면 효과

전익 계통의 효율이 증대되어 제자리 비행에서 전진비행으로 전환되는 것.

**66** 다음 중 무인회전익비행장치가 고정익형 무인비행기와 비행특성이 가장 다른 점은?

① 우 선회비행 ② 정지비행
③ 좌 선회비행 ④ 전진비행

회전익의 가장 큰 장점이자 차이점은 정지비행 즉 제자리비행(Hovering)이 가능한 것이다.

**67** 다음 중 옥토콥터의 로터 개수는?

① 3개 ② 4개
③ 6개 ④ 8개

**트라이 콥터** : 3개, **쿼드콥터** : 4개
**헥사콥터** : 6개, **옥토콥터** : 8개

**68** 다음 중 헬리콥터나 멀티콥터의 구조 중 Skid에 관한 설명으로 올바른 것은?

① 발연장치 ② 착륙장치
③ 유압장치 ④ 발전장치

**69** 프로펠러(propeller)의 정확한 의미로 가장 적절한 것은?

① 항공기나 선박에 추력(추진력, 전방으로 이동하는 힘)을 부여하는 장치
② 항공기나 선박에 양력(공중으로 부양시키는 힘)을 부여하는 장치
③ 항공기나 선박에 항력(공기 중에 저항받는 힘)을 부여하는 장치
④ 항공기나 선박에 중력(중량, 무게)을 부여하는 장치

항공기나 선박에서 엔진의 회전력을 추진력으로 전환하는 장치로서 드론의 날개를 프로펠러 또는 프롭이라고 표현하는 것은 신중히 고려하여야 하며, 드론 등 회전익에서는 로터(Rotor)라고 표현하는 것이 올바른 표현이라고 할 수 있다.

**정답** 62.③ 63.④ 64.③ 65.② 66.② 67.④ 68.② 69.①

**70** **로터(Rotor) 또는 블레이드(Blade)의 정확한 의미로 가장 적절한 것은?**

① 항공기나 드론에 추력(추진력, 전방으로 이동하는 힘)을 부여하는 장치
② 항공기나 드론에 양력(공중으로 부양시키는 힘)을 부여하는 장치
③ 항공기나 드론에 항력(공기 중에 저항받는 힘)을 부여하는 장치
④ 항공기나 드론에 중력(중량, 무게)을 부여하는 장치

헬리콥터나 드론과 같이 수직으로 상승하는 데 필요한 양력을 발생시키는 회전날개. 따라서 로터는 항공기와 선박에 고정되어 추진력을 부여하는 장치인 프로펠러처럼 회전축이 고정되어 있지 않고 기울일 수 있게 되어 있음. Blade는 한 개를 의미하고 Rotor는 2개 이상 통합된 것을 의미한다.

**71** **멀티콥터의 Heading을 원 선회 중심을 향한 상태에서 선회하기 위해 필요한 키의 조합으로 가장 적절한 것은?(단 무조작에서 기체 고도는 일정하다고 가정한다.)**

① 스로틀, 피치
② 피치, 요우
③ 요우, 피치
④ 피치, 스로틀

**72** **멀티콥터 조종 시 옆에서 바람이 불고 있을 경우, 기체 위치를 일정하게 유지하기 위해 필요한 조작으로 가장 알맞은 것은?**

① 스로틀을 올린다.
② 피치를 조작한다.
③ 롤을 조작한다.
④ 랜딩기어를 내린다.

**73** **멀티콥터의 기체특성으로 올바른 것은?(단, 회전익의 피치는 고정되어 있다는 것으로 간주한다.)**

① 좌우로 이동할 수 없다.
② 후진할 수 없다.
③ 요잉을 할 수 없다.
④ 급격한 강하를 할 수 없다.

**74** **회전익 비행장치의 등속도 수평 비행을 하고 있을 때 작용하는 힘으로 맞는 조건은?**

① 추력 = 항력, 양력 = 무게
② 추력 = 양력 + 항력
③ 추력 = 양력 + 항력 + 중력
④ 추력 = 양력 + 중력

**75** **대기 속도에 관한 설명으로 가장 올바른 것은?**

① 지상에서 본 기체의 상대속도
② 지상에서 본 기류의 상대속도
③ 기체와 대기의 상대속도
④ GPS를 통해 측정한 속도

**76** **실속에 대한 설명으로 가장 올바른 것은?**

① 기체를 급속하게 감속시키는 것을 말한다.
② 땅 주위를 주행 중인 기체를 정지 시키는 것을 말한다.
③ 날개가 실속 받음각을 초과하여 양력을 잃는 것을 말한다.
④ 대기속도계가 고장이 나서 속도를 알 수 없게 되는 것을 말한다.

**70.②　71.③　72.③　73.④　74.①　75.③　76.③**

**77** **지면효과에 대한 설명으로 잘못된 것은?**

① 지면효과가 발생하면 양력을 상실 해 추락한다.
② 기체의 비행으로 인해 밑으로 부는 공기가 지면에 부딪혀 공기가 압축되는 현상이다.
③ 지면효과가 발생하면 더 적은 동력으로 양력을 발생시킬 수 있다.
④ 지면효과가 발생하면 착륙하기 어려워지는 경우가 있다.

**78** **헥사콥터의 로터 하나가 비행 중에 회전수가 감소될 경우 발생할 수 있는 현상으로 가장 가능성이 높은 것은?**

① 전진을 시작한다.
② 상승을 시작한다.
③ 진동이 발생한다.
④ 요잉현상을 발생하면서 추락한다.

**요잉** : 기수의 좌, 우 운동

**79** **멀티콥터(고정피치)의 조종방법 중 가장 위험을 동반하는 것은?**

① 수직으로 상승하는 조작
② 요잉을 반복하는 조작
③ 후진하는 조작
④ 급강하하는 조작

급강하하는 조작이 가장 위험을 동반한다.

**80** **다음 물리량 중 벡터 량이 아닌 것은?**

① 속도 ② 가속도 ③ 중량 ④ 질량

벡터량은 크기와 방향을 나타내며, 속도, 가속도, 중량, 양력, 항력 등이 포함되며, 스칼라량은 크기를 나타내며, 질량, 부피, 길이, 면적 등이 포함된다.

**81** **측풍착륙(Cross wind Landing)의 종류가 아닌 것은?**

① 크랩착륙
② 사이드슬립착륙
③ 디크랩착륙
④ 포워드슬립착륙

측풍 접근 및 착륙 기법에는 크랩 방법과 윙로 방법을 중심으로 ① 크랩, ② 윙로(사이드슬립), ③ 플래어 중 디크랩, ④ 크랩-윙로 등과 같이 4가지 기법이 있다.
[출처: https://sciencebooks.tistory.com/1301]

**82** **상, 하, 좌, 우 모든 방향에 관계없이 일정하게 압력이 작용하는 것은?**

① 동압 ② 정압
③ 유압 ④ 풍압

**83** **다음 베르누이 정리와 연계한 양력발생원리 설명 중 틀린 것은?**

① 날개의 정체점에서 발생된 높은 압력의 파장에 의해 분리된 공기는 후연에서 다시 만난다.
② 날개의 상부는 곡선율과 취부각(붙임각)으로 공기의 이동거리가 길다.(속도증가, 등압증가, 정압감소)
③ 날개의 하부는 이동거리가 짧다.(속도감소, 동압감소, 정압증가)
④ 모든 물체는 공기의 압력(정압)이 낮은 곳에서 높은 곳으로 이동한다.

**84** **다음 중 항공기 형체나 표면 마찰, 크기, 설계 등 외부부품에 의해 발생하는 항력은?**

① 유도항력 ② 형상항력
③ 유해항력 ④ 마찰항력

**정답** 77.① 78.④ 79.④ 80.④ 81.④ 82.② 83.④ 84.③

**85** **다음 중 멀티콥터나 회전익 항공기가 지면 가까이서 제자리비행을 할 때 나타나는 현상이 아닌 것은?**

① 유도기류
② 익단 원형와류
③ 지면효과
④ 회전운동의 세차

회전운동의 세차란 회전하는 물체에 힘을 가했을 때 힘을 가한 곳으로부터 90도 지난 지점에서 현상이 나타나는 것을 말한다.

**86** **멀티콥터의 비행원리 설명 중 틀린 것은?**

① 공중으로 뜨는 힘은 기본적으로 헬리콥터와 같아 로터가 발생시키는 양력에 의한다.
② 멀티콥터는 인접한 로터를 역방향으로 회전시켜 토크를 상쇄 시킨다.
③ 멀티콥터는 테일 로터는 필요하지 않고 모든 로터가 수평상태에서 회전해 양력을 얻는다.
④ 멀티콥터도 상호 역방향 회전으로 토크를 상쇄시킨 결과 헬리콥터와 같이 이륙 시 전이성향이 나타난다.

인접한 로터를 역방향으로 회전시킴으로서 전이성향은 나타나지 않는다.

**87** **비대칭형 Blade의 특징으로 틀린 것은?**

① 날개의 상, 하부 표면이 비대칭이다.
② 대칭형에 비해 양력 발생효율이 향상되었다.
③ 압력중심 위치이동이 일정하다.
④ 대칭형에 비해 가격이 높고 제작이 어렵다.

압력중심 위치이동이 많다(비틀림이 발생)

**88** **다음 중 양력의 성질 설명 중 틀린 것은?**

① 양력은 양력계수, 공기밀도, 속도의 제곱, 날개의 면적에 반비례한다.
② 양력계수란 날개에 작용하는 힘에 의해 부양하는 정도를 수치화한 것이다.
③ 양력의 양은 조종사가 조절할 수 있는 것과 조절할 수 없는 것으로 구분된다.
④ 양력계수와 항공기 속도는 조종사가 변화시킬 수 있다.

양력은 양력계수, 공기밀도, 속도의 제곱, 날개의 면적에 비례한다.

**89** **받음각이 변하더라도 모멘트의 계수의 값이 변하지 않는 점을 무슨 점이라 하는가?**

① 공기력 중심 ② 압력중심
③ 반력중심 ④ 중력중심

① **공기력중심** : 에어포일의 피칭 모멘트의 값이 받음각이 변화하더라도 그 점에 관한 모멘트 값이 거의 변화하지 않는 가상의 점
② **압력중심** : 에어포일 표면에 작용하는 분포된 압력의 힘으로 한 점에 집중적으로 작용한다고 가정할 때 이 힘의 작용점, 모든 항공역학적 힘들이 집중되는 에어포일의 익현선상의 점(풍압중심). 즉, 날개(Airfoil)에 있어서 양력과 항력의 합성력(압력)이 실제로 작용하는 작용점으로서 받음각이 변화함에 따라서 위치가 변화한다.
④ **중력(무게)중심** : 중력에 의한 알짜 토크가 0인 점.

**90** **회전익에서 양력발생 시 동반되는 하향기류 속도와 날개의 윗면과 아랫면을 통과하는 공기흐름을 저해하는 와류에 의해 발생되는 항력은?**

① 유도항력 ② 형상항력
③ 유해항력 ④ 마찰항력

정답 **85.**④ **86.**④ **87.**③ **88.**① **89.**① **90.**①

**91** 무인 회전익의 전진 비행 시 힘의 형식에 맞는 것은?

① 추력 〉 항력
② 무게 〈 양력
③ 양력 〉 추력
④ 항력 〈 양력

**92** 이륙거리를 짧게 하는 방법으로 적당하지 않은 것은?

① 추력을 크게 한다.
② 비행기 무게를 작게 한다.
③ 배풍으로 이륙을 한다.
④ 고양력장치를 사용한다.

배풍(뒷바람)을 받고 이륙하면 이륙거리가 길어진다.

**93** 양력에 대한 설명 옳은 것은?

① 양력은 항상 중력의 반대방향으로 작용한다.
② 속도의 제곱에 비례하고 받음각의 영향을 받는다.
③ 속도의 변화가 없으면 양력의 변화가 없다
④ 유체의 흐름 방향에 대한 수평으로 작용하는 힘이다.

**94** 양력을 발생시키는 원리를 설명할 수 있는 법칙은?

① 파스칼 원리
② 에너지 보존법칙
③ 베르누이정리
④ 작용과 반작용법칙

**95** 날개에 작용하는 양력에 대한 설명으로 맞는 것은?

① 양력은 날개의 시위선 방향의 수직 아래 방향으로 작용한다.
② 양력은 날개의 받음각 방향의 수직 아래 방향으로 작용한다.
③ 양력은 날개의 상대풍이 흐르는 방향의 수직 아래 방향으로 작용한다.
④ 양력은 날개의 상대풍이 흐르는 방향의 수직 위 방향으로 작용한다.

**96** 다음 중 Hovering시 중력과 힘의 크기가 같은 것은 어느 것인가?

① 항력 ② 양력
③ 추력 ④ 공력

Hovering이란 공중의 어느 한 지점에 전, 후, 좌, 우, 상, 하 움직임 없이 머무르는 기술로 중력과 크기가 같아야 하는 것은 양력이다.

**97** 멀티콥터와 같이 회전익의 로터(블레이드)가 회전하면서 공기 마찰에 의해 발생하는 항력은 무엇인가?

① 유도항력 ② 유해항력
③ 형상항력 ④ 총항력

형상항력은 마찰성 저항으로 로터(블레이드)가 회전할 때 공기 마찰에 의해 발행하는 항력이다.

**98** 항공기를 비행 중에 상승시키고자 한다. 어떤 힘을 변화시켜야 하는가?

① 항력 ② 양력
③ 중력 ④ 추력

상승시키는 힘은 양력이다.

정답 91.① 92.③ 93.② 94.③ 95.④ 96.② 97.③ 98.②

**99** 공중의 한 지점에 일정한 고도와 방향을 유지하면서 공중에 머무는 비행술은?

① 제자리 비행 ② 전진비행
③ 후진비행 ④ 선회비행

**100** 다음은 지면효과를 받을 때의 설명이다. 틀린 것은?

① 영각이 증가한다.
② 멀티콥터의 무게를 유지하는데 효과적이다.
③ 하강기류가 지면과 충돌하고 그 속도가 느려 양력이 증가한다.
④ 항력이 증가하고 추력은 감소한다.

항력이나 추력과는 관계없다.

**101** 초경량 비행장치 중 프로펠러가 4개인 멀티콥터를 무엇이라 부르는가?

① 옥토콥터 ② 헥사콥터
③ 쿼드콥터 ④ 트라이콥터

트라이 콥터(3개), 쿼드콥터(4개), 헥사콥터(6개), 옥토콥터(8개), 데카콥터(10개), 도데카콥터(12개), 데카헥사콥터(10+6=16개), 데카옥토콥터 (10+8=18개)

**102** 무인 멀티콥터가 이륙할 때 필요 없는 장치는 무엇인가?

① 모터 ② 변속기
③ 배터리 ④ GPS

GPS는 비행간 위치를 조절해 주는 장치이다.

**103** 총 무게가 30kg인 비행장치가 45도 경사로 동 고도로 선회할 때 총 하중계수는 얼마인가?

① 30kg ② 45kg
③ 50kg ④ 60kg

**104** 벡터에 관한 설명 중 틀린 것을 고르시오.

① 가속도 ② 속도
③ 양력 ④ 질량

**벡터**: 가속도, 속도, 중량, 양력, 항력 등
**스칼라**: 질량, 부피, 길이, 면적 등

**105** 비행체 구조의 크기나 모양에 의해 발생되는 저항은?

① 마찰항력 ② 유해항력
③ 유도항력 ④ 형상항력

**106** Hovering 시 영향을 미칠 요소로 틀린 것을 고르시오.

① 자연풍의 영향
② 블레이드가 만들어 내는 자체 바람의 영향
③ 기온의 영향
④ 요잉 성능의 영향

**107** 앞으로 나아가려는 기체에 대해 그것을 밀어내려는 힘으로 옳은 것?

① 추력 ② 양력
③ 항력 ④ 중력

정답 99.① 100.④ 101.③ 102.④ 103.② 104.④ 105.② 106.④ 107.③

**108** **기체에 작용하는 힘에 대한 설명 중 비행 중 기체에 작용하는 힘이 아닌 것은?**

① 기체 속도에 따라 무게 중심에 기준으로 상승하는 힘을 양력이라 한다.
② 기체의 양력을 방해하는 힘을 중력이라 한다.
③ 항력을 이기고 전진하는 힘을 추력이라 한다.
④ 기체에 작용하는 힘은 CG 포인트보다는 추력이 우선한다.

**109** **무인비행장치에 작용하는 4가지 힘에 대한 설명 중 맞는 것을 고르시오.**

① 추력(Thrust), 양력(Lift), 항력(Drag), 무게(Weight)
② 추력, 양력, 무게, 하중
③ 추력(Thrust), 모멘트(Moment), 항력(Drag), 중력(Weight)
④ 비틀림력(Torque), 양력(Lift), 항력(Drag), 중력(Weigh)

**110** **'피루엣'에 대한 설명으로 가장 적절한 것을 고르시오.**

① 전진하는 것
② 후퇴하는 것
③ 회전하는 것
④ 자연 낙하하는 것

**111** **다음은 비행 중 세로축으로 뱅크시킨 기체에 나타난 현상이다. 맞는 것은 무엇인가?**

① 뱅크시킨 기체는 엔진 또는 모터가 회전하는 한 속도와 관성이 있으므로 선회를 지속한다.
② 뱅크시킨 기체는 모터가 회전하는 한 속도와 관성이 있으므로 직진한다.
③ 합력의 방향이 아래를 향함으로 기수가 내려간다.
④ 뱅크를 주더라도 상반각으로 인해 복원한다.

**112** **비행장치의 착륙거리를 짧게 하는 방법 중 틀린 것은?**

① 착륙무게를 가볍게 한다.
② 접지속도를 작게 한다.
③ 배풍으로 착륙한다.
④ 항력을 크게 한다.

**113** **동력장치의 출력과 비행고도의 관계를 설명한 것으로 적절하지 않는 설명은?**

① 과급기가 없는 피스톤 엔진은 고도가 높아짐에 따라 출력이 급격히 감소한다.
② 엔진의 출력이 고도에 따라 변화하는 주된 이유는 공기의 밀도 변화이다.
③ 전기 동력이 사용되는 고정피치 프로펠러 비행기는 고도가 높아지더라도 추력의 변화가 없다.
④ 가스터빈 엔진을 장착한 항공기도 고도가 높아질수록 출력이 낮아진다.

정답 **108.**④ **109.**① **110.**③ **111.**① **112.**③ **113.**③

# 항공 기상

03

# 1 지구과학

## 1 | 지구

### 1. 태양계

태양을 중심으로 8개의 행성[1]이 공전하며, 태양의 인력에 의해서 주위를 회전한다. 이들 8개의 행성은 태양으로부터 수성-금성-지구-화성-목성-토성-천왕성-해왕성의 순서로 정렬[2]되어 있다. 태양계의 측면에서 보았을 때 지구(earth)도 하나의 행성에 불과하다. 지구의 환경은 엷은 대기층으로 둘러싸여 있고 한 개의 위성을 갖고 있는데 이것이 달이며, 지구 특유의 지구 자기장을 갖고 있다.

태양을 중심으로의 8개 행성

### 2. 지구의 모양

지구는 어떠한 형태일까? 대략적으로 둥그런 모양이지만 적도의 직경은 12,756.270km(반지름 6,378.135km) 그리고 양극의 직경은 12,713.500km(반지름 6,356.750km)이다. 이를 보면 가로세로비는 약 0.996이고 타원율은 0.003 정도가 되는 타원체이다. 지구의 한 가운데를 중심으로 가로축으로 볼 때 지구 모형의 위쪽을 북반구, 아래쪽을 남반구라 한다. 세로축으로는 북쪽 끝부분을 북극(north pole), 남쪽 끝부분을 남극(south pole)이라 한다.

---

1) 행성 : 태양 주위를 공전하면서 스스로 에너지를 생성하지 못하고 태양빛을 반사하여 빛을 발하는 천체
2) 명왕성 : 2006년 8월 국제 천문연맹으로부터 행성으로서의 지위를 박탈당하고 왜소 행성으로 변경되었다.

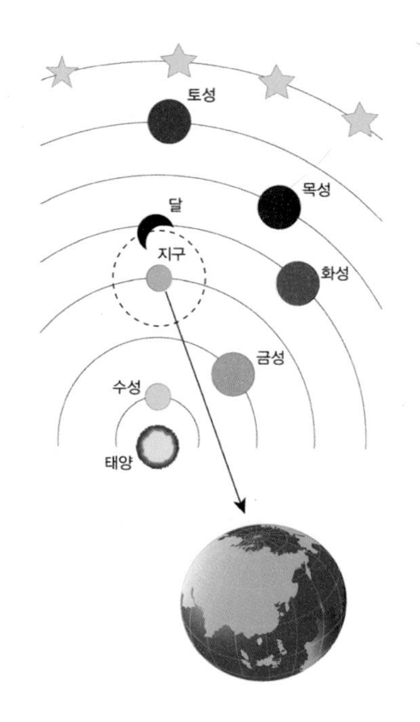


- 원형이 아닌 타원체(중앙 : 적도, 북·남반구)
- 적도 직경 : 12,756.270km
- 극의 직경 : 12,713.500km
  (태양 : 지구의 약 109배)
  ※ 가로, 세로비는 약 0.996이고, 타원율 0.003
- 지구 ↔ 태양 : 150,000,000km
  ※ 태양 5mm원(가정) : 지구 0.05mm
  (눈에 보이지 않을 정도의 점이며, 위치는 태양 원에서 약 50cm의 먼지 같은 점)
  ※ 거리가 매우 중요함.
  - 가까운 별 : 물 없고, 비도 내리지 않음
  - 멀리 있는 별 : 기온이 낮아서 극한의 별

지구의 모양

## 3. 자전과 공전

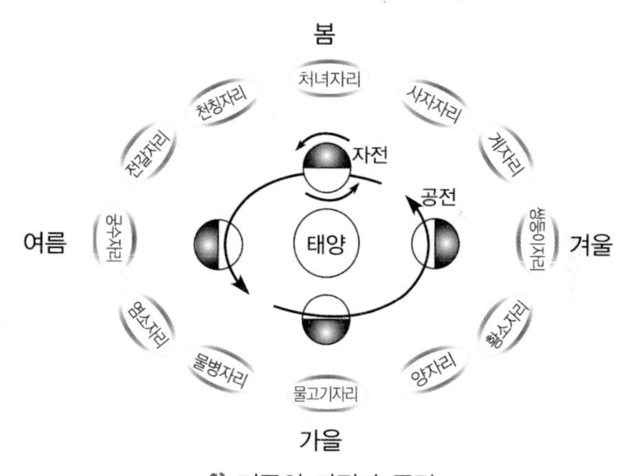


지구의 자전과 공전

지구를 포함한 모든 별과 행성은 자전과 공전을 한다. 이들의 회전은 탄생 초기의 거대한 먼지 구름의 회전 때문이다. 먼지의 밀도가 중심부분으로 집중되면서 인력에 의해 자연스럽게 끌려오는 운동이 그 시작이다. 먼지구름의 밀도는 일정치 않고 밀도가 큰 덩어리를 이루면서 중심부와 인력 경쟁을 하게 되며 이 과정에서 회전이 일어난다.

이런 원리로 볼 때 지구는 태양계의 한 행성으로서 태양의 인력에 의한 회전운동으로 자전(rotation)과 공전(revolution)을 한다. 자전이란 지축을 중심으로 회전하는 운동이다.

지구중심을 통과하고 북극과 남극을 연하는 가상 축으로 지구는 이 지축을 중심으로 회전한다. 지구의 자전속도는 적도를 기준으로 초당 약 465.11(m/s)의 속도로 회전한다.

공전은 행성의 일원으로 태양 주위를 일정한 궤도를 기리면서 회전하는 운동이다. 지구는 자전운동을 하면서 궤도의 한 위치에서 원래의 위치로 정확히 돌아오는데 약 365일이 소요된다. 지구의 공전속도는 평균 초당 29.783(km/s)로 회전하여 자전속도보다 비교가 되지 않을 정도로 빠르게 태양 주위를 돌고 있다. 이 같은 지구의 자전과 공전이 계속되면서 자전에 의한 낮과 밤이 연속적으로 이루어지고 공전에 의해서 사계절(four season)이 연속적으로 발생하는 것이다.

이 같은 지구의 운동은 지구의 환경과 기상 및 기후의 변화에 큰 영향을 미치는 요소이기 때문에 기상학뿐만 아니라 항공기 또는 드론을 운용하는 항공인 모두는 기초적인 지식이 필요한 이유이다. 지구의 형태에서 간과할 수 없는 것이 지축을 중심으로 지축이 오른쪽으로 약 23.5°정도가 기울어 있는 것을 볼 수 있다. 이를 자전축 기울기라고 하고 이 자전축 기울기는 태양으로부터 받아들일 수 있는 태양 복사열의 변화를 초래하는 요인이 되기도 한다.

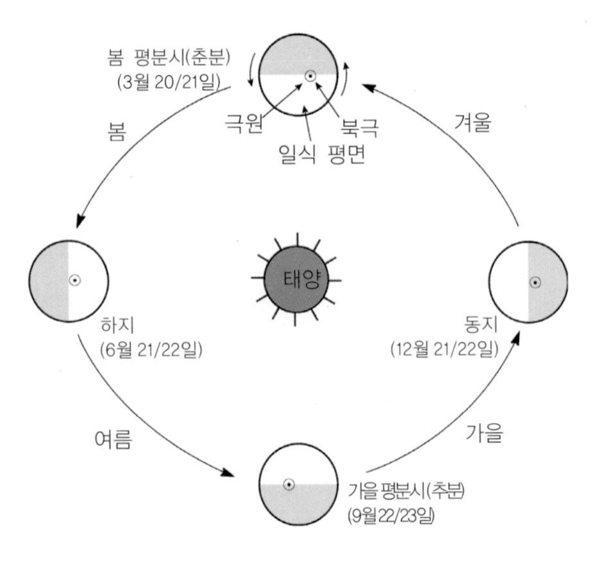


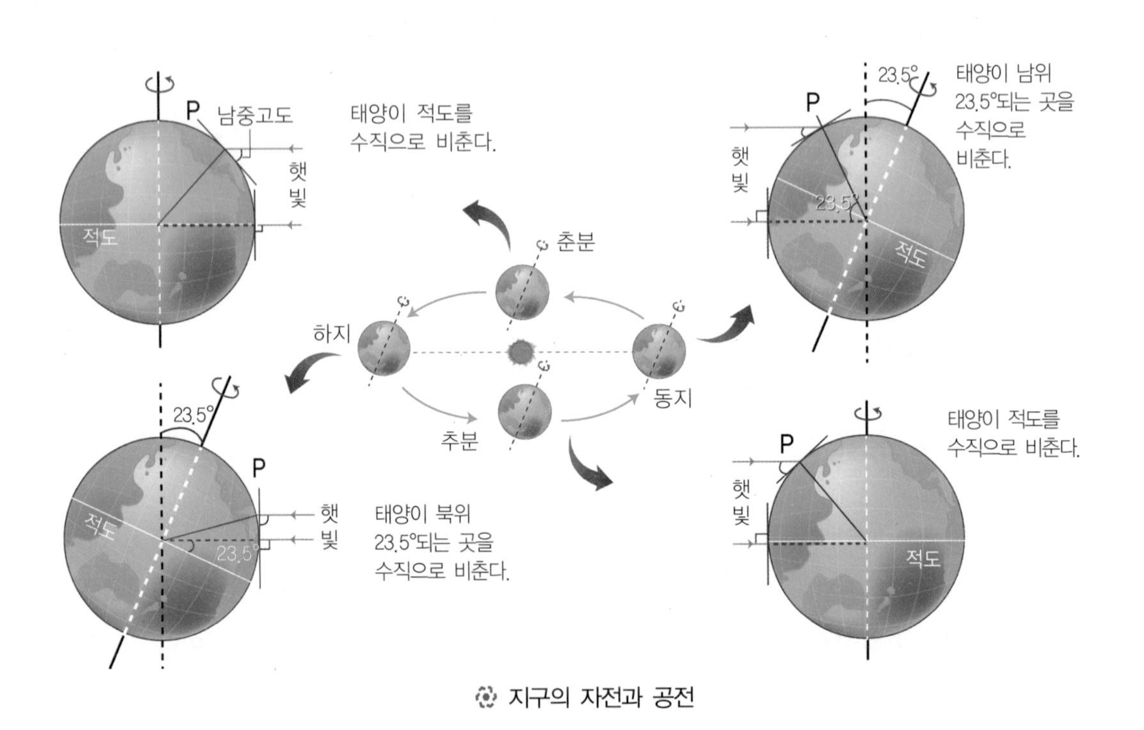


지구의 자전과 공전

## 4. 지구의 구성 물질

지구를 분석해 보면 29.2%는 육지(land)로 구성되어 있고 나머지 70.8%는 물(water)로 구성되어 있는 것으로 알려져 있다. 지구의 표면(surface)은 5개의 대양[3]과 6개의 대륙[4]으로 구분된다. 이들 대륙과 대양은 기상변화[5]의 발원지로 작용하기 때문에 기상학을 연구하는 사람이나 조종사 모두에게 매우 중요한 요인이다.

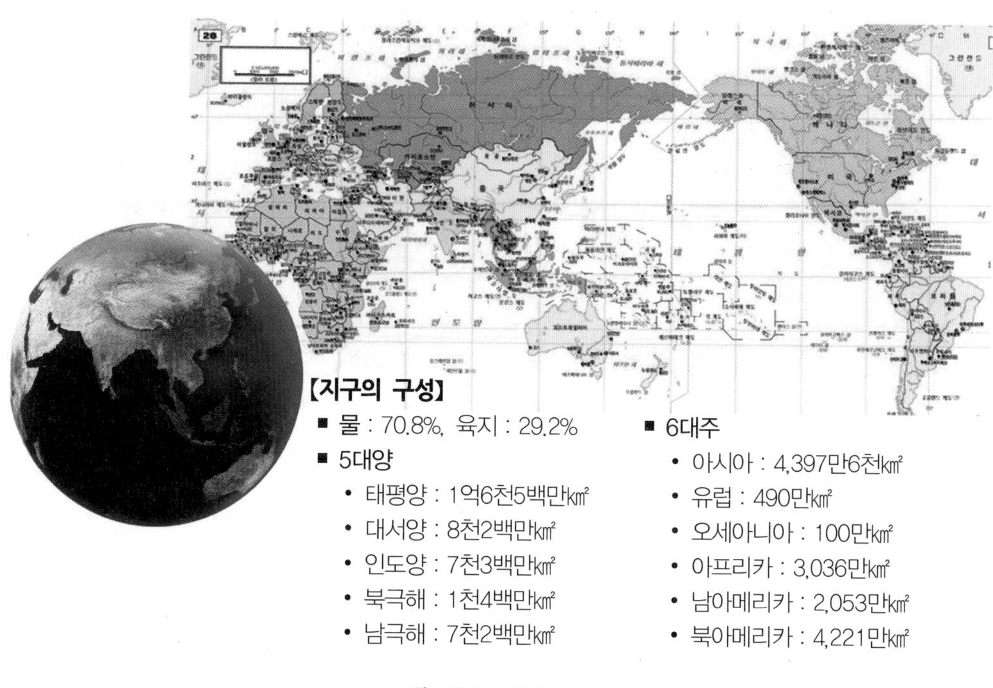


지구의 모습

## 5. 해수면

물은 유체(liquid)로서 어떠한 용기에 담더라도 수평을 이룬다. 이 같은 유체의 특성 그리고 지표면의 70% 이상인 점을 고려했을 때 지구 표면의 높이를 측정하기 위한 하나의 기준으로 선정되기에 충분하다. 따라서 해수면의 높이를 "0"으로 선정한다. 해수면의 높이는 어느 지역에서나 똑같을 수가 없다.

각국에서는 해수면의 기준을 선정하여 활용하는데 우리나라에서는 인천만의 평균 해수면의 높이를 "0"으로 선정하였고, 실제 높이를 알기 위해서 인천 인하대학교 구내에 수준 원점의 높이를 26.6871m로 지정하여 활용하고 있다.

3) 5대양(Oceans)은 태평양(Pacific), 대서양(Atlantic), 인도양(Indian), 북극해(North), 남극해(Antarctic)
4) 6대주(Continents)는 아시아(Asia), 유럽(Europe), 오세아니아(Oceania), 아프리카(Africa), 남아메리카(South America), 북아메리카(North America)
5) 기상의 7대 요소 : 기온, 기압, 습도, 구름, 강수, 시정, 바람

## 6. 방위

공중에서의 방향결정(orientation)은 매우 중요하며, 방향결정의 중요 수단은 나침반이다. 항공기에 사용되는 나침반은 아래의 그림과 같으며 나침반 문자판이 주축에 자유롭게 매달려 있는 구조로 되어 있다. 이를 작동시키기 위한 외부의 어떠한 전원이 필요하지 않는 방향지시계이다.

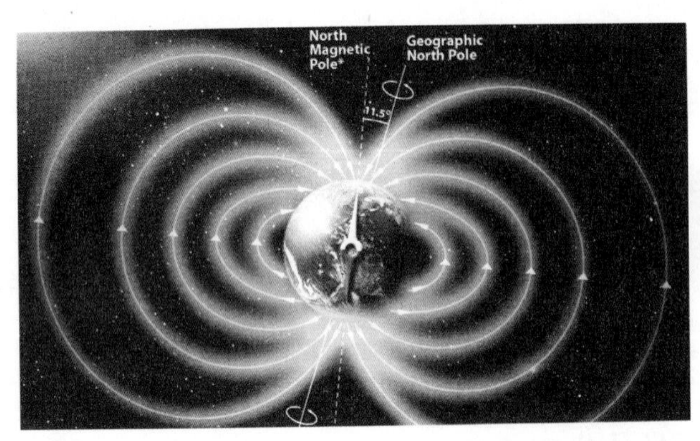

방위 지시계

자북(magnetic north)은 지구의 자기장에 의한 방위각이다. 나침반의 방위 지시침(needle)이 지시하는 방위는 자북을 기준으로 지시된다. 진북(true north)은 지구 자전축이 지나는 북쪽으로 북극성이 향하는 실제의 북쪽을 말한다. 따라서 항공기의 항법을 위해서 제작되는 시계비행 항공도는 지리적 북극을 기준으로 제작된다.

# 2 | 태양

## 1. 개요

태양(sun)은 지구에서 가장 가까이 있은 항성으로서 지구 기상과 생명체의 주요 에너지원(source)이다. 지구의 109배 정도의 반경과 33만 배의 질량을 가진 큰 항성으로 지구로부터 약 1억 5,000만km 거리에 있다. 표면온도는 약 6,000℃이며, 지구가 태양으로부터 받는 에너지는 막대하다. 태양으로부터 마이크로웨이

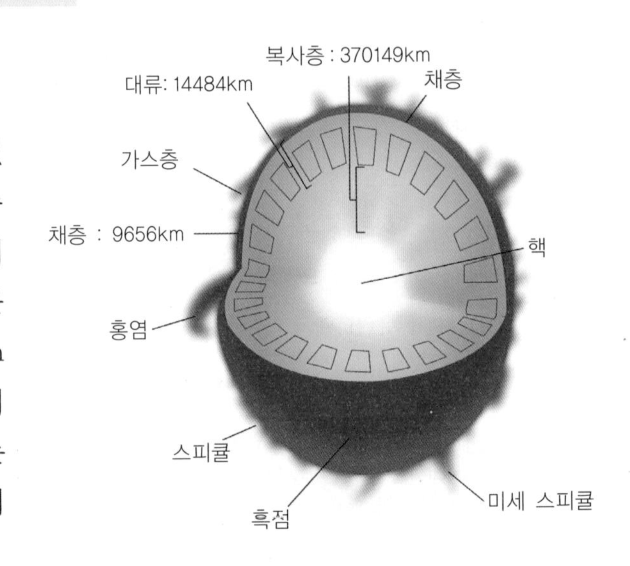

브(microwave), 적외선(infra-red), 가시선(visible), 자외선(ultraviolet), 광선(X-ray), 무선파 형태의 전자기 에너지(electromagnetic)가 방사된다.

태양에서 방사된 에너지가 지구에 전달되고 이들 에너지에 의해서 주요 기상 현상이 초래된다. 태양광으로부터 열에너지(heat energy)는 복사(radiation), 전도(conduction) 그리고 대류(convection) 현상에 의해서 지구까지 전달되고 대기에서 재분배된다.

## 2. 복사, 전도, 대류

**복사**란 절대 영도(absolute zero; −273.15℃) 이상의 모든 물체는 주변 환경에 광속으로 이동하는 전자기 파장의 형태로 에너지를 배출하는 것이다. 가시광의 파장 길이는 0.40~0.71 마이크로미터이다. 이들 물체에서 복사되는 파장 길이에 의해서 수많은 복사의 종류를 식별한다. 태양이나 지구의 복사의 특싱은 흑체와 유사한 특성을 지니고 있다. 어느 한 물체의 최대 복사의 파장 길이는 절대 온도에 반비례한다. 따라서 물체의 온도가 높다면 방출되는 파장 길이는 작아진다. 태양에서 복사되는 에너지를 단파 파장 길이라 하고 지구에서 복사되는 에너지를 장파 파장 길이라 한다. 태양 방사 전체가 지표면에 전달되는 것은 아니다. 대기를 통과하면서 대기 속에 존재하는 각종 물질의 영향을 받을 것이고 특히 구름은 대기 중에서 산란과 반사시키고 지표면의 상태에 따라서 흡수되는 비율은 크게 달라질 수 있다.

**전도(conduction)**란 물체의 직접 접촉에 의해서 열에너지가 전달되는 과정이다. 예를 들어 철로 제조된 물체는 열전도가 매우 잘 진행된다. 그러나 나무와 같은 물질은 열의 전달이 잘되지 않고 공기 역시 열전도율이 낮지만 대부분의 주요 에너지는 공기의 전도에 의해서 전달된다. 태양 복사에 의해서 가열된 지표면은 즉시 지표면 위의 공기를 전도에 의해서 가열시키고 반대로 야간에 냉각된 지표면은 주변의 가열된 공기로부터 열을 흡수하여 냉각시킨다.

**대류(convection)**란 가열된 공기와 냉각된 공기의 수직 순환 형태이다. 즉 가열된 공기는 팽창하고 밀도가 낮아져 상승하고 반대로 냉각된 공기는 수축되고 밀도가 높아져 밑으로 가라앉는 경향이 있다. 가열된 공기와 냉각된 공기의 수직 순환 형태를 대류라 한다. 지구상에서 대류 현상이 없다고 가정했을 때 극지방에서는 극도로 추울 것이고, 적도 지방에서는 극도로 뜨거울 것이나 수직과 수평적 대류에 의해서 상반된 공기를 순환함으로써 적절한 기온을 유지할 수 있다. 기상학에서 대기의 수직적 이동(vertical movement)을 대류라 하고 수평적 이동(horizontal movement)을 이류(advection)로 구분한다.

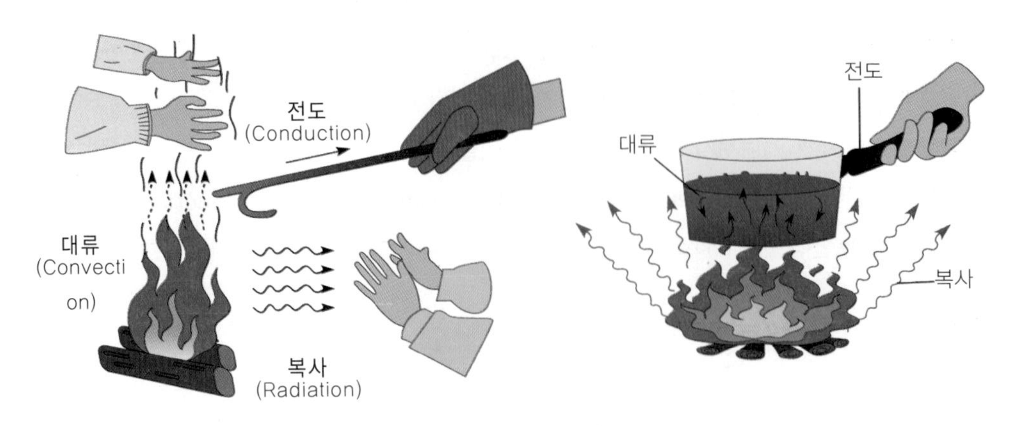


대류, 전도, 복사

## 3 | 대기

대기란 지구 중력(gravity)에 의해서 지구를 둘러쌓고 있는 기체이다. 대기를 구성하고 있는 대표적인 기체의 성분으로는 질소($N_2$)가 약 78%, 산소($O_2$)가 약 21% 그리고 미량의 기체가 약 1%로 구성되어 있다. 공기의 밀도는 단위 면적에 존재하는 공기 분자의 수로서 고도 5.5km에서 공기밀도는 절반으로 감소한다. 공기의 구성 성분을 높이 별로 조사했을 때 약 80km까지는 일정하게 분포되어 있다는 것으로 알려져 있다.

다양한 기체의 성분 중에서 항공기 및 드론 운항과 조종사의 생존에 절대적으로 필요한 성분은 산소(oxygen)이다. 항공기 엔진은 연료와 적절한 산소의 결합으로 항공기 운항에 필요한 출력을 발생시킬 수 있기 때문이고, 고고도에서 조종사 및 승객의 호흡에 절대적인 영향을 미치게 되는 것 역시 산소의 존재가 필수적이다. 저고도에서 운용하는 드론은 크게 영향을 미치지는 않지만 산소의 량에 따라서 장비의 효율을 높일 수 있다.

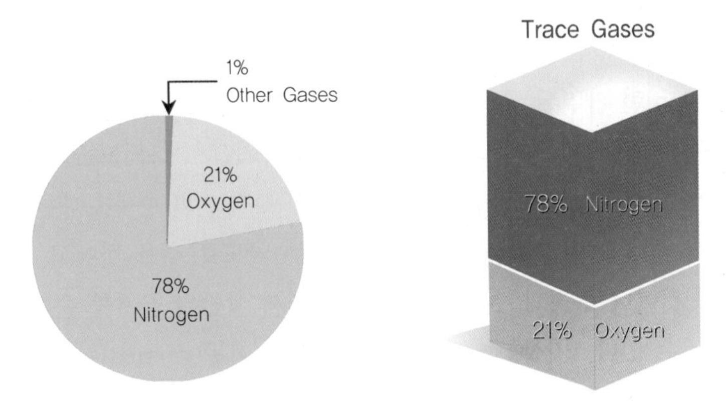


대기의 기체성분

질소는 대기 중에 가장 많은 양으로 존재하는 원소로서 식물의 성장에 필수적인 에너지원으로 공급되고 있다. 질소는 산소와 달리 인간의 호흡과 엔진의 동력원과는 관련이 없는 것으로 알려져 있다.

산소는 공기를 구성하는 물질 중 두 번째로 많이 존재하는 요소로 인간의 생존과 항공기 동력원을 제공하는 연료의 연소(burning)와 밀접한 관계가 있다. 산소가 인체에 미치는 영향은 매우 치명적이다. 인간은 호흡을 통해서 공기를 폐(lung)로 흡입되고 흡입된 산소는 혈액 속에서 산소를 운반하는 역할을 수행한다.

인체 내의 산소 부족 현상을 **저산소증**(hypoxia)이라 한다. 공기 중에 산소의 양이 16%이하가 되면 생명체는 상당한 위험에 처할 수 있다. 저산소증(hypoxia)은 두뇌(brain)와 다른 기관의 기능 저하를 일으킬 수 있는 체내의 산소 결핍 상태이다. 고도가 증가함에 따라 기압고도(pressure altitude)는 점차 감소된다. 기압고도의 감소는 상대적인 공기의 밀도가 감소하는 원인이 된다. 실제 대기 속의 산소 밀도는 지상에서 성층권까지 약 21%로 일정하게 존재한다. 기상의 7대 요소는 **기온, 기압, 습도, 구름, 강수, 시정, 바람**이며, 항공기상에서는 이를 집중 연구, 이해하고자 한다.

## 4 | 대기권

대기는 지구를 둘러싸고 있는 기체이지만 지표면에서 수십km에서 수백km까지 동일하다고 할 수는 없다. 높이에 따라 특성이 다르게 나타날 수 있기 때문에 이를 바탕으로 권역별로 구분해 볼 수 있다. 이는 대류권, 성층권, 중간권, 열권으로 분류하고 그 이상의 높이는 극외권으로 명명한다. 또한 권별 사이의 층을 대류권계면, 성층권계면, 중간권계면으로 구분한다.

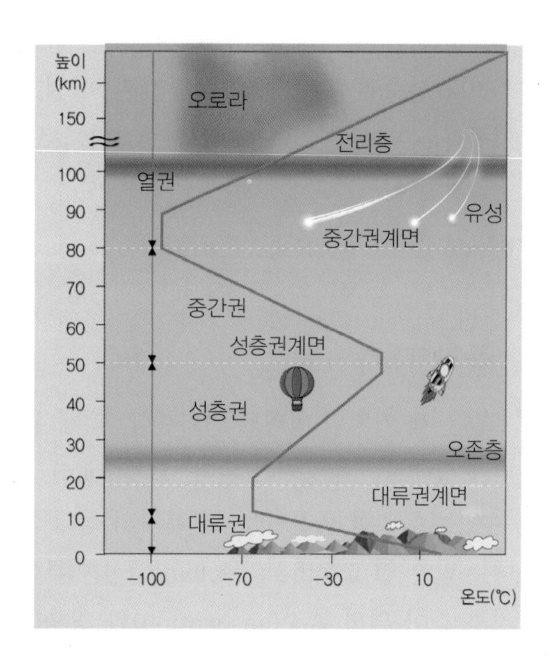


대부분의 항공기는 대류권에서 운항되고 있다. 고성능 항공기는 성층권 하단의 높이에서 운항될 수 있기 때문에 항공기 조종사 및 드론 운용자는 대류권을 집중적으로 연구하고 추가적으로 성층권까지 연구할 것이다.

대류권(troposphere)은 지구 표면으로부터 형성된 공기의 층으로 그 높이는 대략적으로 10~15km 정도이고, 평균 높이는 약 12km이다. 이 같은 대류권의 높이는 지구의 위치에 따라 다르다. 적도의 대류권 높이는 약 15km인 반면 극지방의 대류권 높이는 약 8km 정도로 차이가 있다.

또한 동일 지역에서도 계절에 따라 여름철에는 겨울철보다 높게 형성된다. 높이가 다르게 형성되는 주요 원인은 기온에 따른 공기밀도의 분포가 다르기 때문이다. 적도를 포함한 중위도 지역에서는 매우 높은 기온 현상으로 인하여 강한 대류(convection) 현상이 발생하여 대류권계면이 상승하고, 극지방에서는 태양복사 에너지보다 지표면에서의 복사 에너지가 더 많기 때문에 대류 현상이 상대적으로 작아 대류권계면이 낮아지는 원인이 된다. 대류권에서는 지표면에서 발생하는 모든 기상현상이 발생하기 때문에 항공뿐만 아니라 일상생활과 매우 밀접한 관계가 있다.

대류권계면(tropopause)은 대류권과 성층권 사이의 경계층이고 기온변화가 거의 없다. 평균 높이는 17km이나 적도지방에서는 16~18km로 높은 반면 위도가 높아질수록 점차 낮아지고 극지방에서는 약 6~8km까지 낮아진다. 이 같은 대류권계면은 2개의 권계면을 형성한다. 하나는 적도에서 중위도까지를 열대권계면이라 하고 또 하나는 중위도에서 극까지를 극 권계면으로 구분한다. 이들 두 권계면이 서로 연결되어 있다기보다는 상호 분리되어 있기 때문에 분리된 구역에서 강한 난기류(turbulence)가 발생한다. 대류권계면은 제트기류, 청천난기류 또는 뇌우를 일으키는 기상현상이 발생한다.

기타 성층권, 성층권계면, 중간권, 열권, 외기권 등은 저고도에서 운용하는 멀티콥터의 기상과는 다소 거리가 있어서 생략하기로 한다.

# 5 | 물

## 1. 물과 대기

물은 세 가지의 형태로 변화한다. 액체 상태로는 물이 되고, 고체상태로는 얼음이 되며, 기체 상태로는 수증기가 된다. 고체(solid), 액체(liquid) 그리고 기체(gas)의 상태로 존재할 수 있는 유일한 물질이다. 물 분자의 상태를 변화시킬 수 있는 것은 열이고, 상태가 변화할 때는 많은 열 교환(heat exchange)이 이루어진다. 물 분자의 상태 변화에서 관찰할수 있는 것과 같이 열의 흡수(absorption)와 방출(release) 이 수행된다. 지구의 약 70%는 물로 구성되어 있고 해양과 지표면에서 물의 증발은 상층부에 많은 수분이 존재하게 하여 이들이 응결되면서 지구상에서는 여러 형태의 강수가 내리는 원인 된다.

구름이나 안개를 구성하는 것은 물방울(water droplet)이다. 구름과 안개를 구성하는 물방울 빗방울(rain droplet)이라든지 일상생활에서 흔히 볼 수 있는 물방울 크기가 아니라 공기 중에 떠 있을 수 있을 만큼 미세한 물방울임을 염두에 두어야 한다. 실제로 안개 낀 도로에 자동차 전조등을 비추었을 때 수많은 물방울들이 흩날리는 것을 관찰할 수 있다. 물 분자는 한 개의 산소(oxygen) 원자와 두 개의 수소(hydrogen) 원자로 구성되어 있다. 물의 특성 중에서 기상에 영향을 줄 수 있는 요소를 위해 다음 사항을 이해하여야 한다.

첫째, **높은 비열이다.** 물은 물질의 온도를 변화시키는 데 필요한 에너지량이 매우 높다. 이는 물이 가열되기 전에 많은 양의 열에너지(heat energy)를 흡수할 수 있다는 것이고, 냉각되는 조건에서는 열에너지를 서서히 방출한다는 것을 의미하는 것으로 이를 비열(specific heat)이라 한다. 따라서 지표면과 해양이 접하는 해안가에서 주간에는 지표면이 더 빨리 가열되고 해양의 가열은 상대적으로 느리게 진행되는 원인이 된다. 반대로 야간에 지표면은 해양보다 빨리 냉각되는 현상이 발행한다. 해안가에서 안개가 형성되는 원인 중의 하나가 이 같은 물의 비열에 의한 것이기도 한다.

둘째, **열전도로서 물은 수은(mercury) 다음으로 양호한 열전도성을 가지고 있다.** 거대한 호수나 바다에서 물은 표층수, 하층수 그리고 심층수로 구성되어 있으면서 쉽게 혼합되어 동일 구역 내에서 표층수와 하층수가 거의 동일한 온도를 유지할 수 있는 열전도(heat conduction) 특성 때문이다. 지구의 운동 그리고 하늘을 가린 구름과 같은 차단 물질에 의한 해양의 불균형 가열은 수온을 결정하는 요인으로 작용하고 이로 인하여 국지적 증발(evaporation) 정도는 지역별 기상 특성을 지배하는 요인이 될 수 있다.

셋째, **표면장력으로 물을 확대하여 관찰해 보면 물은 접착력을 가지고 있다.** 물을 떨어뜨렸을 때 물이 얇은 막(film)과 같이 퍼지기보다는 둥그런 모양으로 응집되는 것을 알 수 있는데 이를 물의 표면장력(surface tension)이라고 한다. 표면장력은 구름과 같은 미세한 물방울이 지상으로 떨어질 수 있을 정도의 크기로 성장할 수 있는 것은 물의 표면장력에 의한 현상이다. 뇌우와 같은 적란운 속에서 형성되는 굵은 빗줄기는 이들 구름 속에서 수차례의 상승과 하강을 되풀이하면서 미세한 물방울들이 표면장력으로 인하여 인접한 작은 물방울들을 흡수하여 성장할 수 있다. 또한 파도(waves)가 형성되는 것 역시 표면장력의 한 현상이기도 하다.

## 2. 물의 순환

물은 액체, 고체 그리고 기체 상태로 지표면 그리고 대기에 존재하면서 기상 현상을 지배하는 요인이기도 한다. 물은 증발(evaporation)), 응결, 유수(runoff), 침투(infiltration), 승화(sublimation), 용해(melting) 그리고 지하수 흐름(groundwater flow) 등을 통해서 순환된다.

물의 순환과정에서 물의 순환을 주도하고 있는 것은 강수(precipitation)와 증발이다. 증발은 지표면 어디에서나 발생하지만 특히 거대한 해양에서 발생하는 증발은 구름이나 안개와 같은 기상 현상과 매우 밀접한 관련이 있다.

**증발**(evaporation)은 물(water)이 액체 상태에서 기체 상태로 변화하는 것이다. 모든 증발의 약 80%는 해양에서 이루어지고 나머지 20%는 내륙의 호수나 강 또는 식물(vegetation) 등으로부터 수행된다. 대기 중에 많은 수분을 함유하기 위해서는 기온에 달려있다. 기온이 높을수록 더 많은 양의 수분을 함유할 수 있다. 또한 수분은 공기보다 가볍기 때문에 항공기 성능을 저하시킨다.

**응결**(condensation)이란 기체상태의 물이 액체로 변화하는 것이다. 지표면 공기가 태양복사열에 의해서 가열된 온난 공기(warm air)가 상승하면서 공기는 냉각된다. 상승 중인공기는 수증기(water vapor)를 계속 떠있게 할 수 있는 능력을 상실한다. 이 과정에서 과도한 수증기는 구름방울(cloud droplets)을 형성하기 위해서 응결된다. 응결 현상은 불안정 대기 속에서 대류(convection) 과정을 통해서 활발하게 수행된다.

**대류**(convection)는 대기의 수직(vertical) 방향운동으로 지표면의 공기와 상층의 공기를 상호 교류하는 중요한 역할을 한다. 지표면이 태양복사열에 의해서 가열될 때 지표면 위의 공기 역시 빠르게 가열된다. 가열된 공기는 주변 공기(surrounding air)보다 밀도가 작아지고 상승하기 시작한다. 상승한 수증기는 냉각되고 응결되면서 육안으로 보이는 증기(steam) 또는 미세한 구름방울(cloud droplets)을 형성한다.

사이클론에 의한 수렴은 태풍이나 허리케인과 같은 열대성 사이클론은 거대한 상승 공기가 동력원으로 작용한다. 지표면에서 발생한 수렴구역에서 저기압 구역이 형성되고 공기는 상승운동의 한 원인이 된다. 상승한 공기는 냉각되고 응결되는 과정에서 잠열을 방출하고 이 열은 공기를 확장시키는 역할을 한다. 결국 상층부에서는 고기압 구역이 형성되고 중심부와 외측의 기압경도는 공기를 외측으로 흐르게 하는 원인이 된다. 하층부의 저기압과 상층부의 고기압이 기압경도가 더욱 증가하면서 하층부에서는 더 많은 공기를 수렴하게 되고 더 많은 잠열을 방출하는 과정이 되풀이 되면서 거대한 상승이 발생하고 이 과정에서 더욱 활발한 응결은 더욱 깊은 구름층과 굵은 빗방울을 형성한다.

전선에 의한 순환은 두 개의 기단(airmass)이 대치되어 있는 현상이다. 대기의 순환에 기여할 수 있는 기단은 온난전선(warm front)과 한랭전선(cold front)이다. 찬 공기와 더운 공기가 충돌했을 때 더운 공기는 상승 하고,한랭전선이 이동할 때 차고 밀도가 높은 공기가 상대적으로 밀도가 낮고 가벼운 공기를 위로 밀어 올린다. 이 때 더운 공기는 냉각되고 응결되어 구름과 강수를 만들어 낸다. 한랭전선은 온난전선보다 경사도가 깊기 때문에 활발한 상승운동이 발생되고 이는 소나기성 강수와 때대로 악 뇌우(severe thunderstorm)가 발생하기도 한다. 반대로 온난전선은 한랭전선보다 경사도가 완만하기 때문에 이동이 느리고 상승 운동이 점진적으로 진행된다. 온난전선에서는 지속성 강수의 발생과 전선 지역보다 수 km 후방에서 비가 내린다.

지형적 상승(topography lifting)은 이동 중인 공기가 높은 산맥에 도달했을 때 공기는 산의 경사를 따라서 자연적으로 상승한다. 큰 산맥(range)의 정상에서는 지형성 구름을 쉽게 관측할 수 있는데 이 구름은 산 정상을 중심으로 풍상(upwind or windward) 구역에서 형성되고 풍하(downwind or leeward) 측에는 구름이 소멸되는 것을 알 수 있다. 이는 단열기온감률에 의한 현상으로 산 정상을 통과하여 하강하는 공기는 다시 기온이 상승하면서 구름을 증발시키기 때문이다.

**이류**(advection)란 바람, 습기, 열 등이 수평으로 어느 한 위치에서 다른 위치로 운반하는 현상이다. 지구의 대순환(great circulation) 과정에서 적도 지방은 고온다습한 기온이존재하면서 위로 향하는 활발한 대류 현상이 발생한다. 반면에 극지방에서 차고 무거운 공기는 아래로 향하는 활발한 대류가 발생한다. 만약 적절한 이류가 발생하지 않는다면 지구상의 기상은 국지적으로 극단의 기상 현상이 발생하게 될 것이나 상공에서는 적도 지방의 공기가 극지방으로 이동하는 상층 이류가 그리고 하부에서는 극지방의 공기가 적도지방으로 이동하는 적절한 하부 이류가 발생하면서 적정 기온을 유지할 수 있는 것이다.

**강수**(precipitation)는 대기에서 지표면으로 물을 운반하는 매체로 비(rain), 눈(snow), 우박(hail), 진눈깨비(sleet), 어는 비(freezing rain) 등으로 내린다. 강수의 형태를 결정하는 것은 지역의 기온에 달려 있으며, 강수의 양은 대륙, 해양, 우림지대, 사막지대 등과 같은 지형의 형태에 달려 있다. 예를 들어 연평균기온이 더운 적도 지방에는 주로 비가 내리는 반면 극지방에서의 강수는 주로 눈으로 내린다. 중위도 지방과 같이 계절의 변화가 뚜렷한 지역에는 비, 눈, 우박, 빙우(어는 비) 등 모든 종류의 강수를 관측할 수 있을 것이다. 또한 열대 우림지역에서는 많은 비가 내리는 반면 사막 지역에서는 상대적으로 비의 양이 적은 것이 이 같은 지형적 특성의 좋은 사례이다.

# 2 기온과 습도

## 1 | 기온

### 1. 온도와 열

**온도**(temperature)란 공기 분자의 평균 운동 에너지의 속도를 측정한 값이며, 온도는 물체의 뜨거운 정도 또는 강도를 측정한 것이다. 따라서 온도가 높을수록 물질 분자의 입자들이 더욱 빨리 움직인다고 할 수 있다.

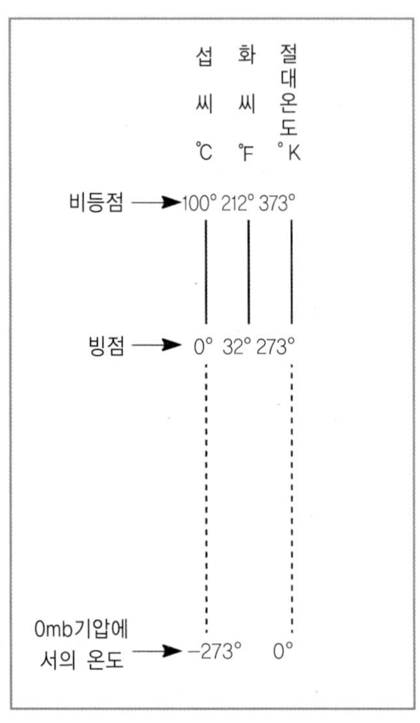


비등점과 빙점

**열**(heat)이란 물체에 존재하는 열에너지(heat energy)의 양을 측정한 값이다. 모든 원자의 운동은 −273℃에서 정지된다. 이 온도를 절대 영도(absolute zero)라 한다. 물체가 갖고 있는 온도가 다르고 열은 높은 온도의 물체에서 낮은 온도의 물체로 전이되는 특성이 있다. 온도의 전이는 전도(conduction), 대류(convection), 이류(advection) 그리고 복사 현상에 의해서 전달된다. 대기를 구성하고 있는 공기 분자(molecular)는 정체되어 있다기보다는 끊임없이 운동하고 있는 점을 고려했을 때 이들 움직임은 운동 에너지(kinetic energy)의 한 형태이다. 물체의 온도와 열에 있어서 많이 사용되는 용어로는 다음과 같다.

① **열량(heat capacity)** : 물질의 온도가 증가함에 따라 열에너지를 흡수할 수 있는 양을 의미한다.

② **비열(specific heat)** : 물질 1g의 온도를 1℃ 올리는데 요구되는 열이다.

③ **현열(sensible heat)** : 일반적으로 온도계에 의해서 측정된 온도이다. 이 같은 현열은 측정하는 방법에 따라 섭씨, 화씨 그리고 켈빈 등이 있다.

④ **잠열(latent heat)** : 물질의 상위 상태(higher state)로 변화시키는 데 요구되는 열에너지이다. 반대로 상위 상태에서 하위 상태로 변화될 때 동일한 에너지가 방출된다. 물질의 상태 변화는 고체에서 액체로 그리고 다시 액체에서 기체로 변화하는 과정에서는 열을 흡수하게 되고 반대로 기체에서 액체로 그리고 고체로 변하는 데는 열에너지를 방출하게 된다. 현열은 온도가 오르면서 상승하지만 잠열은 열을 방출하거나 흡수한다.

⑤ **비등점** : 액체 내부에서 증기 기포가 생겨 기화하는 현상을 비등, 그 때의 온도를 비점, 또는 비등점이라 한다(1기압의 순수 물은 100℃이다).

⑥ **빙점** : 액체를 냉각시켜 고체로 상태변화가 일어나기 시작할 때의 온도를 말한다.

## 2. 기온의 정의

태양열을 받아 가열된 대기(공기)의 온도, 햇빛이 가려진 상태에서 10분간 통풍을 하여 얻어진 온도, 1.25~2m 높이에서 관측된 공기의 온도를 말한다. 우리나라에서는 1.5m에서 관측하며, 해상에서는 선박의 높이를 고려하여 약 10m의 높이에서 측정한 온도를 사용한다. 공기도 예외 없이 가열되면서 온도의 변화를 초래한다. 지구는 태양으로 부터 태양 복사(solar radiation) 형태의 에너지를 받는다. 이 복사 에너지 중 지구와 대류권에서 55%를 반사시키고 약 45%의 복사 에너지를 열로 전환하여 흡수한다. 흡수된 복사열에 의한 대기의 열을 기온이라 하고 대기 변화의 중요한 매체가 된다.

## 3. 기온의 단위

온도의 단위

| 단위 | 비등점 | 빙점 | 절대온도 |
|---|---|---|---|
| 섭씨 | 100 | 0 | −273 |
| 화씨 | 212 | 32 | −460 |
| 켈빈 | 373 | 273 | 0 |

기온의 단위(scales)는 국가 또는 사용 용도에 따라서 상이한 단위가 사용되고 있지만 국제적으로 섭씨(Celsius : ℃)를 활용할 것을 권장하고 있다. 그러나 미국을 비롯하여 여러 국가에서 화씨(Fahrenheit : °F)를 사용하고 있지만 점차 섭씨 단위를 적용하고 있는 추세이다. 섭씨는 표준 대기압에서 순수한(pure) 물의 빙점(어는 온도)을 0℃로 하고 비등점(끓는 온도)을 100℃로 하며 아시아 국가에서 사용하고 있다. 절대영도는 -273℃이다. 화씨는 표준 대기압에서 순수한(pure) 물의 빙점(freezing)을 32°F로 하고

비등점(boiling point)을 212°F로 표시한다. 절대영도는 -460°F이다.

켈빈 단위는 주로 과학자들이 사용하는 것으로 절대영도에서부터 시작된다. 얼음의 빙점(freezing point)을 273K로 하고 비등점(boiling point)을 373K로 표시한다. 절대영도는 0K이다.

## 4. 기온 측정법

지표면 기온(surface air temperature)은 지상으로부터 약 1.5m(5feet) 높이에 설치된 표준 기온 측정대인 백엽상에서 측정된다. 백엽상은 직사광선을 피하고 통풍이 될 수 있도록 고려되어야 한다. 주로 항공에서 활용되고 있는 상층 기온(upper air temperature)은 기상관측 기구(sounding balloons)를 띄워 직접 측정하거나 기상 관측 기구에 레디오미터(radiometer)를 설치하여 원격 조정에 의해서 상층부의 기온을 측정한다.

① **잠열(숨은 열)** : 뇌우, 태풍, 폭풍의 주요 에너지원이다.
- 증발 잠열 : 증발 – 냉각과정 – 방출
- 응결 잠열 : 응결 – 승온과정 – 흡수

② **기온의 일교차**란 일일 최고기온과 최저기온의 차이를 의미하고 사막지역에서 일교차는 크고 습윤지역에서 일교차는 작다.
- 일평균기온 : 하루 중(24시간) 최고기온과 최저기온의 평균치
- 연평균기온 : 1년 동안 측정된 특정 지역의 평균 기온
- 켈빈온도 변환 : °K = 273 + ℃

## 5. 기온의 변화

### 1) 일일 변화

일일 변화란 밤낮의 기온차를 의미하며 주원인은 지구의 일일 자전(daily rotation) 현상 때문이다. 지구는 24시간을 주기로 정확하게 한 바퀴씩 회전한다. 태양을 마주하는 쪽(일식평면)은 주간이고, 반대쪽에서는 야간(night)이 된다. 주간에는 승온 즉 태양열을 많이 받아 기온이 상승하고 밤이 되면 냉각 즉 태양열을 받지 못하므로 기온이 떨어져 기온 변화의 요인이다.

일일 기온이 최고점에 도달한 후 계속해서 떨어지기 시작한다. 이 같은 기온 강하의 주원인은 다음과 같다. 첫째, 일몰 후부터 지표면에서 지구 복사의 균형이 음성으로 변화하기 시작한다. 이로 인하여 지표면은 태양 복사를 더 이상 흡수할 수 없기 때문에 지표면은 더 이상 가열되지 않는다. 둘째, 지표면의 가열된 공기는 전도와 대류 현상에 의해서 위로

올라가면 서 지표면은 찬 공기로 대치된다. 이 같은 이유로 기온은 지속적으로 떨어져 일출 시점에서 최저가 된 후 순 복사 총량이 양성으로 전환되면서 기온은 다시 상승하기 시작한다.

### 2) 지형에 따른 변화

지표면은 약 70%의 물과 육지로 구성되어 있다. 동일한 지역의 태양 복사열이라 할지라도 지형의 형태에 따라 기온 변화의 요인이 된다. 태양 알베도의 분포에서 지표면에 흡수되는 복사 총량은 약 51%이고 약 4%정도는 반사된다. 여기서 태양 복사 에너지를 반사 및 흡수할 수 있는 차이가 존재하고 이로 인한 기온 변화의 한 요인이 된다.

먼저 물은 육지에 비해서 기온 변화가 그리 크지 않다. 이것은 각 물질의 비열 차이 때문인 것으로 물의 비열이 1.00일 때 공기는 0.24 그리고 모래나 흙의 비열은 0.19정도가 된다. 따라서 물과 육지의 비열은 약 4~5배 정도의 차이가 있다는 것을 의미한다. 깊고 넓은 수면은 육지에 비해 기온 변화가 그리 심하지 않는 이유이다. 내륙에서의 호수, 큰강 또는 댐이 있는 지역에서 기온의 변화는 국지적으로 기압의 변화를 초래하여 산들바람(breeze)이 많이 발생하고 아침저녁으로 안개가 잘 발생할 수 있는 조건을 갖추고 있다.

다음은 불모지로서 불모지에서는 기온변화가 매우 크다. 이곳에서는 기온 변화를 조절해 줄 수 있는 최소한의 수분이 부족하기 때문에 많은 기온차가 발생할 수밖에 없다. 이들의 지표면은 열을 보존할 수 있는 능력이 떨어지기 때문에 태양 복사열이 많은 낮에는 기온이 높지만 해가 지면서 지표면은 빠르게 냉각되어 기온이 떨어진다. 특히 모래의 반사율은 약 35~45%로 매우 높다.

다음은 눈 덮인 지형으로 겨울철에 내리는 눈은 쌓인 눈의 두께와 지역에 따라 다르지만 기온의 변화는 심하지 않다. 쌓인 눈은 태양 복사열의 약 95%를 반사시키기 때문에 태양복사열이 지표면을 가열시킬 수 있는 열에너지로 바꾸기가 어렵기 때문이다.

초목지형은 동식물의 생존에 필요한 충분한 물과 수분이 존재한다. 큰 활엽수나 침엽수는 반사율이 낮기 때문에 태양 복사열을 흡수할 수 있는 능력이 높고 대기의 수분은 지속적인 대류와 이류 등의 작용에 의해서 활발히 열 교환이 수행되기 때문에 이들 지역에서 기온의 변화는 그리 많지 않다.

### 3) 계절적 변화

지구는 1년 주기로 태양 주기를 회전하는 공전으로 인하여 태양으로부터 받아들이는 태양 복사열의 변화에 따라 기온이 변화하는 또 하나의 주 원인이 된다. 태양과 지구의 상대적인 위치에 따라서 태양 복사 총량의 강도가 연중 다르기 때문에 계절적 기온 변화의 요인이 된다. 복사 총량이 변할 수 있는 것은 주로 낮의 길이와 입사각에 따른 태양 복사 총량의 강도와 지속시간의 변화에 의해서 조절된다. 지구표면이 태양에 더 많이 노출될 수 있는 각도에 있을 때 더 많은 태양 복사를 받아들이고 이는 사계절을 형성하는 요인이 된다.

### 6. 기온감률

기온감률이란 고도가 증가함에 따라 기온이 감소하는 비율이다. 예를 들어 등산을 할 때 산 정상으로 올라갈수록 기온이 낮아지는 것을 알 수 있는데 이것이 기온감률의 한 현상이다. 환경기온감률(ELR: Environmental Lapse Rate)은 대기의 변화가 거의 없는 특정한 시간과 장소에서 고도의 증가에 따른 실제 기온의 감소 비율이다.

고도 차이에 따른 변화로서 고도가 올라감에 따라 일정 비율로 기온이 내려간다. 표준 대기 조건에서 기온 감률은 1,000ft당 평균 2℃이고 이를 기온감률(temperature lapse rate)이라고 한다. 이것은 평균치를 의미하는 것이고 정확한 기온감률을 산출하기는 어렵다. 고도가 증가함에 따라 기온이 증가하는 현상이 발생할 수도 있다.

## 2 | 습도

### 1. 습도란

습도(humidity)는 대기 중에 함유된 수증기의 양을 나타내는 척도이다. 한여름 특히 장마철이나 우기와 같은 대기 조건일 때 습도는 매우 높다. 습도가 높으면 몸이 끈적끈적하고 불쾌감을 느낀다. 반대로 대기 중에 수증기량이 적다면 건조하고 습도는 낮다고 할 수 있다. 수증기(water vapor)는 대기의 구성 물질을 분석했을 때 대기 중에 대략 0~4%에 불과하지만 대기 중의 다양한 형태의 물방울과 강수의 구성 요소로서 매우 중요한 역할을 하는 기체이다. 지구를 둘러싸고 있는 공기는 눈에 보이지 않는 형태의 수증기를 포함하고 있다.

습도의 개념을 이해하는 데 있어서 단순히 습도라고 하면 부피 1㎥의 공기가 함유하고 있는 수증기의 양을 **절대 습도**(absolute humidity)라 할 수 있다. 그렇다면 상대습도는 현재의 기온에서 최대 가용한 수증기에 대비해서 실제 공기 중에 존재하는 수증기량을 백분율로 표시한 것으로 절대습도와는 다르다. 기온은 대기 중의 공기가 수증기를 포함할 수 있는 최대치를 결정해 주는 주요인이다. 기온이 높으면 높을수록 더 많은 수증기를 포함한다는 것이다.

상대습도를 변화시킬 수 있는 요인은 수증기량과 기온이다. 동일한 조건하에서 수증기량의 유입이 증가하면 실제 수증기압과 상대습도는 올라간다. 반대로 수증기가 빠져 나간다면 상대습도는 감소한다. 일반적인 대기에서 수증기량이 증가할 수 있는 요인은 해양에서 발달한 수증기가 바람을 타고 유입될 때 수증기량은 상대적으로 증가한다.

**포화**란 공기 중의 수증기량이 상대습도가 100%가 되었을 때를 말하며, 불포화란 공기 중의 수증기량이 상대습도가 100% 이하의 상태를 말하고, 과포화란 공기 중의 수증기량이 상대습도가 100% 이상인 상태를 말한다.

## 2. 수증기의 상태변화

대기 중의 수증기는 기온변화에 따라서 고체, 액체, 기체로 변한다. 이것은 외부의 기온이 변화함에 따라 일련의 과정을 거쳐서 변하는 것이다. 액체 상태에서 기체 상태로 변할 때는 액체의 증발이 되고, 반대로 기체 상태에서 액체 상태로 변하기 위해서는 응결이 되어야 한다. 액체 상태에서 고체 상태로 변하기 위해서는 액체의 응결이 필요하고 고체가 액체 상태로 변하기 위해서는 용해가 되어야 한다.

## 3. 응결핵

대기는 가스의 혼합물과 함께 소금, 먼지, 연소 부산물과 같은 미세한 입자들로 구성된다. 이들 미세 입자를 응결핵[6]이라 한다. 일부의 응결핵은 물과 친화력을 갖고 공기가 거의 포화 되었다 할지라도 응결 또는 승화를 유도할 수 있다. 수증기가 응결핵과 응결 또는 승화할 때 액체 또는 얼음 입자는 크기가 커지기 시작한다. 이때에 입자는 액체 또는 얼음에 관계없이 오로지 기온에 달려 있다.

## 4. 과냉각수

액체 물방울이 섭씨 0℃ 이하의 기온에서 응결되거나 액체 상태로 지속되어 남아 있는 물방울을 과냉각수(supercooled water)라 한다. 과냉각수가 노출된 표면에 부딪칠 때 충격으로 인하여 결빙될 수 있다. 과냉각수는 항공기나 드론의 착빙(icing) 현상을 초래하는 원인이다. 과냉각수는 0℃~-15℃ 사이의 기온에서 구름 속에 풍부하게 존재할 수 있다. -15℃ 이하의 기온에서는 승화 현상이 우세할 수 있다. 구름과 안개는 대부분 과냉각수를 포함한 빙정(ice crystals)의 상태로 존재할 수 있다.

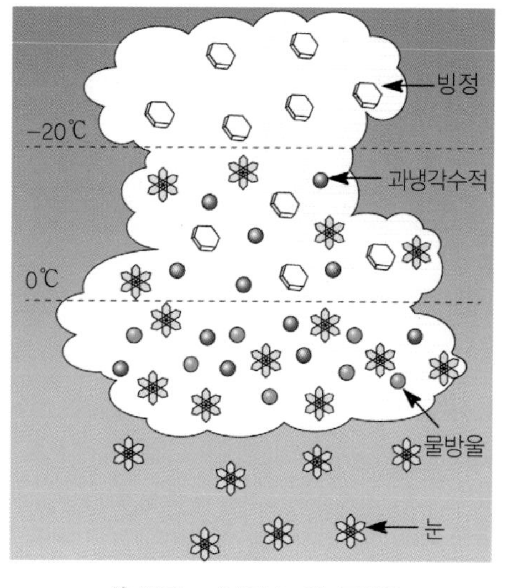


빙정, 과냉각수 및 물방울

6) 흙 먼지와 같은 토양의 입자, 소금 입자, 물보라, 암모니아, 화산재, 아황산 가스 등

## 5. 습도와 관련한 구름의 형성

구름은 공기 중에 떠 있는 미세한 구름방울 또는 얼음 입자의 가시적 집합체로서 구름이 형성되기 위해서는 대기 속에 풍부한 수증기, 응결핵, 그리고 냉각 작용 등이 있어야 한다. 구름이 지면에서 형성되면 안개가 된다.

공기가 안정된 상태라면 구름은 안개 또는 평평한 모양으로 형성되고, 공기의 수직이동이 존재한다면 구름 역시 수직으로 높게 형성 된다. 습도와 구름이 형성되는 것과의 관계에 대하여 알아보면 공기 속에 함유되어 있는 수증기가 포화되기 위해서는 기온을 더욱 낮추거나 노점 기온의 상승에 의해서 이루어지거나 이들 두 요소에 의해서 응결 또는 승화 과정을 거쳐 포화된다. 이 중 냉각이 더욱 뚜렷한 현상이다.

공기를 포화상태로 냉각시키는 데는 상승 중인 공기 속에서 팽창적 냉각, 공기가 더욱 냉각된 표면으로 이동하거나 정체된 공기 하단에 냉각 중인 표면 등이 있다. 이중에서 팽창적 냉각이 구름을 형성하는 주요 원인으로 작용한다.

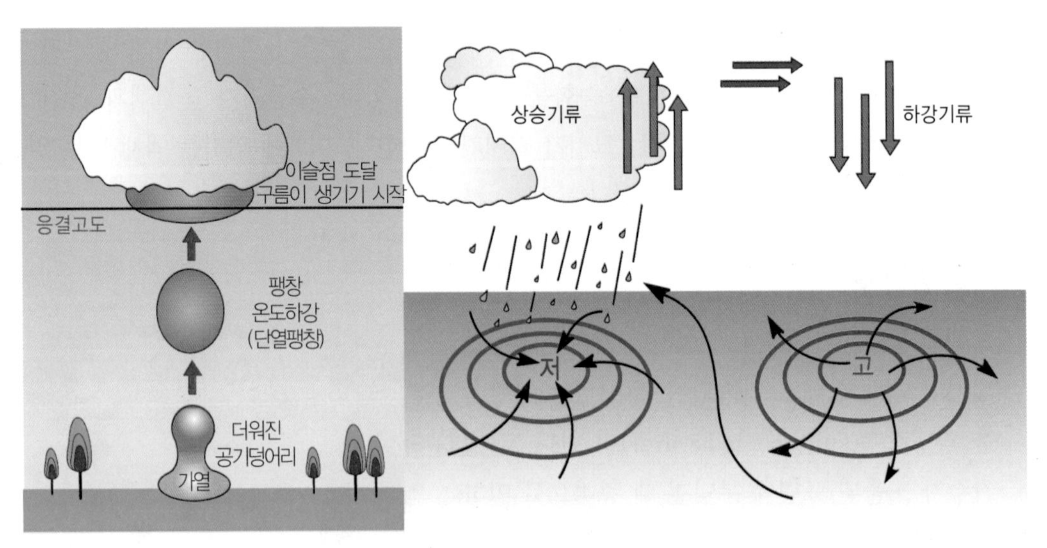


구름의 형성이유

## 6. 이슬과 서리

이슬(dew)은 바람이 없거나 미풍이 존재하는 맑은 야간에 복사 냉각에 의해서 주변 공기의 노점 또는 그 이하까지 냉각되는 경우를 볼 수 있다. 이슬은 찬물을 담은 주전자를 따스한 곳에 두면 주전자 표면에 맺히는 습기와 같다.

서리(frost)도 이슬과 유사한 현상에 의해서 형성된다. 다른 점은 주변 공기의 노점(dew point)이 결빙 기온보다 낮아야 한다. 이때 수증기는 이슬처럼 응결되기 보다는 빙정 또는 서리로 직접 승화한다. 간혹 이슬이 형성된 후 결빙되는 경우가 있을 수 있으나 서리와는 구별이 된다. 결빙된 이슬은 맑고 단단한 반면 서리는 하얗고 표면이 거칠게 만들어 진다. 항공기나 드론의 표면에 형성된 서리는 비행 위험 요인으로 작용하기 때문에 반드시 제거된 후 비행을 하여야 한다. 서리는 항공기나 드론의 기체 표면을 거칠게 하여 날개 위로 흐르는 공기 흐름을 조기에 분산시켜 효율을 감소시킨다.

# 3 대기압

## 1 | 대기압

### 1. 기압

기압이란 진동하는 기체분자에 의해 단위 면적당 미치는 힘 또는 주어진 단위 면적당 그 위에 쌓인 공기 기둥의 무게이다. 즉, 단위 면적 위에서 연직으로 취한 공기 기둥안의 공기 무게를 말한다. 이는 정해진 기준은 없고 주위와 상대적인 비교에 의한다.

1기압은 760mm의 수은(Hg) 기둥의 높이로서 10m정도의 물기둥의 무게가 주는 압력과 동일하다. 즉 10m 깊이 정도의 물속에 사는 셈이다. 또한 1cm당 1kg의 압력으로 사람 전체는 20,000kg의 압력을 받는다.

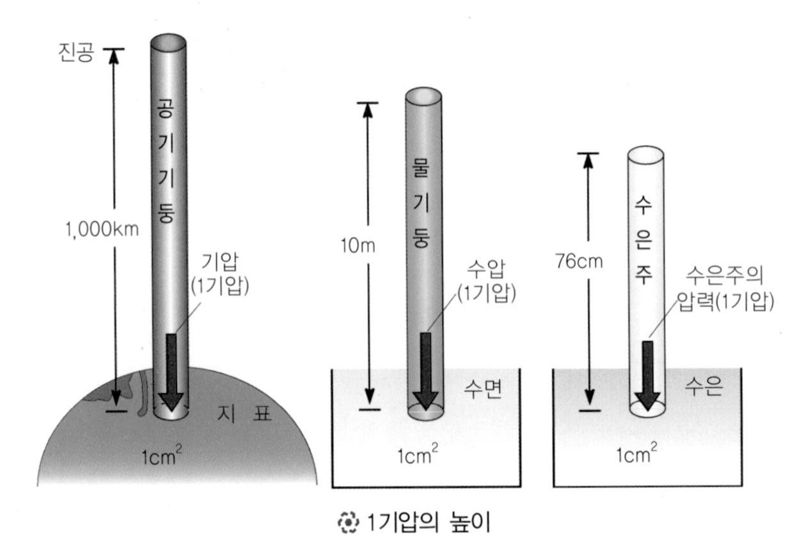


1기압의 높이

### 2. 대기압

대기압(atmospheric pressure)이란 물체 위의 공기에 작용하는 단위 면적(per unit area) 당 공기의 무게로서 대기 중에 존재하는 기압은 어느 지역 또는 공역에서나 동일한 것은 아니다. 기압의 일변화 중 최고는 9시와 21시이며, 최소는 4시와 16시이다. 평균 일교차는 적도지방이 3~4mb, 중위도는 2mb, 극지방은 0.3~0.4mb이며, 대륙지역이 해양지역보다 열용량의 차이로 크다. 대기에서 대기압의 변화는 주요 기상 현상을 초래하는 바람을 유발하는 원인이 되며, 이는 수증기 순환과 항공기에 양력을 제공한다.

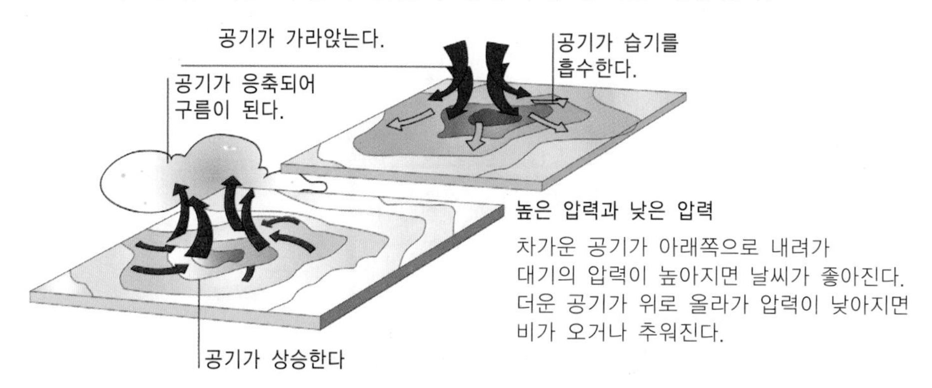


대기압의 변화

## 3. 기압 측정법

### 1) 수은 기압계

아래 그림과 같이 용기에 수은을 반쯤 채우고 끝이 열린 빈 유리관을 용기 속에 넣으면 주변 대기압에 의해 수은이 유리관을 따라서 올라가게 된다. 표준대기의 해수면에서 수은의 상승이 정지되고 이때 수은이 지시하는 눈금은 29.92inch·Hg 또는 760밀리미터이다.

1atm = 760mmHg = 29.92inHg = 760Torr(토르) = 1013mbar = 1.013bar

= 101,300Pa( = N/㎡) = 1013hPa(헥토파스칼) = 14.7lb/in²(Psi) = 1.033kg/cm²

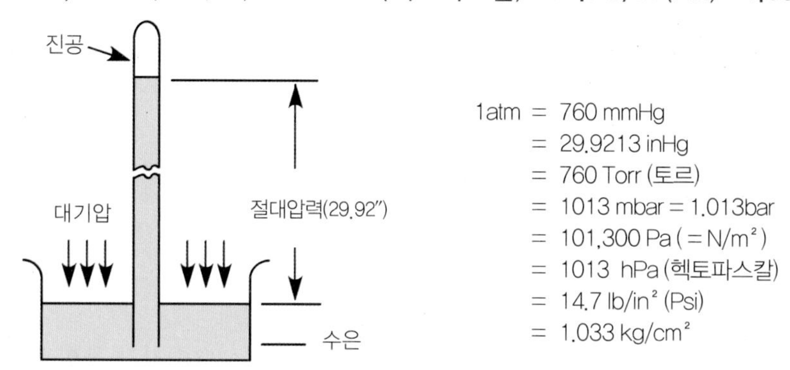


수은 기압계 / 기압

### 2) 아네로이드 기압계

아네로이드(연성 금속) Cell과 기록장치로 구성되어 있으며 아네로이드 셀이 기압변화에 따라 수축과 팽창을 하고 연결된 셀이 끝이 기록 장치를 작동시킨다. 즉, 진공상태의 금속상자가 외부 기압에 의해 찌그러지는 정도를 이용하는 것이다. 수은보다 정확성이 떨어지나 변화에 강하고 부피가 작아 휴대에 편하다.

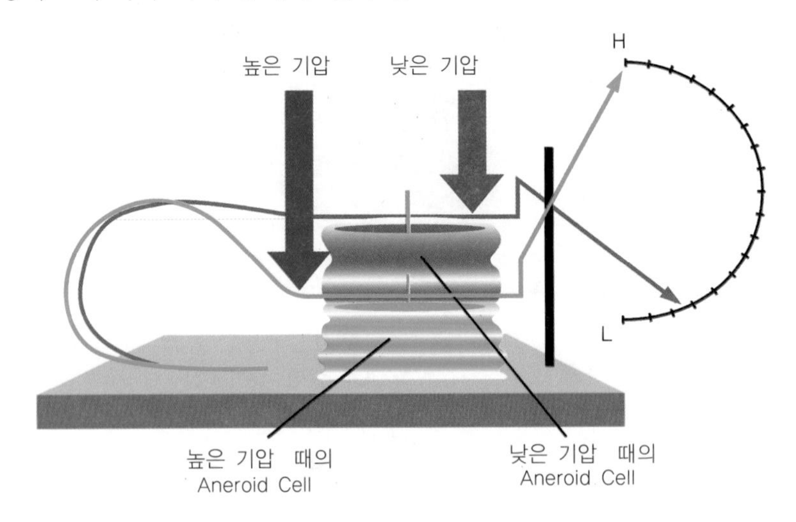


아네로이드 기압계 원리

## 4. 국제 민간항공기구(ICAO)[7]의 표준 대기조건

국제민간항공기구에서는 항공기 운항의 기초가 되는 대기의 표준을 정하여 공시하였다. 이는 기온 등의 고도 분포를 실제에서의 평균대기에 근사하도록 표시한 협정상의 기준 대기이다. 대기의 고도별 온도, 압력, 밀도 특성을 국가간 합의로 정의한 결과이다. 이는 항공기 운항에 필요한 성능과 고도 측정 기준으로 활용되고 있다.

- **해수면 표준기압** : 29.92inch.Hg(1013.2mb)
- **해수면 표준기온** : 15℃(59°F)
- **음속** : 340m/sec(1,116ft/sec)
- **기온 감률** : 2℃/1,000ft(지표 : 36,000ft), 그 이상은 −56.5℃로 일정
  : 고도 36,000피트까지는 고도 1,000피트 당 약 2℃씩 감소하고 그 이상 고도에서는 −56.5℃로 일정하다.

ICAO 표준대기의 가정사항은 다음과 같다. 첫째, 대기는 수증기가 포함되어 있지 않은 건조한 공기라고 가정하고 둘째, 대기의 온도는 따뜻한 온대지방의 해면상의 15℃를 기준으로 하였다. 셋째, 해면상의 대기 압력은 수은주의 높이 760mm를 기준으로 하고 넷째,

7) International Civil Aviation Organization : 국제연합 산하의 전문기구로 캐나다 몬트리올에 본부가 있으며, 항공사 직원의 자격, 항공기 운항, 항공기 상태, 통신, 기상, 항공안전, 항공규정 등에 대한 국제 표준을 제정하고 심사하는 국제기관

해면상의 대기밀도는 12,250kg/㎥를 기준으로 하였다. 다섯째, 고도에 따른 온도강하는 −56.5℃(−69.7°F)가 될 때까지는 −0.0065℃/m이고, 그 이상 고도에서는 변함없이 일정(−56.5℃)하다고 가정하였다.

ICAO 표준대기

| 정압면 | 고도 | | 기온 |
|---|---|---|---|
| hPa | Feet | Meters | ℃ |
| 1013.2 | 0 | 0 | 15.0 |
| 1,000 | 364 | 111 | 14.3 |
| 925 | 2,500 | 762 | 10.1 |
| 700 | 9,882 | 3,012 | −4.6 |

## 2 | 일기도

### 1. 일기도란

어떤 특정한 시각에 각 지역의 기상상태를 한꺼번에 볼 수 있도록 지도위에 표시한 것으로 날씨의 몽타주와 같다. 이는 일기예보나 일기 분석에 사용하며, 지표상에 풍향, 풍력, 일기, 기온, 기압, 동일기압의 장소, 고기압이나 저기압의 위치, 전선이 있는 장소 등을 숫자, 기호, 등치선으로 기호화, 수량화하여 기입한다.

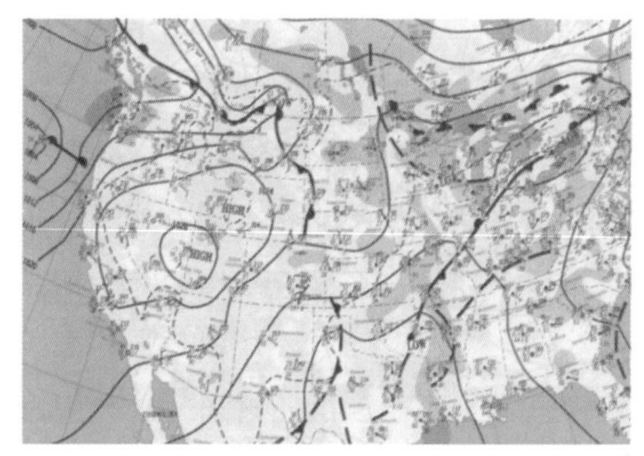
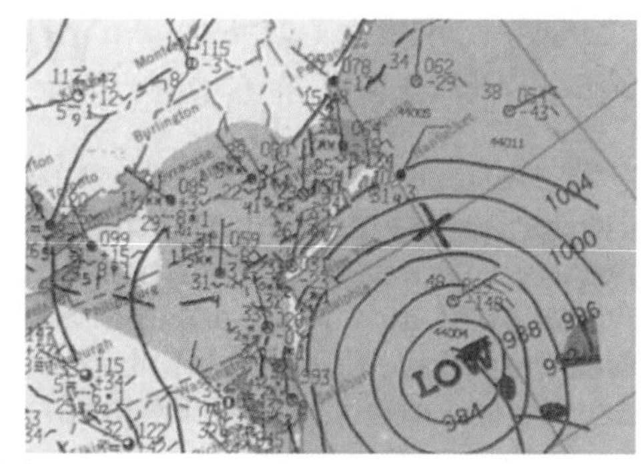


일기도

기압, 기온 등 공간적 연속표시는 등압선과 등온선으로 표시하고, 많은 곡선들은 기압이 같은 지점을 연결한 등압선이다. H(고기압), L(저기압)은 등압선 형식으로 표시한 기압의 중심이다. 톱니 모양의 기호는 전선을 표시한 것이며 종합적으로 볼 때 일기도는 현 지상대기상태를 알 수 있으며, 일정시간 간격으로 연속하여 작성하면 날씨의 시간적 변화를 잘 알 수 있다.

고기압은 주변보다 기압이 상대적으로 높은 지역이며, 저기압은 주변보다 기압이 상대적으로 낮은 지역이다. 기압골은 기압을 등압선으로 그렸을 때 골짜기에 해당하는 부분이며 주로 저기압의 가늘고 긴 축을 말한다. 기압 마루는 고기압이 길게 연장된 부분이다.

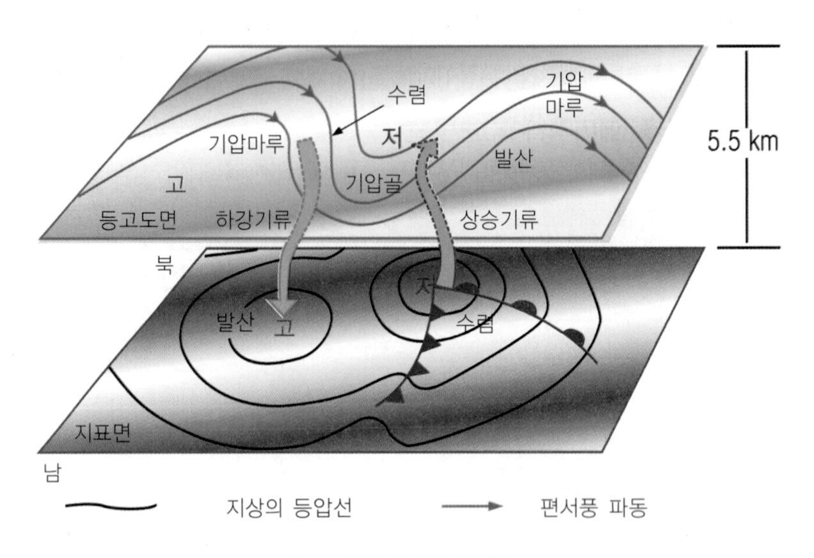


고기압/저기압 일기도

고기압과 저기압에 대하여 좀 더 구체적으로 알아보자. 고기압은 기압이 높은 곳에서 주변의 기압이 낮은 곳으로 시계방향으로 불어간다. 중심 부근은 하강기류가 있고, 단열승온으로 대기 중 물방울은 증발한다. 구름이 사라지고 날씨가 좋아진다. 중심부근은 기압경도가 비교적 작아 바람은 약하다. 지상에서 부는 공기보다 상공에서 수렴되는 공기량이 많으면 하강한다. 기류가 활발히 일어나 고기압이 발달한다.

상공의 수렴 양이 적고 지상에서 불어 나가는 양이 많으면 기압이 높은 부분이 해소되어 고기압은 쇠약해 진다. 고기압권내의 바람은 북반구에서는 고기압 중심 주위를 시계방향으로 회전하고 남반구에서는 반 시계 방향으로 회전하면서 불어간다. 이로 인해서 고기압권내에서는 전선이 형성되기 어렵다. 기압경도는 중심일수록 작아지므로 풍속도 중심일수록 약하다.

| 구분 | 고기압 | 저기압 |
|---|---|---|
| 모습<br>(북반구) | 하강 기류 / 시계 방향 / 고 / 하강 기류 | 상승 기류 / 반시계 방향 / 저 / 상승 기류 |
| 정의 | 주변보다 기압이 높은 곳 | 주변보다 기압이 낮은 곳 |
| 바람 | 시계 방향으로 불어 나감 | 반시계 방향으로 불어 들어옴 |
| 기류, 날씨 | 중심부에 하강 기류 → 구름 소멸 → 날씨 맑음 | 중심부에 상승 기류 → 구름 생성 → 날씨 흐림 |

고기압과 저기압

저기압은 주변보다 상대적으로 기압이 낮은 부분이다. 1기압(1013mb)이라도 주변상태에 의해 저기압이 될 수도 있고, 고기압이 될 수도 있다. 저기압은 거의 원형 혹은 타원형으로 몇 개의 등압선으로 둘러싸여 중심으로 갈수록 기압이 낮다. 기압이 가장 낮은 곳을 저기압 중심이라고 한다. 기압이 같은 폐곡선의 바깥 직경을 저기압의 직경이라 하며 고기압보다 직경이 작다. 저기압 중심을 향해 바람이 반 시계 방향으로 불어 들어간다. 상승기류에 의해 구름과 강수현상이 있고 바람도 강하다. 저기압은 전선의 파동에 의해 생긴다. 저기압을 유지하는 에너지는 한 기단과 난 기단의 위치에너지이다. 저기압 내에서는 주위보다 기압이 낮으므로 사방으로부터 바람이 불어 들어오는데, 지구의 자전으로 지상에서의 저기압의 바람은 북반구에서는 저기압 중심을 향하여 반 시계 방향으로, 남반구에서는 시계방향으로 분다. 저기압 중심부근의 상승기류에서는 단열냉각에 의해 구름이 만들어지고 비가 내리므로 일반적으로 저기압 내에서는 날씨가 나쁘고 비바람이 강하다.

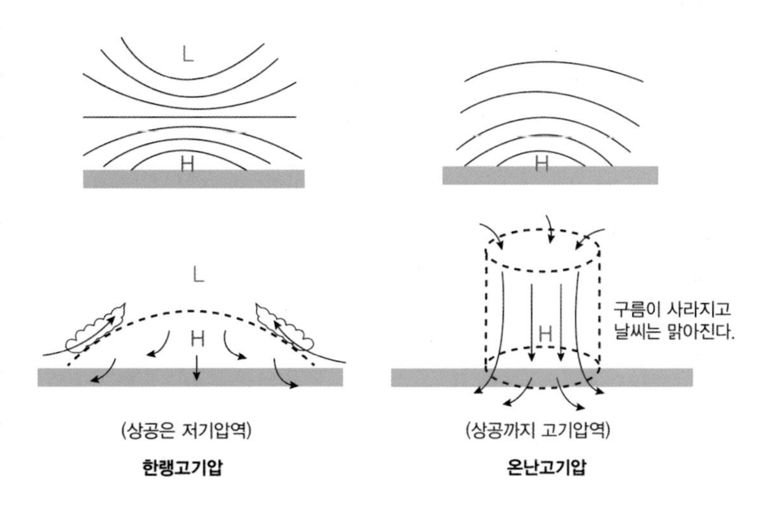

한랭고기압 온난고기압

그림에서 보는 바와 같이 한랭 고기압의 상공은 저기압 역이며, 온난 고기압은 상공까지 고기압이고, 전체적으로 구름은 사라지고 날씨는 맑아진다.

세계 최초의 일기도는 독일의 물리학자 H.W. 브란데스가 동일기압을 선으로 연결한 등압선을 이용하여 그린 것으로 1973년 3월 6일 하늘의 상태를 표현한 것이다. 우리나라의 기상관측 역사는 삼국유사에 환웅이 하늘에서 무리 3,000명을 거느리고 신단수에 내려와 나라를 세웠으며, 풍백(風伯), 우사(雨師), 운사(雲師)로 세상을 다스렸다하여 기상현상을 주목하여 관측하고 통제하려 하였다. 1441년(세종 23년) 측우기를 발명하여 우량을 관측하였다.

측우기

## 2. 등압선(Isobar)

일기도 상에 해수면 기압 또는 동일한 기압 대를 형성하는 지역을 연결하여 그어진 선을 말한다. 일기도에 표시된 등압선으로 저기압과 고기압 지역의 위치와 기압경도에 대한 정보를 제공해 준다. 등압선은 동일한 기압지역을 연결한 것으로 거의 곡선모양으로 그려진다. 모든 기압이 다 그려지기보다는 등압선 사이에 존재하는 중간 값의 기압은 점으로 그려지고 해당 기압이 표시된다. 등압선이 조밀하게 형성된 지역은 기압경도가 매우 큰 지역으로 강풍이 존재한다는 것을 나타내 준다.

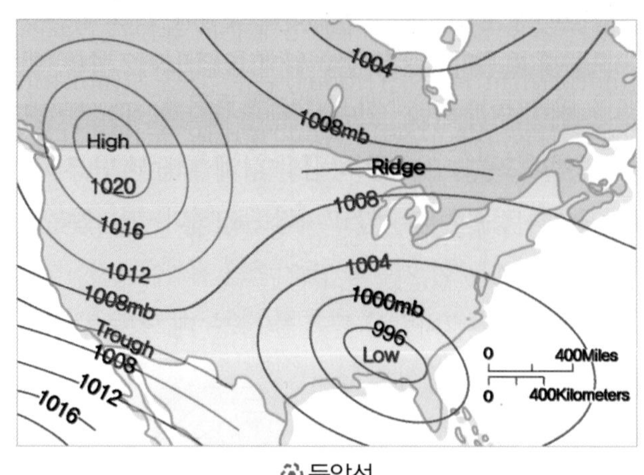

등압선

## 3. 기압경도

모든 지역에서 기압이 동등하지 않으며 지역별 기압의 차이가 나타난다. 기압 경도는 주어진 단위거리 사이의 기압 차이를 말한다. 수평면 위의 두 지점에서 기압 차로 인하여 생기는 힘이라고도 하며 공기의 이동을 촉발하는 원인이다. 바람은 기압경도에 직각으로 가까운 각도로 불고, 속도는 경도에 비례한다. 기압은 높은 곳에서 낮은 곳으로 자연스럽게 이동하려는 경향이 있기 때문에 기압 경도는 고기압에서 저기압 쪽으로 이동하며, 등압선이 조밀한 지역은 기압경도력이 강하다. 또한, 기압경도는 한 등압선과 인접한 등압선 사이를 측정한 거리에서 기압이 변화한 비율이다.

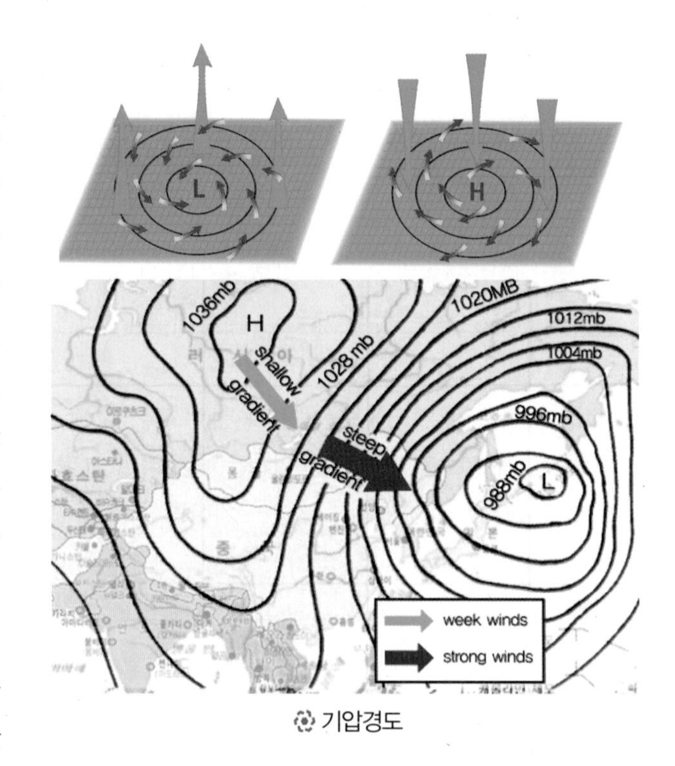

기압경도

# 4. 일기도 보는 법

공중에서 항공기나 드론을 바다에서 함정이나 어선 등을 운용하는 자들은 기상예보에 민감하다. 기상이 운용 가능성을 결정하는 중요한 요소이기 때문이다. TV화면이나 신문의 한 페이지에 위치하고 있는 일기도를 보는 방법을 알아두면 기상에 대하여 이해가 쉽다. 일기도를 보는 방법을 간단히 설명하면 다음과 같다.

첫째, 일기도 상에서 작은 원으로 표시된 각 지점의 날씨는 기호로 표시되어 있어 먼저 날씨 기호를 파악한다.

둘째, 각 지점에서 그어진 직선과 끝 날개 선을 보고 바람 방향과 풍속을 파악한다. 예를들어 풍향선이 북쪽에 있으면 북풍이다.

풍향 풍속

| 기호 | ◎ | | | | | | | | | 4 |
|---|---|---|---|---|---|---|---|---|---|---|
| 풍속 (m/s) | 고요 | 1 | 2 | 5 | 7 | 10 | 12 | 25 | 27 | 북서풍 12m/s |

셋째, 지상의 바람은 고기압에서 불어 나가고, 저기압에서 불어 들어오므로 등압선만 보면 개략적인 풍향을 알 수 있다. 바람은 북반구는 고기압을 오른쪽, 저기압을 왼쪽으로 보는 형태로 기압이 높은 곳에서 낮은 곳으로 향해 등압선을 일정각도(육상은 30~40도, 해상은 15~30도)로 가로 질러 분다. 등압선이 밀집되어 있는 곳일수록 기압 경도가 크며 바람이 강하다.

넷째, 일기도의 기호를 붙인 전선 부근은 일반적으로 날씨가 나쁘다.

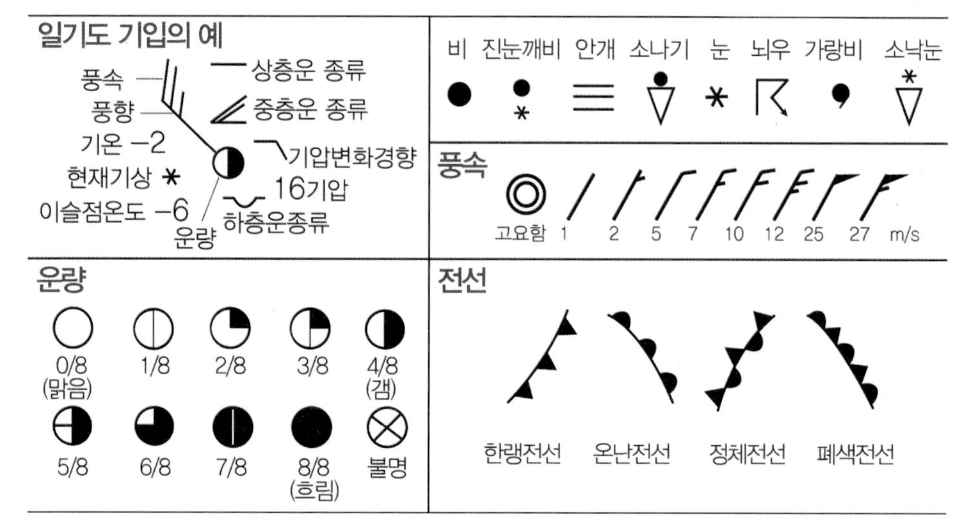


일기 기호

다섯째, 등압선 중심에는 각각 H(고)나 L(저)과 같은 약자가 표시되어 있다. 고기압성 기압배치는 고기압이나 기압마루에서 바람이 불어나가 하강 기류가 탁월하여 맑은 하늘이 되기 쉽고, 저기압성 기압배치는 저기압과 기압골에서 바람이 불어 들어와 상승기류가 탁월해지고 강수현상이 일어나 날씨가 나빠지기 쉽다.

여섯째, 국제적 일기도는 작은 원 안에 운량을 나타내는 기호가 표시되어 있고 날씨가 그 왼쪽에 기입되어 있다.

## 3 일기예보 시 순서

평소 TV, 라디오 등의 매스컴에서 일기 예보 시 나름대로 그 순서가 있다. 제일 먼저 현재 전국의 기상 개황으로 고기압, 저기압의 중심 위치, 진행방향, 속도, 전선의 종류 및 위치, 우리나라 부근을 지나는 등압선의 크기 및 통과 지점을 발표하고 둘째, 각 지방의 일기예보와 각 해상 및 해양 기상부이 로봇의 풍향, 풍속, 일기, 기압을 발표한다. 셋째, 각 지방의 일기 상황으로 우리나라를 중심으로 일본과 중국 대륙, 대만, 태평양 상의 섬등 각 지방의 풍향, 풍속, 기압, 기온, 일기 등을 발표하고, 넷째, 어업 기상으로 태풍, 저기압과 고기압의 위치, 중심기압, 진행방향과 속도, 태풍이나 강한 저기압의 24시간 후 예상위치와 그 오차범위를 표시하는 예보 원의 반지름, 전선과 특정 등압선이 지나가는 지점 순으로 방송을 실시한다.

## 4 경보와 주의보

### 1. 개요

① 기상재해가 일어날 가능성이 있을 때 주의를 환기 또는 경고하기 위해 기상청에서 발표하며, 기상 특보라고 함

② 어떤 기상이 강화되어 주의를 요할 시 "주의보"를 발령하고, 이후 더욱 주의의 필요성이 있을 때 "경보"를 발령

③ 정규 외 갑작스런 기상변화는 기상정보를 발표하고 악기상은 기상특보로 발령

④ 특보발령에 앞서 종류, 예상구역, 예상 일시 및 내용의 예비 특보를 발령

## 2. 종류

### 1) 대설

- **주의보** : 24시간 내에 서울과 기타 광역시는 24시간 내 적설이 5cm이상, 기타 지방은 10cm이상, 울릉도, 독도는 20cm이상이 예상될 때
- **경보** : 24시간 내에 서울과 기타 광역시는 24시간 내 적설이 20cm이상, 기타 지방은 30cm이상, 울릉도, 독도는 50cm이상이 예상될 때

### 2) 호우

- **주의보** : 24시간 내에 강수량이 80mm이상이 예상될 때
- **경보** : 24시간내 강수량이 150mm이상이 예상될 때

### 3) 태풍

- **주의보** : 태풍의 영향으로 평균 최대풍속이 17m/s이상의 풍속 또는 호우, 해일 등으로 재해가 예상될 때
- **경보** : 태풍의 영향으로 평균 최대풍속이 21m/s이상의 폭풍 또는 호우, 해일 등으로 재해가 예상될 때

### 4) 폭풍(해상)

- **주의보** : 평균최대풍속이 14m/s이상이고 이러한 상태가 3시간 이상 지속될 것이 예상되거나 또는 순간 최대풍속이 20m/s이상 예상될 때
- **경보** : 평균최대풍속이 21m/s이상이고 이러한 상태가 3시간 이상 지속될 것이 예상되거나 또는 순간 최대풍속이 26m/s이상 예상될 때

### 5) 폭풍(육상)

- **주의보** : 평균최대풍속이 14m/s 또는 순간 최대풍속이 20m/s이상 예상될 때
- **경보** : 평균최대풍속이 21m/s 또는 순간 최대풍속이 26m/s이상 예상될 때

### 6) 파랑

- **주의보** : 폭풍현상이 없이 해상의 파도가 3m이상이 예상될 때
- **경보** : 폭풍현상이 없이 해상의 파도가 6m이상이 예상될 때

### 7) 한파

- **주의보** : 11~3월에 당일의 아침 최저기온보다 다음날의 아침 최저기온이 10℃이상 하강할 것으로 예상될 때
- **경보** : 11~3월에 당일의 아침 최저기온보다 다음날의 아침 최저기온이 15℃이상 하강할 것으로 예상될 때

## 5 | 강수 확률의 의미

매스컴을 통해 일기예보를 청취 시 "오늘의 강수확률은 30%"라고 할 때 대부분의 사람들이 우산을 가져가야 하는가? 가져가지 않아도 되는가? 라는 의문을 갖게 된다.

강수확률이란 "일정기간 중 몇 %시간 동안만 비가 내리는가" 라는 것이 아니고 "과거의 예보와 통계를 합하여 비가 내릴 것이다."라고 "100회 예상한 가운데 1mm 이상의 비가 30회 왔으므로 그 비가 내릴 확률이 30%이다"라는 뜻이다. 그럼 "몇 %부터 우산을 가지고 외출을 하여야 하는가"이다. 일상생활 속에서 70~80%이면 우산을 휴대하는데 30~40%이면 망설이게 된다. 결론은 30~40%도 우산을 휴대하여야만 비를 맞지 않고 안전하다는 것이다.

기상 예보에 따라서 항공기나 드론을 운용할 것인가? 다음으로 연기할 것인가? 하는 문제도 우산을 휴대할 것인가? 말 것인가와 동일하게 적용하는 것이 바람직할 것이다. 그러나 모든 판단은 숫자만 판단하지 말고 일기도나 정보를 대기상태와 비교하여 판단하는 것이 효과적이라 할 것이다.

## 6 | 고도의 종류

**기압고도**는 표준 기지면 위의 표고이고 표준대기 조건에서 측정된 고도이다. **기압고도계**는 아네로이드 기압계를 이용하여 기압을 고도로 환산해 나타낸 것으로 항공기에 사용되는 고도계이다.

**지시고도**(indicate altitude)는 고도계의 창에 수정치 값을 입력하여 얻은 고도계의 지시치를 말한다. **진고도**(true altimeter)는 평균 해수면으로부터 항공기까지의 수직 높이(MSL로 표기)를 말한다. 지시고도와 진고도의 차이가 발생할 수 있는데 첫째, 해면기압이 표준기압과 다를 때, 둘째, 기온이 표준상태에서의 기온과 다를 때, 셋째, 강한 연직운동이 있을 때 등이다.

**절대고도**(absolute altimeter)는 지표면으로부터 항공기까지의 높이(AGL로 표시)이다. **밀도고도**는 기압고도에서 비표준기온을 적용하여 얻은 고도이다. 표준대기조건에서만 밀도고도는 기압고도와 일치한다.

# 4 바람

## 1 | 바람과 바람의 측정

바람은 공기의 흐름이다. 즉, 운동하고 있는 공기이다. 수평방향의 흐름을 지칭하며, 고도가 높아지면 지표면 마찰이 적어 강해진다. 공기의 흐름을 유발하는 근본적인 원인은 태양 에너지에 의한 지표면의 불균형 가열에 의한 기압차이로 발생하고, 기온이 상대적으로 높은 지역에서는 저기압이 발생하고, 기온이 상대적으로 낮은 지역에서는 고기압이 발생한다.

바람의 측정은 공항이나 기상 관측소에 설치된 풍속계(anemometer)와 풍향계(wind direction indication)에 의해서 측정된다. 종류는 바람주머니, T형 풍향지시기, Aerovane 등이 있으며, 지표면 10m 높이에서 관측된 것을 기준으로 하며, 풍향, 풍속을 표기한다. 상층의 바람은 기구, 도플러 레이더, 항공기 항법시스템, 인공위성 등으로 측정한다.

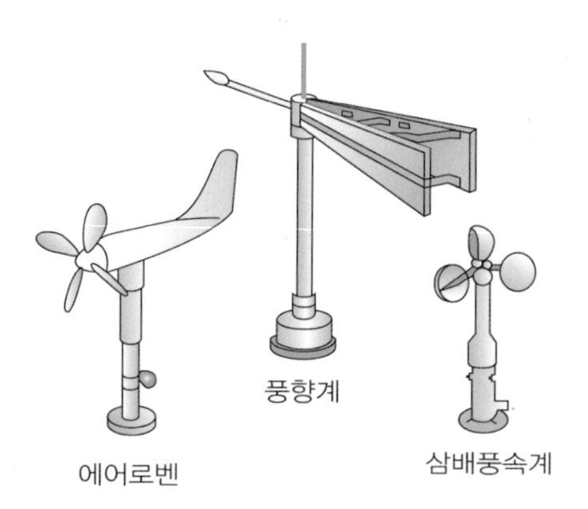

바람의 측정기구

바람의 속도(velocity)와 속력(speed)은 차이가 있다. 속도는 벡터 량으로 방향과 크기를 가지는 반면 속력은 스칼라량으로 크기만 갖는다. 풍속의 단위는 NM/H(kt), SM/H(MPH), km/h, m/s이다.

1kt = 1,852m(Navtical Mile)(Statute mile 1 mile = 0.869해리이다.)이다. 바람의 방향을 제공할 때 지상에서 기상전문가들은 진북방향을 공중에서 항공종사자(조종사, 관제사 등)는 자북방향으로 제공한다.

바람의 방향은 아래 그림과 같으며, 바람 방향 북풍이라는 것은 북에서 남으로 부는 바람을 말한다. 즉 북쪽을 향하는 바람이 아니다. 그러나 조류, 해류 등 물 흐름의 방향은 향해서 가능 방향을 의미한다. 방위를 붙여서 표현하고 풍향은 동서남북의 중간방위를 더해서 16방위로 표기한다.

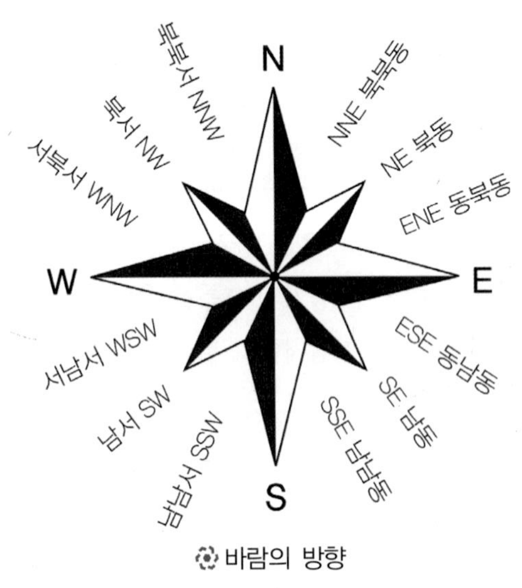


바람의 방향

풍향 풍속의 측정방법은 1분간, 2분간, 또는 10분간의 평균치를 측정하여 지속풍속을 제공한다. 평균풍속은 10분간의 평균치로 공기가 1초 동안 움직이는 거리를 m/s, 1시간에 움직인 거리를 마일(mile)로 표시한 노트(kt)를 말한다. 순간풍속은 어느 특정 순간에 측정한 속도를 말하며 최대 풍속은 관측기간 중 10분 간격의 평균 풍속 가운데 최대치를 말한다. 순간최대 풍속은 관측기간 중 순간 풍속의 최대치 즉 가장 큰 풍속을 말한다.

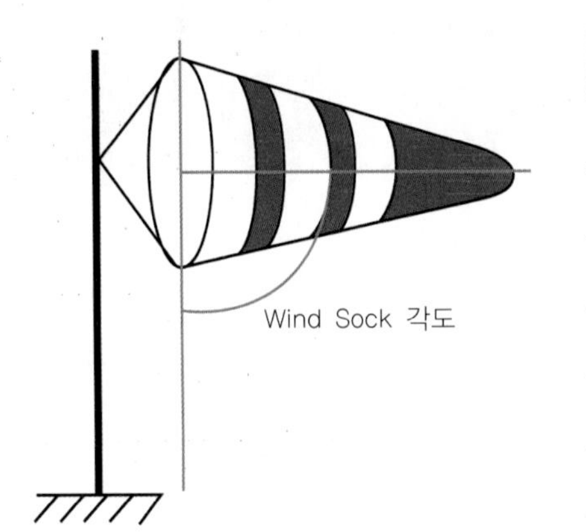


| Wind Sock 각도 | 풍속 (m/sec) |
|---|---|
| 0도 | 0m/sec |
| 15 ~ 20도 | 1m/sec |
| 30 ~ 40도 | 2m/sec |
| 50 ~ 60도 | 3m/sec |
| 70 ~ 80도 | 4m/sec |
| 90도 | 5m/sec |

Wind sock에 의한 풍향·풍속 측정법

Wind sock에 의한 측정방법에 있어서 유의해야 할 점은 정확한 측정방법은 아니라는 것이다. 그러나 주변에 많이 설치된 Wind sock을 잘 활용하면 항공기 및 드론 운용 시 좋은 자료가 될 것이다.

또 다른 방법으로는 휴대하고 있는 손수건을 활용한 방법으로 손수건을 손으로 잡고 날리는 정도에 따라 측정하는 방법이다.

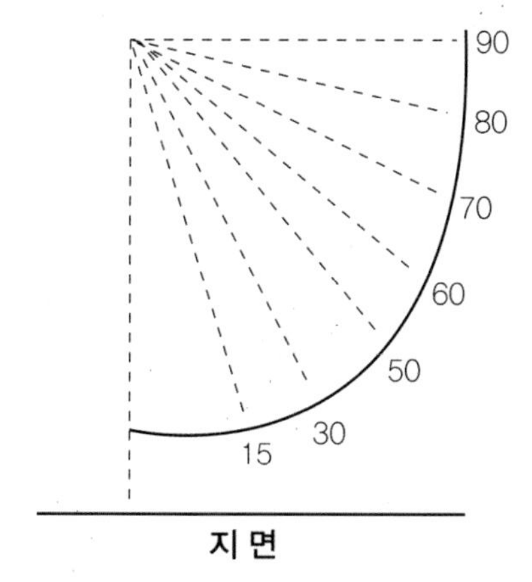


| 수직 각도 | 풍속(m/sec) |
|---|---|
| 0도 | 0m/sec |
| 15도 | 1m/sec |
| 30도 | 2m/sec |
| 50도 | 3m/sec |
| 70도 | 4m/sec |
| 90도 | 5m/sec |

손수건에 의한 풍향·풍속 측정법

풍향과 풍속을 측정하여 표기하는 법은 아래와 같다.

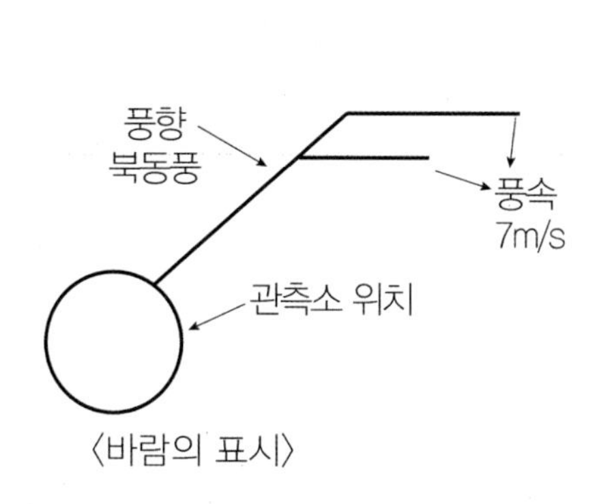


| 바람의 기호 | | | | |
|---|---|---|---|---|
| 풍속 | 2m/s | 5m/s | 7m/s | 25m/s |

| | | | |
|---|---|---|---|
| 맑음 | 구름 조금 | 구름 많음 | 흐 림 |

바람의 표기법

# 2 | 바람을 일으키는 힘

## 1. 기압 경도력

기압경도(pressure gradient)는 공기의 기압 변화율로 지표면의 불균형 가열로 발생하며, 기압 경도력은 기압경도의 크기 즉 힘을 말한다. 고기압 쪽에서 저기압 쪽으로 등압선에 직각 방향으로 작용한다. 등압선이 조밀한 지역에서는 기압 경도력이 강해 강풍이 발생한다.

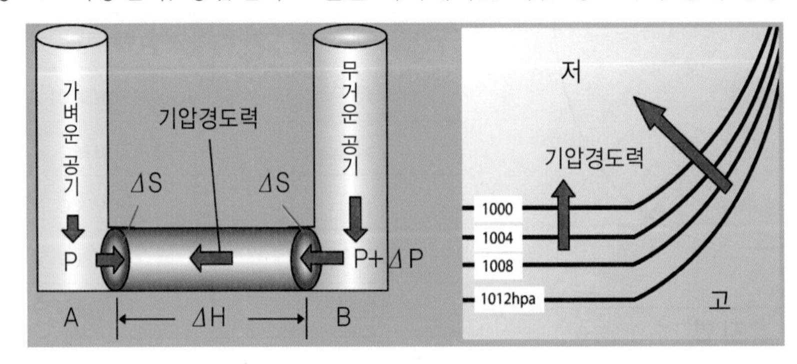


기압 경도력

## 2. 전향력

전향력은 회전하는 운동계에서 운동하는 물체를 관측하였을 때 나타나는 겉보기의 힘이라고 한다. 즉, 물체를 던진 방향에 대해 북반구에서는 오른쪽으로 남반구에서는 왼쪽으로 힘이 작용하는 것처럼 운동하게 되는데 이때의 가상적인 힘이 전향력이다. 전향력은 1828년 프랑스의 G.G. 코리올리가 이론적으로 유도하여 "**코리올리의 힘**"이라고도 한다. 전향력의 크기는 극지방에서 최대이고 적도 지방에서는 최소이다. 전향력 $f = 2\ w\ \sin\varphi \cdot V$이다. w는 지구자전각속도($=7.29\times10^{-5}$), φ는 위도, V는 입자의 속도이다.

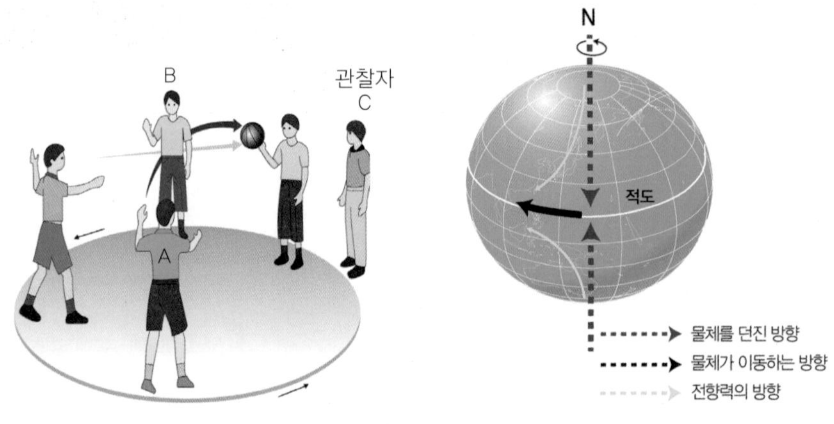


전향력

## 3. 마찰력

지표면과 공기의 마찰에 의해 생기는 힘으로 공기가 마찰을 받는 높이는 지상 1km이내(대기 경계층)이며, 그 이상의 대기를 자유 대기라 한다. 마찰력의 방향은 풍향과 반대 방향이며 크기는 지표면의 성질에 따라 다르다.

# 3 | 항공 및 드론 운용에서의 바람의 운용

항공기 및 드론 등 공중에서 운용하는 비행체는 바람의 영향에 매우 민감하며 중요하다. 항공기 및 드론 등의 성능에 상당한 영향을 미치고 있다. 항공기나 드론이 아니더라도 하늘을 나는 새들의 행태를 보더라도 바람을 적절히 활용하고 있음을 알 수 있다. 새들이 나뭇가지에 앉거나 날아 갈 때도 반드시 맞바람을 적절히 이용하고 있는 것을 볼 수 있다. 따라서 항공기나 드론을 운용하는 관계자들은 맞바람을 활용할 수 있도록 하여야 한다.

맞바람(head wind)은 사람의 앞부분이나 항공기 또는 드론의 기수(nose) 방향을 향하여 정면으로 불어오는 바람이다. 맞바람은 항공기의 이착륙 성능을 현저히 증가시키고 드론 역시 바람이 부는 상황에서 이·착륙 시 맞바람을 적절히 이용하면 안전하게 운용할 수 있다.

뒷바람(tail wind)은 항공기 또는 드론의 꼬리(tail)방향을 향하여 불어오는 바람이다. 뒷 바람은 항공기 이착륙 시 성능을 현저히 감소시키거나 이착륙 자체를 불가능하게 한다. 드론 역시 뒷바람 상태에서 이착륙 시는 안전하게 운용 될 수 없다.

측풍은 항공기나 드론 등 비행체의 왼쪽 또는 오른쪽에서 부는 바람이다. 측풍 역시 항공기나 드론 운용에 많은 영향을 미치는 요인으로 작용한다. 항공기나 드론 등 공중에서의 비행체를 운용하는 요원들은 정풍, 배풍이라는 용어를 많이 사용하고 접하고 있다. 이는 맞바람과 뒷바람을 연계하여 사용하여도 무방하다.

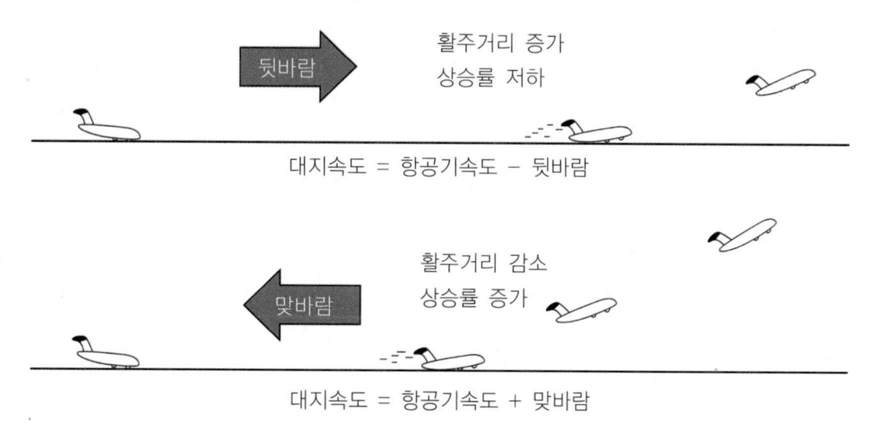


맞바람과 뒷바람

# 4 | 바람의 종류

## 1. 지균풍

지표면의 마찰 영향이 없는 지상 약 1km이상의 상공에서 기압 경도력과 전향력이 균형을 이루어 부는 바람이다. 지균풍의 특징은 첫째, 지균평형 상태에서의 바람으로 등압선(등고선)에 평행한다. 둘째, 바람의 오른쪽은 고기압, 왼쪽은 저기압이다. 즉 북반구에서는 바람을 등지고 서면 저기압이 왼쪽에 위치한다. 셋째, 기압경도가 클수록 풍속은 강하다. 넷째, 북반구의 저기압 중심 주위에서는 반시계 방향(저기압성 흐름)으로 고기압 중심에서는 시계 방향(고기압성 흐름)으로 분다.

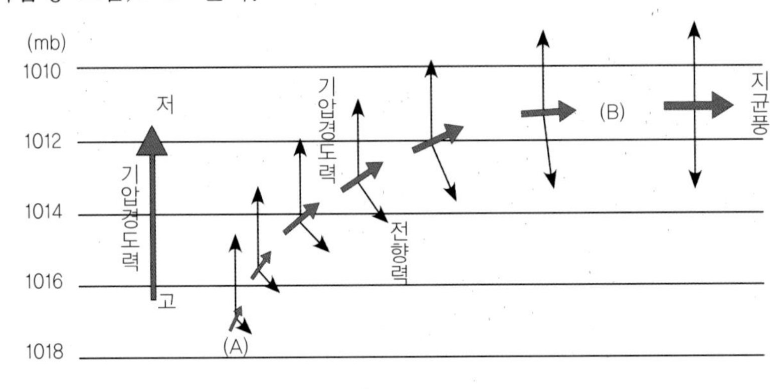


지균풍

## 2. 경도풍

지상 1km 이상에서 등압선이 곡선일 때 부는 바람으로 기압 경도력, 전향력, 원심력이 평행을 이룬다. 지상 약 1km이상의 상공은 지표면과 바람 사이에 마찰력이 없다. 경도풍은 지균풍과 달리 등압선이 곡선이면 원심력이 작용한다. 고기압과 저기압에서 기압 경도력이 같은 경우 고기압은 기압경도력이 바깥으로 작용하고 저기압은 안쪽으로 작용한다. 풍속에 비례하는 전향력의 크기가 고기압은 더해져서 바람이 강하고 저기압은 약해진다.

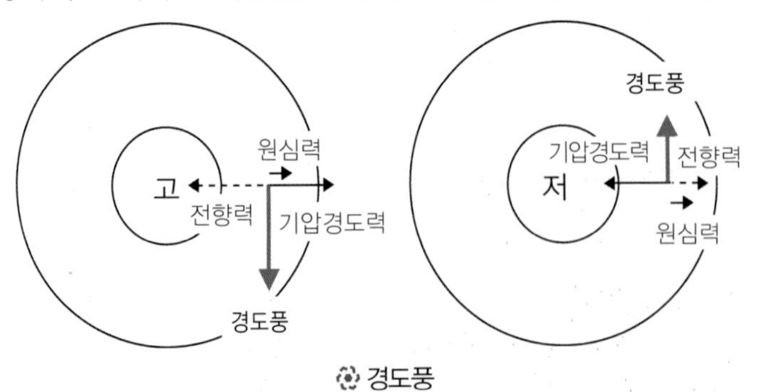


경도풍

## 3. 지상풍

지상 1km 이하의 지상에서 마찰력의 영향을 받는 바람으로 전향력과 마찰력의 합력이 기압 경도력과 평행을 이루어 등압선과 각을 이루며 저기압 쪽으로 부는 바람으로 마찰풍이라고도 한다. 지표면 가까이서 부는 것으로 지상풍, 지표 가까이에서 마찰의 존재로 마찰풍이라고 한다. 특징은 첫째, 지상풍에 작용하는 힘은 기압경도력, 전향력, 마찰력이다. 둘째, 바람은 마찰력의 영향으로 등압선을 비스듬히 가로질러 저기압으로 분다. 셋째, 등압선과 풍향이 이루는 각도는 해상 15~30°, 육상 30~40° 정도이다. 넷째, 바람이 숲, 건물, 산 등에 부딪혀 마찰이 생기므로 속도는 상공보다 느리다.

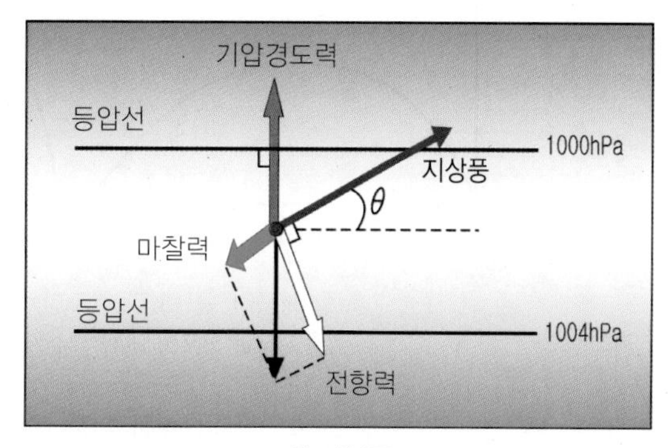

지상풍

## 4. 해륙풍(열적 국지풍)

해륙풍(land breezes, sea breezes)은 주간(해풍)에는 태양 복사열에 의한 가열 속도 차로 기압경도력이 발생한다. 즉 육지에서의 가열이 높아지면 기압이 낮아지고 수평 기압경도가 형성된다. 오후 중반 10~20kts 속도로 발생되나 그 이후 점차 소멸되며, 1,500~3,000ft 높이까지 발달한다. 야간(육풍)에는 지표면과 해수면의 복사 냉각차로 기압 경도력이 발생한다. 해풍(주간)보다 육풍(야간)이 적은 것은 야간의 기온 감율이 느리기 때문이다.

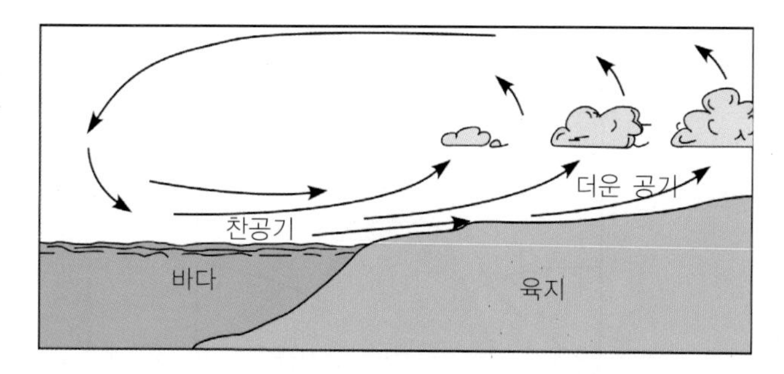

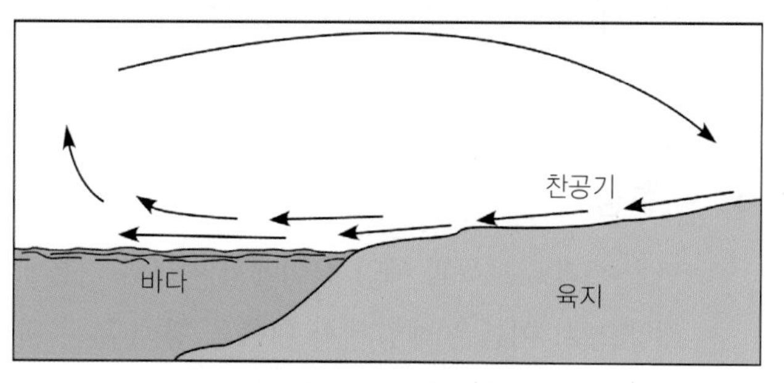

해풍(위)과 육풍(아래)

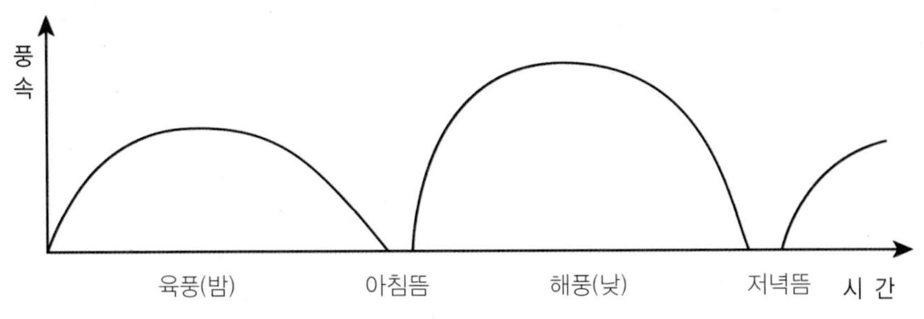


하루 중 해륙풍의 풍속 변화

## 5. 산곡풍

산곡풍(산들바람, mountain breezes, valley breezes)은 산바람과 골바람으로 나누어 진다. 산바람은 산 정상에서 산 아래로 불어오는 바람(야간)을 말하고, 골바람은 산 아래에서 산 정상으로 불어오는 바람(주간)으로 적운이 발생한다. 산 경사면의 태양 복사 차이로 수평적 기압 경도력이 발생하며, 비행기로 계곡 통과 시 순간적인 상승, 강하 현상이 발생하는 것을 볼 수 있다.

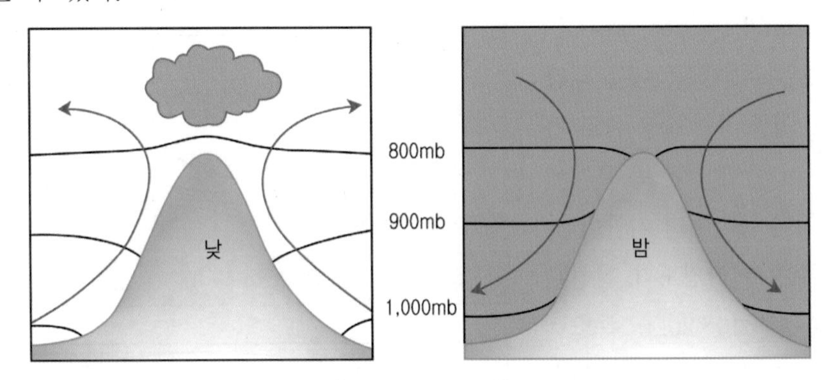


골바람(좌)과 산바람(우)

## 6. 계절풍

1년을 주기로 대륙과 해양 사이에서 여름과 겨울에 풍향이 바뀌는 바람으로 겨울은 대륙에서 해양으로, 여름은 해양에서 대륙을 향해 부는 바람이다. 발생하는 원인은 첫째, 육지와 해양의 비열의 차 혹은 계절에 따라 대륙과 바다 사이 기압배치 차이이며, 둘째, 겨울은 대륙이 현저히 냉각되어 한랭하고 무거운 공기가 퇴적되어 고기압으로 상대적으로 기압이 낮은 해양을 향해 바람이 되어 불게 된다. 셋째, 여름은 대륙이 가열되어 저압부가 되고 상대적으로 찬 해양의 고기압에서 대륙을 향해 바람이 분다. 계절풍이 현저한 지역은 인도, 일본, 동남아시아와 우리나라이다.

우리나라의 계절풍은 겨울에 북서 계절풍, 여름에 남동 계절풍이 분다. 겨울에 시베리아 내륙에 찬 공기가 쌓이면서 고기압이 발달하고, 태평양에 저기압이 발달하여 차고 건조한 북서 계절풍이 분다. 3~4일 주기로 고기압 세력이 약해지고 또 저기압이 몽고 일대를 지나갈 때 우리나라 부근의 기온은 올라간다. 이처럼 춥고 포근한 날이 반복되는 것이 우리나라 주변의 삼한사온 현상이다.

여름철은 바다에 고기압이 형성되고 대륙 내부에 저기압이 발달하여 남동~남서 계절풍이 분다. 따뜻한 바다에서 증발한 수증기가 많이 포함되어 기온이 높고 습기가 많다. 이는 여름철을 무덥게 하여 불쾌지수를 높인다. 4월에 시작하여 8월에 끝나며 6월 중순~7월 중순에 강하다. 우리나라의 계절풍은 건기와 우기를 결정하며 한반도 기후에 큰 영향을 미치는 계절풍이다.

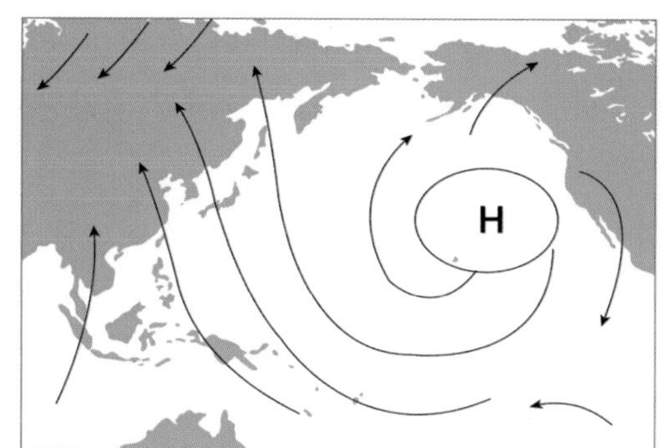


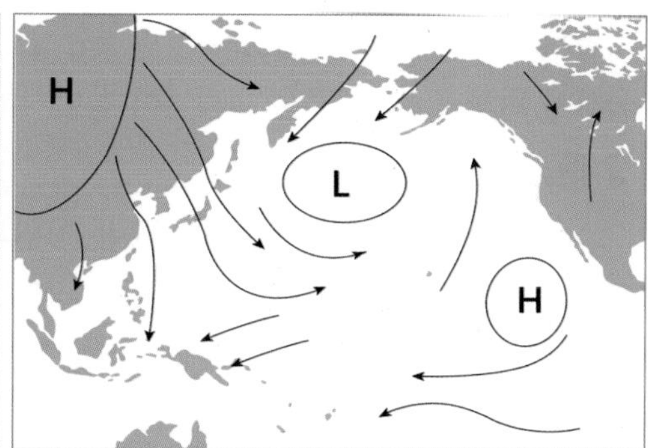


태평양의 계절풍

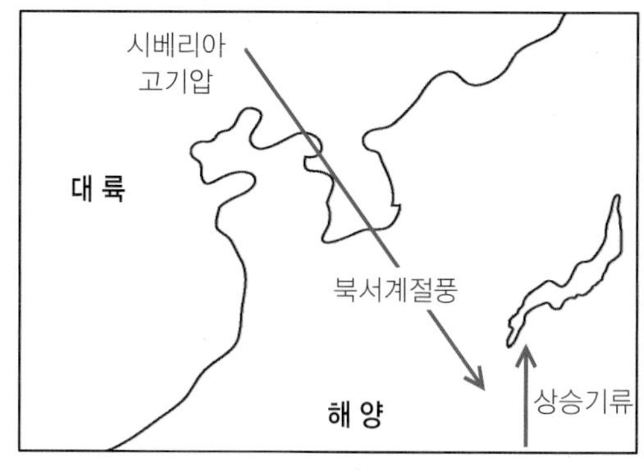


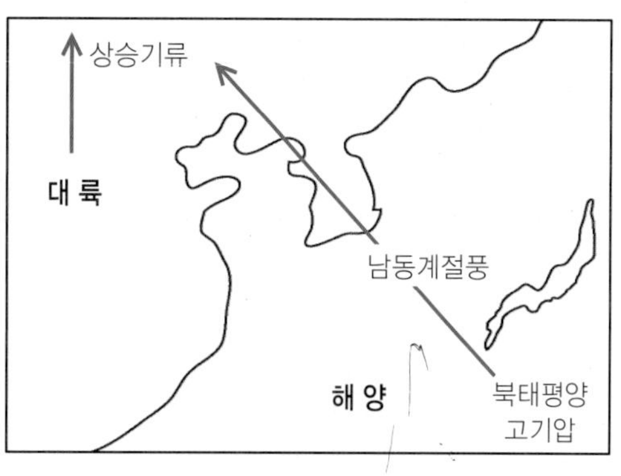


**【겨울 : 북서계절풍】**
겨울엔 대륙이 금방 식으므로
해양에서 상승기류가 발생

**【여름 : 남동계절풍】**
여름엔 대륙이 금방 뜨거워지므로
대륙에서 상승기류가 발생

우리나라 계절풍

## 7. 돌풍과 스콜

돌풍(gust)은 바람이 항상 일정하게 불지 않고 강약을 반복하는 바람을 말하며, 숨이 클 경우 갑자기 10m/sec, 때로는 30m/sec를 넘는 강풍이 불기 시작하여 수 분, 혹은 수십분 내에 급히 약해진다.

발생원인은 첫째, 지표면이 불규칙하게 요철을 이루고 있어 바람이 교란되어 작은 와류(회오리)가 많이 생길 때, 북서 계절풍이 강할 때 발생하며, 둘째, 태풍 중심 부근의 강풍대에서 저기압이 급속히 발달할 때 발생한다. 셋째, 지표면이 불규칙하게 가열되어 열대류가 일어날 때 발생하며, 넷째 뇌우의 하강기류에서 고지대의 한기가 해안지방으로 급강하할 때, 다섯째, 한랭전선 전방의 불안정선이나 한랭전선 후방의 2차 전선이 통과할 때 발생한다.

근본적인 원인은 한랭한 하강기류가 온난한 공기와 마주치는 곳, 즉 한랭 기단이 따뜻한 기단의 아래로 급하게 침입하여 따뜻한 공기를 급상승시켜 일어나게 된다. 특징은 풍향이 급하게 변하고 큰 비 혹은 싸락눈이 쏟아지며 우박을 동반할 수 도 있다. 기온은 급강하하고 상대습도는 급상승한다.

스콜(squall)은 관측하고 있는 10분 동안의 1분 지속풍속이 10kts이상일 때 이러한 지속풍속으로부터 갑작스럽게 15kts 이상 풍속이 증가되어 2분 이상 지속되는 강한 바람을 말한다.

## 8. 높새바람(푄현상)

푄(fohn)현상에 의해서 발생하는 바람을 푄 바람 또는 높새바람이라고 한다. 이는 습하고 찬 공기가 지형적 상승 과정을 통해서 고온 건조한 바람으로 변화되는 현상이다. 푄현상의 조건은 지형적 상승과 습한 공기의 이동 그리고 건조단열기온감률 및 습윤단열 기온률이다.

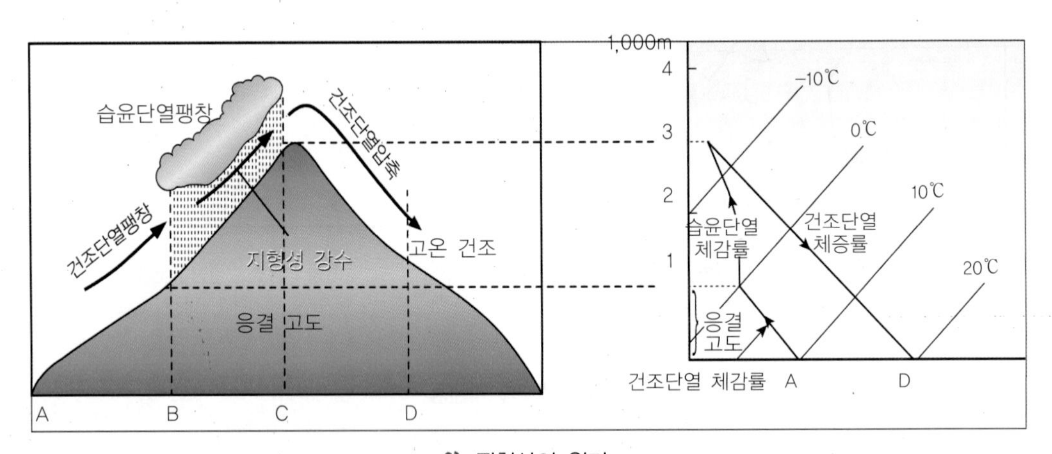


푄현상의 원리

우리나라에서의 높새바람은 늦봄에서 초여름에 걸쳐 동해안에서 태백산맥을 넘어 서쪽사면으로 부는 북동 계열의 바람이다. 동쪽에서 서쪽으로 공기가 불어 올라갈 때에 수증기가 응결되어 비나 눈이 내리면서 상승한다. 고도가 높아지면서 기온은 고도 100m당 약 0.5℃ 정도 하강한다. 그러나 동쪽의 산에서 비를 내리게 한 뒤 건조해진 공기가 태백산맥의 서쪽인 영서지방 쪽으로 불어 내리는 공기는 비열이 높은 수증기를 거의 비로 내린 상태이므로 비열이 낮아져서 100m당 약 1℃정도로 기온이 상승한다.

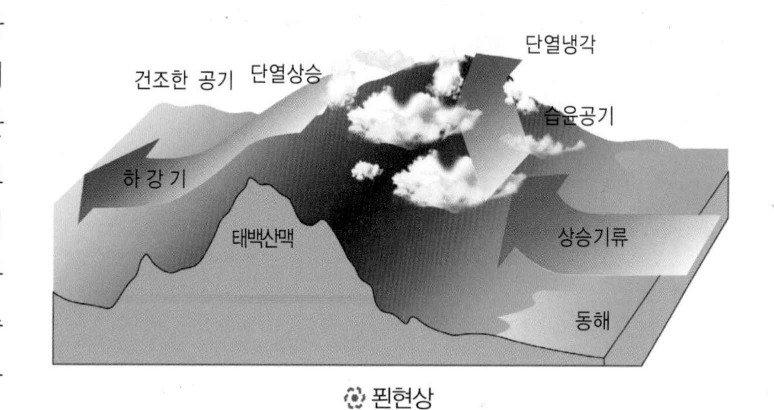

푄현상

**지역별**
- 유고 북부 아드리아 해안으로부터 러시아 내습 Rhone 계곡 : 미스트랄[Mistral]
- 미국 캘리포니아 서해안으로부터 로키산맥 : 치눅[Chinook]
- 유럽의 알프스 산맥 : 푄[F"ohn]

## 5 제트기류

제트기류는 주로 대류권 상층부와 성층권 하부에 존재하는 강하고 폭이 좁은 공기의 수평적인 이동이다. 전형적인 제트기류는 깊이 1NM, 폭 100NM, 길이 1,200NM 정도의 크기에 중심부의 바람속도는 최소한 50노트를 초과한다. 종류는 첫째, 극 제트기류로서 고도 약 10km상공에서 전향력의 가속에 의해서 상층 바람이 변형되면서 발생한다. 중위도 지방과 극지방 사이에서 발생한다. 둘째, 아열대 제트기류는 고도 13km상공의 아열대 고기압지대에서 전향력 가속에 의한 상층 바람의 변형에 의해서 발생한다. 극 제트기류보다 강도가 다소 약하다.

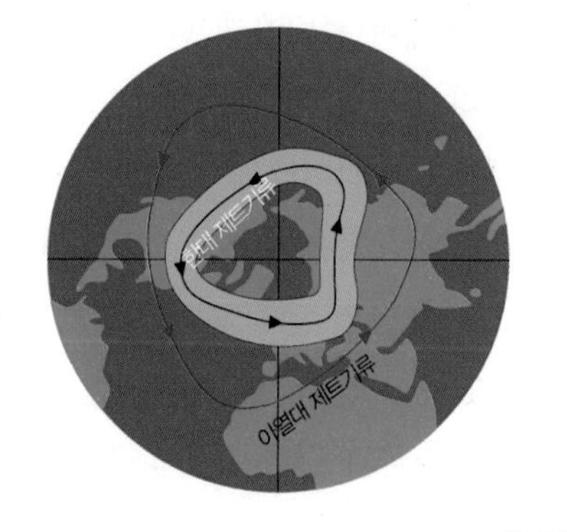

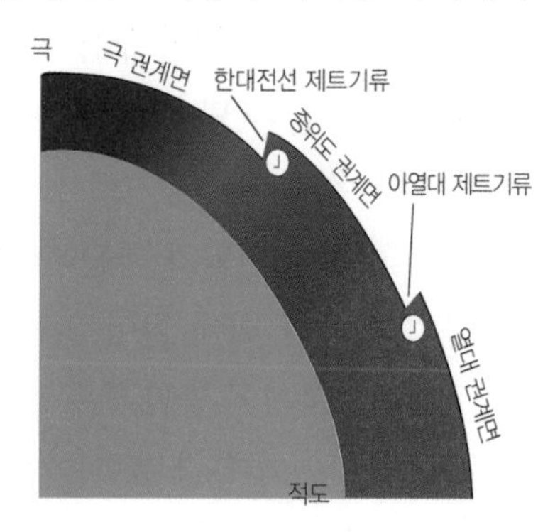

제트기류

# 5 구름과 강수

## 1 | 구름

### 1. 구름이란

눈으로 볼 수 있는 공기 중의 수분 즉, 대기 중에 떠 있는 작은 수적 또는 빙정, 물방울의 결합체이다. 대기 중에 있는 수분의 양은 약 40조 갤런이다. 1일 10%가 비 또는 눈으로 변화되어 지면으로 내려온다.

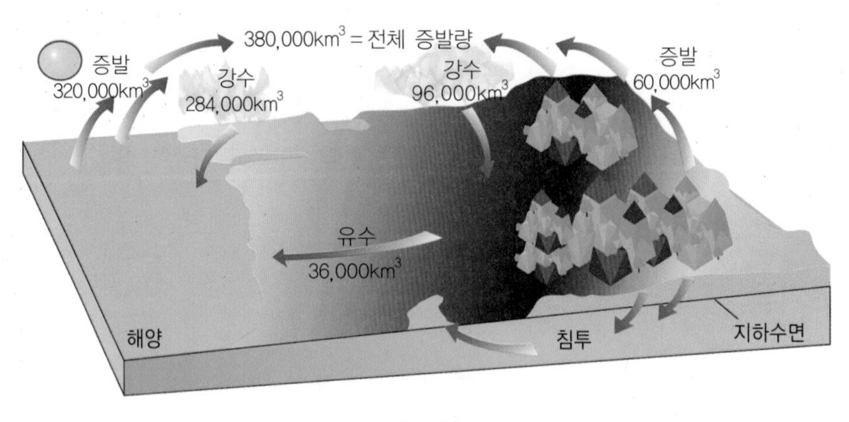


구름

### 2. 구름의 형성 조건

대기 중에 떠 있는 구름은 수많은 미세한 물방울과 다양한 입자들로 구성되어 있다. 대기 중에서 구름이 발생하기 위해서는 다음과 같은 요소가 조화되어야 한다.

첫째, 풍부한 수증기로서 상승하는 공기 덩어리에 충분한 수증기가 있어야 미세한 물방울 또는 빙정의 변화가 가능하다. 둘째, 냉각작용이다. 찬 지표면의 냉각이나 단열 팽창으로 공기 덩어리 내에 들어 있는 수증기가 단열 냉각되어 포화상태에 도달하게 된다. 셋째, 응결핵으로서 수증기가 응결할 수 있는 표면을 제공하는 미세먼지, 소금 입자, 화산 입자 등이 수증기의 응결 표면을 제공한다. 소금과 같은 흡습성 응결핵은 주위의 수증기를 빨아들임으로써 구름입자를 생성한다.

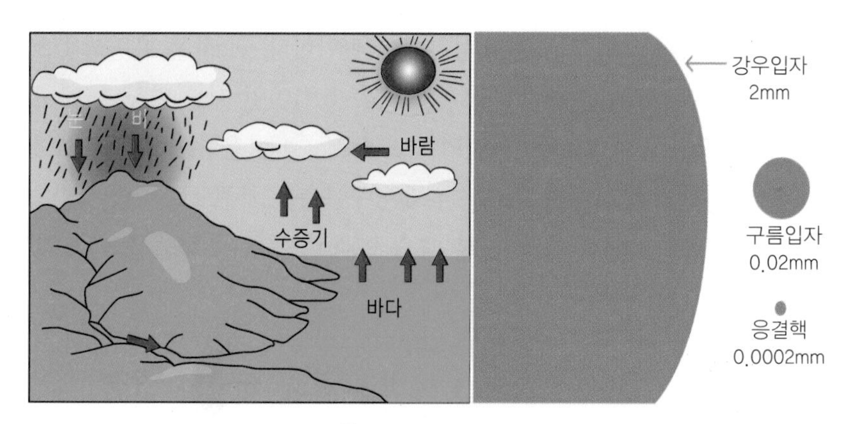


구름의 형성조건

## 3. 구름이 형성되는 이유

구름이 형성되는 이유는 첫째, 기류의 상승과 단열 팽창으로 대기의 수평적 이동은 바람(지균풍, 경도풍, 지상풍)을 일으키고, 대기의 수직적 이동은 공기의 단열 팽창과 구름을 생성한다. 둘째, 저기압에서는 대기의 상승으로 구름이 생성되거나 강수가 되고 고기압에서는 대기의 하강으로 맑고 구름이 소산된다.

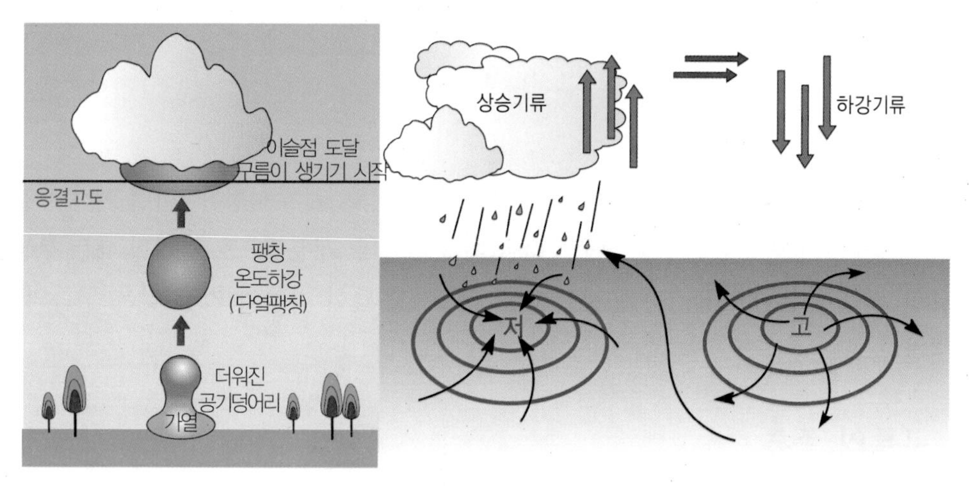


구름의 형성되는 이유

## 4. 구름의 관측

### 1) 운고(cloud heights)와 운량(cloud amount)

구름층은 관측자 기준으로 보는 구름층의 하단을 의미하며, 운고는 지표면(AGL)에서 구름층 하단까지의 높이를 말한다. 적운형 구름은 기온과 노점분포를 기준으로 결정할 수 있다. 구름이 50ft이하 또는 그 이하에서 발생했을 때는 안개(fog)로 분류한다. 운량은 관측자를 기준으로 하늘을 8등분 또는 10등분하여 판단한다. clear는 운량이 1/8(1/(10)이하일 때를 말한다. scattered는 운량이 1/8(1/(10)~5/8(5/(10)일 때를 말하며, broken은 운량이 5/8(5/(10)~7/8(9/(10)일 때이다. 마지막으로 overcast는 운량이 8/8(10/(10)일 때이다. 여러 층의 구름이 있을 경우 조종사 보고는 우세한 구름층을 기준으로 층별 상황을 보고하나, 지상의 관측자는 관측위치에서 하늘을 본 모습 그대로 구름이 하늘을 덮고 있는 상황을 보고한다.

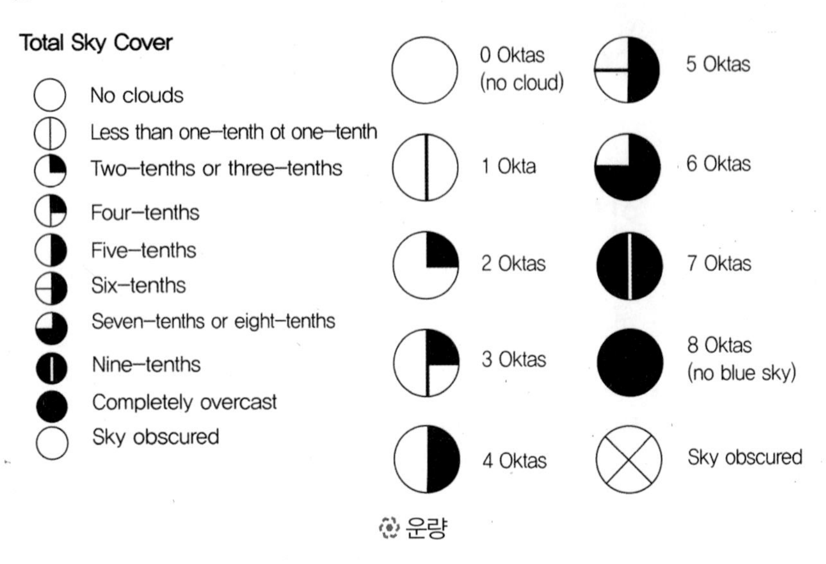


운량

### 2) 차폐와 실링

차폐(obscured)는 하늘이 안개, 연기, 먼지, 강우 등으로 우시정이 7마일 이하로 감소시키는 정도로 지표면으로부터 하늘이 가려질 때를 말한다. 부분적으로 가려질 때는 부분차폐로 표현한다. 실링(ceilings)은 운량이 최소 5/8이상 덮힌 하늘의 가장 낮은 구름의 높이를 말한다.

## 5. 구름의 종류

구름은 공중의 물방울로서 전체로 보면 수 백만톤의 물이 공중에 떠 있는 것과 같다. 구름은 공기의 이동에 따라 항상 유동적이기 때문에 그 모양이 하나도 같은 것이 없고 매우 다양하다. 구름은 형성되는 모양과 형태를 기준으로 분류하여 권운형, 층운형, 적운형으로 나누어진다. 권운형은 갈라져 있고 섬유가 늘어난 형태이고, 층운형은 뚜렷한 층(layer)을 형성한구름 형태이고, 적운형은 대류성 구름이 쌓인 형태이다. 높이에 의한 범주는 상층운, 중층운, 하층운, 수직운으로 나누어진다. 구름의 명칭에 사용되는 용어 중 형성되는 모양과 높이에 따라 국제적으로 통일된 10개의 구름은 다음과 같다.

⊛ 기본 운형 10종류

| 운저고도 | 온 도 | 이 름 | 기호 | 특 징 |
|---|---|---|---|---|
| 상층운<br>6~15km | -25℃<br>이하 | 권운(cirrus) | Ci | 연달아 있는 새털모양 |
| | | 권적운<br>(cirrocumulus) | Cc | 작은 잔물결과 연기 모양 |
| | | 권층운<br>(cirrostratus) | Cs | 반투명한 베일 |
| 중층운<br>2~6km | 0~-25℃ | 고적운<br>(altocumulus) | Ac | 흰색부터 암회색의 연기 잔물결 |
| | | 고층운<br>(altostratus) | As | 흰색부터 회색까지 고르게 하늘을 덮음 |
| 하층운<br>2km<br>미만 | -5℃ 이상 | 층적운<br>(stratocumulus) | Sc | 부드러운 회색의 조각모양 |
| | | 층운(status) | St | 흐린 회색빛으로 하늘을 고르게 덮음 |
| | | 난층운<br>(nimbostratus) | Ns | 회색, 운량이 많음 강수가 있음 |
| 수직운<br>3km이내 | | 적운(cumulus) | Cu | 편평한 밑바닥을 가지 꽃양배추 모양 |
| | -50℃<br>(운정) | 적란운<br>(cumulonimbus) | Cb | 거대하게 부풀어 있으며, 흰색, 회색, 검정색, 종종 모루형태 |

① **층운(status)**은 수평으로 발달한 형태이고 안정된 공기(stable air)가 존재한다. 여기에는 권층운(cirrostratus), 고층운(altostratus)가 포함된다.

② **적운(cumulus)**은 수직으로 발달한 구름이고 불안정한 공기가 존재한다. 권적운(cirrocumulus), 고적운(altocumulus), 층적운(stratocumulus)이 포함된다.

③ **비(nimbus)**를 포함한 구름은 난층운(nimbostratus), 적란운(cumulonimbus)이 포함된다.

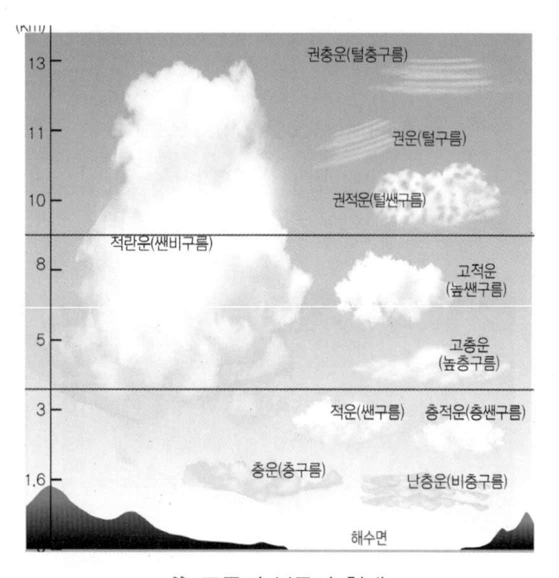

⊛ 구름의 분류의 형태

④ **권운(cirro)**은 상층운(high-level cloud)을 나타내며 권운(cirrus), 권층운(cirrostratus), 권적운(cirrocumulus)이 포함된다.

⑤ **고운(alto)**은 중층운(middle-level cloud)을 나타내며 고층운(altostratus), 고적운(altocumulus)이 포함된다.

본서에서는 초 경량무인비행장치 운용 시 주로 영향을 미칠 수 있는 고도 2km 이하의 구름인 하층운(층운, 층적운, 난층운)에 대하여 알아보고자 한다. 하층운(low clouds)은 주로 물방울과 과냉각된 미세한 물방울로 형성되어 있으며 재색을 띠고 상대적으로 저고도에 발달되어 있다. 지상 50ft이하에서 형성되면 안개가 된다.

먼저 **층운(status)**은 6,000ft 미만에 형성된 구름으로 안개가 상승하여 형성되기도 한다. 강수가 없으나 하부로부터 냉각으로 안개, 가랑비, 박무가 생기기도 한다.

층운

둘째, **층적운(stratocumulus)**으로 주로 8,000ft이하에 형성되며 재색이나 밝은 재색을 띠고, 둥근 형태나 말린 모양의 구름과 같으며, 가랑비, 약한 비(눈)의 가능성이 있다. 또한 돌풍형태의 폭풍의 전조가 되기도 한다.

층적운

셋째, **난층운**은 특별한 외형이 없고 전반적으로 어두운 재색을 띠고 있고 8,000ft 이하의 층운형 구름에서 비를 동반한 구름이다. 밀도가 높아 태양을 완전히 차단할 수 있다.

난층운

권층운(좌)과 고층운(우)

다음은 **비행기구름**에 대하여 알아보자. 높은 하늘을 볼 때 비행기가 지나가면서 하얀 항적을 그려낸다. 즉 비행기구름이 형성된다. 어떻게 만들어 질까? 높은 하늘의 공기는 기압과 기온이 낮기 때문에 수증기를 많이 포함하지 못한다. 상공에 구름이 없을 때 공기 중의 수증기는 과포화 상태가 많다. 따라서 수증기는 물방울이 될 기회가 되지 못하게 된다. 즉 핵이 되는 먼지가 높은 상공에 아주 적어 응결, 승화되지 못하고 수증기로 존재할 경우가 많아진다. 이때 그 상공을 배기가스와 물방울을 분산하는 한 대의 비행기가 날아가며 배기가스 속의 먼지나 미립자가 과포화상태인 수증기에게 기회를 주게 된다. 따라서 비행기 뒤에 선을 끌어당기는 것 같은 비행기구름이 생성된다.

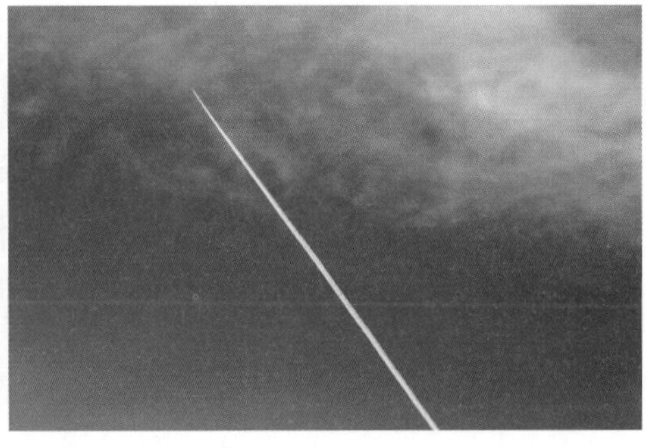

비행기구름

# 2 | 강수

## 1. 강수의 정의

강수(precipitation)란 대기로부터 떨어져서 지상에 도달하는 액체상태의 물방울이나 고체상태의 얼음조각으로 비(rain), 눈(snow), 가랑비(drizzle), 우박(hail), 빙정(ice crystal) 등 모두를 포함하는 용어이다. 강수는 이들 입자가 공기의 상승 작용에 의해서 크기와 무게가 증가하여 더 이상 대기 중에 떠 있을 수 없을 때 지상으로 떨어진다. 강수의 필요충분조건은 구름이다.

강수

## 2. 강수의 구분

강수는 액체상태의 강수와 어는 강수 그리고 언 강수로 구분된다. 먼저 액체상태의 강수는 비, 이슬비, 소나기 등이고 어는 강수는 어는 비, 어는 이슬비이며, 언 강수는 눈, 소낙눈, 눈 싸라기, 쌀알 눈, 얼음 싸라기, 우박, 빙정 등이다.

**이슬비(drizzle)**는 구름에서 떨어진 직경 0.5mm 이하의 아주 작은 입자가 밀집되어 천천히 떨어지는 현상을 말한다. **안개비(drizzle fog)**는 안개가 짙어져서 안개와 함께 나타나는 이슬비 현상으로 안개나 낮은 층운과 밀접한 관계가 있다. 비(rain)는 0.5mm 이상의 입자로 구성되어 있으며 상대적으로 일정하고 빠른 낙하 속도로 떨어진다.

**소나기(rain shower)**는 액체 강수지만 갑자기 시작한 후 강도가 크게 변화하고 그칠 때도 갑자기 그친다. 큰 물방울(0.5mm 이상), 그리고 단시간의 강수는 적란운이나 뇌우와 관련된 소낙성 강수에서 발생한다.

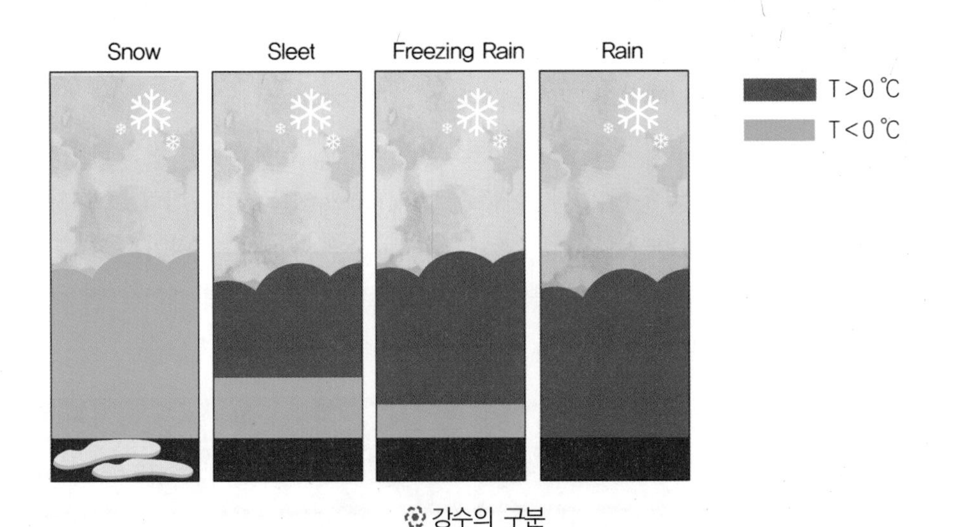


강수의 구분

어는 이슬비(freezing drizzle), 어는 비(freezing rain)는 구름 하단에서 눈이 내릴 때 중간 대기층이 0℃ 이상이 되어 반쯤 녹거나 완전히 녹은 상태로 내리는 액체 강수를 말한다. 어는 비가 찬 물체에 부딪혀 발생하는 착빙현상을 우빙(graze ice)이라 한다. 활주로에 우빙이 있으면 비행기 이착륙에 치명적이다.

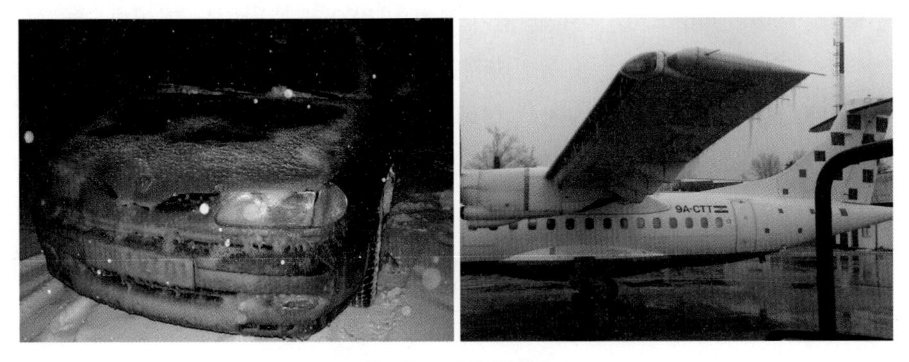

어는 비와 활주로

비가 내리는 이유는 공기 중에는 수증기가 있고, 공기는 상승기류가 생겨 수증기를 포함한다. 상공으로 상승하면 주변 기압이 낮아지므로 상승한 공기는 단열 팽창한다. 공기의 부피가 늘어나면 기온이 낮아지게 되는데(보일, 샤를의 법칙) 기온이 이슬점(노점온도) 아래로 떨어지면 공기 중의 수증기가 응결되어 작은 물방울이 된다.(작은 물방울의 집합체가 구름이다.) 이때 바람, 태양복사, 기단과 전선의 영향 등으로 수증기가 과다 유입되거나 기온이 내려가면 크고 작은 물방울들이 충돌하거나 구름 꼭대기 부분(기온이 내려감)의 과포화 상태가 심해져 일시에 많은 양의 응결이 일어나 물방울이 커진다. 커진 물방울은 무게를 이기지 못하고 지상으로 떨어져 비가 된다.

눈(snow)은 빙정으로 구성된 강수 즉, 이미 얼어버린 강수이다. 구름 하단이 눈으로 구성되고 눈이 지표면에 도달할 때까지 대기 기온이 0℃이하여야 한다.(눈은 시정을 악화 시키는 주요 요인 중의 하나이다.) 눈의 종류는 눈보라, 소낙눈, 눈 싸라기, 쌀알 눈, 땅 눈보라, 눈 스콜, 눈 폭풍, 뇌우 눈 등이 있다. 이중 눈보라(blizzard)는 강한 바람(초속15m)과 많은 눈가루가 지속적으로 내리는 것이다. 소낙눈(flurry)은 적운에서 내리는 소나기 형태의 눈이다. 눈 싸라기(graupel)는 어는 안개가 눈송이 형태로 응결되어 내리는 얼음 알갱이다. 쌀알 눈(snow grain)은 작고 투명한 얼음 알갱이다.

눈보라와 눈싸라기

땅 눈보라(ground blizzard)는 내린 눈이 강한 바람으로 흩날리는 것이다. 눈 스콜(snow squall)은 소나기 형태의 강한 눈을 동반하지만 비교적 수명이 짧다. 눈 폭풍(snow storm)은 폭설을 동반한 폭풍의 형태로 비교적 수명이 길다. 뇌우 눈(thunder snow)은 주요 강수가 눈의 형태를 이루는 뇌우이다.

진눈깨비(sleet)는 언 빗방울(frozen raindrop)로서 지표면에 떨어질 때 튀어 오르고 지상 물체에 부딪혔을 때 급속 결빙된다. 부분적으로 얼음싸라기 형태이며, 눈이 내리다가중간 온난층에서 부분적으로 녹은 눈송이가 다시 찬 공기층을 지나면서 언 빗방울로 변한 것이다.

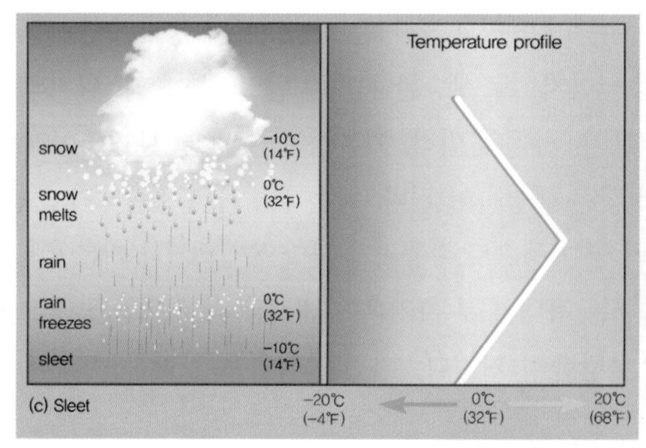

진눈깨비

우박은 온도가 영상인 여름에 작은 얼음 덩어리가 내리는 것으로 크기가 큰 싸락눈이 우박이고, 작은 얼음 알갱이는 싸락눈이다. 보통 싸락눈은 직경 2~5mm의 반투명이고 우박은 5~50mm로 투명, 반 투명층이 번갈아 나타난다. 싸락눈과 우박은 대류가 강한 적운형(적운, 적란운) 구름에서 내린다.

다음은 싸락눈으로 적운형 구름은 두께가 두꺼워 구름 꼭대기 부분의 높이가 5,000m이상이다. 고도가 높은 곳은 기온이 매우 낮아 작은 얼음 알갱이(빙정)로 되어 있고, 그 아래에는 과냉각 물방울이 있다. 빙정이 낙하하면 과냉각 물방울과 충돌하여 얼고, 이 얼음 알갱이가 지상에 낙하하는 것이 싸락눈이다.(대체로 투명한 얼음이다.)

다음 표는 물의 액체와 고체상태의 종류를 비교한 것이다.

물의 액체 및 고체상태의 종류비교

| 종류 | 대략 크기 | 물의 상태 | 설명 |
|---|---|---|---|
| 박무(mist) | 0.005-0.05mm | 액체 | 공기가 이동할 때 얼굴에 느낄 수 있는 크기 |
| 이슬비(DZ) | 0.5mm미만 | | 층운에서 지속적으로 내리는 작은 물방울 |
| 비(RA) | 0.5-5mm | | 난층운/적란운에서 내려오며 다양함 |
| 진눈깨비(Sleet) | 0.5-5mm | 고체 | 작고 구형의 얼음 입자 |
| 비얼음(glaze) | 1mm-2cm층 | | 과냉각된 물이 고체와 접촉할때 생성 |
| 상고대(rime) | 다양함 | | 바람부는쪽에 형성된 얼음 깃털형태 침전물 |
| 눈(snow) | 1mm-2cm | | 육면체, 판/비늘모양의 결정성 |
| 우박(hail) | 5mm-50cm | | 딱딱하고 둥근 모양의 얼음덩이 |
| 싸락눈(graupel) | 2-5mm | | 연한 우박으로 불림, 눈결정이 얼음결정화 |

## 3. 강수량과 강수강도

강우량은 일정 장소에 일정기간 동안 내린 비의 양을 말한다. 강수량은 비/눈, 우박등과 같이 일정기간 일정한 곳에 내린 물의 총량을 말하며, 일정기간 동안 내린 강수가 땅위를 흘러가거나 스며들지 않고 땅 표면에 괴어 있다는 가정 아래 그 괸 물의 깊이를 측정한다.

- 매우 약한 비(very light rain) : 시간당 0.25mm 미만
- 약한 비(light rain) : 시간당 0.25~1.0mm 미만
- 보통 비(moderate rain) : 시간당 1~4mm 미만
- 많은 비(heavy rain) : 시간당 4~16mm 미만
- 매우 많은 비(very heavy rain) : 시간당 16~50mm 미만
- 폭우(extreme rain) : 시간당 50mm 이상

보통강도의 비는 0.1~0.3in/h이다. 이슬비 또는 눈의 강도와 시정과의 관계는 아래 표와 같다.

이슬비와 눈의 강도와 시정관계

| 강도(intensity) | 시정(Visibility) (단위 : s.m) |
|---|---|
| 약(Light) | 1/2 초과 |
| 보통(Moderate) | 1/4 초과 ~ 1/2 |
| 강(Heavy) | 1/4 이하 |

## 4. 비가 내릴 수 있는 조건

### 1) 지형성 비

풍부한 습기를 가진 바람이 산과 장애물을 만나 냉각과 증발과정을 거쳐 풍상 쪽에 형성된 비구름에서 내리는 비로 풍하 쪽 지역에 비 그림자 구역이 생성되고, 하와이, 남아메리카 서해안 지역에서 발생한다. 우리나라에서는 제주도 지역에 한라산으로 인해 남 제주 지역에는 비가 내리고 있으나 북 제주 일대는 비가 내리지 않는 현상을 예로 들 수 있다.

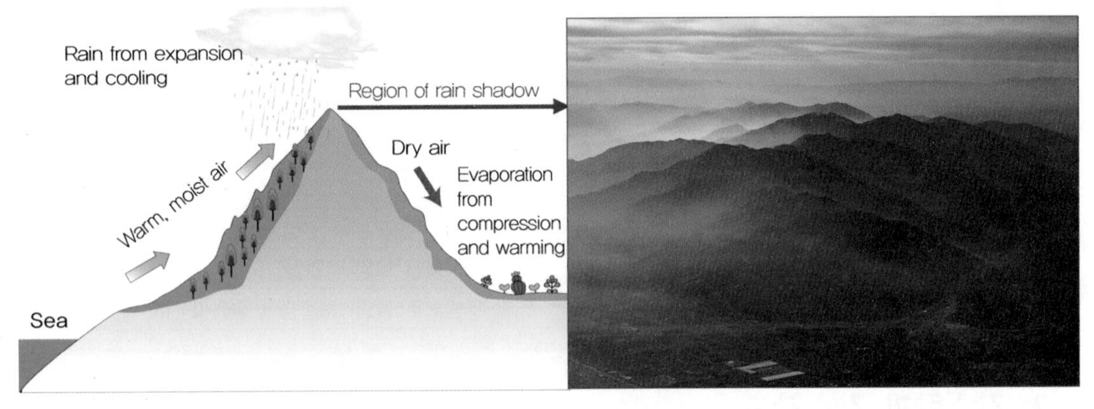


지형성 비

### 2) 대류성 비

열대지방에서 강한 복사열로 증발과 대기 불안정으로 야기된 급속응결로 만들어진 강한 비구름에서 내리는 비로 적운에서 만들어진 폭우, 번개, 뇌우를 동반한다. 열대 및 아열대 지방에서 많다.

### 3) 전선성 또는 사이클론 비(frontal or cyclonic rain)

한랭전선과 온난전선 사이에서 냉각과 응결로 인해 구름 강수가 발생하며 한랭전선 전면에서는 소나기, 뇌우가 발생하고, 온난전선 전면에서는 지속성 비와 눈이 내린다. 주로 중위도 지방에서 많다.

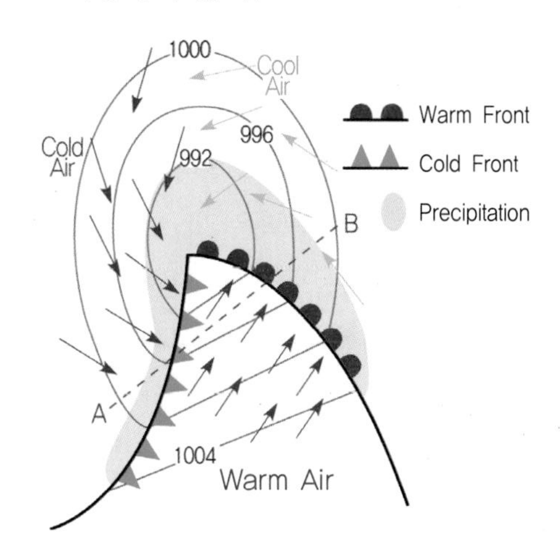


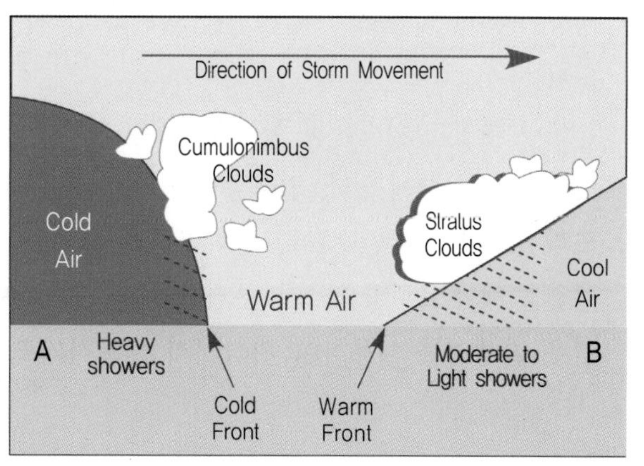


전선성 또는 사이클론 비

## 5. 수막현상

수막현상(hydroplaning)은 활주로 또는 노면이 젖어 타이어와 지표면 사이에 형성된 수막 위에서 타이어가 미끄러지는 현상을 말하며, 수막위에서는 조향 및 제동 성능이 현저히 감소한다. 수막현상 시 유의점은 첫째, 좌, 우측 2개의 바퀴가 젖은 구역에 동시에 접지를 하여야 한다. 만일 어느 한쪽 바퀴가 먼저 활주로 표면에 닿아 수막현상을 일으키면 불균형으로 지상루프 또는 급회전 현상 등의 위험에 직면하게 된다. 둘째, 동력사용이 제한된다. 셋째, 제동거리가 급격히 늘어나게 된다.

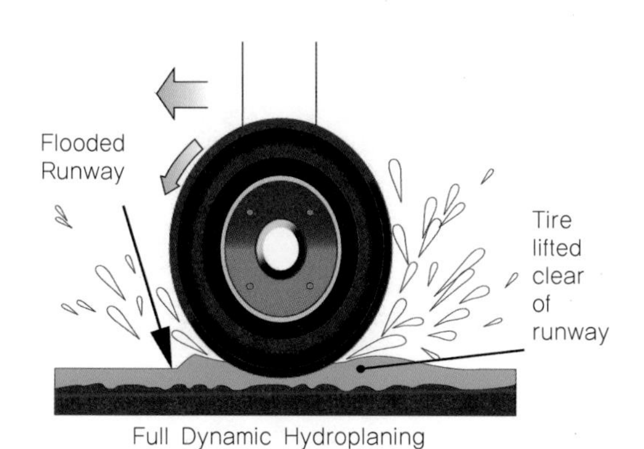


수막현상

## 6. 인공강우

인공강우란 인위적으로 구름방울을 응결 또는 빙정 응결핵(condense nuclei)으로 작용할 수 있는 물질을 공중에 살포하여 강수의 종류 또는 양을 변화시키려는 시도이다. 인공강우가 시도되는 주요 목적은 가뭄으로 인한 피해를 줄이기 위해서 비를 내리게 하는 데 있지만 항공기 운항 및 농작물에 심각한 피해를 입히는 우박(hail)을 억제하기 위해서도 활용되고 있다.

또한 항공기 이착륙의 시정장애물인 안개(fog)를 감소시키기 위해서도 적극적으로 활용 방안을 연구 중에 있다. 인공강우에 가장 많이 활용되는 화학물질은 옥화은(Silver iodide)과 드라이아이스(dry ice)이고, 공기 중의 습기를 흡수하기 위해서는 소금이 활용된다. 이들 물질을 액화 프로판 가스에 주입하여 크기를 줄여 항공기에 탑재한 후 공중에서 살포하거나 강우 발생기를 이용하여 지상에서 살포하기도 한다.

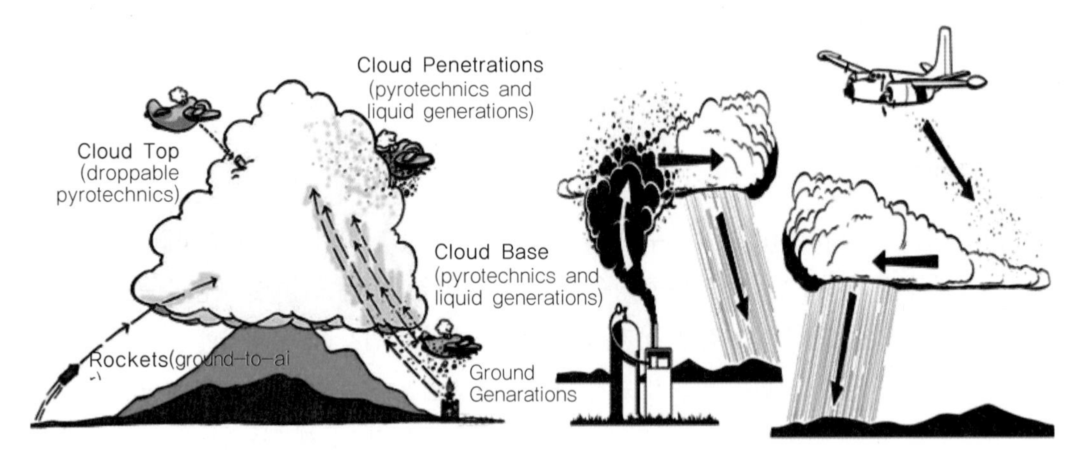


Methods of Seeding Clouds

# 6 안개와 시정

## 1 | 안개

### 1. 안개의 발생

**안개**(fog)는 아주 작은 물방울이나 빙정들이 대기 중에 떠 있는 현상이며, 수평 시정거리가 1km 미만이고 습도가 거의 100%이다. 따뜻한 수면이 증발되어 얇은 하층의 찬 공기 중에 들어가 공기를 포화시켜서 안개를 형성하는 증기안개와 눈높이의 수평시정이 1km미만이나 하늘이 보일 정도로 두께가 엷은 안개인 땅안개(ground fog) 그리고 눈높이보다 낮은 곳에 끼어있고, 눈높이의 수평시정이 1km이상인 얕은안개(shallow fog)가 있다. 연무는 안개와 같으나 1km이상 10km미만의 시정이고 습도는 70~90%이다. 매연, 작은 먼지, 염분 등이 무수히 떠 있어 배경이 어두우면 푸른 느낌이 들고 밝을 때는 황색 느낌이 든다.

**박무**는 안개 입자보다 작은 수적이 무수히 떠 있어 시정이 나쁘게 된 상태를 말하며, 안개보다 다소 건조하고 보통 습도가 97%이하일 때 많고 회색이 특징이다. 박무와 연무는 시정거리 1km이상으로 대기 중 물방울의 존재를 인식한다. 안개와 연무(박무)와의 구별은 관측자가 볼 수 있는 범위의 차이에서 구별된다.

**안개의 생성원인**은 대기 속에서 수증기가 응결하여 아주 작은 물방울이 되어 대기 밑층을 떠도는 현상으로 기온이 0℃이하가 되면 승화하여 작은 얼음 덩어리인 빙무가 된다. 안개가 발생될 수 있는 조건 즉 수증기가 응결되려면 첫째, 공기 중에 수증기가 다량 함유되어 있어야하며, 둘째, 공기가 노점온도 이하로 냉각되어야 하고, 셋째, 공기 중 흡습성 미립자, 즉 응결핵이 많아야 한다. 넷째, 바깥에서 공기 속으로 많은 수증기가 유입되어야 하고 다섯째, 바람이 약하고 상공에 기온의 역전이 있어야 한다.

**안개가 사라질 조건**은 첫째, 지표면이 따뜻해져 지표면 부근의 기온이 역전이 해소 될 때이다. 둘째, 지표면 부근 바람이 강해져 난류에 의한 수직 방향 혼합으로 상승 시와 셋째, 공기가 사면을 따라 하강하여 기온이 올라감에 따라 입자가 증발 시와 넷째, 신선하고 무거운 공기가 안개 구역으로 유입되어 안개가 상승하거나 차가운 공기가 건조하여 안개가 증발할 때 등이다.

구름과 안개는 어떻게 구별하는가? 구름, 안개, 연무는 모두 같으며, 0.002mm전후의 작은 물방울로 공기 중에 떠다니고 있다. 차이를 알아보면 우선 구름은 지면에 붙어 있지않은 작은 물방울이 상공을 표류하고 있는 것이고, 안개는 작은 물방울이 지면 부근에 떠 다니고 있는 것이다. 구름과 안개의 구별은 관측하는 관측자의 위치에 의해 결정되는데 멀리 떨어진 곳에서 관측한 경우 정상부근에 구름이 걸려 있지만 높은 산에 올라 정상에 서있는 사람은 안개이다. 물방울의 크기, 지면에서 떨어져 있는 정도에 의해 구분되며 물방울이 지면 가까이 떨어지면 안개이다.

## 2. 안개의 종류

첫째, **복사안개**이다. 복사안개는 야간에 지형적인 복사가 표면을 냉각시키고 표면 위의 공기를 노점까지 냉각될 때 응결에 의해 형성되는 안개를 말하며 가을에서 겨울에 걸쳐 빈번히 발생한다. 이른 아침에 발생하여 일출 전 후 가장 짙었다가 오전 10시경 소멸된다. 낮 동안 비 내린 후와 밤 동안 맑았을 때 짙은 복사안개가 발생한다. 안개형성의 좋은 지수는 기온과 이슬점 온도의 차이이다. 즉, 낮에 대체로 기온과 이슬점 온도의 차이기 약 8℃(15°F) 이상 시 안개가 발생한다. 주변의 공기 기온이 결빙 기온이상이면 이슬이 맺히고 결빙기온 이하이면 서리가 되어 표면에 형성될 수 있다. 새벽녘에는 공기로부터 습기를 제거함으로써 이슬이 증발되고 복사안개가 형성될 수 있는 조건이 된다. 반대로 약 7노트 이상의 바람이 존재하면 지표면에 복사안개를 형성하기 보다는 지표면 상공에 층운형 구름으로 형성된다.

복사안개와 증기안개

둘째, **증기안개(steam fog)**로 차가운 공기가 따뜻한 수면으로 이동하면서 충분한 양의 수분이 증발하여 수면 바로 위의 공기층을 포화시켜 발생하는 안개를 말한다. 기온과 수온의 차가 7℃ 이상인 경우 호수 및 강 근처에서 광범위하게 형성되기 때문에 악 시정을 유발한다.

셋째, **이류안개(warm advection fog)**는 습윤하고 온난한 공기가 한랭한 육지나 수면으로 이동해 오면 하층부터 냉각되어 공기 속의 수증기가 응결되어 생기는 안개를 말한다. 풍속

7m/sec 정도이면 안개의 두께가 증가하고 7m/sec 이상이 되면 안개가 소멸하고, 층운이 생긴다. 해상에서 생기는 이류안개는 해무 즉 바다안개라 한다. 고위도 해면에서 해무가 발생하는 원인은 표면 수온이 연중 변화 없이 차갑고, 여름에는 고온다습한 기단이고 위도로 침입하기 때문이다.

이류안개와 활승안개

넷째, **활승안개(upslope fog)**는 습한 공기가 산 경사면을 타고 상승하면서 팽창함에 따라 공기가 노점 이하로 단열 냉각되면서 발생하는 안개이다. 기온과 이슬점 온도의 차이가 적을수록 안개의 발생 가능성이 커진다. 주로 산악지대에서 관찰되며 구름의 존재에 관계없이 형성된다.

다섯째, **스모그(smog)**는 물방울, 공장에서 배출되는 매연 등의 대기오염물질에 의해서 시계가 가로막히는 경우를 말하며, 영어인 smoke+fog의 합성어이다. 1905년 영국에서 처음 사용하였으며, 기상용어가 아니고 연기가 길게 늘어져 있거나 연기로 인한 안개나 연무가 발생하여 앞이 아스라이 보이는 현상이다. 안개 형성 조건하에서 안정된 공기가 대기오염물질과 혼합 시 발생한다.

여섯째, **전선안개(frontal fog)**는 전선부근에 발생하는 안개로 온난전선, 한랭전선, 정체전선 중 어느 것에 수반되느냐에 따라 안개의 발생과정이 조금씩 다르게 나타난다.

일곱째, **얼음안개(ice fog)**는 안개를 구성하는 입자가 작은 얼음의 결정인 경우 발생하며, 수평시정이 1km이상인 경우 발생하는 세빙(ice prism)이 있다. 기온이 −29℃이하의 낮은 온도에서 발생한다. 상고대 안개(rime fog)는 안개를 구성하는 물방울이 과냉각수적인 경우 지물이나 기체에 충돌하면서 생기는 착빙이다.

# 2 | 시정

## 1. 시정이란

시정(visibility)이란 정상적인 눈으로 먼 곳의 목표물을 볼 때, 인식 될 수 있는 최대의 거리 즉 지상의 특정지점에서 계기 또는 관측자에 의해서 수평으로 측정된 지표면의 가시거리를 말한다. 어느 정도 먼 곳의 물체를 바라볼 때 똑똑하게 보일 때와 그렇지 못할 경우가 있는데, 이는 지표면 부근의 대기 중을 떠다니는 작은 먼지, 수증기가 응결한 아주 작은 물방울들과 밀도가 다른 공기 덩어리들이 불규칙하게 접해 있기 때문이다. 이를 대기의 투명도(혼탁도)라 하며 눈으로 물체를 보아 잘 보이면 시정이 좋고 잘 보이지 않을 때는 시정이 나쁘다고 한다.

활주로에서 본 시정

시정을 나타내는 단위는 mile이다. 즉 statute mile로서 이는 NM(Nautical Mile)과는 달리 1mile에 약 1.6093km이다. 우리가 사용하는 meter단위로의 환산을 하면 1/2mile=800m, 1mile=1,600m, 2mile=3,200m, 3mile=4,800m, 4mile=6,000m, 5mile=7,000m, 6mile=8,000m, 7mile=9,999m 이상이다. 그 이상의 시정의 단위는 없다.(이유는 인간의 눈으로 확인 가능한 최대의 거리가 10km이기 때문이다.) 4mile은 6,400m, 6mile은 9,600m이나 4mile부터는 1,000m단위로 끊어서 사용한다. 시정은 한랭 기단 속에서는 시정이 좋고, 온난 기단에서는 나쁘다. 시정이 가장 나쁜 날은 안개 낀 날과 습도가 70% 넘으면 급격히 나빠진다. 쾌청하게 맑은 날은 40~45km, 흐린 날은 30km 전후, 비가 올 때는 6~10km, 눈이 올 때는 2~15km, 안개 낄 경우에는 0.6km정도이다.

## 2. 시정의 종류

첫째, **수직 시정**은 관측자로부터 수직으로 측정, 보고된 시정을 말한다. 둘째, **우시정**이란 방향에 따라 보이는 시정이 다를 때 가장 큰 값으로부터 그 값이 차지하는 부분의 각도를 더해가서 합친 각도의 합계가 180도 이상이 될 때의 가장 낮은 시정 값을 말한다. 쉽게 표현하자면 적어도 공항 면적의 50%이상에서 보이는 "거리의 최저치"를 말하는 것이다. 이의 측정을 위해 공항 곳곳에 관측장비가 설치되어 있다. 우리나라에서는 2004년부터 우시정 제도를 채용하고 있다.

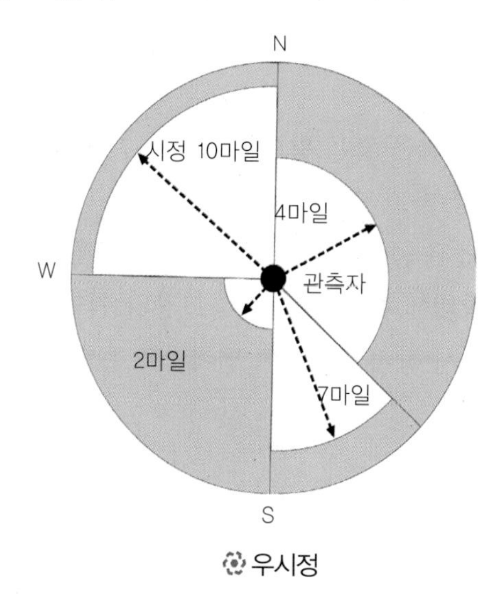


우시정

## 3. 시정 장애물

### 1) 황사

황사는 미세한 모래입자로 구성된 먼지폭풍이다. 바람에 의하여 하늘 높이 불어 올라간 미세한 모래먼지가 대기 중에 퍼져서 하늘을 덮었다가 서서히 떨어지는 현상이다. 구성물질은 대규모 산업지역에서 발생한 대기오염 물질과 혼합되어 있다.

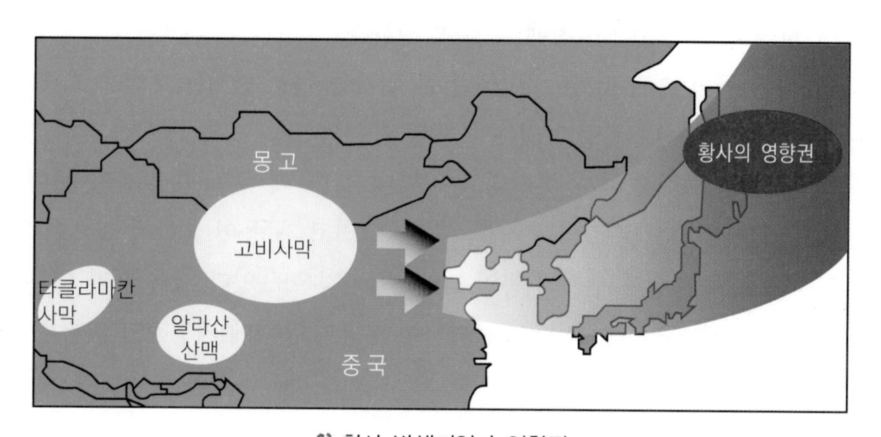


황사 발생지역과 영향권

모래폭풍이 발생할 수 있는 있는 기상상태는 지표면이 수목 등이 없는 황량한 황토 또는 모래사막에서 큰 저기압이 발달하여 지표면의 모래 입자를 수렴하여 이들을 상층으로 운반하는 상승기류를 형성하여야 한다. 커다란 상승기류가 이들 모래먼지를 운반하고 상층부의

공기는 편서풍을 타고 이동하면서 주변에 확산시킨다.

황사는 공중에서 운항하는 항공기에게 직접적인 영향을 미치며 시정 장애물로 간주된다. 우리나라에 영향을 미치는 황사는 중국 황하유역 및 타클라마칸 사막, 몽고 고비사막으로 알려져 있다. 중국의 산업화와 산림개발로 토양 유실과 사막화가 급속히 진행되어 황사의 농도와 발생빈도가 증가되고 있다.

황사가 밀려오고 있을 때 하늘은 엷은 황토색을 띠거나 한 낮에도 불구하고 어둡기까지한다. 상층으로 모래먼지는 태양 빛을 차단하거나 산란시켜 심각한 저 시정을 초래한다. 황사는 공중에 운용하는 항공기의 엔진 등에 흡입되어 엔진고장의 원인이 되고, 지상으로 내려앉을 경우 생활에 불편과 각종 장비에 흡입되어 장비 고장의 원인이 되기도 한다. 드론 운용의 경우 황사 상황 하에서 운용 시 장비의 효율이 떨어지고 운용 후 장비 손질이 반드시 되어야 한다.

### 2) 연무

연무(haze)는 안정된 공기 속에 산재되어 있는 미세한 소금입자 또는 기타 건조한 입자가 제한된 층에 집중되어 시정에 장애를 주는 요소이다. 이는 수천 혹은 15,000ft까지 형성되기도 한다. 연무는 한정된 높이가 있으며 이 높이 이상의 수평 시정은 양호하나 하향시정은 불량하고 경사시정은 더욱 불량한 것이 특징이다.

### 3) 연기, 먼지 및 화산재

**연기**(smoke)는 공기가 안정되었을 때 주로 공장 지대에서 집중적으로 발생하며, 연기는 기온역전 하에서 야간이나 아침에 주로 발생한다.

**먼지**(dust)는 공기 속에 떠 있는 미세한 흙 입자들이다. 먼지는 태양을 흐릿하게 보이게 하거나 노란색 색조를 띠고 멀리 있는 물체를 황갈색 또는 재색 색조를 띠게 한다. 먼지는 불안정한 대기에서 흙 입자가 분산되고 바람이 강할 때 수백 마일까지 불어간다.

**화산재**는 화산 폭발 시 분출되는 가스, 먼지, 그리고 재 등이 혼합된 것으로 지구 주변에 분산되고 때로는 성층권에 수개월 동안 남아 있는 경우도 있다. 화산재가 대류권계면까지 확장될 경우 구름과 혼합되어 식별이 불가하여 항공기 운항에 치명적인 위험을 줄 수 있다.

# 7 전선과 기단

## 1 | 기단, 우리나라 주변 기단

기단(airmass)이란 수평방향으로 우리나라 몇 배의 크기를 가진 수증기 양이나 기온과 같은 물리적 성질이 거의 같은 공기 덩어리 즉 유사한 기온과 습도 특성을 지닌 거대한 공기 군으로 수백 평방킬로미터에서부터 수천 평방킬로미터에 분포되는 공기 덩어리이다.

기단의 특징은 첫째, 기단형성을 위한 동일한 성질의 넓은 지표면 혹은 해수면, 태양 복사열을 필요로 한다. 둘째, 대륙에서 발생 시 건조하고 해상에서 발생 시 습하다. 셋째, 이동하면 지표면, 지리적 성질에 따라 변질한다. 넷째, 난류, 대류가 왕성해져 적란운, 적운등의 대류형 구름 및 뇌우를 발생시킨다. 다섯째, 대기 중의 먼지는 상공으로 운반되어 시정은 좋아진다. 여섯째, 냉각되면 기온의 수직 감률이 감소해 층운과 안개가 발생하며, 시정은 나쁘다. 일곱째, 발생지는 고기압권역 내이며, 대기 순환에서 볼 때 아열대 고기압, 극고기압, 겨울철 대륙 고기압지역이다.

우리나라를 중심으로 한 기단은 대략 5개 기단으로 볼 수 있다. 먼저 시베리아 기단은 대륙성 한랭기단으로 발원지의 특성이 얼음이나 눈으로 덮여 있는 대륙인 점을 고려했을때 지표면의 기온이 매우 낮고 건조하기 때문에 지표면 위는 매우 차고 건조한 공기가 존재한다. 겨울철 긴 밤과 강한 복사냉각이 연속적으로 반복되어 기온은 급강하 하고 대기는 매우 안정된다. 하부의 찬 공기는 대기의 안정성에 기여하는 면이 크기 때문에 대기는 비교적 안정되어 있고 날씨는 맑은 편이다.

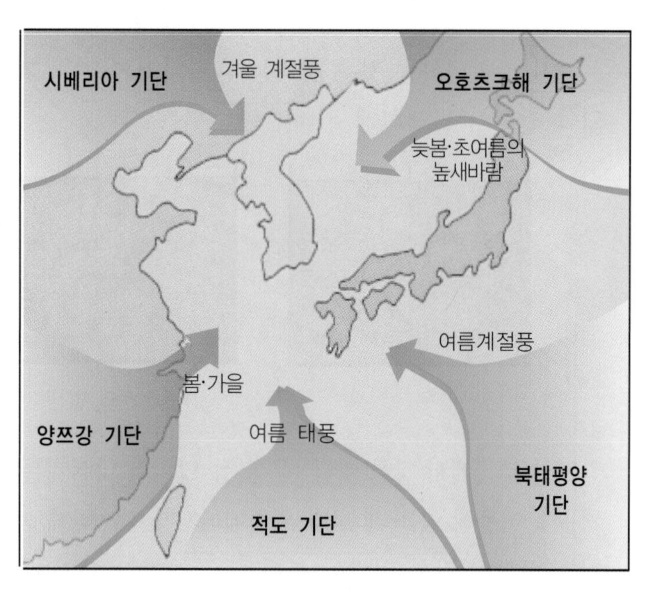


우리나라 주변 기단

둘째, 오호츠크해 기단으로 해양성 한랭기단이다. 한반도 북동쪽에 있는 오호츠크해로부터 발달하였으며 해양의 특성인 많은 습기를 함유하고 비교적 찬 공기 특성을 지니고 있다. 습하고 찬 공기의 특성은 쉽게 냉각과 응결이 발생할 수 있어 해양성 한랭기단의 세력이 확장하는 시기에는 안개의 형성하거나 지속적인 비가 내린다.

셋째, 북태평양 기단은 해양성 열대기단으로 적도지방으로 부터의 뜨거운 공기와 해양의 많은 습기를 포함한 기단이다. 우리나라에서는 남태평양에서 발생하는 기단으로 여름철의 주요 기상현상을 초래한다. 하층의 고온 다습한 공기는 활발한 대류 현상을 초래하여 대기는 불안정하고 많은 구름과 비가 내린다. 급격한 기온의 상승으로 유발된 상승기류와 습한 공기는 짧은 시간에 적운형 구름을 형성하고 뇌우가 발생하기도 한다.

넷째, 양쯔강 기단은 대륙성 열대기단으로 온난 건조하고 주로 봄과 가을에 이동성 고기압과 함께 동진한다. 적도기단은 적도 해상에서 발달한 해양성 기단으로 매우 습하고 덥다. 주로 7~8월에 태풍과 함께 한반도 상공으로 이동한다.

# 2 | 전선(front)

## 1. 전선이란

공기는 장애물이나 차고 무거운 공기와 따뜻하고 가벼운 공기 즉, 성질이 서로 다른 공기와 부딪힐 때 상승운동이 일어난다. 차고 무거운 공기가 머물러 있는 곳에 따뜻하고 가벼운 공기가 불어오면 이 가벼운 공기는 찬 공기 위를 산을 타고 올라가듯이 상승한다. 그사이에 경계면이 생기는데 이 경계면을 불연속선, 전선이라 한다.

전선이 발생하는 것은 공기는 혼합되기 어려워 기단과 기단이 부딪치면 경계가 생기게 되어 전선이 발생하게 된다.

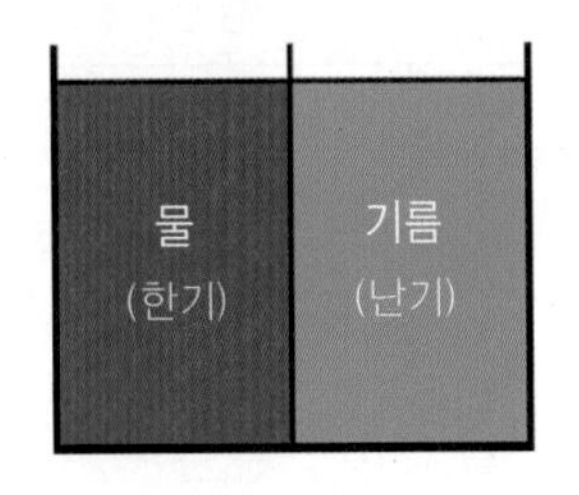

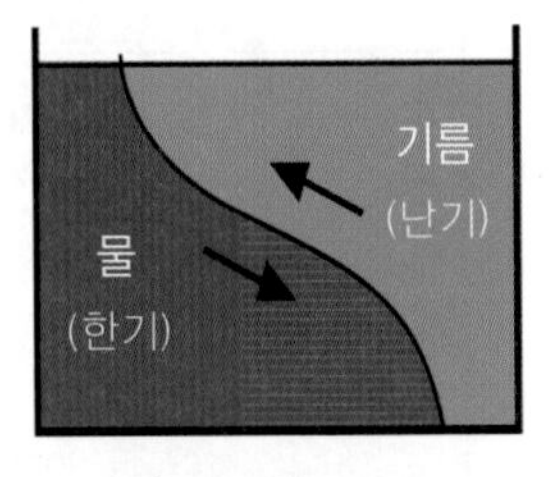

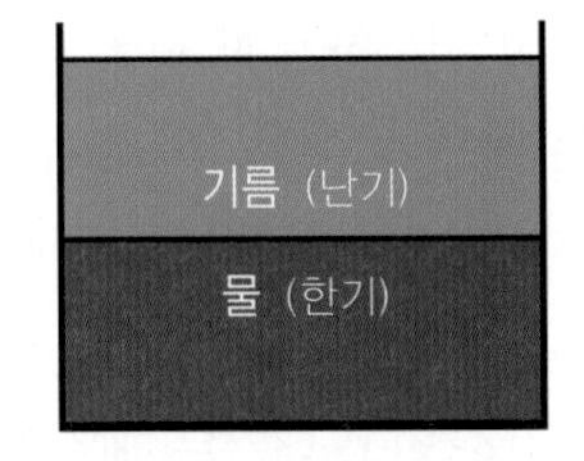


전선의 발생

전선 부근에서 강한 바람, 구름 등 날씨가 나빠지는 원인은 첫째, 두 기단의 안정된 상태는 처음에 이웃해 있을 때 보다 위치에너지가 감소하게 되어 위치에너지의 감소 부분이 운동에너지로 바뀌어 강한 바람이 분다. 즉, 공기가 쐐기처럼 파고들거나 공기가 위로 타고 오를 때 공기의 이동이 생기고, 이것이 바람이 된다. 둘째, 찬 기단이 밑으로 들어가면 따뜻한 기단은 계속 찬 기단 위로 올라간다. 셋째, 단열 냉각이 일어나 수증기가 응결되고 구름이 발생하여 비가 내린다. 넷째, 응결에 의한 잠열이 방출되면서 주위의 기온을 높이기 때문에 공기는 계속 상승이 촉진되어 온난 기단 내의 바람은 점점 강해진다.

## 2. 전선의 종류

전선의 종류는 **한랭전선**, **온난전선**, **폐색전선**, **정체전선**으로 나누어 볼 수 있다. 먼저 **한랭전선**은 북쪽 찬 공기 힘이 우세하여 찬 공기가 남쪽의 따뜻한 공기를 밀어내고 찬 공기가 따뜻한 공기 아래로 들어가려고 할 때 생기는 전선이다. 적운형 구름이 발생하고 좁은 범위에 많은 비가 한꺼번에 쏟아지거나 뇌우를 동반하고 북쪽에서 돌풍이 불 때가 있으며, 기온이 급격히 떨어진다. 봄철 천둥과 돌풍을 동반한 강한 비와 우박이 내렸다가 화창하고 기온이 강하하는 현상을 나타낸다.

둘째, **온난전선**은 남쪽 따뜻한 공기가 우세하여 북쪽의 찬 공기를 밀면서 진행하게 할 때, 따뜻한 공기가 찬 공기 위를 타고 오르면서 생기는 전선이다. 층운형 구름이 발생하고 넓은 지역에 걸쳐 적은 양의 따뜻한 비가 오랫동안 내리며, 찬 공기가 밀리는 방향으로 기상변화가 진행된다.

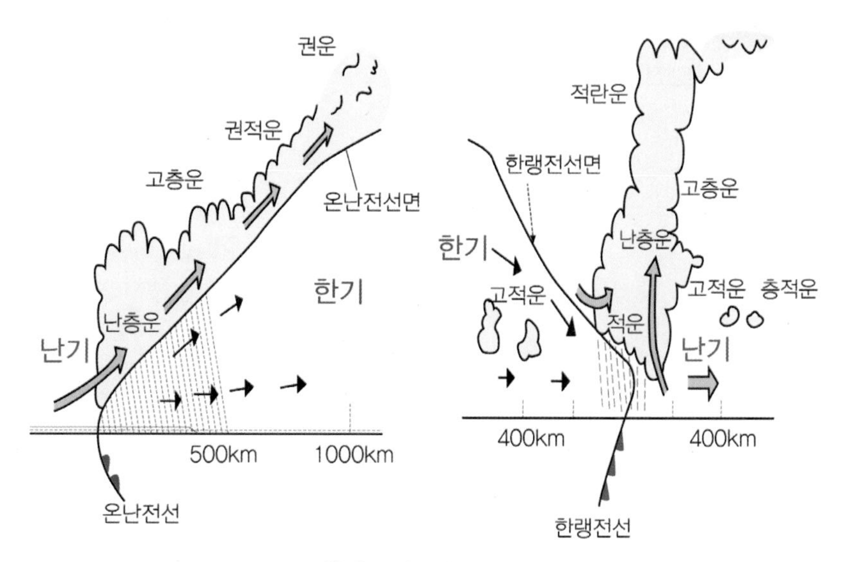


온난전선과 한랭전선

셋째, **폐색전선**은 한랭전선과 온난전선이 동반될 시 한랭전선이 온난전선보다 빠르기 때문에 온난전선을 한랭전선이 추월하게 되는데 이때 폐색전선이 만들어지며, 한랭전선과 온난전선의 합쳐진 것이다.

넷째, **정체전선**으로 한랭전선은 찬 공기가 따뜻한 공기보다 세력이 강한 것이고 온난전선은 따뜻한 공기가 찬 공기보다 강한 것을 말한다. 그러나 찬 공기가 따뜻한 공기의 세력이 비슷할 때는 전선이 이동하지 않고 오랫동안 같은 장소에 정체하는 것을 정체전선, 장마철 장마전선이라 한다.

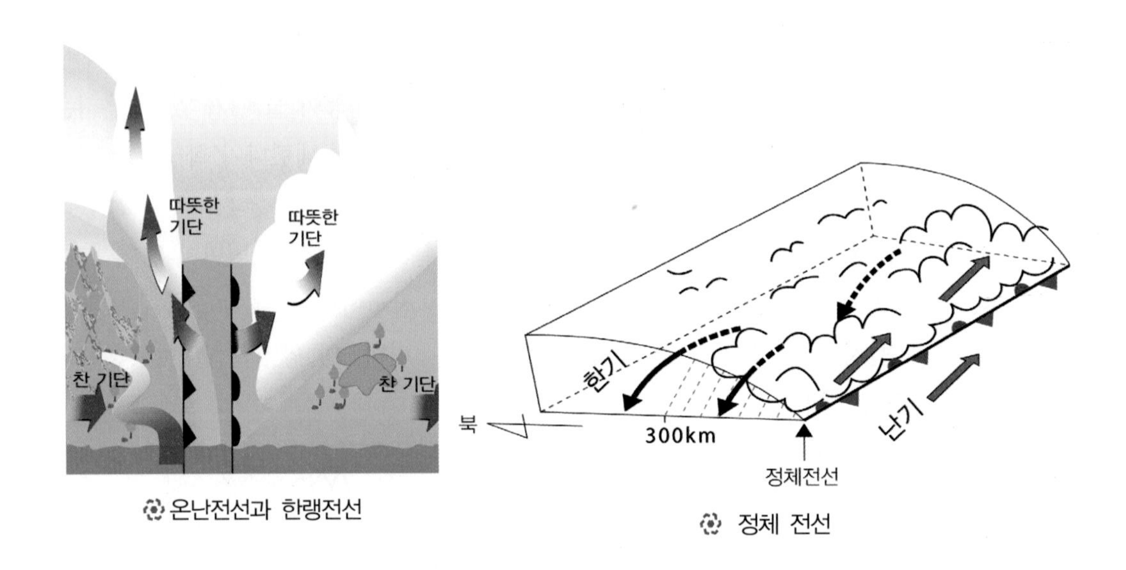


온난전선과 한랭전선

정체 전선

# 8 뇌우와 착빙

## 1 | 뇌우

### 1. 뇌우

뇌우(thunderstorm)는 번개와 천둥을 동반한 적란운 구름에 의해서 발생한 폭풍이다. 적운의 구름이 대기의 변화에 따라 폭풍으로 변한 것으로 통상 악기상 요소인 폭우, 우박, 번개, 눈, 천둥, 다운버스트 그리고 토네이도 등을 동반한 거대한 폭풍이다.

급격한 상승기류에 의해 발생한 적란운 또는 그러한 구름의 집합체에서 내리는 비로 천둥과 번개를 동반하는 점에서 보통 소나기와 다르다. 또한 국지적인 폭풍우이며, 강한 돌풍과 소나기성 강우 그리고 때때로 우박과 벼락을 치기도 한다. 수명은 짧아 2시간 이상은 드물다. 뇌우는 강수와 방전의 2가지 현상에 의해 발생한다. 심한 상승기류가 생기면 응결이 왕성하여 적란운이 발생하고 이 적란운 속에서 강수와 방전이 일어난다. 방전은 적란운 속에서 전기분리가 일어나 구름과 구름사이, 구름과 대지 사이에서 일어난다. 방전에 의한 천둥과 번개는 다량의 액체상 수적과 고체상의 얼음들이 −28℃보다 낮은 온도의 높이까지 운반될 경우에만 나타난다.

뇌우의 생성조건은 첫째, 온난 다습한 공기가 하층에 있어야 한다. 둘째, 강한 상승기류가 있어야 한다. 셋째, 높은 고도까지 기층의 기온감률이 커야 한다.

### 2. 뇌우의 종류

뇌우는 기단성 뇌우 즉 열 뇌우와 전선성 뇌우로 나누어 볼 수 있다. 먼저 기단성 뇌우는 국지적 가열에 의한 대류로 일어나는 것으로 여름철 고온 다습한 북태평양 기단에 덮혀 있을 때 기압경로가 완만하고 일사가 강하면 지상의 기온은 오후에 많이 상승한다. 열을 받은 공기가 상승하여 구름을 생성하며 이것이 발달하여 뇌우가 된다. 좁은 범위에서 급속히 발달하고 지속시간도 짧다. 강한 비바람과 방전이 일어나나 밤이면 소멸한다.

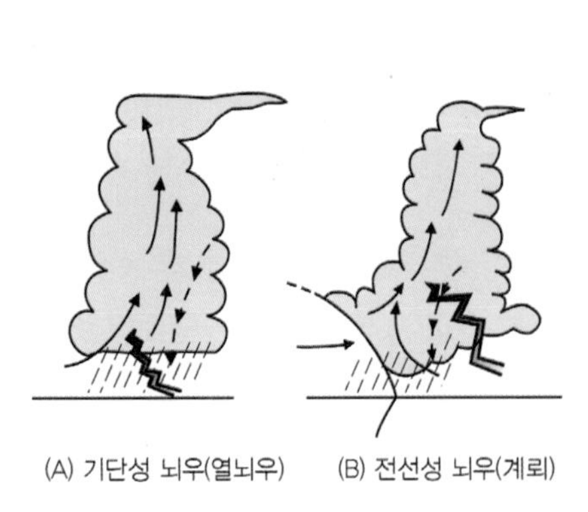


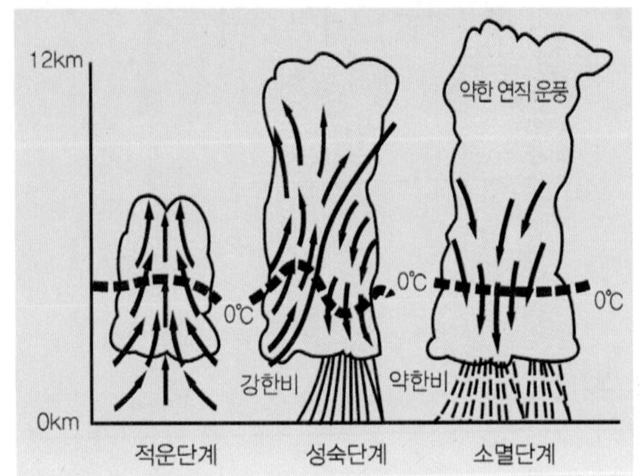


뇌우의 종류와 단계

전선성 뇌우는 온난 다습한 공기가 전선면을 올라갈 때 생기며, 이른 봄, 늦가을에 발생하는 뇌우를 말한다. 온난전선보다 한랭전선에서 더 자주 발생하며 해상은 늦가을에서 봄에 발생한다. 뇌우가 다가오면 돌풍이 불기 시작하고 하늘이 갑자기 어두워지며 번개가 치고 우박을 동반한 비가 내린다.

## 2 천둥과 번개

### 1. 천둥과 번개의 발생

천둥과 번개(thunder and lightning)는 뇌우가 동반하는 악기상의 하나로서 현대 과학으로는 명확하게 그 발생원인을 규명하지 못하고 있다. 천둥과 번개는 동시에 발생한다. 천둥소리는 구름 속에서 다량의 전기가 순간적으로 흐르면서 열과 빛을 발생한다. 공기는 열 때문에 급격히 팽창하여 주위의 공기를 순간적으로 압축하고, 압축된 공기는 되돌아간다.

따라서 이때 공기 진동이 발생하고 그 진동이 소리가 되어 들리는 것이 천둥소리이다. 즉 전기가 방전될 때 순간적으로 가열된 공기 분자가 팽창하면서 찬 공기와 부딪치게 되고 이때 공기 중 강한 충격이 발생하면 소리가 난다. 천둥소리는 번개 치고 난 뒤 들리는 이유는 음은 대기 중 약 340m/sec의 속도로 전달되나 빛은 약 30만 km/sec의 속도로 소리가 빛보다 느리기 때문이다. 번개 발생 장소까지 거리는 번개 불을 보고 난 후 소리까지 시간을 계산한다.

번개의 발생은 공기 중에서 발생하는 불꽃 방전, 구름 사이 혹은 구름과 대지에서 발생한다. 큰 소리를 내는 천둥을 동반하며, 번개를 일으키는 구름은 적란운이다. 적란운을 구성하는 물방울이 대기 중을 하강할 때 상승 기류로 인해 부서지며 이 물방울들은 양전기를 띠고 주위의 공기는 음전기를 띠게 된다. 즉, 물방울이 분열되면 물 분자 바깥의 가벼운 음전자가 떨어져 나가 물방울은 양전자를 띠고 주변 공기는 음전기를 띠게 된다. 한편, 양전기를 가진 물방울은 상승기류에 의해 구름위로 올라가고 음전기는 아래쪽에 머무른다. 구름의 상부와 하부에서 전압이 점차 높아지면 구름 사이에 방전이 일어나면서 번개가 치게 된다. 구름과 지표면 사이에 방전이 일어나면 낙뢰 혹은 벼락이 발생한다.

낙뢰가 생기는 과정은 먼저 구름 속의 양 전기가 구름 밑 대부분을 이루는 음 전기 쪽으로 방전된다. 이는 전기가 공기 속을 잘 흐르게 하는 길을 만드는 역할을 한다. 구름 밑부분의 음 전기에 의해 지상에 양 전기가 유도되고 구름속의 음전기가 지상의 양전기와 합쳐진다. 이때 위에서 만들어진 길을 따라 구름 위의 양전기가 대량으로 지상위의 물체로 이동한다. 이 과정에서 구름 밑에서 지상으로 수없이 전기가 이동하여 마침내 지상에 도달했을 때 큰 전류가 흐르고 다시 구름으로 돌아온다. 이것이 낙뢰이다. 규모가 큰 적란운에서는 5~10초 간격으로 번개가 치며, 3~4개의 번개 중 한번은 낙뢰가 된다고 한다. 40,000~50,000암페어의 전류를 가진 에너지 덩어리이다. 이는 100W의 전구 14,000개를 8시간 동안 켤 수 있으며, 1/1,000초로 흐르는 순간적인 전류이다.

낙뢰

참고로 낙뢰를 예방하기 위해 설치된 피뢰침은 낙뢰를 피하게 하는 장치가 아니라 끌어들이는 역할을 하여 예방한다. 또한 맑은 하늘에 날벼락을 볼 수 있는데 이것은 관측자가 위치한 곳의 날씨는 맑지만 주위의 적란운에서 관측자가 있은 곳으로 비스듬히 번개가 치는 경우에 발생하는 경우로 확률은 대단히 낮다.

### 2. 항공기는 비행 중 번개를 맞아도 안전한가?

항공기가 비행 중 번개를 맞았을 때 안전할 수 있을까? 하는 질문에 "안전하다"라고 말할 수 있다. 이는 패러데이 케이지(Faraday Cage)효과가 증명해 주었다.

철재 새장속의 새는 새장에 전기를 가하더라도 영향을 받지 않고 안전하다는 것이다. 즉, 동체 외부는 전기가 통하는 재질로 되어 있지만 내부는 플라스틱 또는 천연 섬유재질로 제작되어 외부와의 전기 통로를 철저히 차단하고 있어 내부의 인원은 안전할 수 있도록 설계되어 있다.

## 3 | 착빙

### 1. 착빙이란?

착빙(icing)은 물체의 표면에 얼음이 달라붙거나 덮여지는 현상이다. 즉, 항공기 착빙은 0℃ 이하에서 대기에 노출된 항공기 날개나 동체 등에 과냉각 수적이나 구름 입자가 충돌하여 얼음의 막을 형성하는 것이다. 계류장에 주기 중이거나 공중에서 비행 중에 발생한다. 수증기량이나 물방울의 크기, 항공기나 바람의 속도, 항공기 날개 단면(airfoil)의 크기나 형태 등에 영향을 받는다. 항공기 날개, 로터 끝에 착빙이 발생하면 날개 표면이 울퉁불퉁하여 날개 주위의 공기 흐름이 흐트러지게 되고 이러한 결과는 항공기(헬기, 드론 등 포함) 항력이 증가하고 양력이 감소하고, 엔진이나 안테나의 기능을 저하시켜 항공기 조작에 영향을 미친다. 착빙을 방지하기 위해 항공기는 방빙 장치를 이용한다.

착빙

## 2. 착빙의 종류

1) Induction (흡입) : -7℃ ~ 21℃, **상대습도 80% 이상일 때 보통 발생**

- Carburetor Icing
- Intake Icing : 항공기 표면온도가 0℃ 이하로 냉각 시 발생하며, 상대습도가 10% 이하의 맑은 대기에서도 발생 가능

2) Structural, **구조물**

- **서리착빙** (Frost) : 백색, 얇고 부드럽다. 수증기가 0℃ 이하로 물체에 승화
- **거친착빙** (Rime) : 백색, 우유 빛, 불투명, 부서지기 쉽다. 층운에서 형성된 작은 물방울이 날개표면에 부딪혀 형성, -10 ~ -20℃, 층운 형이나 안개비 같은 미소수적의 과냉각 수적 속을 비행할 때 발생
- **맑은착빙** (Clear) : 투명, 견고함. 매끄럽다. 온난전선 역전 아래의 적운이나 얼음비에서 발견되는 비교적 큰 물방울이 항공기 기체 위를 흐르면서 천천히 얼 때 생성, 착빙 중 가장 위험(가장 빠른 축적 율 및 Rime Icing보다 떼어내기 곤란), 0 ~ -10℃, 적운형 구름에서 주로 발생

# 9 태풍

## 1 | 정의

태풍/허리케인은 여름과 초가을 일상생활에서 자주 접하는 기상용어 중 하나로 시설물에 막대한 피해를 입히는 악 기상 현상으로 "저위도 해역에서 발생하는 저기압 중심 부근의 최대풍속이 17m/sec 이상 강한 폭풍우를 동반하고 있는 것으로 중위도의 온대 저기압과 구별해서 열대 저기압"이라고 한다. 초강력 바람과 엄청난 양의 홍수, 천둥 번개를 동반한 폭풍으로 태풍에 따라 강력한 바람, 폭우 영향이 다르게 나타나며, 태풍주변에 형성된 기단과 기압배치에 영향을 받는다.

우리나라에 영향을 미치는 태풍은 서부 북태평양에서 발생하는 것으로 1년에 약 30개 발생 중 3~4개 정도 직접적으로 영향을 미친다. 세계적으로 평균 80개 정도 열대 저기압이 발생하면 약 50% 정도는 태풍이다.

태풍의 명칭

태풍/허리케인/사이클론 이라는 용어는 국제협약에 따라 열대 사이클론으로 통칭되고 있으나 지역에 따라 용어를 달리하고 있다. 북태평양 서부에서는 "태풍(typhoon)"이라 하며, 북대서양과 북태평양 동부에서는 "허리케인 (hurricane)", 인도양, 아라비아해 등에서 생기

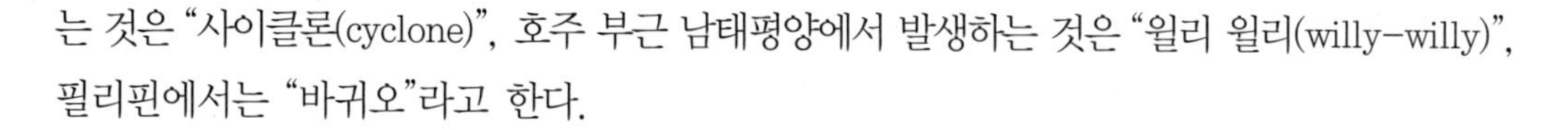
는 것은 "사이클론(cyclone)", 호주 부근 남태평양에서 발생하는 것은 "윌리 윌리(willy-willy)", 필리핀에서는 "바귀오"라고 한다.

## 2 | 열대 저기압의 발달과 이동

고온 다습한 열대 해양으로 해수면 온도가 26.5℃ 이상 지역에서 발달한다. 발달 단계는 열대 요란 → 열대 저기압 → 열대 폭풍 → 태풍으로 발달한다. 저기압을 중심으로 반 시계방향으로 거대한 회전을 하며, 지구 전향력이 태풍의 회전특성을 부여하며 통상 5~20。 지방에서 발생한다. 위도 20。 이상 지역은 아열대 고기압대가 존재하여 공기를 침강시켜 적운 구름 형성을 방해한다. 이동은 서쪽으로 이동하면서 점차적으로 아열대 고기압의 서쪽면에서 고위도 쪽으로 전향하여 고위도에 도달하거나 차가운 해상이나 육지 위로 이동하여 태풍이 되고, 이후 약화되면 북동쪽으로 이동하면서 소멸된다.

## 3 | 열대 저기압의 분류

중심의 최대 풍속의 크기에 따라 분류한다.

열대 저기압 분류

| 총칭 | 한국, 일본명칭 | 국제명칭(약호) | 중심부근 최대풍속 |
|---|---|---|---|
| 열대 저기압 (Tropical cyclone) | 약한 열대저기압 | Tropical depression (열대저기압 : T.D) | 17m/s(34kts) 미만 |
| | 태풍 : 풍속 17m/s이상 | Tropical storm (열대폭풍 : T.S) | 17~24m/s (34~47kts) |
| | | Severe tropical storm (강한 열대폭풍:S.T.S) | 25~32m/s (48~63kts) |
| | | Typhoon (태풍 : T) | 33m/s (64kts) 이상 |

## 4 | 열대 저기압의 구조와 날씨

태풍의 눈(eye)은 원형으로 태풍 중심에 형성된 20~50km구역으로 공기가 침강하는 구역에는 바람이 없으며, 해면 기압이 낮고, 구름이 없고 맑다. 눈 벽(eye wall)은 눈 주위에 형성된 회전성 적란운 구름영역으로 폭풍의 중심을 향해 회전하면서 치올리는 구름이며,

가장 강한 바람(초속 50m이상)과 가장 많은 강수를 발생시킨다. 태풍의 나선형 구름대에는 적란운으로서 소나기가 발생하는 수렴선이다.

태풍의 풍속은 기압이 낮을수록 강해진다. 지상에서 강한 바람은 태풍 중심을 향해서 저기압성으로 수렴되며, 상층(해발 40,000ft, 약 12km)에서는 순환의 변화가 일어나서 태풍의 꼭대기는 바람이 약하고, 고기압성 방향으로 발산한다.

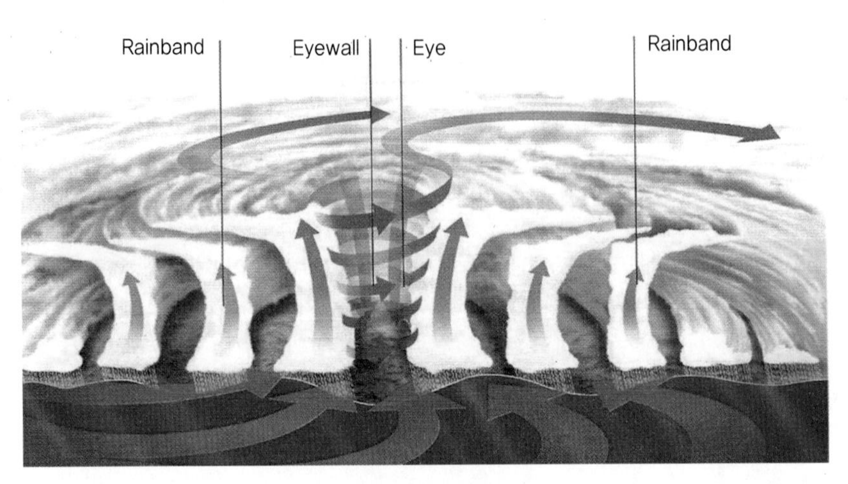


태풍의 단면도

태풍의 진로와 피해지역을 볼 때 태풍의 오른 쪽(위험반원) 지역은 태풍의 바람과 이동속도가 합쳐져 피해가 크고, 왼쪽(가항반원) 지역은 태풍의 바람이 이동속도가 감해져 피해가 상대적으로 적다.

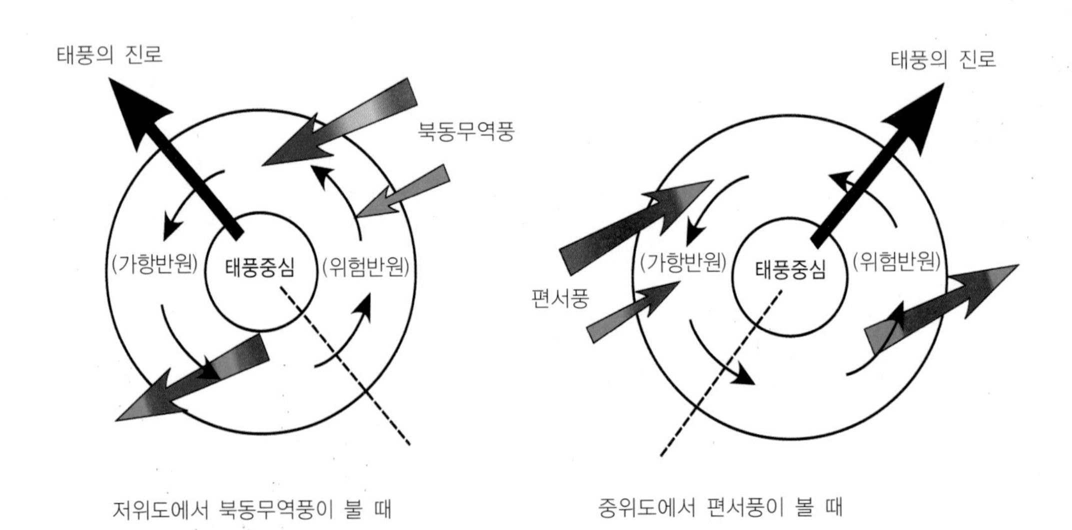


북반구 태풍의 진로와 피해지역

태풍/허리케인의 대체적인 진로는 다음 그림과 같다.

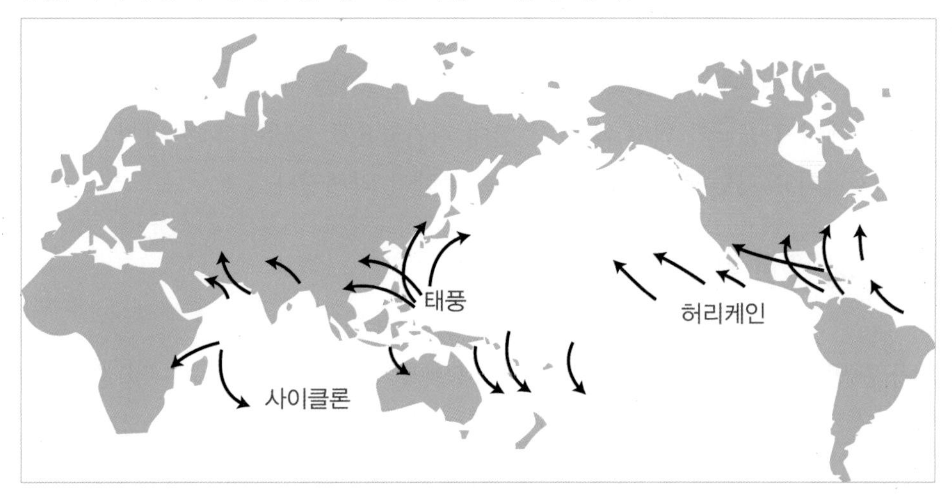


태풍의 진로

## 5 태풍에 수반되는 현상

풍랑은 해상에서 바람에 의해 일어나는 파도로서 태풍으로 바람이 불기 시작한 약 12시간 후 최고 파고에 도달하며, 이 파고는 대체로 풍속의 제곱에 비례하나, 바람이 부는 거리와도 관계된다.

너울은 직접적으로 일어난 파도가 아닌 바람에 의해서 일어난 물결이다. 태풍에 의한 너울은 진행방향 오른쪽에서 잘 발달되며 파장이 길면 빨리 전해진다. 진행속도는 태풍 진행속도보다 보통 2~4배 빠르다.

고조는 폭풍 또는 저기압에 의한 해일이다. 바람에 의해 해안에 해수가 밀려와 해면이높아지는 것으로 높이는 풍속의 제곱에 비례한다. 저기압 통과로 인한 기압하강 효과(역 수은주 현상)로 기압 1hPa 하강에 해수면은 1cm 상승한다. 960hPa의 태풍은 평균기압1,010hPa에 비해 60hPa 낮으므로 해수면은 약 60cm 높아진다.

## 6 태풍의 일생

태풍의 수명은 발생하여 소멸될 때까지 약 1주일에서 1개월 정도이다. 태풍의 일생은 형성기, 성장(발달)기, 최성기, 쇠약기로 구분한다. 형성기는 저위도 지방에 약한 저기압성 순환으로 발생하여 태풍강도에 달할 때까지의 기간이다. 성장기는 태풍이 된 후 한층 더 발달하여 중심기압이 최저가 되어 가장 강해질 때까지의 기간이다. 원형 등압선을 가지며 영향을 미치는 구역도 비교적 좁다. 미성숙기라고도 한다. 다음은 최성기로서 등압선은 점차 주위로 넓어지고 폭풍을 동반하는 반지름은 최대가 된다. 따라서 확장기라고도 한다. 마지막 쇠약기는 온대 저기압으로 탈바꿈하거나 소멸되는 기간이다. 태풍의 소멸은 태풍에 지속적인 에너지 공급이 되지 않을 시 열대 저기압으로 소멸된다. 육지에 상륙하면 습기 공급이 차단되고 자연 장애물과의 마찰로 바람이 약해진다.

## 7 | 태풍에 대한 대비

태풍은 인류가 겪는 자연재해 중 인명, 재산에 가장 큰 피해를 주는 것 중의 하나이다. 강풍과 집중호우로 인한 직접피해와 해일, 홍수 등의 간접피해와 바람에 의한 피해는 나무가 부러지고 시설물이 파괴된다. 태풍에 의한 산사태, 강과 호수를 범람시켜 홍수를 유발시킨다.

이에 대한 대비책으로 태풍 경보발령 시는 비바람에 손상될 우려가 있는 시설물을 관리하고, 배수문 및 배수장을 수시 점검하고, 강가에 거주할 경우 홍수대비 및 대피 준비를 하고, 산 밑에 거주할 산사태에 대비하여야 한다. 해안가에서는 해일을 대비하고 지속적으로 태풍 주의보 및 경보를 확인하여야 한다.

## 8 | 토네이도

태풍 이외의 강한 바람으로 토네이도와 돌풍이 있으며, 토네이도는 용오름, 회오리바람이라고 한다. 태풍은 수평방향으로 확대되나 토네이도는 수직방향으로 커진다. 태풍과 비교 시 규모, 수명, 이동거리가 극단적으로 짧다. 바람규모는 훨씬 작지만 유사한 돌풍이 있다. 교정, 운동장 등의 넓은 지면이 태양열로 가열되어 작은 상승기류가 발생하면 주변 공기가 기압이 낮아진 곳으로 불어 들어가 소용돌이를 만든다. 이것이 돌풍이며, 나뭇잎이나 낙엽을 감아서 올린다. 토네이도는 대부분 미국 중서부 캔자스, 미주리, 오클라호마, 텍사스 주 등지에서 발생하고 연평균 200명의 사망자가 발생한다.

토네이도와 비교할 때 훨씬 적지만 우리나라 지형에서 자주 발생하는 회오리바람은 멀티콥터 등의 작은 비행체를 운영하는 자는 주의하여야 한다. 순간적으로 회오리에 휘감기게 되면 빠져 나오지 못하고 추락하는 사고가 발생하게 되므로 주의를 요한다.

# 10 난류(난기류)

## 1 | 난류

### 1. 난류의 발생

난류(turbulence)란 비행 중인 항공기나 드론 등 비행체에 동요를 주는 악기류를 말한다. 이러한 난류는 상승기류나 하강기류에 의해 발생된다. 요란의 크기는 몇 cm에서부터 고기압이나 저기압과 같이 대규모의 것도 있다. 항공기나 드론 등 비행체가 요란이 있는 지역을 비행할 때에는 요란의 영향을 받아서 불규칙적인 동요를 일으키며 항공기는 승무원에게 심각한 피해를 입히기도 한다. 항공기나 비행체에 영향을 미칠 수 있는 난류의 크기는 비행체의 크기, 무게, 안정도 및 속도에 따라 달라지나 최근 연구에 의하면 요란의 크기는 대략 직경 50~500ft이다.

난류와 비슷하게 사용하고 있는 요란(disturbance)은 일반적으로 정상상태로부터 흐트러짐을 말한다. 기상학에서는 상당히 광범위하게 막연히 사용하고 있다. 예를 들어 규모가 작은 저기압이나 저기압성 발달이 예상되는 영역, 날씨 악화에 따른 기류나 기압의 불균형/파상을 이루 경우 파동 또는 요란이라고 한다.

난류는 소용돌이가 섞인 매우 불규칙한 공기의 흐름이다. 대부분의 난류는 지표면의 기복에 의한 마찰 때문에 일어나므로 높이 1km 이하의 대기 경계층에서 발생한다. 난류는 공기의 운동량을 수송하고, 지표면에서 증발을 촉진하며 지표면의 열 수송, 대기 오염 물질 수송 등을 담당한다.

지표면의 부등 가열과 기복, 수목, 건물 등에 의하여 소용돌이가 발생한다. 난류가 강하게 일어날 조건은 지표면의 기복이 커야하고, 풍속이 강해야 한다. 층류는 1km이상의 상공에서 비교적 규칙적인 공기의 흐름을 말한다.

난류의 원인은 지형의 효과, 고도에 따른 풍속변화 그리고 지표 온도차이다.

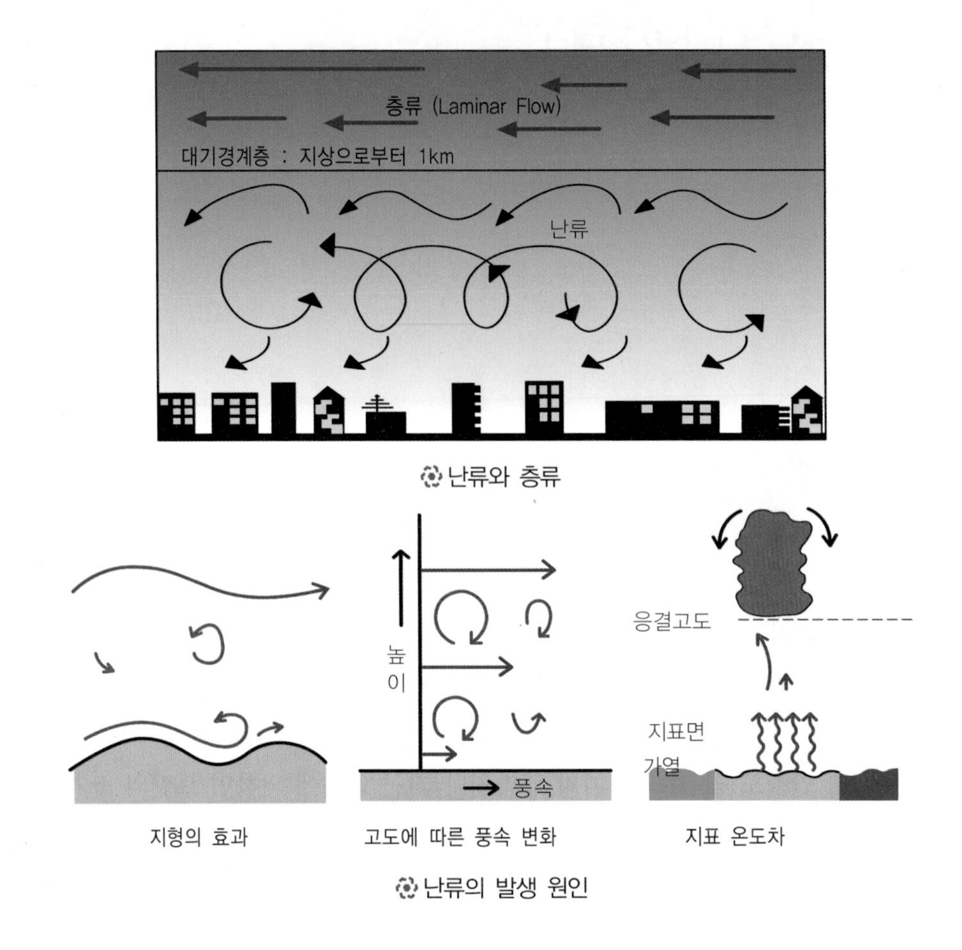


난류와 층류

난류의 발생 원인

## 2. 난류의 강도

난류의 강도는 약함(light), 보통(moderate), 심함(severe), 극히 심함(extreme)의 4단계로 구분한다. 첫째, **약한 난류**는 항공기 조종에 크게 영향을 미치지 않으며 비행 방향유지에 지장이 없는 상태의 요란을 의미한다. 그러나 소형 드론 등은 약한 난류에도 많은 영향을 미칠 수 있다. 25kts 미만의 지상풍, 저고도에서 험준한 지형 상공에 존재한다.

둘째, **보통 정도의 난류**는 항공기가 슬립(편요, 요잉), 피칭, 롤링을 느낄 수 있으며 상당한 동요를 느끼고 몸이 들썩할 정도로 항공기 평형과 비행방향 유지를 위하여 극심한 주의가 요망되는 정도이다. 지상풍이 25kts 이상일 때 지형 상공에서 존재한다.

셋째, **심한 난류**는 항공기 고도 및 속도가 급격히 변화되고 순간적으로 조종 불능 상태가 되는 정도의 요란기류이다. 항공기는 조종이 곤란하고 좌석벨트를 착용해도 정 자세 유지가 곤란하다. 풍속이 50kts이상이고 탑승자는 좌석벨트, 어깨끈을 착용해야 하는 정도이다.

넷째, **극심한 난류**는 항공기가 심하게 튀거나 조종 불가능한 상태를 말하고 항공기 손상을 초래할 수 있다. 풍속 50kts 이상의 산악파에서 발생하며 뇌우, 폭우 속에서 존재한다.

### 3. 비행 난기류

비행기 날개 끝에서 발생하는 와류에 의해 난기류가 발생하는 것을 말하며, 강도는 항공기 무게, 속도, 형태에 따라 다르다. 이륙 시 난기류는 활주로에서 부양하기 시작하면 난기류가 형성되고, 착륙 시는 항공기 접지시 난기류가 소멸된다.

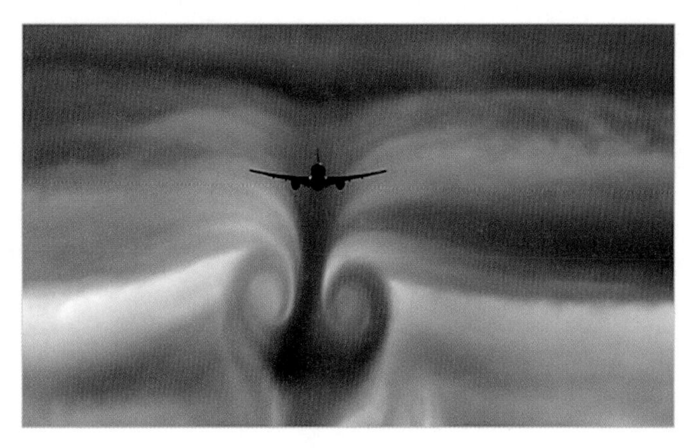

비행 난기류

## 2 | 윈드쉬어

### 1. 윈드쉬어 발생

윈드쉬어(wind shear)는 짧은 거리 내에서 순간적으로 풍향과 풍속이 급변하는 현상을 의미한다. 윈드쉬어는 모든 고도에서 나타날 수 있으나 통상 2,000ft 범위 내에서의 윈드쉬어는 항공기, 드론 등의 운용에 지대한 위험을 초래할 수 있다. 풍속의 급변현상은 항공기 및 드론의 상승력 및 양력을 상실케 하여 항공기 및 드론 등을 추락시킬 수도 있다.

저고도 윈드쉬어의 기상적 요인으로 윈드쉬어는 뇌우, 전선, 복사역전형 상부의 하층 제트, 깔대기 형태의 바람, 산악파 등에 의해 형성된다.

먼저 뇌우로 뇌우 밑에 존재하는 하강류가 지표면에 닿게 되면 바람이 사방으로 퍼져 뇌우주변에 돌풍을 형성하게 되는데 이러한 돌풍의 외각을 돌

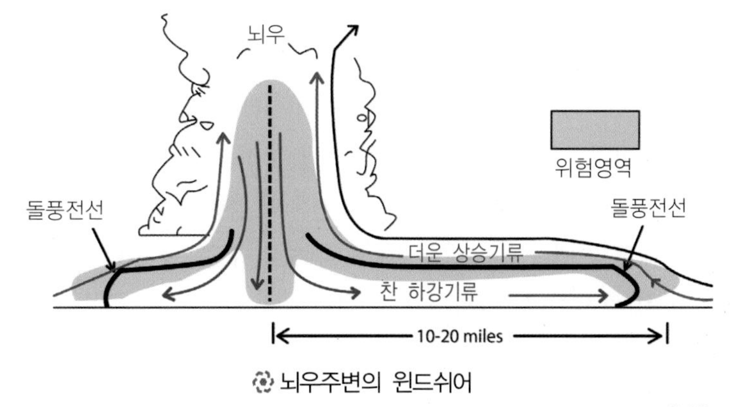


뇌우주변의 윈드쉬어

풍 전선이라 한다. 돌풍 전선은 뇌우이므로 10~15마일까지 영역이 확대되기도 하며, 돌풍 전선 바로 밑에는 풍향과 풍속의 변화가 심한 윈드쉬어가 존재한다.

전선을 형성하여 마주하고 있는 두 기단 내에서의 풍속변화는 서로 상이하다. 심한 윈드쉬어를 형성하는 전선은 다른 기단과의 기온 차(5℃)가 심하며 30kts 이상의 속도로 이동하게 된다. 한랭전선이 비행장을 통과한 이후에는 저고도 윈드쉬어가 나타난다. 한랭전선은 온난전선에 비해 기온차가 급격하고 이동속도가 빠르기 때문에 윈드쉬어가 짧게 나타난다.

복사 역전층 상부의 하층 제트는 주로 복사 역전층 바로 위에 형성되며, 해가 질 때 시작하여 일출시에는 강도가 최고가 되고 낮 동안은 열에 의해 소산된다. 이러한 하층 제트는 거의 모든 지역에서 연중 대부분의 기간 동안 나타난다. 지면 냉각으로 인해 300~1,000ft 정도에 공기층이 형성되면서 역전층이 나타난다. 하층제트는 이러한 역전층 바로 위에 나타나며, 통상 30kts 정도의 풍속변화가 존재한다.

다음은 깔대기 바람과 산악파로서 산악이나 좁은 협곡으로 둘러쌓인 지형에서는 계곡으로부터 압축되어 불어오는 깔대기 바람으로 인해 풍속의 급변현상이 일어나는데 산악주위나 좁은 협곡을 비행시에는 이러한 깔대기 바람에 주의를 해야 한다.

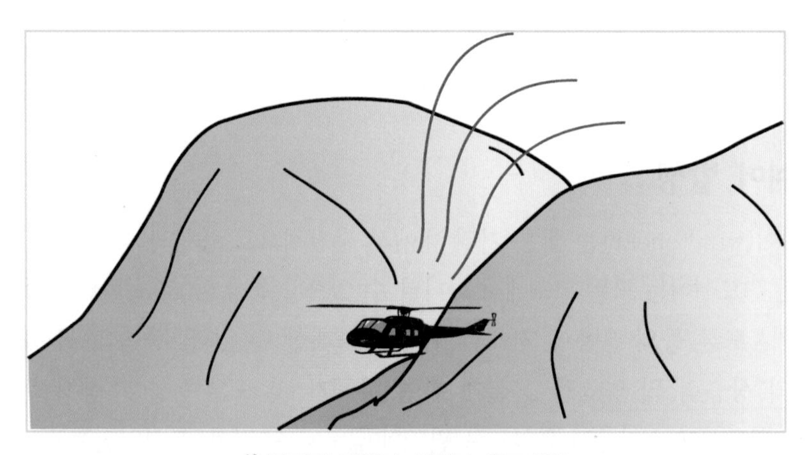

깔대기 바람과 산악파 윈드쉬어

저고도 윈드쉬어의 기타요인은 지속적으로 강한 바람이 활주로 부근의 건물이나 다른 구조물을 통해 볼 때 10kts 이상의 국지적인 윈드쉬어 현상이 발생한다. 육지와 해면의 냉각이나 가열속도의 차이에 의해 형성되는 해륙풍은 커다란 호수부근이나 바닷가 등에 잘 나타난다. 해풍은 15~25kts 정도의 풍속으로 내륙 10~20마일 정도까지 영향을 미치며, 최대풍은 대략 2,000ft 정도의 두께로 오후 늦게 나타난다. 육풍은 야간 육지의 냉각으로 인해 형성되며, 일반적으로 해풍보다 강도가 약하다.

SECTION
# 03 항공 기상

### 1 다음 지역 중 우리나라 평균해수면 높이를 0m로 선정하여 평균해수면의 기준이 되는 지역은?

① 영일만　② 순천만
③ 인천만　④ 강화만

인천만의 평균 해수면의 높이를 '0m'로 선정하였고, 실제 높이를 확인하기 위하여 인천 인하대학교 구내에 수준원점의 높이를 26.6871m로 지정하여 활용하고 있다.

### 2 다음 중 기상 7대 요소는 무엇인가?

① 기압, 전선, 기온, 습도, 구름, 강수, 바람
② 기압, 기온, 습도, 구름, 강수, 바람, 시정
③ 해수면, 전선, 기온, 난기류, 시정, 바람, 습도
④ 기압, 기온, 대기, 안정성, 해수면, 바람, 시정

### 3 대부분의 기상이 발생하는 대기의 층은?

① 대류권　② 성층권
③ 중간권　④ 열권

지구 표면으로부터 형성된 공기의 층으로 높이는 대략적으로 10~15km 정도이고, 평균 높이는 약 12km이다. 또한 대부분의 기상이 발생하는 대기층이다.

### 4 물질 1g의 온도를 1℃ 올리는데 요구되는 열은?

① 잠열　② 열량
③ 비열　④ 현열

① **잠열** : 물질의 상위 상태로 변화시키는데 요구되는 열 에너지
② **열량** : 물질의 온도가 증가함에 따라 열에너지를 흡수할 수 있는 양
③ **비열** : 물질 1g의 온도를 1℃ 올리는데 요구되는 열
④ **현열** : 일반적으로 온도계에 의해서 측정된 온도

### 5 바람이 존재하는 근본적인 원인은?

① 기압차이　② 고도차이
③ 공기밀도 차이　④ 자전과 공전현상

바람의 근본원인은 지표면에서 발생하는 불균형적인 가열에 의해 발생한 기압차이며, 바람은 고기압 지역에서 저기압 지역으로 흐르는 공기군의 흐름에 의해 발생한다.

### 6 구름을 잘 구분한 것은 어느 것인가?

① 높이에 따른 상층운, 중층운, 하층운, 수직으로 발달한 구름
② 층운, 적운, 난운, 권운
③ 층운, 적란운, 권운
④ 운량에 따라 작은 구름, 중간 구름, 큰 구름 그리고 수직으로 발달한 구름

국제적으로 통일된 구름의 분류는 상층운, 중층운, 하층운, 수직운이다.

**정답** 1.③ 2.② 3.① 4.③ 5.① 6.①

## 7 온난전선의 특징이 아닌 것은?

① 하층에 층운형 구름을 형성 한다.
② 온난전선 통과 시 시정은 불량하고 이슬비가 내린다.
③ 기압은 온난전선 접근 시 감소하고 통과 시 급상승 한다.
④ 하층 Wind shear는 온난전선의 전방에서 6시간 이상 지속되기도 한다.

기압은 온난 전선통과 전에는 감소하고, 통과 후에는 거의 일정하다.

## 8 다음 중 열량에 대한 내용으로 맞는 것은?

① 물질의 온도가 증가함에 따라 열에너지를 흡수할 수 있는 양
② 물질 10g의 온도를 10℃올리는데 요구되는 열
③ 온도계로 측정한 온도
④ 물질의 하위 상태로 변화시키는 데 요구되는 열 에너지

## 9 대기 중의 수증기의 양을 나타내는 것은?

① 습도 ② 기온
③ 밀도 ④ 기압

습도는 대기 중에 함유된 수증기의 양을 나타내는 척도이다.

## 10 공기의 고기압에서 저기압으로의 직접적인 흐름을 방해하는 힘은?

① 구심력 ② 원심력
③ 전향력 ④ 마찰력

전향력은 지표면을 횡단하는 공기의 방향이 전환되는 현상을 말한다.

## 11 해수면의 기온과 표준기압은?

① 15℃와 29.92 inch.Hg
② 15℃와 29.92 inch.mb
③ 15°F와 29.92 inch.Hg
④ 15°F와 29.92 inch.mb

## 12 비행방향을 10° 로 나타냈을 때의 의미는 무엇인가?

① 진북을 기준으로 반올림하여 2단위로 표현
② 진북을 기준으로 반올림하여 3단위로 표현
③ 자북을 기준으로 반올림하여 2단위로 표현
④ 자북을 기준으로 반올림하여 3단위로 표현

풍향은 진북기준 10°단위로 반올림한 3단위 숫자로 표기해야 하며, 바로 뒤에 풍속을 표기해야 한다. 풍속의 단위는 knot 또는 초당 m로 한다.
예) 24008KT
*관련근거 : 정시 및 특별관측보고(METAR/SPECI) 전문양식

## 13 해발 150m의 비행장 상공에 있는 비행기 진 고도가 500m라면 이 비행기의 절대고도는 얼마인가?

① 650m ② 350m
③ 500m ④ 150m

**절대고도**란 지표면으로부터 항공기까지의 실제 높이를 말한다. 진고도란 평균해수면으로부터 항공기까지의 실제 높이를 말한다.
따라서 절대고도는 진고도 500m - 비행장 해발고도 150m를 빼면 진고도는 350m가 된다.

정답 7.③ 8.① 9.① 10.③ 11.① 12.② 13.②

**14** **지구의 기상에서 일어나는 변화의 가장 근본적인 원인은?**

① 해수면의 온도 상승
② 구름의 량
③ 지구 표면에 받아들이는 태양 에너지의 변화
④ 구름의 대이동

**15** **기온과 이슬점 기온의 분포가 5% 이하일 때 예측 대기현상은?**

① 서리 ② 이슬비
③ 강수 ④ 안개

**16** **풍향이 동쪽일 경우의 설명으로 맞는 것을 고르시오.**

① 서쪽에서 동쪽을 향해 부는 바람
② 북쪽에서 남쪽을 향해 부는 바람
③ 동쪽에서 서쪽을 향해 부는 바람
④ 남쪽에서 북쪽을 향해 부는 바람

**17** **다음 지구대기권에 대한 설명 중 옳지 않는 것은?**

① 지구대기권은 물리적 특성에 따라 극외권, 열권, 중간권, 성층권, 대류권으로 나뉜다.
② 대류권은 평균높이 11km까지이며, 대류 및 기상현상이 발생되는 구역이다.
③ 성층권은 약 11~50km까지이며, 상승할수록 온도강하하는 특성이 있다.
④ 중간권은 약 50~80km까지이며, 상승할수록 온도가 강하하는 특성이 있다.

성층권은 상승(고도가 올라가면)하면 온도가 상승(오존층이 태양의 자외선을 흡수하기 때문), 중간권은 상승(고도가 올라가면)하면 온도가 감소함(태양으로부터 태양 에너지를 거의 받을 수 없고 지표면으로부터 복사열을 받을 수 없는 높이이기 때문)

**18** **산바람과 골바람에 대한 설명 중 맞는 것은?**

① 산악지역에서 낮에 형성되는 바람은 골바람으로 산 아래에서 산 위(정상)로 부는 바람이다.
② 산바람은 산 정상부분으로 불고 골바람은 산 정상에서 아래로 부는 바람이다.
③ 산바람과 골바람 모두 산의 경사 정도에 따라 가열되는 정도에 따른 바람이다.
④ 산바람은 낮에 그리고 골바람은 밤에 형성된다.

**19** **강수 발생률을 강화시키는 것은?**

① 온난한 하강기류
② 수직활동
③ 상승기류
④ 수평활동

강한 상승기류가 존재하는 적운에서는 폭우, 우박 등을 형성한다.

**20** **이류안개가 가장 많이 발생하는 지역은 어디인가?**

① 산 경사지 ② 해안지역
③ 수평 내륙지역 ④ 산간 내륙지역

전형적인 이류안개는 해안지역에서 발생하는 해무라고 한다.

**21** **뇌우 발생 시 항상 함께 동반되는 기상현상은?**

① 강한 소나기 ② 스콜라인
③ 과냉각 물방울 ④ 번개

뇌우는 천둥과 번개를 동반하는 폭풍이다.

정답 14.③ 15.④ 16.③ 17.③ 18.① 19.③ 20.② 21.④

**22** **태풍의 세력이 약해져서 소멸되기 직전 또는 소멸되어 무엇으로 변하는가?**

① 열대성 고기압 ② 열대성 저기압
③ 열대성 폭풍 ④ 편서풍

**23** **항공정기기상보고에서 바람 방향, 즉 풍향의 기준은 무엇인가?**

① 자북 ② 진북
③ 도북 ④ 자북과 도북

**24** **물질의 상위 상태로 변화시키는데 요구되는 열에너지는 무엇인가?**

① 잠열 ② 열량
③ 비열 ④ 현열

② **열량** : 물질의 온도가 증가함에 따라 열에너지를 흡수할 수 있는 양
③ **비열** : 물질 1g의 온도를 1℃ 올리는데 요구되는 열
④ **현열** : 일반적으로 온도계에 의해서 측정된 온도

**25** **기압의 정의는 무엇인가?**

① 단위체적당 공기의 무게가 작용하는 힘
② 단위체적당 공기의 질량이 작용하는 힘
③ 단위면적당 공기가 누르는 힘
④ 단위체적당 공기가 누르는 힘

**26** **대기권 중 기상 변화가 층으로 상승 할수록 온도가 강하되는 층은 다음 중 어느 것인가?**

① 성층권 ② 중간권
③ 열권 ④ 대류권

대기권 기상변화가 가장 많이 일어나는 층은 대류권이다.

**27** **번개와 뇌우에 관한 설명 중 틀린 것은?**

① 번개가 강할수록 뇌우도 강하다.
② 번개가 자주 일어나면 뇌우도 계속 성장하고 있다는 것이다.
③ 번개와 뇌우의 강도와는 상관없다.
④ 밤에 멀리서 수평으로 형성되는 번개는 스콜라인이 발달하고 있음을 나타내고 있다.

**28** **우리나라에 영향을 미치는 기단 중 초여름 장마기에 해양성 한대 기단으로 불연속선의 장마전선을 이루어 영향을 미치는 기단은?**

① 시베리아 기단
② 양쯔강 기단
③ 오호츠크 기단
④ 북태평양 기단

**29** **해륙풍과 산곡풍에 대한 설명 중 잘못 연결된 것은?**

① 낮에 바다에서 육지로 공기 이동하는 것을 해풍이라 한다.
② 밤에 육지에서 바다로 공기 이동하는 것을 육풍이라 한다.
③ 낮에 골짜기에서 산 정상으로 공기 이동하는 것을 곡풍이라 한다.
④ 밤에 산 정상에서 산 아래로 공기 이동하는 것을 곡풍이라 한다.

**30** **"한랭기단의 찬 공기가 온난기단의 따뜻한 공기 쪽으로 파고 들 때 형성되며 전선 부근에 소나기나 뇌우, 우박 등 궂은 날씨를 동반하는 전선"을 무슨 전선인가?**

① 한랭전선 ② 온난전선
③ 정체전선 ④ 패색전선

정답 **22.**② **23.**② **24.**① **25.**③ **26.**④ **27.**③ **28.**③ **29.**④ **30.**①

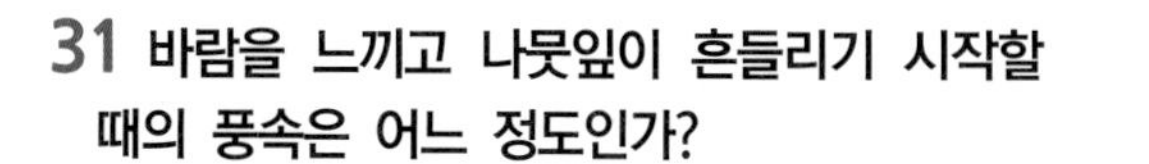

**31** 바람을 느끼고 나뭇잎이 흔들리기 시작할 때의 풍속은 어느 정도인가?

① 0.3~1.5m/sec
② 1.6~3.3m/sec
③ 3.4~5.4m/sec
④ 5.5~7.9m/sec

**32** 다음 중 안개에 관한 설명 중 틀린 것은?

① 적당한 바람만 있으면 높은 층으로 발달해 간다.
② 공중에 떠돌아다니는 작은 물방울 집단으로 지표면 가까이에서 발생한다.
③ 수평가시거리가 3km이하가 되었을 때 안개라고 한다.
④ 공기가 냉각되고 포화상태에 도달하고 응결하기 위한 핵이 필요하다.

**33** 다음 중 착빙에 관한 설명 중 틀린 것은?

① 착빙은 지표면의 기온이 추운 겨울철에만 발생하며 조심하면 된다.
② 항공기의 이륙을 어렵게 하거나 불가능하게도 할 수 있다.
③ 양력을 감소시킨다.
④ 마찰을 일으켜 항력을 증가시킨다.

**34** 다음 중 해풍에 대하여 설명한 것 중 가장 적절한 것은?

① 여름철 해상에서 육지 방향으로 부는 바람
② 낮에 해상에서 육지 방향으로 부는 바람
③ 낮에 육지에서 바다로 부는 바람
④ 밤에 해상에서 육지 방향으로 부는 바람

**35** 운량의 구분 시 하늘의 상태가 5/8~7/8인 경우를 무엇이라 하는가?

① Sky Clear(SKC/CLR)
② scattered(SCT)
③ broken(BKN)
④ overcast(OVC)

구름의 양을 나타내는 용어로서 하늘을 8등분한다고 하여 옥타(Octa) 분류법이라고도 하는데 다음과 같이 말한다.
(Sky)clear는 0/8, few(FEW) 1/8~2/8,
scattered는 3/8~4/8 이하,
broken은 5/8~7/8이하, overcast는 8/8일 때

**36** 복사안개의 발생 조건이 아닌 것은?

① 습도가 높음 ② 안개
③ 기온이 낮음 ④ 지면 온도가 높음

**37** 일반적으로 안개, 연무, 박무를 구분하는 시정조건이 틀린 것은?

① 안개 : 1km미만
② 박무 : 2km미만
③ 연무 : 2~5km
④ 안개 : 2km

**38** 아래 그림의 구름은 무슨 구름인가?

① 권운 ② 권층운
③ 권적운 ④ 고층운

**정답** 31.② 32.③ 33.① 34.② 35.③ 36.③ 37.④ 38.②

**39** 아래 그림의 구름은 무슨 구름인가?

① 권운　② 권층운
③ 권적운　④ 고층운

**40** 다음 구름의 종류 중 비가 내리는 구름은?

① Ac　② Ns
③ St　④ Sc

① Ac : 고적운　② Ns : 난층운
③ St : 층운　④ Sc : 층적운

**41** 안정대기 상태란 무엇인가?

① 불안정한 시정
② 지속적 강수
③ 불안정 난류
④ 안정된 기류

**42** 다음 냉각에 의해 형성된 안개의 종류가 아닌 것은?

① 전선안개　② 복사안개
③ 이류안개　④ 활승안개

**43** 습한 공기가 산 경사면을 타고 상승하면서 팽창함에 따라 공기가 노점이하로 단열냉각되면서 발생하며, 주로 산악지대에서 관찰되고 구름의 존재에 관계없이 형성되는 안개는?

① 활승안개　② 이류안개
③ 증기안개　④ 복사안개

**44** 다음 중 항공기 양력발생에 영향을 미치지 않는 것은?

① 기온　② 습도
③ 뇌우　④ 바람

**45** 대기 중에서 가장 많은 기체는 무엇인가?

① 산소　② 질소
③ 이산화탄소　④ 수소

**46** 가열된 공기와 냉각된 공기의 수직순환 형태를 무엇이라고 하는가?

① 복사　② 전도
③ 대류　④ 이류

**47** 1기압에 대한 설명 중 틀린 것은?

① 폭 1㎠, 높이 76㎝의 수은주 기둥
② 폭 1㎠, 높이 1,000km의 공기기둥
③ 760mmHg = 29.92inHg
④ 1015mbar = 1.015bar

**48** 짧은 거리 내에서 순간적으로 풍향과 풍속이 급변하는 현상으로 뇌우, 전선, 깔때기 형태의 바람, 산악파 등에 의해 형성되는 것은?

① 윈드시어　② 돌풍
③ 회오리바람　④ 토네이도

**49** 아래 그림의 구름은 무슨 구름인가?

① 권층운　② 고층운
③ 난층운　④ 층적운

정답 39.④ 40.② 41.④ 42.① 43.① 44.③ 45.② 46.③ 47.④ 48.① 49.③

**50** 구름의 형성조건이 아닌 것은?

① 풍부한 수증기　② 냉각작용
③ 응결핵　④ 시정

**51** 해수면에서 1,000ft 상공의 기온은 얼마인가?(단 국제표준대기 조건 하)

① 9℃　② 11℃　③ 13℃　④ 15℃

국제표준대기 조건하에서 해수면의 온도는 15℃이므로 기준 기온을 15℃로 하고 1,000ft당 2℃ 감률되므로 15–2=13℃가 된다.

**52** 액체 물방울이 섭씨 0℃ 이하의 기온에서 응결되거나 액체 상태로 지속되어 남아 있는 물방울을 무엇이라 하는가?

① 물방울　② 과냉각 수
③ 빙정　④ 이슬

과냉각 수는 항공기나 드론 등 비행체에 붙어서 결빙되면 착빙이 된다.

**53** 다음 중 우시정에 대한 내용 중 틀린 것은?

① 항공기상분야에서는 국제적으로 최단시정(Minimum Visibility)이 일반적으로 쓰이고 있다.
② 우리나라, 일본, 미국 등 일부 나라에서는 우시정(Prevailing Visibility)을 채용하고 있다.
③ 우시정이란 방향에 따라 보이는 시정이 다를 때 가장 큰 값으로부터 그 값이 차지하는 부분의 각도를 더해가서 합친 각도의 합계가 180도 이상이 될 때의 가장 낮은 시정 값을 말한다.
④ 공항면적의 60%이상에서 보이는 "거리의 최저치"를 말하는 것이다.

공항면적의 50% 이상

**54** 다음 중 국제민간항공기구(ICAO)의 표준대기 조건이 잘못된 것은?

① 대기는 수증기가 포함되어 있지 않은 건조한 공기이다.
② 대기의 온도는 통상적인 0℃를 기준으로 하였다.
③ 해면상의 대기압력은 수은주의 높이 760mm를 기준으로 하였다.
④ 고도에 따른 온도강하는 –56.5℃(–69.7°F)가 될 때까지는 –2℃/1,000ft이다.

대기의 온도는 따뜻한 온대지방의 해면상의 15℃를 기준으로 하였다.

**55** 다음 중 고기압에 대한 설명 중 잘못된 것은?

① 고기압은 주변기압보다 상대적으로 기압이 높은 곳으로 주변의 낮은 곳으로 시계방향으로 불어간다.
② 주변에는 상승기류가 있고 단열승온으로 대기 중 물방울은 증발한다.
③ 구름이 사라지고 날씨가 좋아진다.
④ 중심부근은 기압경도가 비교적 작아 바람은 약하다.

주변에는 하강기류가 있고 단열승온으로 대기 중 물방울은 증발한다.

**56** 다음 중 저기압에 대한 설명 중 잘못된 것은?

① 저기압은 주변보다 상대적으로 기압이 낮은 부분이다. 1기압이라도 주변상태에 의해 저기압이 될 수 있고, 고기압이 될 수 있다.
② 하강기류에 의해 구름과 강수현상이 있고 바람도 강하다.
③ 저기압 내에서는 주위보다 기압이 낮으므로 사방으로부터 바람이 불어 들어온다.
④ 일반적으로 저기압 내에서는 날씨가 나쁘고 비바람이 강하다.

**정답** 50.④ 51.③ 52.② 53.④ 54.② 55.② 56.②

상승기류에 의해 구름과 강수현상이 있고 바람도 강하다.

## 57 일기도 상에서 등압선의 설명 중 맞는 것은?

① 조밀하면 바람이 강하다.
② 조밀하면 바람이 약하다.
③ 서로 다른 기압지역을 연결한 선이다.
④ 조밀한 지역은 기압경도력이 매우 작은 지역이다.

## 58 다음 중 착빙의 종류에 포함되지 않는 것은?

① 서리착빙 ② 거친착빙
③ 맑은 착빙 ④ 이슬착빙

① Induction(흡입) : −7℃ ~ 21℃, 상대습도 80% 이상일 때 보통 발생
- Carburetor Icing
- Intake Icing : 항공기 표면온도가 0℃ 이하로 냉각 시 발생. 상대습도가 10% 이하의 맑은 대기에서도 발생 가능

② Structural(구조물)
- **서리착빙 (Frost)** : 백색, 얇고 부드럽다. 수증기가 0℃ 이하로 물체에 승화
- **거친착빙 (Rime)** : 백색, 우유빛, 불투명, 부서지기 쉽다. 층운에서 형성된 작은 물방울이 날개 표면에 부딪혀 형성(→ −10 ~ −20℃, 층운형이나 안개비 같은 미소수적의 과냉각 수적 속을 비행할 때 발생
- **맑은착빙 (Clear)** : 투명, 견고함, 매끄럽다. 온난전선 역전 아래의 적운이나 얼음비에서 발견되는 비교적 큰 물방울이 항공기 기체 위를 흐르면서 천천히 얼 때 생성, 착빙 중 가장 위험(가장 빠른 축적 율 및 Rime Icing보다 떼어내기 곤란, 0 ~ −10℃, 적운형 구름에서 주로 발생)

## 59 다음 중 고기압과 저기압의 설명 중 틀린 것은?

① 고기압은 북반구에서 시계방향으로 불어 들어온다.
② 저기압은 북반구에서 반시계방향으로 불어 들어온다.
③ 저기압에서 구름이 생성되며 날씨가 흐리다.
④ 고기압에서는 공기가 하강하면서 압축되어 기온이 상승해 구름이 소멸된다.

고기압은 북반구에서 시계방향으로 불어 나간다.

## 60 다음 중 온난전선이 지나가고 난 뒤 일어나는 현상은?

① 기온이 올라간다. ② 기온이 내려간다.
③ 바람이 강하다. ④ 기압은 내려간다.

온난전선이 지나간 후 기온이 올라가고, 바람은 약하고, 기압은 일정하다.

## 61 다음은 난류의 종류 중 무엇을 설명한 것인가?

항공기가 슬립(편요, 요잉), 피칭, 롤링을 느낄 수 있으며 상당한 동요를 느끼고 몸이 들썩할 정도로 항공기 평형과 비행 방향유지를 위해 극심한 주의가 필요하다. 지상풍이 25kts 이상의 지상풍일 때 존재한다.

① 약한 난류 ② 보통 난류
③ 심한 난류 ④ 극심한 난류

- **약한 난류** : 항공기 조종에는 크게 영향을 미치지 않으며, 비행방향유지에 지장이 없는 상태의 요란을 의미하나 소형 드론에는 영향을 미칠 수 있다. 25kts미만의 지상풍에 존재
- **심한 난류** : 항공기 고도 및 속도가 급격히 변화되고 순간적으로 조종 불능상태가 되는 요란기류이다. 항공기는 조종이 곤란하고 좌석벨트를 착용해도 정 자세유지가 곤란하다. 풍속이 50kts이상이다.
- **극심한 난류** : 항공기가 심하게 튀거나 조종 불가능한 상태를 말하고 손상을 초래할 수 있다. 풍속 50kts이상의 산악파에서 발생하며 뇌우, 폭우 속에서 존재한다.

정답 57.① 58.④ 59.① 60.① 61.②

**62** **난류의 강도 종류 중 맞지 않는 것은?**

① 약한난류(LGT)는 항공기 조종에 크게 영향을 미치지 않으며, 비행방향과 고도유지에 지장이 없다.
② 보통난류(MOD)는 상당한 동요를 느끼고 몸이 들썩할 정도로 순간적으로 조종 불능 상태가 될 수도 있다.
③ 심한난류(SVR)는 항공기 고도 및 속도가 급속히 변화되고 순간적으로 조종불능 상태가 되는 정도이다.
④ 극심한 난류(XTRM)는 항공기가 심하게 튀거나 조종 불가능한 상태를 말하고 항공기 손상을 초래할 수 있다.

난류의 강도종류는 약한 난류, 심한 난류, 극심한 난류가 있다.

**63** **다음 중 시정장애물의 종류가 아닌 것은?**

① 황사 ② 바람
③ 먼지 및 화산재 ④ 연무

**64** **다음 대기권의 분류 중 지구표면으로부터 형성된 공기층으로 평균 12km높이로 지표면에서 발생하는 대부분의 기상현상이 발생하는 지역은?**

① 대류권 ② 대류권계면
③ 성층권 ④ 전리층

**65** **다음 중 뇌우발생 시 함께 동반하지 않는 것은?**

① 폭우 ② 우박
③ 소나기 ④ 번개

뇌우 발생 시 함께 동반하는 현상은 폭우, 우박, 번개, 눈, 천둥, 다운버스트, 토네이도 등.

**66** **유체의 수평적 이동현상으로 맞는 것은?**

① 복사 ② 이류
③ 대류 ④ 전도

대기의 수평이동과 마찬가지 수평적 이동은 이류임.

**67** **METAR(항공정기기상보고)에서 +RA FG는 무슨 뜻인가?**

① 보통비와 안개가 낌
② 강한비와 강한안개
③ 보통비와 강한안개
④ 강한비 이후 안개

+RA : 강한 비(+ : 강함, – : 약함, 중간은 없음),
FG : 안개

**68** **항공기 착빙에 대한 설명으로 틀린 것은?**

① 양력감소 ② 항력증가
③ 추진력감소 ④ 실속속도 감소

**69** **한랭전선의 특징 중 틀린 것은?**

① 적운형 구름이 발생한다.
② 좁은 범위에 많은 비가 한꺼번에 쏟아지거나 뇌우를 동반한다.
③ 기온이 급격히 떨어지고, 천둥과 번개 그리고 돌풍을 동반한 강한 비가 내린다.
④ 층운형 구름이 발생하고 안개가 형성된다.

**70** **온난전선의 특징 중 틀린 것은?**

① 층운형 구름이 발생한다.
② 넓은 지역에 걸쳐 적은 양의 따뜻한 비가 오랫동안 내린다.
③ 찬 공기가 밀리는 방향으로 기상변화가 진행한다.
④ 천둥과 번개 그리고 돌풍을 동반한 강한 비가 내린다.

정답 62.② 63.② 64.① 65.③ 66.② 67.④ 68.④ 69.④ 70.④

## 71 고기압과 저기압에 대한 설명으로 맞는 것은?

① 고기압 : 북반구에서 시계방향으로, 남반구에서는 반시계방향으로 회전한다.
저기압 : 북반구에서 반시계방향으로, 남반구에서는 시계방향으로 회전한다.
② 고기압 : 북반구에서 반 시계방향으로, 남반구에서는 시계방향으로 회전한다.
저기압 : 북반구에서 시계방향으로, 반구에서는 반 시계방향으로 회전한다.
③ 고기압 : 북반구에서 시계방향으로, 남반구에서는 시계방향으로 회전한다.
저기압 : 북반구에서 반시계방향으로, 남반구에서는 시계방향으로 회전한다.
④ 고기압 : 북반구에서 반시계방향으로, 남반구에서는 시계방향으로 회전한다.
저기압 : 북반구에서 반시계방향으로, 남반구에서는 시계방향으로 회전한다.

## 72 고기압과 저기압에 대한 설명 중 옳지 않은 것?

① 고기압은 중심 기압이 주변보다 높은 곳을 말함.
② 고기압권 내의 바람은 북반구에서는 고기압 중심 주위를 시계방향으로 회전하면서 불어나감.
③ 저기압권 내 지상에서의 바람은 북반구에서 저기압 중심을 향하여 시계방향으로 불어 들어옴.
④ 저기압은 중심 기압이 주변보다 낮은 곳을 말함.

북반구에서 저기압은 반시계방향으로 불어 들어옴.

## 73 안정된 대기란?

① 층운형 구름
② 지속적 안개와 강우
③ 시정불량
④ 안정된 기류

## 74 시정에 관한 설명으로 틀린 것은?

① 시정이란 정상적인 눈으로 먼 곳의 목표물을 볼 때 인식 될 수 있는 최대 거리이다.
② 시정을 나타내는 단위는 mile이다.
③ 시정은 한랭 기단 속에서는 시정이 나쁘고 온난 기단에서는 시정이 좋다.
④ 시정이 가장 나쁜 날은 안개 낀 날과 습도가 70% 넘으면 급격히 나빠진다.

시정은 한랭 기단 속에서는 시정이 좋고, 온난 기단에서는 시정이 나쁘다.

## 75 안개의 발생조건인 수증기 응결과 관련이 없는 것은?

① 공기 중에 수증기 다량 함유
② 공기가 노점온도 이하로 냉각
③ 공기 중 흡습성 미립자 즉 응결핵이 많아야 한다.
④ 지표면 부근의 기온 역전 해소 될 때

## 76 풍속의 단위 중 주로 멀티콥터 운용 시 사용하는 것은?

① NM/H(kt) ② SM/H(MPH)
③ km/h ④ m/sec

## 77 기상현상이 가장 많이 일어나는 대기권은 어느 것인가?

① 열권 ② 대류권
③ 성층권 ④ 중간권

대기권은 대류권(지표면~12km), 대류권계면(평균 17km), 성층권, 중간권, 열권 등으로 나누어지며 대류권은 대기권 질량의 80%에 해당하는 기체가 모여 있다.

정답 71.① 72.③ 73.④ 74.③ 75.④ 76.④ 77.②

**78 바람에 관한 설명 중 틀린 것은?**

① 풍향은 관측자를 기준으로 불어오는 방향이다.
② 풍향은 관측자를 기준으로 불어가는 방향이다.
③ 바람은 공기의 흐름이다. 즉 운동하고 있는 공기이다.
④ 바람은 수평방향의 흐름을 지칭하며, 고도가 높아지면 지표면 마찰이 적어 강해진다.

**79 바람이 발생하는 원인은?**

① 공기 밀도차이
② 기압경도력
③ 고도 차이
④ 지구의 자전과 공전

바람은 공기 흐름의 유발이며, 태양 에너지에 의한 지표면의 불균형 가열에 의한 기압차이로 발생한다. 아울러 기압경도는 공기의 기압변화율로 지표면의 불균형 가열로 발생하며 기압경도력은 기압경도의 크기 즉 힘을 말한다.(기압경도력)

**80 다음 착빙의 종류 중 투명하고, 견고하며, 고르게 매끄럽고, 가장 위험한 착빙은?**

① 서리 착빙　② 거친 착빙
③ 맑은 착빙　④ Intake착빙

**81 다음 중 시정에 직접적으로 영향을 미치지 않는 것은?**

① 바람　② 안개
③ 황사　④ 연무

**82 다음 중 공기밀도가 높아지면 나타나는 현상으로 맞는 것은?**

① 입자가 증가하고 양력이 증가한다.
② 입자가 증가하고 양력이 감소한다.
③ 입자가 감소하고 양력이 증가한다.
④ 입자가 감소하고 양력이 감소한다.

**83 대기압이 높아지면 양력과 항력은 어떻게 변하는가?**

① 양력 증가, 항력 증가
② 양력 증가, 항력 감소
③ 양력 감소, 항력 증가
④ 양력 감소, 항력 감소

**대기압**이란 물체 위의 공기에 작용하는 단위 면적당 공기의 무게로서 대기 중에 존재하는 기압은 지역과 공역마다 다르다. 대기압의 변화는 바람을 유발하는 원인이 되고 이는 곧 수증기 순환과 항공기 양력과 항력에 영향을 미친다. 따라서 대기압이 높아지면 양력증가하고 양력증가에 따른 항력도 증가한다.

**84 고기압에 대한 설명 중 틀린 것은?**

① 중심부근에는 하강기류가 있다.
② 북반구에서의 바람은 시계방향으로 회전한다.
③ 구름이 사라지고 날씨가 좋아진다.
④ 고기압권내에서는 전선형성이 쉽게 된다.

고기압권내에서는 전선형성이 어렵다.

**85 저기압에 대한 설명 중 틀린 것은?**

① 주변보다 상대적으로 기압이 낮은 부분이다.
② 하강기류에 의해 구름과 강수현상이 있다.
③ 저기압은 전선의 파동에 의해 생긴다.
④ 저기압 내에서는 주위보다 기압이 낮으므로 사방으로부터 바람이 불어 들어온다.

저기압 지역의 기류는 상승기류이다.

**정답** 78.② 79.② 80.③ 81.① 82.① 83.① 84.④ 85.②

**86** **다음 물체의 온도와 열에 관한 용어의 정의 중 틀린 것은?**

① 물질의 온도가 증가함에 따라 열에너지를 흡수할 수 있는 양은 열량이다.
② 물질 1g의 온도를 1℃ 올리는데 요구되는 열은 비열이다.
③ 일반적인 온도계에 의해 측정된 온도를 현열이라 한다.
④ 물질의 하위상태로 변화시키는데 요구되는 열에너지를 잠열이라 한다.

**잠열** : 물질의 상위 상태로 변화시키는데 요구되는 열에너지.

**87** **찬 공기와 따뜻한 공기의 세력이 비슷할 때는 전선이 이동하지 않고 오랫동안 같은 장소에 머무르는 전선은?**

① 한랭전선 ② 온난전선
③ 정체전선 ④ 폐색전선

**88** **맞바람과 뒷바람의 항공기에 미치는 영향 설명 중 틀린 것은?**

① 맞바람은 항공기의 활주거리를 감소시킨다.
② 뒷바람은 항공기의 활주거리를 감소시킨다.
③ 뒷바람은 상승률을 저하시킨다.
④ 맞바람은 상승률을 증가시킨다.

**89** **운량의 구분 시 하늘의 상태가 1/8~5/8일 때를 무엇이라 하는가?**

① CLR ② SCT
③ BKN ④ OVC

① CLR(Clear) ② SCT(Scattered)
③ BKN(Broken ④ OVC(Overcast)

**90** **다음 구름의 종류 중 하층운(2km 미만) 구름이 아닌 것은?**

① 층적운 ② 층운
③ 난층운 ④ 권층운

권층운은 상층운에 포함된다.

**91** **다음 구름의 종류 중 수직 운(3km 미만) 구름은?**

① 적란운 ② 난층운
③ 층운 ④ 층적운

수직운은 적운과 적란운이다.

**92** **현재의 지상기온이 31℃ 일 때 3,000피트 상공의 기온은?(단 조건은 ISA 조건이다.)**

① 25℃ ② 37℃
③ 29℃ ④ 34℃

기온감률은 1,000ft 당 2℃ 감소한다.

**93** **난기류(Turbulence)를 발생하는 주요인이 아닌 것은?**

① 안정된 대기상태
② 바람의 흐름에 대한 장애물
③ 대형 항공기에서 발생하는 후류의 영향
④ 기류의 수직 대류현상

**난기류 발생의 주 원인** : 대류성 기류, 바람의 흐름에 대한 장애물, 비행난기류, 전단풍 등

**94** **안개가 발생하기 적합한 조건이 아닌 것은?**

① 대기의 성층이 안정할 것
② 냉각작용이 있을 것
③ 강한 난류가 존재할 것
④ 바람이 없을 것

정답 86.④ 87.③ 88.② 89.② 90.④ 91.① 92.① 93.① 94.③

- **안개의 발생조건** : 공기 중 수증기 다량 함유, 공기가 노점온도 이하로 냉각, 공기 중에 응결핵 많아야하고, 공기 속으로 많은 수증기 유입, 바람이 약하고 상공에 기온이 역전.
- **안개의 사라질 조건** : 지표면이 따뜻해져 지표면 부근의 기온역전, 지표면 부근 바람이 강해져 난류에 의한 수직 방향으로 상승 시, 공기가 사면을 따라 하강하여 기온이 올라감에 따라 입자가 증발 시, 신선하고 무거운 공기가 안개 구역으로 유입되어 안개가 상승하거나 차가운 공기가 건조하여 안개가 증발 할 때 등

**95 다음 중 기압에 대한 설명으로 틀린 것은?**

① 일반적으로 고기압권에서는 날씨가 맑고 저기압권에서는 날씨가 흐린 경향을 보인다.
② 북반구 고기압 지역에서 공기흐름은 시계방향으로 회전하면서 확산된다.
③ 등압선의 간격이 클수록 바람이 약하다.
④ 해수면 기압 또는 동일한 기압대를 형성하는 지역을 따라서 그은 선을 등고선이라 한다.

등고선이 아니라 등압선이라 한다.

**96 바람에 대한 설명으로 틀린 것은?**

① 풍속의 단위는 m/s, Knot 등을 사용한다.
② 풍향은 지리학 상의 진북을 기준으로 한다.
③ 풍속은 공기가 이동한 거리와 이에 소요되는 시간의 비(比)이다.
④ 바람은 기압이 낮은 곳에서 높은 곳으로 흘러가는 공기의 흐름이다.

기압은 높은 곳에서 낮은 곳으로 이동하는 특성이 있다.

**97 주로 봄과 가을에 이동성 고기압과 함께 동진해 와서 따뜻하고 건조한 일기를 나타내는 기단은?**

① 오호츠크해기단　② 양쯔강기단
③ 북태평양기단　④ 적도기단

**98 공기밀도에 관한 설명으로 틀린 것은?**

① 온도가 높아질수록 공기밀도도 증가한다.
② 일반적으로 공기밀도는 하층보다 상층이 낮다.
③ 수증기가 많이 포함될수록 공기밀도는 감소한다.
④ 국제표준대기(ISA)의 밀도는 건조공기로 가정했을 때의 밀도이다.

온도가 높으면 공기밀도가 희박하여 감소한다.

**99 착빙(Icing)에 대한 설명 중 틀린 것은?**

① 양력과 무게를 증가시켜 추진력을 감소시키고 항력은 증가시킨다.
② 거친 착빙도 항공기 날개의 공기 역학에 심각한 영향을 줄 수 있다.
③ 착빙은 날개뿐만 아니라 Carburetor, Pitot관 등에도 발생한다.
④ 습한 공기가 기체 표면에 부딪치면서 결빙이 발생하는 현상이다.

양력 감소, 무게 증가, 추력 감소 그리고 항력 증가

**100 이륙 시 비행거리를 가장 길게 영향을 미치는 바람은?**

① 배풍
② 정풍
③ 측풍
④ 바람과 관계없다.

배풍(뒷 바람)을 받을 시 이륙거리가 늘어난다.

정답 95.④ 96.④ 97.② 98.① 99.① 100.①

**101** 다음 국제표준대기압에 대한 설명 중 옳지 않는 것은?

① 해면상 표준 기압은 29.82inhg (1013.25hPa)이다.
② 중력 가속도는 9.8065m/s$^2$
③ 해면상의 기온은 15℃이다.
④ 결빙온도는 해면상의 0℃이다.

해면상 표준 기압은 29.92inhg(1013.25hPa)이다.

**102** 다음 중 공기가 포화되어 수증기가 작은 물방울로 응결할 때의 온도는 무엇인가?

① 노점 온도 ② 포화온도
③ 응결온도 ④ 안정온도

노점(이슬점)온도는 공기가 포화되어 수증기가 작은 물방울로 응결될 때 온도이다.

**103** 대류의 기온이 상승하여 공기가 위로 향하고 기압이 낮아져 응결될 때 공기가 아래로 향하는 현상은?

① 역전현상 ② 대류현상
③ 이류현상 ④ 푄현상

가열된 공기와 냉각된 공기의 수직 순환형태를 대류현상이라 한다.

**104** 액체 내부에서 증기 기포가 생겨 기화할 때의 온도는 무엇인가?

① 현열 ② 비열
③ 빙점 ④ 비등점

① **현열** : 일반적으로 온도계에 의해서 측정된 온도
② **비열** : 물질 1g의 온도를 1℃ 올리는데 요구되는 열
③ **빙점** : 액체를 냉각시켜 고체로 상태 변화가 일어나기 시작할 때의 온도

**105** 다음 중 고도가 위로 올라감에 따라 기온이 감소하는 비율을 무엇이라 하는가?

① 기온 증가율
② 기온 감률
③ 고도 기온 비율
④ 고도 기온 증감

기온감률이란 고도가 증가함에 따라 기온일 감소하는 비율을 말한다.

**106** 다음 중 과 냉각수에 대한 설명으로 틀린 것은?

① 과 냉각수는 10℃~0℃ 사이의 기온에서 풍부하게 존재한다.
② 0℃이하의 기온에서 액체 물방울이 응결되거나 액체 상태로 남아 있는 물방울이다.
③ 과 냉각수가 노출된 표면에 부딪칠 때 충격으로 인하여 결빙될 수 있다.
④ 과 냉각수는 항공기나 드론의 착빙 현상을 초래하는 원인이다.

과 냉각수는 0℃~-15℃ 사이의 기온에서 풍부하게 존재한다.

**107** 국제민간항공협약 부속서의 항공기상 특보의 종류가 아닌 것은?

① SIGMET 정보
② AIRMET 정보
③ 뇌우경보(Thunderstorm Warning)
④ 공항경보(Aerodrome Warning)

SIGMET 정보, AIRMET 정보,
공항경보(Aerodrome Warning)
윈드시어경보(Wind Shear Warnings and Alerts)

정답 101.① 102.① 103.② 104.④ 105.② 106.① 107.③

**108** 일기도상에서 등압선이 조밀한 지역은 어떤 현상이 발생하는가?

① 무풍지역　② 태풍지역
③ 강한 바람　④ 약한 바람

**109** 다음 중 기압고도에 대한 설명으로 맞는 것은?

① 공중의 항공기와 지표면과의 거리
② 고도계 수정치를 해수면에 맞춘 높이
③ 지표면으로부터 표준온도와 기압을 수정한 높이
④ 표준대기압 해면으로부터 공중의 항공기까지의 높이

**110** 다음 중 진고도(True altitude)에 대한 설명으로 올바른 것은?

① 평균 해면고도로부터 항공기까지의 실제 높이이다.
② 고도계 창에 수정치를 표준 대기압(29.92inHg)에 맞춘 상태에서 고도계가 지시하는 고도.
③ 항공기와 지표면의 실측 높이이며 AGL 단위를 사용한다.
④ 표준 기지면 위의 표고이고 표준 대기 조건에서 측정된 고도

②: 지시고도, ③: 절대고도, ④: 기압고도

**111** 바람이 생성되는 근본적인 원인은 무엇인가?

① 지구의 자전
② 태양의 복사에너지 불균형
③ 구름의 흐름
④ 대류와 이류 현상

**112** 태양의 복사에너지의 불균형으로 발생하는 것은 무엇인가?

① 바람　② 안개
③ 구름　④ 태풍

**113** 기압경도란 무엇인가?

① 일기도상에 해수면 기압 또는 동일한 기압대를 형성하는 지역을 연결하여 그은 선
② 주어진 단위 거리 사이의 기압차이
③ 어떤 특정한 시각에 각지의 기상상태를 한꺼번에 볼 수 있도록 지도 위에 표시한 것
④ 물체 위의 공기에 작용하는 단위 면적당 공기의 무게

① 등압선에 대한 설명
③ 일기도에 대한 설명
④ 대 기압에 대한 설명

**114** 다음 중 기압경도력에 대한 설명 중 틀린 것은 무엇인가?

① 바람이 부는 근본적인 원인
② 기압경도력은 거리에 비례한다.
③ 고기압에서 저기압으로 작용하는 것이다.
④ 기압경도력은 기압차에 비례한다.

기압경도력은 거리에는 반비례한다.

**115** 공기의 고기압에서 저기압으로의 직접적인 흐름을 방해하는 힘은?

① 구심력　② 원심력
③ 전향력　④ 마찰력

전향력은 바람을 일으키는 힘으로 지표면을 횡단하는 공기의 방향이 전환 되는 현상이다. 전향력의 크기는 극지방에서 최대이고, 적도 지방에서 최소이다.

정답 108.③ 109.④ 110.① 111.② 112.① 113.② 114.② 115.③

**116** 다음 중 구름의 형성요인인 응결핵으로서 적절하지 못한 것은?

① 안개입자 ② 미세먼지
③ 소금입자 ④ 화산재입자

응결핵은 미세먼지, 소금입자, 화산재 입자 등과 같은 흡습성 응결핵이 주위의 수증기를 빨아들임으로서 구름입자를 생성한다.

**117** 구름의 형성요인으로 적당하지 못한 것은?

① 고기압에서 대기의 하강
② 대기의 수직적 이동
③ 단열 팽창
④ 저기압에서 대기의 상승

고기압에서 대기가 하강하며 구름이 소산되고 없어짐.

**118** 구름이 형성되기 위한 조건이 아닌 것은?

① 과 냉각수 ② 수증기
③ 응결핵 ④ 냉각작용

구름이 형성되기 위해서는 대기 속에 풍부한 수증기, 응결핵, 냉각작용에 의한다.

**119** 다음 중 아주 작은 물방울이나 빙정들이 대기 중에 떠 있는 현상은 무엇인가?

① 안개 ② 습기
③ 박무 ④ 연무

**120** 대기의 안정화(Atmospheric stabilty)가 나타날 때 현상은 무엇인가?

① 소나기성 강우가 나타난다.
② 시정이 어느 정도 잘 보인다.
③ 난류가 생긴다.
④ 안개가 생성된다.

대기의 안정화란 안정된 대기상태이며 안정된 대기상태에서는 보기 4개 중 안개가 생성된다.

**121** 안개는 시정이 몇 m이하 일 때를 말하는가?

① 100m ② 1,000m
③ 150m ④ 2,000m

**122** 차가운 공기가 따뜻한 수면으로 이동하면서 수분이 증발하여 수면 바로위의 공기층을 포화시켜 발생하는 안개는 무슨 안개인가?

① 증기 안개 ② 이류 안개
③ 복사 안개 ④ 땅 안개

증기 안개의 설명이다.

**123** 다음의 내용을 보고 어떤 종류의 안개인지 옳은 것을 고르시오?

바람이 없거나 미풍 맑은 하늘 상대 습도가 높을 때. 낮거나 평평한 지형에서 쉽게 형성된다. 이 같은 안개는 주로 야간 혹은 새벽에 형성 된다.

① 활승안개
② 이류안개
③ 증기안개
④ 복사안개

① **활승안개** : 산악지역에서 발생
② **이류안개** : 해안 또는 바다에서 발생
③ **증기안개** : 강이나 호수에서 발생
④ **복사안개** : 복사열에 의해 발생

정답 **116.①** **117.①** **118.①** **119.①** **120.④** **121.②** **122.①** **123.④**

**124** 다음 중 시정장애물의 종류가 아닌 것은?

① 황사
② 바람
③ 먼지 및 화산재
④ 연무

**125** 전선의 종류 중 북쪽의 찬 공기 힘이 우세하여 남쪽의 따뜻한 공기를 밀어내고 아래로 들어가려고 할 때 생기는 전선은 무엇인가?

① 온난전선 ② 폐색전선
③ 한랭전선 ④ 정체전선

① **온난전선** : 남쪽의 공기가 북쪽의 공기 위를 타고 오르는 것
② **폐색전선** : 두 전선이 동반되다가 추월하는 것
④ **정체전선** : 찬 공기와 따뜻한 공기의 세력이 비슷한 것.

**126** 정체전선에 대한 설명으로 가장 타당한 것은?

① 찬 공기와 따뜻한 공기의 세력이 비슷한 것이다.
② 남쪽의 공기가 북쪽의 공기 위를 타고 오르는 것이다.
③ 북쪽의 공기가 남쪽의 공기 아래로 들어가는 것이다.
④ 두 전선이 동반되다가 추월하는 것이다.

② 온난전선 ③ 한랭전선 ④ 폐색전선에 관한 설명이다.

**127** 남쪽 따뜻한 공기가 우세하여 북쪽의 찬 공기를 밀면서 진행할 때, 따뜻한 공기가 찬 공기 위를 타고 오르면서 생기는 전선은?

① 온난전선 ② 한랭전선
③ 폐색전선 ④ 정체전선

**128** 다음 중 착빙현상과 적절하지 않는 것은?

① 항력이 증가한다.
② 양력이 감소한다.
③ 안테나 성능이 증가한다.
④ 엔진의 기능이 저하된다.

항공기 날개, 로터 끝에 착빙이 발생하면 날개 표면이 울퉁불퉁하여 날개 주위의 공기 흐름이 흐트러지게 되고 이러한 결과는 항력을 증가시키고 양력을 감소시킨다. 또한 엔진이나 안테나의 기능을 저하시켜 항공기 조작에 영향을 미친다.

**129** 다음 중 착빙 발생 시의 영향으로 틀린 것은?

① 주요 장비의 기능 저하
② 항력 증가
③ 양력 감소
④ 양력 증가

**130** 물방울이 비행장치의 표면에 부딪치면서 표면을 덮은 수막이 천천히 얼어붙고 투명하고 단단한 착빙은 무엇인가?

① 싸락눈 ② 거친 착빙
③ 서리 ④ 맑은 착빙

① **싸락눈**(snow pellets) : 2~5mm 정도의 크기를 가지며 백색의 불투명한 얼음 입자의 강수현상으로 구형 또는 원추형의 눈

정답 124.② 125.③ 126.① 127.① 128.③ 129.④ 130.④

**131** 다음 중 착빙의 종류가 아닌 것은 어느 것인가?

① 맑은 착빙 ② 거친착빙
③ 서리착빙 ④ 이슬착빙

**132** 투명하거나 반투명하게 서리가 형성되는 착빙은 무엇인가?

① 혼합 착빙 ② 맑은 착빙
③ 거친 착빙 ④ 서리착빙

**133** 비행 중인 항공기나 드론 등의 비행체에 동요를 주는 악기류를 무엇이라 하는가?

① 난류 ② 난기
③ 적기 ④ 바람시어

**134** 다음 중 난류의 역할로서 올바르지 않는 것은?

① 공기의 운동량을 수송한다.
② 지표면에서 증발을 촉진한다.
③ 지표면의 열을 수송한다.
④ 대기의 오염물질을 응집시킨다.

난류는 대기의 오염물질을 수송하는 역할을 한다.

**135** 난기류의 설명으로 옳은 것은 어느 것인가?

① 보통 난기류: 요동이 심하고 조종을 할 수 없을 정도로 심하다.
② 강한 난기류: 비행기가 하늘로 튕겨 올라가면서 조종을 할 수 없을 정도로 심하다.
③ 약한 난기류: 요동은 있지만 조종을 할 수 있다.
④ 심한 난기류: 요동이 심하고 조종사가 조종을 하기 힘들 정도로 심하다.

**136** 다음 중 바람시어에 대한 설명이다. 틀린 것은?

① 바람시어는 갑자기 바람의 방향이나 세기가 바뀌는 현상을 말한다.
② 바람시어는 어떠한 고도에서나 발생할 수 있기 때문에 항공기 이·착륙간 주의를 요한다.
③ 바람시어가 가장 위험한 것은 2,000ft 내에서 항공기가 이, 착륙할 때 짧은 시간에 발생하게 된다는 것이다.
④ 바람시어는 바람이 수직이나 수평방향으로 나타날 수 있으며 수직방향은 안전하다.

바람시어는 바람이 수직이나 수평방향으로 어느 쪽이나 나타날 수 있으며 모두 위험하다.

**137** 다음 기압고도계 설정방식에 대한 설명 중 관제탑에서 제공하는 고도 압력으로 항공기의 기압고도계를 맞추는 방식으로 옳은 것은?

① QNH ② QNE
③ QFH ④ QFE

QNH : 활주로에 착지한 항공기 기압고도계의 눈금 숫자가 공항의 공식표고를 나타내도록 맞춘 고도계 수정치
QFE : 활주로 공식표고 위에 착지한 항공기의 기압고도계의 눈금을 고도 '0'으로 하는 고도계 수정치
QNE : 기압고도계의 고도계 눈금 0점을 표준대기 1013.25hPa로 맞추는 고도계 수정치

정답 131.④ 132.② 133.① 134.④ 135.③ 136.④ 137.①

**138** **다음 기압고도계 설정 방식에 대한 설명 중 옳지 않은 것은?**

① 관제에 사용되는 전이고도 설정 기준은 대한민국은 18,000ft, 미국은 14,000ft 임
② QNH : 관제탑에서 제공하는 고도압력으로 조종사가 항공기의 기압고도계를 맞추는 방식
③ QNE : 조종사가 항공기의 고도계를 표준대기압(29.92in-Hg 또는 1013.25mb)에 맞추는 방식
④ QFE : 활주로 표고나 착지지점 고도를 표시하도록 기압고도계를 현지기압으로 맞추는 방식

QFE는 활주로 공식표고 위에 착지한 항공기의 기압고도계의 눈금을 고도 '0'으로 하는 고도계 수정치

**139** **풍향이 남쪽일 경우에 비행기를 이륙시키기 위해 최적의 이륙방향은?**

① 북쪽에서 남향으로 이륙
② 서쪽에서 동향으로 이륙
③ 동쪽에서 서향으로 이륙
④ 남쪽에서 북향으로 이륙

**140** **'상승기류'의 설명으로 맞는 것을 고르시오.**

① 기체가 상승할 때 받는 바람
② 아래에서 위로 부는 바람
③ 기체를 가속 중에 앞쪽에서 받는 바람
④ 헬리콥터의 브레이크가 만들어 내는 아래쪽 바람

**141** **하강 기류의 발생 조건으로 잘못된 것을 고르시오.**

① 고기압의 경우
② 상공에 찬 공기가 유입되어 왔을 경우
③ 지표면의 공기가 가열되었을 경우
④ 산맥 부근에서 바람이 부는 경우

**142** **다음 바람 용어에 대한 설명 중 옳지 않는 것은?**

① 풍향은 바람이 불어오는 방향을 말한다.
② 풍속은 공기가 이동한 거리와 이에 소요된 시간의 비이다.
③ 바람속도는 스칼라 양인 풍속과 같은 개념이다.
④ 바람시어는 바람 진행방향에 대해 수직 또는 수평방향의 풍속 변화이다.

바람의 속도는 벡터 량의 개념이다.(속력은 스칼라 량이다.)

**143** **다음 저층 바람시어의 강도에 대한 연결 설명 중 옳은 것은**

① 약함 – 〈 4.1(knot/100feet)
② 보통 – 4.1~8.0(knot/100feet)
③ 강함 – 8.1~11.9(knot/100feet)
④ 아주 강함 – 〉 12(knot/100feet)

① 약함 – 〈 4.0(knot/100feet)
② 보통 – 4.0~7.9(knot/100feet)
③ 강함 – 8.0~11.9(knot/100feet)
④ 아주 강함 – 〉 12(knot/100feet)₩

**144** **구름의 발생원인이 아닌 것은?**

① 수증기 ② 응결핵
③ 온난전선 ④ 냉기

정답 138.④ 139.① 140.② 141.③ 142.③ 143.④ 144.③

**145** 다음 구름의 분류에 대한 설명 중 옳지 않는 것은?

① 구름은 상층운, 중층운, 하층운, 수직운으로 분류하며 운형은 10종류가 있다.
② 상층운은 운저고도가 보통 6km이상으로 권운, 권적운, 권층운이 있다.
③ 중층운은 중위도 지방 기준 구름높이가 2~6km이고 고적운, 고층운이 있다.
④ 하층운은 운저고도가 보통 2km이하이며 적운, 적란운이 있다.

하층운의 구름은 층적운, 층운, 난층운이 있다. 적운, 적란운은 수직운에 속함.

**146** 다음 구름의 분류에 대한 설명 중 옳지 않는 것은?

① 상층운 : 운저고도가 보통 6km이상이고 권운, 권적운, 권층운이 있다.
② 중층운 : 중위도 지방에서는 구름 저면의 높이가2~6km정도이고, 중적운, 중층운
③ 하층운 : 중위도 지방에서는 운저고도가 2km이하이고 층운, 난층운, 층적운이 있다.
④ 수직운 : 보통 하층운 고도로부터 상층운 고도에 까지 확장하는 수직으로 발달하는 구름이며 적운, 적란운이 있다.

**상층운** : 권운, 권층운, 권적운
**중층운** : 고적운, 고층운
**하층운** : 층운, 층적운, 난층운
**수직운** : 적란운, 적운

**147** 다음 중 뇌우의 형성조건이 아닌 것은?

① 불안정한 대기
② 상승운동
③ 강한 대류활동
④ 높은 습도

불안정한 대기(불안정한 기온감률), 강한 상승운동, 높은 습도(풍부한 수증기)

**148** 착빙의 효과가 아닌 것은?

① 양력 감소
② 실속속도 감소
③ 항력증가
④ 추력감소

**149** 다음 항공예보의 분류에 포함되지 않는 것은?

① 공항예보
② 이착륙예보
③ 공역 및 항공로 기상예보
④ 중요 기상예보

공항예보, 중요기상예보, 이륙예보, 착륙예보, 항공로예보, 공역예보, 항공기상음성방송으로 분류됨.

정답 145.④ 146.② 147.③ 148.② 149.③

# 법규

1. 초경량 비행장치의 개념
2. 항공안전법
3. 항공사업법
4. 공항시설법
5. Q&A를 통해 알아보는 무인비행 장치의 모든 것
6. 기타 관련 법규
- 법규 적중문제

# 1 초경량 비행장치의 개념

## 1 | 초경량비행장치의 개념과 기준

### 가. 초경량무인동력비행장치(헬리콥터, 멀티콥터) 자격증

1) 초경량비행장치 중 초경량무인동력 회전익 비행장치의 자격증은 2014년 신설(교통안전공단)되었으며, 초기에는 무인비행장치로 시작하였다.
2) 2014년도부터 헬리콥터와 멀티콥터가 포함된 통합자격증이었으며,
3) 이후, 2017년 3월 30일 **항공법규가 분법 시 헬리콥터와 멀티콥터 자격증으로 분리**되었다.

※ 당시 분법된 **주요 내용**은 다음과 같다.

① 기존의 항공법이 항공안전법, 항공사업법, 공항시설법으로 분법.
② **항공안전법**은 항공기 기술기준, 종사자, 항공교통, 초경량비행장치 등이 포함.
③ **항공사업법**은 항공운송사업, 사용사업, 교통이용자 보호 등이 포함.
④ **공항시설법**은 공항 및 비행장의 개발, 항행안전시설 등이 포함.
⑤ **초경량비행장치**는 항공안전법 제10장에 신고, 인증, 비행승인, 전문교육기관, 조종자 준수사항 등 일목요연하게 정리.

4) 2021년 3월 1일부터 초경량무인동력비행장치의 자격증이 아래와 같이 세분화되었으며, 자격증을 취득하기 위한 시험기준도 세분화되었다.(무게의 기준은 최대이륙중량)

① **1종 무인비행장치(25kg 초과)** : 필기시험 + 비행경력(20시간) + 실기 시험
② **2종 무인비행장치(7kg 초과~25kg)** : 필기시험 + 비행경력(10시간) + 실기(약식) 시험
③ **3종 무인비행장치(2kg 초과~7kg)** : 필기시험 + 비행경력(6시간)
④ **4종 무인비행장치(250g 초과~2kg)** : 온라인 교육 후 자격부여(취득)

## 나. 초경량비행장치의 개념과 기준

### 1) 개념

초경량비행장치란 항공기와 경량항공기 외에 공기의 반작용으로 뜰 수 있는 장치로서 자체중량, 좌석 수 등 국토교통부령으로 정하는 기준에 해당하는 동력비행장치, 행글라이더, 패러글라이더, 기구류 및 무인비행장치 등을 말한다.(항공 안전법 제2조 3호)

### 2) 기준

법 제2조제3호에서 "자체중량, 좌석 수 등 국토교통부령으로 정하는 기준에 해당하는 동력비행장치, 행글라이더, 패러글라이더, 기구 류 및 무인비행장치 등"이란 다음 각 호의 기준을 충족하는 동력비행장치, 행글라이더, 패러글라이더, 기구 류, 무인비행장치, 회전익 비행장치, 동력패러글라이더 및 낙하산류 등을 말한다.

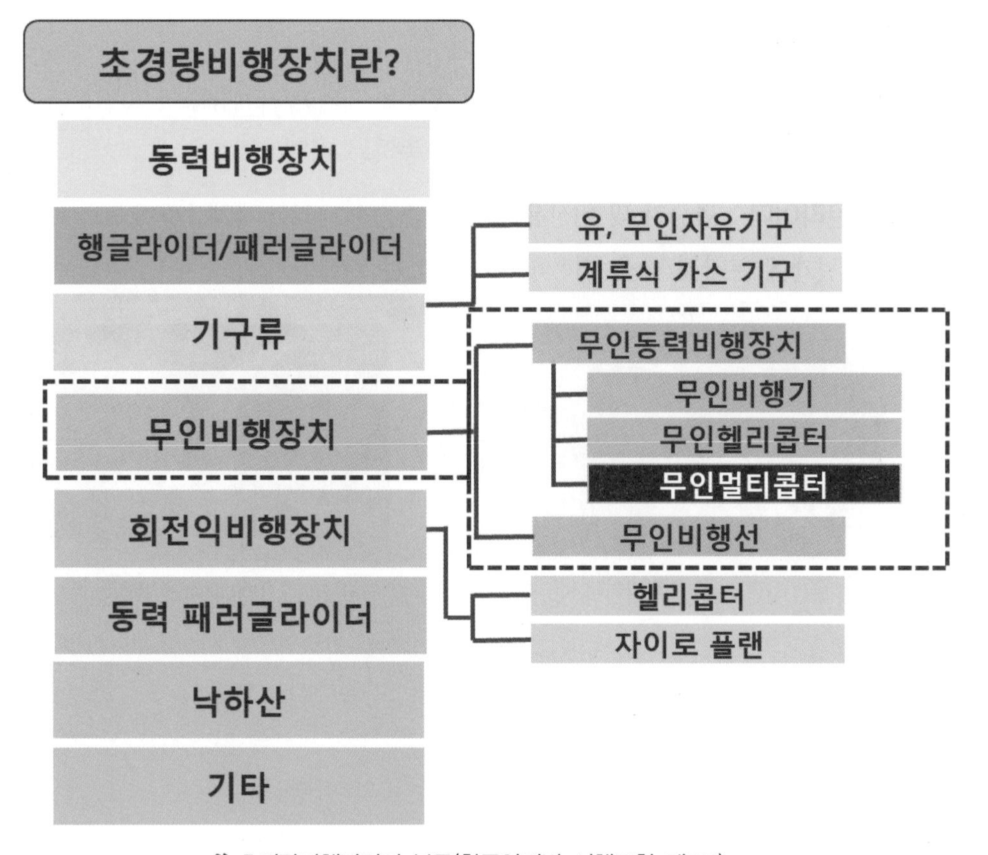


초경량비행장치의 분류(항공안전법 시행규칙 제5조)

## 2 | 초경량비행장치의 범위와 종류

### 가. 동력비행장치

동력을 이용하는 것으로서 다음 각 목의 기준을 모두 충족하는 고정익비행장치

① 탑승자, 연료 및 비상용 장비의 중량을 제외한 자체중량이 115킬로그램 이하일 것

② 좌석이 1개일 것

고정익 비행장치

### 나. 행글라이더 및 패러글라이더

1) **행글라이더** : 탑승자 및 비상용 장비의 중량을 제외한 자체중량이 70킬로그램 이하로서 체중이동, 타면조종 등의 방법으로 조종하는 비행장치

2) **패러글라이더** : 탑승자 및 비상용 장비의 중량을 제외한 자체중량이 70킬로그램 이하로서 날개에 부착된 줄을 이용하여 조종하는 비행장치

행글라이더

패러글라이더

### 다. 기구 류

기체의 성질·온도차 등을 이용하는 다음 각 목의 비행장치

① **유인자유기구 또는 무인자유기구** : 기구란, 기체의 성질이나 온도차 등으로 발생하는 부력을 이용하여 하늘로 오르는 비행장치이다. 기구는 비행기처럼 자기가 날아가고자 하는 쪽으로 방향을 전환하는 그런 장치가 없다. 한번 뜨면 바람 부는 방향으로만 흘러 다니는, 그야말로 풍선이다. 같은 기구라 하더라도 운용목적에 따라 고정을

위한 장치 없이 자유롭게 비행하는 것을 자유기구라고 한다.

② **계류식 기구** : 비행훈련 등을 위해 케이블이나 로프를 통해서 지상과 연결하여 일정고도 이상 오르지 못하도록 하는 것을 계류식기구라고 한다.

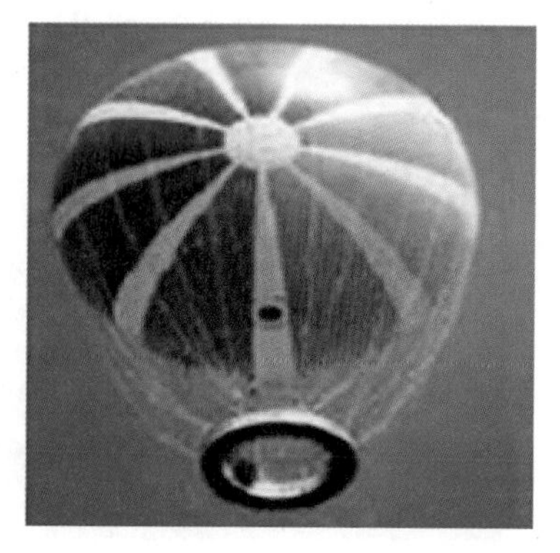

기구류(자유기구, 계류식 기구)

## 라. 무인비행장치

사람이 탑승하지 아니하는 것으로서 다음 각 목의 비행장치.

### 1) 무인동력비행장치

연료의 중량을 제외한 자체중량이 150킬로그램 이하인 무인비행기, 무인헬리콥터 또는 무인멀티콥터

① **무인비행기** : 고정익 날개를 부착한 형태로 엔진이나 프로펠러의 힘으로 양력을 얻어 비행하는 무인항공기를 말한다. 사람이 타지 않고 무선통신장비를 이용하여 조종하거나, 내장된 프로그램에 의해 자동으로 비행하는 비행체로써, 구조적으로 일반 항공기와 거의 같고, 레저용으로 쓰이거나, 정찰, 항공촬영, 해안 감시 등에 활용.

② **무인헬리콥터** : 주 로터(Rotor)로 추진력을 유지하고 꼬리날개로 방향을 유지하며 비행하는 무인항공기를 말한다. 사람이 타지 않고 무선통신장비를 이용하여 조종하거나, 내장된 프로그램에 의해 자동으로 비행하는 비행체로써, 구조적으로 일반 회전익항공기와 거의 같고, 항공촬영, 농약살포 등에 활용.

③ **무인멀티콥터** : 다중로터로 양력을 발생하여 비행하는 무인항공기를 말한다. 사람이 타지 않고 무선통신장비를 이용하여 조종하거나, 내장된 프로그램에 의해 자동으로 비행하는 비행체로써, 구조적으로 헬리콥터와 유사하다. 사용처는 항공촬영, 농약살포 등에 널리 활용되고 있다.

### 2) 무인비행선

연료의 중량을 제외한 자체중량이 180킬로그램 이하이고 길이가 20미터 이하인 무인비행선, 가스기구와 같은 기구비행체에 스스로의 힘으로 움직일 수 있는 추진장치를 부착하여 이동이 가능하도록 만든 비행체이며 추진장치는 전기식 모터, 가솔린 엔진등이 사용되며 각종 행사 축하비행, 시범비행, 광고에 많이 쓰인다.

무인비행기

무인헬리콥터

무인멀티콥터

무인비행선

## 마. 회전익 비행장치

좌석이 1개인 비행장치로서 탑승자, 연료 및 비상용 장비의 중량을 제외한 해당 장치의 자체 중량이 115kg 이하의 요건을 갖춘 것으로서 1개 이상의 회전익에서 양력을 얻는 다음 각 목의 비행장치.

### 1) 초경량 자이로플레인

고정익과 회전익의 조합형이라고 할 수 있으며 공기력 작용에 의하여 회전하는 1개 이상의 회전익에서 양력을 얻는 비행장치를 말한다. 자중 (115kg) 및 좌석수 (1인승)의 제한을 받는다. 헬리콥터는 주회전날개에 엔진 동력을 전달하여 추력과 양력을 얻는데 반해, 자이로플레인은 동력을 프로펠러에 전달하여 추력을 얻게 되고 비행장치가 전진함에 따라 공기가 아래에서 위로 흐르면서 주회전 날개를 회전시켜 양력을 얻는다.

### 2) 초경량 헬리콥터

일반 항공기의 헬리콥터와 구조적으로 같지만, 자중 (115kg) 및 좌석수 (1인승)의 제한을 받는다. 엔진을 이용하여 동체 위에 있는 주회전날개를 회전시킴으로써 양력을 발생시키고, 주회전날개의 회전면을 기울여 양력이 발생하는 방향을 변화시키면 앞으로 전진할 수 있는 추진력도 발생된다. 또, 꼬리회전날개에서 발생하는 힘을 이용하여 비행장치의 방향조종을 할 수 있다.

초경량 자이로플레인

초경량 헬리콥터

## 바. 동력 패러글라이더

낙하산류에 추진력을 얻는 장치를 부착한 다음 각 목의 어느 하나에 해당하는 비행장치

① 착륙 장치가 없는 비행장치

② 착륙장치가 있는 것으로서 좌석이 1개이며, 탑승자, 연료 및 비상용 장비의 중량을 제외한 해당 장치의 자체중량이 115kg 이하인 비행장치

동력 패러글라이더

③ 조종자의 등에 엔진을 매거나, 패러글라이더에 동체(Trike)를 연결하여 비행하는 두 가지 타입이 있으며, 조종줄을 사용하여 비행장치의 방향과 속도를 조종한다. 높은 산에서 평지로 뛰어 내리는 것에 비해 낮은 평지에서 높은 곳으로 날아올라 비행을 즐길 수 있다.

## 사. 낙하산류

항력(抗力)을 발생시켜 대기(大氣) 중을 낙하하는 사람 또는 물체의 속도를 느리게 하는 비행장치

낙하산

## 아. 기타

그 밖에 국토교통부장관이 용도 등을 고려하여 정하여 고시하는 비행장치.

## 자. 무인항공기와 무인비행장치의 구별

### 1) 기준

① 우리나라 항공안전법 상 무인항공기와 무인비행장치는 무게로 구분하며, 150kg 초과는 무인항공기로, 150kg이하는 무인비행장치로 구분.

② 국제민간항공기(ICAO)에서는 무인항공기 조종사라고 규정하며, RPAS(Remotedly Piloted Aircraft System)이라고 함.

SECTION 01

# 초경량 비행장치의 개념

**01** **초경량비행장치의 용어 설명으로 틀린 것은?**

① 초경량비행장치의 종류에는 동력비행장치, 행글라이더, 패러글라이더, 기구류 및 무인비행장치 등
② 무인동력 비행장치는 연료의 중량을 제외한 자체 중량이 120kg 이하인 무인비행기, 무인헬리콥터 또는 무인 멀티콥터
③ 회전익 비행장치에는 초경량 자이로플레인, 초경량 헬리콥터 등이 있다.
④ 무인비행선은 연료의 중량을 제외한 자체 중량이 180kg이하이고, 길이가 20m 이하인 무인비행선을 말한다.

무인동력 비행장치는 연료의 중량을 제외한 자체 중량이 150kg 이하인 무인비행기, 무인헬리콥터 또는 무인 멀티콥터를 말한다.

**02** **다음 중 초경량비행장치가 아닌 것은?**

① 동력비행장치
② 초급활공기
③ 낙하산류
④ 동력패러글라이더

동력비행장치, 회전익비행장치, 동력패러글라이더, 행글라이더/패러글라이더, 무인비행장치, 기구류, 낙하산류, 기타

**03** **다음 항공안전법에서 정하고 있는 초경량비행장치 범위(구분)에 포함되지 않은 것은?**

① 동력비행장치
② 행글라이더
③ 비행선류
④ 무인비행장치

**04** **다음 중 초경량비행장치의 기준이 잘못된 것은?**

① 동력비행장치는 1인석에 115kg이하
② 행글라이더 및 패러글러이더는 중량 70kg 이하
③ 무인동력비행장치는 연료 제외 자체중량 115kg이하
④ 무인비행선은 연료 제외 자체중량 180kg 이하

무인동력비행장치는 연료 제외 자체중량 150kg이다.

**05** **다음 중 회전익 비행장치로 구성된 것은?**

| | |
|---|---|
| 가. 무인비행기 | 나. 동력비행장치 |
| 다. 초경량헬리콥터 | 라. 초경량 자이로플랜, |
| 마. 행글라이더 | 바. 무인비행선 |

① 가, 나　② 나, 다
③ 다, 라　④ 라, 마

정답 **01.** ② **02.** ② **03.** ③ **04.** ③ **05.** ③

**06** **동력비행장치는 자체 중량이 몇 킬로그램 이하 이어야 하는가?**

① 70kg ② 100kg
③ 115kg ④ 250kg

- **동력비행장치** : 115kg이하
- **인력활공기** : 70kg이하
- **무인동력비행장치** : 150kg이하
- **무인 비행선** : 180kg이하

**07** **다음 초경량비행장치 기준 중 무인동력비행장치에 포함되지 않은 것은?**

① 무인 비행기
② 무인 헬리콥터
③ 무인 멀티콥터
④ 무인 비행선

**08** **우리나라 항공안전법 상 무인비행장치의 기준은 무게를 기준으로 규정하고 있다. 그 설명이 틀린 것은?**

① 무인항공기와 무인비행장치의 구분 기준은 150kg이다.
② 안전성 인증의 기준은 이륙중량 25kg이다.
③ 멀티콥터의 조종자격 증명취득 기준은 이륙중량 2kg초과이다.
④ 안전성 인증의 기준은 자체중량 25kg초과이다.

**09** **다음 중 항공안전법 상 초경량비행장치에 포함되지 않는 것은?**

① 동력비행장치
② 회전익비행장치
③ 동력패러글라이더
④ 활공기

- 활공기는 항공기에 포함됨

**10** **초경량비행장치 중 무인동력비행장치의 설명으로 올바른 것은?**

① 낙하산류에 추진력을 얻는 장치를 부착한 비행장치
② 자체중량이 115kg이하이며 좌석이 1개인 동력비행장치
③ 연료의 중량을 포함한 자체 중량이 115kg 이하인 비행장치
④ 연료의 중량을 제외한 자체 중량이 150kg 이하인 무인비행기, 무인헬리콥터, 무인멀티콥터

**11** **다음 초경량비행장치에 대한 설명 중 옳지 않은 것은?**

① 초경량비행장치는 공기의 반작용으로 뜰 수 있는 장치를 말한다.
② 초경량비행장치는 대통령령(시행령)으로 기준을 정한다.
③ 초경량비행장치에는 무인비행장치가 포함된다.
④ 초경량비행장치 중 무인동력비행장치는 자체중량이 150kg이하이다.

국토교통부령으로 정하는 기준임.

**정답** 06. ③ 07. ④ 08. ④ 09. ④ 10. ④ 11. ②

**12** **다음 항공안전법 목적에 대한 설명 중 옳지 않는 것은?**

① 항공안전법은 국제민간항공협약 및 같은 부속서에서 채택된 표준과 권고되는 방식을 따른다.
② 항공안전법은 항공기, 경량항공기, 초경량비행장치로 구분 안전사항을 규정한다.
③ 항공안전법은 효율적인 항행을 위한 방법에 대한 사항을 규정한다.
④ 항공안전법은 항공안전을 책임지는 국가의 권리와 항공사업자 및 항공종사자 등의 의무에 대한 사항을 규정한다.

이 법은 「국제민간항공협약」 및 같은 협약의 부속서에서 채택된 표준과 권고되는 방식에 따라 항공기, 경량항공기 또는 초경량비행장치의 안전하고 효율적인 항행을 위한 방법과 국가, 항공사업자 및 항공종사자 등의 의무 등에 관한 사항을 규정함을 목적으로 한다.

**13** **다음 항공안전법에서 정하고 있는 사항에 대한 설명 중 옳지 않은 것은?**

① 항공기 등록에 관한 사항
② 항공기 기술기준 및 형식증명에 관한 사항
③ 항공종사자에 관한 사항
④ 항행안전시설 안전에 관한 사항

항행안전시설 안전에 관한 사항은 공항시설법 시행규칙의 사항

**14** **항공안전법의 적용 및 적용특례에 대한 설명 중 옳지 않는 것은?**

① 민간항공기는 항공안전법 전체를 적용
② 군용항공기와 관련 항공업무에 종사하는 사람은 항공안전법 미적용
③ 세관업무 항공기와 관련 항공업무에 종사하는 사람은 항공안전법 적용
④ 경찰업무 항공기는 공중충돌 등 항공기사고예방을 위한 사항만 적용

① 군용항공기와 이에 관련된 항공업무에 종사하는 사람에 대해서는 이 법을 적용하지 아니한다.
② 세관업무 또는 경찰업무에 사용하는 항공기와 이에 관련된 항공업무에 종사하는 사람에 대하여는 이 법을 적용하지 아니한다. 다만, 공중충돌 등 항공기사고의 예방을 위하여 제51조, 제67조, 제68조제5호, 제79조 및 제84조제1항을 적용한다.

정답 **12.** ② **13.** ④ **14.** ③

# 2 항공안전법

## 1 | 초경량비행장치 관련 항공안전법 용어의 정의

### 가. 항공안전법 제2조 정의

1) **항공기** : "항공기"란 공기의 반작용(지표면 또는 수면에 대한 공기의 반작용은 제외한다. 이하 같다)으로 뜰 수 있는 기기로서 최대이륙중량, 좌석 수 등 국토교통부령으로 정하는 기준에 해당하는 다음 각 목의 기기와 그 밖에 대통령령으로 정하는 기기를 말한다. 비행기, 헬리콥터, 비행선, 활공기(滑空機).

2) **초경량비행장치** : 항공기와 경량항공기 외에 공기의 반작용으로 뜰 수 있는 장치로서 자체중량, 좌석 수 등 국토교통부령으로 정하는 기준에 해당하는 동력비행장치, 행글라이더, 패러글라이더, 기구류 및 무인비행장치 등을 말한다.

3) **초경량비행장치 사고** : 초경량비행장치를 사용하여 비행을 목적으로 이륙[이수(離水)를 포함한다. 이하 같다]하는 순간부터 착륙[착수(着水)를 포함한다. 이하 같다]하는 순간까지 발생한 다음 각 목의 어느 하나에 해당하는 것으로서 국토교통부령으로 정하는 것을 말한다.
   ① 초경량비행장치에 의한 사람의 사망, 중상 또는 행방불명
   ② 초경량비행장치의 추락, 충돌 또는 화재 발생
   ③ 초경량비행장치의 위치를 확인할 수 없거나 초경량비행장치에 접근이 불가능한 경우

4) **비행정보구역** : 항공기, 경량항공기 또는 초경량비행장치의 안전하고 효율적인 비행과 수색 또는 구조에 필요한 정보를 제공하기 위한 공역(空域)으로서 「국제민간항공협약」 및 같은 협약 부속서에 따라 국토교통부장관이 그 명칭, 수직 및 수평 범위를 지정·공고한 공역

5) **영공** : 대한민국의 영토와 「영해 및 접속수역법」에 따른 내수 및 영해의 상공

6) **항공로** : 국토교통부장관이 항공기, 경량항공기 또는 초경량비행장치의 항행에 적합하다고 지정한 지구의 표면상에 표시한 공간의 길

### 7) 항공종사자

① 제34조제1항에 따른 항공종사자 자격증명을 받은 사람.

② 제34조(**항공종사자 자격증명 등**) 항공업무에 종사하려는 사람은 국토교통부령으로 정하는 바에 따라 국토교통부장관으로부터 항공종사자 자격증명(이하 "자격증명"이라 한다)을 받아야 한다. **다만, 항공업무 중 무인항공기의 운항 업무인 경우에는 그러하지 아니하다.**

※ 제35조(**자격증명의 종류**) 자격증명의 종류는 다음과 같이 구분한다.

1. 운송용 조종사, 2. 사업용 조종사, 3. 자가용 조종사, 4. 부조종사, 5. 항공사, 6. 항공기관사, 7. 항공교통관제사, 8. 항공정비사, 9. 운항관리사

### 8) 비행장

① 「공항시설법」 제2조제2호에 따른 비행장

② 항공기·경량항공기·초경량비행장치의 이륙[이수(離水)를 포함한다. 이하같다]과 착륙[착수(着水)를 포함한다. 이하 같다]을 위하여 사용되는 육지 또는 수면(水面)의 일정한 구역으로서 대통령령으로 정하는 것.

### 9) 항행안전시설

① 「공항시설법」 제2조제15호에 따른 항행안전시설.

② 유선통신, 무선통신, 인공위성, 불빛, 색채 또는 전파(電波)를 이용하여 항공기의 항행을 돕기 위한 시설로서 국토교통부령으로 정하는 시설.

**10) 관제권** : 비행장 또는 공항과 그 주변의 공역으로서 항공교통의 안전을 위하여 국토교통부 장관이 지정·공고한 공역, 수평범위는 비행장 또는 공항 반경 5NM(9.3km), 수직범위: 지표면으로부터 3,000ft~5,000ft)

**11) 관제구** : 지표면 또는 수면으로부터 200미터 이상 높이의 공역으로서 항공교통의 안전을 위하여 국토교통부장관이 지정·공고한 공역.

### 12) 초경량비행장치 사용 사업

① 「항공사업법」 제2조제23호에 따른 초경량비행장치사용사업

② 타인의 수요에 맞추어 국토교통부령으로 정하는 초경량비행장치를 사용하여 유상으로 농약살포, 사진촬영 등 국토교통부령으로 정하는 업무를 하는 사업.

### 13) 초경량비행장치 사용 사업자

① 「항공사업법」 제2조제24호에 따른 초경량비행장치사용사업자.

② 제48조제1항에 따라 국토교통부장관에게 초경량비행장치사용사업을 등록한 자.

14) 이·착륙장

① 「공항시설법」 제2조제19호에 따른 이착륙장.

② 비행장 외에 경량항공기 또는 초경량비행장치의 이륙 또는 착륙을 위하여 사용되는 육지 또는 수면의 일정한 구역으로서 대통령령으로 정하는 것.

## 나. 기타 관련 용어

1) **관제공역** : 항공교통의 안전을 위하여 항공기의 비행순서·시기 및 방법 등에 관하여 국토교통부장관 또는 항공교통업무증명을 받은 자의 지시를 받아야할 필요가 있는 공역으로 관제권과 관제구가 있다.

2) **통제공역** : 항공교통의 안전을 위하여 항공기의 비행을 금지하거나 제한할 필요가 있는 공역으로 종류는 비행금지구역(P, Prohibited Area), 비행제한구역(R, Restricted Area), 초경량비행장치 비행제한구역(URA) 등이 있다.

① **비행금지구역**(P, Prohibited Area) : 안전, 국방상, 그 밖의 이유로 항공기의 비행을 금지하는 공역으로 P-73A/B(서울 강북지역), P-518(휴전선지역), P-61~65(원자력 발전소 및 연구소지역) 등

② **비행제한구역**(R, Restricted Area) : 항공사격·대공사격 등으로 인한 위험으로부터 항공기의 안전을 보호하거나 그 밖의 이유로 비행 허가를 받지 않은 항공기의 비행을 제한하는 공역으로 R-74, R-75(수도권 인구밀집지역), R-101 등등 여러 장소가 있다.

③ **초경량비행장치 비행제한구역(URA)** : 초경량비행장치의 비행안전을 확보하기 위하여 초경량비행장치의 비행활동에 대한 제한이 필요한 공역으로 초경량비행장치 비행구역(UA) 구역 외 전 지역을 말한다.(보충설명 : 초경량비행장치 비행구역〈UA〉 32개 지역을 제외한 전 지역이 초경량비행장치 비행제한구역임. 항공안전법 제127조 초경량비행장치 비행승인을 참조하기 바람)

3) **주의공역** : 항공기의 조종사가 비행 시 특별한 주의·경계·식별 등이 필요한 공역으로 훈련구역, 군 작전구역, 위험구역, 경계구역 등이 있다. 세부 내용은 본문 참조

4) **특별비행** : 야간 비행 및 가시권 밖 비행 관련 전문검사기관의 검사 결과 국토교통부장관이 고시하는 무인비행장치 특별비행을 위한 안전기준(이하 "특별비행안전기준"이라 한다)에 적합하다고 판단되는 경우에 국토교통부장관이 그 범위를 정하여 승인하는

비행을 말한다.

5) **야간 비행** : 일몰 후부터 일출 전까지의 야간에 비행하는 행위를 말한다.

6) **가시권 밖 비행** : 무인비행장치 조종자가 해당 무인비행장치를 육안으로 확인할 수 있는 범위의 밖에서 조종하는 행위를 말한다.

7) **안전기준 검사** : 국토교통부장관이 특별비행승인 신청서를 접수한 경우에 해당 특별비행승인 신청이 특별비행 안전기준에 적합한지 여부를 확인하기 위하여 실시하는 검사를 말한다.

8) **자동안전장치(Fail-Safe)** : 무인비행장치 비행 중 통신두절, 저 배터리, 시스템 이상 등이 발생하는 경우에 해당 무인비행장치가 안전하게 귀환(return to home)하거나 낙하(낙하산·에어백 등)할 수 있게 하는 장치를 말한다.

9) **충돌방지기능** : 비행 중인 무인비행장치가 장애물을 감지하여 장애물을 회피할 수 있도록 하는 기능을 말한다.

10) **충돌방지등**: 비행 중인 무인비행장치의 충돌방지를 위하여 주변의 다른 무인비행장치나 항공기 등에서 해당 무인비행장치를 인식할 수 있도록 하는 무선 표지장치를 말한다.

11) **시각보조장치(First Person View)** : 영상송신기를 통하여 무인비행장치 시점에서 촬영한 영상을 해당 무인비행장치의 조종자 등이 실시간으로 확인할 수 있도록 하는 장치를 말한다.

## 2 | 항공안전법 체계

### 가. 항공안전법의 초경량비행장치 비행관련 흐름도

① 항공안전법 상 초경량비행장치는 무게(종별) 기준으로 법체계가 구성되어 있음.

② 드론을 구매하여 운용하는 절차 5가지 사례(구분 : 조종자격제도의 무게를 기준으로)

- ❶종 무인비행장치(25kg 초과)
- ❷종 무인비행장치(7kg 초과 ~ 25kg)
- ❸종 무인비행장치(2kg 초과 ~ 7kg)

– ❹종 무인비행장치(250g 초과 ~ 2kg)
– 완구용 모형비행장치

| 드론 안전 비행 절차 | | | | | | |
|---|---|---|---|---|---|---|
| 구분 | 완구용 모형비행장치 | ④종 무인비행장치 (250g초과~2kg) | ③종 무인비행장치 (2kg초과~7kg) | ②종 무인비행장치 (7kg초과~25kg) | ①종 무인비행장치 (25kg초과) | 비고 |
| 장치 신고 | 사업 : 신고<br>비사업 : X | 사업 : 신고<br>비사업 : X | 소유자 신고 | 소유자 신고 | 소유자 신고 | 한국교통안전공단 (드론관리처) |
| 사업 등록 | 사업 시 사업등록 | 사업 시 사업등록 | 사업 시 사업등록 | 사업 시 사업등록 | 사업 시 사업등록 | 한국교통안전공단 (드론관리처) |
| 안전성 인증 | X | X | X | X | 안전성 인증 | 항공안전 기술원 |
| 조종자격 증명 | X | 온라인 교육 (한국교통안전공단 주관) | 필기 + 비행경력(6시간) | 필기+비행경력(10시간) +실기시험 | 필기+비행경력(20시간) +실기시험 | 한국교통 안전공단 |
| 비행 승인 | 비행금지구역, 관제권에서 비행하거나 그 밖의 고도 150m이상의 고도에서 비행 시 만 승인 | | | | 초경량비행장치 전용구역(32개)을 비행시 승인 불필요(기타 승인) | 한국교통안전공단 (드론관리처) 국방부 |
| 항공 촬영 | 항공촬영을 하려는 경우 국방부의 별도 허가 필요 | | | | | 국방부 |
| 조종자 준수사항 | 조종자 준수사항에 따라서 비행 | | | | | |

※ 상기 기준은 자체중량 150kg 이하인 무인동력비행장치에 적용
※ 비행제한구역 및 비행금지구역, 관제권, 고도 150m이상에서 비행시는 무게와 상관없이 비행승인
 최대이륙중량 25kg 초과 기체는 상시 승인 필요(단, 초경량비행장치 비행공역에서는 승인없이 가능)
※ 비행금지구역이더라도 초, 중, 고학교 운동장에서는 지도자의 감독아래 교육목적의 고도 20m이내 비행은 가능함.(7kg이하)
※ 조종자격증명 응시 연령 : ④종 무인비행장치는 만 10세 이상, ③~①종은 만 14세 이상

## 나. 비행장치 운용의 안전관리법 종합

| 비행절차 | | 최대이륙중량 기준 | | | | | 담당기관 |
|---|---|---|---|---|---|---|---|
| | | 250g 이하 | 250g초과 2kg이하 | 2kg초과 7kg이하 | 7kg초과 25kg이하 | 25kg초과 | |
| 장치 신고 | 비사업 | × | × | ○ | ○ | ○ | 한국교통안전공단 |
| | 사업 | ○ | ○ | ○ | ○ | ○ | |
| 사업등록 | | ○ | ○ | ○ | ○ | ○ | 한국교통안전공단 (드론관리처) |
| 안전성인증 | | × | × | × | × | ○ | 항공안전기술원 |
| 조종자증명 | | × | ○(4종) | ○(3종) | ○(2종) | ○(1종) | 한국교통안전공단 |
| 비행승인 | | △ | △ | △ | △ | ○ | 한국교통안전공단 (드론관리처) 또는 국방부 |
| 항공사진촬영 | | ○ | ○ | ○ | ○ | ○ | 국방부 |
| 비행 | | 조종자 준수사항에 따라 비행(조종자 준수사항은 본문 참조) | | | | | |

* 위의 기준은 자체중량 150kg 이하인 무인동력비행장치에 적용
* 비행제한구역 및 비행금지구역, 관제권, 고도 150m 이상비행시에는 무게의 상관없이 승인필요
 최대이륙중량 25kg 초과 기체는 상시 승인 필요(단 초경량비행장치 비행공역에서는 불필요)

# 3 | 비행장치 신고 및 관리

## 가. 신고(항공안전법 제122, 123조, 항공안전법 시행규칙 제301, 302조)

### 1) 신고란?

초경량비행장치를 소유하거나 사용할 권리가 있는 자가 소유자 및 비행장치 정보 등을 사전에 신고하는 제도(※항공안전법 제122, 123조)

### 2) 신고업무의 목적

① 체계적인 장치 신고 관리로 안전 관련 위법행위 예방 및 국민 인명과 재산 보호

② 기체별 고유번호 관리를 통한 향후 무인기 교통관리, 드론택시, 택배 상용화에 기여

### 3) 대상 : **최대이륙중량이 2kg을 초과하는 무인비행장치**(무인 비행기, 무인 헬리콥터, 무인 멀티콥터)(※ 기타 초경량비행장치는 관련법규를 참조할 것)

① 초경량 비행장치의 이륙 중량이 25kg 초과하는 ❶종 무인비행장치

② 초경량 비행장치의 이륙 중량이 7kg 초과~25kg까지의 ❷종 무인비행장치

③ 초경량 비행장치의 이륙 중량이 2kg 초과~7kg까지의 ❸종 무인비행장치

※ 기타 다음에 해당하는 비사업용 비행장치의 경우 신고대상에서 제외

① 계류식 무인비행장치

② 연구기관 등이 시험, 조사, 연구 또는 개발을 위하여 제작한 초경량비행장치

③ 제작자 등이 판매를 목적으로 제작하였으나 판매되지 아니한 것으로서 비행에 사용되지 아니하는 초경량비행장치

④ 군사목적으로 사용되는 초경량비행장치

### 4) 신고의 종류

① **신규신고** : 초경량비행장치를 소유하거나 사용할 권리가 있는 자가 최초로 행하는 신고

② **변경신고** : 비행장치의 용도, 소유자 등의 성명이나 명칭 또는 주소, 보관 장소 등이 변경된 경우 행하는 신고

③ **이전신고** : 비행장치의 소유권이 이전된 경우 행하는 신고

④ **말소신고** : 비행장치의 멸실 또는 해체(정비 등, 수송 또는 보관하기 위한 해체는 제외)등의 사유가 발생한 경우 행하는 신고

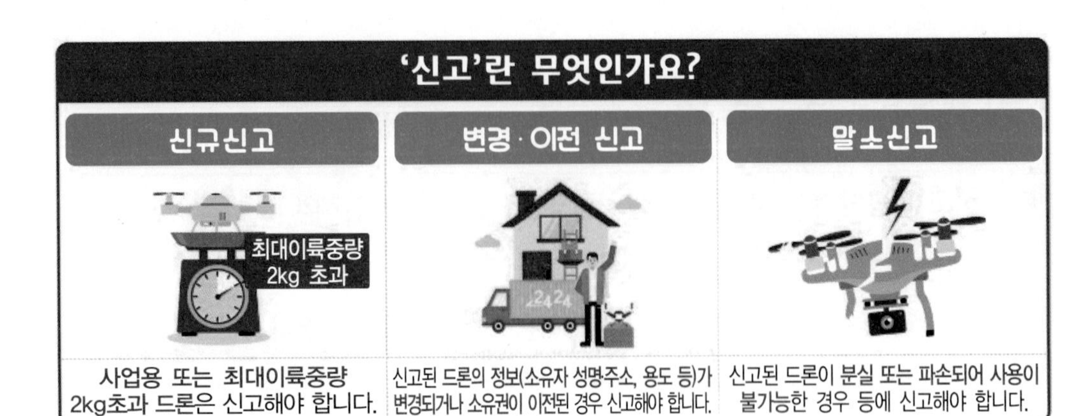


### 5) 신고 시 제출서류 및 신고 시기

| 구 분 | 제출서류 | 신고 시기 |
|---|---|---|
| 신규신고 | – 초경량비행장치 신고서<br>– 초경량비행장치를 소유하거나 사용할 수 있는 권리가 있음을 증명하는 서류<br>– 초경량비행장치의 제원 및 성능표<br>– 가로 15cm, 세로 10cm의 측면사진 (무인비행장치는 기체 제작번호 전체 촬영사진) | 신규신고 사유가 있는 날부터 30일 이내<br>* 안전성 인증 대상은 안전성 인증을 받기 전 신고(최대이륙중량 25kg 초과 무인동력비행장치) |
| 변경 및 이전신고 | – 초경량비행장치 변경, 이전 신고서<br>* 변경 및 이전 사유를 증명할 수 있는 서류 첨부 | 변경, 이전 사유가 발생한날부터 30일 이내 |
| 말소신고 | – 초경량비행장치 말소 신고서 | 말소 사유가 발생한 날부터 15일 이내 |

### ※ 초경량비행장치 제원 및 성능표 작성 예)

| 주요 제원 | 최고속도 | | 엔진형식 | |
|---|---|---|---|---|
| | 순항속도 | | 자체중량 | |
| | 실속속도 | | 최대이륙중량 | |
| | 길이×폭×높이 | | 연료중량 | |
| | 탑승인원 | | 카메라 등 탑재여부 | |

* 최고속도 : 해당 장치의 최고 속도를 기재
* 순항속도 : 연속적인 정상비행을 계속할 때 사용되는 속도
* 실속속도 : 실속(급격히 양력을 상실하여 비행을 유지 못하는 현상)이 발생할 수 있는 속도
* 탑승인원 : 해당 장치의 탑승인원을 기재
* 엔진형식 : 해당기체에 사용된 엔진형식 기재
* 자체중량, 최대이륙중량 : 해당 기체의 자체중량 및 최대이륙중량을 기재
* 연료중량 : 해당제원이 있는 경우 기재
* 카메라 등 탑재여부 : 해당사항이 있는 경우 기재

※ 자체중량, 최대이륙중량, 길이×폭×높이는 가급적 작성하며, 제원표상에 이를 확인하지 못할 경우 보완요구 될 수 있음

※ 제작사에서 제공하는 제원표에 해당 제원이 없는 경우, 해당내용 미기재

6) 장소 : 한국교통안전공단(드론 관리처, 054-459-7942~48)

7) 방법 : 드론 원스탑 민원 포털 서비스 이용(https://drone.onestop.go.kr)

드론 원스톱 민원 포털 서비스 홈페이지

8) 신고 업무 절차도

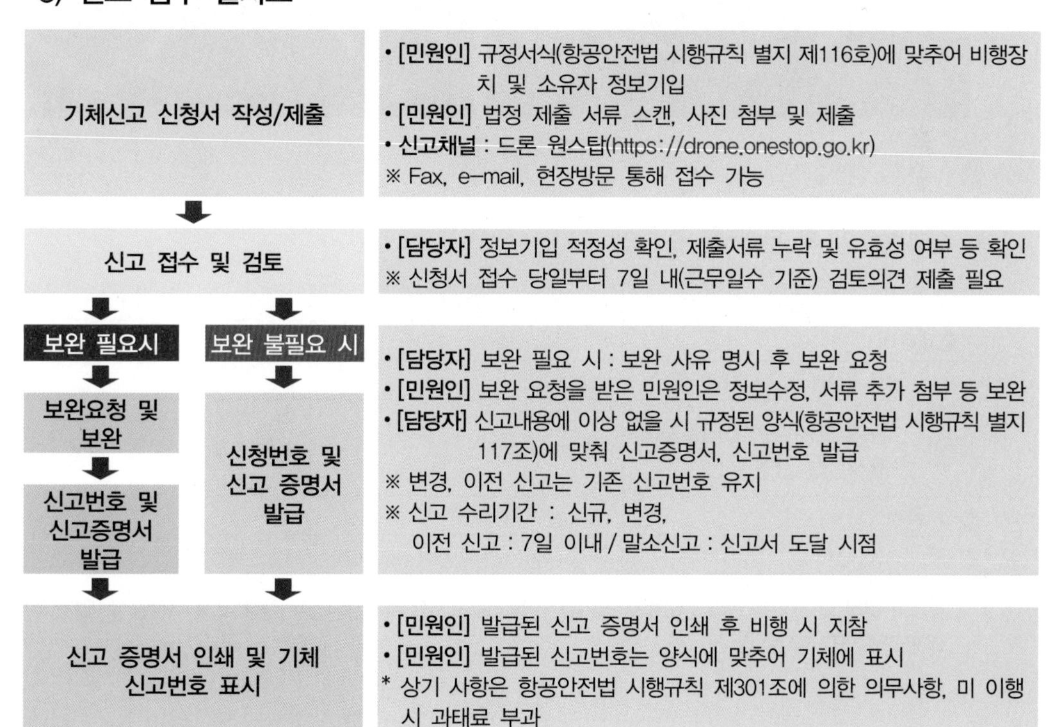

|  |  |
| --- | --- |
| 기체신고 신청서 작성/제출 | • [민원인] 규정서식(항공안전법 시행규칙 별지 제116호)에 맞추어 비행장치 및 소유자 정보기입<br>• [민원인] 법정 제출 서류 스캔, 사진 첨부 및 제출<br>• 신고채널 : 드론 원스탑(https://drone.onestop.go.kr)<br>※ Fax, e-mail, 현장방문 통해 접수 가능 |
| ↓ 신고 접수 및 검토 | • [담당자] 정보기입 적정성 확인, 제출서류 누락 및 유효성 여부 등 확인<br>※ 신청서 접수 당일부터 7일 내(근무일수 기준) 검토의견 제출 필요 |
| ↓ 보완 필요시 → 보완요청 및 보완 → 신고번호 및 신고증명서 발급<br>↓ 보완 불필요 시 → 신청번호 및 신고 증명서 발급 | • [담당자] 보완 필요 시 : 보완 사유 명시 후 보완 요청<br>• [민원인] 보완 요청을 받은 민원인은 정보수정, 서류 추가 첨부 등 보완<br>• [담당자] 신고내용에 이상 없을 시 규정된 양식(항공안전법 시행규칙 별지 117조)에 맞춰 신고증명서, 신고번호 발급<br>※ 변경, 이전 신고는 기존 신고번호 유지<br>※ 신고 수리기간 : 신규, 변경, 이전 신고 : 7일 이내 / 말소신고 : 신고서 도달 시점 |
| ↓ 신고 증명서 인쇄 및 기체 신고번호 표시 | • [민원인] 발급된 신고 증명서 인쇄 후 비행 시 지참<br>• [민원인] 발급된 신고번호는 양식에 맞추어 기체에 표시<br>* 상기 사항은 항공안전법 시행규칙 제301조에 의한 의무사항, 미 이행 시 과태료 부과 |

### 9) 조치/관리

① **신고번호 발급** : 국토교통부장관은 초경량비행장치의 신고를 받은 경우 그 초경량비행장치소유자등에게 신고번호를 발급하여야 한다.

② 한국교통안전공단 이사장(드론관리처)은 초경량비행장치의 신고를 받으면 초경량비행장치 신고증명서를 초경량비행장치소유자등에게 발급하여야 하며, 초경량비행장치소유자등은 비행 시 이를 휴대하여야 한다.

③ 초경량비행장치소유자등은 초경량비행장치 신고증명서의 신고번호를 해당 장치에 표시하여야 하며, 표시방법, 표시장소 및 크기 등 필요한 사항은 한국교통안전공단(드론관리처) 이사장이 정한다.

④ **신고번호 표기** : 소유자는 신고번호가 잘 보일 수 있도록 드론 기체에 적정한 방법으로 표기하여야 한다.

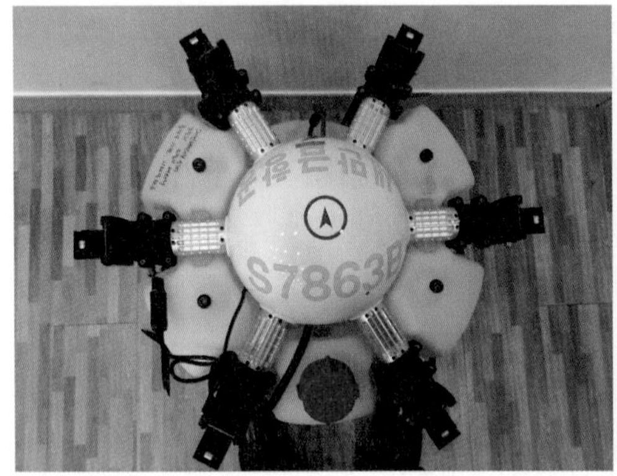

신고번호 표기된 드론

#### ※ 신고번호의 각 문자 및 숫자의 크기

<table>
<tr><th colspan="2">구 분</th><th>규 격</th><th>비 고</th></tr>
<tr><td colspan="2">가로세로비</td><td>2 : 3의 비율</td><td>아라비아 숫자 1은 제외</td></tr>
<tr><td rowspan="2">세로 길이</td><td>주 날개에 표시하는 경우</td><td>20cm 이상</td><td></td></tr>
<tr><td>동체 또는 수직꼬리날개에 표시하는 경우</td><td>15cm 이상</td><td>회전익비행장치의 동체 아랫면에 표시하는 경우에는 20cm이상</td></tr>
<tr><td colspan="2">선의 굵기</td><td>세로길이의 1/6</td><td></td></tr>
<tr><td colspan="2">간 격</td><td>가로길이의 1/4이상 1/2이하</td><td></td></tr>
</table>

* 장치의 형태 및 크기로 인해 신고번호 크기를 규격대로 표시할 수 없을 경우 가장 크게 부착할 수 있는 부위에 최대크기로 표시할 수 있다.

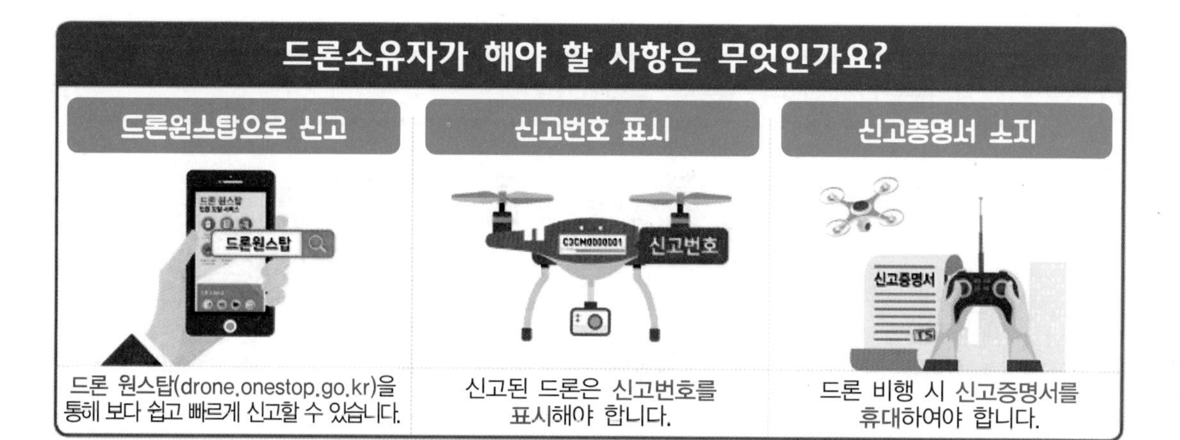


### 10) 신고업무 관련 변경사항

① **업무 수행기관 변경** : 각 지방항공청 → 한국교통안전공단 드론 관리처

② **신고접수** : 정부 24 → 드론 원스탑 민원 서비스(2020년 12월 10일부터)

③ 무인동력비행장치 신고대상 확대(2021년 1월 1일부터)

자체중량 12kg 초과 기체 → 최대이륙중량 2kg 초과 기체

* 새롭게 신고 대상에 포함되는 기체는 2021년 6월 30일까지 신고 필요

### 11) 신고업무 관련 주요 FAQ

**Q1** 장치신고 이후 처리기간은?

**A** 법정 처리 기간은 7일이며, 신고 신청 업무량에 따라 처리기간이 달라질 수 있으며, 서류 보완 요구 시 보완서류가 제출된 날로부터 7일 이내 신고 수리 여부를 재통지함.

**Q2** 무인 동력비행장치 신고 대상이 2021. 1. 1일부터 최대이륙중량 2kg 초과 기체로 변경되었는데, 이전에 가지고 있는 기체도 신고해야 되나요?

**A** 개정법령에 따라 새롭게 신고대상에 포함되는 경우 항공안전법 시행령 부칙에 의거하여 2021년 6월 30일 까지 신고하면 된다.

**Q3** 자체중량과 최대이륙 중량은 무엇인가요?

**A**

① 자체중량은 연료, *장비, 화물, 승객 등을 포함하지 않은 항공기의 중량(무인동력비행장치는 배터리 무게를 포함)

* 장비는 비행과 관련이 없고 탈부착 및 적재 가능한 것 : 탈착되는 짐벌 및 카메라, 약제, 낙하산, 에어백, 구명환 등

② 최대이륙중량은 항공기가 이륙함에 있어서 설계상 또는 운용상의 한계를 벗어나지 않은 한도 내에서 최대 적재 가능한 중량

**Q4** 신규 신고 시 제출서류 중 초경량비행장치의 소유할 수 있는 권리가 있음을 증명하는 서류에는 어떤 것들이 있는지? 해당 서류가 없을 경우?

**A**

① 신용카드 매출전표, 현금영수증(세부내역이 없는 경우, 내역이 포함된 견적서 등 포함), 거래명세서(거래내역서, 거래명세표), 세금계산서(계산서), 매매 계약서, 제작 증명서 등

② 해당 증빙이 없을 경우에는 소유자 정보, 구입경로, 구입일자, 제품번호 등을 기재하고 해당 기체를 소유하고 있다는 내용에 자필서명이 들어간 소유 확인서 제출

※ 신고에 대하여 추가적으로 더 알고 싶은 사항은 드론 원스탑 민원 포털 서비스(https://drone.onestop.go.kr)의 신고란을 참고바랍니다.

## 나. 신고를 필요로 하지 아니하는 초경량비행장치(항공안전법 시행령 제24조)

### 1) 신고를 필요로 하지 아니하는 초경량비행장치의 범위

법 제122조제1항 단서에서 "대통령령으로 정하는 초경량비행장치"란 다음 각 호의 어느 하나에 해당하는 것으로서 「항공사업법」에 따른 항공기대여업·항공레저스포츠사업 또는 초경량비행장치사용사업에 사용되지 아니하는 것을 말한다.

① 행글라이더, 패러글라이더 등 동력을 이용하지 아니하는 비행장치

② 계류식(繫留式) 기구류(사람이 탑승하는 것은 제외한다)

③ 계류식 무인비행장치

④ 낙하산류

⑤ **무인동력비행장치 중에서 최대이륙중량이 2킬로그램 이하인 것**

⑥ 무인비행선 중에서 연료의 무게를 제외한 자체무게가 12킬로그램 이하이고, 길이가 7미터 이하인 것
⑦ 연구기관 등이 시험·조사·연구 또는 개발을 위하여 제작한 초경량비행장치
⑧ 제작자 등이 판매를 목적으로 제작하였으나 판매되지 아니한 것으로서 비행에 사용되지 아니하는 초경량비행장치
⑨ 군사목적으로 사용되는 초경량비행장치

## 다. 시험비행 허가 신청(항공안전법 시행규칙 제304조)

### 1) 대상

① 연구·개발 중에 있는 초경량비행장치의 안전성 여부를 평가하기 위하여 시험비행을 하는 경우
② 안전성인증을 받은 초경량비행장치의 성능개량을 수행하고 안전성여부를 평가하기 위하여 시험비행을 하는 경우
③ 그 밖에 국토교통부장관이 필요하다고 인정하는 경우

### 2) 허가 신청 시 제출 서류

① 해당 초경량비행장치에 대한 소개서
② 초경량비행장치의 설계가 기술기준에 충족함을 입증하는 서류
③ 설계도면에 따라 일치되게 제작되었음을 입증하는 서류
④ 완성 후 상태, 지상 기능점검 및 성능시험 결과를 확인할 수 있는 서류
⑤ 초경량비행장치 조종절차 및 안전성 유지를 위한 정비방법을 명시한 서류
⑥ 초경량비행장치 사진(전체 및 측면사진을 말하며, 전자파일로 된 것을 포함) 각 1매
⑦ 시험비행계획서.

# 4 | 안전성 인증 (항공안전법 제124조)

## 가. 개요

국토교통부령으로 정하는 초경량비행장치를 사용하여 비행하려는 사람은 국토교통부령으로 정하는 기관 또는 단체의 장으로부터 그가 정한 안전성인증의 유효기간 및 절차·방법 등에 따라 그 초경량비행장치가 국토교통부장관이 정하여 고시하는 비행안전을 위한 기술상의 기준에 적합하다는 안전성인증을 받지 아니하고 비행하여서는 아니된다.

## 나. 중량 기준

최대 이륙중량 25kg 초과하는 ①종 무인비행장치는 항공안전기술원 드론안전본부 경량인증팀(032) 727-5891)으로부터 안전성 인증검사를 받고 비행해야 한다.

## 다. 안전 기준

초경량비행장치를 사용하여 비행하려는 자는 비행안전을 위한 기술상의 기준에 적합해야 한다.

## 라. 인증 대상(항공안전법 시행규칙 제305조)

### 1) 대상

① 동력비행장치(연료제외 자체중량 115kg 이하, 1인승)

② 행글라이더, 패러글라이더 및 낙하산류(항공레저스포츠사업에 사용되는 것만 해당한다, 행글라이더와 패러글라이더는 자체중량 70kg 이하)

③ 기구 류(사람이 탑승하는 것만 해당한다)

④ 다음 각 목의 어느 하나에 해당하는 무인비행장치

- 무인비행기, 무인헬리콥터 또는 무인멀티콥터 중에서 최대이륙중량이 25kg을 초과하는 것(연료제외 자체중량 150kg 이하)
- 무인비행선 중에서 연료의 중량을 제외한 자체중량이 12kg을 초과하거나 길이가 7m를 초과하는 것(연료제외 자체중량 180kg 이하, 길이 20m 이하)

⑤ 회전익비행장치(연료제외 자체중량 115kg 이하, 1인승)

⑥ 동력패러글라이더(착륙장치가 있는 경우 연료제외 자체중량 150kg 이하, 1인승)

## 마. 인증의 종류

1) **초도인증** : 국내에서 설계·제작하거나 외국에서 국내로 도입한 초경량비행장치의 안전성인증을 받기 위하여 최초로 실시하는 인증

2) **정기인증** : 안전성인증의 유효기간 만료일이 도래되어 새로운 안전성인증을 받기 위하여 실시하는 인증

3) **수시인증** : 초경량비행장치의 비행안전에 영향을 미치는 대수리 또는 대개조 후 기술기준에 적합한지를 확인하기 위하여 실시하는 인증

4) **재인증** : 초도, 정기 또는 수시인증에서 기술기준에 부적합한 사항에 대하여 정비한 후 다시 실시하는 인증

## 바. 제출서류(구비서류)

| 구비서류 | 초도 | 정기 | 수시 | 재 인증 |
|---|---|---|---|---|
| 1. 설계서 또는 설계도면 | ○ | | ○ | |
| 2. 부품표 | ○ | | ○ | |
| 3. 비행 및 주요정비 현황 | ○<br>(해당시) | ○ | | |
| 4. 성능검사표 | ○ | ○ | ○ | ○ |
| 5. 기술기준에 적합하게 제작 되었음을 입증하는 서류 | ○ | | ○<br>(해당시) | |
| 6. 작업지시서* | ○<br>(해당시) | | ○<br>(해당시) | |
| 7. 운용지침 | ○ | | | |
| 8. 정비교범 | ○ | | | |
| 9. 수입신고필증 | ○<br>(해당시) | | | |
| 10. 정비서류 | ○ | ○ | | |
| 11. 비상낙하산 재포장 카드 | ○ | ○ | ○ | |
| 12. 송수신기 인가여부를 확인할 수 있는 서류 | ○ | | | |
| 13. 성능개량을 위한 변경항목 목록표 및 확인서 | ○ | ○ | ○ | |
| 14. 국토부 시험비행허가 사류 | ○ | | | |

* 초도검사 시 외국에서 제작되어 시험비행 후 이동을 위해 분해해서 국내에서 재조립한 비행장치는 6호 서류 제외

※ 안전성인증에 대하여 추가적으로 더 알고 싶은 사항은 항공안전기술원 홈페이지 초경량비행장치 안정성 인증 배너를 참고바랍니다.

# 5 | 조종자 증명(항공안전법 제125조, 항공안전법 시행규칙 제306조)

## 가. 자격증명

### 1) 개요

국토교통부령으로 정하는 초경량비행장치를 사용하여 비행하려는 사람은 국토교통부령으로 정하는 기관 또는 단체의 장으로부터 그가 정한 해당 초경량비행장치별 자격기준 및 시험의 절차·방법에 따라 해당 초경량비행장치의 조종을 위하여 발급하는 증명(이하 "초경량비행장치 조종자 증명"이라 한다)을 받아야 한다. 다만, 무인비행장치 중 무인비행기, 무인헬리콥터 또는 무인멀티콥터 중에서 연료의 중량을 포함한 최대이륙중량이 250그램 이하인 것은 제외한다.

### 2) 조종 자격증명의 종류, 기준 및 업무의 범위는 다음과 같다.

#### 가) 기준

| 종별 | 기준 | 비고 |
|---|---|---|
| 1종 | 25kg 초과 자체중량 150kg 이하 | * 무게기준은 최대이륙중량<br>* 사업용 또는 비사업용 모두 해당 |
| 2종 | 7kg 초과 25kg 이하 | |
| 3종 | 2kg 초과 7kg 이하 | |
| 4종 | 250g 초과 2kg 이하 | |

#### 나) 조종 증명의 업무 범위

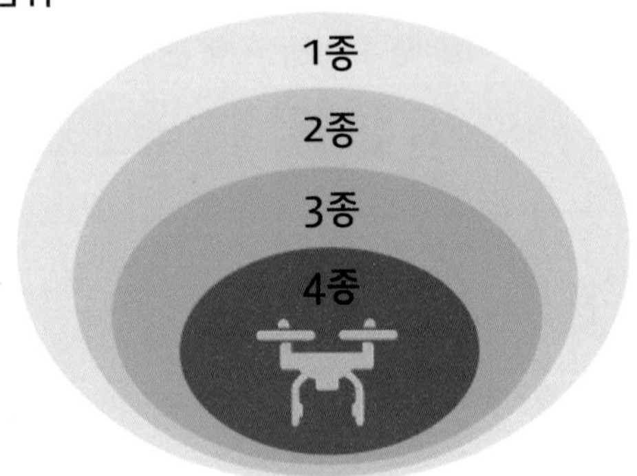


| | |
|---|---|
| 1종 무인동력비행장치 | 해당 종류의 1종 기체를 조종하는 행위(2종 업무범위 포함) |
| 2종 무인동력비행장치 | 해당 종류의 2종 기체를 조종하는 행위(3종 업무범위 포함) |
| 3종 무인동력비행장치 | 해당 종류의 3종 기체를 조종하는 행위(4종 업무범위 포함 |
| 4종 무인동력비행장치 | 해당 종류의 4종 기체를 조종하는 행위 |

※ 1종 자격증명 취득 시 1, 2, 3, 4종의 모든 무인비행장치를 조종할 수 있다.

### 다) 조종 자격증명 취득의 경력 및 시험 기준

| 구분 | 온라인 교육 | 비행 경력 | 학과 시험 | 실기 평가 |
|---|---|---|---|---|
| 1종 | X | 1종 기체를 조종한 시간 **20시간**(2종 자격 취득자 5시간, 3종 자격 취득자 3시간 이내에서 인정) | ○<br>(과목, 범위, 난이도 동일) | ○ |
| 2종 | | 1종 또는 2종 기체를 조종한 시간 **10시간**<br>(3종 자격 취득자 3시간 이내에서 인정) | | ○ |
| 3종 | | 1종 또는 2종 또는 3종 기체를 조종한 시간 **6시간** | | X |
| 4종 | ○ | X | X | X |

## 3) 응시자격

① 나이는 1~3종은 만 14세 이상, 4종은 만 10세 이상이며,

② 2종 보통운전면허 또는 이를 갈음할 수 있는 신체검사 증명 소지자(운전면허 정기 적성검사 신청서도 가능)로서

③ 해당 비행장치의 비행경력이 1종 20시간, 2종 10시간, 3종 6시간 이상인자

## 4) 자격 취득절차(1, 2, 3종)

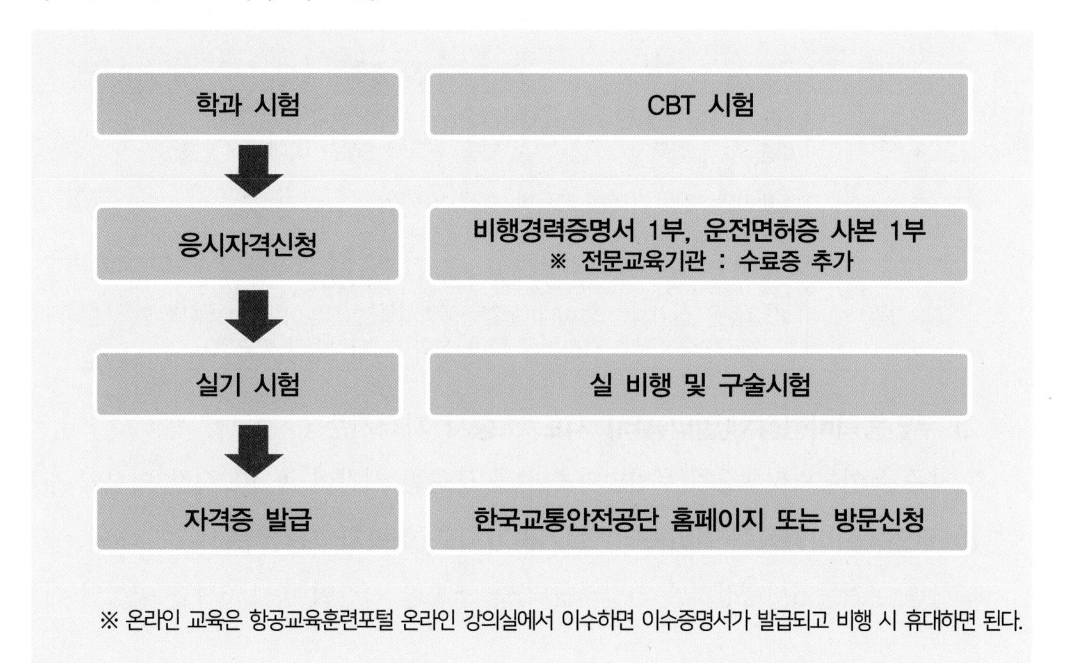

### 5) 시험방법 : 전문교육기관의 경우 학과 시험은 전문교육기관에 위임

| 구분 | 학과 시험 | 실기 시험 |
|---|---|---|
| 평가과목 | 통합 1과목<br>*항공법규, 항공기상, 비행운용 및 이론 | |
| 평가시간 | 50분 | 평균 45분 |
| 시험장소 | 서울, 대전, 광주, 부산, 화성, 춘천, 대구, 전주, 제주 등 | 교육기관 담당자와 협의 |
| 합격기준 | 70%이상 득점 | 구술 및 실비행 전항목 만족(S) |
| 접수방법 | 교통안전공단 홈페이지를 통해 접수(시험일정은 공단 홈페이지에 공고)<br>① 홈페이지(www.kotsa.or.kr) → ② 자주찾는메뉴 – 철도항공 – 항공 / 초경량자격시험 → ③자격시험접수/응시자격신청, 부여/원수접수, 시험장소 안내 등 | |
| 연락처 | 교통안전공단 드론자격연구센터 031)645-2103, 2104 | |

## 나. 조종자격 응시기준

### 1) 무인동력비행장치(멀티콥터) 자격증명 응시기준

① **연령기준** : 1, 2, 3종은 만 14세 이상, 4종은 만 10세 이상인 사람

② **실기시험** : 다음의 어느 하나에 해당하는 사람

| 구분 | 비행 경력 |
|---|---|
| 1종 | 1종 기체를 조종한 시간 **20시간**<br>(2종 자격 취득자 5시간, 3종 자격 취득자 3시간 이내에서 인정) |
| 2종 | 1종 또는 2종 기체를 조종한 시간 **10시간**<br>(3종 자격 취득자 3시간 이내에서 인정) |
| 3종 | 1종 또는 2종 또는 3종 기체를 조종한 시간 **6시간**<br>※ 3종은 실기시험 없이 비행경력증명서를 발급받아 관련서류와 함께 한국교통안전공단에 응시자격신청을 하면 심의 후 자격증이 발급됨. |

### 2) 무인동력비행장치(멀티콥터) 지도 조종자 자격기준

1종 무인동력비행장치(무인멀티콥터)를 조종한 시간이 총 100시간 이상인 사람

### 3) 무인동력비행장치(멀티콥터) 실기평가지도 조종자 자격기준

1종 무인동력비행장치(무인멀티콥터)를 조종한 시간이 총 150시간 이상인 사람

## 다. 무인동력비행장치(멀티콥터)의 전문교육기관 훈련기준

### 1) 무인동력비행장치(멀티콥터)의 종별 학과, 모의비행, 실기교육 시간

| 구분 | 학과교육 | 모의비행 | 실기교육 | | |
|---|---|---|---|---|---|
| | | | 계 | 교관동반 | 단독 |
| 1종 | 20시간<br>항공법규 2H<br>항공기상 2H<br>항공역학 5H<br>비행운용 11H | 20H | 20H | 8H | 12H |
| 2종 | | 10H | 10H | 4H | 6H |
| 3종 | | 6H | 6H | 2H | 4H |

※ 사설 교육기관(사용사업체)의 경우 학과 시험을 반드시 응시하여야 함.

## 라. 각 교육기관에서의 조종 자격별 실기훈련범위

| 1종 | 2종 | 3종 |
|---|---|---|
| 1. 기체에 관련한 사항<br>2. 조종자에 관련한 사항<br>3. 공역 및 비행장에 관련한 사항<br>4. 일반지식 및 비상절차<br>5. 이륙 중 엔진고장 및 이륙포기<br>6. 비행 전 점검<br>7. 기체의 시동<br>8. 이륙 전 점검<br>9. 이륙비행<br>**10. 공중 정지비행(호버링)**<br>11. 직진 및 후진 수평비행<br>12. 삼각비행<br>13. 원주비행(러더턴)<br>**14. 비상조작**<br>**15. 정상접근 및 착륙(자세모드)**<br>16. 측풍접근 및 착륙<br>17. 비행 후 점검<br>18. 비행기록<br>19. 안전거리유지<br>20. 계획성<br>21. 판단력<br>22. 규칙의 준수<br>23. 조작의 원활성 | 1. 기체에 관련한 사항<br>2. 조종자에 관련한 사항<br>3. 공역 및 비행장에 관련한 사항<br>4. 일반지식 및 비상절차<br>5. 이륙 중 엔진고장 및 이륙포기<br>6. 비행 전 점검<br>7. 기체의 시동<br>8. 이륙 전 점검<br>9. 이륙비행<br>10. 직진 및 후진 수평비행<br>11. 삼각비행<br>**12. 마름모 비행**<br>13. 측풍접근 및 착륙<br>14. 비행 후 점검<br>15. 비행기록<br>16. 안전거리유지<br>17. 계획성<br>18. 판단력<br>19. 규칙의 준수<br>20. 조작의 원활성<br><br>* 1종 대비 공중정지비행, 비상 조작, 정상접근 및 착륙 : 없음. | 1. 비행전 점검<br>2. 기체의 시동<br>3. 이륙전 점검<br>4. 이륙비행<br>5. 직진 및 후진 수평비행<br>6. 삼각비행<br>7. 비행 후 점검<br>8. 비행기록<br>9. 계획성<br>10. 판단력<br>11. 규칙의 준수<br>12. 조작의 원활성<br>13. 안전거리 유지<br><br>※상기 내용은 경과조치 3종 시험과목이므로 각 교육원에서 훈련 시 참고 바랍니다. |

# 6 | 전문교육기관(항공안전법 제126조, 항공안전법 시행규칙 제307조)

## 가. 개요

국토교통부장관은 초경량비행장치 조종자를 양성하기 위하여 국토교통부령으로 정하는 바에 따라 초경량비행장치 전문교육기관(이하 "초경량비행장치 전문교육기관"이라 한다)을 지정할 수 있다. 우리나라의 초경량비행장치 조종자 교육을 위한 교통안전공단 전문교육기관은 2024년 9월 현재 231개 기관이 있다.

## 나. 지정을 위한 교통안전공단 제출 서류

1) 전문교관의 현황
2) 교육시설 및 장비의 현황
3) 교육훈련계획 및 교육훈련 규정 등

## 다. 지정 기준

### 1) 공통

① 전문교육기관으로 지정 받기 위해서는 1종, 2종, 3종 모두 교육이 가능하여야 한다.
② 1종, 2종, 3종에 해당하는 모든 무인동력비행장치를 보유하여야 한다.

### 2) 다음과 같은 전문교관이 있을 것

① 비행시간이 100시간 이상이고, 국토교통부장관이 인정한 조종교육교관과정을 이수한 지도조종자 1명 이상
② 비행시간이 150시간 이상이고 국토교통부장관이 인정하는 실기평가과정을 이수한 실기평가조종자 1명 이상

### 3) 교육시설 및 장비의 현황

① 강의실 및 사무실 각 1개 이상
② 이, 착륙 시설
③ 훈련용 비행장치 1대 이상

### 4) 교육과목, 교육시간, 평가방법 및 교육훈련규정 등 교육훈련에 필요한 사항으로서 국토교통부장관이 정하여 고시하는 기준을 갖출 것

## 라. 세부 인원, 교육장비 및 시설

### 1) 인원

① **지도조종자**

㉮ 만 18세 이상

㉯ 시행규칙 제306조에 따라 초경량비행장치 조종자(1종 무인멀티콥터) 증명을 취득한 사람

㉰ 시행규칙제307조제2항제1호가목에서 정한 1종 무인멀티콥터에 대한 조종경력이 100시간 이상이고 국토교통부장관이 인정한 조종교육교관과정을 이수하여 한국교통안전공단에 등록된 사람

㉱ 학과 및 실기 교육을 실시하는데 필요한 지식과 능력이 있는 사람일 것.

② **실기평가조종자**

㉮ 만 18세 이상

㉯ 시행규칙제307조제2항제1호가목에서 정한 1종 무인멀티콥터에 대한 조종경력이 100시간 이상이고 국토교통부장관이 인정한 조종교육교관과정을 이수하여 한국교통안전공단에 등록된 사람

㉰ 시행규칙제307조제2항제1호나목에서 정한 1종 무인멀티콥터에 대한 조종경력이 150시간 이상이고 국토교통부장관이 인정한 실기평가과정을 이수한 사람

㉱ 실기 교육에 대한 평가를 실시하는데 필요한 지식과 능력이 있는 사람일 것

### 2) 교재, 장비

① **학과교육 교재**

- 기본 교과서(참고서 포함)
- 비행규정(무인 비행장치제작사에서 발간한 매뉴얼) : 조종자피교육생 각자가 사용가능한 비행규정 1부

② **교육훈련장비 :** 인가 받은 교육과정별 훈련용 무인비행장치(무인비행기) 1·2·3종 및 모의비행훈련장치 각 1대 이상 보유

### 3) 학과 및 모의비행 교육훈련시설

① **교육환경 및 보건위생상 적합한 장소에 설립, 필요한 아래 시설을 갖추어야 함**

- 강의실 또는 열람실, 사무실
- 채광시설, 조명시설, 환기시설, 냉난방시설, 위생시설
- 실습, 실기 등을 요하는 경우에는 이에 필요한 시설 및 설비

**② 단위 시설의 기준**

- 강의실 : 면적은 $3m^2$ 이상이며 $1m^2$당 1.2명 이하가 되도록 할 것이며, 학생 수에 따라 충분한 면적을 갖추고, 책상·의자·흑판 등 필요한 시설을 갖출 것
- 사무실 : 면적은 $3m^2$ 이상.
- 채광시설, 조명시설, 환기시설 및 냉난방시설은 보건 위생적으로 적절한 것.
- 위생시설은 남녀 구분하여 설치하고, 보건 위생적으로 적절할 것.

**③ 피교육생의 편의 제공에 필요한 상담실, 기타 편의시설을 둘 것.**

**④ 제반 교육훈련시설은 건축 관계 법규에 적합할 것.**

### 4) 실기 비행교육의 시설

① 실기교육 훈련시설이 있는 토지의 소유, 임대 또는 적법한 절차에 의해 사용할 권한이 있을 것(이 경우 「농지법」 등 타 법률에서 정하는 제한사항이 없을 것)

② 법 제127조에 따른 초경량비행장치 비행승인을 받는데 문제가 없을 것

③ 실기교육 훈련시설에 교육 및 훈련을 방해할 수 있는 장애물 또는 불법 건축물이 없을 것

④ 실기교육 훈련시설의 노면은 해당 분야 비행장치 이·착륙 등 비행훈련에 지장을 주지 아니하도록 평탄하게 유지되고 배수상태가 양호할 것

⑤ 비행훈련 중 교관과 교육생을 보호할 수 있는 조종자 안전펜스가 설치되어 있을 것

⑥ 위생시설은 남녀 구분하여 설치하고, 보건 위생적으로 적절할 것

⑦ 풍향, 풍속을 감지할 수 있는 시설물이 설치되어 있을 것

⑧ 실기교육 훈련시설 출입구에 목적과 주의사항을 안내하는 시설물이 설치되어 있을 것

⑨ 인접한 의료기관의 명칭, 장소의 약도 및 연락처 등 비상시 의료조치를 위하여 필요한 물품이 비치되어 있을 것

# 7 | 공역

## 가. 공역의 개념

항행지원이 이루어지도록 설정한 공간으로서 영공과는 다른 항공교통업무를 지원하기 위한 책임공역이다.

## 나. 공역의 설정기준

1) 국가 안전보장과 항공안전을 고려할 것.
2) 항공교통에 관한 서비스의 제공여부를 고려할 것.
3) 공역의 구분이 이용자의 편의에 적합할 것.
4) 공역의 활용에 효율성과 경제성이 있을 것.

## 다. 공역의 종류

### 1) 관제공역

① **관제권** : 비행장 또는 공항과 그 주변의 공역으로서 항공교통의 안전을 위하여 국토교통부장관이 지정·공고한 공역으로 우리나라에는 31개 지역의 관제권이 있다. 거리기준은 비행장 중심 5NM(9.3km)거리이며 육군 관제권(비행장교통구역)의 경우 통상 비행장 반경 3NM(약 5.6km)이다.

② **관제구** : 지표면 또는 수면으로부터 200미터 이상 높이의 공역으로서 항공교통의 안전을 위하여 국토교통부장관이 지정·공고한 공역

### 2) 비관제공역

① 조언구역 : 항공교통조언업무가 제공되도록 지정된 비관제공역
② 정보구역 : 비행정보업무가 제공되도록 지정된 비관제공역

### 3) 통제공역

① **비행금지구역** : 안전, 국방상 그 밖의 이유로 항공기의 비행을 금지하는 공역
㉮ P-73A/B : 서울 강북지역(청와대 기준으로 A구역 : 2NM, B구역 : 4.5NM)
㉯ P-518 : 휴전선 지역(경기, 강원 북부지역에 구역으로 설정되어 있음)
㉰ P-61(고리), P-62(월성), P-63(영광), P-64(울진), P-65(대전) : 원자력발전소 및 연구소

각 구역 내 A구역은 2NM(약 3.7km), B구역은 10NM(18.6km)이다.
다만 P-65(대전)의 A구역은 1NM(1.85km)이다.

② **비행제한구역** : 항공사격, 대공사격 등으로 인한 위험으로부터 항공기의 안전을 보호하거나 그 밖의 이유로 비행허가를 받지 아니한 항공기의 비행을 제한하는 공역으로 우리나라에 많은 곳에 설정되어 있다. 다만 특이한 지역은 R-75(수도권 인구밀집구역)이 설정되어 있다.

③ **초경량비행장치 비행제한구역** : 초경량 비행장치의 비행안전을 확보하기 위하여 초경

량 비행장치의 비행활동에 대한 제한이 필요한 공역.(우리나라 전 지역)

### 4) 주의공역

① **훈련구역** : 민간항공기의 훈련공역으로서 계기비행항공기로부터 분리를 유지할 필요가 있는 공역

② **군 작전구역** : 군사작전을 위하여 설정된 공역으로서 계기비행항공기로부터 분리를 유지할 필요가 있는 공역

③ **위험구역** : 항공기의 비행 시 항공기 또는 지상시설물에 대한 위험이 예상되는 공역

④ **경계구역** : 대규모 조종사의 훈련이나 비정상 형태의 항공활동이 수행되는 공역

## 라. 우리나라 주요 공역현황

### 1) 우리나라 금지구역 및 관제권 현황

우리나라의 비행금지구역은 **P-73A/B(청와대 인근)**, **P-518(휴전선지역)**, **P-61~P-65(원자력 지역)** 등 3개 지역이 있으며, 관제권은 공항 및 비행장 지역으로 31개 지역이 있다.

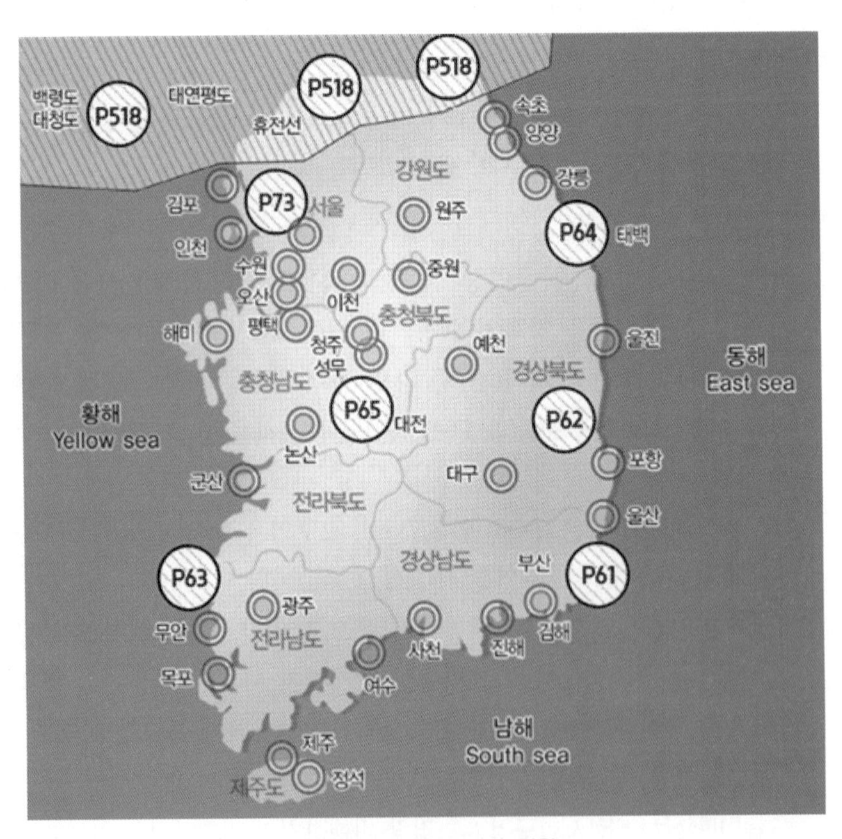


금지구역 및 관제권 현황

## 2) 비행금지구역/서울지역 제한공역

### ① 서울지역(P-73A/B)

㉮ A구역은 중심반경 2NM, B구역은 중심반경 4.5NM, 허가없이 침범 시 격추. 비행 시 7일 이전 육군 수도방위사령부에 승인을 받아야 함.

㉯ P-73A/B 비행금지구역 및 R-75비행제한구역의 비행 승인절차는 다음과 같다.

- P-73A/B비행금지공역 및 R-75 비행제한구역 해당(인근) 지역에서 비행하고자 하는 경우에는 사전에 수도방위사령부 해당 부서에 비행승인 대상지역인지를 확인해야 한다.
- P-73A/B 비행금지공역내의 비행을 위해서는 수도방위사령부(화력과)에 사전에 비행계획 승인을 받아야 한다.
- R-75 비행제한공역 내 비행을 위해서는 수도방위 사령부(방공작전통제소)에 사전(항공기 2시간 전 및 초경량비행장치/경량항공기 4일 전)에 비행계획 승인을 받아야 한다.

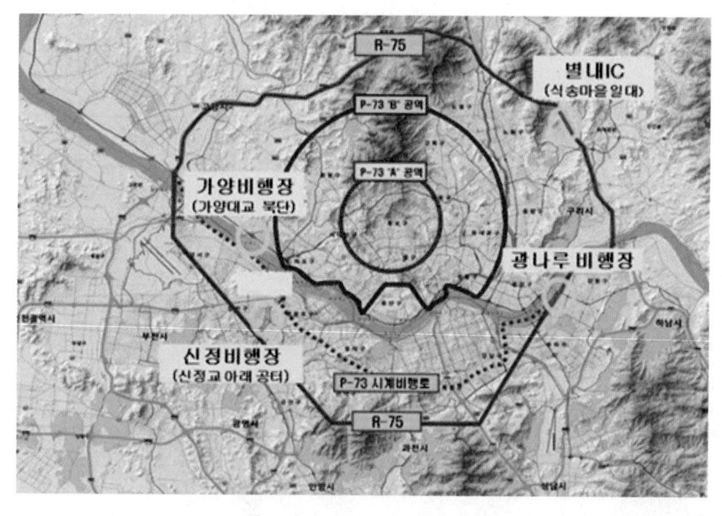


- P-73
  서울시 중구, 용산구
  성동구, 서대문구, 강북구
  동대문구, 종로구, 성북구
- P-75
  서울시 강서구, 양천구,
  영등포구, 동작구, 관악구,
  서초구, 강남구,
  송파구(가락동, 송파동,
  방이동, 잠실동)
  강동구(천호등, 풍납동,
  암사동, 성내동)

P-73A/B 비행금지구역 및 R-75비행제한구역

### ② 휴전선 지역(P-518) : 군사분계선으로부터 아래 다음지점을 연결한 선

3739N 12610E-3743N 12641E-3738N 12653E-3758N12740E-3804N 12831E-3808N 12832E-3812N 12836E.

### ③ 원자력 지역(P-61~P-65)

- 중심으로부터 A지역 : 3.7km(대전 연구소는 1.86km)
- B지역 : 18.6km
- 고리(P-61), 월성(P-62), 영광(P-63), 울진(P-64), 대전(P-65)

P-518 및 원자력 지역 비행금지구역[1)]

## 2) 비행 제한공역

① **공군작전공역** : 보안상 생략

② **공항지역** : 군/민간비행장 주변 5NM(9.3km)지역

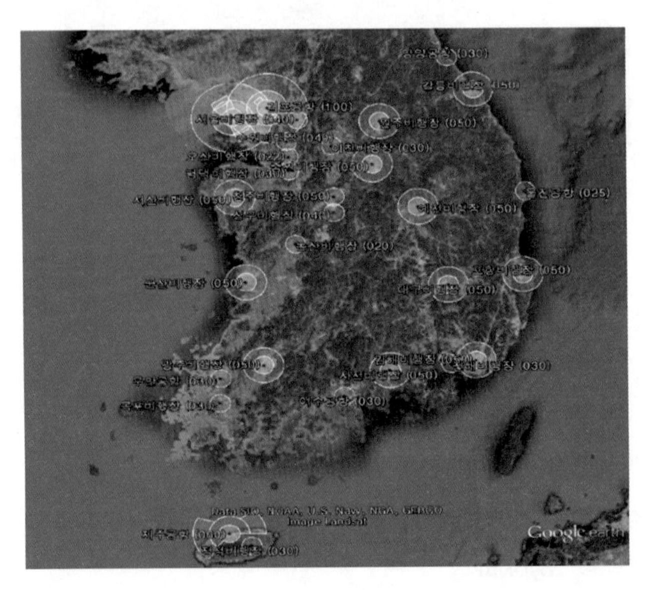

1) 서울지방항공청, 2020 무인비행장치 드론 안전관리 가이드, 2020, p.27.

### 3) 초경량비행장치 공역

현재 우리나라에서는 전국적으로 UA-2(구성산), UA-3(약산), UA-4(봉화산), UA-5(덕두산), UA-6(금산), UA-7(홍산), UA-9(양평), UA-10(고창), UA-14(공주), UA-19(시화), UA-20(성화대), UA-21(방장산), UA-22(고흥), UA-23(담양), UA-24(구좌), UA-25(하동), UA-26(장암산), UA-27(미악산), UA-28(서운산), UA-29(오촌), UA-30(북좌), UA-31(청나), UA-32(퇴천), UA-33(병천천), UA-34(미호천), UA-35(김해), UA-36(밀량), UA-37(창원), UA-38(울주), UA-39(김제), UA-40(고령), UA-41(대전) 등 32개의 초경량비행장치 공역을 지정 운영하고 있다.

아울러 서울지역에 4개소도 동일한 개념으로 운영되고 있나.
(가양비행장 : 가양대교 북단, 신정비행장 : 신정교 아래 공터, 광나루 비행장, 별내IC : 식송마을 일대)

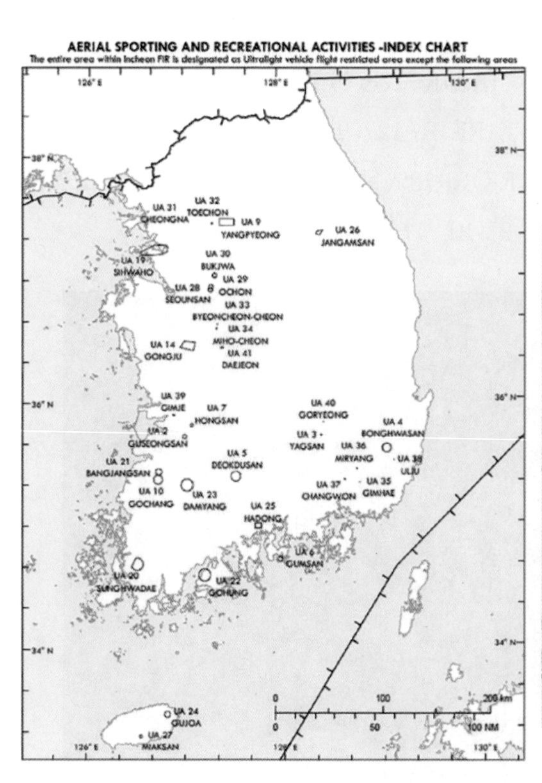


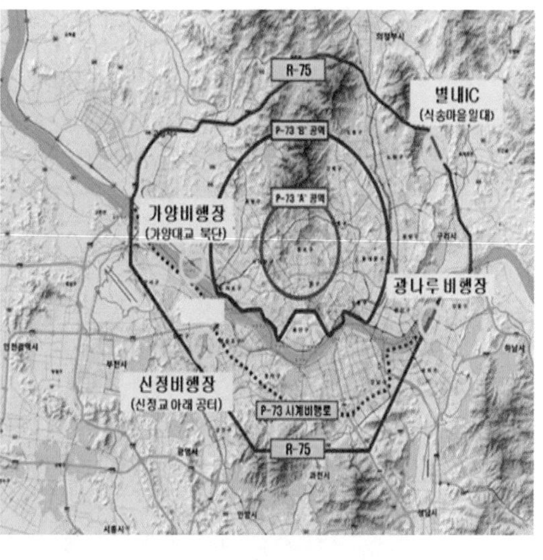


초경량비행장치 전용공역

### 4) 기타 군 사격장 등 공역

(RK)R-1(용문), (RK)R-10(매봉), (RK)R-14(평동), (RK)R-17(여주), (RK)R-19(조치원), (RK)R-20(보은), (RK)R-21(언양), (RK)R-35(매산리), (RK)R-72(육지도), (RK)R-74, (RK)R-75C, (RK)R-75D, (RK)R-76, (RK)R-77(마차진), (RK)R-79A(고온리), (RK)R-79B(당진), (RK)R-79C, (RK)R-80, (RK)R-81(낙동), (RK)R-84, (RK)R-88, (RK)R-89(오천), (RK)R-90A, (RK)R-90B, (RK)R-97A, (RK)R-97B, (RK)R-97C, (RK)R-97D, (RK)R-99(거제도), (RK)R-100(남형제도), (RK)R-104(미여도), (RK)R-105(직도), (RK)R-107, (RK)R-108A, B, C, D, E, F(안흥), (RK)R-110(필승), (RK)R-111(웅천), (RK)R-114(비승), (RK)R-115(동해), (RK)R-116(대청도), (RK)R-117(자은도), (RK)R-118(제주), (RK)R-119(울산), (RK)R-120(동해), (RK)R-121(속초), (RK)R-122(천덕봉), (RK)R-123(어청도), (RK)R-124(덕적도), (RK)R-125(흑산도), (RK)R-126(추자도), (RK)R-127(벌교), (RK)R-128(서귀포), (RK)R-129(수련산), (RK)R-131(백령), (RK)R-132(동 대청도), (RK)R-133(초칠도), (RK)D-1 5개 지역, (RK)D-3, 4, 5, 6, 9, 10, 11, 12 지역

## 마. 비행가능 공역

1) 초경량비행장치 비행공역(UA)에서는 비행승인 없이 비행이 가능하며, 기본적으로 그 외 지역에서 ①종(25kg 초과) 무인비행장치는 비행승인 후 비행이 가능하다.
2) 비행가능 공역, 비행금지공역 및 관제권 현황은 국토교통부에서 제작한 스마트폰 어플 Ready to Fly(참고2), V월드(http: //map.vworld.kr/map/mps.do)(참고2) 지도서비스에서 확인 가능하다.

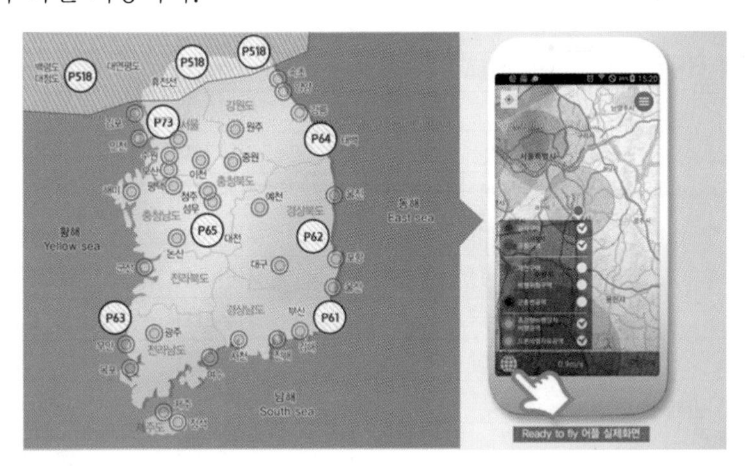


## 바. 각 공역별 비행승인 관할기관

### 1) 초경량비행장치 비행승인 관할기관

| 구분 | 관할기간 | 연락처 |
|---|---|---|
| 인천, 경기 서부<br>(화성 시흥, 의왕, 군포, 과천, 수원, 오산, 평택, 강화) | 서울지방항공청<br>(항공운항과) | (032)740-2157~8 |
| 서울, 경기 동부<br>(부천, 광명, 김포, 고양, 구리, 여주, 이천, 성남, 광주, 용인, 안성, 가평, 양평, 의정부, 남양주) | 김포항공관리사무소<br>(안전운항과) | (02)2660-5734 |
| 충청남북도 | 청주공항출장소 | (043)210-6202 |
| 전라북도 | 군산공항출장소 | (063)471-5820 |
| 강원 영동지역(고성, 속초, 양양, 강릉, 동해, 삼척, 태백) | 양양공항출장소 | (033)670-7206 |
| 강원 영서지역 (철원, 화천, 양구, 인제, 춘천, 홍천, 원주, 횡성, 평창, 영월, 정선) | 원주공항출장소 | (033)344-0166 |
| 부산, 대구, 광주, 울산, 경상남북도, 전라남도 | 부산지방항공청<br>(항공운항과) | (051)974-2153 |
| 제주도(정석비행장 관제권 제외) | 제주지방항공청<br>(안전운항과) | (064)797-1745 |
| 제주 정석비행장 반경 9.3km 이내 | 정석비행장 | (064)780-0475 |

## 2) 관제권, 비행금지구역, 통제구역, 제한구역 관할기관

| 구분 | | 관할기간 | 연락처 |
|---|---|---|---|
| **군 관할 관제권<br>(공군)** | 광주 | 광주기지 | (062)940-1111 |
| | 서울 | 서울기지 | (031)720-3232 |
| | 김해 | 김해기지 | (051)979-2306 |
| | 원주 | 원주기지 | (033)730-4221~2 |
| | 수원 | 수원기지 | (031)220-1014~5 |
| | 대구 | 대구기지 | (053)989-3203~4 |
| | 예천 | 예천기지 | (054)650-4722 |
| | 청주 | 청주기지 | (043)200-2111~2 |
| | 강릉 | 강릉기지 | (033)649-2021~2 |
| | 충주 | 중원기지 | (043)849-3084~5 |
| | 해미 | 서산기지 | (041)689-2020~3 |
| | 사천 | 사천기지 | (055)850-3111~4 |
| | 성무 | 성무기지 | (043)290-5230 |
| **군 관할 관제권<br>(해군)** | 포항 | 포항기지 | (054)290-5230 |
| | 목포 | 목포기지 | (061)263-4330~1 |
| | 진해 | 진해기지 | (055)549-4231~2 |
| | 포승 | 2함대사령부 | (031)685-4336 |
| **군 관할 관제권<br>(육군)** | 이천, 논산, 속초 | 항공작전사령부<br>(비행정보반) | (031)644-3705~6 |
| | [군 빙행장 교통구역]<br>가평, 양평, 홍천, 현리,<br>전주, 덕소, 용인, 춘천,<br>영천, 금왕, 조치원 | | |
| **군 관할 관제권<br>(미공군)** | 오산 | 오산기지 | (0505)784-4222<br>(문의 후 신청) |
| | 군산 | 군산기지 | (063)470-4422<br>(문의 후 신청) |
| **군 관할 관제권<br>(미육군)** | 평택 | 평택기지 | (0503)355-2497<br>(문의 후 신청) |
| **통제구역<br>(비행금지구역)** | P73 (서울 도심) | 수도방위사령부<br>(작전지원과) | (02)524-3345~6 |
| | P518, P518E/W<br>(휴전선 지역, NLL일대) | 합동참모본부<br>(항공작전과) | (02)748-3294 |
| | P61A (고리, 새울원전) | 합동참모본부<br>(공중종심작전과)<br>02-748-3435 | (051)726-2051<br>(052)715-2762 |
| | P62A (월성원전) | | (054)779-2902 |
| | P63A (한빛원전) | | (061)357-2823 |
| | P64A (한울원전) | | (054)785-1061 |

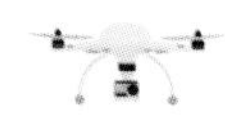



| 구분 | | 관할기간 | 연락처 |
|---|---|---|---|
| **통제구역 (비행금지구역)** | P65A (한국원자력연구원) | | (042)868-8811 |
| | P61B (고리, 새울원전) | 부산지방항공청 (항공운항과) | (051)974-2153 |
| | P62B (월성원전) | | |
| | P63B (한빛원전) | | |
| | P64B (한울원전) | | |
| | P65B (한국원자력연구원) | 청주공항출장소 | (043)210-6202 |
| **통제구역 (비행제한구역)** | R75 (수도권 지역) | 수도방위사령부 (작전지원과) | (02)524-3345~6 |
| | 공군 사격장 | 공군작전사령부 | (031)669-3014/7095 |
| | 육군 사격장 | 육군본부 | (042)550-3321 |
| | 해군 사격장 | 해군작전사령부 | (051)679-3116 |
| | 해병대 사격장 | 해병대사령부 | (031)8012-3724 |
| **주의공역** | 군 작전지역 | 공군작전사령부 (공역관리과) | (031)669-7095 |
| | 위험구역 | | |
| | 경계구역 | | |

## 8 | 비행

### 가. 비행승인에 관한 항공안전법 해설(항공안전법 제127조, 항공안전법 시행규칙 제308조)

1) **항공안전법 제127조 ①항** : 초경량비행장치의 비행안전을 위하여 필요하다고 인정하는 경우에는 초경량비행장치의 비행을 제한하는 공역(이하 "초경량비행장치 비행제한공역"이라 한다)을 지정하여 고시할 수 있다. : **우리나라는 초경량비행장치 전용공역(32개)을 제외하고 나머지 전 지역이 초경량비행장치 비행제한공역으로 지정되어 있다.**
2) **항공안전법 제127조 ②항** : 초경량비행장치 비행제한공역에서 비행하려는 사람은 **국토교통부령**으로 정하는 바에 따라 미리 국토교통부장관으로부터 비행승인을 받아야 한다.
3) **항공안전법 시행규칙 제308조 ①항** : 다만, 다음 각 호의 어느 하나에 해당하는 초경량비행장치는 제외한다.
   가) ①의 4항 가. 최대이륙중량이 25킬로그램 이하인 무인동력비행장치
   **따라서 초경량비행장치 중 무인동력비행장치는 최대이륙중량이 25kg 이하는 승인 없이 비행이 가능하나 최대이륙중량 25kg 초과 기체는 승인을 받아야 한다.**

## 나. 초경량비행장치의 비행승인 정리(항공안전법 제127조, 항공안전법 시행규칙 제308조)

1) 이륙중량 25kg초과의 무인비행장치는 초경량비행장치 전용공역(UA)을 제외한 전 공역에서 사전 비행승인 후 비행이 가능하다.(* 25kg이하 기체는 일반 공역에서 비행승인 불필요)
2) 이륙중량 25kg이하의 무인비행장치는 금지구역, 제한구역, 관제권이 아닌 지역으로서 고도 150m이하에서는 승인없이 비행이 가능하다.
3) 무게에 관계없이 비행금지구역 및 관제권에서는 사전 비행승인 없이 비행이 불가하다.
4) 초경량비행장치 전용공역(UA)에서는 비행승인 없이 비행이 가능하다.
5) 초경량비행장치 종류, 상황별 비행승인 대상은 다음과 같다.
   ① 사업에 사용되는 행글라이더, 패러글라이더, 계류식 무인비행장치, 낙하산류
   ② 고도 150m이상으로 비행하는 경우
   ③ 관제권 및 비행금지구역 내에서 비행하는 경우
   **④ 최대 이륙중량 25kg 초과하는 경우의 무인동력비행장치(드론)**
   ⑤ 자체중량(연료제외) 12kg 초과 길이 7m 초과하는 비행선

<table>
<tr><th>비행승인 법규</th><th>구분</th><th>촬영허가<br>(국방부)</th><th>비행허가<br>(군)</th><th>비행승인<br>(국토부)</th></tr>
<tr><td rowspan="6">• 최대 이륙중량 25kg초과 기체<br>: 전 공역에서 사전 승인 필요<br>→ 3일전까지 지방항공청 신고<br>• 최대 이륙중량 25kg이하 기체<br>: 고도 150m이상, 비행금지구역 및 관제권에서 사전승인 필요<br>• 초경량비행장치 전용공역(UA)<br>→ 비행승인없이 비행가능<br>• 공역이 2개 이상 겹칠 경우<br>→ 각 기관 허가사항 모두 적용<br>• 고도 150m이상 비행 경우<br>→ 공역에 관계없이 사전승인<br>• 가축 전염병 예방, 확산방지를 위한 소독 방역업무 등에 긴급하게 사용하는 경우 불필요</td><td>비행금지구역</td><td>○</td><td>○</td><td>○</td></tr>
<tr><td>비행제한구역</td><td>○</td><td>○</td><td>×</td></tr>
<tr><td>민간관제권<br>(반경 9.3km)</td><td>○</td><td>×</td><td>○</td></tr>
<tr><td>군 관제권<br>(반경 9.3km)</td><td>○</td><td>○</td><td>×</td></tr>
<tr><td>그 밖의 지역<br>(고도 150m이하)</td><td>○</td><td>×</td><td>×</td></tr>
<tr><td colspan="4">※ 비행허가 주요기관<br>– 관제권(공항) : 각 지방항공청<br>– 관제권(군 비행장) : 관할 부대장<br>– 비행금지구역(휴전선) : 합동참모본부(항공작전과)<br>– 비행금지구역(원전중심 A구역)<br>: 합동참모본부(공중종심작전과)<br>– 비행금지구역(서울강북) : 수도방위사령부(화력과)<br>– 항공촬영 허가문의 : 국방부(보안암호정책과)</td></tr>
</table>

## 다. 비행승인신청 방법

1) 무인동력비행장치(드론)의 비행을 위해서는 해당 공역의 관할 기관에 사전에 “드론 원스탑 민원포털서비스(https://drone. onestop.go.kr)”를 통하여 비행승인을 받아야 하며, 촬영을 병행할 경우에는 비행승인과는 별도의 항공촬영 허가를 국방부로부터 받아야 한다.

드론 One-Stop 민원 포털 서비스 비행승인 신청

## 라. 비행승인기관

1) 비행승인은 지역에 따라 승인기관이 다르게 되어 있으며, 항공사진촬영허가는 모든 지역에서 국방부에서 승인하고 있다.
2) 서울시내 비행금지공역(P-73)은 수도방위사령부에서 비행승인을 담당하며, 한강 이남을 포함하여 P-73공역 외곽으로 설정되어 있는 R-75 비행제한 공역도 수도방위사령부의 규정에 의거하여 고도에 상관없이 사전에 비행승인을 득하여야 한다.

| 구 분 | | 비행금지 구역(P) | 비행제한 구역(R) | 민간 관제권 (반경9.3km) | 군 관제권 (반경9.3km) | 기타 지역 (고도150m 미만) |
|---|---|---|---|---|---|---|
| 촬영허가(국방부) | | ○ | ○ | ○ | ○ | ◎ |
| 비행 승인 | 국방부 | ○ * | ○ (R-75) | × | ○ | × |
| | 국토교통부 | ○ * * | × | ○ | × | × |
| | | * 국방부 : P518, P73A/B, P61A, P62A, P63A, P64A, P65A<br>** 국토교통부 : P61B, P62B, P63B, P64B, P65B | | | | |
| 공통사항 | | 1) 최대이륙중량 25kg 초과 기체 비행시 고도에 상관없이 비행 승인 필요<br>2) 공역이 2개 이상 겹칠 경우 각 기관 허가 사항 모두 적용<br>3) 150m 이상 고도에서 비행할 경우 비행승인 필요<br>4) ◎: 국가/군사 시설 유무에 따라 달라질 수 있어 국방부에 문의 필요 | | | | |

수도권 비행통제구역[2]

## 마. 특별비행 승인(항공안전법 시행규칙 312조의 2)

### 1) 특별비행의 조건

① 야간에 비행하거나 육안으로 확인할 수 없는 범위에서 비행

### 2) 무인동력비행장치(드론) 특별비행승인 절차

① 드론 원스탑 민원포털서비스(https://drone.onestop.go.kr)를 통하여 특별비행승인 신청

② 지방항공청에서 신청서 접수 후 항공안전기술원에 안전기준 검사 요청

③ 항공안전기술원에서 검사수수료 통보 및 납부 확인, 안전성 검사(현장점검) 후 지방항공청으로 결과서 제출

④ 지방항공청에서 최종 승인 후 기관 및 업체로 증명서 발송

⑤ 기관 및 업체는 증명서 수령 후 특별비행승인 수행 가능

---

2) 서울지방항공청, 「2020 무인비행장치 드론 안전관리 가이드」, 2020, p.39.

⚙ 드론 원스탑 민원 포털 서비스의 특별비행 승인

### 3) 무인비행장치 특별비행승인 신청서류

① 무인비행장치의 종류 · 형식 및 제원에 관한 서류

- 무인비행장치의 종류, 형식, 무게(최대이륙중량 및 자체중량), 크기 등 제원에 관한 서류(무인비행장치 전체 및 측면 사진을 포함하여 무인비행장치에 카메라 · GPS 위치 발신기 등이 장착되는 경우에는 그 종류·형식 및 무게·크기 등을 제원에 관한 서류를 함께 제출)

② 무인비행장치의 성능 및 운용한계에 관한 서류(각 기체의 매뉴얼 참조)

- 기체 사용 및 성능설명서 등 기체 성능과 운용한계에 대한 정보 제공 서류 제출

③ 무인비행장치의 조작방법에 관한 서류(각 기체의 매뉴얼 참조)

- 수동·자동·반자동 비행기능 및 시각 보조장치 등의 조작방법 사용설명 서류 제출

④ 무인비행장치의 비행절차, 비행지역, 운영인력 등이 포함된 비행계획서

- 실제 비행내용 확인이 가능하도록 아래 사항에 대해 구체적 작성 필요
  - * 야간/비가시 비행 명시
  - * 최대비행고도, 1회당 운영시간, 비행기간, 장소, 비행횟수, 절차, 책임자, 운영인력 등을 포함한 비행계획서
  - * 비행경로(캡처된 지도에 표시), 관찰자 유무 및 위치(캡처된 지도에 표시), 비행금지구역 등 명시

* 자동안전장치(충돌방지기능), 충돌방지 등, GPS 위치발신기 장착 명시

⑤ 안전성인증서(제305조제1항에 따른 초경량비행장치 안전성인증 대상에 해당하는 무인비행장치에 한정)

- 사용기체가 안전성인증 대상에 해당 시, 안전성인증서 제출

⑥ 무인비행장치의 안전한 비행을 위한 무인비행장치 조종자의 조종 능력 및 경력 등을 증명하는 서류

- 비행계획서에 명시된 조종자의 무인비행장치 조종 자격증 제출
- 자격증 미소지 시, 조종능력 및 경력을 증명하는 서류 제출

⑦ 해당 무인비행장치 사고에 따른 제3자 손해 발생 시 손해배상 책임을 담보하기 위한 보험 또는 공제 등의 가입을 증명하는 서류(「항공사업법」 제70조제4항에 따라 보험 또는 공제에 가입하여야 하는 자로 한정)

- 업체 또는 기체에 해당하는 보험 및 공제 가입증명 서류 제출

⑧ 비상상황 매뉴얼 : 사고대응 절차, 비상연락 · 보고체계 등

⑨ 무인비행장치 이 · 착륙장의 조명 및 장애물 현황에 관한 서류(이 · 착륙장 사진 포함)

⑩ 기타 서류(필요 시, 별도 요청)

### 4) 무인비행장치 특별비행을 위한 안전기준

**① 공통사항**

- 이·착륙장 및 비행경로에 있는 장애물이 비행 안전에 영향을 미치지 않아야 함.
- 자동안전장치(Fail-Safe)를 장착함.
- 충돌방지기능을 탑재함.
- 추락 시 위치정보 송신을 위한 별도의 GPS 위치 발신기를 장착함.
- 사고 대응 비상연락, 보고체계 등을 포함한 비상상황 매뉴얼을 작성·비치하고, 모든 참여인력은 비상상황 발생에 대비한 비상상황 훈련을 받아야 함.

**② 야간비행**

- 야간 비행 시 무인비행장치를 확인할 수 있는 한 명 이상의 관찰자를 배치해야 함.
- 5km 밖에서 인식가능한 정도의 충돌방지 등을 장착함.
- 충돌방지 등은 지속 점등 타입으로 전후좌우를 식별 가능 위치에 장착함.
- 자동 비행 모드를 장착함.
- 적외선 카메라를 사용하는 시각보조장치(FPV)를 장착함.
- 이·착륙장 지상 조명시설 설치 및 서치라이트를 구비함.

③ **비 가시권 비행**

- 조종자의 가시권을 벗어나는 범위의 비행 시, 계획된 비행경로에 무인비행장치를 확인할 수 있는 관찰자를 한 명 이상 배치해야 함.
- 조종자와 관찰자 사이에 무인비행장치의 원활한 조작이 가능할 수 있도록 통신이 가능해야 함.
- 조종자는 미리 계획된 비행과 경로를 확인해야 하며, 해당 무인비행장치는 수동/자동/반자동 비행이 가능하여야 함.
- 조종자는 CCC(Command and Control, Communication) 장비가 계획된 비행 범위 내에서 사용 가능한지 사전에 확인해야 함.
- 무인비행장치는 비행계획과 비상상황 프로파일에 대한 프로그래밍이 되어있어야 함.
- 무인비행장치는 시스템 이상 발생 시, 조종자에게 알림이 가능해야 함.
- 통신(RF 통신 및 LTE 통신 기간망 사용 등)을 이중화함.
- GCS(Ground Control System) 상에서 무인비행장치의 상태 표시 및 이상 발생 시 GCS 알림 및 외부 조종자 알림을 장착함
- 시각보조 장치(FPV)를 장착함.

### 5) 특별비행 승인

① 지방항공청장은 신청서를 제출받은 날부터 30일(새로운 기술에 관한 검토 등 특별한 사정이 있는 경우에는 90일) 이내에 법 제129조제5항에 따른 무인비행장치 특별비행을 위한 안전기준에 적합한지 여부를 검사한 후 적합하다고 인정하는 경우에는 별지 제123호의3서식의 무인비행장치 특별비행승인서를 발급하여야 한다.

② 이 경우 지방항공청장은 항공안전의 확보 또는 인구밀집도, 사생활 침해 및 소음 발생 여부 등 주변 환경을 고려하여 필요하다고 인정되는 경우 비행일시, 장소, 방법 등을 정하여 승인할 수 있다.

③ 기타 위의 규정한 사항 이외에 무인비행장치 특별비행승인을 위하여 필요한 사항은 국토교통부장관이 정하여 고시한다.

## 바. 구조 지원장비 장착(항공안전법 제128조, 항공안전법 시행규칙 제309조)

1) 초경량비행장치비행제한공역에서 비행하려는 사람은 안전한 비행과 초경량비행장치사고 시 신속한 구조 활동을 위하여 국토교통부령으로 정하는 장비를 장착하거나 휴대하여야 한다.

① 위치추적이 가능한 표시기 또는 단말기

② 조난 구조용 장비(위 ①의 장비를 갖출 수 없는 경우에 해당)

## 9 | 항공사진촬영(국방부 항공사진 촬영 지침서[3])

### 가. 목적

이 지침은 「국가정보원법」 제3조 및 「보안업무규정」 제33조의 규정에 의한 「국가보안시설 및 보호장비 관리지침」 제33조, 「군사기지 및 군사시설보호법」에 따른 국가보안시설 및 군사시설이 촬영되지 않도록 하기 위해 필요한 사항을 규정함을 목적으로 한다.

### 나. 적용범위

이 지침서는 항공기 및 초경량비행장치를 이용한 항공촬영 신청 민원을 처리하는 업무에 적용한다.

### 다. 보안책임

① 제6조의 촬영금지시설 촬영 시 「군사기지 및 군사시설보호법」 등 관련법에 따른 법적 책임은 항공촬영을 하는 개인, 업체 및 기관에 있다.

② 항공촬영을 하는 개인, 업체 및 기관의 대표는 항공촬영 후 촬영영상에 대한 보안책임을 지며 비밀사항을 지득하거나 점유 시 이를 보호할 책임이 있고, 누출되지 않도록 하여야 한다.

③ 지역책임부대장은 민원인이 항공촬영 신청 시 촬영금지시설이 촬영되지 않도록 안내하여야 한다.

### 라. 항공촬영

"항공촬영"이란 항공안전법에서 정한 항공기, 경량항공기, 초경량비행장치를 이용하여 공중에서 지상의 물체나 시설, 지형을 사진, 동영상 등 영상물로 촬영하는 것을 말한다.

3) 드론 원스탑 민원 서비스 정보마당 공지사항

## 마. 항공촬영 신청

① 초경량비행장치를 이용하여 항공촬영을 하고자 하는 자는 개활지 등 촬영금지시설이 명백하게 없는 곳에서의 촬영을 제외하고는 촬영금지시설 포함 여부를 확인하기 위해 드론원스톱 민원서비스시스템 등을 통해 항공촬영 신청을 하여야 한다. 단, 신청에 대한 확인의 유효기간은 1년에 한한다.

② 항공촬영 신청자는 촬영 4일전(근무일기준)까지 인터넷 드론 원스탑 민원서비스 시스템이나 모바일 앱 등을 이용하여 신청한다.

## 바. 항공촬영 금지시설

① 다음 각 호에 해당되는 시설에 대하여는 항공촬영을 금지한다.

1. 국가보안시설 및 군사보안시설
2. 비행장, 군항, 유도탄 기지 등 군사시설
3. 기타 군수산업시설 등 국가안보상 중요한 시설·지역

② 촬영 금지시설에 대하여 촬영이 필요한 경우 「군사기지 및 군사시설보호법」 및 「국가보안시설 및 국가보호장비 관리지침」 등 관계 법, 규정/절차에 따른다.

## 사. 유인기 이용 항공촬영

① 전국단위 유인기 항공촬영 신청에 대한 민원처리는 육군 제 17보병사단에서 임무수행하며, 지역별 유인기 항공촬영 신청에 대한 민원처리는 지역책임부대에서 수행한다.

② 육군 제 17보병사단장 및 지역책임부대장은 유인기 항공촬영 시 촬영금지지역 고지 등 보안조치를 하며, 필요시 촬영영상에 대한 보안조치를 한다.

③ 개인, 업체 및 기관이 유인기 항공촬영을 하고자 할 때는 붙임#2의 항공촬영 신청서를 문서, 팩스, 기관메일, 등을 이용하여 접수 및 처리한다.

④ 유인기 항공촬영 민원 접수 후 4일 이내(근무일기준)에 문서, 팩스, 기관메일 등을 이용하여 촬영금지시설 포함 여부를 안내한다.

## 아. 보안조치

① 항공촬영 신청 민원에 대해 촬영금지시설 포함 여부를 안내할 때는 촬영금지시설의 유・무를 안내하며, 구체적인 시설명칭은 사용하지 않는다.

② 항공촬영 민원처리 시 항공촬영 신청서 이외의 불필요 서류의 제출 요구는 금지한다.

③ 항공촬영 민원인에 대한 촬영장소 현장 통제는 촬영금지시설이 촬영될 가능성이 명백

한 경우에 한한다. 이 경우 지역책임부대장은 사전에 객관적인 기준을 수립하고, 필요시 촬영금지시설 보안담당자에게 개인정보를 제외하고 촬영신청과 관련된 내용을 통보한다.

④ 제①항에 따른 안내 시 다음 각호의 내용을 포함한다.

1. 민원인이 신청한 촬영지역을 명시
2. 촬영금지시설 촬영 시 관련법규정 및 처벌조항 고지
3. 항공촬영 민원처리담당관 직책
4. 연락 가능한 부대 전화번호

## 자. 지역책임부대 관할 조정

① 항공촬영 민원처리 지역책임부대 상호간의 관할지역에 대한 분쟁이 있을 때는 상급부대에서 관할지역을 조정하며, 조정결과를 국방부(국방정보본부)로 보고한다.

② 전국단위 초경량비행장치 항공촬영 신청에 대한 민원처리는 육군 제 17보병사단에서 실시하며, 붙임#2의 항공촬영 신청서를 문서, 팩스, 기관메일, 등을 이용하여 접수 및 처리할 수 있다.

## 차. 비행승인

① 항공촬영은 비행승인과는 별개의 절차로, 비행승인이 필요할 때는 국토교통부에 비행승인을 받아야 한다. 다만, 비행금지구역을 비행할 경우 항공촬영 신청자는 해당 지역의 공역(空域)관리기관(합참, 수방사, 공군 등)의 별도 승인을 받아야 한다.

② 군사작전 지역 내 비행 및 군 시설 이용이 필요할 경우 사전에 관할 군부대와 협조하여야 한다.

## 카. 행정사항

① 드론원스탑 민원서비스 체계에서 수시로 항공촬영 신청 접수 여부를 확인하며, 민원접수 시 민원인이 신청한 촬영일 내에 처리한다.

② 항공촬영 민원 처리 후 드론원스탑 민원서비스에서 완료 처리한다.

붙임 # 1(국가보안시설)

## 항공촬영 허가 신청서

| 촬영신청기관<br>(연락처) | | | 촬영목적<br>(용도) | | |
|---|---|---|---|---|---|
| 촬영기간 | | | 촬영구분<br>(정 · 사각 등) | | |
| 촬영지역 | | 촬영대상 | | 촬영위치<br>(좌표) | |
| 촬영종류<br>(필름· 영상·<br>수치데이터 등) | | | 촬영분량 | 시간 분<br>( 미리 통) | |
| 촬영장비<br>명칭 · 종류 | | | 촬영고도 | | |
| 축 척 | | | 항공기종<br>(기명) | | |
| 이륙<br>일시 · 장소 | | | 착륙<br>일시 · 장소 | | |
| 항 로 | | 순항고도 | | 항속 | |

| 촬 영 관 계 인 적 사 항 | | | | |
|---|---|---|---|---|
| 구 분 | 성 명 | 생년월일 | 소 속 | 직 책 |
| 기 장 | | | | |
| 승무원 | | | | |
| 촬영기사 | | | | |
| 기 타 | | | | |

붙임 #2 (일반민원)

## 항공촬영 신청서

| 신청인 | 성명/명칭 | | 구 분 | 개인/촬영업체/관공서 |
|---|---|---|---|---|
| | 연 락 처 | | 기관(단체)명 | |
| 촬영계획 | 일 시 | | | |
| | 목표물 | | 촬영용도 | |
| | 촬영지역 주소 | | | |
| | 촬영고도/반경 | / | 순항고도/항속 | / |
| | 항로 | | 좌표 | |
| 비행장치 | 사진의 용도(상세) | | 촬영구분 | 청사진/시각/동영상 |
| | 촬영장비 명칭 및 종류 | | 규격/수량 | |
| | 항공기종 | | 항공기명 | |
| 조종사 | 성명/생년월일 | | 소속/직책 | |
| | 주소 | | 휴대폰번호 | |
| 동승자 | 성명/생년월일 | | 소속/직책 | |
| | 주소 | | 휴대폰번호 | |
| 첨부파일 | | | | |

# 10 조종자 준수사항

## 가. 주요 내용(항공안전법 제129조, 항공안전법 시행규칙 제310조)

### 1) 초경량비행장치의 조종자는 초경량비행장치로 인하여 인명이나 재산에 피해가 발생하지 아니하도록 국토교통부령으로 정하는 준수사항을 지켜야 한다.

① 초경량비행장치 조종자는 법 제129조제1항에 따른 금지행위

- 인명이나 재산에 위험을 초래할 우려가 있는 낙하 물을 투하(投下)하는 행위
- 주거지역, 상업지역 등 인구가 밀집된 지역이나 그 밖에 사람이 많이 모인 장소의 상공에서 인명 또는 재산에 위험을 초래할 우려가 있는 방법으로 비행하는 행위
- 법 제78조제1항에 따른 관제공역·통제공역·주의공역에서 비행하는 행위. 다만, 법 제127조에 따라 비행승인을 받은 경우와 다음 각 목의 행위는 제외한다.
  - 군사목적으로 사용되는 초경량비행장치를 비행하는 행위
  - 다음의 어느 하나에 해당하는 비행장치를 별표 23 제2호에 따른 관제권 또는 비행금지구역이 아닌 곳에서 제199조제1호나목에 따른 최저비행고도(150미터) 미만의 고도에서 비행하는 행위
    1) 무인비행기, 무인헬리콥터 또는 무인멀티콥터 중 최대이륙중량이 25킬로그램 이하인 것
- 안개 등으로 인하여 지상목표물을 육안으로 식별할 수 없는 상태에서 비행하는 행위
- 비행시정 및 구름으로부터의 거리기준을 위반하여 비행하는 행위.
- 일몰 후부터 일출 전까지의 야간에 비행하는 행위.(다만 특별 비행허가를 받은 경우는 제외)
- 「주세법」 제3조제1호에 따른 주류, 「마약류 관리에 관한 법률」 제2조제1호에 따른 마약류 또는 「화학물질관리법」 제22조제1항에 따른 환각물질 등(이하 "주류등"이라 한다)의 영향으로 조종업무를 정상적으로 수행할 수 없는 상태에서 조종하는 행위 또는 비행 중 주류 등을 섭취하거나 사용하는 행위
- 그 밖에 비정상적인 방법으로 비행하는 행위

② 초경량비행장치 조종자는 항공기 또는 경량항공기를 육안으로 식별하여 미리 피할 수 있도록 주의하여 비행

③ 동력을 이용하는 초경량비행장치 조종자는 모든 항공기, 경량항공기 및 동력을 이용하지 아니하는 초경량비행장치에 대하여 진로를 양보

④ 무인비행장치 조종자는 해당 무인비행장치를 육안으로 확인할 수 있는 범위에서 조종하여야 한다.(다만 허가를 득한 경우 제외)

**드론, 이것만 알면 안전해요!**

**가시거리 범위 외 비행금지**

초경량비행장치 조종자는 항공기 또는 경량항공기를 육안으로 식별하여 미리 피할 수 있도록 주의

**음주비행금지**

조종 입무를 정상적으로 수행할 수 없는 상태에서 조종하는 행위 또는 비행중 주류 등 섭취하거나 사용금지

**비행 중 낙하물 투하 금지**

인명이나 재산에 위험을 초래할 우려가 있는 낙하물 투하 금지

**유인항공기 접근 시 회피**

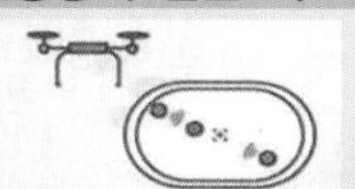

초경량비행장치 조종자는 모든 항공기, 경량항공기 및 동력을 이용하지 않는 초경량비행장치에 대해 진로 양보

**인구밀집 상공 위험한 비행금지**

인구가 밀집된 지역이나 그 밖의 사람이 많이 모인 장소의 상공에서 위험한 비행 금지

**장치에 소유자 정보 기재**

초경량비행장치 소유자는 항공기 또는 경량항공기를 육안으로 식별하여 미리 피할 수 있도록 주의

**야간비행금지**

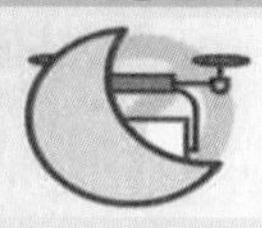

일몰 후부터 일출 전까지 야간 시간 비행금지
(승인을 받고 비행하기)

**고도 150m 이상 비행금지**

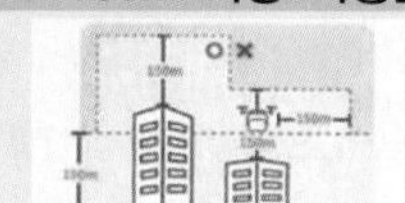

지면, 수면 또는 구조물 최상단(드론 기체 반경 150m)기준, 150m이상 고도에서 비행해야 할 경우 지방항공청장 또는 국방부 허가 필요

**비행금지구역, 관제권 비행금지**

- 청와대 인근/중심(P73A)으로부터 3.8km
- 서울, 강북, 청와대 인근/중심(P73B)으로부터 8km
- 휴전선 부근(P518)
- 원전 중심으로부터 18.6km (P61, P62, P63, P64, P65)
- 관제권 : 비행장, 공항 참조점(ARP)으로부터 9.3km이내

조종자 준수사항

⑤ 「항공사업법」 제50조에 따른 항공레저스포츠사업에 종사하는 초경량비행장치 조종자는 다음 각 호의 사항을 준수하여야 한다.

- 비행 전에 해당 초경량비행장치의 이상 유무를 점검하고, 이상이 있을 경우에는 비행을 중단할 것
- 비행 전에 비행안전을 위한 주의사항에 대하여 동승자에게 충분히 설명할 것
- 해당 초경량비행장치의 제작자가 정한 최대이륙중량을 초과하지 아니하도록 비행할 것

# 11 비행 시 유의사항

## 가. 개요

비행 시 유의사항은 조종자 준수사항과 동일하게 준수하여야 하며, 벌금 및 과태료 등 모두 동일하게 적용 받는다.

## 나. 내용

1) 군 방공비상사태 인지 시 즉시 비행을 중지하고 착륙할 것.
2) 항공기의 부근에 접근하지 말 것. 특히 헬리콥터의 아래쪽에는 Down wash가 있고, 대형 및 고속항공기의 뒤쪽 및 부근에는 Turbulence가 있음을 유의할 것.
3) 군 작전 중인 전투기가 불시에 저고도 및 고속으로 나타날 수 있음을 항상 유의할 것.
4) 다른 초경량 비행장치에 불필요하게 가깝게 접근하지 말 것.
5) 비행 중 사주경계를 철저히 할 것.
6) 태풍 및 돌풍이 불거나 번개가 칠 때, 또는 비나 눈이 내릴 때에는 비행하지 말 것.
7) 비행 중 비정상적인 방법으로 기체를 흔들거나 자세를 기울이거나 급상승, 급강하거나 급선회를 하지 말 것.
8) 제원에 표시된 최대이륙중량을 초과하여 비행하지 말 것.
9) 이륙 전 제반 기체 및 엔진 안전점검을 할 것.
10) 주변에 지상 장애물이 없는 장소에서 이착륙할 것.
11) 야간에는 비행하지 말 것.(특별허가를 받은 경우는 제외)
12) 음주 약물복용 상태에서 비행하지 말 것.
13) 초경량 비행장치를 정해진 용도 이외의 목적으로 사용하지 말 것.
14) 비행금지공역, 비행제한공역, 위험공역, 경계구역, 군부대상공, 화재발생지역 상공, 해상화학공업단지, 기타 위험한 구역의 상공에서 비행하지 말 것.
15) 공항 및 대형비행장 반경 약 9.3km 이내에서 관할 관제탑의 사전승인 없이 비행하지 말 것.
16) 고압송전선 주위에서 비행하지 말 것.
17) 추락, 비상착륙 시 인명, 재산의 보호를 위해 노력할 것.
18) 인명이나 재산에 위험을 초래할 우려가 있는 낙하물을 투하하지 말 것.
19) 인구가 밀집된 지역 기타 사람이 운집한 장소의 상공을 비행 하지 말 것.

# 12 | 조종자 안전수칙

## 가. 개요

조종자 안전수칙은 조종자 준수사항과 동일하게 준수하여야 하며, 벌금 및 과태료 등 모두 동일하게 적용 받는다.

## 나. 내용

1) 조종자는 항상 경각심을 가지고 사고를 예방할 수 있는 방법으로 비행해야 한다.
2) 비행 중 비상사태에 대비하여 비상절차를 숙지하고 있어야 하며, 비상사태에 직면하여 비행장치에 의해 인명과 재산에 손상을 줄 수 있는 가능성을 최소화 할 수 있도록 고려하여야 한다.
3) 드론 비행장소가 안개등으로 인하여 지상 목표물을 식별할 수 있는지 비행 중의 드론을 명확히 식별할 수 있는 시정인지를 비행 전에 필히 확인하여야 한다.
4) 가급적 이륙 시 육안을 통해 주변상황을 지속적으로 감지 할 수 있는 보조요원등과 이착륙 시 활주로에 접근하는 내, 외부인의 부주의한 접근을 통제 할 수 있는 지상안전요원이 배치된 장소에서 비행하여야 한다.
5) 아파트 단지, 도로, 군부대 인근, 원자력 발전소 등 국가 중요시설, 철도, 석유, 화학, 가스, 화약 저장소, 송전소, 변전소, 송전선, 배전선 인근, 사람이 많이 모인 대형 행사장 상공 등에서 비행해서는 안 된다.
6) 전신주 주위 및 전선 아래에 저고도 미 식별 장애물이 존재한다는 의식 하에 회피기동을 하여야 하며, 사고 예방을 위해 전신주 사이를 통과하는 것은 자제한다.
7) 비행 중 원격 연료량 및 배터리 지시 계를 주의 깊게 관찰하며, 잔여 연료량 및 배터리 잔량을 확인하여 계획된 비행을 안전하게 수행하여야 한다.
8) 드론에 탑재되는 짐벌 등을 안전하게 고정하여 추락사고가 발생하지 않도록 하여야하며, 드론 비행성능을 초과하는 무게의 탑재물을 설치하지 말아야 한다.
9) 비행 중 원격제어장치, 원격계기 등의 이상이 있음을 인지하는 경우에는 즉시 가까운 이착륙 장소에 안전하게 착륙하여야 한다.
10) 연료공급 및 배출 시, 이착륙 직후, 밀폐된 공간 작업수행 시 흡연을 금지하여야하며, 음주 후 비행은 금지하여야 한다.
11) 충돌사고를 방지하기 위해 다른 비행체에 근접하여 드론을 비행하여서는 안되며 편대

비행을 하여서는 안 된다.

12) 드론 조종자는 항공기를 육안으로 식별하여 미리 피할 수 있도록 주의하여 비행하여야 하며 다른 모든 항공기에 대하여 최우선적으로 진로를 양보하여야 하고, 발견즉시 충돌을 회피할 수 있도록 조치를 해야 한다.

13) 가능한 운영자 또는 보조자를 배치하여 다른 비행체 발견과 회피를 위해 외부경계를 지속적으로 유지하여야 한다.

14) 군 작전 중인 헬기, 전투기가 불시에 저고도, 고속으로 나타날 수 있음을 항상 유의

# 13 통신 안전수칙

## 가. 주요 내용

1) 드론은 무선 조종기와 수신기간의 전파로 조종, 지상통제소(Ground Station)와 비행장치 내 프로세서 또는 관성측정장치(IMU)와 Data Radio Link를 이용하여 조종 또는 자율 비행을 수행하고, 역시 Data Radio Link(Telemetry)를 통한 비행 정보를 받아가면서 원격으로 조종되므로 항상 통신두절 및 제어불능 상황발생을 염두에 두고, 사고 피해를 최소화하도록 운영하여야 한다.

2) 혼신(Interference: 40/72MHz) 또는 잡파(Noise: 40/72MHz/2.4GHz) 발생 시 Fail Safe 기능사용 또는 Self Circling/Stabilized Hovering 모드로 진입 후 문제 해결 또는 RTH나 Auto Landing으로 기체를 회수해야 한다.

3) GPS 장애 및 교란에 대비 Fail Safe/Throttle cut 기능사용 등 이, 삼중의 안전대책을 강구할 필요가 있다.

4) GPS의 장애요소는 태양의 활동변화, 주변 환경(주변 고층 빌딩 산재, 구름이 많이 낀 날씨 등)에 의한 일시적인 문제, 의도적인 방해, 위성의 수신 장애 등 다양하며, 이로 인해 GPS에 장애가 오면 드론이 조종 불능(No Control)이 될 수 있다.

5) 조종불능의 경우 비행체가 조종자의 의도와 상관없이 비행하게 되어 수십 미터 또는 수십 킬로미터 비행하다가 안전사고가 발생할 수 있으므로 No Control이 되면 자동으로 동력을 차단 또는 기능을 회복하여 의도하지 않은 비행을 막아주는 Fail, Safe 기능이 있는지 확인해야 한다.

## 14 안전개선명령과 준용규정

### 가. 안전개선명령(항공안전법 제130조, 항공안전법 시행규칙 제313조)

국토교통부장관은 초경량비행장치 사용사업의 안전을 위하여 필요하다고 인정되는 경우에는 사업자에게 다음 각 호의 사항을 명할 수 있다.

1) 초경량비행장치 및 그 밖의 시설의 개선
2) 그 밖에 초경량비행장치의 비행안전에 대한 방해 요소를 제거하기 위하여 필요한 사항으로서 국토교통부령으로 정하는 사항

법 제130조제2호에서 **"국토교통부령으로 정하는 사항"**이란 다음 각 호의 어느 하나에 해당하는 사항을 말한다.

1) 초경량비행장치사업자가 운용중인 초경량비행장치에 장착된 안전성이 검증되지 아니한 장비의 제거
2) 초경량비행장치 제작자가 정한 정비절차의 이행
3) 그 밖에 안전을 위하여 국토교통부장관 또는 지방항공청장이 필요하다고 인정하는 사항

### 나. 준용규정(항공안전법 제131조, 항공안전법 57조)

항공종사자 및 객실승무원은 항공업무 또는 객실승무원의 업무에 종사하는 동안에는 주류 등을 섭취하거나 사용해서는 아니된다.

초경량비행장치 소유자 등 또는 초경량비행장치를 사용하여 비행하려는 사람에 대한 주류 등의 섭취, 사용 제한에 관하여는 제57조를 준용한다.

**1) 주류 등의 영향으로 항공업무 또는 객실승무원의 업무를 정상적으로 수행할 수 없는 상태의 기준은 다음 각 호와 같다.**

① 주정성분이 있는 음료의 섭취로 혈중알코올농도가 0.02퍼센트 이상인 경우
② 「마약류 관리에 관한 법률」 제2조제1호에 따른 마약류를 사용한 경우
③ 「화학물질관리법」 제22조제1항에 따른 환각물질을 사용한 경우

## 15 초경량비행장치 사고와 보험

### 가. 사고

#### 1) 사고의 정의(항공안전법 제2조 용어의 정의)

"**초경량비행장치 사고**"란 초경량비행장치를 사용하여 비행을 목적으로 이륙하는 순간부터 착륙하는 순간까지 발생한 다음 각목의 어느 하나에 해당되는 것으로서 국토교통부령으로 정하는 것을 말한다.

① 초경량비행장치에 의한 사람의 사망, 중상 또는 행방불명

② 초경량비행장치의 추락, 충돌 또는 화재 발생

③ 초경량비행장치의 위치를 확인할 수 없거나 초경량비행장치에 접근이 불가능한 경우

#### 2) 사고 발생 시 조치사항

① 인명구호를 위해 신속히 필요한 조치를 취할 것

② 사고 조사를 위해 기체, 현장을 보존할 것

③ 사고 조사에 도움이 될 수 있는 정황 및 장비 상태에 대한 사진 및 동영상 자료를 세부적으로 촬영할 것

#### 3) 사고의 보고(항공안전법 시행규칙 제312조)

초경량비행장치 사고를 일으킨 조종자 또는 그 초경량비행장치 소유자 등은 다음 각 호의 사항을 관할 지방항공청장 및 항공철도사고조사위원회에 보고 하여야 한다.

① 조종자 및 그 초경량비행장치소유자등의 성명 또는 명칭

② 사고가 발생한 일시 및 장소

③ 초경량비행장치의 종류 및 신고번호

④ 사고의 경위

⑤ 사람의 사상(死傷) 또는 물건의 파손 개요

⑥ 사상자의 성명 등 사상자의 인적사항 파악을 위하여 참고가 될 사항

### 나. 보험(항공사업법 70조)

1) ④항 초경량비행장치를 초경량비행장치사용사업, 항공기대여업 및 항공레저스포츠사업에 사용하려는 자와 무인비행장치 등 국토교통부령으로 정하는 초경량비행장치를

소유한 국가, 지방자치단체, 「공공기관의 운영에 관한 법률」 제4조에 따른 공공기관은 국토교통부령으로 정하는 보험 또는 공제에 가입하여야 한다.

**2)** 영리목적으로 사용되는 드론은 항공사업법 제70조 및 자동차손해배상 보장법 시행령 제3조에서 규정하고 있는 손해액에 부합하는 보험을 기체별로 가입해야 한다.

### 3) 보험의 종류

① **대인/대물(배상책임보험)** : 모든 사용사업자 필수
- 사고 시 배상 대상 : 대인, 대물
- 보상금액 한도 : 사용사업을 위한 기본 요구사항으로서 1인/건당 1.5억원 배상가액
- 보험료 : 60~80만원

② **자차보험(항공보험 등)** : 교육기관 비행장치 권유, 기타 사용사업자 선택
- 사고 시 배상 대상 : 자가 장비
- 보상금액 한도 : 수리비용 보상 한도에서 설계
- 보험료 : 무인헬리콥터(약 2천만원/대당), 무인멀티콥터(약 350만원/대당)

③ **자손보험(개인 배상책임 등)** : 교육기관 필수, 기타 사용사업자 선택
- 사고 시 배상 대상 : 자가 신체
- 보상금액 한도 : 조종자 자신의 손상에 대한 치료비 등 보상
- 보험료 : 인원별/기관별 상이(수 만원~수십 만원)

### 4) 보험 배상처리를 위한 사전 조건 및 준비사항

① **조종사** : 유자격자 조종 필수

② **방제 비행 시** : 신호수 편성운용 필수

③ **교육원 교관 입회 조종 필수**

④ **개인비행시간기록부 / 기체비행시간기록부 / 정비이력부 작성 필수**

⑤ **조종기 비행로그 제공 / 기체 비행로그 제공**

⑥ **사고 발생 시 현장 사진 / 동영상 촬영 유지**

⑦ **정기점검** : 부품별 정비 및 비행기록 유지. 조종자 비행기록 유지

⑧ 항공안전법 등 법 규정을 위반한 사고일 경우 심각성에 따라 보상 규모를 제한받을 수 있다.

⑨ **할인할증제도 실시** : 조종자 개인 및 소속 기관별 할인/할증제도가 있으며, 안전한 운항을 통해서 보험료 감면받을 수 있다.

# 16 초경량비행장치의 벌칙

## 가. 과태료 및 벌금

| 위반행위 요약 | 징역 / 벌금 / 행정처분 |
|---|---|
| 주류 등 섭취상태 비행, 비행 중 주류섭취, 주류측정 거부 시<br>군사기지 또는 군사시설의 촬영, 묘사, 녹취, 측량 또는 이에 관한 문서나 도서 등 발간시 | 징역 3년 이하,<br>벌금 3,000만원 이하 |
| 안전성 인증 받지 않은 기체 & 조종증명 없이 비행 | 징역 1년 이하, 벌금 1,000만원 이하 |
| 안전명령 위반 사용 사업자 | 1,000만원 이하 |
| 장치신고, 변경신고 위반 & 비행 | 징역 6월 이하, 500만원 이하 |
| 비행승인없이 초경량비행장치 제한공역비행<br>비행승인없이 관제권비행, 비행장 운영 지장 초래 시<br>검사거부 | 500만원 |
| 안전성 인증 없이 비행 | 1차 250, 2차 375, 3차 500만원 |
| 조종자 증명 없이 비행 | 1차 200, 2차 300, 3차 400만원 |
| 조종자증명 대여 알선<br>비행승인 없이 비행, 특별비행승인 없이 비행<br>조종자 준수사항위반<br>승인 외 비행 | 1차 150, 2차 225, 3차 300만원 |
| 신고번호 표시의무 위반<br>구지지원장비 장착의무 위반 | 1차 50, 2차 75, 3차 100만원 |
| 말소신고위반<br>사고보고 의무위반 | 1차 15, 2차 22.5 3차 30만원 |
| 보고 등을 하지 않거나 거짓보고<br>질문에 대하여 거짓 진술<br>운용정지, 업무정지 따르지 않은 경우<br>시정조치 명령에 따르지 않은 경우<br>공시하지 않거나 공지를 허위로 한 경우 | 1차 250,<br>2차 375,<br>3차 500만원 |
| 거짓, 부정한 방법으로 조종자 증명 취득<br>조종자 증명 대여, 알선<br>주류 등 측정요구 불응<br>정지기간 비행 | 조종자 증명 취소 |
| 항공안전법을 위반하여 벌금이상의 형 선고 | –100만원 이하: 30일,<br>–100~200만원: 50일,<br>–200만원 이상: 취소 |
| 고의 또는 중과실로 인명피해 정도 | 부상:30일, 중상:90일, 사망:취소 |
| 고의 또는 중과실로 재산피해 정도 | 10억 미만 30일, 10~100억: 90일,<br>100억 이상: 180일 |
| 조종자 준수사항위반 적발 | 1차: 30일, 2차: 60일,<br>3차 이상 180일 |
| 주류섭취상태 비행, 비행 중 주류섭취 기준 | 0.02~0.06%: 60일,<br>0.06~0.09%: 120일,<br>0.09~:180일 |
| 마약, 환각물질 복용 기준 | 1차 60일, 2차 120일, 3차 180일 |

SECTION
# 02 항공 안전법

**01 우리나라 항공관련법규(항공안전법, 항공사업법, 공항시설법)의 기본이 되는 국제법은?**

① 미국의 항공법
② 일본의 항공법
③ 중국의 항공법
④ 「국제민간항공협약」 및 같은 협약의 부속서

**02 우리나라 항공안전법의 목적으로 틀린 것은?**

① 항공기, 경량항공기 또는 초경량비행장치가 안전하게 항행하기 위한 방법을 정한다.
② 국민의 생명과 재산을 보호한다.
③ 항공기술 발전에 이바지한다.
④ 국제 민간항공기구에 대응한 국내 항공산업을 보호한다.

**03 항공안전법에서 정한 용어의 정의가 맞는 것은?**

① 관제구라 함은 평균해수면으로부터 500미터 이상 높이의 공역으로서 항공교통의 통제를 위하여 지정된 공역을 말한다.
② 항공등화라 함은 전파, 불빛, 색채 등으로 항공기 항행을 돕기 위한 시설을 말한다.
③ 관제권이라 함은 비행장 및 그 주변의 공역으로서 항공교통의 안전을 위하여 지성된 공역을 말한다.
④ 항행안전시설이라 함은 전파에 의해서만 항공기 항행을 돕기 위한 시설을 말한다.

- **관제구** : 지표면 또는 수면으로부터 200m이상 높이의 공역으로서 항공교통의 안전을 위하여 지정한 공역.
- **항공등화** : 불빛을 이용하여 항공기의 항행을 돕기 위한 항행안전시설
- **항행안전시설** : 유선통신, 무선통신, 불빛, 색채 또는 형상을 이용하여 항공기의 항행을 돕기 위한 시설

**04 지표면 또는 수면으로부터 200m이상 높이의 공역으로서 항공교통의 안전을 위하여 지정한 공역은?**

① 관제권
② 관제구
③ 비행정보구역
④ 항공로

정답 **01.** ④ **02.** ④ **03.** ③ **04.** ②

**05** 다음 중 안전관리제도에 대한 설명으로 틀린 것은?

① 이륙중량이 25kg초과이면 안전성 검사와 비행 시 비행승인을 받아야 한다.
② 이륙중량이 25kg이하이면 사업을 하더라도 안정성검사를 받지 않아도 된다.
③ 무게가 약 2kg인 취미, 오락용 드론은 조종자 준수사항을 준수하지 않아도 된다.
④ 이륙중량이 2kg초과이면 개인 취미용으로 활용하더라도 조종자격증명을 취득해야 한다.

무게에 상관없이 조종자 준수사항은 준수해야 한다.

**06** 초경량비행장치 멀티콥터를 소유한 자가 신고 시 누구에게 신고하는가?

① 한국 교통안전공단 드론관리처
② 국토부 첨단항공과장
③ 국토부 자격과장
④ 지방항공청장

2020년 12월 10일부터 한국교통안전공단 드론관리처에 신고

**07** 초경량비행장치의 변경신고는 사유발생일로부터 며칠 이내에 신고하여야 하는가?

① 30일 ② 60일
③ 90일 ④ 180일

변경신고는 30일 이내, 말소신고는 15일 이내에 실시한다.

**08** 다음 중 초경량비행장치 소유자는 용도가 변경되거나 소유자의 성명, 명칭 또는 주소가 변경 되었을 시 신고 기간은?

① 15일 ② 30일
③ 50일 ④ 60일

**09** 초경량비행장치 소유자의 주소변경 시 신고기간은?

① 15일 ② 30일
③ 60일 ④ 90일

**10** 초경량비행장치의 말소신고의 설명 중 틀린 것은?

① 사유 발생일로부터 30일 이내에 신고하여야 한다.
② 비행장치가 멸실된 경우 실시한다.
③ 비행장치의 존재 여부가 2개월 이상 불분명할 경우 실시한다.
④ 비행장치가 외국에 매도된 경우 실시한다.

사유 발생일로부터 15일 이내에 신고하여야 한다.

**11** 초경량비행장치를 멸실하였을 경우 신고기간은?

① 15일 ② 30일
③ 3개월 ④ 6개월

**12** 초경량비행장치 멀티콥터의 멸실 등의 사유로 말소신고를 할 경우 그 사유가 발생한 날부터 며칠 이내에 한국교통안전공단 이사장에게 말소신고서를 제출하여야 하는가?

① 5일 ② 10일
③ 15일 ④ 30일

변경신고는 30일, 멸실 신고는 15일

정답 **05.** ③ **06.** ① **07.** ① **08.** ② **09.** ② **10.** ① **11.** ① **12.** ③

**13** **무인멀티콥터를 소유한 자는 한국교통안전공단 이사장에게 신고하여야 한다. 이때 첨부하여야 할 것이 아닌 것은?**

① 장비의 제원 및 성능표
② 소유하고 있음을 증명하는 서류
③ 비행안전을 확보하기 위한 기술상의 기준에 적합함을 증명하는 서류
④ 초경량비행장치의 사진

**14** **한국교통안전공단 이사장에게 기체 신고 시 필요 없는 서류는?**

① 초경량비행장치를 소유하거나 사용할 수 있는 권리가 있음을 증명하는 서류
② 초경량비행장치의 제원 및 성능표
③ 초경량비행장치의 사진
④ 초경량비행장치의 제작자

**15** **국토교통부장관에게 소유신고를 하지 않아도 되는 것은?**

① 동력비행장치
② 초경량 헬리콥터
③ 초경량 자이로플레인
④ 계류식 무인비행장치

**신고를 필요로 하지 않는 초경량비행장치** : 계류식 무인비행장치 등 9가지이며, 항공안전법 시행령 제24조 참조

**16** **항공안전법상 신고를 필요로 하지 아니하는 초경량비행장치의 범위가 아닌 것은?**

① 동력을 이용하지 아니하는 비행장치
② 낙하산류
③ 무인동력비행장치 중에서 연료의 무게를 제외한 자체무게가 12kg이하인 것
④ 군사 목적으로 사용되지 아니하는 초경량비행장치

군사 목적으로 사용되는 초경량비행장치

**17** **신고를 하지 않아도 되는 초경량비행장치는?**

① 동력비행장치
② 인력활공기
③ 회전익비행장치
④ 초경량헬리콥터

**18** **신고를 필요로 하지 않는 초경량비행장치의 범위가 아닌 것은?**

① 길이 7m를 초과하고 연료제외 자체무게가 12kg을 초과하는 무인비행선
② 제작자 등이 판매를 목적으로 제작하였으나 판매되지 아니한 것으로 비행에 사용되지 아니하는 초경량비행장치
③ 연구기관 등이 시험, 조사, 연구 또는 개발을 위해 제작한 초경량비행장치
④ 군사목적으로 사용되는 초경량비행장치

길이 7m 이하이고, 연료제외 자체무게가 12kg 이하 무인비행선은 신고 불필요

**19** **초경량 비행장치 무인멀티콥터의 등록일련번호 등은 누가 부여하는가?**

① 국토교통부장관
② 교통안전공단 이사장
③ 항공협회장
④ 지방항공청장

**20** **초경량비행장치 무인 멀티콥터의 안전성 인증은 어느 기관에서 실시하는가?**

① 교통안전공단 ② 지방항공청
③ 항공안전기술원 ④ 국방부

정답 13. ③ 14. ④ 15. ④ 16. ④ 17. ② 18. ① 19. ② 20. ③

**21** 국토교통부령으로 정하는 초경량비행장치를 사용하여 비행하려는 사람은 비행안전을 위한 기술상의 기준에 적합하다는 안전성인증을 받아야 한다. 다음 중 안전성 인증대상이 아닌 것은?

① 무인기구류
② 무인비행장치
③ 회전익비행장치
④ 착륙장치가 없는 동력패러글라이더

**안전성인증을 받아야 하는 초경량비행장치** : 동력비행장치, 회전익 비행장치, 동력 패러글라이더, 기구류(사람이 탑승하는 것만 해당), 무인비행장치 등

**22** 초경량비행장치 인증의 종류 중 초도인증 이후 안전성 인증서의 유효기간이 도래하여 새로운 안전성 인증을 받기 위하여 실시하는 인증은 무엇인가?

① 정기인증 ② 초도인증
③ 수시인증 ④ 재 인증

**[안정성 인증의 종류]**
1. **초도인증** : 국내에서 설계·제작하거나 외국에서 국내로 도입한 초경량비행장치의 안전성인증을 받기 위하여 최초로 실시하는 인증
2. **정기인증** : 안전성인증의 유효기간 만료일이 도래되어 새로운 안전성인증을 받기 위하여 실시하는 인증
3. **수시인증** : 초경량비행장치의 비행안전에 영향을 미치는 대수리 또는 대개조 후 기술기준에 적합한지를 확인하기 위하여 실시하는 인증
4. **재 인증** : 초도, 정기 또는 수시인증에서 기술기준에 부적합한 사항에 대하여 정비한 후 다시 실시하는 인증

**23** 초경량비행장치를 국내에서 설계·제작하거나 외국에서 국내로 도입하여 안전성인증을 받기 위하여 최초로 실시하는 인증은 무엇인가?

① 초도 인증 ② 정기 인증
③ 수시 인증 ④ 재 인증

**24** 초경량무인비행장치 무인 멀티콥터의 자체 기체중량에 포함되지 않는 것은?

① 기체무게 ② 로터무게
③ 배터리무게 ④ 탑재물

탑재물을 포함하면 이륙중량이 된다.

**25** 초경량비행장치 무인 멀티콥터의 무게가 25kg을 초과 시 안전성 인증을 받아야 하는데 이때 25kg의 기준은 무엇인가?

① 자체 중량
② 최대 이륙중량
③ 최대 착륙중량
④ 적재물을 제외한 중량

**26** 초경량비행장치 무인멀티콥터의 지도 조종자 자격증명을 위한 연수신청 기준으로 틀린 것은?

① 나이가 만 14세 이상인 사람
② 나이가 만 18세 이상인 사람
③ 해당 비행장치의 비행경력이 100시간 이상인 사람
④ 단, 유인 자유기구는 비행경력이 70시간 이상인 사람

지도 조종자 자격증명 시험은 만 18세 이상인 사람이다.

정답 21. ① 22. ① 23. ① 24. ④ 25. ② 26. ①

**27** **초경량비행장치 무인멀티콥터 1종(25kg 초과) 조종자 자격시험에 응시할 수 있는 최소 연령은?**

① 만 12세 이상 ② 만 13세 이상
③ 만 14세 이상 ④ 만 18세 이상

• **1~3종**은 만 14세, • **4종**은 만 10세 이상
• **지도 조종자**는 만 18세 이상

**28** **초경량비행장치 무인멀티콥터 4종(250g 초과~2kg이하) 조종자 자격시험 온라인 교육에 응시할 수 있는 연령은?**

① 만 10세 이상
② 만 12세 이상
③ 만 14세 이상
④ 만 18세 이상

1~3종은 만 14세, 4종은 만 10세

**29** **초경량비행장치 무인멀티콥터 1종(25kg 초과) 조종자격증명 취득의 설명 중 맞는 것은?**

① 자격증명 취득 연령은 만 14세, 교관조종자격증명은 만 18세 이상이다.
② 자격증명과 교관자격증명 취득 연령은 모두 만 14세 이상이다.
③ 자격증명과 교관자격증명 취득 연령은 모두 만 20세 이상이다.
④ 자격증명 취득 연령은 만 14세, 교관조종자격증명은 만 25세 이상이다.

**30** **초경량비행장치 무인멀티콥터 1종(25kg 초과) 조종자격 시험 응시 기준으로 잘못된 것은?**

① 무인헬리콥터 조종자증명을 받은 사람이 무인 멀티콥터 조종자증명시험에 응시하는 경우 학과시험 면제
② 나이는 만 14세 이상인 사람
③ 무인 멀티콥터를 조종한 시간이 총 20시간 이상인 사람
④ 무인헬리콥터 조종자 증명을 받은 사람이 무인 멀티콥터를 조종한 시간이 총 20시간 이상인 사람

무인헬리콥터 조종자 증명을 받은 사람이 무인 멀티콥터를 조종한 시간이 총 10시간 이상인 사람

**31** **초경량비행장치 무인멀티콥터 조종자 전문교육기관 지정기준으로 가장 적절한 것은?**

① 비행시간이 100시간 이상인 지도조종자 1명과 비행시간이 150시간 이상인 실기평가 조종자 1명 이상 보유
② 비행시간이 150시간 이상인 지도조종자 2명 이상 보유
③ 비행시간이 100시간 이상인 실기평가 조종자 1명 이상 보유
④ 비행시간이 150시간 이상인 실기평가 조종자 2명 이상 보유

다음 아래의 **전문교관**이 있어야 한다.
가. 비행시간이 100시간 이상인 지도조종자 1명 이상
나. 비행시간이 150시간 이상인 실기평가조종자 1명 이상

**정답** **27.** ③ **28.** ① **29.** ① **30.** ④ **31.** ①

**32** **초경량비행장치 무인멀티콥터 1종(25kg 초과) 조종자 전문교육기관이 확보해야 할 지도조종자의 최소비행시간은?**

① 50시간 ② 100시간
③ 150시간 ④ 200시간

비행시간이 100시간 이상인 지도조종자 1명 이상, 150시간 이상인 실기평가 조종자 1명 이상

**33** **초경량비행장치 무인멀티콥터 조종자 전문교육기관 지정을 위해 교통안전공단 이사장에게 제출할 서류가 아닌 것은?**

① 전문교관의 현황
② 교육시설 및 장비의 현황
③ 교육훈련계획 및 교육훈련 규정
④ 보유한 비행장치의 제원

**제출서류**: 전문교관의 현황, 교육시설 및 장비의 현황, 교육훈련계획 및 교육훈련규정

**34** **초경량비행장치 무인멀티콥터 조종자 전문교육기관 지정 시의 시설 및 장비 보유 기준으로 틀린 것은?**

① 강의실 및 사무실 각 1개 이상
② 이·착륙 시설
③ 훈련용 비행장치 1,2,3종 각 1대 이상
④ 훈련용 비행장치 최소 2대 이상

훈련용 비행장치는 1, 2, 3종 각 1대 이상 보유하여야 한다.

**35** **다음 중 전문교육기관 운영 중에서의 비행경력 인정에 관한 사항 중 틀린 것은?**

① 1종 비행경력은 25kg 초과 기체로 비행한 경력을 말한다.
② 2종 비행경력 인정 시 1종 기체로 비행한 경력도 포함한다.
③ 2종 비행경력 인정 시 3종 기체로 비행한 경력은 3시간 인정한다.
④ 3종 비행경력 인정 시 2종 기체로 비행한 경력은 포함되지 않는다.

**36** **무인 멀티콥터의 비행과 관련한 사항 중 틀린 것은?**

① 최대 이륙중량 25kg이하 기체는 비행금지구역 및 관제권을 제외한 공역에서 고도 150m미만에서는 비행승인없이 비행이 가능하다.
② 최대 이륙중량 25kg 초과 기체는 전 공역에서 사전 비행승인 후 비행이 가능하다.
③ 초경량비행장치 전용공역에도 사전 비행계획을 제출 후 승인을 받고 비행한다.
④ 최대 이륙중량 상관없이 비행금지구역 및 관제권에서는 사전 비행승인 없이는 비행이 불가하다.

**37** **초경량비행장치를 이용하여 비행정보구역 내에 비행 시 비행계획을 제출하여야 하는 데 포함사항이 아닌 것은?**

① 항공기의 식별부호
② 항공기 탑재 장비
③ 출발비행장 및 출발예정시간
④ 보안 준수사항

**38** **초경량비행장치 비행계획승인 신청 시 포함되지 않는 것은?**

① 비행경로 및 고도
② 동승자의 소지자격
③ 조종자의 비행경력
④ 비행장치의 종류 및 형식

항공안전법 시행규칙 별지 제122호 서식 비행계획서 참조

**정답** 32. ② 33. ④ 34. ④ 35. ④ 36. ③ 37. ④ 38. ②

**39** 다음 중 초경량무인비행장치 비행허가 승인에 대한 설명으로 틀린 것은?

① 비행금지구역(P-73, P-61등) 비행허가는 군에 받아야 한다.
② 공역이 두 개 이상 겹칠 때는 우선하는 기관에 허가를 받아야 하다.
③ 군 관제권 지역의 비행허가는 군에서 받아야 한다.
④ 민간 관제권 지역의 비행허가는 국토부의 비행승인을 받아야 한다.

두 기관 모두 받아야 한다.

**40** 일반적인 비행금지 사항에 대한 설명 중 맞는 것은?

① 서울지역 P-73A/B 구역의 건물 내에서는 야간에도 비행이 가능하다.
② 한적한 시골지역 유원지 상공의 150m 이상 고도에서 비행이 가능하다.
③ 초경량비행장치 전용공역에서는 고도 150m이상, 야간에도 비행이 가능하다.
④ 아파트 놀이터나 도로 상공에서는 비행이 가능하다.

②, ③은 반드시 승인을 받아야 하고, ④번 지역에서 비행 시 조종자 준수사항 위반이 된다.

**41** 초경량비행장치 멀티콥터의 일반적인 비행 시 비행고도 제한 높이는?

① 50m ② 100m
③ 150m ④ 200m

150m 이상 시 승인을 득하여야 한다.

**42** 취미활동, 오락용 무인비행장치의 운용에 대한 설명으로 틀린 것은?

① 취미활동, 오락용 무인비행장치 조종자도 조종자 준수사항을 준수하여야 한다.
② 타 비행체와의 충돌방지와 제3자 피해를 위한 안전장치를 강구하여야 한다.
③ 무게가 작고 소형인 취미, 오락용 비행장치도 비행금지구역이나 관제권에서 비행 시 허가를 받아야 한다.
④ 취미활동, 오락용 무인비행장지는 소형이라서 아파트나 도로상공에서 비행이 가능하다.

조종자 준수사항으로 규제하여 불가하다.

**43** 다음 중 초경량비행장치의 비행 승인기관에 대한 설명 중 틀린 것은?

① 고도 150m이상 비행이 필요한 경우 공역에 관계없이 국토부에 비행계획 승인 요청
② 민간관제권 지역은 국토부에 비행계획 승인 요청
③ 군 관제권 지역은 해당 관제권 관한 부대에 비행계획 승인 요청
④ 비행금지구역 중 원자력 지역은 해당 지역관할 지방항공청에 비행계획 승인 요청

원자력 발전소와 연구소의 A구역은 국방부(합참)에 B구역은 각 지방항공청에 비행계획 승인 요청

정답 **39.** ② **40.** ① **41.** ③ **42.** ④ **43.** ④

**44** **항공사진촬영은 촬영목적, 용도 및 대상시설, 지역의 보안상 중요도 등을 검토하여 항공촬영허가 여부를 결정한다. 다음 중 항공사진촬영이 금지된 곳이 아닌 곳은 어디인가?**

① 국가보안시설 및 군사보안 시설
② 비행장, 군항, 유도탄 기지 등 군사시설
③ 기타 군수산업시설 등 국가안보상 중요한 시설·지역
④ 국립공원

**45** **초경량비행장치 조종자 준수사항의 금지행위에 어긋나는 것은?**

① 인명이나 재산에 위험을 초래할 우려가 있는 낙하물을 투하하는 행위
② 관제공역, 통제공역, 주의공역에서 비행하는 행위
③ 안개 등으로 인하여 지상목표물을 육안으로 식별할 수 없는 상태에서 비행하는 행위
④ 일몰 후부터 일출 전이라도 날씨가 맑고 밝은 상태에서 비행할 수 있다.

일몰 후부터 일출 전까지의 야간에 비행 금지

**46** **초경량비행장치 조종자의 준수사항에 어긋나는 것은?**

① 항공기 또는 경량 항공기를 육안으로 식별하여 미리 피하여야 한다.
② 해당 무인비행장치를 육안으로 확인할 수 있는 범위 내에서 조종해야 한다.
③ 모든 항공기, 경량항공기 및 동력을 이용하지 아니하는 초경량비행장치에 대하여 우선권을 가지고 비행하여야 한다.
④ 레포츠 사업에 종사하는 초경량비행장치 조종자는 비행전 비행안전사항을 동승자에게 충분히 설명하여야 한다.

모든 항공기, 경량항공기 및 동력을 이용하지 아니하는 초경량비행장치에 대하여 진로를 양보하여야 한다.

**47** **조종자 준수사항으로 틀린 것은?**

① 야간에 비행은 금지되어 있다.
② 사람이 많은 아파트 놀이터 등에서 비행은 가능하다.
③ 음주, 마약을 복용한 상태에서 비행은 금지되어 있다.
④ 사고나 분실에 대비하여 비행장치에 소유자 이름과 연락처를 기재하여야 한다.

**48** **항공종사자가 업무를 정상적으로 수행할 수 없는 혈중 알코올 농도의 기준은?**

① 0.02% 이상 ② 0.03% 이상
③ 0.05% 이상 ④ 0.5% 이상

**49** **주취 또는 약물복용 판단기준이 아닌 것은?**

① 육안판단
② 소변검사
③ 혈액검사
④ 알코올 측정검사

**50** **초경량비행장치를 이용하여 비행 시 유의사항이 아닌 것은?**

① 군 방공비상사태 인지 시 즉시 비행을 중지하고 착륙하여야 한다.
② 항공기 부근에는 접근하지 말아야 한다.
③ 유사 초경량비행장치끼리는 가까이 접근이 가능하다.
④ 비행 중 사주경계를 철저히 하여야 한다.

다른 초경량비행장치에 불필요하게 가깝게 접근하지 말아야 한다.

정답 44. ④ 45. ④ 46. ③ 47. ② 48. ① 49. ① 50. ③

**51 초경량비행장치를 이용하여 비행 시 유의 사항이 아닌 것은?**

① 태풍 및 돌풍 등 악기상 조건하에서는 비행하지 말아야 한다.
② 제원표에 표시된 최대이륙중량을 초과하여 비행하지 말아야 한다.
③ 주변에 지상 장애물이 없는 장소에서 이·착륙하여야 한다.
④ 날씨가 맑은 날이나 보름 달 등으로 시야가 확보되면 야간비행도 하여야 한다.

일몰 후부터 일출 전까지는 시야확보 등 청명하여도 야간비행은 불가하다. 단, 특별비행 허가를 득한 경우는 가능하다.

**52 초경량비행장치 운용제한에 관한 설명 중 틀린 것은?**

① 인구밀집지역이나 사람이 운집한 장소 상공에서 비행하면 안 된다.
② 인명이나 재산에 위험을 초래할 우려가 있는 낙하 물을 투하하면 안 된다.
③ 보름달이나 인공조명 등이 밝은 곳은 야간에 비행할 수 있다.
④ 안개 등으로 인하여 지상목표물이 육안으로 식별할 수 없는 상태에서 비행하여서는 안 된다.

**53 초경량비행장치 운용시간으로 가장 맞는 것은?**

① 일출부터 일몰 30분전까지
② 일출 30분전부터 일몰까지
③ 일출 후 30분부터 일몰 30분 전까지
④ 일출부터 일몰까지

**54 2017년 후반기 발의된 특별비행승인과 관련된 내용으로 맞지 않는 것은?**

① 조건은 야간에 비행하거나 육안으로 확인할 수 없는 범위에서 비행할 경우를 말한다.
② 승인시 제출 포함내용은 무인비행장치의 종류, 형식 및 제원에 관한 서류
③ 승인시 제출 포함내용은 무인비행장치의 조작방법에 관한 서류
④ 특별비행 승인이므로 모든 무인비행장치는 안정성 인증서를 제출하여야 한다.

안전성인증서는 대상에 해당하는 무인비행장치만 제출한다.

**55 무인 멀티콥터의 운용시간에 대한 설명으로 맞는 것은?**

① 일출부터 일몰까지 가능하다.
② 일출 30분 후부터 일몰 30분 전까지 가능하다.
③ 육안으로 식별이 가능한 밝은 조건이면 야간에도 가능하다.
④ 무인항공 방제 작업 시는 일몰 후에도 가능하다.

외부 환경조건은 고려되지 않고 시간 개념으로 무조건 일출에서 일몰까지이다.

**56 다음 공역 중 통제공역이 아닌 것은?**

① 비행금지 구역
② 비행제한 구역
③ 초경량비행장치 비행제한 구역
④ 군 작전구역

**통제공역** : 비행금지 구역, 비행제한 구역, 초경량비행장치 비행제한구역

정답 **51.** ④ **52.** ③ **53.** ④ **54.** ④ **55.** ① **56.** ④

**57** 다음 공역의 종류 중 통제공역은?

① 초경량비행장치 비행제한 구역
② 훈련구역
③ 군 작전구역
④ 위험구역

**통제구역**은 비행금지구역, 비행제한구역, 초경량비행제한구역이다.

**58** 통제구역에 해당하는 것은?

① 비행금지구역
② 위험구역
③ 경계구역
④ 훈련구역

**통제구역**은 비행금지구역, 비행제한구역, 초경량비행제한구역이다.

**59** 다음 중 초경량비행장치의 비행 가능한 지역은 어느 것인가?

① CP-16
② R35
③ P-73A
④ UA-14

**CP-16** : P-73 VFR Route Check point 16번 지역, R35는 공수 낙하훈련장, P-73A는 비행금지 구역이다. UA-14는 공주지역의 초경량비행장치 훈련공역이다.

**60** 다음 중 초경량비행장치의 비행 가능한 지역은 어느 것인가?

① (RK)R-14 ② UFA
③ MOA ④ P65

**61** 비행금지, 제한구역 등에 대한 설명 중 틀린 것은?

① P-73, P-518, P-61~65 지역은 비행금지구역이다.
② 군/민간 비행장의 관제권은 주변 9.3km까지의 구역이다.
③ 원자력 발전소, 연구소는 주변 약 18.6km까지의 구역이다.
④ 서울지역 R-75내에서는 비행이 금지되어 있다.

**62** R-75 제한구역의 설명 중 가장 적절한 것은?

① 수도권 인구밀집 비행제한구역
② 군 사격장, 공수낙하훈련장
③ 서울지역 비행금지구역
④ 초경량비행장치 전용공역

**63** 비행금지구역의 통제 관할기관으로 맞지 않는 것은?

① P-73A/B 서울지역 : 수도방위사령부
② P-518 휴전선지역 : 합동참모본부
③ P-61~65 A구역 : 합동참모본부
④ P-61~65 B구역 : 각 군사령부

P-61~65 B구역은 각 지방항공청에서 통제한다.

**64** 초경량비행장치의 비행안전을 확보하기 위하여 초경량비행장치의 비행활동에 대한 제한이 필요 한 공역은?

① 관제공역
② 주의공역
③ 훈련공역
④ 비행제한공역

정답 57. ① 58. ① 59. ④ 60. ② 61. ④ 62. ① 63. ④ 64. ④

**65** 다음 중 공역의 종류 중 통제공역이 아닌 것은?

① 비행금지구역
② 비행제한구역
③ 관제권
④ 초경량비행장치 비행제한구역

관제권은 관제공역이다.

**66** 다음 중 비행금지구역이 아닌 곳은?

① P-73A/B ② P-518
③ 관제권 ④ P-61

관제권은 관제공역이지 금지구역은 아님. 관할 관제탑(비행장)과 지방항공청에 승인 시 비행가능.

**67** 다음은 무엇에 관한 설명인가?

비행장 또는 공항과 그 주변의 공역으로서 항공 교통의 안전을 위하여 국토교통부 장관이 지정, 공고한 공역을 말한다.

① 관제구
② 관제권
③ 영공
④ 항공로

**68** 비행금지구역이 아닌 곳은?

① 서울 강북 청와대 인근지역
② 휴전선 지역
③ 원자력 지역
④ 공항이나 비행장 주변의 관제권

공항이나 비행장 주변의 관제권은 관제공역의 하나이다.

**69** 비행금지 구역이나 관제권에서 비행 승인을 받고자 할 때 틀린 것은?

① 비행금지구역 P-518 휴전선 지역은 합동참모본부에서 승인을 받는다.
② 원자력 지역 P-61A 구역은 부산지방항공청에서 받는다.
③ 원자력 지역 P-61B 구역은 부산지방항공청에서 받는다.
④ 여수, 무안공항 관제권은 부산지방항공청에서 받는다.

원전지역 A구역은 합동참모본부, B구역은 각 지방항공청에서 받는다.

**70** 초경량비행장치 사용자의 준용규정 설명으로 맞지 않는 것은?

① 주류섭취에 관하여 항공종사자와 동일하게 0.02%이상 제한을 적용한다.
② 항공종사자가 아니므로 자동차 운전자 규정인 0.03%이상을 적용한다.
③ 마약류 관리에 관한 법률 제2조제1호에 따른 마약류 사용을 제한한다.
④ 화학물질관리법 제22조제1항에 따른 환각물질의 사용을 제한한다.

항공안전법 제131조 준용규정에 의거 항공안전법 제57조를 준용하여야 한다.

**71** 다음 중 항공종사자가 아닌 사람은?

① 자가용 조종사
② 부조종사
③ 항공교통관제사
④ 무인항공기 운항관련 업무자

**항공안전법 제34조(항공종사자 자격증명)** 항공업무에 종사하려는 사람은 국토교통부령으로 정하는 바에 따라 항공종사자 자격증명을 받아야 한다. 다만 "항공업무 중 무인항공기 운항업무는 그러하지 아니하다"라고 규정하고 있다.

정답 **65.** ③ **66.** ③ **67.** ② **68.** ④ **69.** ② **70.** ② **71.** ④

**72** **초경량비행장치 사고로 분류할 수 없는 것은?**

① 초경량비행장치에 의한 사람의 사망, 중상 또는 행방불명
② 초경량비행장치의 덮개나 부분품의 고장
③ 초경량비행장치의 추락, 충돌 또는 화재 발생
④ 초경량비행장치의 위치를 확인할 수 없거나 비행장치에 접근이 불가할 경우

① 초경량비행장치에 의한 사람의 사망·중상 또는 행방불명
③ 초경량비행장치의 추락·충돌 또는 화재 발생
④ 초경량비행장치의 위치를 확인할 수 없거나 초경량비행장치에 접근이 불가능한 경우

**73** **초경량비행장치의 사고 중 항공철도사고조사위원회가 사고의 조사를 하여야 하는 경우가 아닌 것은?**

① 차량이 주차된 초경량비행장치를 파손시킨 사고
② 초경량비행장치로 인하여 사람이 중상 또는 사망한 사고
③ 비행 중 발생한 화재사고
④ 비행 중 추락, 충돌 사고

**74** **사고 발생 시 조치사항으로 틀린 것은?**

① 사고 후 기체 등을 사고조사가 쉽게 한 곳에 모아 놓는다.
② 인명사고 시 인명구호를 위해 필요한 조치를 한다.
③ 사고 조사를 위해 기체, 현장을 보존한다.
④ 사고 조사에 도움이 되는 정황 사진 및 동영상 자료를 세부적으로 촬영한다.

사고 발생 시 현장보존은 필수적이다.

**75** **초경량 비행장치 사고 발생 후 사고조사 담당 기관은 어디인가?**

① 국토교통부
② 항공철도 사고 조사위원회
③ 군검찰 및 헌병
④ 검찰 및 경찰

**76** **사고 발생 시 최초 보고 사항에 포함되지 않는 것은?**

① 조종자 및 초경량비행장치 소유자의 성명 또는 명칭
② 사고 발생 지역의 기상상태
③ 초경량비행장치의 종류 및 신고 번호
④ 인적 물적 피해의 개요(간단히)

6하 원칙에 의거 간단히 필수 보고사항을 보고한다.

**77** **초경량비행장치에 의하여 중사고가 발생한 경우 사고조사를 담당하는 기관은?**

① 관할 지방항공청
② 항공교통관제소
③ 교통안전공단
④ 항공 철도사고조사위원회

항공기, 경량 항공기, 초경량 비행장치 등 항공사고 조사는 모두 담당

**78** **다음 초경량비행장치의 사고 발생 시 최초 보고 사항이 아닌 것은?**

① 조종자 및 그 초경량비행장치 소유자 등의 성명 또는 명칭
② 사고가 발생한 일시 및 장소
③ 초경량비행장치의 종류 및 신고번호
④ 사고의 세부적인 원인

최초 보고시는 사고의 개략적인 경위만 보고한다.

정답 72. ② 73. ① 74. ① 75. ② 76. ② 77. ④ 78. ④

**79** **초경량비행장치를 사용하여 영리 목적을 할 경우 보험에 가입하여야 한다. 그 경우가 아닌 것은?**

① 항공기 대여업에서의 사용
② 초경량비행장치 사용 사업에의 사용
③ 초경량비행장치 조종교육에의 사용
④ 초경량비행장치의 판매 시 사용

**보험가입의 경우** : 항공기 대여업에서의 사용, 초경량비행장치사용 사업에의 사용, 초경량 비행장치의 조종교육에의 사용

**80** **다음의 초경량비행장치 중 국토부에서 정하는 보험에 가입하여야 하는 것은?**

① 영리 목적으로 사용되는 인력 활공기
② 개인의 취미활동에 사용되는 행글라이더
③ 영리 목적으로 사용되는 동력비행장치
④ 개인의 취미활동에 사용되는 낙하산

보험가입은 영리목적으로 비행하는 동력, 회전익, 패러플레인, 유인자유기구에 적용된다.

**81** **초경량무인비행장치 비행 시 조종자 준수사항을 따르지 않을 경우 항공안전법에 따라 부과되는 과태료는 얼마인가?**

① 100만원 ② 200만원
③ 300만원 ④ 500만원

2022년 12월 8일 이후 300만원 이하 과태료

**82** **초경량무인비행장치의 비행안전을 위한 기술상의 기준에 적합하다는 안전성 인증을 받지 아니하고 비행 시 최대 과태료는 얼마인가?**

① 250만원 ② 300만원
③ 400만원 ④ 500만원

**83** **초경량비행장치로 비행제한구역을 승인을 받지 아니하고 비행 시 벌금은 얼마인가?**

① 100만원 ② 200만원
③ 300만원 ④ 500만원

**84** **위반행위에 대한 과태료 금액이 잘못된 것은?**

① 신고번호를 표시하지 않았거나 거짓으로 표시한 경우 100만원이다.
② 말소 신고를 하지 않은 경우 30만원이다.
③ 조종자 증명을 받지 아니하고 비행한 경우 400만원이다.
④ 조종자 준수사항을 위반한 경우 200만원이다.

**85** **조종자 준수사항을 따르지 않고 비행한 경우의 최대 과태료는?**

① 30만원 ② 50만원
③ 100만원 ④ 300만원

2022년 12월 8일 이후 300만원 이하 과태료

**정답** 79. ④ 80. ③ 81. ③ 82. ④ 83. ④ 84. ④ 85. ④

**86** 말소 신고를 하지 않았을 시 최대 과태료는?

① 5만원 ② 15만원
③ 30만원 ④ 50만원

**87** 다음 과태료의 금액이 가장 적은 위반 행위는?

① 조종자 증명을 받지 않고 비행 시
② 조종자 준수사항을 따르지 않고 비행한 경우
③ 안전성 인증을 받지 않고 비행한 경우
④ 초경량비행장치의 말소신고를 하지 않은 경우

① 400만원 ② 300만원
③ 500만원 ④ 30만원

**88** 다음 중 가장 큰 금액의 위반행위는 무엇인가?

① 신고 표시하지 않거나 허위로 한 경우
② 승인을 받지 않고 비행한 경우
③ 조종자 자격증명 없이 초경량비행장치를 비행한 경우
④ 안전성 인증을 받지 않고 비행한 경우

① 100만원
② 300만원
③ 400만원
④ 500만원

**89** 초경량비행장치 소유자 등은 법에 따른 신고를 하여야 한다. 다음 초경량비행장치 신규 신고 사항에 대한 설명 중 옳지 않는 것은?

① 신규 신고서류에는 초경량비행장치를 소유하거나 사용할 수 있는 권리가 있음을 증명하는 서류가 포함된다.
② 신규신고서류에는 초경량비행장치의 제원 및 성능표가 포함된다.
③ 신규신고서류에는 초경량비행장치의 사진(가로 10cm, 세로 15cm의 정면사진)이 포함된다.
④ 신규신고는 안전성 인증을 받기 전(안전성 인증대상이 아닌 경우, 소유 또는 사용할 권리가 있는 날부터 30일 이내) 한국교통안전공단 이사장에게 제출하여야 한다.

사진은 가로 15cm, 세로 10cm의 측면사진

**90** 다음 초경량비행장치 신고에 대한 설명중 옳지 않는 것은?

① 초경량비행장치 신고는 초경량비행장치를 소유하거나 사용할 수 있는 권리가 있는 자가 국토교통부장관(한국교통안전공단이사장에게 위임)에게 신고하는 것이다.
② 초경량비행장치 신고는 연료의 무게를 제외한 자체무게가 12kg 이상인 무인동력비행장치가 대상이다.
③ 시험, 조사, 연구개발을 위하여 제작된 초경량비행장치는 신고를 할 필요가 없다.
④ 판매되지 아니한 것으로 비행에 사용되지 아니하는 초경량비행장치는 신고 할 필요가 없다.

2kg 이상으로 변경(2021.1.1)

정답 **86.** ③ **87.** ④ **88.** ④ **89.** ③ **90.** ②

**91** **다음 초경량비행장치 안전성 인증에 대한 설명 중 옳지 않는 것은?**

① 안전성인증 대상은 국토교통부령으로 정한다.
② 초경량비행장치 중에서 무인비행기도 안전성인증 대상이다.
③ 무인비행장치 안전성인증 대상은 최대 이륙중량이 25kg을 초과하는 것이다.
④ 초경량비행장치 안전성인증기관은 기술원(항공안전기술원)만이 수행한다.

항공안전기술원 이외에 시설기준을 충족하는 기관 또는 단체 중에서 실시가능

**92** **멀티콥터의 안전성인증에 대하여 설명 중 틀린 것은?**

① 실시하는 이유는 비행안전을 위해서다.
② 설계, 비행계획, 장치 등 모두를 검사한다.
③ 초도, 정기, 재, 수시 인증 등이 있다.
④ 운영규정과 정비규정을 점검한다.

**93** **초경량비행장치 조종자증명에 대한 설명 중 옳지 않은 것은?**

① 초경량비행장치 조종자증명 기준은 국토교통부령으로 정한다.
② 부정한 방법으로 조종자증명을 받은 경우 조종자증명을 취소한다.
③ 효력정지 기간에 초경량비행장치를 비행한 경우 조종자증명을 취소한다.
④ 조종자준수사항 위반의 경우, 2년 이내 기간을 정하여 효력정지를 명할 수 있다.

조종자 준수사항 위반의 경우 1년 이내 기간을 정하여 효력정지

**94** **다음 무인비행장치 조종자가 준수해야하는 사항으로 옳은 것은?**

① 일몰 후부터 일출 전까지 의 야간에 비행하는 행위
② 주류 등의 영향으로 조종업무를 정상적으로 수행할 수 없는 상태로 조종하는 행위
③ 비행 중 주류 등을 섭취하거나 사용하는 행위
④ 무인비행장치를 육안으로 확인할 수 있는 범위에서 조종하는 행위

**95** **다음 중 적법하게 초경량비행장치를 운용한 사람은?**

① A씨는 이착륙장을 관리하는 사람과 사전에 협의하여, 비행승인 없이 이착륙장에서 반경 2.5km범위에서 100m고도로 비행하였다.
② B씨는 비행승인 없이 초경량비행장치 비행제한구역에서 200m고도로 비행하였다.
③ C씨는 비행승인 없이 비행금지구역에서 50m고도로 비행하였다.
④ D씨는 비행승인 없이 관제권이 운용되는 공항으로부터 8.2km 지점에서 100m 고도로 비행하였다.

**96** **다음 중 초경량비행장치의 비행안전을 확보하기 위하여 초경량비행장치의 비행활동에 대한 제한이 필요한 공역은?**

① 경계구역
② 초경량비행장치 비행제한구역
③ 훈련구역
④ 정보구역

정답 **91.** ④ **92.** ② **93.** ④ **94.** ④ **95.** ① **96.** ②

**97** **다음 중 관제권에 대한 설명으로 옳지 않는 것은?**

① 관제권은 계기비행항공기가 이착륙하는 공항에 설정되는 공역이다.
② 관제권은 하나의 공항에 대해 설정하며, 다수의 공항을 포함할 수 없다.
③ 관제권은 수평적으로 공항중심(ARP)로부터 반경 5NM까지 설정할 수 있다.
④ 관제권은 수직적으로 지표면으로부터 3,000~5,000ft까지 설정할 수 있다.

관제권은 공역이 중복되는 다수의 공항을 포함할 수 있다.

**98** **다음 중 최대이륙중량이 15kg인 무인멀티콥터를 비행할 때 비행승인을 받아야 하는 공역이 아닌 것은?**

① 관제권
② 비행금지 구역
③ 지표면에서부터 200m 고도
④ 관제권, 비행금지구역이 아닌 150m미만의 구역

**99** **다음 무인비행장치 전문교관 등록 취소 사유에 대한 설명 중 옳지 않는 것은?**

① 항공안전법에 따른 15일 이상의 행정처분을 받은 경우
② 허위로 작성된 비행경력증명서 등을 확인하지 아니하고 서명 날인한 경우
③ 비행경력증명서 등을 허위로 제출한 경우
④ 실기시험위원으로 지정된 사람이 부정한 방법으로 실기시험을 진행한 경우

법 제125조제2항에 따른 행정처분(효력정지 30일 이하인 경우에는 제외)을 받은 경우

**100** **다음 무인비행장치 전문교관으로 등록하려는 사람이 제출해야하는 서류에 관한 설명 중 옳지 않은 것은?**

① 전문교관 등록신청서
② 비행경력증명서
③ 해당분야 조종교육교관과정 이수 증명서(지도조종자 등록신청자에 한함)
④ 해당분야 실기평가과정 이수증명서(전문교관 등록신청자에 한함)

해당 분야 실기평가과정 이수증명서(실기평가조종자 등록신청자에 한함)

**97.** ② **98.** ④ **99.** ① **100.** ④

# 3 항공사업법

## 1 | 초경량비행장치 관련 항공사업법

### 가. 용어의 정의

1) "**항공사업**"이란 이 법에 따라 국토교통부장관의 면허, 허가 또는 인가를 받거나 국토교통부장관에게 등록 또는 신고하여 경영하는 사업을 말한다.
2) "**항공기대여업**"이란 타인의 수요에 맞추어 유상으로 항공기, 경량항공기 또는 초경량비행장치를 대여(貸與)하는 사업을 말한다.
3) "**초경량비행장치사용사업**"이란 타인의 수요에 맞추어 국토교통부령으로 정하는 초경량비행장치를 사용하여 유상으로 농약살포, 사진촬영 등 국토교통부령으로 정하는 업무를 하는 사업을 말한다.
4) "**항공레저스포츠사업**"이란 타인의 수요에 맞추어 유상으로 다음 각 목의 어느 하나에 해당하는 서비스를 제공하는 사업을 말한다.
   ① 항공기(비행선과 활공기에 한정한다), 경량항공기 또는 국토교통부령으로 정하는 초경량비행장치를 사용하여 조종교육, 체험 및 경관조망을 목적으로 사람을 태워 비행하는 서비스
   ② 다음 중 어느 하나를 항공레저스포츠를 위하여 대여하여 주는 서비스
   - 활공기 등 국토교통부령으로 정하는 항공기
   - 경량항공기
   - 초경량비행장치

   ③ 경량항공기 또는 초경량비행장치에 대한 정비, 수리 또는 개조서비스

## 나. 초경량비행장치 사용 사업

### 1) 정의(항공사업법 제2조)

초경량비행장치사용 사업이란 타인의 수요에 맞추어 국토교통부령으로 정하는 초경량비행장치를 사용하여 유상으로 농약살포, 사진촬영 등 국토교통부령으로 정하는 업무를 하는 사업을 말한다.

### 2) 초경량비행장치 사용사업의 범위

① 비료 또는 농약 살포, 씨앗 뿌리기 등 농업 지원
② 사진촬영, 육상·해상 측량 또는 탐사
③ 산림 또는 공원 등의 관측 또는 탐사
④ 조종교육
⑤ 그 밖의 업무로서 다음 각 목의 어느 하나에 해당하지 아니하는 업무
- 국민의 생명과 재산 등 공공의 안전에 위해를 일으킬 수 있는 업무
- 국방·보안 등에 관련된 업무로서 국가 안보에 위협을 가져올 수 있는 업무

## 다. 초경량비행장치 영리 목적 사용금지(항공사업법 제71조)

누구든지 초경량비행장치를 사용하여 비행하려는 자는 다음 각 호의 어느 하나에 해당하는 경우를 제외하고는 초경량비행장치를 영리목적으로 사용해서는 아니 된다.

1) 항공기대여업에 사용하는 경우.
2) 초경량비행장치사용사업에 사용하는 경우.
3) 항공레저스포츠사업에 사용하는 경우.

# 2 | 비행장치 사업등록

## 가. 사업등록 방법

1) 초경량비행장치사용사업을 경영하려는 자는 국토교통부령으로 정하는 바에 따라 신청서에 사업계획서와 그 밖에 국토교통부령으로 정하는 서류를 첨부하여 국토교통부장관에게 등록

2) 등록한 사항 중 국토교통부령으로 정하는 사항을 변경하려는 경우에는 국토교통부장관에게 신고

드론 원스탑 민원 포털서비스의 사업 신고서 등록

### 3) 초경량비행장치사용사업의 등록요건

| 구 분 | 기 준 |
|---|---|
| 1. 자본금 또는 자산평가액 | 가. 법인: 납입자본금 3천만원 이상<br>나. 개인: 자산평가액 3천만원 이상 |
| 2. 조종자 | 1명 이상 |
| 3. 장치 | 초경량비행장치(무인비행장치로 한정한다) 1대 이상 |
| 4. 보험(해당 보험에 상응하는 공제를 포함) | 제3자 보험에 가입할 것 |

**4) 초경량비행장치사용사업의 등록 신청** : 초경량비행장치 사용사업을 등록하려는 자는 별지 서식(항공사업법 시행규칙 별지 제26호)의 등록신청서(전자문서로 된 신청서를 포함)에 다음의 서류(전자문서를 포함)를 첨부하여 지방항공청장에게 제출

① **사업계획서**

㉮ 사업목적 및 범위

㉯ 초경량비행장치의 안전성 점검 계획 및 사고 대응 매뉴얼 등을 포함한 안전관리대책

㉰ 자본금

㉱ 상호·대표자의 성명과 사업소의 명칭 및 소재지

㉲ 사용시설·설비 및 장비 개요

㉳ 종사자 인력의 개요(반드시 조종자 표시 포함)

㉴ 사업 개시 예정일

② **부동산을 사용할 수 있음을 증명하는 서류**(타인의부동산을 사용하는 경우만 해당)

③ **자본금 입증서류**(최대이륙중량 25kg 초과 무인비행장치를 사용할 경우에만 제출)

㉮ (법인) 법인등기의 납입자본금 3천만원 이상

㉯ (개인) 예금잔액증명서 등, 자산평가액 4,500만원 이상

④ **조종자**(사업계획서 종사자 인력개요에 명단 기재)

* 배터리 포함 자체중량 12kg 초과 시 자격증 사본 앞·뒷면 첨부

⑤ **초경량비행장치 신고증명서 사본**(초경량비행장치 1대 이상)

* 최대이륙중량 25kg 초과 시 항공안전기술원의 안전성인증서 첨부

⑥ **보험가입증서**(기체별 대인 1억5천만원 이상)

⑦ **기타**

㉮ 법인등기부등본 또는 사업자등록증

㉯ 대표 및 등기임원 주민등록번호

㉰ 항공사업법 제9조(면허의 결격사유 등)에 의하여 대표 및 임원에 대한 면허 결격사유 해당여부 확인을 위해 주민등록번호 필요

㉱ 조종교육은 고정자산이고 상시적으로 운영하는 비행 실습장을 사업장으로 등록하고자 할 경우

- 부동산 사용권리 증빙서류·안전장비 및 시설 현황 및 사진
- 실습장 안전관리 대책 등 제출

㉲ 자체 제작한 비행장치인 경우 최대이륙중량을 입증할 수 있는 서류

- 제작사 매뉴얼, 설계 자료 또는 최대이륙중량 상태에서의 무게 측정 사진

## 나. 사업등록 기관

| 관할기관(구역) | 내용 | 연락처 |
|---|---|---|
| 서울지방항공청 항공안전과<br>(서울, 인천, 대전, 세종, 경기, 강원, 충북, 충남, 전북) | 사업등록 | (032)740-2169 |
| 부산지방항공청 항공안전과<br>(부산, 대구, 울산, 광주, 경남, 경북, 전남) | 사업등록 | (051)974-2148 |
| 제주지방항공청 안전운항과<br>(제주특별자치도) | 사업등록 | (064)797-1742 |

# 3 벌칙(항공사업법 제78조)

## 가. 다음 각 호의 어느 하나에 해당하는 자는 **1년 이하의 징역 또는 1천만원 이하의 벌금**에 처한다.

1) 제48조제1항에 따른 등록을 하지 아니하고 초경량비행장치사용사업을 경영한 자
2) 제49조제2항에서 준용하는 제33조에 따른 명의대여 등의 금지를 위반한 초경량비행장치 사용사업자

## 나. 다음 각 호의 어느 하나에 해당하는 자는 **1천만원 이하의 벌금**에 처한다.

1) 제49조제7항에서 준용하는 제39조에 따른 명령을 위반한 초경량비행장치사용사업자

# 4 공항시설법

## 1 | 초경량비행장치 관련 공항시설법

### 가. 용어의 정의(공항시설법 제2조)

1) **"비행장"** : 항공기·경량항공기·초경량비행장치의 이륙[이수(離水)를 포함한다. 이하 같다]과 착륙[착수(着水)를 포함한다. 이하 같다]을 위하여 사용되는 육지 또는 수면(水面)의 일정한 구역으로서 대통령령으로 정하는 것을 말한다.

2) **"비행장시설"** : 비행장에 설치된 항공기의 이륙·착륙을 위한 시설과 그 부대시설로서 국토교통부장관이 지정한 시설을 말한다.

3) **"활주로"** : 항공기 착륙과 이륙을 위하여 국토교통부령으로 정하는 크기로 이루어지는 공항 또는 비행장에 설정된 구역을 말한다.

4) **"장애물 제한표면"** : 항공기의 안전운항을 위하여 공항 또는 비행장 주변에 장애물(항공기의 안전운항을 방해하는 지형·지물 등을 말한다)의 설치 등이 제한되는 표면으로서 대통령령으로 정하는 구역을 말한다.

5) **"항행안전시설"** : 유선통신, 무선통신, 인공위성, 불빛, 색채 또는 전파(電波)를 이용하여 항공기의 항행을 돕기 위한 시설로서 국토교통부령으로 정하는 시설을 말한다.

6) **"항공등화"** : 불빛, 색채 또는 형상(形象)을 이용하여 항공기의 항행을 돕기 위한 항행안전시설로서 국토교통부령으로 정하는 시설을 말한다.

7) **"이착륙장"** : 비행장 외에 경량항공기 또는 초경량비행장치의 이륙 또는 착륙을 위하여 사용되는 육지 또는 수면의 일정한 구역으로서 대통령령으로 정하는 것을 말한다.

### 나. 항행안전시설(공항시설법 시행규칙 제5조, 공항시설법 제6조)

#### 1) 항행안전시설 (공항시설법 시행규칙 제5조)

① 항공등화 : 불빛을 이용하여 항공기의 항행을 돕기 위한 시설.

② 항행안전무선시설 : 전파를 이용하여 항공기의 항행을 돕기 위한 시설.

③ 항공정보통신시설 : 전기통신을 이용하여 항공교통업무에 필요한 정보를 제공·교환하기 위한 시설

### 2) 항공등화 (공항시설법 제6조)

① 활주로등(Runway Edge Lights) : 이륙 또는 착륙하려는 항공기에 활주로를 알려주기 위하여 그 활주로 양측에 설치하는 등화.

② 유도로등(Taxiway Edge Lights) : 지상주행 중인 항공기에 유도로·대기지역 또는 계류장 등의 가장자리를 알려주기 위하여 설치하는 등화

③ 활주로유도등(Runway Leading Lighting Systems) : 활주로의 진입경로를 알려주기 위하여 진입로를 따라 집단으로 설치하는 등화

④ 풍향등(Illuminated Wind Direction Indicator) : 항공기에 풍향을 알려주기 위하여 설치하는 등화

## 다. 항공등화의 설치기준(공항시설법 시행규칙 별표#14)

### 1) 항공등화 설치기준제 (36조제2항제1호 관련 기준)

| 항공등화 종류 | 육상비행장 | | | | | 육상 헬기장 | 최소광도 (cd) | 색상 |
|---|---|---|---|---|---|---|---|---|
| | 비계기 진입 활주로 | 계기진입 활주로 | | | | | | |
| | | 비정밀 | 카테고리 I | 카테고리 II | 카테고리 III | | | |
| 비행장등대 | ○ | ○ | ○ | ○ | ○ | | 2,000 | 흰색, 녹색 |
| 활주로등 | ○ | ○ | ○ | ○ | ○ | | 10,000 | 노란색, 흰색 |
| 유도로등 | ○ | ○ | ○ | ○ | ○ | | 2 | 파란색 |
| 유도로중심선등 | | | | | ○ | | 20 | 노란색, 녹색 |
| 정지선등 | | | | ○ | ○ | | 20 | 붉은색 |
| 활주로경계등 | | | ○ | ○ | ○ | | 30 | 노란색 |
| 풍향등 | ○ | ○ | ○ | ○ | ○ | ○ | – | 흰색 |
| 유도로안내등 | ○ | ○ | ○ | ○ | ○ | | 10 | 붉은색, 노란색 및 흰색 |

## 라. 표지등 및 표지 설치대상 구조물(공항시설법 시행규칙 제28조 1항)

1) 장애물이 주간에 별표 14에 따른 중광도 A형태의 표시등을 설치하여 운영되는 구조물 중 그 높이가 지표 또는 수면으로부터 150미터 이하인 구조물에는 표지의 설치를 생략할 수 있다.

→ 따라서 150m 이상이면 설치를 해야 한다.

SECTION 03

# 항공사업법 / 공항시설법

**01** **다음 중 초경량비행장치 사용사업의 범위가 아닌 경우는?**

① 비료 또는 농약살포, 씨앗 뿌리기 등 농업 지원
② 사진촬영, 육상 및 해상측량 또는 탐사
③ 산림 또는 공원 등의 관측 및 탐사
④ 지방 행사시 시범 비행

**초경량비행장치 사용사업의 범위**
1. 비료 또는 농약 살포, 씨앗 뿌리기 등 농업 지원
2. 사진촬영, 육상 및 해상 측량 또는 탐사
3. 산림 또는 공원 등의 관측 및 탐사
4. 조종교육

**02** **초경량비행장치를 소유하거나 사용할 수 있는 권리가 있는 자는 초경량비행장치를 영리목적으로 사용하여서는 아니된다. 그러나 국토교통부령으로 정하는 보험 또는 공제에 가입한 경우는 그러하지 않는데 아닌 경우는?**

① 항공기 대여업에의 사용
② 항공기 운송사업
③ 초경량비행장치 사용사업에의 사용
④ 항공레저스포츠 사업에의 사용

항공기대여업에의 사용, 초경량비행장치사용사업에의 사용, 항공레저스포츠사업에의 사용

**03** **초경량비행장치의 사업범위가 아닌 것은?**

① 농약살포 ② 항공촬영
③ 산림조사 ④ 야간정찰

**04** **항공기의 항행안전을 저해할 우려가 있는 장애물 높이가 지표 또는 수면으로부터 몇 미터 이상이면 항공장애 표시등 및 항공장애 주간표지를 설치하여야 하는가?(단 장애물 제한구역 외에 한 한다.)**

① 50미터
② 100미터
③ 150미터
④ 200미터

**공항시설법 시행규칙 #9**
– 주야간 150m

**05** **다음 중 공항시설법상 유도로등의 색은?**

① 녹색 ② 청색
③ 백색 ④ 황색

유도로등이란 지상 주행 중인 항공기에 유도로, 대기지역 또는 계류장 등의 가장자리를 알려주기 위하여 설치하는 등으로 청색이다.

정답 **01.** ④ **02.** ② **03.** ④ **04.** ③ **05.** ②

**06** **다음 중 항공사업법의 목적이 아닌 것은?**

① 대한민국 항공사업의 체계적인 성장기반 마련
② 항공사업의 질서유지
③ 사업주의 편의 향상
④ 국민경제의 발전

대한민국 항공사업의 체계적인 성장과 경쟁력 강화 기반을 마련하는 한편, 항공사업의 질서유지 및 건전한 발전을 도모하고 이용자의 편의를 향상시켜 국민경제의 발전과 공공복리의 증진에 이바지함.

**07** **다음 중 초경량비행장치 사용사업 등록요건이 아닌 것은?**

① 초경량비행장치(무인비행장치 한정) 1대 이상
② 자본금 5,000만원 이상
③ 조종자 1명 이상
④ 제3자 보험가입

자본금 또는 자산평가액이 3,000만원 이상

**08** **다음 중 초경량비행장치 사용사업의 종류가 아닌 것은?**

① 비료 또는 농약 살포, 씨앗뿌리기 등 농업지원
② 사진촬영, 육상해상 측량 또는 탐사
③ 항공운송업
④ 조종교육

항공사업법 시행규칙 제6조 참조

**09** **다음 중 초경량비행장치 사용사업 변경신고와 관련된 내용이 아닌 것은?**

① 자본금 감소 시 신고
② 사유가 발생한 날로부터 15일 이내 신고
③ 대표자 변경시 신고
④ 사업범위 변경 시 신고

변경신고는 사유발생일로부터 30일 이내 신고

**10** **다음 중 25kg이하인 무인비행장치만을 사용하여 초경량비행장치 사용사업을 하려는 자의 등록요건으로 옳지 않은 것은?**

① 개인의 경우 자산평가액 3천만원 이상
② 조종자 1명 이상
③ 초경량비행장치(무인비행장치) 1대 이상
④ 제3자 보험가입

자본금 입증서류는 최대이륙중량 25kg 초과 무인비행장치를 사용할 경우에만 제출

**11** **다음 중 초경량비행장치 사용사업 등록 결격사유로 옳지 않는 것은?**

① 대한민국 국민이 아닌 사람, 외국정부 또는 외국의 공공단체
② 위의 가항의 어느 하나에 해당하는 자가 주식이나 지분의 1/3이상을 소유한 경우
③ 피성년후견인, 피한정후견인 또는 파산선고를 받고 복권되지 아니한 사람
④ 항공안전법을 위반하여 금고이상의 실형을 선고받은 자

주식이나 지분의 1/2이상을 소유한 경우

정답 06. ③ 07. ② 08. ③ 09. ② 10. ① 11. ②

**12** **다음 중 초경량비행장치 사용사업 변경신고와 관련된 내용이 아닌 것은?**

① 자본금 감소 시 신고
② 사유가 발생한 날로부터 15일 이내 신고
③ 대표자 변경 시 신고
④ 사업범위 변경 시 신고

변경신고는 사유가 발생한 날로부터 30일 이내 신고

**13** **초경량비행장치 사용사업의 등록 시 사업계획서에 들어가는 내용이 아닌 것은?**

① 사업목적 및 범위
② 안전관리대책
③ 사업개시 예정일
④ 사업개시 후 3개월 간 운용 재원계획

**포함사항** : 사업목적 및 범위, 안전관리대책, 자본금, 상호/대표자의 성명과 사업소 명칭 및 소재지, 사용시설·설비 및 장비의 개요, 종사자 인력의 개요, 사업 개시 예정일 등

**14** **다음 중 초경량비행장치 사용사업의 등록 시 사업계획에 포함하는 내용이 아닌 것은?**

① 사업수지 계산 증명서류
② 사업 목적 및 범위
③ 초경량비행장치 안전성 점검계획 등 안전관리대책
④ 사용시설 장비, 종사자 인력의 개요

**포함사항** : 사업목적 및 범위, 안전관리대책, 자본금, 상호/대표자의 성명과 사업소 명칭 및 소재지, 사용시설·설비 및 장비의 개요, 종사자 인력의 개요, 사업 개시 예정일 등

정답 **12.** ② **13.** ④ **14.** ①

# 5 Q&A를 통해 알아보는 무인비행장치의 모든 것

## 1 | 질의 응답식 관련법규

### 가. 비행장치 구매 시 안전비행 절차

| 드론 안전 비행 절차 | | | | | | |
|---|---|---|---|---|---|---|
| 구분 | 완구용 모형비행장치 | ④종 무인비행장치 (250g초과~2kg) | ③종 무인비행장치 (2kg초과~7kg) | ②종 무인비행장치 (7kg초과~25kg) | ①종 무인비행장치 (25kg초과) | 비고 |
| 장치 신고 | 사업 : 신고<br>비사업 : X | 사업 : 신고<br>비사업 : X | 소유자 신고 | 소유자 신고 | 소유자 신고 | 한국교통안전공단 (드론관리처) |
| 사업 등록 | 사업 시 사업등록 | 사업 시 사업등록 | 사업 시 사업등록 | 사업 시 사업등록 | 사업 시 사업등록 | 한국교통안전공단 (드론관리처) |
| 안전성 인증 | X | X | X | X | 안전성 인증 | 항공안전 기술원 |
| 조종자격 증명 | X | 온라인 교육 (한국교통안전공단 주관) | 필기 + 비행경력(6시간) | 필기+비행경력(10시간) +실기시험 | 필기+비행경력(20시간) +실기시험 | 한국교통 안전공단 |
| 비행 승인 | 비행금지구역, 관제권에서 비행하거나 그 밖의 고도 150m이상의 고도에서 비행 시 만 승인 | | | | 초경량비행장치 전용구역(32개)을 비행시 승인 불필요(기타 승인) | 한국교통안전공단 (드론관리처) 국방부 |
| 항공 촬영 | 항공촬영을 하려는 경우 국방부의 별도 허가 필요 | | | | | 국방부 |
| 조종자 준수사항 | 조종자 준수사항에 따라서 비행 | | | | | |

※ 상기 기준은 자체중량 150kg 이하인 무인동력비행장치에 적용
※ 비행제한구역 및 비행금지구역, 관제권, 고도 150m이상에서 비행시는 무게와 상관없이 비행승인
　최대이륙중량 25kg 초과 기체는 상시 승인 필요(단, 초경량비행장치 비행공역에서는 승인없이 가능)
※ 비행금지구역이더라도 초, 중, 고학교 운동장에서는 지도자의 감독아래 교육목적의 고도 20m이내 비행은 가능함.(7kg이하)
※ 조종자격증명 응시 연령 : ④종 무인비행장치는 만 10세 이상, ③~①종은 만 14세 이상

※ 업무별 처리기관 연락처

| 업무내용 | 관할지역 |
|---|---|
| 장치신고 | 한국교통안전공단 드론관리처(054-459-7942~8) |
| 사업 신고 | 한국교통안전공단 드론관리처(054-459-7942~8) |
| 안전성 인증 | 항공안전기술원 (032-727-5891) |
| 조종자격 증명 | 교통안전공단 드론 자격연구센터(031-645-2103, 2104) |
| 비행승인 | 서울지방항공청 항공운항과 (032-740-2157~8)<br>부산지방항공청 항공운항과 (051-974-2153)<br>제주지방항공청 안전운항과 (064-797-1745) |
| 공역 관련 | 서울지방항공청 관제과 (032-740-2185)<br>부산지방항공청 항공관제국 (051-974-2206)<br>제주지방항공청 항공관제과 (064-797-1764) |
| 국방부 | 콜센터 1577-9090, 대표전화(교환실) 02-748-1111,<br>수도방위사령부(서울 비행금지구역 허가 관련) 02-524-3413<br>보안암호정책과(항공촬영 허가 관련) 02-748-2344 |

※ 지방항공청 관할지역

| 지방항공청 | 관할지역 |
|---|---|
| 서울지방항공청 관할 | 서울특별시, 경기도, 인천광역시, 강원도, 대전광역시, 충청남도, 충청북도, 세종특별자치시, 전라북도. |
| 부산지방항공청 관할 | 부산광역시, 대구광역시, 울산광역시, 광주광역시, 경상남도, 경상북도, 전라남도. |
| 제주지방항공청 관할 | 제주특별 자치도. |

## 나. 취미용 드론(무인비행장치)은 안전관리 대상이 아닌가요? 

**해 설** 취미활동으로 드론(무인비행장치)을 이용하는 경우라도 조종자 준수사항은 반드시 지켜야 한다. 이는 타 비행체와의 충돌을 방지하고 무인비행장치 추락으로 인한 지상의 제3자 피해를 예방하기 위한 최소한의 안전장치이기 때문이다. 또한 비행금지구역이나 관제권(공항 주변 반경 9.3km)에서 비행할 경우에도 무게나 비행 목적에 관계없이 허가가 필요하다.

## 다. 드론(무인비행장치)을 실내에서 비행할 때에도 비행승인을 받아야 되나요?

**해설** 사방, 천장이 막혀있는 실내 공간에서의 비행은 승인을 필요로 하지 않는다. 또한 적절한 조명장치가 있는 실내 공간이라면 야간에도 가능하다. 다만, 어떠한 경우에도 인명과 재산에 위험을 초래할 우려가 없도록 주의해서 비행해야 한다.

## 라. 비행허가가 필요한 지역과 허가기관을 알려주세요.

1) 아래 지역은 장치 무게나 비행 목적에 관계없이 드론을 날리기 전 반드시 허가가 필요하다.

2) 전국 관제권 및 비행금지구역 현황은 다음과 같다.

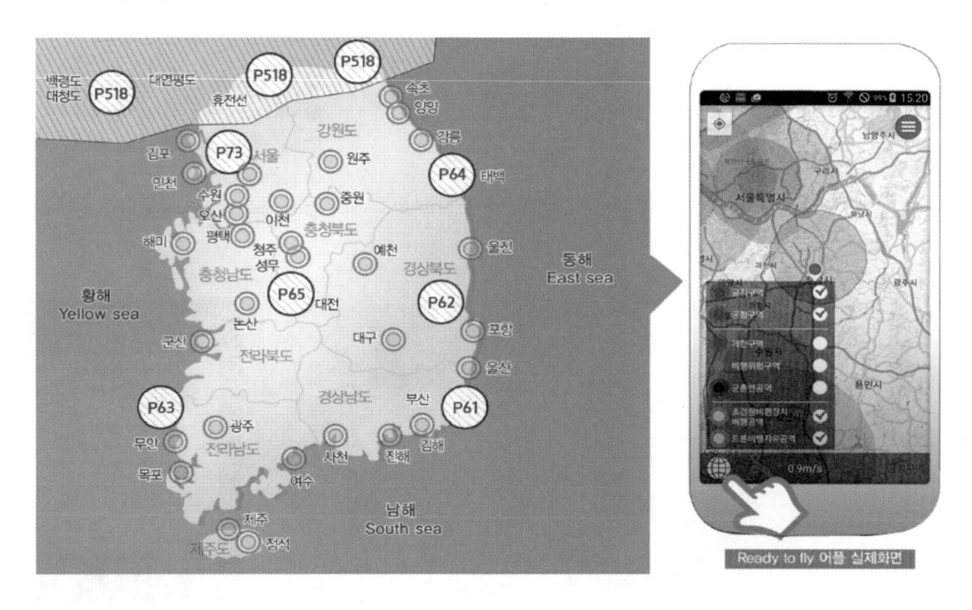


① 지도에 표시된 장소에서 드론을 조종하려면 허가가 필요하다.

② 공역 설정현황은 스마트폰 어플(Ready to fly) 또는 브이월드 홈페이지 (www.vworld.kr)에서 보다 자세히 확인할 수 있다.

③ **비행금지구역 및 제한구역에 대한 허가기관**

| 구분 | 관할기관 |
|---|---|
| P-73(서울지역) | 수도방위사령부(화력과) |
| P-518(휴전선지역) | 합동참모본부(항공작전과) |
| P-61~P-65의 A구역 | 합동참모본부(종심작전과) |
| P-61~P-65의 B구역 | 각 관할 지방항공청 |
| R-75(수도권 인구밀집지역) | 수도방위사령부 방공작전통제소 |

※ 비행허가 신청은 비행일로부터 최소 3일 전까지, 드론원스탑 민원서비스(drone.onestop.go.kr)을 통해 신청 가능하다. (국방부는 별도)

## 마. 내가 비행하려는 장소가 허가가 필요한 곳인지 쉽게 찾아볼 수 있는 방법이 있나요? A O

1) 국토교통부와 (사)한국드론협회가 공동 개발한 스마트폰 어플(명칭: Ready to fly)을 다운받으면 전국 비행금지구역, 관제권 등 공역 현황 및 지역별 기상정보, 일출·일몰시각, 지역별 비행허가 소관기관과 연락처 등을 간편하게 조회할 수 있다.

2) 마켓에서 "readytofly" 또는 "드론협회" 검색·설치 후 이용 가능하다.

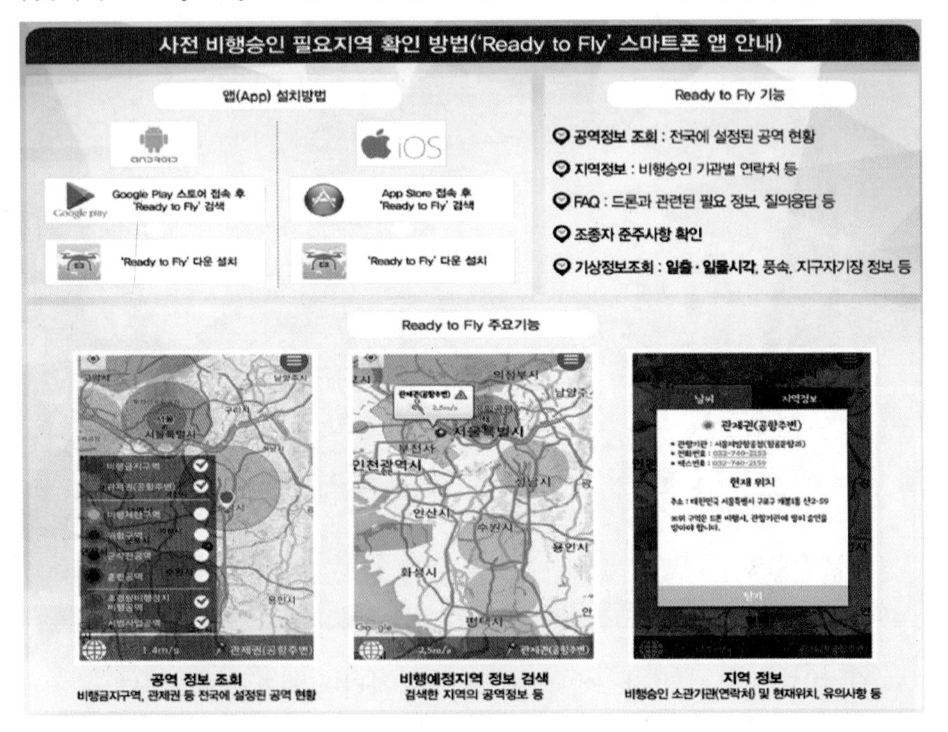

## 바. 무인비행장치는 마음대로 날릴 수 있다? A X

1) 단순 취미용 무인비행장치라도 모든 조종자가 준수해야 할 안전수칙을 항공안전법에 정하고 있고 조종자는 이를 지켜야 한다. 조종자 준수사항은 비행장치의 무게나 용도와 관계없이 무인비행장치를 조종하는 사람 모두에게 적용된다.

2) 조종자 준수사항을 따르지 않고 비행한 경우 300만원 이하의 과태료가 부과된다.

① **비행금지 시간대** : 야간비행(야간 : 일몰 후부터 일출 전까지)

※ 최근 야간에도 특수목적으로 비행 시 사전허가를 득하면 비행 가능하다.

② **비행금지 장소**

- 비행장으로부터 반경 9.3km 이내인 곳
  →"관제권"이라고 불리는 곳으로 이착륙하는 항공기와 충돌위험 있음.
- 비행금지구역 (휴전선 인근, 서울도심 상공 일부)
  → 국방, 보안상의 이유로 비행이 금지된 곳.
- 150m 이상의 고도 → 항공기 비행항로가 설치된 공역임.
- 인구밀집지역 또는 사람이 많이 모인 곳의 상공(예 : 스포츠 경기장, 각종 페스티벌 등 인파가 많이 모인 곳) → 기체가 떨어질 경우 인명피해 위험이 높음

※ 비행금지 장소에서 비행하려는 경우 지방항공청 또는 국방부의 허가 필요 (타 항공기 비행계획 등과 비교하여 가능할 경우에는 허가)

③ **비행 중 금지행위**

- 비행 중 낙하물 투하 금지, 조종자 음주 상태에서 비행 금지
- 조종자가 육안으로 장치를 직접 볼 수 없을 때 비행 금지(예 : 안개·황사 등으로 시야가 좋지 않은 경우, 눈으로 직접 볼 수 없는 곳까지 멀리 날리는 경우)

## 사. 무인비행장치로 취미생활을 하고 싶은데 자유롭게 날릴 만한 공간이 없다.

1) 시화, 양평 등 전국 각지에 총 32개소의 "초경량비행장치 전용공역"이 설정되어 있고, 그 안에서는 허가를 받지 않아도 자유롭게 비행할 수 있다. 참고로, 초경량비행장치 전용공역을 확대하기 위해 관계부처 간 협의를 활발히 진행하고 있다.

2) 국토부, 국방부, 동호단체간 협의를 통해 수도권 내 4곳의 드론 전용 비행장소를 추가 지정한 바 있다.

※ 수도권 드론 전용장소 : 가양대교 북단, 신정교, 광나루, 별내 IC 인근
(비행장 문의 : 한국모형항공협회 ☎ (02)548-1961

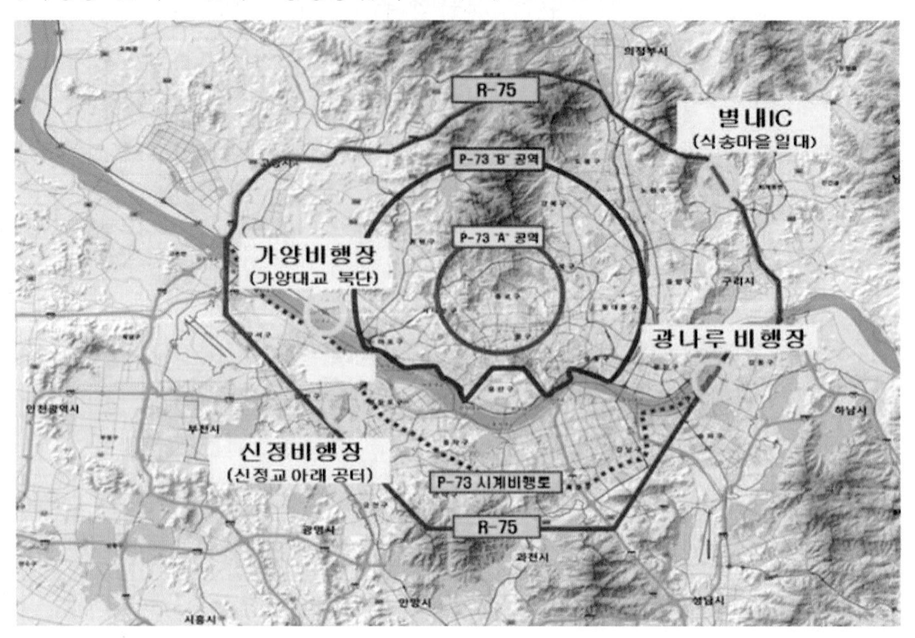


## 아. 드론으로 사진촬영 하는데도 허가가 필요한가요?

### 1) 드론으로 사진촬영 하는데 허가가 필요하다. A O

① 국방부장관은 항공촬영 허가 시 관련 기관 및 업체의 업무를 고려하여 촬영허가 기간을 관공서(최장 3개월), 촬영업체 / 개인 (최장 1개월) 이내에서 허가할 수 있다.

② 전국단위 초경량비행장치(드론) 항공촬영 승인은 육군 제 17보병사단(정보참모처)에서 실시하며 보안조치는 해당 책임지역 부대장이 실시한다.

③ 항공사진 촬영신청자는 촬영 4일전(천재지변에 의한 긴급보도 등 부득이한 경우는 제외)까지 인터넷 드론 원스톱(One Stop) 민원처리 시스템(http://www.drone.onestop.go.kr) 의 항공사진 촬영 허가 신청서(붙임 #1)(촬영대상·일시·목적·촬영자 인적사항 등)를 이용하여 신청한다.

④ 항공사진 촬영 허가관련 문의 : 국방부 정보본부 보안암호정책과(02-748-2344)

### 2) 드론으로 사진촬영 하는데 허가가 필요하지 않다. A X

① 책임부대 부대장은 촬영목적·용도 및 대상시설·지역의 보안상 중요도 등을 검토하여 항공촬영 허가여부를 결정하되, 다음의 ②에 해당되는 시설에 대하여는 항공사진 촬영을 금지한다.

② **항공사진촬영이 금지된 시설**

- 국가보안시설 및 군사보안 시설
- 비행장, 군항, 유도탄 기지 등 군사시설
- 기타 군수산업시설 등 국가안보상 중요한 시설·지역

## 자. 드론(무인비행장치) 조종자로서 야간에 비행하거나 육안으로 확인할 수 없는 범위에서의 비행은 불가능한가요? A X

1) 항공안전법 제129조제5항에 따라 드론(무인비행장치) 조종자로서 야간에 비행하거나 육안으로 확인할 수 없는 범위에서 비행하려는 자는 특별비행승인을 받아 그 승인 범위 내에서 비행이 가능하며, 드론 원스탑 민원서비스(http://www.drone.onestop.go.kr)를 통하여 특별비행승인 신청이 가능하다.
2) 드론 특별비행 승인절차는 다음과 같다.

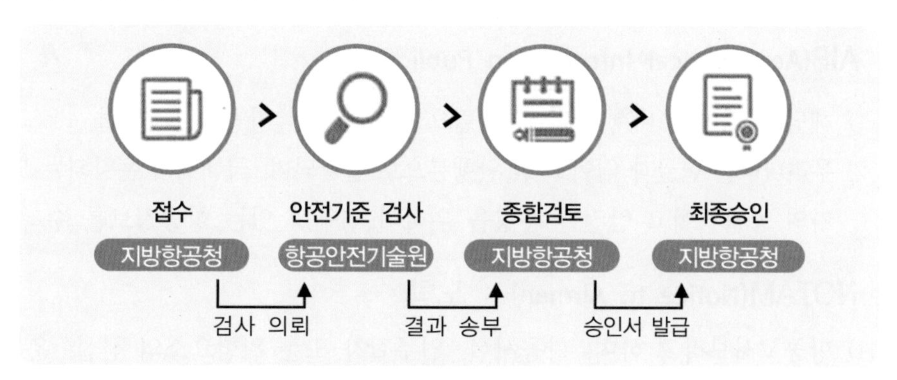


드론 특별비행 승인절차

## 차. 항공촬영 허가를 받으면 비행승인을 받지 않아도 됩니까? A X

1) 항공촬영 허가와 비행승인은 별도입니다. (대한민국 전 지역이 항공촬영 승인 대상입니다.) 항공사진 촬영 목적으로 드론(무인비행장치)을 날리려면 먼저 국방부로부터 항공사진 촬영 허가를 받고, 이를 첨부하여 공역별 관할기관에 비행승인을 신청하여 드론 원스탑 민원서비스(http://www.drone.onestop.go.kr)를 통하여 신청이 가능하다.
2) 항공촬영을 위한 비행 시에는 항공촬영 허가와 별도로 국토교통부에 신고하여야 한다. 다만, 비행금지구역을 비행할 경우 항공촬영 신청자는 해당 지역의 공역(空域)관리기관(합참·수방사, 공군 등)의 별도 승인을 얻은 후 국토교통부에 신고하여야 한다.
3) 군사작전 지역 내 비행 및 군 시설 이용이 필요할 경우 사전에 관할 군부대와 협조하여야 한다.

### 카. 국내에서 무인비행장치로 사업을 할 수 있다? 

1) 국내 항공법은 무인비행장치를 이용한 사업을 "초경량비행장치 사용사업"으로 구분하고, 비료나 농약살포 등의 농업지원, 사진촬영, 육상·해상의 측량 또는 탐사, 산림·공원의 관측 등의 사업에 사용할 수 있도록 정하고 있다.
2) 무인비행장치로 사용사업을 하기 위해서는 항공법에서 정하는 자본금, 인력, 보험 등 등록요건을 갖추고 지방항공청에 등록하여야 한다. 또한 2kg을 초과하는 무인비행장치로 사용사업을 할 경우는 소속된 조종자가 조종자 증명을 취득하여야 한다.
3) 2014년 7월 15일부터는 개정 항공법이 발효되어, 등록하지 않고 사업을 하다 적발될 경우 1년 이하의 징역 또는 3천만원 이하의 벌금에 처해질 수 있다.

## 2 | 비행 정보

### 가. AIP(Aeronautical Information Publication)

1) 해당 국가에서 비행하기 위해 필요한 항법관련 항공정보간행물.
2) 우리나라는 한글과 영어로 된 단행본으로 발간되며, 국내에서 운항되는 모든 민간항공기의 능률적이고 안전한 운항을 위하여 영구성 있는 항공정보를 수록.

### 나. NOTAM(Notice to Airman) : 노탐

1) 항공고시보라고 하며, 항공시설, 업무절차 또는 위험요소의 신설, 운용상태 및 그 변경에 관한 정보를 수록하여 전기통신수단으로 항공종사자들에게 배포하는 공고문.(28일 주기로 발행하여 연간 13회 발행함. 최대 유효기간은 3개월)

### 다. AIRAC(Aeronautical Information Regulation And Control)

1) 정해진 Cycle에 따라 최신으로 규칙적으로 개정되는 것.

### 라. AIC(Aeronautical Information Circular) : 항공정보회람

1) 위의 AIP나 NOTAM으로 전파될 수 없는 주로 행정사항에 관한 다음의 항공정보를 제공한다.
   ① 법령, 규정, 절차 및 시설 등의 주요한 변경이 장기간 예상되거나 비행기 안전에 영향을 미치는 사항.
   ② 기술, 법령 또는 순수한 행정사항에 관한 설명과 조언의 정보 통지
   ③ 매년 새로운 일련번호를 부여하고 최근 유효한 대조표는 일 년에 한 번씩 발행.

# SECTION 04 Q&A를 통해 알아보는 무인비행장치

**01** **비행장(헬기장 포함) 또는 활주로의 설치, 폐쇄 또는 운용상 중요한 변경, 비행금지구역, 비행제한구역, 위험구역의 설정, 폐지(발효 또는 해제포함) 또는 상태의 변경 등의 정보를 수록하여 항공종사자들에게 배포하는 공고문은?**

① AIC ② AIP
③ AIRAC ④ NOTAM

① **AIC(항공정보회람 ; Aeronautical information contents)** : AIP 또는 항공고시보의 발간대상이 아닌 항공정보 공고를 위해 항공정보회람을 발행하며, 절차 또는 시설의 중요한 변경사항을 장기간 사전 통보하는 경우, 설명이나 조언이 필요한 정보 또는 행정적인 특징을 가진 정보 등을 포함하는 간행물
② **AIP (항공정보간행물 ; Aeronautical information Publication)** : 비행장의 물리적 특성 및 이와 관련된 시설의 정보, 항공로를 구성하는 항행안전시설의 형식과 위치, 항공교통관리, 통신 및 제공되는 기상업무 그리고 이러한 시설 및 업무와 관련된 기본절차를 포함하는 간행물.
③ **AIRAC (항공정보관리절차 ; Aeronautical Information Regulation And Control)** : 정해진 Cycle에 따라 최신 규칙적으로 개정되는 것

**02** **항공시설, 업무, 절차 또는 위험요소의 신설, 운영상태 및 그 변경에 관한 정보를 수록하여 전기통신 수단으로 항공종사자들에게 배포하는 공고문은?**

① AIC ② AIP
③ AIRAC ④ NOTAM

**03** **다음 중 법령, 규정, 절차 및 시설 등의 주요한 변경이 장기간 예상되거나 비행기 안전에 영향을 미치는 것의 통지와 기술, 법령 또는 순수한 행정사항에 관한 설명과 조언의 정보를 통지하는 것은 무엇인가?**

① 항공고시보(NOTAM)
② 항공정보간행물(AIP)
③ 항공정보 회람(AIC)
④ AIRAC

**04** **비행금지구역, 비행제한구역, 위험구역 설정 등의 공역을 제공하는 것은?**

① AIC
② AIP
③ AIRAC
④ NOTAM

**05** **항공고시보(NOTAM)의 최대 유효기간은?**

① 1개월 ② 3개월
③ 6개월 ④ 12개월

**정답** **01.** ④ **02.** ④ **03.** ③ **04.** ④ **05.** ②

**06** **항공고시보에 대한 설명으로 가장 올바른 것은?**

① 기술, 법령 또는 행정사항에 관한 정보를 고지한다.
② 법령, 규정, 시설 등 주요한 변경이 장기간 항공기 안전에 영향을 미칠 때 제공한다.
③ 해당 국가에서 비행하기 위해 필요한 항법관련 정보 간행물이다.
④ 항공기의 안전운항을 위해 항공 종사자들에게 전기통신수단을 통해 배포하는 공고문이다.

①, ②는 항공정보회란(AIC)에 관한 내용이다.
③은 AIP에 관한 내용이다.

**07** **설정된 공역을 고지해 주는 것은?**

① 관보 ② 일간신문
③ AIP ④ NOTAM

정답 **06.** ④ **07.** ④

# 6 기타 관련 법규

## 1 | 전파법

### 가. 개요

모든 무인항공기는 비행명령, 비행상태 자료, 영상 등 탑재 임무장비로부터 취득한 자료들을 무선전파를 이용하여 비행체와 지상통제소 상호간 실시간으로 송수신함으로써 원활한 비행을 수행하게 된다. 무선주파수를 잘못 사용할 경우, 혼선으로 인해 단순한 지장을 초래하는 것은 물론이고 추락으로까지 이어질 수 있다. 또한, 타 용도로 분배되어 사용되고 있는 대역의 주파수나 비인가된 높은 출력의 불법적인 전파사용은 타 사용자들에게 심각한 문제를 유발시킬 수 있으므로 유의해야 할 중요한 사안이다.

따라서, 무선전파의 주파수, 송수신기, 탑재된 장비, 출력 등 제반사용에 관련한 전파관련 규정을 정확히 인지하고, 반드시 규정에 적합한 장비 및 출력을 사용해야 한다.

### 나. 전파인증

**전파인증**이란 원래 스마트폰이나 태블릿PC 등 이동통신망을 이용하는 모든 휴대기기가 시판되기 전에 정부로부터 거쳐야 하는 인증제도를 말하며, 방송통신기기 인증제도라고도 한다. 전파인증은 방송통신위원회 산하 전파연구소가 담당하며, 단말기업체나 기기 수입업체가 인증을 의뢰하면 1주일 안에 인증이 완료된다. 이러한 인증절차를 밟기에 앞서 해당업체는 40여 개의 민간시험기관으로부터 사전 테스트를 받아 그 결과를 첨부해야 한다.

해외에서 구입한 무선기기를 국내에서 사용하기 위해 등록해야 하는 절차를 전파인증이라 한다.

**전파인증을 하는 이유**는

① 기간통신망을 외부의 전기 및 기계적 위해로부터 보호하여 사용자의 안전 및 권익을 보호하고,

② 국내의 전파질서를 유지하고 보호하며,

③ 불요 전자파 및 다른 기기나 외부 전파에 의한 통신장애 및 오작동으로부터 보호하기 위해서이다. 전파인증의 면제 대상도 있지만 대부분의 정보, 무선기기 등은 전파인증을

받아야 한다.

몇 년 전부터 급부상하며 등장한 드론 역시 통신 즉, 주파수로 통제되므로 전파인증을 받아야만 한다. 일부 자작 드론이나 해외에서 들어와서 전파인증 없이 판매하거나 사용할 경우 전파법 위반으로 벌금 또는 기소되는 경우가 종종 있다. 따라서 전파인증에 대하여 정확히 이해하고 사전 인증을 받아야 한다.

### 1) 무인항공기용 주파수 현황

우리나라의 무인기의 주파수 공급은 244.5→2,923.5이다.

전체적인 현황은 아래의 표와 같다.

| 구분 | 분배 현황 | 추가 공급 | 최대 출력 | 합계 |
|---|---|---|---|---|
| 제어용 | 2400~2483.5MHz | | 10mW/MHz | 총 2,923.5MHz폭 |
| | 5030~5091MHz | | 10W | |
| | | 11/12/14/19/29GHz (2,520MHz 폭) | 52W | |
| 임무용 | | 5091~5150MHz | 1W | |
| | | 5650~5725MHz | 10mW/MHz | |
| | 5725~5825MHz | | 10mW/MHz | |
| | | 5825~5850MHz | 10mW/MHz | |
| 계 | 244.5MHz 폭 | 2,679MHz 폭 | | |

### 2) 무인항공기 주파수 이용 안내

최근 출시되는 대부분의 드론들은 주로 2.4GHz 및 5.8GHz ISM 대역으로 이용이 집중되는 추세이다. 그런데 ISM 대역을 이용하는 비면허 무선기기는 타 무선국에 유해한 간섭을 야기하지 않고, 다른 무선기기로부터의 유해한 간섭을 용인하는 조건으로 사용할 수 있어 법적으로 드론의 안전한 운용을 위한 전파환경 보호를 요청할 수 없다.

또한, 2.4GHz 및 5.8GHz 대역은 국민 대다수가 사용하는 WiFi로도 널리 사용되고 있어, 도심지역에서 드론 운용 또는 다수의 드론을 동시 운용하는 등의 경우에는 드론-WiFi, 드론-드론 간의 전파 혼간섭으로 드론의 추락 등 안전사고가 발생할 우려가 있다.

이에 따라 무인항공기에 비면허 무선기기를 탑재하는 경우 전파 간섭에 의한 안전사고 발생 가능성을 최소화하기 위하여,

- 2.4GHz 대역은 제어용,
- 5.8GHz 대역은 영상전송용으로 사용할 것을 권장한다.

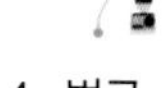



아울러 433.05~434.79MHz 대역은 유럽의 ISM 대역, 902~928MHz 대역은 미주 지역의 ISM 대역으로 국내에서는 ISM 대역에 해당되지 않아 이 주파수 대역을 이용한 무인항공기는 국내에서 운용될 수 없다.

433.05~434.79MHz 대역은 아마추어무선, 타이어 공기압 측정, 902~928MHz 대역은 이동통신(904~915MHz), IoT(917~923.5MHz) 등의 용도로 이용되고 있다.

다만, 기술연구·제품개발·시범사업 등을 위하여 한정된 공간에서 실험용으로 임시 주파수 사용을 희망하는 경우에는 정부의 허가를 받은 후 실험국을 개설, 운용 가능하다.

### 다. 벌칙

전파법 제84조 1항의 허가를 받지 아니하거나 신고를 하지 아니하고 무선국을 개설 운용한 자는 3년 이하 징역 또는 3천만의 이하의 벌금에 처한다.

## 2 사생활 침해죄

### 가. 개요

세계 인권선언 제12조에서는 사생활 침해와 관련해 "어느 누구도 자신의 사생활, 가정, 주거, 통신에 대하여 자의적인 간섭을 받지 않으며, 자신의 명예와 신용에 대하여 공격을 받지 아니한다. 모든 사람은 그러한 간섭과 공격에 대하여 법률의 보호를 받을 권리를 가진다."라고 명시하고 있다.

최근 드론(멀티콥터)에 장착된 카메라를 이용하여 다른 사람을 촬영하여 사생활침해로 고발당하거나 또는 의도와 관계없이 촬영된 경우도 초상권 침해로 고발당하는 경우가 있다. 따라서 촬영용 드론을 운용하는 사람은 모든 경우의 상황이 발생하지 않도록 주의해야 한다.

사생활 침해의 처벌조항은 형법 제35장 제316조의 비밀침해죄로 규정되어 있다. 비밀침해죄는 타인이 공개를 원하지 않는 비밀을 일정한 수단을 이용하여 알아내는 행위로, 개인의 사생활을 침해하는 범죄를 말한다. 보통 단독으로 문제되는 경우는 흔하지 않고 다른 죄목들과 묶어 가중 처벌을 받는 용도로 쓰이는 경우가 많다.

## 나. 비밀침해죄

### 1) 관련 법령

| 1. 형법 제35장 제316조 |
|---|
| **제316조(비밀침해)**<br>① 봉함, 기타 비밀장치한 사람의 편지, 문서 또는 도화를 개봉한 자는 3년 이하의 징역이나 금고 또는 500만원 이하의 벌금에 처한다. 〈개정 1995. 12. 29.〉<br>② 봉함, 기타 비밀장치한 사람의 편지, 문서, 도화 또는 전자기록 등 특수매체기록을 기술적 수단을 이용하여 그 내용을 알아낸 자도 제1항의 형과 같다.<br>〈신설 1995. 12. 29.〉<br>비밀침해죄는 타인이 공개를 원하지 않는 비밀을 일정한 수단을 이용하여 알아내는 행위로 개인의 사생활을 침해하는 범죄를 말한다. |
| **2. 성립요건** |
| 봉함처리 되거나(외부인이 확인하지 못하도록 봉인된 것을 의미) 비밀장치로 처리된 문서나 전자기록 등을 개봉하거나 기술적 수단을 이용하여 탐지하는 경우 그 비밀침해에 '고의'가 있는 경우라면 비밀침해죄가 성립된다. 여기에는 기술적 수단 즉, 촬영용 드론을 이용하여 탐지하는 경우도 포함될 수 있다. |
| **3. 사생활침해죄의 처벌** |
| 사생활침해죄가 성립할 경우 3년 이하의 징역이나 금고 또는 500만 원이하의 벌금에 처해지게 된다. |

## 3 | 정보통신망법

드론의 사용과 정보통신망 이용 촉진 및 정보보호 등에 관한 법률은 직접적인 관계가 없지만 드론 카메라로 불특정 다수를 대상으로 사생활을 침해할 수 있는 영상 및 사진 등을 촬영하고 이를 인터넷 웹 사이트나 SNS에 유포하는 경우에는 정보통신법을 위반할 수가 있다.

| 정보통신망법 제44조(정보통신망에서의 권리보호) |
| --- |
| ① 이용자는 사생활 침해 또는 명예훼손 등 타인의 권리를 침해하는 정보를 정보통신망에 유통시켜서는 아니 된다. |

## 4 | 성폭력범죄의 처벌 등에 관한 특례법 제14조(카메라 등을 이용한 촬영)

드론으로 촬영한 영상 중 타인의 신체를 동의 없이 촬영한 경우와 그 촬영한 결과물을 유포하는 경우에 성폭력범죄의 처벌 등에 관한 특례법을 위반할 가능성이 있다.

| 성폭력범죄의 처벌 등에 관한 특례법 제14조(카메라 등을 이용한 촬영) |
| --- |
| ① 카메라나 그 밖에 이와 유사한 기능을 갖춘 기계장치를 이용하여 성적 욕망 또는 수치심을 유발할 수 있는 사람의 신체를 촬영대상자의 의사에 반하여 촬영한 자는 5년 이하의 징역 또는 3천만원 이하의 벌금에 처한다. |
| ② 제1항에 따른 촬영물 또는 복제물(복제물의 복제물을 포함한다)을 반포, 판매, 임대, 제공 또는 공공연하게 전시, 상영한 자 또는 제1항의 촬영이 당시에는 촬영대상자의 의사에 반하지 아니한 경우에도 사후에 그 촬영물 또는 복제물을 촬영대상자의 의사에 반하여 반포 등을 한 자는 5년 이하의 징역 또는 3천만원 이하의 벌금에 처한다."라고 명시하고 있다. |

# 실전대비 모의고사

# 05

제1회

# 초경량비행장치 조종자격시험

| 시험시간 | 문항수 |
|---|---|
| 50분 | 40문항 |

정답 P.419

**01 무인멀티콥터의 조종기를 장기간 사용하지 않을 경우 일반적인 관리요령이 아닌 것은?**

① 보관온도에 상관없이 보관한다.
② 서늘한 곳에 장소 보관한다.
③ 배터리를 분리해서 보관한다.
④ 케이스에 보관한다.

**02 무인멀티콥터 비행 중 조종기의 배터리 경고음이 울렸을 때 취해야 할 행동은?**

① 당황하지 말고 기체를 안전한 장소로 이동하여 착륙시켜 배터리를 교환한다.
② 경고음이 꺼질 때까지 기다려본다.
③ 재빨리 송신기의 배터리를 예비 배터리로 교환한다.
④ 기체를 원거리로 이동시켜 제자리 비행으로 대기한다.

**03 국제민간항공기구(ICAO)에서 공식용어로 사용하는 무인항공기 용어는?**

① Drone ② UAV
③ RPV ④ RPAS

**04 리튬폴리머(LI-Po) 배터리 취급에 대한 설명으로 올바른 것은?**

① 폭발위험이나 화재 위험이 적어 충격에 잘 견딘다.
② 50℃ 이상의 환경에서 사용될 경우 효율이 높아진다.
③ 수중에 장비가 추락했을 경우에는 배터리를 잘 닦아서 사용한다.
④ -10℃ 이하로 사용될 경우 영구히 손상되어 사용불가 상태가 될 수 있다.

**05 비행교육 후 평가의 원칙으로 적절하지 않는 것은?**

① 평가자는 적법한 자격이 없어도 평가할 수 있다.
② 평가 방법은 표준화 되어야 한다.
③ 평가 목적이 이해되어야 한다.
④ 구체적인 평가 결과를 산출한다.

**06 무인항공 시스템에서 비행체와 지상통제 시스템을 연결시켜 주어 지상에서 비행체를 통제 가능하도록 만들어 주는 장치는 무엇인가?**

① 비행체
② 탑재 임무장비
③ 데이터링크
④ 지상통제장비

**07 무인항공방제 작업 시 조종자, 신호자, 보조자의 설명으로 부적합한 것은?**

① 비행에 관한 최종 판단은 작업 허가자가 한다.
② 신호자는 장애물 유무와 방제 끝부분 도착여부를 조종자에게 알려준다.
③ 보조자는 살포하는 약제, 연료 포장 안내 등을 해 준다.
④ 조종자와 신호자는 모두 유자격자로서 교대로 조종작업을 수행하는 것이 안전하다.

**08 무인비행장치 운용에 따라 조종자가 작성할 문서가 아닌 것은?**

① 비행훈련기록부
② 비행체 비행기록부
③ 조종사 비행기록북
④ 장비 정비 기록부

**09 비행교관의 심리적 지도 기법 설명으로 타당하지 않은 것은?**

① 교관의 입장에서 인간적으로 접근하여 대화를 통해 해결책을 강구
② 노련한 심리학자가 되어 학생의 근심, 불안, 긴장 등을 해소
③ 경쟁심리를 자극하지 않고 잠재적 장점을 표출
④ 잘못에 대한 질책은 여러 번 반복한다.

**10 무인항공 방제작업에 필요한 개인 안전장구로 거리가 먼 것은?**

① 헬멧 ② 마스크
③ 풍향풍속계 ④ 위생장갑

**11 비행방향의 반대방향인 공기흐름의 속도방향과 Airfoil의 시위선이 만드는 사이각을 말하며, 양력, 항력 및 피치 모멘트에 가장 큰 영향을 주는 것은?**

① 상반각 ② 받음각
③ 붙임각 ④ 후퇴각

**12 지면효과에 대한 설명으로 맞는 것은?**

① 공기흐름 패턴과 함께 지표면의 간섭의 결과이다.
② 날개에 대한 증가된 유해항력으로 공기흐름 패턴에서 변형된 결과이다.
③ 날개에 대한 공기흐름 패턴의 방해결과이다.
④ 지표면과 날개 사이를 흐르는 공기 흐름이 빨라져 유해항력이 증가함으로써 발생하는 현상이다.

**13 항공기나 무인비행장치에 작용하는 힘의 방향이 맞는 것은?**

① 양력, 무게, 추력, 항력
② 양력, 중력, 무게, 추력
③ 양력, 무게, 동력, 마찰
④ 양력, 마찰, 추력, 항력

**14 양력의 발생원리 설명 중 틀린 것은?**

① 정체점에서 발생된 높은 압력의 파장에 의해 분리된 공기는 후연에서 다시 만난다.
② Airfoil 상부에서는 곡선율과 취부각(붙임각)으로 공기의 이동거리가 길다.
③ Airfoil 하부에서는 곡선율과 취부각(붙임각)으로 공기의 이동거리가 짧다.
④ 모든 물체는 공기의 압력(정압)이 낮은 곳에서 높은 곳으로 이동한다.

**15 회전익 비행장치의 특성이 아닌 것은?**

① 제자리, 측/후방 비행이 가능하다.
② 엔진 정지시 자동활동이 가능하다.
③ 동적으로 불안하다.
④ 최저 속도를 제한한다.

**16 항공기에 작용하는 세 개의 축이 교차되는 곳은 어디인가?**

① 무게 중심
② 압력 중심
③ 가로축의 중간지점
④ 세로축의 중간지점

**17 베르누이 정리에 대한 바른 설명은?**

① 정압이 일정하다.
② 동압이 일정하다.
③ 전압이 일정하다.
④ 동압과 전압의 합이 일정하다.

**18 멀티콥터의 이동방향이 아닌 것은?**

① 전진 ② 후진
③ 회전 ④ 배면

**19 쿼드 X형 멀티콥터가 전진비행 시 모터(로터포함)의 회전속도 변화 중 맞는 것은?**

① 앞의 두 개가 빨리 회전한다.
② 뒤의 두 개가 빨리 회전한다.
③ 좌측의 두 개가 빨리 회전한다.
④ 우측의 두 개가 빨리 회전한다.

**20 안정성에 관하여 연결한 것 중 틀린 것은?**

① 가로 안정성 – rolling
② 세로 안정성 – pitching
③ 방향 안정성 – yawing
④ 방향 안정성 – rolling & yawing

**21 다음 중 기상 7대 요소는 무엇인가?**

① 기압, 전선, 기온, 습도, 구름, 강수, 바람
② 기압, 기온, 습도, 구름, 강수, 바람, 시정
③ 해수면, 전선, 기온, 난기류, 시정, 바람, 습도
④ 기압, 기온, 대기, 안정성, 해수면, 바람, 시정

**22 운량의 구분 시 하늘의 상태가 5/8~7/8인 경우를 무엇이라 하는가?**

① Sky Clear(SKC/CLR)
② Scattered(SCT)
③ Broken(BKN)
④ Overcast(OVC)

**23 다음 중 열량에 대한 내용으로 맞는 것은?**

① 물질의 온도가 증가함에 따라 열에너지를 흡수할 수 있는 양
② 물질 10g의 온도를 10℃ 올리는데 요구되는 열
③ 온도계로 측정한 온도
④ 물질의 하위 상태로 변화시키는 데 요구되는 열 에너지

**24 해수면의 기온과 표준기압은?**

① 15℃와 29.92 inch.Hg
② 15℃와 29.92 inch.mb
③ 15°F와 29.92 inch.Hg
④ 15°F와 29.92 inch.mb

**25 지구의 기상에서 일어나는 변화의 가장 근본적인 원인은?**

① 해수면의 온도 상승
② 구름의 량
③ 지구 표면에 받아들이는 태양 에너지의 변화
④ 구름의 대이동

**26 산바람과 골바람에 대한 설명 중 맞는 것은?**

① 산악지역에서 낮에 형성되는 바람은 골바람으로 산 아래에서 산 위(정상)로 부는 바람이다.
② 산바람은 산 정상부분으로 불고 골바람은 산 정상에서 아래로 부는 바람이다.
③ 산바람과 골바람 모두 산의 경사 정도에 따라 가열되는 정도에 따른 바람이다.
④ 산바람은 낮에 그리고 골바람은 밤에 형성된다.

**27** **"한랭기단의 찬 공기가 온난기단의 따뜻한 공기 쪽으로 파고 들 때 형성되며 전선 부근에 소나기나 뇌우, 우박 등 궂은 날씨를 동반하는 전선"을 무슨 전선인가?**

① 한랭전선
② 온난전선
③ 정체전선
④ 패색전선

**28** **습윤하고 온난한 공기가 한랭한 육지나 수면으로 이동해 오면 하층부터 냉각되어 공기속의 수증기가 응결되어 생기는 안개로 바다에서 주로 발생하는 안개는?**

① 활승안개
② 이류안개
③ 증기안개
④ 복사안개

**29** **대기 중에서 가장 많은 기체는 무엇인가?**

① 산소
② 질소
③ 이산화탄소
④ 수소

**30** **다음 중 초경량비행장치 사용사업의 범위가 아닌 경우는?**

① 비료 또는 농약살포, 씨앗 뿌리기 등 농업지원
② 사진촬영, 육상 및 해상측량 또는 탐사
③ 산림 또는 공원 등의 관측 및 탐사
④ 지방 행사시 시범 비행

**31** **다음은 무슨 구름인가?**

① 권층운 ② 고층운
③ 난층운 ④ 층적운

**32** **초경량비행장치의 용어 설명으로 틀린 것은?**

① 초경량비행장치의 종류에는 동력비행장치, 행글라이더, 패러글라이더, 기구류 및 무인비행장치 등
② 무인동력 비행장치는 연료의 중량을 제외한 자체 중량이 120kg 이하인 무인비행기, 무인헬리콥터 또는 무인멀티콥터
③ 회전익 비행장치에는 초경량 자이로플레인, 초경량 헬리콥터 등이 있다.
④ 무인비행선은 연료의 중량을 제외한 자체 중량이 180kg이하이고, 길이가 20m 이하인 무인비행선

**33** **다음 중 공항시설법상 유도로 등의 색은?**

① 녹색 ② 청색
③ 백색 ④ 황색

**34** **초경량비행장치 조종자 준수사항의 금지 행위와 관련이 없는 것은?**

① 인명이나 재산에 위험을 초래할 우려가 있는 낙하물 투하행위 금지
② 관제공역, 통제공역, 주의공역에서 비행행위 금지
③ 안개 등으로 지상목표물을 육안으로 식별할 수 없는 상태에서 비행행위 금지
④ 일몰 후부터 일출 전이라도 날씨가 맑고 밝은 상태에서는 비행할 수 있다.

**35** **초경량비행장치의 말소신고의 설명 중 틀린 것은?**

① 사유 발생일로부터 30일 이내에 신고하여야 한다.
② 비행장치가 멸실된 경우 실시한다.
③ 비행장치의 존재 여부가 2개월 이상 불분명할 경우 실시한다.
④ 비행장치가 외국에 매도된 경우 실시한다.

**36** **초경량비행장치 인증의 종류 중 초도인증 이후 안전성 인증서의 유효기간이 도래하여 새로운 안전성 인증을 받기 위하여 실시하는 인증은 무엇인가?**

① 정기인증 ② 초도인증
③ 수시인증 ④ 재 인증

**37** **무인멀티콥터의 비행과 관련한 사항 중 틀린 것은?**

① 최대 이륙중량 25kg이하 기체는 비행금지구역 및 관제권을 제외한 공역에서 고도 150m이하에서는 비행승인없이 비행이 가능하다.
② 최대 이륙중량 25kg 초과 기체는 전 공역에서 사전 비행승인 후 비행이 가능하다.
③ 초경량비행장치 전용공역에도 사전 비행계획을 제출 후 승인을 받고 비행한다.
④ 최대 이륙중량 상관없이 비행금지구역 및 관제권에서는 사전 비행승인 없이는 비행이 불가하다.

**38** **항공종사자가 업무를 정상적으로 수행할 수 없는 혈중 알코올농도의 기준은?**

① 0.02% 이상 ② 0.03% 이상
③ 0.05% 이상 ④ 0.5% 이상

**39** **초경량비행장치의 사고 중 항공철도사고조사위원회가 사고의 조사를 하여야 하는 경우가 아닌 것은?**

① 차량이 주기된 초경량비행장치를 파손 시킨 사고
② 초경량비행장치로 인하여 사람이 중상 또는 사망한 사고
③ 비행 중 발생한 화재사고
④ 비행 중 추락, 충돌 사고

**40** **무인멀티콥터의 등록일련번호는 누가 부여하는가?**

① 항공안전기술원장
② 교통안전공단 이사장
③ 항공협회장
④ 지방항공청장

## 제2회
# 초경량비행장치 조종자격시험

| 시험시간 | 문항수 |
|---|---|
| 50분 | 40문항 |

정답 P.421

**01 다음 중 공항시설법상 유도로 등의 색은?**

① 녹색 ② 청색
③ 백색 ④ 황색

**02 항공기에 작용하는 힘에 대한 설명 중 틀린 것은?**

① 양력의 크기는 속도의 제곱에 비례한다.
② 항력은 비행기의 받음각에 따라 변한다.
③ 추력은 비행기의 받음각에 따라 변하지 않는다.
④ 중력은 속도에 비례한다.

**03 회전익비행장치의 유동력침하가 발생될 수 있는 비행조건이 아닌 것은?**

① 깊은 각(300feet per minute)으로 접근 시
② 배풍접근 시
③ 지면효과 밖에서 호버링을 하는 동안 일정한 고도를 유지하지 않을 때
④ 편대비행 접근 시

**04 항공기의 항행안전을 저해할 우려가 있는 장애물 높이가 지표 또는 수면으로부터 몇 미터 이상이면 항공장애 표시등 및 항공장애 주간표지를 설치하여야 하는가?(단 장애물 제한구역 외에 한한다.)**

① 50미터 ② 100미터
③ 150미터 ④ 200미터

**05 국토교통부령으로 정하는 초경량비행장치를 사용하여 비행하려는 사람은 비행안전을 위한 기술상의 기준에 적합하다는 안전성인증을 받아야 한다. 다음 중 안전성 인증대상이 아닌 것은?**

① 무인기구류
② 무인비행장치
③ 회전익비행장치
④ 착륙장치가 없는 동력패러글라이더

**06 메인 블레이드의 밸런스 측정 방법 중 옳지 않은 것은?**

① 메인 블레이드 각각의 무게가 일치 하는지 측정한다.
② 메인 블레이드 각각의 중심(C.G)이 일치하는지 측정한다.
③ 양손에 들어보아 가벼운 쪽에 밸런싱 테잎을 감아 준다.
④ 양쪽 블레이드의 드레그 홀에 축을 끼워 앞전이 일치하는지 측정한다.

**07 회전익무인비행장치의 기체 및 조종기의 배터리 점검사항 중 틀린 것은?**

① 조종기에 있는 배터리 연결단자의 헐거워지거나 접촉불량 여부를 점검한다.
② 기체의 배선과 배터리와의 고정 볼트의 고정 상태를 점검한다.
③ 배터리가 부풀어 오른 것을 사용하여도 문제없다.
④ 기체 배터리와 배선의 연결부위의 부식을 점검한다.

**08** 초경량비행장치 비행계획승인 신청 시 포함되지 않는 것은?

① 비행경로 및 고도
② 동승자의 소지자격
③ 조종자의 비행경력
④ 비행장치의 종류 및 형식

**09** 자동제어기술의 발달에 따른 항공사고 원인이 될 수 없는 것이 아닌 것은?

① 불충분한 사전학습
② 기술의 진보에 따른 빠른 즉각적 반응
③ 새로운 자동화 장치의 새로운 오류
④ 자동화의 발달과 인간의 숙달 시간차

**10** 회전익비행장치가 제자리 비행 상태로부터 전진비행으로 바뀌는 과도적인 상태는?

① 횡단류 효과 ② 전이 비행
③ 자동 회전 ④ 지면 효과

**11** 무인멀티콥터의 조종기를 장기간 사용하지 않을 경우 일반적인 관리요령이 아닌 것은?

① 보관온도에 상관없이 보관한다.
② 서늘한 곳에 장소 보관한다.
③ 배터리를 분리해서 보관한다.
④ 케이스에 보관한다.

**12** 현재의 지상기온이 31℃ 일 때 3,000피트 상공의 기온은?(단 조건은 ISA 조건이다.)

① 25℃ ② 37℃
③ 29℃ ④ 34℃

**13** 난기류(Turbulence)를 발생하는 주요인이 아닌 것은?

① 안정된 대기상태
② 바람의 흐름에 대한 장애물
③ 대형 항공기에서 발생하는 후류의 영향
④ 기류의 수직 대류현상

**14** 동력비행장치는 자체 중량이 몇 킬로그램 이하 이어야 하는가?

① 70킬로그램 ② 100킬로그램
③ 115킬로그램 ④ 250킬로그램

**15** 국토교통부장관에게 소유신고를 하지 않아도 되는 것은?

① 동력비행장치
② 초경량 헬리콥터
③ 초경량 자이로플레인
④ 계류식 무인비행장치

**16** 항공시설, 업무, 절차 또는 위험요소의 신설, 운영상태 및 그 변경에 관한 정보를 수록하여 전기통신 수단으로 항공종사자들에게 배포하는 공고문은?

① AIC ② AIP
③ AIRAC ④ NOTAM

**17** 안개가 발생하기 적합한 조건이 아닌 것은?

① 대기의 성층이 안정할 것
② 냉각작용이 있을 것
③ 강한 난류가 존재할 것
④ 바람이 없을 것

**18 다음 중 기압에 대한 설명으로 틀린 것은?**

① 일반적으로 고기압권에서는 날씨가 맑고 저기압권에서는 날씨가 흐린 경향을 보인다.
② 북반구 고기압 지역에서 공기흐름은 시계방향으로 회전하면서 확산된다.
③ 등압선의 간격이 클수록 바람이 약하다.
④ 해수면 기압 또는 동일한 기압대를 형성하는 지역을 따라서 그은 선을 등고선이라 한다.

**19 초경량비행장치 멀티콥터의 멸실 등의 사유로 말소신고를 할 경우 그 사유가 발생한 날부터 며칠 이내에 한국교통안전공단 이사장에게 말소신고서를 제출하여야 하는가?**

① 5일 ② 10일
③ 15일 ④ 30일

**20 비행 중 조종기의 배터리 경고음이 울렸을 때 취해야 할 행동은?**

① 즉시 기체를 착륙시키고 엔진 시동을 정지 시킨다.
② 경고음이 꺼질 때까지 기다려본다.
③ 재빨리 송신기의 배터리를 예비 배터리로 교환한다.
④ 기체를 원거리로 이동시켜 제자리 비행으로 대기한다.

**21 초경량비행장치 무인멀티콥터 1, 2, 3종 조종 자격증명 시험에 응시할 수 있는 최소 연령은?**

① 만 12세 이상
② 만 13세 이상
③ 만 14세 이상
④ 만 18세 이상

**22 바람에 대한 설명으로 틀린 것은?**

① 풍속의 단위는 m/s, Knot 등을 사용한다.
② 풍향은 지리학상의 진북을 기준으로 한다.
③ 풍속은 공기가 이동한 거리와 이에 소요되는 시간의 비(比)이다.
④ 바람은 기압이 낮은 곳에서 높은 곳으로 흘러가는 공기의 흐름이다.

**23 회전익무인비행장치의 비행 준비사항으로 적절하지 않은 것은?**

① 기체크기
② 기체 배터리 상태
③ 조종기 배터리 상태
④ 조종사의 건강상태

**24 회전익 무인비행장치의 조종사가 비행 중 주의해야 하는 사항이 아닌 것은?**

① 휴식장소
② 착륙장의 부유물
③ 비행지역의 장애물
④ 조종사주변의 차량접근

**25 항공안전법에서 정한 용어의 정의가 맞는 것은?**

① 관제구라 함은 평균해수면으로부터 500미터 이상 높이의 공역으로서 항공교통의 통제를 위하여 지정된 공역을 말한다.
② 항공등화라 함은 전파, 불빛, 색채 등으로 항공기 항행을 돕기 위한 시설을 말한다.
③ 관제권이라 함은 비행장 및 그 주변의 공역으로서 항공교통의 안전을 위하여 지정된 공역을 말한다.
④ 항행안전시설이라 함은 전파에 의해서만 항공기 항행을 돕기 위한 시설을 말한다.

**26** **전동식 멀티콥터의 기체 구성품과 거리가 먼 것은?**

① 프로펠러 ② 모터와 변속기
③ 자동비행장치 ④ 클러치

**27** **다음 연료 여과기에 대한 설명 중 가장 타당한 것은?**

① 연료 탱크 안에 고여 있는 물이나 침전물을 외부로 빼내는 역할을 한다.
② 외부 공기를 기화된 연료와 혼합하여 실린더 입구로 공급한다.
③ 엔진 사용 전에 흡입구에 연료를 공급한다.
④ 연료가 엔진에 도달하기 전에 연료의 습기나 이물질을 제거한다.

**28** **초경량비행장치 조종자 무인 멀티콥터 전문교육기관이 확보해야 할 지도조종자의 최소비행시간은?**

① 50시간 ② 100시간
③ 150시간 ④ 200시간

**29** **항공종사자가 업무를 정상적으로 수행할 수 없는 혈중 알코올 농도의 기준은?**

① 0.02% 이상 ② 0.03% 이상
③ 0.05% 이상 ④ 0.5% 이상

**30** **비행장치 또는 항공기에 작용하는 힘의 방향으로 맞는 것은?**

① 양력, 마찰, 추력, 항력
② 양력, 중력, 무게, 추력
③ 양력, 무게, 동력, 마찰
④ 양력, 무게, 추력, 항력

**31** **주로 봄과 가을에 이동성 고기압과 함께 동진해 와서 따뜻하고 건조한 일기를 나타내는 기단은?**

① 오호츠크해기단 ② 양쯔강기단
③ 북태평양기단 ④ 적도기단

**32** **공기밀도에 관한 설명으로 틀린 것은?**

① 온도가 높아질수록 공기밀도도 증가한다.
② 일반적으로 공기밀도는 하층보다 상층이 낮다.
③ 수증기가 많이 포함될수록 공기밀도는 감소한다.
④ 국제표준대기(ISA)의 밀도는 건조공기로 가정했을 때의 밀도이다.

**33** **다음이 설명하는 용어는?**

> 날개꼴의 임의 지점에 중심을 잡고 받음각의 변화를 주면 기수를 들리고 내리는 피칭모멘트가 발생하는데 이 모멘트의 값이 받음각에 관계없이 일정한 지점을 말한다.

① 압력중심(Center of Pressure)
② 공력중심(Aerodynamic Center)
③ 무게중심(Center of Gravity)
④ 평균공력시위(Mean Aerodynamic Chord)

**34** **초경량비행장치에 의하여 중사고가 발생한 경우 사고조사를 담당하는 기관은?**

① 관할 지방항공청
② 항공교통관제소
③ 교통안전공단
④ 항공 철도사고조사위원회

**35 다음 중 무인회전익비행장치가 고정익형 무인비행기와 비행특성이 가장 다른 점은?**

① 우선회비행 ② 정지비행
③ 좌선회비행 ④ 전진비행

**36 항공기 날개의 상하부를 흐르는 공기의 압력차에 의해 발생하는 압력의 원리는?**

① 작용–반작용의 법칙
② 가속도의 법칙
③ 베르누이의 정리
④ 관성의 법칙

**37 구름의 형성 요인 중 가장 관련이 없는 것은?**

① 냉각(Cooling)
② 수증기(Water vapor)
③ 온난전선(Warm front)
④ 응결핵(Condensation nuclei)

**38 다음 중 무인회전익 비행장치에 사용되는 엔진으로 가정 부적합한 것은?**

① 왕복엔진 ② 로터리엔진
③ 터보팬 엔진 ④ 가솔린 엔진

**39 비행 후 기체 점검 사항 중 옳지 않은 것은?**

① 동력계통 부위의 볼트 조임상태 등을 점검하고 조치한다.
② 메인 블레이드, 테일 블레이드의 결합상태, 파손 등을 점검한다.
③ 남은 연료가 있을 경우 호버링 비행하여 모두 소모시킨다.
④ 송수신기의 배터리 잔량을 확인하여 부족시 충전한다.

**40 착빙(Icing)에 대한 설명 중 틀린 것은?**

① 양력과 무게를 증가시켜 추진력을 감소시키고 항력은 증가시킨다.
② 거친 착빙도 항공기 날개의 공기 역학에 심각한 영향을 줄 수 있다.
③ 착빙은 날개뿐만 아니라 Carburetor, Pitot관 등에도 발생한다.
④ 습한 공기가 기체 표면에 부딪치면서 결빙이 발생하는 현상이다.

제3회

# 초경량비행장치 조종자격시험

| 시험시간 | 문항수 |
|---|---|
| 50분 | 40문항 |

정답 P.423

**01 리튬폴리머 배터리 사용상의 설명으로 적절한 것은?**

① 비행 후 배터리 충전은 상온까지 온도가 내려간 상태에서 실시한다.
② 수명이 다 된 배터리는 그냥 쓰레기들과 같이 버린다.
③ 여행 시 배터리는 화물로 가방에 넣어서 운반이 가능하다.
④ 가급적 전도성이 좋은 금속 탁자 등에 두어 보관한다.

**02 무인비행장치 탑재임무장비(Payload)로 볼 수 없는 것은?**

① 주간(EO) 카메라
② 데이터링크 장비
③ 적외선(FLIR) 감시카메라
④ 통신중계 장비

**03 무인항공 시스템의 지상지원장비로 볼 수 없는 것은?**

① 발전기
② 비행체
③ 비행체 운반차량
④ 정비지원 차량

**04 드론에 대한 설명으로 틀린 것은?**

① 드론은 대형 무인항공기와 소형 무인항공기를 모두 포함하는 개념이다.
② 일반적으로 우리나라에서는 일정 무게이하의 소형 무인항공기를 지칭한다.
③ 우리나라 항공안전법은 150kg 이하 무인항공기를 무인비행장치로 분류하고 있다.
④ 우리나라 항공안전법에 무인멀티콥터는 동력비행장치로 분류하고 있다.

**05 비행 교관의 기본 구비자질로서 타당하지 않은 것은?**

① 교육생에 대한 수용 자세: 교육생의 잘못된 습관이나 조작, 문제점을 지적하기 전에 그 교육생의 특성을 먼저 파악해야 한다.
② 외모 및 습관 : 교관으로서 청결하고 단정한 외모와 침착하고 정상적인 비행 조작을 해야 한다.
③ 전문적 언어 : 전문적인 언어를 많이 사용하여 교육생들의 신뢰를 얻어야 한다.
④ 화술 능력 구비 : 교관으로서 학과과목이나 조종을 교육시킬 때 적절하고 융통성 있는 화술 능력을 구비해야 한다.

**06 비행 준비 및 학과교육 단계에서 교육 요령으로 부적절한 것은?**

① 교관이 먼저 비행 원리에 정통하고 적용하라.
② 시뮬레이션 교육을 최소화 시켜라
③ 안전 교육을 철저히 시켜라
④ 교육 기록부 기록 철저

**07 무인항공방제 작업간 조종자/작업자의 안전 준비 사항이 아닌 것은?**

① 헬멧의 착용
② 보안경, 마스크 착용
③ 메인로터가 완전히 정지하기까지는, 무의적인 접근을 하지 않을 것
④ 옷은 짧은 소매를 입는다.

**08 비상절차 단계의 교육훈련 내용으로 맞지 않는 것은?**

① 각 경고등 점등 시 의미 및 조치사항
② GPS 수신 불량에 대한 프로그램 이용 실습
③ 통신 두절로 인한 Return Home 기능 필요시 시범식 교육
④ 제어 시스템 에러 사항에 대한 일회 설명 실시

**09 다음의 초경량비행장치 중 국토부에서 정하는 보험에 가입하여야 하는 것은?**

① 영리 목적으로 사용되는 인력 활공기
② 개인의 취미활동에 사용되는 행글라이더
③ 영리 목적으로 사용되는 동력비행장치
④ 개인의 취미활동에 사용되는 낙하산

**10 비행교관이 범하기 쉬운 과오가 아닌 것은?**

① 자기 고유의 기술은, 자기만의 것으로 소유하고 잘난 체 하려는 태도
② 교육생이 잘못된 조작에 대해 교관의 부드러운 조작 수정
③ 감정에 의해서 표출되는 언어 표현의 사용
④ 교육생의 과오에 대해서 필요 이상의 자기감정을 억제

**11 멀티콥터가 제자리 비행을 하다가 이동시키면 계속 정지상태를 유지하려는 것은 뉴턴의 운동법칙 중 무슨 법칙인가 ?**

① 가속도의 법칙
② 관성의 법칙
③ 작용반작용의 법칙
④ 등가속도의 법칙

**12 블레이드가 회전할 때 공기와 마찰하면서 발생하는 항력은 무슨 항력인가?**

① 유도항력 ② 유해항력
③ 형상항력 ④ 총항력

**13 총 무게가 30kg인 비행장치가 45도 경사로 동 고도로 선회할 때 총 하중계수는 얼마인가?**

① 35kg ② 40kg
③ 45kg ④ 50kg

**14 영각(받음각)에 대한 설명 중 틀린 것은?**

① Airfoil의 익현선과 합력 상대풍의 사이각
② 취부각(붙임각)의 변화 없이도 변화될 수 있다.
③ 양력과 항력의 크기를 결정하는 중요한 요소
④ 영각(받음각)이 커지면 양력이 작아지고 영각이 작아지면 양력이 커진다.

**15 고유의 안정성이란 무엇을 의미 하는가?**

① 이착륙 성능이 좋다.
② 실속이 되기 어렵다.
③ 스핀이 되지 않는다.
④ 조종이 보다 용이하다.

**16 회전익 비행장치의 유동력 침하가 발생될 수 있는 비행조건이 아닌 것은?**

① 깊은 각(300feet per minute)으로 접근 시
② 배풍 접근 시
③ 지면효과 밖에서 호버링을 하는 동안 일정한 고도를 유지하지 않을 때
④ 편대비행 접근 시

**17 날개의 상하부를 흐르는 공기의 압력차에 의해 발생하는 압력의 원리는?**

① 작용-반작용의 법칙
② 가속도의 법칙
③ 베르누이의 정리
④ 관성의 법칙

**18 항력과 속도와의 관계 설명 중 틀린 것은?**

① 항력은 속도제곱에 반비례한다.
② 유해항력은 거의 모든 항력을 포함하고 있어 저속 시 작고, 고속 시 크다.
③ 형상항력은 블레이드가 회전할 때 발생하는 마찰성 저항이므로 속도가 증가하면 점차 증가한다.
④ 유도항력은 하강풍인 유도기류에 의해 발생하므로 저속과 제자리 비행 시 가장 크며, 속도가 증가할수록 감소한다.

**19 지면효과에 대한 설명 중 가장 옳은 것은?**

① 지면효과에 의해 회전날개 후류의 속도는 급격하게 증가되고 압력은 감소한다.
② 동일 엔진일 경우 지면효과가 나타나는 낮은 고도에서 더 많은 무게를 지탱할 수 있다.
③ 지면효과는 양력 감소현상을 초래하기는 하지만 항공기의 진동을 감소시키는 등 긍정적인 면도 있다.
④ 지면효과는 양력의 급격한 감소현상과 같은 헬리콥터의 비행성에 항상 불리한 영향을 미친다.

**20 무인동력비행장치의 수직 이, 착륙비행을 위하여 어떤 조종장치를 조작하는가?**

① 스로틀 ② 피치
③ 롤 ④ 요우

**21 다음 지역 중 우리나라 평균해수면 높이를 0m로 선정하여 평균해수면의 기준이 되는 지역은?**

① 영일만 ② 순천만
③ 인천만 ④ 강화만

**22 물질 1g의 온도를 1℃ 올리는데 요구되는 열은?**

① 잠열 ② 열량
③ 비열 ④ 현열

**23 대부분의 기상이 발생하는 대기의 층은?**

① 대류권 ② 성층권
③ 중간권 ④ 열권

**24 바람이 존재하는 근본적인 원인은?**

① 기압차이
② 고도차이
③ 공기밀도 차이
④ 자전과 공전현상

**25 대기 중의 수증기의 양을 나타내는 것은?**

① 습도 ② 기온
③ 밀도 ④ 기압

**26** **구름과 안개의 구분 시 발생 높이의 기준은?**

① 구름의 발생이 AGL 50ft 이상 시 구름, 50ft이하에서 발생 시 안개
② 구름의 발생이 AGL 70ft 이상 시 구름, 70ft이하에서 발생 시 안개
③ 구름의 발생이 AGL 90ft 이상 시 구름, 90ft이하에서 발생 시 안개
④ 구름의 발생이 AGL 120ft 이상 시 구름, 120ft이하에서 발생 시 안개

**27** **강수 발생률을 강화시키는 것은?**

① 난한 하강기류　② 수직활동
③ 상승기류　④ 수평활동

**28** **습한 공기가 산 경사면을 타고 상승하면서 팽창함에 따라 공기가 노점이하로 단열냉각되면서 발생하며, 주로 산악지대에서 관찰되고 구름의 존재에 관계없이 형성되는 안개는?**

① 활승안개　② 이류안개
③ 증기안개　④ 복사안개

**29** **1기압에 대한 설명 중 틀린 것은?**

① 폭 1㎠, 높이 76㎝의 수은주 기둥
② 폭 1㎠, 높이 1,000km의 공기기둥
③ 760mmHg = 29.92inHg
④ 1015mbar = 1.015bar

**30** **구름의 형성조건이 아닌 것은?**

① 풍부한 수증기
② 냉각작용
③ 응결핵
④ 시정

**31** **초경량비행장치를 멸실하였을 경우 신고기간은?**

① 15일　② 30일
③ 3개월　④ 6개월

**32** **초경량무인비행장치의 비행안전을 위한 기술상의 기준에 적합하다는 안전성 인증을 받지 아니하고 비행 시 최대 과태료는 얼마인가?**

① 250만원　② 300만원
③ 400만원　④ 500만원

**33** **다음 중 초경량비행장치의 비행 가능한 지역은 어느 것인가?**

① (RK)R-1　② UFA
③ MOA　④ P65

**34** **비행장(헬기장 포함) 또는 활주로의 설치, 폐쇄 또는 운용상 중요한 변경, 비행금지구역, 비행제한구역, 위험구역의 설정, 폐지(발효 또는 해제포함) 또는 상태의 변경 등의 정보를 수록하여 항공종사자들에게 배포하는 공고문은?**

① AIC　② AIP
③ AIRAC　④ NOTAM

**35** **초경량비행장치 멀티콥터를 소유한 자가 신고 시 누구에게 신고하는가?**

① 한국 교통안전공단 드론관리처장
② 국토부 첨단항공과장
③ 국토부 자격과장
④ 지방항공청장

**36** **초경량비행장치 운용제한에 관한 설명 중 틀린 것은?**

① 인구밀집지역이나 사람이 운집한 장소 상공에서 비행하면 안 된다.
② 인명이나 재산에 위험을 초래할 우려가 있는 낙하 물을 투하하면 안 된다.
③ 보름달이나 인공조명 등이 밝은 곳은 야간에 비행할 수 있다.
④ 안개 등으로 인하여 지상목표물이 육안으로 식별할 수 없는 상태에서 비행하여서는 안 된다.

**37** **다음 중 초경량무인비행장치 비행허가 승인에 대한 설명으로 틀린 것은?**

① 비행금지구역(P-73, P-61등) 비행 허가는 군에 받아야 한다.
② 공역이 두 개 이상 겹칠 때는 우선하는 기관에 허가를 받아야 하다.
③ 군 관제권 지역의 비행허가는 군에서 받아야 한다.
④ 민간 관제권 지역의 비행허가는 국토부의 비행승인을 받아야 한다.

**38** **조종자격증명(1, 2, 3종) 및 교관조종자격 취득의 설명 중 맞는 것은?**

① 자격증명 취득 연령은 만 14세, 지도조종자격증명은 만 18세 이상이다.
② 자격증명과 교관자격증명 취득 연령은 모두 만 14세 이상이다.
③ 자격증명과 교관자격증명 취득 연령은 모두 만 20세 이상이다.
④ 자격증명 취득 연령은 만 14세, 교관조종자격증명은 만 25세 이상이다.

**39** **다음 중 회전익 비행장치로 구성된 것은?**

가. 무인비행기
나. 동력비행장치
다. 초경량헬리콥터
라. 초경량 자이로플랜
마. 행글라이더
바. 무인비행선

① 가, 나
② 나, 다
③ 다, 라
④ 라, 마

**40** **다음 중 안전관리제도에 대한 설명으로 틀린 것은?**

① 이륙중량이 25kg초과이면 안전성 검사와 비행 시 비행승인을 받아야 한다.
② 이륙중량이 25kg이하이면 사업을 하더라도 안정성검사를 받지 않아도 된다.
③ 무게가 약 2kg인 취미, 오락용 드론은 조종자 준수사항을 준수하지 않아도 된다.
④ 이륙중량이 2kg초과이면 개인 취미용으로 활용하더라도 조종자격증명을 취득해야 한다.

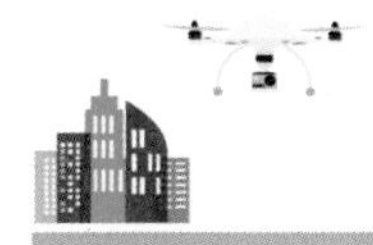



**제4회**

# 초경량비행장치 조종자격시험

| 시험시간 | 문항수 |
|---|---|
| 50분 | 40문항 |

정답 P.425

**01 무인멀티콥터에서 비행 간에 열이 발생하는 부분으로서 비행 후 필히 점검을 해야 할 부분이 아닌 것은?**

① 프로펠러(또는 로터)
② 비행제어장치(FCS)
③ 모터
④ 변속기

**02 GPS 장치의 구성으로 볼 수 없는 것은?**

① 안테나　　② 변속기
③ 신호선　　④ 수신기

**03 위성항법시스셈(GNSS) 대한 설명으로 옳은 것은?**

① GPS는 미국에서 개발 및 운용하고 있으며 전세계에 20개의 위성이 있다.
② GLONASS는 유럽에서 운용하는 것으로 24개의 위성이 구축되어 있다.
③ 중국은 독자 위성항법시스템이 없다.
④ 위성신호의 오차는 통상 10m이상이며 이를 보정하기 위한 SBAS 시스템은 정지궤도위성을 이용한다.

**04 지자기센서의 보정(Calibration)이 필요한 시기로 옳은 것은?**

① 비행체를 처음 수령하여 시험비행을 한 후 다음날 다시 비행할 때
② 10km 이상 이격된 지역에서 비행을 할 경우
③ 비행체가 GPS모드에서 고도를 잘 잡지 못할 경우
④ 전진비행 시 좌측으로 바람과 상관없이 벗어나는 경우

**05 현재 무인멀티콥터의 기술적 해결 과제로 볼 수 없는 것은?**

① 장시간 비행을 위한 동력 시스템
② 비행체 구성품의 내구성 확보
③ 농업 방제장치 개발
④ 비행제어시스템 신뢰성 개선

**06 무인항공방제 간 사고의 주된 요인으로 볼 수 없는 것은?**

① 방제 전날 사전 답사를 하지 않았다.
② 숙달된 조종자로서 신호수를 배치하지 않는다.
③ 주 조종자가 교대 없이 혼자서 방제작업을 진행한다.
④ 비행 시작 전에 조종자가 장애물 유무를 육안 확인한다.

**07 무인항공 방제작업의 살포비행 조종방법으로 옳지 않은 것은?**

① 멀티콥터 중량이 큰 15리터 모델과 20리터 모델로 살포할 때 3m 이상의 고도로 비행한다.
② 작물의 상태와 종류에 따라 비행고도를 다르게 적용한다.
③ 비행고도는 기종과 비행체 중량에 따라서 다르게 적용한다.
④ 살포 폭은 비행고도와 상관이 없이 일정하다.

**08 현재의 무인멀티콥터의 활용분야로 볼 수 없는 것은?**

① 인원 운송 사업
② 항공촬영 분야 사업
③ 항공방제사업
④ 공간정보 활용

**09 무인멀티콥터 비행의 위험관리 사항으로 부적절한 것은?**

① 비행장치(지상장비의 상태, 충전기 등)
② 환경(기상상태, 주위 장애물 등)
③ 조종자(건강상태, 음주, 피로, 불안 등)
④ 비행(비행목적, 계획, 긴급도, 위험도)

**10 교육생에 대한 교관의 학습 지원 요령으로 부적절한 것은?**

① 학생의 특성과 상관없이 표준화된 한 가지 교수 방법 적용
② 정확한 표준 조작 요구
③ 긍정적인 면을 강조
④ 교관이 먼저 비행원리에 정통하고 적용한다.

**11 수평 직전비행을 하다가 상승비행으로 전환 시 받음각(영각)이 증가하면 양력은 어떻게 변화하는가?**

① 순간적으로 감소한다.
② 순간적으로 증가한다.
③ 변화가 없다.
④ 지속적으로 감소한다.

**12 실속에 대한 설명 중 틀린 것은?**

① 실속은 무게, 하중계수, 비행속도, 밀도고도와 관계없이 일정한 받음각 속에서 발생한다.
② 실속의 직접적인 원인은 과도한 취부각 때문이다.
③ 임계 받음각을 초과할 수 있는 경우는 고속비행, 저속비행, 깊은 선회비행이다.
④ 날개의 윗면을 흐르는 공기 흐름이 조기에 분리되어 형성된 와류가 확산되어 더 이상 양력을 발생하지 못할 때 발생한다.

**13 멀티콥터나 무인회전익비행장치의 착륙 조작 시 지면에 근접 시 힘이 증가되고 착륙 조작이 어려워지는 것은 어떤 현상 때문인가?**

① 지면효과를 받기 때문
② 전이성향 때문
③ 양력불균형 때문
④ 횡단류효과 때문

**14 멀티콥터의 이동비행 시 속도가 증가될 때 통상 나타나는 현상은?**

① 고도가 올라간다.
② 고도가 내려간다.
③ 기수가 좌로 돌아간다.
④ 기수가 우로 돌아간다.

**15 무인동력비행장치의 전, 후진비행을 위하여 어떤 조종장치를 조작하는가?**

① 스로틀 ② 피치
③ 롤 ④ 요우

**16 멀티콥터 암의 한쪽 끝에 모터와 로터를 장착하여 운용할 때 반대쪽에 작용하는 힘의 법칙은 무엇인가?**

① 관성의 법칙
② 가속도의 법칙
③ 작용과 반작용의 법칙
④ 연속의 법칙

**17 유도기류의 설명 중 맞는 것은?**

① 취부각(붙임각)이 "0" 일 때 Airfoil을 지나는 기류는 상, 하로 흐른다.
② 취부각의 증가로 영각(받음각)이 증가하면 공기는 위로 가속하게 된다.
③ 공기가 로터 블레이드의 움직임에 의해 변화된 하강기류를 말한다.
④ 유도기류 속도는 취부각이 증가하면 감소한다.

**18 베르누이 정리에 의한 압력과 속도와의 관계는?**

① 압력 증가, 속도 증가
② 압력 증가, 속도 감소
③ 압력 증가, 속도 일정
④ 압력 감소, 속도 일정

**19 블레이드가 공기를 지날 때 표면마찰(점성마찰)로 인해 발생하는 마찰성 저항으로 마찰항력이라고도 하는 항력은?**

① 유도항력
② 유해항력
③ 형상항력
④ 총항력

**20 다음 중 날개의 받음각에 대한 설명이다. 틀린 것은?**

① 기체의 중심선과 날개의 시위선이 이루는 각이다.
② 공기흐름의 속도방향과 날개 골의 시위선이 이루는 각이다.
③ 받음각이 증가하면 일정한 각까지 양력과 항력이 증가한다.
④ 비행 중 받음각은 변할 수 있다.

**21 국제 구름 기준에 의한 구름을 잘 구분한 것은 어느 것인가?**

① 높이에 따른 상층운, 중층운, 하층운, 수직으로 발달한 구름
② 층운, 적운, 난운, 권운
③ 층운, 적란운, 권운
④ 운량에 따라 작은 구름, 중간 구름, 큰 구름 그리고 수직으로 발달한 구름

**22 안개의 시정조건은?**

① 1마일 이하로 제한
② 5마일 이하로 제한
③ 7마일 이하로 제한
④ 10마일 이하로 제한

**23 이슬비란 무엇인가?**

① 빗방울 크기가 직경 0.5mm 이하일 때
② 빗방울 크기가 직경 0.7mm 이하일 때
③ 빗방울 크기가 직경 0.9mm 이하일 때
④ 빗방울 크기가 직경 1mm 이하일 때

**24 다음 중 고기압이나 저기압 시스템의 설명에 관하여 맞는 것은?**

① 고기압 지역 또는 마루에서 공기는 올라간다.
② 고기압 지역 또는 마루에서 공기는 내려간다.
③ 저기압 지역 또는 골에서 공기는 정체한다.
④ 저기압 지역 도는 골에서 공기는 내려간다.

**25 이류안개가 가장 많이 발생하는 지역은 어디인가?**

① 산 경사지　② 해안지역
③ 수평 내륙지역　④ 산간 내륙지역

**26 항공정기기상 보고에서 바람 방향, 즉 풍향의 기준은 무엇인가?**

① 자북 ② 진북
③ 도북 ④ 자북과 도북

**27 우리나라에 영향을 미치는 기단 중 초여름 장마기에 해양성 한대 기단으로 불연속선의 장마전선을 이루어 영향을 미치는 기단은?**

① 시베리아 기단
② 양쯔강 기단
③ 오호츠크 기단
④ 북태평양 기단

**28 해륙풍과 산곡풍에 대한 설명 중 잘못 연결된 것은?**

① 낮에 바다에서 육지로 공기가 이동하는 것을 해풍이라 한다.
② 밤에 육지에서 바다로 공기가 이동하는 것을 육풍이라 한다.
③ 낮에 골짜기에서 산 정상으로 공기가 이동하는 것을 곡풍이라 한다.
④ 밤에 산 정상에서 산 아래로 공기가 이동하는 것을 곡풍이라 한다.

**29 다음 중 안개에 관한 설명 중 틀린 것은?**

① 적당한 바람만 있으면 높은 층으로 발달해 간다.
② 공중에 떠돌아다니는 작은 물방울 집단으로 지표면 가까이에서 발생한다.
③ 수평가시거리가 3km이하가 되었을 때 안개라고 한다.
④ 공기가 냉각되고 포화상태에 도달하고 응결하기 위한 핵이 필요하다.

**30 짧은 거리 내에서 순간적으로 풍향과 풍속이 급변하는 현상으로 뇌우, 전선, 깔때기 형태의 바람, 산악파 등에 의해 형성되는 것은?**

① 윈드시어
② 돌풍
③ 회오리바람
④ 토네이도

**31 다음 중 초경량비행장치의 기준이 잘못된 것은?**

① 동력비행장치는 1인석에 115kg이하
② 행글라이더 및 패러글라이더는 중량 70kg이하
③ 무인동력비행장치는 연료 제외 자체중량 115kg이하
④ 무인비행선은 연료 제외 자체중량 180kg이하

**32 조종자 준수사항으로 틀린 것은?**

① 야간에 비행은 금지되어 있다.
② 사람이 많은 아파트 놀이터 등에서 비행은 가능하다.
③ 음주, 마약을 복용한 상태에서 비행은 금지되어 있다.
④ 사고나 분실에 대비하여 비행장치에 소유자 이름과 연락처를 기재하여야 한다.

**33 초경량비행장치 무인 멀티콥터 조종자 전문교육기관 지정을 위해 교통안전공단 이사장에게 제출할 서류가 아닌 것은?**

① 전문교관의 현황
② 교육시설 및 장비의 현황
③ 교육훈련계획 및 교육훈련 규정
④ 보유한 비행장치의 제원

**34** 초경량비행장치의 변경신고는 사유발생일로부터 며칠 이내에 신고하여야 하는가?

① 30일 ② 60일
③ 90일 ④ 180일

**35** 초경량비행장치 운용시간으로 가장 맞는 것은?

① 일출부터 일몰 30분전까지
② 일출 30분전부터 일몰까지
③ 일출 후 30분부터 일몰 30분 전까지
④ 일출부터 일몰까지

**36** 사고 발생 시 최초 보고 사항에 포함되지 않는 것은?

① 조종자 및 초경량비행장치 소유자의 성명 또는 명칭
② 사고 발생 지역의 기상상태
③ 초경량비행장치의 종류 및 신고 번호
④ 인적 물적 피해의 개요(간단히)

**37** 다음 중 초경량비행장치의 비행 가능한 지역은 어느 것인가?

① CP-16 ② R35
③ P-73A ④ UA-14

**38** 초경량무인비행장치 비행 시 조종자 준수사항을 위반할 경우 항공안전법에 따라 부과되는 최대 과태료는 얼마인가?

① 100만원 ② 200만원
③ 300만원 ④ 500만원

**39** 항공고시보(NOTAM)의 최대 유효기간은?

① 1개월 ② 3개월
③ 6개월 ④ 12개월

**40** 다음 공역 중 통제공역이 아닌 것은?

① 비행금지 구역
② 비행제한 구역
③ 초경량비행장치 비행제한 구역
④ 군 작전구역

제5회

# 초경량비행장치 조종자격시험

| 시험시간 | 문항수 |
|---|---|
| 50분 | 40문항 |

정답 P.427

**01 전동 무인멀티콥터의 필수 구성품으로 볼 수 없는 것은?**

① 로터
② 비행제어장치(FCS)
③ 모터와 변속
④ 냉각펌프

**02 비행제어 시스템의 내부 구성품으로 볼 수 없는 것은?**

① ESC ② IMU
③ PMU ④ GPS

**03 무인멀티콥터 조종기에 사용에 대한 설명으로 바른 것은?**

① 모드 1 조종기는 고도 조종 스틱이 좌측에 있다.
② 모드 2 조종기는 우측 스틱으로 전후좌우를 모두 조종할 수 있다.
③ 비행모드는 자세제어모드와 수동모드로 구성된다.
④ 조종기 배터리 전압은 보통 6VDC 이하로 사용한다.

**04 산업용 무인멀티콥터의 일반적인 비행 전 점검 순서로 맞게 된 것은?**

① 로터 → 모터 → 변속기 → 붐/암 → 본체 → 착륙장치 → 임무장비
② 변속기 → 붐/암 → 로터 → 모터 → 본체 → 착륙장치 → 임무장비
③ 임무장비 → 로터 → 모터 → 변속기 → 붐/암 → 착륙장치 → 본체
④ 임무장비 → 로터 → 변속기 → 모터 → 붐/암 → 본체 → 착륙장치

**05 비행제어시스템에서 자세제어와 직접 관련이 있는 센서와 장치가 아닌 것은?**

① 가속도센서
② 자이로센서
③ IMU
④ 모터

**06 위성항법시스템(GNSS)의 설명으로 틀린 것은?**

① 위성항법시스템에는 GPS, GLONASS, Galileo, Beidou 등이 있다.
② 우리나라에서는 GLONASS는 사용하지 않는다.
③ 위성신호별로 빛의 속도와 시간을 이용해 거리를 산출한다.
④ 삼각진법을 이용하여 위치를 계산한다.

**07 농업용 무인멀티콥터로 방제작업을 할 때 조종자의 준비사항으로 볼 수 없는 것은?**

① 헬멧의 착용
② 보안경 및 마스크 착용
③ 시원한 짧은 소매 복장
④ 양방향 무전기

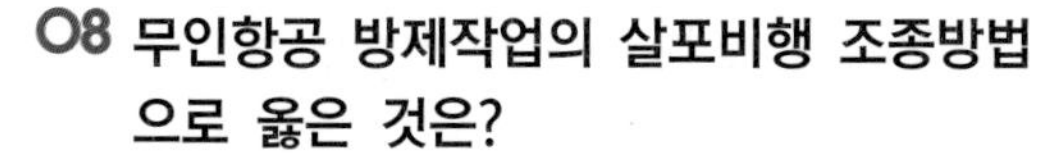

**08 무인항공 방제작업의 살포비행 조종방법으로 옳은 것은?**

① 비행고도는 항상 3m 이내로 한정하여 비행한다.
② 비행고도와 작물의 상태와는 상관이 없다.
③ 비행고도는 기종과 비행체 중량에 따라서 다르게 적용한다.
④ 살포 폭은 비행고도와 상관이 없이 일정하다.

**09 무인멀티콥터를 이용한 항공촬영 작업의 진행 절차로서 부적절한 것은?**

① 작업을 위해서 비행체를 신고하고 보험을 가입하였다.
② 초경량비행장치 사용사업등록을 실시했다.
③ 국방부 촬영허가는 연중 한번만 받고 작업을 진행했다.
④ 작업 1주 전에 지방항공청에 비행 승인 신청을 하였다.

**10 비행교관의 자질로서 적절한 것은?**

① 비행기량이 뛰어난 것을 과시하는 시범행위
② 전문지식은 필요한 부분만 부분적으로 숙지한다.
③ 문제점을 지적하기 전에 교육생의 특성을 먼저 파악한다.
④ 교관의 자기감정을 숨김없이 표출한다.

**11 블레이드에 대한 설명 중 틀린 것은?**

① 익근의 꼬임각이 익단의 꼬임각보다 작게 한다.
② 길이에 따라 익근의 속도는 느리고 익단의 속도는 빠르게 회전한다.
③ 익근의 꼬임각이 익단의 꼬임각보다 크게 한다.
④ 익근과 익단의 꼬임각이 서로 다른 이유는 양력의 불균형을 해소하기 위함이다.

**12 세로 안정성과 관계있는 운동은 무엇인가?**

① Yawing
② Rolling
③ Pitching
④ Rolling & Yawing

**13 베르누이 정리에 대한 바른 설명은?**

① 베르누이 정리는 밀도와는 무관하다.
② 유체의 속도가 증가하면 정압이 감소한다.
③ 위치 에너지의 변화에 의한 압력이 동압이다.
④ 정상 흐름에서 정압과 동압의 합은 일정하지 않다.

**14 지면효과를 받을 때의 설명 중 잘못된 것은?**

① 받음 각이 증가한다.
② 항력의 크기가 증가한다.
③ 양력의 크기가 증가한다.
④ 같은 출력으로 많은 무게를 지탱할 수 있다.

**15 다음 중 무인회전익비행장치가 고정익형 무인비행기와 비행특성이 가장 다른 점은?**

① 우선회 비행 ② 제자리 비행
③ 좌선회 비행 ④ 전진비행

**16** **상대풍의 설명 중 틀린 것은?**

① Airfoil에 상대적인 공기의 흐름이다.
② Airfoil의 움직임에 의해 상대풍의 방향은 변하게 된다.
③ Airfoil의 방향에 따라 상대풍의 방향도 달라지게 된다.
④ Airfoil이 위로 이동하면 상대풍은 위로 향하게 된다.

**17** **비행장치에 작용하는 4가지의 힘이 균형을 이룰 때는 언제인가?**

① 가속중일 때
② 지상에 정지 상태에 있을 때
③ 등속 수평 비행 시
④ 상승을 시작할 때

**18** **실속에 대한 설명 중 틀린 것은?**

① 실속의 직접적인 원인은 과도한 받음각이다.
② 실속은 무게, 하중계수, 비행속도 또는 밀도고도에 관계없이 항상 다른 받음각에서 발생한다.
③ 임계 받음각을 초과할 수 있는 경우는 고속비행, 저속비행, 깊은 선회비행 등이다.
④ 선회비행 시 원심력과 무게의 조화에 의해 부과된 하중들이 상호 균형을 이루기 위한 추가적인 양력이 필요하다.

**19** **토크작용은 어떤 운동법칙에 해당되는가?**

① 관성의 법칙
② 가속도의 법칙
③ 작용과 반작용의 법칙
④ 연속의 법칙

**20** **무인헬리콥터와 멀티콥터의 양력발생원리 중 맞는 것은?**

① 멀티콥터 : 고정 피치
② 멀티콥터 : 변동 피치
③ 헬리콥터 : 고정 피치
④ 헬리콥터 : 고정 및 변동 피치

**21** **다음 구름의 종류 중 비가 내리는 구름은?**

① Ac ② Ns
③ St ④ Sc

**22** **안정대기 상태란 무엇인가?**

① 불안정한 시정
② 지속적 강수
③ 불안정 난류
④ 안정된 기류

**23** **뇌우 형성조건이 아닌 것은?**

① 대기의 불안정
② 풍부한 수증기
③ 강한 상승기류
④ 강한 하강기류

**24** **다음 중 해풍에 대하여 설명한 것 중 가장 적절한 것은?**

① 여름철 해상에서 육지 방향으로 부는 바람
② 낮에 해상에서 육지 방향으로 부는 바람
③ 낮에 육지에서 바다로 부는 바람
④ 밤에 해상에서 육지 방향으로 부는 바람

**25** **다음 중 착빙에 관한 설명 중 틀린 것은?**

① 착빙은 지표면의 기온이 추운 겨울철에만 발생하며 조심하면 된다.
② 항공기의 이륙을 어렵게 하거나 불가능하게도 할 수 있다.
③ 양력을 감소시킨다.
④ 마찰을 일으켜 항력을 증가시킨다.

**26** **바람을 느끼고 나뭇잎이 흔들리기 시작할 때의 풍속은 어느 정도인가?**

① 0.3~1.5m/sec
② 1.6~3.3m/sec
③ 3.4~5.4m/sec
④ 5.5~7.9m/sec

**27** **푄 현상의 발생조건이 아닌 것은?**

① 지형적 상승현상
② 습한 공기
③ 건조하고 습윤단열기온감률
④ 강한 기압경도력

**28** **다음 중 항공기 양력발생에 영향을 미치지 않는 것은?**

① 기온 ② 습도
③ 뇌우 ④ 바람

**29** **가열된 공기와 냉각된 공기의 수직순환 형태를 무엇이라고 하는가?**

① 복사
② 전도
③ 대류
④ 이류

**30** **태풍의 세력이 약해져서 소멸되기 직전 또는 소멸되어 무엇으로 변하는가?**

① 열대성 고기압
② 열대성 저기압
③ 열대성 폭풍
④ 편서풍

**31** **항공안전법상 신고를 필요로 하지 아니하는 초경량비행장치의 범위가 아닌 것은?**

① 동력을 이용하지 아니하는 비행장치
② 낙하산류
③ 무인멀티콥터 중에서 연료의 무게를 제외한 자체 무게가 2kg 이하인 것
④ 군사 목적으로 사용되지 아니하는 초경량비행장치

**32** **초경량비행장치 조종자 무인 멀티콥터 전문교육기관의 구비 조건이 아닌 것은 무엇인가?**

① 격납고
② 강의실 1개 이상
③ 사무실 1개 이상
④ 이·착륙공간

**33** **초경량비행장치 사고로 분류할 수 없는 것은?**

① 초경량비행장치에 의한 사람의 사망, 중상 또는 행방불명
② 초경량비행장치의 덮개나 부분품의 고장
③ 초경량비행장치의 추락, 충돌 또는 화재 발생
④ 초경량비행장치의 위치를 확인할 수 없거나 비행장치에 접근이 불가할 경우

**34 초경량비행장치를 이용하여 비행 시 유의사항이 아닌 것은?**

① 군 방공비상사태 인지 시 즉시 비행을 중지하고 착륙하여야 한다.
② 항공기 부근에는 접근하지 말아야 한다.
③ 유사 초경량비행장치끼리는 가까이 접근이 가능하다.
④ 비행 중 사주경계를 철저히 하여야 한다.

**35 초경량비행장치를 이용하여 비행정보구역 내에 비행 시 비행계획을 제출하여야 하는 데 포함사항이 아닌 것은?**

① 항공기의 식별부호
② 항공기 탑재 장비
③ 출발비행장 및 출발예정시간
④ 보안 준수사항

**36 다음 중 법령, 규정, 절차 및 시설 등의 주요한 변경이 장기간 예상되거나 비행기 안전에 영향을 미치는 것의 통지와 기술, 법령 또는 순수한 행정사항에 관한 설명과 조언의 정보를 통지하는 것은 무엇인가?**

① 항공고시보(NOTAM)
② 항공정보간행물(AIP)
③ 항공정보 회람(AIC)
④ AIRAC

**37 항공사진촬영은 촬영목적, 용도 및 대상시설, 지역의 보안상 중요도 등을 검토하여 항공촬영허가 여부를 결정한다. 다음 중 항공사진촬영이 금지된 곳이 아닌 곳은 어디인가?**

① 국가보안시설 및 군사보안 시설
② 비행장, 군항, 유도탄 기지 등 군사시설
③ 기타 군수산업시설 등 국가안보상 중요한 시설·지역
④ 국립공원

**38 비행금지, 제한구역 등에 대한 설명 중 틀린 것은?**

① P-73, P-518, P-61~65 지역은 비행금지구역이다.
② 군/민간 비행장의 관제권은 주변 9.3km까지의 구역이다.
③ 원자력 발전소, 연구소는 주변 18.6km까지의 구역이다.
④ 서울지역 R-75내에서는 비행이 금지되어 있다.

**39 위반행위에 대한 과태료 금액이 잘못된 것은?**

① 신고번호를 표시하지 않았거나 거짓으로 표시한 경우 1차 위반은 50만원이다.
② 말소 신고를 하지 않은 경우 1차 위반은 15만원이다.
③ 조종자 증명을 받지 아니하고 비행한 경우 1차 위반은 200만원이다.
④ 조종자 준수사항을 위반한 경우 1차 위반은 50만원이다.

**40 초경량비행장치를 이용하여 비행 시 유의사항이 아닌 것은?**

① 태풍 및 돌풍 등 악기상 조건하에서는 비행하지 말아야 한다.
② 제원표에 표시된 최대이륙중량을 초과하여 비행하지 말아야 한다.
③ 주변에 지상 장애물이 없는 장소에서 이·착륙하여야 한다.
④ 날씨가 맑은 날이나 보름 달 등으로 시야가 확보되면 야간비행도 하여야 한다.

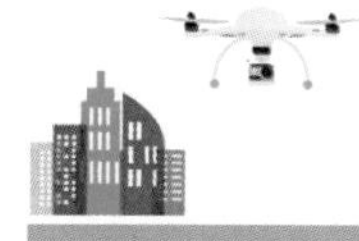



제6회

# 초경량비행장치 조종자격시험

| 시험시간 | 문항수 |
|---|---|
| 50분 | 40문항 |

정답 P.429

**01 다음 중 멀티콥터 운용간 비상상황 발생 시 최우선적으로 조치하여야 할 사항은?**

① 주위에 큰 소리로 알린다.
② 애티튜드 모드로 전환하여 조종시도
③ 안전하게 착륙 또는 신속하게 추락시킨다.
④ 조종기 전원을 차단한다.

**02 로터(프로펠러)의 피치에 대한 설명 중 맞는 것은?**

① 로터(프로펠러)의 1회전 시 진행하는 거리
② 로터(프로펠러)의 1회전 시 진행하는 방향
③ 로터(프로펠러)의 1회전 시 진행하는 속도
④ 로터(프로펠러)의 1회전 시 발생하는 바람의 양

**03 다음 중 국토부장관이 지정고시한 공역의 종류 중 '항공기의 조종사가 비행 시 특별한 주의·경계·식별 등이 필요한 공역' 무엇인가?**

① 주의공역　② 관제공역
③ 통제공역　④ 비 관제공역

**04 초경량비행장치 무인멀티콥터 1, 2, 3종 조종자 자격시험에 응시할 수 있는 최소 연령은?**

① 만 11세 이상　② 만 12세 이상
③ 만 14세 이상　④ 만 17세 이상

**05 다음 중 무인멀티콥터에 사용되는 배터리의 종류가 아닌 것은?**

① NICd　② LiPo
③ NIMH　④ NiCh

**06 뉴턴의 운동 법칙 중 토크(Torque)현상과 관계있는 것은?**

① 작용·반작용 법칙
② 관성의 법칙
③ 가속도의 법칙
④ 베르누이의 법칙

**07 다음 중 비행 후 기체 점검사항 중 적절하지 않은 사항은?**

① 동력부위의 결속상태 및 부착부의 점검 및 재조임
② 빠른 점검을 위해 엔진 등 고온부위에 물을 뿌려 냉각
③ 송, 수신기 등 컨트롤 계통의 정상동작 확인 점검 실시
④ 연료잔량 점검 및 주유, 수신기 배터리 점검 및 충전

**08 항공법에 명시된 비행과 관련한 '초경량비행장치사고'에 속하지 않는 것은?**

① 초경량비행장치의 추락, 충돌 또는 화재 발생의 경우
② 초경량비행장치의 위치를 확인할 수 없거나 초경량비행장치에 접근이 불가능한 경우
③ 차량이 주기장에 주기된 초경량비행장치를 파손시킨 경우
④ 초경량비행장치에 의한 사람의 사망·중상 또는 행방불명된 경우

**09 다음 중 무인비행장치의 비상램프 점등 시 조치로서 옳지 않은 것은?**

① GPS 에러 경고 – 비행자세 모드로 전환하여 즉시 비상착륙을 실시한다.
② 통신 두절 경고 – 사전 설정된 RH 내용을 확인하고 그에 따라 대비한다.
③ 배터리 저전압 경고 – 비행을 중지하고 착륙하여 배터리를 교체한다.
④ IMU 센서 경고 – 자세모드로 전환하여 비상착륙을 실시한다.

**10 다음 중 무인멀티콥터 이착륙지로 적절치 않은 장소는?**

① 사람이나 차량이 이동이 적은 곳
② 장애물이나 바람에 날려갈 물건이 없는 곳
③ 송전탑, 고압선 등이 없는 평지
④ 장애물이 없는 경사진 곳

**11 다음 중 조종장치 거리 테스트 방법 중 올바른 것은?**

① 기체 옆에서 작동테스트를 한다.
② 조종장치의 레인지 테스트 모드에서 기체와 30m이상 떨어진 상태에서 정상 작동 상태를 확인한다.
③ 조종장치의 일반모드에서 기체와 100m 이상 떨어져서 정상작동 여부를 확인한다.
④ 거리 테스트는 반드시 이륙하여 정상작동 여부를 확인한다.

**12 사고발생시 조치사항이 아닌 것은?**

① 사고조사를 위해 기체, 현장을 보존할 것
② 인명구호를 위해 신속히 필요한 조치를 취할 것
③ 사고발생 사실을 항공철도사고조사위원회로 신속히 신고할 것
④ 사고조사를 위해 조종자가 미리 손상된 기체를 살펴보고 항공철도사고조사위원회에 보고한다.

**13 무인멀티콥터 롤 스틱을 우측으로 하여 우측으로 이동할 때에 맞는 것은?**

① 우측에 위치한 로터가 빨리 회전하고 좌측에 위치한 로터가 늦게 회전한다.
② 좌측에 위치한 로터가 빨리 회전하고 우측에 위치한 로터가 늦게 회전한다.
③ 반시계방향으로 회전하는 로터가 빨리 회전하고 시계방향으로 회전하는 로터가 늦게 회전한다.
④ 시계방향으로 회전하는 로터가 빨리 회전하고 반시계방향으로 회전하는 로터가 늦게 회전한다.

**14 무인멀티콥터를 소유한 사람은 신고사항에 변경이 있는 경우 이를 누구에게 신고하는가?**

① 지방항공청장
② 한국공항공사 사장
③ 한국교통안전공단 이사장
④ 대한민국항공회 총재

**15 다음 중 우 시정에 대한 내용 중 틀린 것은?**

① 항공기상 분야에서는 국제적으로 최단 시정(minimum visibility)이 쓰이고 있다.
② 우리나라, 일본, 미국 등 일부 나라에서는 우 시정(Prevailing Visibility)을 사용하고 있다.
③ 우시정이란 방향에따라보이는시정이다를 때가장큰값으로부터 그 값이 차지하는 부분의 각도를 더해가서 합친 각도의 합계가 180도 이상이 될 때의 가장 낮은 시정 값을 말한다.
④ 공항면적의 60% 이상에서 보이는 "거리의 최저치"를 말하는 것이다.

**16** **외부로부터 항공기에 작용하는 힘을 외력이라고 한다. 다음 중 외력과 가장 거리가 먼 것은?**

① 항력 ② 양력
③ 중력 ④ 압축력

**17** **항공고시보(NOTAM)의 최대 유효 기간은?**

① 1개월 ② 3개월
③ 6개월 ④ 12개월

**18** **무인멀티콥터의 비행 및 비행 후 조종기 관리요령 중 틀린 것은?**

① 조종기는 일일 1회만 점검하면 된다.
② 매 비행 전, 후로 조종기의 정상작동 여부를 확인한다.
③ 휴식을 위해 기체에서 멀어질 경우 조종사는 조종기를 휴대한다.
④ 비행 후에는 조종기 외부의 손상이나, 스위치의 파손이 있는지 확인한다.

**19** **공기흐름 방향에 관계없이 모든 방향으로 동등하게 작용하는 압력은?**

① 정압
② 동압
③ 벤츄리 압력
④ 전압의 양에 정압을 감한 값

**20** **왕복엔진에서 윤활유의 역할이 아닌 것은?**

① 윤활작용
② 냉각작용
③ 기밀작용
④ 방빙작용

**21** **항공기에 작용하는 4가지의 힘에 대한 설명 중 틀린 것은?**

① 양력은 공기의 흐름이 날개 또는 로터 표면을 따라 흐를 때 위로 작용하는 힘을 말한다.
② 항력이란 에어포일이 상대풍과 반대방향으로 작용하는 항공역학적인 힘으로 항공기 전방이동방향의 반대방향으로 작용하는 힘을 말한다.
③ 추력이란 회전익에서 로터, 고정익에서 터보제트엔진 등에 의해서 생성되는 항공역학적인 힘을 말한다.
④ 중력이란 항공기의 무게를 말하며 항공기가 부양할 수 있는 힘을 말한다.

**22** **다음 항공기상에 대한 설명 중 틀린 것은?**

① 시정은 대기의 혼탁도를 나타내는 척도이다.
② 항공기상은 항공기의 안전하고 경제적인 운항에 관계있는 기상상태를 의미한다.
③ 기압은 대기의 압력을 의미하며 대기권에서는 고도가 높아질수록 증가한다.
④ 지표면에 대한 공기의 수평방향 상대운동을 바람이라고 한다.

**23** **다음 대기에 대한 설명 중 맞는 것은?**

① 대기권은 고도 1,100 미터 정도이다.
② 고도계는 대기의 압력(정압)을 감지하여 지시한다.
③ 대기 압력이 낮아지면 엔진의 출력은 증가한다.
④ 대류권내에서 고도가 증가하면 대기 압력은 증가한다.

**24** **난기류(Turbulence)의 등급을 구분하는 설명 중 틀린 것은?**

① 약한(Light) 난기류 : 약간의 불규칙적인 고도와 자세의 변화를 초래하나 자세 및 속도 변화 없이 조종 가능하다.
② 극심한(Extreme) 난기류 : 항공기가 급격히 튀어 오르고 조종 불가능한 상태이며 기체의 구조적 손상을 초래할 수 있다.
③ 보통(Moderate) 난기류 : 상당한 동요를 느끼고 고도와 자세의 변화를 초래하며 조종이 순간적으로 불가능한 상태 이다.
④ 심한(Severe) 난기류 : 고도와 자세의 급격한 변화를 초래하고 속도가 많이 변하며 순간적으로 항공기 조종이 불가능한 상태이다.

**25** **로터(프로펠러) 피치의 설명으로 올바른 것은?**

① 로터(프로펠러)의 직경을 의미한다.
② 로터(프로펠러)의 무게를 의미한다.
③ 로터(프로펠러)가 1회전했을 때 진행한 기하학적 거리를 의미한다.
④ 로터(프로펠러)의 인장강도를 의미한다.

**26** **무인멀티콥터의 기체 및 조종기의 배터리 점검사항 중 틀린 것은?**

① 조종기에 있는 배터리 연결단자의 부식을 점검한다.
② 기체 배터리와 배선의 연결부위의 부식을 점검한다.
③ 배터리가 부풀어 오른 것을 사용하여도 문제없다.
④ 기체의 배선과 배터리와의 고정 볼트의 고정상태를 점검한다.

**27** **비행 전 점검 시 모터에 대한 내용으로 적합하지 않는 것은?**

① 윤활유 주입상태
② 고정상태, 유격점검
③ 베어링 상태
④ 이물질 부착 여부

**28** **다음 중 무인멀티콥터의 운영이 올바른 것은?**

① 건물, 도로, 교량, 철도, 경기장, 공연장, 인파위의 상공
② 개장중인 해수욕장, 수영장, 보트장 상공.
③ 우주전파 이상으로 GPS 수신 상태가 불량할 때
④ 철골건물, 철골구조물, 조립식건물, 광산, 철판 위, 선박이나 차량위에서 운영하지 않음

**29** **기압을 나타내는 단위가 아닌 것은?**

① lbs
② hPa
③ Millbar(mb)
④ mm mercury(mm.Hg)

**30** **무풍, 맑은 하늘, 상대습도가 높은 조건에서 낮고 평평한 지형에서 주로 아침에 발생하는 안개는?**

① 증기안개(Steam fog)
② 활승안개(Upslope fog)
③ 복사안개(Radiation fog)
④ 이류안개(Advection fog)

**31** **태양에너지가 지표면을 불규칙하게 가열하여 발생한 기압차로 인한 공기의 수평 이동현상을 무엇이라 하는가?**

① 바람 ② 안개
③ 구름 ④ 수직대류

**32 고기압(High pressure)에 대한 설명으로 틀린 것은?(단 북반구에 한 한다.)**

① 바람은 시계 방향으로 발산한다.
② 중심 부근에는 상승 기류가 있다.
③ 주위보다 기압이 높으면 고기압이다.
④ 고기압 접근 시에는 대체로 맑은 날씨를 보인다.

**33 초경량비행장치 비행계획승인 신청 시 포함되지 않는 것은?**

① 비행경로 및 고도
② 동승자의 소지자격
③ 조종자의 비행경력
④ 비행장치의 종류 및 형식

**34 베르누이 정리에 대한 설명 중 틀린 것은?**

① 정압은 속도가 증가함에 따라 감소한다.
② 유관 내부에서 정압과 동압의 합은 일정하다.
③ 유관 내부의 유체속도와 압력과의 관계를 설명한다.
④ 유관 내부에서 동압이 높으면 아울러 정압도 높다.

**35 다음 중 비행 전 절차에 있어서 올바르지 않은 행동은?**

① 조종장치 검사를 실시하였다.
② 배터리 충전상태 검사를 실시하였다.
③ 시동을 걸어 호버링 상태로 이상유무를 확인하였다.
④ 조종장치 거리 테스트를 실시하였다.

**36 항공법에서 정하는 항공종사자로 볼 수 없는 것은?**

① 항공교통관제사
② 자가용 조종사
③ 운항관리사
④ 초경량비행장치조종자

**37 다음 중 모터의 설명 중 맞는 것은?**

① BLDC 모터는 브러쉬가 있는 모터를 의미한다.
② DC 모터는 BLDC모터보다 수명이 길다.
③ BLDC모터는 변속기가 필요없다.
④ DC 모터는 영구적으로 사용하지 못한다는 단점이 있다.

**38 온난전선의 특징이 아닌 것은?**

① 하층에 층운형 구름을 형성한다.
② 온난전선 통과 시 시정은 불량하고 이슬비가 내린다.
③ 기압은 온난전선 접근 시 감소하고 통과 시 급상승 한다.
④ 하층 Wind shear는 온난전선의 전방에서 6시간 이상 지속되기도 한다.

**39 다음 중 무인멀티콥터의 운영 장소로 적당한 곳은?**

① 전파 혼잡지역, 송수신안테나 주변
② 석유, 화학, 가스, 화약 공업지대 또는 저장소 인근
③ 발전소, 송전소, 변전소, 송전선, 배전선 인근
④ 지자계 센서에 영향을 받지 않는 개활지

**40 무인멀티콥터 신고번호의 표시방법, 표시장소, 크기 등 필요한 사항은 누가 결정하는가?**

① 지방항공청장
② 행정자치부장관
③ 항공교통관제소장
④ 한국교통안전공단이사장

제7회

# 초경량비행장치 조종자격시험

| 시험시간 | 문항수 |
|---|---|
| 50분 | 40문항 |

정답 P.430

**01 다음 중 멀티콥터 운용 간 비상상황 발생 시 최우선적으로 조치하여야 할 사항은?**

① 주위에 큰 소리로 알린다.
② 자세 모드로 전환하여 조종을 시도한다.
③ 안전하게 착륙 또는 신속하게 추락시킨다.
④ 조종기 전원을 차단한다.

**02 다음 배터리의 종류 중 2차 전지가 아닌 것은?**

① 리튬 폴리머(Li-Po) 배터리
② 알카라인 전지
③ 니켈 수소(Ni-MH) 배터리
④ 니켈카드뮴(Ni-Cd) 배터리

**03 리튬 폴리머 배터리 보관 시 주의사항이 아닌 것은?**

① 더운 날씨에 차량에 보관하면 폭발의 위험이 있어 적합한 온도에 보관하여야 한다.
② 배터리를 낙하, 충격, 파손 또는 인위적으로 합선 시키지 말아야 한다.
③ 손상된 배터리나 전력 수준이 50% 이상인 상태에서 배송하지 말아야 한다.
④ 추운 겨울철 배터리를 잘 보관하기 위해 화로나 전열기 등 뜨거운 장소에 보관한다.

**04 비행성능에 영향을 주는 요소들로써 틀리게 설명한 것은?**

① 공기밀도가 낮아지면 엔진출력이 나빠지고 로터 효율도 떨어진다.
② 습도가 높으면 밀도가 낮은 것 보다 엔진 성능 및 이, 착륙 성능이 더 나빠진다.
③ 습도가 높으면 공기밀도가 낮아져 양력발생이 증가된다.
④ 무게가 증가하면 이, 착륙 시 활주거리가 길어지고 실속속도도 증가한다.

**05 다음의 무인항공기 용어 중 국제민간항공기구(ICAO)에서 공식용어로 사용하는 것은?**

① Drone
② UAV
③ UAS
④ RPAS

**06 다음 중 무인멀티콥터의 기수를 제어하는 부품은?**

① GPS
② 지자계 센서
③ 레이저 지시기
④ 항법보조장비

**07 다음 중 멀티콥터의 조종기 테스트 중 올바른 것은?**

① 기체 바로 옆에서 테스트 한다.
② 기체와 30m떨어져서 레인지 모드로 테스트한다.
③ 기체와 100m 떨어져서 일반모드로 테스트 한다.
④ 기체를 이륙시켜 조종기를 테스트한다.

**08 조종자 교육 시 논평(Criticize)을 실시하는 목적은?**

① 잘못을 직접적으로 질책하기 위함
② 지도조종자의 권위와 품위를 유지하기 위함
③ 주변의 타 교육생에게 경각심을 주기 위함
④ 문제점을 발굴하여 발전을 도모하기 위함

**09 다음 중 직원들의 스트레스 해소 방안으로 옳지 않는 것은?**

① 정기적인 신체검사
② 직무평가 도입
③ 정기적인 워크숍
④ 적성에 따른 직무 재배치

**10 다음 중 멀티콥터 CG의 위치는?**

① 동체의 중앙부분
② 배터리 장착부분
③ 로터의 중앙부분
④ GPS안테나 부분

**11 다음 중 멀티콥터의 자세를 잡기 위해 로터의 속도를 조절하는 장치는 무엇인가?**

① ESC(변속기)
② GPS
③ 자이로 센서
④ 가속도 센서

**12 다음 중 피로(Fatigue)에 대한 설명 중 옳은 것은 무엇인가?**

① 큰 하중으로 파괴될 때의 현상
② 반복하중에 의한 파괴 현상
③ 구조 설계를 위한 한계
④ 반복하중에 의한 재료의 저항력 감소현상

**13 회전익 항공기에서 실속이 일어나는 가장 큰 원인은 무엇인가?**

① 불안정한 대기로 인해 항공기의 안정과 조종, 계기, 장비가 정상작동하지 않아서
② 속도가 너무 적어서
③ 영각이 임계각을 초과하여서
④ 엔진의 출력이 너무 부족해서

**14 다음 중 항공기나 드론을 공중으로 부양시키는 항공역학적인 힘은 무엇인가?**

① 중력 ② 양력
③ 항력 ④ 추력

**15 다음 중 무인멀티콥터가 이륙 시 필요한 장치가 아닌 것은?**

① 모터 ② 변속기
③ 배터리 ④ GPS

**16 다음 중 항공기가 공중에서 등속수평비행 시 조건으로 맞는 것은?**

① 양력 = 항력, 추력 = 중력
② 양력 = 중력, 추력 = 항력
③ 추력 〉 항력, 양력 = 중력
④ 추력 = 항력, 양력 〈 중력

**17 다음 중 항공기의 Wing let(윙렛)을 설치하는 목적은 무엇인가?**

① 형상항력 감소
② 유도항력 감소
③ 간섭항력 감소
④ 마찰항력 감소

**18** **다음 항력의 종류 중 초경량비행장치에서 발생하지 않는 것은 무엇인가?**

① 유도항력　② 마찰항력
③ 유해항력　④ 조파항력

**19** **날개 이론에서 양력에 관한 설명 중 맞는 것은?**

① 양력은 날개의 시위선 방향의 수직 아래 방향으로 작용한다.
② 양력은 날개의 시위선 방향의 수직 위 방향으로 작용한다.
③ 양력은 날개의 상대풍이 흐르는 방향의 수직 아래방향으로 작용한다.
④ 양력은 날개의 상대풍이 흐르는 방향의 수직 위 방향으로 작용한다.

**20** **다음 중 벡터량이 아닌 것은 무엇인가?**

① 가속도　② 속도
③ 양력　④ 질량

**21** **구름의 높이를 운고라고 한다. 이때 운고의 측정방법이 가장 올바른 것은?**

① 관측소에서의 압력의 높이
② 관측소의 평균 해수면 높이
③ 관측소 지표면으로부터 측정하는 구름의 하단 높이까지
④ 관측소 지표면으로부터 측정하는 구름의 가운데 높이까지

**22** **공기의 온도가 올라가면 기압이 낮아지는데 그 이유는?**

① 가열된 공기의 무게가 무겁기 때문이다.
② 가열된 공기의 무게가 가볍기 때문이다.
③ 가열된 공기는 유동성이 있기 때문이다.
④ 가열된 공기는 유동성이 없기 때문이다.

**23** **항공정기기상보고(METAR)보고에서 바람의 방향 기준은 무엇인가?**

① 자북
② 진북
③ 도북
④ 자북과 진북 둘 다 가능하다.

**24** **다음의 기상현상에 대한 설명 중 틀린 것은?**

① 일반적으로 고기압권에서는 날씨가 맑고 저기압권에서는 흐린 경향이 있다.
② 일기도의 등압선 간격이 넓은 지역은 강한 바람이 분다.
③ 북반구 고기압지역에서 공기 흐름은 시계 방향으로 회전하면서 확산된다.
④ 해수면 기압 또는 동일한 기압대를 형성하는 지역을 따라서 그은 선을 등압선이라 한다.

**25** **이슬, 안개 또는 구름이 형성될 수 있는 조건은?**

① 수증기가 응축될 때
② 수증기가 존재할 때
③ 기온과 노점이 같을 때
④ 수증기가 없을 때

**26** **한랭전선의 특징이 아닌 것은 무엇인가?**

① 따뜻한 기단위에 형성된다.
② 적운형 구름
③ 온난전선에 비해 이동 속도가 빠르다.
④ 좁은 지역에 소나기나 우박이 내린다.

**27** **낮에 산 사면이 햇빛을 받아 온도가 상승하여 산 사면을 타고 올라가는 바람을 무엇이라고 하는가?**

① 산풍 ② 곡풍
③ 육풍 ④ 해무

**28** **다음 중 풍속의 단위가 아닌 것은?**

① m/s ② kph
③ knot ④ mile

**29** **따뜻한 해수면 위를 덮고 있던 기단이 차가운 해면으로 이동했을 때 발생하는 안개는?**

① 활승안개 ② 복사안개
③ 증기안개 ④ 바다안개

**30** **바람을 일으키는 근본원인은 무엇인가?**

① 지구의 자전과 공전
② 공기량의 증가
③ 많은 습도
④ 태양복사열의 불균형

**31** **신고를 하지 않아도 되는 초경량비행장치는 어느 것인가?**

① 초경량헬리콥터
② 자이로 플레인
③ 동력비행장치
④ 인력활공기

**32** **항공기의 비행 시 조종사의 특별한 주의, 경계, 식별 등이 필요한 공역은 어디인가?**

① 관제공역 ② 통제공역
③ 주의공역 ④ 비관제공역

**33** **다음 중 항공장애등 설치 기준 높이는?**

① 300ft(AGL)
② 500ft(AGL)
③ 300ft(MSL)
④ 500ft(MSL)

**34** **초경량비행장치를 운용하다 사고가 발생하면 신속히 보고하여야 한다. 최초 보고 시 포함할 내용이 아닌 것은?**

① 초경량비행장치의 소유자 및 명칭
② 사고 발생 일시 및 장소
③ 사고의 정확한 원인분석결과
④ 초경량비행장치의 종류 및 신고번호

**35** **자격증명 취득 후 활용간 자격증명 취소사유가 아닌 경우는 언제인가?**

① 항공법을 위반하여 벌금이상의 형을 선고받은 경우
② 고의 또는 중대한 과실이 있는 경우
③ 조종자 준수사항을 위반하였을 경우
④ 자격증을 분실한 후 1년이 지나도록 분실신고를 하지 않은 경우

**36** **비행장 및 그 주변의 공역으로서 항공교통의 안전을 위하여 지정된 공역은?**

① 관제구 ② 관제권
③ 항공로 ④ 특수공역

**37** **초경량비행장치 무인멀티콥터 1, 2, 3종 조종 자격시험에 응시할 수 있는 최소 연령은?**

① 만 12세 ② 만 13세
③ 만 14세 ④ 만 18세

**38 다음 중 초경량비행장치가 아닌 것은?**

① 동력비행장치
② 행글라이더
③ 동력 패러슈트
④ 동력 패러글라이더

**39 무인멀티콥터를 소유한 사람은 신고사항에 변경이 있는 경우 이를 누구에게 신고하는가?**

① 지방항공청장
② 한국공항공사 사장
③ 한국교통안전공단 이사장
④ 대한민국항공회 총재

**40 항공법에서 정하는 항공종사자로 볼 수 없는 것은?**

① 항공교통관제사
② 자가용 조종사
③ 운항관리사
④ 초경량비행장치조종자

제8회

# 초경량비행장치 조종자격시험

| 시험시간 | 문항수 |
|---|---|
| 50분 | 40문항 |

정답 P.431

**01 다음 중 배터리를 탈착(분리)할 때의 설명으로 맞는 것은?**

① +극을 먼저 떼어낸다.
② −극을 먼저 떼어낸다.
③ 아무거나 무방하다.
④ 동시에 떼어낸다.

**02 다음 중 항공기에 복합소재를 사용하는 가장 주된 이유는?**

① 금속보다 저렴하기 때문
② 금속보다 오래 견디기 때문
③ 금속보다 가볍기 때문
④ 열에 강하기 때문

**03 다음 중 무인비행장치 운용에 따라 조종자가 직접 작성한 문서가 아닌 것은?**

① 비행훈련 기록부
② 항공기 이력부
③ 조종자 비행기록부
④ 정기검사 정비기록부

**04 다음 중 왕복엔진에서 윤활유의 역할이 아닌 것은?**

① 기밀 ② 윤활
③ 냉각 ④ 방빙

**05 멀티콥터 비행 중 떨림현상을 감지했을 때 조치사항으로 맞는 것은?**

① rpm을 낮추고 낮은 고도로 비행한다.
② 비행을 중지하고 로터 및 모터의 파손 그리고 조임쇠와 볼트의 잠김상태를 확인한다.
③ 기체의 무게를 줄여본다
④ 비행을 중지하고 잠시 쉬었다가 다시 비행해 본다.

**06 다음 중 배터리를 보관 시 적절한 방법이 아닌 것은?**

① 완충해서 보관한다.
② 상온 15도~28도 온도에서 보관한다.
③ 밀폐된 가방에 보관한다.
④ 화로나 전열기 등 뜨거운 곳에 보관하지 않는다.

**07 다음 중 멀티콥터 동체의 좌, 우 흔들림을 잡아주는 센서는?**

① 자이로 센서
② 지자계 센서
③ 기압센서
④ GPS

**08 다음 중 4행정 왕복엔진의 행정순서로 올바른 것은 어느 것인가?**

① 배기 – 폭발 – 압축 – 흡입
② 흡입 – 압축 – 폭발 – 배기
③ 배기 – 흡입 – 압축 – 폭발
④ 흡입 – 폭발 – 압축 – 배기

**09 최근 멀티콥터에서 가장 많이 사용하고 있는 동력장치는?**

① 전기모터 ② 가솔린 엔진
③ 로터리 엔진 ④ 터보 엔진

**10 다음 중 멀티콥터 비행에 관한 설명 중 옳지 않는 것은?**

① 지구 자기장 교란지수가 5이상일 경우 비행을 자제하는 것이 좋다.
② 기체시동, 비행 등 기체와의 안전거리는 5m정도 이격하여 운용한다.
③ 방제용 멀티콥터의 경우 5m/sec이하에서 운용한다.
④ 운용고도는 AGL 150m이하에서 운용한다.

**11 다음 중 무인비행장치의 비상램프 점등 시 조치로서 옳지 않은 것은?**

① GPS 에러 경고 -비행자세 모드로 전환하여 즉시 비상착륙을 실시한다.
② 통신 두절 경고 -사전 설정된 RH 내용을 확인하고 그에 따라 대비한다.
③ 배터리 저전압 경고 -비행을 중지하고 착륙하여 배터리를 교체한다.
④ IMU 센서 경고 -자세모드로 전환하여 비상착륙을 실시한다.

**12 로터(프로펠러) 피치의 설명으로 올바른 것은?**

① 로터(프로펠러)의 직경을 의미한다.
② 로터(프로펠러)의 무게를 의미한다.
③ 로터(프로펠러)가 1회전했을 때 진행한 기하학적 거리를 의미한다.
④ 로터(프로펠러)의 인장강도를 의미한다.

**13 다음 중 베르누이 정리 조건끼리 묶은 것은 어느 것인가?**

① 비압축성, 비유동성, 무점성
② 압축성, 유동성, 점성
③ 비압축성, 유동성, 무점성
④ 압축성, 비유동성, 점성

**14 뉴턴의 운동 법칙 중 토크(Torque)현상과 관계있는 것은?**

① 작용 · 반작용 법칙
② 관성의 법칙
③ 가속도의 법칙
④ 베르누이의 법칙

**15 공기흐름 방향에 관계없이 모든 방향으로 동등하게 작용하는 압력은?**

① 정압
② 동압
③ 벤츄리 압력
④ 전압의 양에 정압을 감한 값

**16 베르누이 정리에 대한 설명 중 틀린 것은?**

① 정압은 속도가 증가함에 따라 감소한다.
② 유관 내부에서 정압과 동압의 합은 일정하다.
③ 유관 내부의 유체속도와 압력과의 관계를 설명한다.
④ 유관 내부에서 동압이 높으면 아울러 정압도 높다.

**17 다음 중 비행장치에 작용하는 힘의 방향(양력, 항력, 중력, 추력)과 속도와의 관계 설명 중 틀린 것은?**

① 항력은 속도의 제곱에 비례한다.
② 양력은 받음각이 증가하면 증가한다.
③ 중력은 속도에 비례한다.
④ 추력은 받음각의 상관없다.

**18 무인 멀티콥터가 이륙할 때 필요 없는 장치는 무엇인가?**

① 모터　② 변속기
③ 배터리　④ GPS

**19 헥사콥터의 로터 하나가 비행 중에 회전수가 감소될 경우 발생할 수 있는 현상으로 가장 가능성이 높은 것은?**

① 전진을 시작한다.
② 상승을 시작한다.
③ 진동이 발생한다.
④ 요잉현상을 발생하면 서 추락한다.

**20 다음은 날개의 공기흐름 중 기류 박리에 대한 설명으로 틀린 것은?**

① 날개 표면에 흐르는 기류가 날개의 표면과 공기입자 간의 마찰력으로 인해 표면으로부터 떨어져 나가는 현상을 말한다.
② 날개의 표면과 공기입자 간의 마찰력으로 공기 속도가 감소하여 정체구역이 형성된다.
③ 경계층 밖의 기류는 정체점을 넘어서게 되고 경계층이 표면에 박리되게 된다.
④ 기류 박리는 양력과 항력을 급격히 증가시킨다.

**21 다음 중 착빙의 종류가 아닌 것은?**

① 이슬 착빙　② 맑은 착빙
③ 거친 착빙　④ 서리 착빙

**22 다음 중 항공기의 이륙성능과 대기 압력의 관계를 설명한 것이다. 올바른 것은? (단, 대기 압력의 조건은 동일하다고 가정한다.)**

① 대기 압력이 높아지면 공기밀도 증가, 양력증가, 이륙거리 증가
② 대기 압력이 높아지면 공기밀도 증가, 양력감소, 이륙거리 증가
③ 대기 압력이 높아지면 공기밀도 증가, 양력증가, 이륙거리 감소
④ 대기 압력이 높아지면 공기밀도 증가, 양력감소, 이륙거리 감소

**23 다음 중 백색이며, 얇고 부드럽다고, 수증기가 0℃이하로 물체에 승화 되는 착빙은 어느 것 인가?**

① 맑은 착빙 (Clear icing)
② 거친 착빙 (Rime icing)
③ 서리 착빙 (Frost icing)
④ 혼합 착빙 (Mixed icing)

**24 다음 대기에 대한 설명 중 맞는 것은?**

① 대기권은 고도 1,100 미터 정도이다.
② 고도계는 대기의 압력(정압)을 감지하여 지시한다.
③ 대기 압력이 낮아지면 엔진의 출력은 증가한다.
④ 대류권내에서 고도가 증가하면 대기 압력은 증가한다.

**25** **무풍, 맑은 하늘, 상대습도가 높은 조건에서 낮고 평평한 지형에서 주로 아침에 발생하는 안개는?**

① 증기안개(Steam fog)
② 활승안개(Upslope fog)
③ 복사안개(Radiation fog)
④ 이류안개(Advection fog)

**26** **태양에너지가 지표면을 불규칙하게 가열하여 발생한 기압차로 인한 공기의 수평 이동현상을 무엇이라 하는가?**

① 바람 ② 안개
③ 구름 ④ 수직대류

**27** **고기압(High pressure)에 대한 설명으로 틀린 것은?(단 북반구에 한한다.)**

① 바람은 시계 방향으로 발산한다.
② 중심 부근에는 상승 기류가 있다.
③ 주위보다 기압이 높으면 고기압이다.
④ 고기압 접근 시에는 대체로 맑은 날씨를 보인다.

**28** **온난전선의 특징이 아닌 것은?**

① 하층에 층운형 구름을 형성한다.
② 온난전선 통과 시 시정은 불량하고 이슬비가 내린다.
③ 기압은 온난전선 접근 시 감소하고 통과 시 급상승 한다.
④ 하층 Wind shear는 온난전선의 전방에서 6시간 이상 지속되기도 한다.

**29** **항공기의 이륙 시 비행거리를 가장 길게 영향을 미치는 바람은?**

① 배풍
② 정풍
③ 측풍
④ 바람과 관계없다.

**30** **다음 구름의 종류 중 하층운(2km 미만) 구름이 아닌 것은?**

① 층적운 ② 층운
③ 난층운 ④ 권층운

**31** **다음 공역의 종류 중 통제공역은?**

① 초경량비행장치 비행제한 구역
② 훈련구역
③ 군 작전구역
④ 위험구역

**32** **다음 중 무인멀티콥터 소유자는 용도가 변경되거나 소유자의 성명, 명칭 또는 주소가 변경 되었을 시 신고 기간은?**

① 15일 ② 30일
③ 50일 ④ 60일

**33** **항공시설, 업무, 절차 또는 위험요소의 신설, 운영상태 및 그 변경에 관한 정보를 수록하여 전기통신 수단으로 항공종사자들에게 배포하는 공고문은?**

① AIC ② AIP
③ AIRAC ④ NOTAM

**34** **우리나라 항공안전법의 목적으로 틀린 것은?**

① 항공기, 경량항공기 또는 초경량비행장치가 안전하게 항행하기 위한 방법을 정한다.
② 국민의 생명과 재산을 보호한다.
③ 항공기술 발전에 이바지한다.
④ 국제 민간항공기구에 대응한 국내 항공산업을 보호한다.

**35** **다음 과태료의 금액이 가장 작은 위반 행위는?**

① 조종자 증명을 받지 않고 비행 시
② 조종자 준수사항을 따르지 않고 비행한 경우
③ 안전성 인증을 받지 않고 비행한 경우
④ 초경량비행장치의 말소신고를 하지 않은 경우

**36** **다음 중 초경량비행장치의 비행 승인기관에 대한 설명 중 틀린 것은?**

① 고도 150m이상 비행이 필요한 경우 공역에 관계없이 국토부에 비행계획 승인 요청
② 민간관제권 지역은 국토부에 비행계획 승인 요청
③ 군 관제권 지역은 국방부에 비행계획 승인 요청
④ 비행금지구역 중 원자력 지역은 해당 지역관할 지방항공청에 비행계획 승인 요청

**37** **일반적인 비행금지 사항에 대한 설명 중 맞는 것은?**

① 서울지역 P-73A/B 구역의 건물 내에서는 야간에도 비행이 가능하다.
② 한적한 시골지역 유원지 상공의 150m이상 고도에서 비행이 가능하다.
③ 초경량비행장치 전용공역에서는 고도 150m이상, 야간에도 비행이 가능하다.
④ 아파트 놀이터나 도로 상공에서는 비행이 가능하다.

**38** **초경량비행장치에 의하여 중사고가 발생한 경우 사고조사를 담당하는 기관은?**

① 관할 지방항공청
② 항공교통관제소
③ 교통안전공단
④ 철도 항공사고조사위원회

**39** **국토교통부장관에게 소유신고를 하지 않아도 되는 것은?**

① 동력비행장치
② 초경량 헬리콥터
③ 초경량 자이로플레인
④ 계류식 무인비행장치

**40** **초경량비행장치 무인멀티콥터의 안전성 인증은 어느 기관에서 실시하는가?**

① 교통안전공단
② 지방항공청
③ 항공안전기술원
④ 국방부

제9회

# 초경량비행장치 조종자격시험

| 시험시간 | 문항수 |
|---|---|
| 50분 | 40문항 |

정답 P.432

**01 프로펠러의 Balance가 맞지 않을 때 가장 우선적으로 나타나는 현상은?**

① 진동이 나타난다.
② 모터가 비 정상적으로 회전한다.
③ 회전이 되지 않는다.
④ LED 경고등이 점등된다.

**02 모터 발열의 원인이 되지 않는 것은?**

① 조종사가 조종기의 트림선을 맞추지 못한 경우
② 탑재 중량이 무거운 경우
③ 높은 고도에서 장시간 비행한 경우
④ 착륙 직후

**03 브러쉬리스 DC 모터의 특징으로 올바른 것은?**

① 모터에 흐르는 전류를 제어하는 컨트롤러가 불필요하다.
② 브러시나 정류자와 같은 부품을 가진다.
③ 기계적 접촉부가 적어 유지보수가 용이함
④ 정기적으로 브러시를 교체해야 한다.

**04 무인기의 인적 에러에 의한 사고비율은 유인기와 비교할 때 상대적으로 낮은 것으로 나타났다. 그 이유로 적절한 것은?**

① 유인기와 비교할 때 무인기는 자동화율이 낮기 때문이다.
② 유인기에 비해 무인기는 인간 개입의 필요성이 적기 때문이다
③ 무인기는 아직까지 기계적 신뢰성이 낮기 때문이다.
④ 설계개념상 File-Safe 개념의 시스템 이중설계 적용이 미흡하기 때문이다.

**05 긴급 상황에서 인간의 반응 차이와 무관한 것은?**

① 자신감 ② 보수
③ 경험과 기량 ④ 사고 피해정도

**06 지도조종자가 교육생의 조종을 논평하는 이유로 올바른 것은?**

① 교육생의 의견에 반론하기 위해서
② 자신의 비행경험을 이야기하며 공유하기 위하여
③ 교육생의 조종 실수를 지적하기 위하여
④ 서로 대화하며 문제점을 찾기 위하여

**07 가속도 센서 설명으로 맞는 것을 고르시오?**

① 기압을 측정하는 센서
② 온도를 측정하는 센서
③ 기울기와 가속을 측정하는 센서
④ 각속도를 측정하는 센서

**08 시동 시 기체가 심하게 진동할 때 생각할 수 있는 트러블로서 가장 가능성이 높은 것은 어느 것인가?**

① 배터리가 과 충전되었다.
② GPS 신호를 수신하지 않고 있다.
③ 수신기와 송신기가 올바르게 접속되어 있지 않다.
④ 블레이드에 파손이 있다.

**09 브러쉬리스 모터에 사용되는 전자변속기(ESC)에 대한 설명으로 옳은 것은?**

① 모터의 회전수를 제어하기 위해서 사용
② 모터의 온도를 제어하기 위해 사용
③ 모터의 무게를 제어하기 위해 사용
④ 모터를 냉각하기 위해 사용

**10 리튬폴리머(LiPo) 배터리에 대한 설명으로 옳지 않는 것은?**

① 충전 시 셀 밸런싱을 통한 셀 간 전압관리 필요.
② 강한 충격에 노출되거나 외형이 손상되었을 경우 안전을 위해 완전방전 후 폐기
③ 배터리 수명을 늘리기 위해 급속충전과 급속방전 필요
④ 장기간 보관 시 완전충전 상태가 아닌 50~70% 충전상태로 보관

**11 무인멀티콥터의 비행특성이 아닌 것은?**

① 수직이착륙 ② 정지비행
③ 초음속 비행 ④ 횡진비행

**12 비행체 구조의 크기나 모양에 의해 발생되는 저항은?**

① 마찰항력 ② 유해항력
③ 유도항력 ④ 형상항력

**13 측풍착륙(Cross wind Landing)의 종류가 아닌 것은?**

① 크랩착륙 ② 사이드슬립착륙
③ 디크랩착륙 ④ 포워드슬립착륙

**14 다음은 비행 중 세로축으로 뱅크시킨 기체에 나타난 현상이다. 맞는 것은 무엇인가?**

① 뱅크시킨 기체는 엔진 또는 모터가 회전하는 한 속도와 관성이 있으므로 선회를 지속한다.
② 뱅크시킨 기체는 모터가 회전하는 한 속도와 관성이 있으므로 직진한다.
③ 합력의 방향이 아래를 향함으로 기수가 내려간다.
④ 뱅크를 주더라도 상반각으로 인해 복원한다.

**15 비행장치의 착륙거리를 짧게 하는 방법 중 틀린 것은?**

① 착륙무게를 가볍게 한다.
② 접지속도를 작게 한다.
③ 배풍으로 착륙한다.
④ 항력을 크게 한다.

**16 동력장치의 출력과 비행고도의 관계를 설명한 것으로 적절하지 않는 설명은?**

① 과급기가 없는 피스톤 엔진은 고도가 높아짐에 따라 출력이 급격히 감소한다.
② 엔진의 출력이 고도에 따라 변화하는 주된 이유는 공기의 밀도 변화이다.
③ 전기 동력이 사용되는 고정피치 프로펠러 비행기는 고도가 높아지더라도 추력의 변화가 없다.
④ 가스터빈 엔진을 장착한 항공기도 고도가 높아질수록 출력이 낮아진다.

**17 '실속' 의 설명으로 맞는 것을 고르시오?**

① 기체를 급격히 감속한 것
② 지상에서 주행 중인 기체를 정지한 것
③ 날개가 임계각을 초과하여 양력을 상실함
④ 대기 속도계의 고장으로 속도를 알 수 없게 된 것

**18 기체에 작용하는 힘에 대한 설명 중 비행 중 기체에 작용하는 힘이 아닌 것은?**

① 기체 속도에 따라 무게 중심에 기준으로 상승하는 힘을 양력이라 한다.
② 기체의 양력을 방해하는 힘을 중력이라 한다.
③ 항력을 이기고 전진하는 힘을 추력이라 한다.
④ 기체에 작용하는 힘은 CG 포인트보다는 추력이 우선한다.

**19 무인비행장치에 작용하는 4가지 힘에 대한 설명 중 맞는 것을 고르시오?**

① 추력(Thrust), 양력(Lift), 항력(Drag), 무게(Weight)
② 추력, 양력, 무게, 하중
③ 추력(Thrust), 모멘트(Moment), 항력(Drag), 중력(Weight)
④ 비틀림력(Torque), 양력(Lift), 항력(Drag), 중력(Weigh)

**20 기체의 기울기를 감지하고 비행을 안정화하는 장치는 무엇인가?**

① 강착장치 ② 추력장치
③ 자세제어장치 ④ 전압안정화장치

**21 기압의 정의는 무엇인가?**

① 단위체적당 공기의 무게가 작용하는 힘
② 단위체적당 공기의 질량이 작용하는 힘
③ 단위면적당 공기가 누르는 힘
④ 단위체적당 공기가 누르는 힘

**22 비행방향을 10° 로 나타냈을 때의 의미는 무엇인가?**

① 진북을 기준으로 반올림하여 2단위로 표현
② 진북을 기준으로 반올림하여 3단위로 표현
③ 자북을 기준으로 반올림하여 2단위로 표현
④ 자북을 기준으로 반올림하여 3단위로 표현

**23 구름의 발생 원인이 아닌 것은?**

① 수증기 ② 응결핵
③ 온난전선 ④ 냉기

**24 복사안개의 발생 조건이 아닌 것은?**

① 습도가 높음 ② 안개
③ 기온이 낮음 ④ 지면 온도가 높음

**25 착빙의 효과가 아닌 것은?**

① 양력 감소 ② 실속속도 감소
③ 항력증가 ④ 추력감소

**26 풍향이 남쪽일 경우에 비행기를 이륙시키기 위해 최적의 이륙방향은?**

① 북쪽에서 남향으로 이륙
② 서쪽에서 동향으로 이륙
③ 동쪽에서 서향으로 이륙
④ 남쪽에서 북향으로 이륙

**27 다음 기압고도계 설정 방식에 대한 설명 중 옳지 않은 것은?**

① 관제에 사용되는 전이고도 설정 기준은 대한민국은 18,000ft, 미국은 14,000ft임
② QNH : 관제탑에서 제공하는 고도압력으로 조종사가 항공기의 기압고도계를 맞추는 방식
③ QNE : 조종사가 항공기의 고도계를 표준대기압(29.92in-Hg 또는 1013.25mb)에 맞추는 방식
④ QFE : 활주로 표고나 착지지점 고도를 표시하도록 기압고도계를 현지기압으로 맞추는 방식

**28** 다음 구름의 분류에 대한 설명 중 옳지 않는 것은?

① 구름은 상층운, 중층운, 하층운, 수직운으로 분류하며 운형은 10종류가 있다.
② 상층운은 운저고도가 보통 6km이상으로 권운, 권적운, 권층운이 있다.
③ 중층운은 중위도 지방 기준 구름높이가 2~6km이고 고적운, 고층운이 있다.
④ 하층운은 운저고도가 보통 2km이하이며 적운, 적란운이 있다.

**29** 다음 바람 용어에 대한 설명 중 옳지 않는 것은?

① 풍향은 바람이 불어오는 방향을 말한다.
② 풍속은 공기가 이동한 거리와 이에 소요된 시간의 비이다.
③ 바람속도는 스칼라 양인 풍속과 같은 개념이다.
④ 바람시어는 바람 진행방향에 대해 수직 또는 수평방향의 풍속 변화이다.

**30** 국제민간항공협약 부속서의 항공기상 특보의 종류가 아닌 것은?

① SIGMET 정보
② AIRMET 정보
③ 뇌우경보(Thunderstorm Warning)
④ 공항경보(Aerodrome Warning)

**31** 멀티콥터의 안전성인증에 대하여 설명 중 틀린 것은?

① 실시하는 이유는 비행안전을 위해서다.
② 설계, 비행계획, 장치 등 모두를 검사한다.
③ 초도, 정기, 재, 수시 인증 등이 있다.
④ 운영규정과 정비규정을 점검한다.

**32** 설정된 공역을 고지해 주는 것은?

① 관보　② 일간신문
③ AIP　④ NOTAM

**33** 다음 초경량비행장치에 대한 설명 중 옳지 않은 것은?

① 초경량비행장치는 공기의 반작용으로 뜰 수 있는 장치를 말한다.
② 초경량비행장치는 대통령령(시행령)으로 기준을 정한다.
③ 초경량비행장치에는 무인비행장치가 포함된다.
④ 초경량비행장치 중 무인동력비행장치는 자체중량이 150kg이하이다.

**34** 다음 항공안전법 목적에 대한 설명 중 옳지 않는 것은?

① 항공안전법은 국제민간항공협약 및 같은 부속서에서 채택된 표준과 권고되는 방식을 따른다.
② 항공안전법은 항공기, 경량항공기, 초경량비행장치로 구분 안전사항을 규정한다.
③ 항공안전법은 효율적인 항행을 위한 방법에 대한 사항을 규정한다.
④ 항공안전법은 항공안전을 책임지는 국가의 권리와 항공사업자 및 항공종사자 등의 의무에 대한 사항을 규정한다.

**35** 다음 항공안전법에서 정하고 있는 사항에 대한 설명 중 옳지 않은 것은?

① 항공기 등록에 관한 사항
② 항공기 기술기준 및 형식증명에 관한 사항
③ 항공종사자에 관한 사항
④ 항행안전시설 안전에 관한 사항

**36** **항공안전법의 적용 및 적용특례에 대한 설명 중 옳지 않는 것은?**

① 민간항공기는 항공안전법 전체를 적용
② 군용항공기와 관련 항공업무에 종사하는 사람은 항공안전법 미적용
③ 세관업무 항공기와 관련 항공업무에 종사하는 사람은 항공안전법 적용
④ 경찰업무 항공기는 공중충돌 등 항공기 사고예방을 위한 사항만 적용

**37** **다음 초경량비행장치 신고에 대한 설명중 옳지 않는 것은?**

① 초경량비행장치 신고는 초경량비행장치를 소유하거나 사용할 수 있는 권리가 있는 자가 국토교통부장관(한국교통안전공단이사장에게 위임)에게 신고하는 것이다.
② 초경량비행장치 신고는 연료의 무게를 제외한 자체무게가 12kg 이상인 무인동력비행장치가 대상이다..
③ 시험, 조사, 연구개발을 위하여 제작된 초경량비행장치는 신고를 할 필요가 없다.
④ 판매되지 아니한 것으로 비행에 사용되지 아니하는 초경량비행장치는 신고 할 필요가 없다.

**38** **다음 초경량비행장치 안전성 인증에 대한 설명 중 옳지 않는 것은?**

① 안전성인증 대상은 국토교통부령으로 정한다.
② 초경량비행장치 중에서 무인비행기도 안전성인증 대상이다.
③ 무인비행장치 안전성인증 대상은 최대이륙중량이 25kg을 초과하는 것이다.
④ 초경량비행장치 안전성인증기관은 기술원(항공안전기술원)만이 수행한다.

**39** **초경량비행장치 조종자증명에 대한 설명 중 옳지 않은 것은?**

① 초경량비행장치 조종자증명 기준은 국토교통부령으로 정한다.
② 부정한 방법으로 조종자증명을 받은 경우 조종자증명을 취소한다.
③ 효력정지 기간에 초경량비행장치를 비행한 경우 조종자증명을 취소한다.
④ 조종자준수사항 위반의 경우, 2년 이내 기간을 정하여 효력정지를 명할 수 있다.

**40** **다음 무인비행장치 조종자가 준수해야 하는 사항으로 옳은 것은?**

① 일몰 후부터 일출 전까지 의 야간에 비행하는 행위
② 주류 등의 영향으로 조종업무를 정상적으로 수행할 수 없는 상태로 조종하는 행위
③ 비행 중 주류 등을 섭취하거나 사용하는 행위
④ 무인비행장치를 육안으로 확인할 수 있는 범위에서 조종하는 행위

## 초경량비행장치 조종자격시험 1

ANSWERS

| | | | | |
|---|---|---|---|---|
| 01.① | 02.① | 03.④ | 04.④ | 05.① |
| 06.③ | 07.① | 08.④ | 09.④ | 10.③ |
| 11.② | 12.① | 13.① | 14.④ | 15.④ |
| 16.① | 17.③ | 18.④ | 19.② | 20.④ |
| 21.② | 22.③ | 23.① | 24.① | 25.③ |
| 26.① | 27.① | 28.② | 29.② | 30.④ |
| 31.③ | 32.② | 33.② | 34.④ | 35.① |
| 36.① | 37.③ | 38.① | 39.① | 40.② |

**01.** ①
조종기는 배터리를 분리해서 케이스에 넣어서 상온에 보관한다.

**02.** ①
배터리 경고음 설정은 통상 예비를 고려하여 설정하므로, 경고음이 울리면 당황하지 않고 안전한 착륙 지역으로 이동시켜 착륙시킨다.

**03.** ④
RPAS : Remotely Piloted Aircraft System(s)의 약자이다.

**04.** ④
리튬폴리머 배터리는 폭발의 위험이 있고, 충격에 약하다. 고온에서 사용할 경우 폭발할 수 있고, 효율이 높아지지는 않는다. 수충에 추락한 경우 배터리는 가급적 교환하도록 한다.

**05.** ①
평가자는 적법한 자격(평가교관)이 있어야 한다.

**06.** ③
무인항공기 데이터링크(데이터통신시스템)는 비행체에 ADT(Airborne Data Terminal), 지상에 GDT(Ground Data Terminal)가 구성되어 무선으로 원결 데이터 통신을 실시한다.

**07.** ①
비행 실시의 최종적인 판단은 조종자가 한다.

**08.** ④ / **09.** ④

**10.** ③
개인 안전장구는 비행과 살포 약제로부터 자신을 보호하기 위한 장구류 들이다.

**11.** ②
비행방향의 반대방향인 공기흐름의 속도방향과 Airfoil의 시위선이 만드는 사이각을 말하며, 양력, 항력 및 피칭 모멘트에 가장 큰 영향을 주는 인자이다.

**12.** ①
지면효과란 지면에 근접하여 운용 시 로터 하강풍이 지면과의 충돌로 양력 발생효율이 증대되는 현상이다.

**13.** ①
양력, 무게 = 중력, 추력 = 추진력, 항력

**14.** ④
모든 물체는 공기의 압력이 높은 곳에서 낮은 곳으로 이동한다.

**15.** ④
제자리 비행가능, 측방 및 후진비행가능, 수직 이착륙 가능, 엔진정지 시 자동 활공 가능, 최대속도제한, 동적 불안정 등이다.

**16.** ①
공중에서 움직이는 비행체(=항공기)는 힘의 균형을 이루는 균형점 즉 무게의 중심점이 있으며, 모든 비행체(=항공기)는 무게 중심점(CG)을 통과하는 축이 형성된다.

**17.** ③ / **18.** ④ / **19.** ② / **20.** ④

**21.** ②

**22.** ③
구름의 양을 나타내는 용어로서 하늘을 8등분한다고 하여 옥타(Octa) 분류법이라고도 하는데 다음과 같이 말한다. (Sky) clear는 0/8~1/8, scattered는 1/8~5/8 이하, broken은 5/8~7/8이하, overcast는 8/8일 때

**23.** ① / **24.** ① / **25.** ③ / **26.** ① / **27.** ①

**28.** ② / **29.** ②

**30.** ④
**초경량비행장치 사용사업의 범위**
1. 비료 또는 농약 살포, 씨앗 뿌리기 등 농업 지원
2. 사진촬영, 육상 및 해상 측량 또는 탐사
3. 산림 또는 공원 등의 관측 및 탐사
4. 조종교육

**31.** ③

**32.** ②

무인동력 비행장치는 연료의 중량을 제외한 자체 중량이 150kg 이하인 무인비행기, 무인헬리콥터 또는 무인 멀티콥터를 말한다.

**33.** ②

유도로 등이란 지상 주행 중인 항공기에 유도로, 대기지역 또는 계류장 등의 가장자리를 알려주기 위하여 설치하는 등으로 청색이다.

**34.** ④

일몰 후부터 일출 전까지의 야간에 비행금지

**35.** ①

사유 발생일로부터 15일 이내에 신고하여야 한다.

**36.** ①

**[안정성 인증의 종류]**

1. **초도인증** : 국내에서 설계 · 제작하거나 외국에서 국내로 도입한 초경량비행장치의 안전성인증을 받기 위하여 최초로 실시하는 인증
2. **정기인증** : 안전성인증의 유효기간 만료일이 도래되어 새로운 안전성인증을 받기 위하여 실시하는 인증
3. **수시인증** : 초경량비행장치의 비행안전에 영향을 미치는 대수리 또는 대개조 후 기술기준에 적합한지를 확인하기 위하여 실시하는 인증
4. **재 인증** : 초도, 정기 또는 수시인증에서 기술기준에 부적합한 사항에 대하여 정비한 후 다시 실시하는 인증

**37.** ③ / **38.** ① / **39.** ① / **40.** ②

## 초경량비행장치 조종자격시험 2

ANSWERS

| | | | | |
|---|---|---|---|---|
| 01.② | 02.④ | 03.③ | 04.③ | 05.① |
| 06.③ | 07.③ | 08.② | 09.② | 10.② |
| 11.① | 12.① | 13.① | 14.③ | 15.④ |
| 16.④ | 17.③ | 18.④ | 19.③ | 20.① |
| 21.③ | 22.④ | 23.① | 24.① | 25.③ |
| 26.④ | 27.④ | 28.② | 29.① | 30.④ |
| 31.② | 32.① | 33.② | 34.④ | 35.② |
| 36.③ | 37.③ | 38.③ | 39.③ | 40.① |

**01.** ②
유도로 등이란 지상 주행 중인 항공기에 유도로, 대기지역 또는 계류장 등의 가장자리를 알려주기 위하여 설치하는 등으로 청색이다.

**02.** ④
중력이 무거우면 속도는 줄어든다.

**03.** ③

**04.** ③
공항시설법 시행규칙 #9 – 주야간 150미터 이하는 생략 가능

**05.** ①
안전성 인증을 받아야하는 초경량비행장치 : 동력비행장치, 회전익 비행장치, 동력 패러글라이더, 기구류(사람이 탑승하는 것만 해당된다), 무인비행장치.

**06.** ③
손으로만 들어봐서는 테이프 감을 정도의 무게 차이를 알 수 없다.

**07.** ③
부풀어 오른 배터리는 사용해서는 안된다.

**08.** ②
항공안전법 시행규칙 별지 제122호 서식 비행계획서 참조

**09.** ②
기술 진보에 따라 상황에 대한 더 빠른 반응은 시스템의 성능을 향상시키는 요인이다.

**10.** ②
**전이양력** : 회전익 계통의 효율증대로 얻어지는 부가적인 양력으로 제자리 비행에서 전진비행으로 전환 시 나타난다.

**11.** ①
리튬폴리머 배터리는 저온에서 보관할 경우 성능이 저하되며, 고온에서 보관할 경우 폭발의 위험이 있다.

**12.** ①
일반적으로 고도가 증가하면 기온이 감소하는데 1,000ft당 약 2℃의 감소한다.

**13.** ①
**난기류 발생의 주 원인** : 대류성 기류, 바람의 흐름에 대한 장애물, 비행난기류, 전단풍 등

**14.** ③
- **동력비행장치** : 115kg이하,
- **인력활공기** : 70kg이하,
- **무인동력비행장치** : 150kg이하,
- **무인 비행선** : 180kg이하

**15.** ④
신고를 필요로 하지 않는 초경량비행장치 : 계류식 무인비행장치 등 9가지이며, 항공안전법 시행령 제24조 참조]

**16.** ④
NOTAM(Notice to Airman) : 항공고시보라고 함.
- AIP(Aeronautical Information Publication) : 해당 국가에서 비행하기 위해 필요한 항법관련 정보로 항공정보간행물.
- AIRAC(Aeronautical Information Regulation And Control) : 정해진 Cycle에 따라 최신으로 규칙적으로 개정되는 것

**17.** ③
- **안개의 발생조건** : 공기 중 수증기 다량 함유, 공기가 노점온도 이하로 냉각, 공기 중에 응결핵 많아야하고, 공기 속으로 많은 수증기 유입, 바람이 약하고 상공에 기온이 역전.
- **안개의 사라질 조건** : 지표면이 따뜻해져 지표면 부근의 기온역전, 지표면 부근 바람이 강해져 난류에 의한 수직 방향으로 상승 시, 공기가 사면을

따라 하강하여 기온이 올라감에 따라 입자가 증발 시, 신선하고 무거운 공기가 안개 구역으로 유입되어 안개가 상승하거나 차가운 공기가 건조하여 안개가 증발 할 때 등

**18.** ④
등고선이 아니라 등압선이라 한다.

**19.** ③
변경신고는 30일, 멸실 신고는 15일

**20.** ①
송신기 배터리 경고음이 울리면 가급적 빨리 복귀시켜 엔진을 정지 후 조종기 배터리를 교체한다.

**21.** ③
조종자 자격시험은 14세, 지도 조종자는 18세

**22.** ④
기압이 높은 곳에서 낮은 곳으로 이동하는 특성이 있다.

**23.** ①
비행 전에 비행체, 조종기를 점검하고, 조종자의 건강이나 심리적인 상태도 확인해야한다.

**24.** ①

**25.** ③
- **관제구** : 지표면 또는 수면으로부터 200m이상 높이의 공역으로서 항공교통의 안전을 위하여 지정한 공역.
- **항공등화** : 불빛을 이용하여 항공기의 항행을 돕기 위한 항행안전시설
- **항행안전시설** : 유선통신, 무선통신, 불빛, 색채 또는 형상을 이용하여 항공기의 항행을 돕기 위한 시설

**26.** ④

**27.** ④
① 배출밸브, ② 혼합기(캬브레터)

**28.** ②
비행시간이 100시간 이상인 지도조종자 1명 이상, 150시간 이상인 실기평가 조종자 1명 이상

**29.** ①
항공안전법 제57조 ⑤항

**30.** ④ / **31.** ②

**32.** ①
온도가 높으면 공기밀도가 희박하여 감소한다.

**33.** ②
- **압력중심** : 에어포일 표면에 작용하는 분포된 압력이 힘으로 한 점에 집중적으로 작용한다고 가정할 때 이 힘의 작용점, 모든 항공역학적 힘들이 집중되는 에어포일의 익현선상의 점.
- **공력중심** : 에어포일의 피칭 모멘트의 값이 받음각이 변하여도 변하지 않는 기준점.
- **무게중심** : 중력에 의한 알짜 토크가 0인 점.
- **평균공력시위** : 실제 날개 끝과 같은 동일한 항공역학적 특성을 갖는 가상 날개 끝

**34.** ④
항공기, 경량 항공기, 초경량 비행장치 등 중대 항공사고 조사는 모두 담당

**35.** ②
회전익의 가장 큰 장점이자 차이점은 정지비행 즉 제자리비행(Hovering)이 가능한 것이다.

**36.** ③
베르누이가 정리한 법칙으로 "정압과 동압을 합한 값은 그 흐름 속도가 변하더라도 언제나 일정하다"고 했다.

**37.** ③
**구름의 발생 조건** : 풍부한 수증기, 응결핵, 냉각작용

**38.** ③
회전익 무인항공기가 대형일 경우에는 터보 샤프트 엔진이 가능할 수 있다.

**39.** ③
장기 보관일 경우에는 연료를 비워둘 필요가 있으나, 그럴 경우라도 비행으로 소모시킬 필요는 없다.

**40.** ①
양력 감소, 무게 증가, 추력 감소 그리고 항력 증가

## 초경량비행장치 조종자격시험 3

ANSWERS

| | | | | |
|---|---|---|---|---|
| 01.① | 02.② | 03.② | 04.④ | 05.③ |
| 06.② | 07.④ | 08.④ | 09.③ | 10.② |
| 11.② | 12.③ | 13.③ | 14.④ | 15.④ |
| 16.③ | 17.③ | 18.① | 19.② | 20.① |
| 21.③ | 22.③ | 23.① | 24.① | 25.① |
| 26.① | 27.③ | 28.① | 29.④ | 30.④ |
| 31.① | 32.④ | 33.② | 34.④ | 35.① |
| 36.③ | 37.② | 38.① | 39.③ | 40.③ |

**01.** ①
② 완전히 방전시킨 수 특별히 정해진 재활용 박스에 버린다.
③ 여행 시 비행기 화물로는 운송할 수 없으며, 기내 화물로 2개까지 보유 가능하다.
④ 가급적 전도성이 좋은 금속 탁자 등에 두어서는 안 된다.

**02.** ②
**탑재 임무장비(Payload) 종류**는 무수히 많이 개발되고 있다.
- **주간 관측용 카메라** : TV 카메라, 전자광학(EO)카메라 등
- **주야간 관측용 감지기** : 전방감시 적외선 감지기(FLIR:Forward Looking Infra-redsystem), 적외선 라인 스캐너(IRLS:Infra-red Line Scanner) 등
- **전천후 레이저 관측 시스템** : SAR, 해안 감시레이더, 거리 측정 레이더 등
- **공중 중계 장비**(Airborne Data Relay system) : 공중 중계 무인항공기에 탑재된다.
- **각종 통신 중계 장비**
- **공중 이동 표적 지시기** : 표적기로 사용되는 무인항공기에 탑재된다.
- **지뢰 탐지 장비**
- **각 종 전자전 장비** : ESM, ECM

**03.** ② 비행체는 기본 장비에 속한다.

**04.** ④
무인멀티콥터는 무인동력비행장치로 분류하고 있음

**05.** ③
**알맞은 언어** : 교관다운 언어를 사용하여 교육생들이 믿고 따를 수 있는 교관이 되도록 노력해야 한다.

**06.** ②
시뮬레이션 교육을 철저히 시켜야 실기에서도 적응이 빠르다.

**07.** ④
방제작업 시는 긴 소매 옷을 착용하는 것이 좋다.
① 헬멧의 착용
② 보안경, 마스크 착용
③ 메인로터가 완전히 정지하기까지는, 무의식적인 접근을 하지 않을 것
④ 옷은 긴소매를 입고, 단추를 확실히 잠근다.

**08.** ④
**[비상 절차 단계 교육 내용]**
(1) 각 경고등 점등 시 의미 및 조치사항교범을 통한 숙지, 구두/학과 평가 시 반드시 포함하여 평가 실시
(2) **GPS 수신 불량** : 프로그램을 이용한 실습 교육 실시
(3) **통신 두절로 인한 Return Home 기능** : 지상에서 통신 두절 시 나타나는 경고등 및 현상 시범, 필요 시 시범식 교육 실시
(4) **제어 시스템 에러 사항** : 급조작, 과격 등의 현상을 교육 중 반복 설명하면서, 부드러운 조작이 되도록 교육한다.

**09.** ③
보험가입은 영리목적으로 비행하는 동력, 회전익, 패러플레인, 유인자유기구, 무인비행장치에 적용

**10.** ②
[비행 교관이 범하기 쉬운 과오] 본문 참고

**11.** ②
- **제1법칙(관성의 법칙)** : 외부의 힘에 의한 변화에 저항하는 힘에 관한 법칙
- **제2법칙(가속도의 법칙)** : 가속도의 법칙이란 물체가 어떤 힘을 받게 되면, 그 물체는 힘의 방향으로 가속되려는 성질
- **제3법칙(작용반작용의 법칙)** : 모든 작용은 힘의 크기가 같고 방향이 반대인 반작용을 수반한다는 법칙

**12.** ③
- **유도항력** : 헬리콥터가 양력을 발생함으로써 나타나는 유도기류에 의한 항력

- **유해항력** : 전체 항력에서 메인로터에 작용하는 항력을 뺀 나머지 항력
- **형상항력** : 유해항력의 일종으로 회전익 항공기에서만 발생하며 블레이드가 회전할 때 공기와 마찰하면서 발생하는 마찰성 항력

**13.** ③
60도 경사는 2배, 45도 경사는 1.5배의 총 하중계수를 갖는다.

**14.** ④
영각(받음각)이란 Airfoil의 익현선과 합력 상대풍의 사이 각, 영각은 공기역학적인 각이므로 취부각(붙임각)의 변화 없이도 변화될 수 있다. 또한 영각은 Airfoil에 의해서 발생되는 양력과 항력의 크기를 결정하는 중요한 요소. 영각이 커지면 양력이 커지고, 그만큼 항력은 감소하는 상관관계가 형성된다.

**15.** ④
안정성 : 항공기가 일정한 비행 상태를 계속해서 유지할 수 있는 정도를 말한다.

**16.** ③
유도기류란 공기가 로터 블레이드의 움직임에 의해 변화된 하강기류이다.

**17.** ③
베르누이가 정리한 법칙으로 "정압과 동압을 합한 값은 그 흐름 속도가 변하더라도 언제나 일정하다"고 했다.

**18.** ①
항력은 속도제곱에 비례한다. 즉, 속도가 많아지면 항력도 커진다.

**19.** ②

**20.** ① **피치** – 전, 후진, **에이러론** – 좌, 우 이동, **요우** – 좌, 우 선회

**21.** ③
인천만의 평균 해수면의 높이를 '0m'로 선정하였고, 실제 높이를 확인하기 위하여 인천 인하대학교 구내에 수준원점의 높이를 26.6871m로 지정하여 활용하고 있다.

**22.** ③
① **잠열** : 물질의 상위 상태로 변화시키는데 요구되는 열 에너지
② **열량** : 물질의 온도가 증가함에 따라 열에너지를 흡수할 수 있는 양
③ **비열** : 물질 1g의 온도를 1℃ 올리는데 요구되는 열
④ **현열** : 일반적으로 온도계에 의해서 측정된 온도

**23.** ①
지구 표면으로부터 형성된 공기의 층으로 높이는 대략적으로 10~15km 정도이고, 평균 높이는 약 12km이다. 또한 대부분의 기상이 발생하는 대기층이다.

**24.** ①
바람의 근본원인은 지표면에서 발생하는 불균형적인 가열에 의해 발생한 기압차이며, 바람은 고기압 지역에서 저기압 지역으로 흐르는 공기 군의 흐름에 의해 발생한다.

**25.** ①
습도는 대기 중에 함유된 수증기의 양을 나타내는 척도이다.

**26.** ①

**27.** ③
강한 상승기류가 존재하는 적운에서는 폭우, 우박 등을 형성한다.

**28.** ① / **29.** ④ / **30.** ④ / **31.** ①

**32.** ④ / **33.** ②

**34.** ④
- AIC(항공정보회람 ; Aeronautical information contents) AIP 또는 항공고시보의 발간대상이 아닌 항공정보 공고를 위해 항공정보회람을 발행하며, 절차 또는 시설의 중요한 변경사항을 장기간 사전 통보하는 경우, 설명이나 조언이 필요한 정보 또는 행정적인 특징을 가진 정보 등을 포함하는 간행물
- AIP(항공정보간행물 ; Aeronautical information Publication) 비행장의 물리적 특성 및 이와 관련된 시설의 정보, 항공로를 구성하는 항행안전시설의 형식과 위치, 항공교통관리, 통신 및 제공되는 기상업무 그리고 이러한 시설 및 업무와 관련된 기본절차를 포함하는 간행물.
- AIRAC(항공정보관리절차 ; Aeronautical Informa tion Regulation And Control) 정해진 Cycle에 따라 최신 규칙적으로 개정되는 것

**35.** ①
2020년 12월 10일부터 한국교통안전공단 드론관리처에 신고

/ **36.** ③ / **37.** ② /

**38.** ① 지도조종자 자격증명은 만 18세이다.(20.3.1~)

**39.** ③

**40.** ③
무게에 상관없이 조종자 준수사항은 준수해야 한다.

## 초경량비행장치 조종자격시험 4

ANSWERS

| | | | | |
|---|---|---|---|---|
| 01.① | 02.② | 03.④ | 04.④ | 05.③ |
| 06.④ | 07.④ | 08.① | 09.① | 10.① |
| 11.② | 12.② | 13.① | 14.② | 15.② |
| 16.③ | 17.③ | 18.② | 19.③ | 20.① |
| 21.① | 22.① | 23.① | 24.② | 25.② |
| 26.② | 27.③ | 28.④ | 29.③ | 30.① |
| 31.③ | 32.② | 33.④ | 34.① | 35.④ |
| 36.② | 37.④ | 38.③ | 39.② | 40.④ |

**01.** ①

프로펠러에서는 열이 발생하지 않는다. 발열이 되는 부분들은 냉각 수단이 강구되어 있어야 한다. 변속기의 겨우 방열판 형태로 제작되고, 모터의 경우 선회 시 바람을 배출하는 구조로 제작된다. 이 경우 모터의 방향에 유의하여 사용해야한다.

**02.** ②

GPS 구성품은 안테나, 수신기, 신호연결선 등으로 구성된다.

**03.** ④

① 미국은 약 30개의 위성이 현재 사용 중이다.
② GLONASS는 러시아에서 운용하는 위성항법시스템이다.
③ 중국은 Beidou 시스템을 운용중이다.

**04.** ④

① 시험비행 시 보정을 한 후 매일 다시 할 필요는 없다.
② 약 60~70km이상 벗어나는 경우 다시 보정을 해 주는 것이 좋다.
③ 지자기센서는 고도와는 무관함. GPS 모드에서 고도를 잘 유지하지 못한다면 GPS상의 어떠한 요인으로 오차가 커지거나 고도 처리를 잘 못하고 있는 것으로, 이 경우 자세모드로 비행하는 것이 좋다.

**05.** ③ / **06.** ④

**07.** ④

① 비행고도는 2~5m 정도로 상황에 따라 변경 적용한다.
② 비행고도와 작물의 상태에 맞춰 비행해야한다. 가령 같은 논이라도 모내기 후 얼마 안 지난 경우, 일화기, 이화기, 이삭피는 시기 등은 비행 고도와 속도를 다르게 적용해야한다.
③ 비행고도는 기체의 중량과 비행체 로터 크기, 로터 수에 따라 바람의 세기가 다르므로 고도도 다르게 적용해야한다.
④ 살포 폭은 비행고도가 높으면 넓어지고, 고도가 낮으면 폭은 줄어들게 된다. 비행체가 큰 경우 고도가 낮으면 작물의 손상을 초래할 수 있다.

**08.** ①

향후 유인드론이 활성화 될 것으로 예상되나, 현재는 인원수송을 위해서는 항공기급으로 감항인증 등을 받는 기체여야 한다.

**09.** ① / **10.** ①

**11.** ②

양력의 증 · 감은 영각(받음각)의 증 · 감에 따라 변화한다.

**12.** ② / **13.** ① / **14.** ②

**15.** ②

- **스로틀** – 이, 착륙
- **에이러론** – 좌, 우 이동
- **요우** – 좌, 우 선회

**16.** ③

**17.** ③

유도기류란 공기가 로터 블레이드의 움직임에 의해 변화된 하강기류를 뜻한다. 취부각(붙임각)이 "0"일 때 Airfoil을 지나는 기류는 그대로 평행하게 흐른다. 그러나 취부각 증가로 영각(받음각)이 증가되면 공기는 아래로 가속하게 된다. 유도기류 속도는 취부각이 증가할수록 증가하게 된다.

**18.** ② / **19.** ③ / **20.** ①

**21.** ①

국제적으로 통일된 구름의 분류는 상층운, 중층운, 하층운, 수직운이다.

**22.** ①

안개는 지표면 근처에서 발생, 형성되고 시정을 1마일 이하로 제한한다.

**23.** ① / **24.** ② / **25.** ② / **26.** ②

**27.** ③ / **28.** ④ / **29.** ③ / **30.** ①

**31.** ③

무인동력비행장치는 연료 제외 자체중량 150kg임

**32.** ②

**33.** ④

**제출 서류**

전문교관의 현황, 교육시설 및 장비의 현황, 교육훈련계획 및 교육훈련규정

**34.** ① / **35.** ④

**36.** ②

6하 원칙에 의거 간단히 필수 보고사항을 보고한다.

**37.** ④

**CP-16** : P-73 VFR Route Check point 16번 지역, R35는 공수 낙하훈련장, P-73A는 비행금지 구역이다. UA-14는 공주지역의 초경량비행장치 훈련공역이다.

**38.** ③

**39.** ②

**40.** ④

**통제공역** : 비행금지 구역, 비행제한 구역, 초경량비행장치 비행제한구역

## 초경량비행장치 조종자격시험 5

ANSWERS

| | | | | |
|---|---|---|---|---|
| 01.④ | 02.① | 03.② | 04.① | 05.④ |
| 06.② | 07.③ | 08.③ | 09.③ | 10.③ |
| 11.① | 12.③ | 13.② | 14.② | 15.② |
| 16.④ | 17.③ | 18.② | 19.③ | 20.① |
| 21.② | 22.④ | 23.④ | 24.② | 25.① |
| 26.② | 27.④ | 28.③ | 29.③ | 30.② |
| 31.④ | 32.① | 33.② | 34.③ | 35.④ |
| 36.③ | 37.④ | 38.④ | 39.④ | 40.④ |

**01.** ④

냉각펌프는 수냉식 엔진이 장착된 비행체에 필요하다. 전동 무인멀티콥터에는 발열을 위한 방열판 형태의 부품들이 주로 장착되며, 필요에 따라 냉각팬이 장착되어 있는 경우도 있다.

**02.** ①

FCS 구성품은 FCC, IMU, PMU, GPS 등이며, ESC는 모터와 연결되는 구성품이다.

**03.** ②

① 모드 1 조종기는 고도 조종 스틱이 우측에 있다.
③ 비행모드는 자세제어모드, 위치제어모드(GPS 모드) 그리고 필요시 수동모드로 구성된다.
④ 조종기 배터리 전압은 보통 6VDC 이상으로 사용한다.

**04.** ①

산업용 무인멀티콥터는 일반적으로 비행체의 첫 번째 암에서 마지막 암까지 한 바퀴 돌면서 점검을 하게 되는데, 조종기 전원 on → FCS 전원 인가 → 각 암의 프로펠러/모터/변속기/암 점검 → 본체 → 착륙장치 → 임무장비 점검 → 메인 배터리 연결 순으로 점검하면 원활하게 빠짐없는 점검을 할 수 있다.

**05.** ④

자세제어는 가속도센서와 자이로센서에 의해 측정된 자세와 각속도값을 받은 제어장치는 자세 보정 및 조종하기 위한 신호를 변속기에 보낸다.

**06.** ②

많은 시스템들이 현재 GPS와 GLONASS를 동시에 사용하고 있다.

**07.** ③

방제작업 간에는 긴 소매 복장을 착용한다.

**08.** ③

① 비행고도는 2~5m 정도로 상황에 따라 변경 적용한다.
② 비행고도와 작물의 상태에 맞춰 비행해야 한다. 가령 같은 논이라도 모내기 후 얼마 안 지난 경우, 일화기, 이화기, 이삭피는 시기 등은 비행 고도와 속도를 다르게 적용해야한다.
③ 비행고도는 기체의 중량과 비행체 로터 크기, 로터 수에 따라 바람의 세기가 다르므로 고도도 다르게 적용해야한다.
④ 살포 폭은 비행고도가 높으면 넓어지고, 고도가 낮으면 폭은 줄어들게 된다. 비행체가 큰 경우 고도가 낮으면 작물의 손상을 초래할 수 있다.

**09.** ③

항공촬영 작업의 경우 매번 국방부에 촬영허가 신청을 하여야 한다.

**10.** ③ / **11.** ① / **12.** ③

**13.** ② / **14.** ② / **15.** ②

**16.** ④

Airfoil이 위로 이동하면 상대풍도 아래로 향하게 된다.

**17.** ③

공중에서 4가지의 힘이 균형을 이루면 등가속도 비행 상태가 된다.

**18.** ②

실속은 무게, 하중계수, 비행속도 또는 밀도고도에 관계없이 항상 같은 받음각에서 실속이 발생한다.

**19.** ③

회전하는 물체 즉 로터가 시계반대방향으로 회전할 때 이에 대한 반작용으로 기체는 시계방향으로 회전하려는 성질을 토크작용라고 한다.

**20.** ①

**21.** ②

① Ac : 고적운 ② Ns : 난층운
③ St : 층운 ④ Sc : 층적운

**22.** ④ / **23.** ④ / **24.** ②

**25.** ① / **26.** ②

**27.** ④

지형적 상승, 습한 공기의 이동, 건조단열 기온감률 및 습윤단열 기온감률

**28.** ③ / **29.** ③ / **30.** ② / **31.** ④

**32.** ①

다음 각 목의 전문교관이 있어야 한다.

가. 비행시간이 100시간 이상인 지도조종자 1명 이상

나. 비행시간이 150시간 이상인 실기평가조종자 1명 이상

**33.** ②

가. 초경량비행장치에 의한 사람의 사망 · 중상 또는 행방불명

나. 초경량비행장치의 추락 · 충돌 또는 화재 발생

다. 초경량비행장치의 위치를 확인할 수 없거나 초경량비행장치에 접근이 불가능한 경우

**34.** ③

다른 초경량비행장치에 불필요하게 가깝게 접근하지 말아야 한다.

**35.** ④ / **36.** ③ / **37.** ④ / **38.** ④

**39.** ④

**40.** ④

일몰 후부터 일출 전까지는 시야확보 등 청명하여도 야간비행은 불가하다.

## 초경량비행장치 조종자격시험 6

ANSWERS

| | | | | |
|---|---|---|---|---|
| 01.① | 02.① | 03.① | 04.③ | 05.④ |
| 06.① | 07.② | 08.③ | 09.① | 10.④ |
| 11.② | 12.④ | 13.② | 14.③ | 15.④ |
| 16.④ | 17.② | 18.① | 19.① | 20.④ |
| 21.④ | 22.③ | 23.② | 24.③ | 25.③ |
| 26.③ | 27.① | 28.④ | 29.① | 30.③ |
| 31.① | 32.② | 33.② | 34.④ | 35.③ |
| 36.④ | 37.④ | 38.③ | 39.④ | 40.④ |

**01.** ① / **02.** ① / **03.** ① / **04.** ③

**05.** ④

**일반적으로 드론에 사용 가능한 배터리** : NICd(니켈카드늄), LiPo(리튬 폴리머), NIMH(니켈 메탈수소)로서 각 배터리의 특성은 다음과 같다.

1. NiCd: 긴 수명, 폭넓은 동작 온도를 가지면서 가격이 저렴. 전압(1.2V).
2. NiMH: 중금속을 사용하지 않아 친환경적이고, 높은 용량을 가지면서 메모리효과는 작음. 전압(1.2V).
3. Li-Ion: 가볍고, 친환경적이며, 메모리 효과가 없고 에너지 밀도가 가장 높음. 전압(3.7V 혹은 3.8V)

**06.** ① / **07.** ② / **08.** ③ / **09.** ①

**10.** ④ / **11.** ② / **12.** ④ / **13.** ②

**14.** ③

**15.** ④

적어도 공항 면적의 50%이상에서 보이는 "거리의 최저치"를 말하는 것

**16.** ④ / **17.** ② / **18.** ①

**19.** ①

- **정압**(Static Pressure) : 유체 속에 잠겨 있는 어느 한 지점에서는 상/하, 좌/우 방향에 관계없이 일정하게 작용하는 압력을 말한다.
- **동압**(Dynamic Pressure) : 유체가 흐를 때 유체는 속도를 가지게 되며 이로 인해 유체는 운동에너지를 가지게 된다. 즉 유체의 운동에너지를 압력으로 전환했을 때의 압력을 말한다.

**20.** ④

방빙작용은 착빙이 되지 않도록 예방하는 장치 즉 과냉각 수적이 얼어붙지 않도록 열을 가하여 것을 말한다.

**21.** ④

**22.** ③

대기권에서 기압은 고도가 올라 갈수록 낮아진다.

**23.** ②

**24.** ③

난기류(난류)의 종류에는 약한 난류, 심한 난류, 극심한 난류가 있다.

**25.** ③ / **26.** ③ / **27.** ① / **28.** ④

**29.** ①

① lbs : 파운드(무게)
② hPa : 헬토파스칼
③ Millbar(mb) : 밀리바
④ mm mercury(mm.Hg) : 밀리 헥토그램

**30.** ③ / **31.** ①

**32.** ②

고기압 지역의 기류현상은 하강기류이다. 그러므로 하늘에 아무것도 없어서 맑다.
반대로 저기압 지역의 기류현상은 상승기류이다.

**33.** ② / **34.** ④ / **35.** ③

**36.** ④

**항공종사자**

① 항공안전법 제34조제1항에 따른 항공종사자 자격증명을 받은 사람.
② 제34조(항공종사자 자격증명 등) 항공업무에 종사하려는 사람은 국토교통부령으로 정하는 바에 따라 국토교통부장관으로부터 항공종사자 자격증명(이하 "자격증명"이라 한다)을 받아야 한다. 다만, 항공업무 중 무인항공기의 운항 업무인 경우에는 그러하지 아니하다.

**37.** ④ / **38.** ③ / **39.** ④ / **40.** ④

## 초경량비행장치 조종자격시험 7

ANSWERS

| | | | | |
|---|---|---|---|---|
| 01.① | 02.② | 03.④ | 04.③ | 05.④ |
| 06.② | 07.② | 08.④ | 09.② | 10.① |
| 11.① | 12.④ | 13.③ | 14.② | 15.④ |
| 16.② | 17.② | 18.④ | 19.④ | 20.④ |
| 21.③ | 22.② | 23.② | 24.② | 25.① |
| 26.① | 27.② | 28.④ | 29.④ | 30.④ |
| 31.④ | 32.③ | 33.② | 34.③ | 35.④ |
| 36.② | 37.③ | 38.③ | 39.③ | 40.④ |

**01.** ① / **02.** ② / **03.** ④ / **04.** ③

**05.** ④ / **06.** ② / **07.** ② / **08.** ④

**09.** ② / **10.** ① / **11.** ① / **12.** ④

**13.** ③ / **14.** ②

**15.** ④

GPS는 위도, 경도, 고도를 가르쳐 준다.

**16.** ② / **17.** ②

**18.** ④

조파항력은 초음속 흐름에서 공기의 압축성 효과로 생기는 충격파에 의해 발생하는 항력을 말한다.

**19.** ④

**20.** ④

스칼라량은 크기만 가지고, 벡터량은 크기와 방향을 갖는다.

**21.** ③ / **22.** ② / **23.** ② / **24.** ②

**25.** ① / **26.** ① / **27.** ② / **28.** ④

**29.** ④ / **30.** ④ / **31.** ④ / **32.** ③

**33.** ② / **34.** ③ / **35.** ④ / **36.** ②

**37.** ③ / **38.** ③ / **39.** ③ / **40.** ④

## 초경량비행장치 조종자격시험 8

ANSWERS

| | | | | |
|---|---|---|---|---|
| 01.② | 02.③ | 03.④ | 04.④ | 05.② |
| 06.① | 07.① | 08.② | 09.① | 10.② |
| 11.① | 12.③ | 13.① | 14.① | 15.① |
| 16.④ | 17.③ | 18.④ | 19.④ | 20.④ |
| 21.① | 22.③ | 23.③ | 24.② | 25.③ |
| 26.① | 27.② | 28.③ | 29.① | 30.④ |
| 31.① | 32.② | 33.④ | 34.④ | 35.④ |
| 36.④ | 37.① | 38.④ | 39.④ | 40.③ |

**01.** ② / **02.** ③ / **03.** ④ / **04.** ④

**05.** ② / **06.** ① / **07.** ① / **08.** ②

**09.** ① / **10.** ② / **11.** ① / **12.** ③

**13.** ① / **14.** ① / **15.** ① / **16.** ④

**17.** ③
중력은 속도에 반비례한다. 즉 무게가 증가하면 속도는 상대적으로 줄어든다.

**18.** ④
GPS는 비행간 위치를 조절해 주는 장치이다.

**19.** ④
**요잉** : 기수의 좌, 우 운동

**20.** ④
기류 박리는 양력을 파괴시키고 항력은 급격히 증가시킨다.

**21.** ① / **22.** ③ / **23.** ③ / **24.** ②

**25.** ③ / **26.** ① / **27.** ②

**28.** ③
기압은 온난 전선통과 전에는 감소하고, 통과 후에는 거의 일정하다.

**29.** ①
배풍(뒷 바람)을 받을 시 이륙거리가 늘어난다.

**30.** ④
권층운은 상층운에 포함된다.

**31.** ①
통제구역은 비행금지구역, 비행제한구역, 초경량비행제한구역이다.

**32.** ②

**33.** ④ / **34.** ④

**35.** ④

**36.** ④
원자력 발전소와 연구소의 A구역은 국방부(합참)에 B구역은 각 지방항공청에 비행계획 승인 요청

**37.** ①
②, ③은 반드시 승인을 받아야 하고, ④번 지역에서 비행 시 조종자 준수사항 위반이 된다.

**38.** ④
항공기, 경량 항공기, 초경량 비행장치 등 항공사고 조사는 모두 담당

**39.** ④
**신고를 필요로 하지 않는 초경량비행장치** : 계류식 무인비행장치 등 9가지이며, 항공안전법 시행령 제24조 참조

**40.** ③

## 초경량비행장치 조종자격시험 9

### ANSWERS

| | | | | |
|---|---|---|---|---|
| 01. ① | 02. ① | 03. ③ | 04. ① | 05. ② |
| 06. ④ | 07. ③ | 08. ④ | 09. ① | 10. ③ |
| 11. ③ | 12. ② | 13. ④ | 14. ① | 15. ③ |
| 16. ③ | 17. ③ | 18. ④ | 19. ① | 20. ③ |
| 21. ③ | 22. ② | 23. ③ | 24. ③ | 25. ② |
| 26. ① | 27. ④ | 28. ④ | 29. ③ | 30. ③ |
| 31. ② | 32. ④ | 33. ② | 34. ② | 35. ④ |
| 36. ③ | 37. ② | 38. ④ | 39. ④ | 40. ④ |

**01.** ① / **02.** ① / **03.** ③ / **04.** ① / **05.** ②
**06.** ④ / **07.** ③ / **08.** ④ / **09.** ①

**10.** ③
급속충전은 배터리 수명을 단축시킨다.

**11.** ③

**12.** ②

**13.** ④
측풍 접근 및 착륙 기법에는 크랩 방법과 윙로 방법을 중심으로 ① 크랩, ② 윙로(사이드슬립), ③ 플래어 중 디크랩, ④ 크랩-윙로 등과 같이 4가지 기법이 있다.

**14.** ① / **15.** ③ / **16.** ③ / **17.** ③ / **18.** ④
**19.** ① / **20.** ③ / **21.** ③

**22.** ②
풍향은 진북기준 10° 단위로 반올림한 3단위 숫자로 표기해야 하며, 바로 뒤에 풍속을 표기해야 한다. 풍속의 단위는 knot 또는 초당 m로 한다.
예) 24008KT

**23.** ③ / **24.** ③ / **25.** ② / **26.** ①

**27.** ④
QFE는 활주로 공식표고 위에 착지한 항공기의 기압고도계의 눈금을 고도 '0'으로 하는 고도계 수정치

**28.** ④
하층운의 구름은 층적운, 층운, 난층운이 있다. 적운, 적란운은 수직운에 속함.

**29.** ③
바람의 속도는 벡터 량의 개념이다.(속력은 스칼라 량이다.)

**30.** ③
SIGMET 정보, AIRMET 정보, 공항경보(Aerodrome Warning), 윈드시어경보(Wind Shear Warnings and Alerts)

**31.** ②

**32.** ④

**33.** ②
국토교통부령으로 정하는 기준임.

**34.** ②
이 법은 「국제민간항공협약」 및 같은 협약의 부속서에서 채택된 표준과 권고되는 방식에 따라 항공기, 경량항공기 또는 초경량비행장치의 안전하고 효율적인 항행을 위한 방법과 국가, 항공사업자 및 항공종사자 등의 의무 등에 관한 사항을 규정함을 목적으로 한다.

**35.** ④
항행안전시설 안전에 관한 사항은 공항시설법 시행규칙의 사항

**36.** ③
① 군용항공기와 이에 관련된 항공업무에 종사하는 사람에 대해서는 이 법을 적용하지 아니한다. ② 세관업무 또는 경찰업무에 사용하는 항공기와 이에 관련된 항공업무에 종사하는 사람에 대하여는 이 법을 적용하지 아니한다. 다만, 공중 충돌 등 항공기사고의 예방을 위하여 제51조, 제67조, 제68조제5호, 제79조 및 제84조제1항을 적용한다.

**37.** ②
2kg 이상으로 변경(2021.1.1)

**38.** ④
항공안전기술원 이외에 시설기준을 충족하는 기관 또는 단체 중에서 실시가능

**39.** ④
조종자 준수사항 위반의 경우 1년 이내 기간을 정하여 효력정지

**40.** ④

Q&A M
류영기 ryuleo@naver.com
박장환 legend@droneac.org

2025 신판

# 무인멀티콥터

## 드론 요점 & 필기시험

초판인쇄 | 2025년 1월 3일
초판발행 | 2025년 1월 10일

지 은 이 | 류영기 · 박장환
발 행 인 | 김 길 현
발 행 처 | (주) 골든벨
등 록 | 제 1987-000018호
I S B N | 979-11-5806-716-8
가 격 | 26,000원

이 책을 만든 사람들

편 집 및 디 자 인 | 조경미, 박은경, 권정숙
웹 매 니 지 먼 트 | 안재명, 양대모, 김경희
공 급 관 리 | 오민석, 정복순, 김봉식
제 작 진 행 | 최병석
오 프 마 케 팅 | 우병춘, 이대권, 이강연
회 계 관 리 | 김경아

(우) 04316 서울특별시 용산구 원효로 245(원효로 1가 53-1) 골든벨 빌딩 5~6F
•TEL : 도서 주문 및 발송 02-713-4135 / 회계 경리 02-713-4137
편집·디자인 02-713-7452 / 해외 오퍼 및 광고 02-713-7453
• FAX : 02-718-5510 • http : // www.gbbook.co.kr • E-mail : 7134135@naver.com